ANNUAIRE

DE

L'INSTITUT DES PROVINCES.

ANNUAIRE

DE

L'INSTITUT DES PROVINCES,

DES SOCIÉTÉS SAVANTES

ET

DES CONGRÈS SCIENTIFIQUES.

SECONDE SÉRIE.—6e. VOLUME.—XVIe. VOLUME DE LA COLLECTION.

1864.

Paraît tous les ans, du 1er. au 15 janvier.

PARIS, { DERACHE, RUE MONTMARTRE, 48;
DENTU, PALAIS-ROYAL;

CAEN, A. HARDEL, RUE FROIDE, 2.

PERSONNEL

DE L'INSTITUT DES PROVINCES

AU 1er. JANVIER 1864.

L'Institut des provinces a perdu, cette année, six de ses membres : MM. le docteur LE GLAY, de Lille ; le baron LAMBRON DE LIGNIM, de Tours ; le général de division DE ROCHEFORT ; le conseiller DUPUIS, d'Orléans ; Hippolyte DE BARRAU, de Rodez ; le duc SERRA DI FALCO, de Florence.

M. le docteur LE GLAY, conservateur des archives départementales du Nord, a été enlevé à la science et à ses nombreux amis. Sa santé, depuis long-temps affaiblie, ne l'a point empêché de travailler jusqu'à la fin.

C'était un véritable Bénédictin ; il maniait avec une véritable aisance la langue latine, mérite rare de nos jours. Son nom restera dans la diplomatique comme dans les souvenirs du pays qui avait le bonheur de le posséder.

D'une aménité et d'une bonne volonté sans égales, son concours était assuré à tous les bons travaux comme à toutes les bonnes œuvres.

M. Le Glay avait été, dès l'origine, un des plus zélés propagateurs des Congrès scientifiques, lorsque M. de Caumont les fonda. Au congrès de Douai, à celui de Liége, l'année suivante, et à diverses réunions générales de la Société française d'archéologie, M. Le Glay fit les communications les plus intéressantes. Toujours il s'est fait inscrire au nombre des adhérents lorsqu'il n'a pu s'y rendre. Jusqu'à la fin de sa vie, il a rempli les fonctions d'inspecteur divisionnaire de la Société française d'archéologie.

M. Le Glay était chevalier des ordres de la Légion-d'Honneur, de Léopold et de St.-Lazare. Il laisse plusieurs enfants; un de ses fils, qui lui était associé, pourra lui succéder dans les fonctions de conservateur des archives du Nord ; l'autre, ancien élève de l'École des Chartes, est depuis long-temps sous-préfet de première classe et décoré de plusieurs ordres.

M. le baron LAMBRON DE LIGNIM, ancien garde-du-corps, capitaine de cavalerie, membre de la Société française d'archéologie, est mort à Tours, à l'âge de 66 ans.

Depuis 1830 qu'il quitta le service du Roi jusqu'à sa mort, M. le baron de Lignim s'est livré constamment aux études historiques ; depuis plus de 25 ans, il faisait partie de la Société française d'archéologie à laquelle il avait fait de nombreuses communications, et il a pris part à un grand nombre de Congrès scientifiques et archéologiques. En 1844, M. de Caumont retrouva M. Lambron au Congrès scientifique de France à Nîmes, et ils firent ensemble, après la session, un voyage dans les villes du midi de la France qui renferment les principaux monuments romains décrits dans le *Cours d'antiquités monumentales*. L'année suivante, Il siégeait au Congrès scientifique à Reims, et en 1846 à Marseille.

Alors, M. de Lambron était délégué par la ville de Tours pour obtenir que la session du Congrès scientifique se tînt dans cette ancienne métropole. La demande fut agréée par le Congrès, et M. de Lignim fut proclamé, à Marseille, avec deux de ses compatriotes, secrétaire-général de la session de 1847.

On sait avec quel zèle il remplit cette honorable mission, et combien le Congrès de Tours offrit d'intérêt. M. de Lambron donna une fête magnifique au Congrès dans sa charmante *villa*, qui n'est qu'à 1 kilomètre de la ville. Le parc était illuminé; des feux de Bengale et un brillant feu d'artifice terminèrent cette soirée féerique.

M. de Lambron venait d'être nommé MEMBRE DE L'INSTITUT DES PROVINCES quand le Congrès des délégués des Sociétés savantes fut fondé à Paris, en 1848; il assista plusieurs années de suite à cette réunion. Depuis quelque temps, M. de Lambron se plaignait de sa santé, il sortait peu et n'assistait guère qu'aux séances de la Société archéologique de Touraine, dont il était président au moment de sa mort.

Il a publié plusieurs ouvrages héraldiques très-importants et imprimés avec luxe. On lui doit aussi un travail considérable sur la chronologie des maires de la ville de Tours; il avait fait de longues recherches dans les archives, afin de continuer ce travail et de l'étendre à plusieurs grandes villes.

M. de Lambron avait publié diverses notices dont nous n'avons pas les titres sous la main. C'était un homme excellent, d'un caractère doux, d'une loyauté à toute épreuve; en un mot, un homme de bien, un homme studieux, un homme dévoué.

L'Institut des provinces a perdu encore, cette année, M. le général de division comte DE ROCHEFORT, membre du Comité de cavalerie, ancien commandant de l'École de Saumur. M. le comte de Rochefort avait lu au Congrès scientifique de France, réuni à St.-Étienne, en 1862, un mémoire très-remarquable sur l'éducation du cheval. Au mois d'avril dernier, il prit plusieurs fois la parole au sein du Congrès de l'Institut des provinces, rue Bonaparte.

M. DUPUIS, conseiller à la Cour impériale d'Orléans, est mort à son château de Montbouis (Loiret), le 16 octobre 1863, à l'âge de 69 ans. M. Dupuis avait pris part aux diverses sessions du Congrès scientifique de France; il avait été présenté comme candidat à l'INSTITUT DES PROVINCES par les bureaux du Congrès de Grenoble, en 1857, et depuis il n'avait cessé de concourir activement à ses travaux et à ceux de la Société française d'archéologie. Propriétaire d'un emplacement sur lequel d'importantes ruines romaines existent à Montbouis, il y avait exécuté des fouilles importantes. M. Dupuis était membre de la Commission administrative du musée d'Orléans; il avait été président de la Société archéologique de l'Orléanais, et il est auteur de divers mémoires historiques ou archéologiques estimés. M. Dupuis avait fait des améliorations foncières à sa terre de Montbouis et des travaux de drainage importants. D'un caractère doux et bienveillant, il était aimé de tous ses confrères.

M. Hippolyte DE BARRAU, membre de l'INSTITUT DES PROVINCES, fondateur et président de la Société des lettres, sciences et arts de l'Aveyron, chevalier de la Légion-d'Honneur, vient de mourir, dans sa 70e. année.

Peu d'hommes ont eu une existence aussi remplie et aussi utile. Officier de cavalerie, il quitta le service en 1829 pour se livrer entièrement à l'étude. La noblesse de son caractère et la hauteur de son talent lui donnèrent, partout où il fut mêlé, une influence prépondérante. Son passage à la *Gazette du Rouergue* fut la période brillante de cette feuille. Membre du Conseil général de l'Aveyron, il en fut l'âme jusqu'en 1849, époque à laquelle il fut appelé aux fonctions de conseiller de préfecture et bientôt après de secrétaire-général.

L'Aveyron gardera long-temps le souvenir de ses services et de la courageuse énergie qu'il montra lors de l'invasion de la préfecture en décembre 1851. Connaissant à fond les affaires du département, il fut le conseil et l'ami de plusieurs préfets distingués et jouissait au plus haut point de la considération publique, lorsqu'en 1854 il fut tout à coup révoqué de ses fonctions, par suite de l'hostilité de certaines personnes que son influence offusquait.

Rentré dans la vie privée, il trouva dans le travail une consolation à l'ingratitude des hommes et continua à faire prospérer la Société des lettres, sciences et arts.

Son ouvrage en quatre volumes, intitulé : *Documents historiques et généalogiques sur les familles et les hommes remarquables du Rouergue*, est une œuvre digne des Dom de Vic et Dom Vaissette, et lui a assuré une place éminente dans le monde savant. M. de Barrau a consacré à ce travail 25 ans de sa vie, parcourant les pays les plus sauvages pour interroger les vestiges d'un âge qui n'est plus et dépouiller les archives les plus confuses. Il publia en dernier lieu un volume, faisant suite à cet ouvrage, sur les ordres équestres, qui renferme les plus curieux détails sur les commanderies du Rouergue, l'arrestation des Templiers, leur procès, etc.

M. de Barrau a apporté les mêmes soins et les mêmes recherches à une histoire en quatre volumes, encore inédite, de la Révolution dans le département de l'Aveyron. Espérons que cette histoire verra le jour. N'est-il pas moral de raconter les *faits* d'une époque qu'une certaine école veut nous présenter comme la naissance de la nation française, et avant laquelle les quatorze siècles de notre histoire nationale ne seraient qu'un long espace de barbarie ?

Un des titres de M. de Barrau à la reconnaissance publique est d'avoir été l'un des premiers qui, à l'exemple de M. de Caumont, élevèrent la voix pour protester contre la destruction de nos antiquités nationales. C'est dans ce but qu'il fonda la Société locale, qui a rendu de grands services et est appelée à en rendre encore ; sans doute son intervention, appuyée du vœu du Congrès, sauvera le jubé de Rodez, sérieusement menacé. M. de Barrau était fort ému du projet de destruction qui ose se poursuivre hautement en 1863, et l'exprimait avec force un mois à peine avant sa mort.

En payant ce tribut de regrets à l'homme éminent que nous venons de perdre et qui laisse parmi nous un vide irréparable, espérons que son esprit restera vivant dans la Société qu'il a créée et que le goût des études archéologiques continuera à se propager dans nos provinces.

(*Extrait d'une Note de M. de Gibrac.*)

M. le duc SERRA DI FALCO est mort à Florence, dans un âge très-avancé. C'était un homme savant, fort riche, possédant à Palerme un palais et une riche bibliothèque. Ami du roi Louis-Philippe, M. le duc Serra di Falco venait quelquefois à Paris, et c'est là que M. de Caumont fit sa connaissance il y a 25 ans. M. le duc Serra di Falco est auteur de plusieurs magnifiques ouvrages illustrés, qu'il a généreusement offerts à ses confrères.

Lors des événements qui agitèrent l'Italie, en 1848, M. le duc Serra di Falco fut porté à la présidence de l'Assemblée Constituante de Sicile, et par suite exilé à Florence pendant quelque temps. Le roi de Naples leva plus tard cette interdiction, et M. le duc Serra di Falco eut la liberté de retourner dans sa splendide demeure de Palerme; mais soit que l'état des esprits lui rendît ce séjour difficile, soit qu'il voulût vivre dans le calme et la tranquillité qui conviennent à la vieillesse, et que l'on trouve plus facilement loin des lieux où l'on tient le premier rang et où il faut représenter malgré soi, notre collègue avait presque constamment habité la Péninsule depuis quelques années. C'est de là que M. de Caumont a reçu de lui quelques opuscules qui attestent que son goût pour l'étude ne l'avait point encore abandonné à 80 ans. M. le duc Serra di Falco était commandeur de la Légion-d'Honneur et grand'croix de plusieurs ordres.

COMPOSITION DU BUREAU.

Directeur-général: M. de Caumont ✻ O ✻ C ✻, fondateur des Congrès scientifiques de France, à Caen (Calvados), et à Paris, rue Richelieu, n°. 63.

Sous-directeurs régionaux:

MM. Des Moulins, inspecteur divisionnaire des monuments, sous-directeur pour la région du Sud-Ouest, à Bordeaux.

P.-M. Roux ✻ C ✻, membre de l'Académie, sous-directeur pour la région du Sud-Est, à Marseille.

Victor Simon ✻, conseiller à la Cour impériale, sous-directeur pour la région du Nord-Est, à Metz.

Challe ✻, sous-directeur pour la région du Centre, à Auxerre.

Comte d'Héricourt ✻, } sous-directeurs pour les départements
Ch. Gomart ✻, } du nord de la France (1).

De La Borderie, sous-directeur pour la Bretagne et la Mayenne, à Rennes.

L'abbé Auber, sous-directeur pour le Poitou et la Saintonge, à Poitiers.

Secrétaires-généraux:

Pour la classe des sciences, M. Eudes-Deslongchamps ✻, doyen de la Faculté des sciences, à *Caen*, correspondant de l'Institut de France ;

Pour la classe des lettres, MM. Bordeaux ✻, docteur en Droit, à *Évreux;* Renault, inspecteur divisionnaire de l'Association normande, conseiller à la Cour impériale, à *Caen*.

Trésorier: M. Gaugain ✻, inspecteur de l'Association normande, rue de la Marine, à *Caen*.

(1) Les quinze départements du Nord forment deux régions, dont les circonscriptions ont été déterminées par le Conseil de l'Institut des provinces.

LISTE

Des Membres de l'Institut des provinces (1)

S. M. NAPOLÉON III, Empereur des Français.

MM. Le vicomte DE CUSSY O ✻ C ✻, membre de plusieurs Académies à Paris, et à Vouilly (Calvados).
LAMBERT, conservateur de la Bibliothèque publique de Bayeux.
ETOC-DEMAZY, ancien secrétaire-général de l'Institut, au Mans.
L'abbé LOTTIN, ancien trésorier de l'Institut, id.
L'abbé BOUVET, ancien membre du Conseil, id.
DE MARSEUL, chef d'institution, à Paris.
AUBER, chanoine titulaire de Poitiers.
BOUILLET ✻, membre de plusieurs Sociétés savantes, à Clermont-Ferrand.
LECOCQ O ✻, secrétaire perpétuel de l'Académie, id.
Léon DE LA SICOTIÈRE, membre du Conseil général de l'Orne, à Alençon.
TAILLIAR ✻, conseiller à la Cour impériale de Douai.
GUERRIER DE DUMAST ✻, membre de l'Académie, à Nancy.
BONNET ✻, professeur d'agriculture, à Besançon.
BUVIGNIER ✻, membre de plusieurs Académies, à Verdun.
SOYER-WILLEMET ✻, trésorier-archiviste de l'Académie, à Nancy.
WEISS O ✻, bibliothécaire, correspondant de l'Institut de France, à Besançon.
MILLET, naturaliste, président de la Société d'agriculture, à Angers.
Victor SIMON ✻, ancien secrétaire-général du Congrès, conseiller à la Cour impériale, à Metz.
HEPP ✻, professeur à la Faculté de Droit, à Strasbourg.
Mgr. DONNET C ✻, cardinal-archevêque de Bordeaux.
Mgr. GOUSSET C ✻, cardinal-archevêque de Reims.
FERET, conservateur de la Bibliothèque, à Dieppe.
DE LA FARELLE ✻, ancien représentant du Gard, à Nîmes.

(1) On a suivi, pour cette liste, l'ordre chronologique des nominations. L'année prochaine, on suivra l'ordre géographique d'après un plan proposé par M. Des Moulins.

MM. Mgr. Cousseau ❋, évêque d'Angoulême.

Marquis de Vibraye, correspondant de l'Institut, à Cheverny, près Blois.

Du Chatellier, correspondant de l'Institut de France, à Pont-l'Abbé (Finistère).

Comte de Montalembert ❋, ancien pair de France, inspecteur divisionnaire de la Société française d'archéologie pour la conservation des monuments, à Paris.

Reidet, conservateur des archives de la Vienne, à Poitiers.

V. Hucher ❋, membre de plusieurs Sociétés savantes, inspecteur de la Société française d'archéologie, au Mans (Sarthe).

Tessier, membre de plusieurs Académies, à Anduse.

Vicomte A. de Gourgues, membre de plusieurs Sociétés savantes, à Lanquais (Dordogne).

Valss ❋, ancien directeur de l'Observatoire, correspondant de l'Institut de France, à Marseille.

Goguel, ❋, membre de plusieurs Académies, quai Shœpflin, 3, à Strasbourg.

L'abbé Voisin, membre de plusieurs Académies, au Mans.

Kulhmann O ❋, directeur de la Monnaie, membre du Conseil général du commerce, à Lille (Nord).

Baron du Taya ❋, président de la Société d'agriculture des Côtes-du-Nord, à St.-Brieuc.

Desnoyers, vicaire-général d'Orléans, inspecteur des monuments du Loiret.

Malherbe ❋, président de la Société d'histoire naturelle, à Metz, conseiller à la Cour impériale.

Ballin, archiviste de l'Académie des sciences, arts et belles-lettres de Rouen.

Bally O ❋, ancien président de l'Académie de Médecine, à Villeneuve-le-Roy (Yonne).

Comte de Lochard ❋, directeur du musée d'histoire naturelle, à Orléans.

Bayle-Mouillard O ❋, membre de l'Académie de Clermont, conseiller à la Cour de cassation.

Petit-Laffitte, membre de l'Académie de Bordeaux.

L'abbé Blatairou, chanoine, professeur à la Faculté de Théologie de Bordeaux.

MM. BARTHÉLEMY ✻, conservateur du musée d'histoire naturelle, à Marseille.

CASTEL, agent-voyer chef, à St.-Lo.

Mgr. DEVOUCOUX ✻, évêque d'Evreux.

NIEPCE, procureur impérial, à Rennes.

Comte OLIVIER DE SESMAISONS, ancien directeur de l'Association bretonne, à Nantes.

Mgr. PARISIS O ✻, évêque d'Arras, ancien représentant du Morbihan.

DE GLANVILLE, inspecteur des monuments de la Seine-Inférieure, ancien président de l'Académie, à Rouen.

L'abbé LE PETIT, chanoine honoraire de Reims et de Bayeux, secrétaire-général de la Société française d'archéologie pour la conservation des monuments, à Tilly (Calvados).

E. DE BLOIS, ancien représentant du Finistère, ancien président de la classe d'histoire de l'Association bretonne, à Quimper.

L'abbé LACURIE, chanoine honoraire de La Rochelle, inspecteur divisionnaire des monuments historiques, à Saintes.

MATHERON (Ph.) ✻, ingénieur, membre de plusieurs Sociétés savantes, à Marseille.

DE BUZONNIÈRE, secrétaire-général de la XVIIIe. session du Congrès scientifique de France, membre de plusieurs Académies, à Orléans.

LA CROSSE C ✻✻, sénateur, ancien ministre des travaux publics, à Paris.

GODELLE ✻, membre de plusieurs Académies, conseiller d'État.

MORIÈRE, secrétaire-général de l'Association normande, professeur à la Faculté des sciences, à Caen.

LEFEBVRE-DURUFLÉ C ✻, sénateur inspecteur divisionnaire de l'Association normande, ancien ministre, à Pont-Authou.

LE NORMAND, ancien sous-préfet, membre de plusieurs Sociétés savantes, à Vire.

Vicomte DE FALLOUX ✻, ancien ministre de l'Instruction publique, à Segré (Maine-et-Loire).

DE KERDREL, ancien représentant d'Ille-et-Vilaine, ancien élève de l'École des Chartes, à Rennes.

L'abbé CROSNIER ✻, protonotaire apostolique du Saint-Siége, vicaire-général de Nevers, inspecteur des monuments de la Nièvre, à Nevers.

MM. Noget-Lacoudre, supérieur du Seminaire de Sommervieu.

Aussant, membre de plusieurs Académies, professeur en Médecine, à Rennes.

Tarot ☼, président de Chambre à la Cour d'appel de Rennes, secrétaire-général de la XVIe. session du Congrès.

Comte Louis de Kergorlay, ancien secrétaire-général de l'Association bretonne, à Fossieux (Seine-et-Oise).

A. Taslé ☼, conseiller à la Cour d'appel de Rennes.

Barré ☼, sculpteur, lauréat de l'exposition régionale de l'Ouest, à Nantes.

Baron de Girardot ☼ O ☼, membre de plusieurs Académies, sous-préfet, à Nantes.

Guéranger, ancien président de la Société académique de la Sarthe, au Mans.

L. de La Motte, membre de l'Académie, inspecteur des établissements de bienfaisance, à Bordeaux.

Maréchal ☼, ingénieur des ponts-et-chaussées, à Bourges.

Machard O ☼, ingénieur en chef, à Orléans.

Bertrand O ☼, maire de Caen, député au Corps législatif, à Caen.

Boucher-de-Perthes ☼, président de la Société d'émulation, à Abbeville.

De La Monneraye, ancien président du Conseil général du Morbihan, à Rennes.

Pottier ☼, conservateur de la Bibliothèque publique de Rouen.

Marquis de Chennevières-Pointel ☼, membre de plusieurs Académies, inspecteur-général des musées de province, à Paris.

Guillory aîné ☼, secrétaire-général de la Xe. session du Congrès scientifique de France, président de la Société industrielle, à Angers.

Raymond Bordeaux ☼, docteur en Droit, membre de plusieurs Académies, à Évreux.

De Verneilh-Puirazeau, inspecteur divisionnaire de la Société française d'archéologie pour la conservation des monuments, à Nontron (Dordogne).

De Surigny, membre de l'Académie de Mâcon, à Mâcon (Saône-et-Loire).

MM. Canat de Chizy, président de la Société académique de Châlon-sur-Saône.

Boulangé ☼, ingénieur des ponts-et-chaussées, rue Olivier, 27 à Paris.

Comte de Mellet, inspecteur divisionnaire des monuments, membre de plusieurs Académies, à Chaltrait (Marne).

Victor Petit, membre de plusieurs Sociétés archéologiques, à Sens (Yonne).

Travers, professeur honoraire de littérature latine à la Faculté des lettres de Caen, secrétaire perpétuel de l'Académie des sciences, arts et belles-lettres, à Caen.

Dupré La Mahérie, docteur en Droit, secrétaire de section à la XVIe. session du Congrès scientifique de France, substitut du procureur-général à Caen.

Rostan, inspecteur des monuments historiques, maire de St.-Maximin, membre du Conseil général du Var.

Hardel, imprimeur de l'Institut, membre du Conseil de la Société française d'archéologie, à Caen.

De Quatrefages ☼ ☼, ancien professeur d'histoire naturelle à la Faculté de Toulouse, membre de l'Institut, à Paris.

Pauffin, ancien magistrat, membre de plusieurs Académies, à Paris, rue de Rivoli, 13.

Mahul ☼, ancien préfet, membre de plusieurs Sociétés savantes, à Carcassonne, et à Paris, rue de Las-Cases, 16.

Marquis Eugène de Montlaur ☼, membre de plusieurs Académies, à Moulins (Allier).

L'abbé Boudant, curé de Chantelle (Allier).

Le Pelletier-Sautelet ☼, docteur-médecin, à Orléans.

Comte de Vigneral, président du Comice agricole, membre du Conseil général, président de l'Académie de l'industrie nationale, à Paris et à Ry (Orne).

Le marquis de Vogué ☼, de la Société impériale d'agriculture, à Bourges et à Paris, rue de Lille, 92.

De Béhague O ☼, membre du Conseil général de l'agriculture, à Dampierre (Loiret), rue des Saussayes, à Paris.

Le Vot ☼, bibliothécaire de la Marine, à Brest.

L'abbé Cirot de Laville, membre de l'Académie de Bordeaux.

Comte Achmet-d'Héricourt ☼, membre de l'Académie d'Arras.

MM. Baron DE MONTREUIL ✻, ancien député, à Gisors.

Comte DE NIEUWERKERKE O ✻ C ✻, directeur-général des musées, à Paris.

QUANTIN ✻, archiviste du département de l'Yonne, membre de plusieurs Sociétés savantes, à Auxerre.

D'ESPAULART, président de la Société académique du Mans, adjoint au maire de la même ville.

GOMART ✻, membre de plusieurs Académies, secrétaire du Comice agricole de St.-Quentin (Aisne).

Baron James DE ROTHSCHILD C ✻, membre de plusieurs Académies, à Paris.

RICARD, secrétaire de la Société archéologique de Montpellier.

DU BOIS O ✻, de la Loire-Inférieure, inspecteur-général honoraire de l'Université.

Comte DE VAUBLANC ✻, membre de plusieurs Académies, à Paris et à Munich (Bavière).

GAYOT, ancien député, secrétaire de la Société d'agriculture sciences et arts de l'Aube, à Troyes.

L'abbé TRIDON, inspecteur des monuments de l'Aube, chanoine honoraire, à Troyes.

ALLUAUD aîné O ✻, membre du Conseil général de l'agriculture, président des Sociétés savantes de Limoges.

MOSSELMAN ✻, membre de plusieurs Sociétes savantes à Paris, rue de Milan, 13.

Vicomte DU MONCEL ✻ ✻, membre de plusieurs Académies, à Caen.

PIFTEAU, membre de plusieurs Sociétés savantes, à Toulouse.

BOUET, membre de plusieurs Académies, à Caen.

Mgr. RIVET ✻, évêque de Dijon, président de la XXIe. session du Congrès scientifique de France.

Henri BAUDOT, secrétaire-général de la même session, président de la Commission archéologique de la Côte-d'Or.

Le marquis DE SAINT-SEINE, vice-président général de la même session du Congrès.

DE LA GRÈZE ✻, chevalier de l'Étoile-Polaire de Suède et de l'Ordre de Charles III d'Espagne, conseiller à la Cour impériale de Pau.

FRANTIN, membre de l'Académie de Dijon.

MM. Besnou ✻, pharmacien en chef de la Marine, inspecteur de l'Association normande, à Cherbourg.

Le vicomte de Juillac, inspecteur divisionnaire de la Société française d'archéologie pour la conservation des monuments, à Toulouse.

Comte de Pontgibault, membre de plusieurs Académies, à Fontenay (Manche).

Gustave de Lorière ✻, docteur en Droit, chevalier de l'Ordre d'Isabelle-la-Catholique, au Mans et à Paris, rue de l'Est, 7.

Calemard de Lafayette, membre de plusieurs Académies, au Puy (Haute-Loire).

Le comte Georges de Soultrait ✻✻✻, inspecteur des monuments de l'Allier, receveur des finances, à Lyon.

Mabire ✻, maire de Neufchâtel, inspecteur de l'Association normande, à Neufchâtel.

Le vicomte de Genouilhac, membre de plusieurs Sociétés savantes à Rennes.

Albert de Brives ✻, secrétaire-général de la XXIIe. session du Congrès scientifique de France, président de la Société d'agriculture, sciences et arts, au Puy.

Dumon C ✻, ancien ministre, membre de l'Institut impérial de France, rue Rumfort, 8, à Paris.

De Bouis, D.-M.-P., membre de plusieurs Académies, à Paris.

Baron Doyen ✻, membre de plusieurs Académies, sous-directeur de la Banque de France, à Paris, hôtel de la Banque.

Comte de Straten-Ponthoz, membre de plusieurs Académies, à Metz.

D'Albigny de Villeneuve, secrétaire-général de la Société académique de St.-Étienne, et inspecteur des monuments de la Loire, à St.-Étienne.

E. de Beaurepaire, ancien élève de l'École des Chartes, à Alençon.

Mg^r^. Landriot ✻, évêque de La Rochelle, président général de la XXIIIe. session du Congrès scientifique de France.

L'abbé Person, secrétaire-général adjoint de la XXIIIe. session du Congrès.

Jouvin ✻, professeur de la Marine, à Rochefort.

Nau, architecte, inspecteur des monuments de la Loire-Inférieure, à Nantes.

MM. Valère MARTIN, inspecteur des monuments historiques de Vaucluse, à Cavaillon.

CAILLIAUD ※, conservateur du musée d'histoire naturelle, à Nantes.

DE LA BORDERIE, membre de plusieurs Sociétés savantes, ancien élève de l'École des Chartes, à Vitré.

SEMICHON, membre de plusieurs Académies et du Conseil général de la Seine-Inférieure, à Neufchâtel.

DE LONGUEMAR ※, membre de plusieurs Académies, ancien capitaine d'état-major, à Poitiers.

OLLIVIER ※, ingénieur en chef des ponts-et-chaussées, à Caen.

BLAVIER O ※, inspecteur divisionnaire des mines, à Paris.

CAMPION, chef de division à la Préfecture de Caen, membre de plusieurs Académies.

L'abbé JOUVE, chanoine, inspecteur des monuments, à Valence (Drôme).

J. LA BARTE ※, membre de plusieurs Académies, rue Drouot, 2, à Paris.

Albert DU BOYS, secrétaire-général de la XXIVe. session du Congrès scientifique de France, à Grenoble.

Le comte DE MAILLY O ※※, ancien pair de France, inspecteur divisionnaire des monuments, à Vaux (Sarthe) et à Paris, rue de l'Université, 53.

C. MAHER O ※, médecin en chef de la Marine, à Rochefort.

AURIOL O ※※, ingénieur en chef des constructions navales, à Rochefort.

Le baron DE CHAPELAIN DE SAINT-SAUVEUR, membre de plusieurs Académies, à Mende.

PICHON-PRÉMÉLÉ ※, maire de Séez, membre du Conseil général de l'Orne.

GUEYMARD O ※, ingénieur en chef, directeur des mines en retraite, doyen honoraire de la Faculté des sciences de Grenoble.

LECADRE ※, médecin en chef des Hospices, au Havre.

LEHARIVEL-DUROCHER, sculpteur, à Paris.

PILLOT, archiviste du département de l'Isère, à Grenoble.

BOURDALOUE ※ O ※, inspecteur de la Société française d'archéologie, à Bourges.

RAULLIN ※, professeur de géologie à la Faculté des sciences de Bordeaux.

MM. Le marquis GODEFROY DE MESNILGLAISE ✻, ancien sous-préfet, membre de plusieurs Académies, à Paris et à Lille.

Le comte DE GOURCY, agriculteur, membre de plusieurs Académies, à Pont-à-Mousson et à Paris, rue de Vaugirard, 58.

PAQUERÉE, botaniste et géologue, à Castillon-sur-Dordogne (Gironde).

Léo DROUYN, professeur de peinture, inspecteur des monuments historiques, à Bordeaux.

BAUDRIMONT ✻, professeur à la Faculté des sciences de Bordeaux.

DURIEU DE MAISONNEUVE ✻, directeur du jardin des plantes de Bordeaux.

Mgr. MELLON-JOLLY O ✻, archevêque de Sens, président-général de la XXVe. session du Congrès scientifique de France.

Le baron MARTINEAU DES CHESNETZ G O ✻, maire d'Auxerre, vice-président général de la XXVe. session du Congrès.

BODIN ✻, directeur de la ferme-école des Trois-Croix, près Rennes.

PRÉTAVOINE, maire de Louviers, membre de plusieurs Sociétés savantes.

ROBIOU DE LA TRÉHONNAIS, membre de plusieurs Sociétés savantes françaises et étrangères.

Le comte Alexis DE CHASTEIGNER, membre de la Société française d'archéologie, à Preuilly (Indre-et-Loire), et à Bordeaux (Gironde).

René TAILLANDIER ✻, membre de plusieurs Académies, à Paris.

Comte DE BONNEUIL, inspecteur de la Société française d'archéologie pour le département de Seine-et-Marne, rue St.-Guillaume, 39, à Paris.

Marquis DE FOURNÈS, secrétaire-général du Congrès des délégués des Sociétés savantes, au château de Vaussieu (Calvados), et à Paris, rue de Lille, 71.

THIAC ✻✻✻, membre du Conseil général de la Charente et de plusieurs Sociétés savantes, à Angoulême et à Paris, rue St.-Lazare, 26.

COTTEAU, juge, ancien secrétaire-général adjoint du Congrès scientifique de France (session de 1858), à Auxerre.

Ed. DE BARTHÉLEMY ✻, secrétaire de la Commission du sceau des titres au Conseil d'État, inspecteur de la Société française d'archéologie, rue Casimir-Perrier, 3, à Paris.

A. WILBERT, président de la Société d'émulation de Cambrai, ancien secrétaire-général du Congrès archéologique de France, à Cambrai.

SILBERMANN ✻, ancien secrétaire-général adjoint du Congrès

MM. scientifique de France, membre de plusieurs Académies, imprimeur, à *Strasbourg*.

Edmond LE GRAIN, peintre, membre de plusieurs Sociétés savantes à Vire (Calvados).

BULLIOT, membre de la Société académique et de la Société française d'archéologie, à Autun.

YUNG, *chanoine de St.-Thomas, professeur au séminaire protestant*, conservateur de la Bibliothèque publique, à Strasbourg.

DE LUSTRAC, ancien officier d'artillerie, membre de plusieurs Sociétés savantes, à Rennes (Ille-et-Vilaine).

Baron DE CASTELNAU-D'ESSENAULT, membre de plusieurs Académies, *au château de Latresne, près Bordeaux*.

Le baron GAY DE VERNON ✵, ancien officier d'état-major, membre de plusieurs Académies, à St.-Léonard (Haute-Vienne).

L'abbé DE LA CROIX, botaniste, ancien curé de St.-Romain-sur-Vienne, près Châtellerault.

Le comte DE NEXON ✵, agriculteur, au château de Nexon (Hte.-Vienne).

PÉRIER, D.-M.-P., botaniste à Épernay (Marne).

BÉNARD-LE-DUC ✵, ancien président du jury de l'Exposition régionale et de la Société d'Émulation, à Rouen.

RAUDOT, ancien magistrat et ancien député de l'Yonne, à Avallon.

L'abbé STRAUB, *professeur d'archéologie à Strasbourg*, secrétaire-général du Congrès archéologique, session de 1859.

L'abbé GUERBER, curé de Haguenau (Bas-Rhin), ancien professeur d'archéologie, à Strasbourg.

Le comte FOUCHER DE CAREIL ✵, membre de plusieurs Académies, à *Paris*.

DESTOURBET ✵, président de la Société d'agriculture de la Côte-d'Or, membre du Conseil général du même département, ancien secrétaire-général du Congrès scientifique de France, à Dijon.

YVOY O ✵, membre de plusieurs Sociétés savantes, etc., etc., à *Bordeaux (Gironde)*.

COUSIN, ancien magistrat, président de la Société Dunkerquoise, à Dunkerque.

DE RODDE, ancien secrétaire-général de la même Société.

BOUCHARD-HUZARD, auteur de *L'Architecture rurale*, membre de la Société impériale d'agriculture, à *Paris*.

Ed. CLERC ✵, président à la Cour impériale de Besançon.

MM. NOEL ✻, ancien maire de Cherbourg, ancien député, secrétaire-général de la XXVIIe. session du Congrès scientifique de France, à Cherbourg.

L'abbé VANDRIVAL, vicaire-général, à Arras.

LE ROYER ✻, chef d'institution, membre de plusieurs Académies, à Vincennes.

DEBACQ, ancien professeur de physique au Lycée de Châlons-sur-Marne, rue du Dragon, 10, à Paris.

DU-POERIER DE PORTBAIL, inspecteur divisionnaire de l'Association normande, à Valognes.

GUÉRIN-MENNEVILLE ✻, membre de la Société impériale d'agriculture, rue des Beaux-Arts, 4, à Paris.

JACQUOT O ✻, ingénieur en chef des mines, à Bordeaux.

LORIQUET, secrétaire de l'Académie impériale, à Reims.

LATROUETTE, ancien professeur à la Faculté des lettres, à Caen.

L'abbé DECORDE, curé de Bures (Seine-Inférieure).

L'abbé SABATTIER ✻, doyen de la Faculté de Théologie, à Bordeaux.

Mg^r. DUPANLOUP ✻, évêque d'Orléans.

BILLON, ancien médecin en chef des Hospices, membre de plusieurs Académies, à Lisieux.

GIVELET, membre de l'Académie de Reims, secrétaire-général du Congrès archéologique de France (session de 1861), à Reims.

LESPINASSE, trésorier de la XXVIIIe. session du Congrès scientifique de France, à Bordeaux,

GALY ✻, secrétaire-général du Congrès de la Société française d'archéologie (session de 1858, à Périgueux), conservateur du musée épigraphique de Périgueux.

DU PEYRAT ✻, ancien ingénieur, directeur de la ferme-école des Landes, inspecteur de la Société française d'archéologie, à Beyries (Landes).

Hippolyte MINIER, ancien président de l'Académie impériale de Bordeaux.

Comte DE GALEMBERT, inspecteur de la Société française d'archéologie, à Tours.

DE LAMARIOUZE DE PREVARIN ✻, directeur de l'Enregistrement et des domaines, à Caen.

DORÉ ✻, ancien professeur à l'École polytechnique, membre de plusieurs Académies, à Paris,

MM. Le colonel du génie DE MORLET C ✵, fondateur du musée épigraphique de Saverne, à Strasbourg.

L'abbé ARBELLOT, curé-archiprêtre de Rochechouart, secrétaire-général de la XXVIe. session du Congrès scientifique de France.

L'abbé VINAS, membre du Conseil de la Société française d'archéologie, à Jonquières (Hérault).

Mg[r]. DELALLE, évêque de Rodez ✵, à Rodez.

S. Exc. M. DROUYN DE LHUYS G O ✵, ministre des affaires étrangères, à Paris.

Marquis COSTA DE BEAUREGARD C ✵, président de l'Académie, à Chambéry.

Comte D'ESTAINTOT, inspecteur de l'Association normande, à Rouen,

POUYER-QUERTIER ✵, député au Corps législatif, manufacturier, à Rouen.

Vicomte LE MERCIER O ✵, député au Corps législatif, à Paris.

L'abbé CHAMOUSSET ✵, vicaire-général et secrétaire de l'Académie des sciences et arts à Chambéry.

ANCELON, médecin en chef de l'hospice de Dieuse (Meurthe).

J. PAUTET ✵, ancien sous-préfet, sous-chef au Ministère de l'intérieur, à Paris.

Le comte DE LESSEPS C ✵ ✵, directeur-général des travaux du canal de l'isthme de Suez, à Paris.

BERTRAND-LACHESNÉE, botaniste, membre de plusieurs Sociétés savantes, à Cherbourg.

PROST, inspecteur de la Société française d'archéologie, à Metz.

VERDIER, ancien professeur de mathématiques, au Mans.

Victor CANET, secrétaire de la Société littéraire et scientifique, à Castres.

MARCHAND, pharmacien, membre de plusieurs Académies, à Fécamp.

Jacques DELORME, membre de plusieurs Académies, rue Montbernard, 7, à Lyon.

Vicomte DE MEAUX, de la Société française d'archéologie, à Montbrison (Loire).

BOURDON ✵, ancien député et ancien maire d'Elbeuf, à Elbeuf.

FLAVIGNY ✵, manufacturier, id.

Comte DE GALBERT, membre de plusieurs Académies, à La Bouisse (Isère).

DORLHAC, ingénieur-directeur des mines, à Laval.

MM. Martin-Daussigny, conservateur du musée, à Lyon.
Belgrand O ✻, ingénieur en chef des ponts-et-chaussées, à Paris.
Delesse ✻ ✻, ingénieur des mines, id.
Duc d'Harcourt C ✻, ancien ministre plénipotentiaire, à Harcourt (Calvados).
Marquis de Tanlay O ✻, à Tanlay (Yonne), et à Paris, rue de Lille, 23.
L'abbé Roy-Pierrefitte, doyen de Belgarde (Creuse).
De Roissy, inspecteur de l'Association normande, à Caen.
D'Espinay, juge, à Saumur (Maine-et-Loire).
Prarond, secrétaire de la Société d'émulation, à Abbeville (Somme).
De La Royère, membre de plusieurs Académies, à Bergues (Nord).
Desvaux-Savouré, membre de plusieurs Académies, président du Comice agricole de Montdoubleau (Loir-et-Cher).
Herpin, de Metz, membre d'un grand nombre d'Académies, rue Taranne, à Paris.
L'abbé Azémar, professeur d'archéologie au séminaire de Rodez.
Le comte de Toulouse-Lautrec, inspecteur divisionnaire de la Société française d'archéologie, à Rabasteins (Tarn).
S. Ém. le cardinal Billiet C ✻, membre de plusieurs Académies. à Chambéry.
L'abbé Valette, géologue, membre de plusieurs Académies, id.
Pillet, avocat, membre de plusieurs Académies, id.
Demolombe O ✻, doyen de la Faculté de Droit, à Caen.
Ad. Boisse, minéralogiste, à Rodez.
Vautier-Galle, sculpteur, à Paris.

Membres Étrangers.

S. M. le ROI DE SAXE, président honoraire des Sociétés académiques de Dresde et du Congrès archéologique allemand.
S. A. R. Mgr. le DUC DE BRABANT, à Bruxelles.

MM. Lopez C ✻, conservateur en chef du Musée, à Parme.
Marquis Paretto C ✻, à Gênes.
Marquis de Ridolfi C ✻, ancien ministre, à Florence.
Pasteur Duby ✻, à Genève.
Baron de Selis-Longchamp ✻, à Liége.

MM. WHEWHEL, professeur, à Cambridge.

JAMES IATES, à Londres.

SAN-QUINTINO ✱, conservateur honoraire du Musée, à Turin.

WARNKOENIG ✱, professeur à l'Université de Tubinge.

BAEHR ✱, professeur à l'Université de Heidelberg.

KUPFER O ✱, professeur de physique à St.-Pétersbourg.

KRIEG DE HOCHFELDEN O ✱, ancien directeur des fortifications du grand-duché de Baden, à Baden.

DE BRINCKEU, conseiller d'État, à Brunswick.

D'HOMALIUS-D'HALLOY C ✱, correspondant de l'Institut de France, à Namur, et à Paris, rue Mondovi, 6.

Baron DE ROISIN ✱ ✱, à Bruxelles.

Marquis DE SANTO-ANGELO G ✱, ancien ministre de S. M. le Roi des Deux-Siciles, à Naples.

Comte DE FURSTEMBERG O ✱, chambellan de S. M. le Roi de Prusse, à Apollinarisberg, près Cologne.

Baron DE QUAST ✱, inspecteur-général des monuments historiques de Prusse, chevalier de l'Ordre de St.-Jean de Jérusalem, à Berlin.

ROULEZ ✱, professeur d'archéologie à l'Université de Gand.

SISMONDA ✱, professeur de géologie à l'Université de Turin, membre de l'Académie de la même ville.

Comte DE SELMOUR O ✱, gentilhomme de la Chambre du Roi de Sardaigne, président de l'Association agricole du Piémont.

JACQUEMOUD O ✱ ✱, membre du Sénat et président de la Société académique de Chambéry.

Mgr. MULLER évêque de Munster.

REICHENSPERGER ✱, conseiller à la Cour royale et membre de plusieurs Académies, à Cologne, vice-président de la Chambre législative de Berlin.

Mgr. GEISSEL ✱, cardinal-archevêque de Cologne.

BOTOWSKI ✱ ✱ ✱, gouverneur provincial, à Moscou.

Comte DE LA MARMORA, G ✱, directeur de l'École de marine, à Gênes.

DONALSTON, secrétaire de l'Institut des architectes, à Londres.

LE MAISTRE-D'ANSTAING ✱, président de la Société archéologique, à Tournay.

QUÉTELET O ✱, secrétaire perpétuel de l'Académie royale de Belgique, à Bruxelles.

MM. De Wilmoski, chanoine de la cathédrale de Trèves, à Trèves.

Baron de Plancket, docteur en Droit, membre de plusieurs Académies, à Bruxelles.

Murchison, membre de la Société royale de Londres, correspondant de l'Institut de France, à Londres.

Parker, membre de la Société des antiquaires de Londres, à Oxford.

Comte Ernest de Beust C ✠, directeur-général des mines, à Berlin.

Baruffi ✠✠, professeur de géométrie à l'Université de Turin.

Comte Avoyardo de Quaregny C ✠, professeur de physique à l'Université de Turin.

Comte César Balbo C ✠, ex-président du Conseil des ministres à Turin.

Cibrario C ✠, sénateur du Piémont, professeur de chimie à l'Université de Turin.

Ragozzini-Roch, secrétaire perpétuel de l'Académie royale d'agriculture de Turin.

Baron Joseph Manno C ✠, président du Sénat du royaume de Sardaigne et de la Cour d'appel de Turin.

J. Morris ✠, sénateur du royaume de Sardaigne, à Turin.

Professeur Cantu ✠, sénateur du royaume de Sardaigne, à Turin.

Le comte Joseph Teleki C ✠, membre de l'Académie impériale d'Autriche, à Szerach.

Joseph Arneth, directeur du Cabinet impérial des antiques, à Vienne.

Davidson, membre de la Société géologique, à Londres.

D'Olfers C ✠, directeur-général des Musées, commandeur de plusieurs ordres, à Berlin.

Le Rév. Petit, membre de plusieurs Académies, à Londres.

Thomsen C ✠, directeur du Cabinet des médailles, à Copenhague.

Baron Stilfrid G ✠, grand-maître des cérémonies du Palais, à Berlin.

Namur, secrétaire-général de la Société archéologique du grand-duché de Luxembourg.

Kerwin de Lettenhowe ✠, membre de plusieurs Académies, à Burges.

Forster ✠, professeur à l'Académie des Beaux-Arts de Vienne, président de la 26e. classe du Jury international à l'Exposition universelle de Paris.

Le baron de Mayenfisch ✠✠✠, chambellan de S. M. le Roi de

MM. Prusse et de S. A. R. le Prince de Holinzoltein-Sigmaringen, à Sigmaringen.

Le Roy, professeur à l'Université de Liége.

Le docteur de Vigandt, à Wetzlar (Prusse).

Fayder G ✻✻✻, procureur-général, à Bruxelles.

Mitter-Mayer ✻ ✻, professeur à l'Université de Heidelberg.

Ducpétiaux O ✻, inspecteur-général des prisons, à Bruxelles.

D'Otreppe de Bouvette ✻✻, membre de plusieurs Académies, à Liége.

Steingel O ✻, officier supérieur en retraite, à Wetzlar (Prusse).

Ami Boué, membre de l'Académie impériale de Vienne.

César Cantu O ✻, membre de plusieurs Académies, à Milan.

Le colonel Komaroff C ✻ O ✻, ingénieur en chef des ponts-et-chaussées, à Paris et à St.-Pétersbourg.

Van der Hoeven ✻, professeur de zoologie, à Leyde.

Le comte de Merey-Argenteau O ✻, président honoraire de la Société libre d'Émulation de Liége, etc., à Liége.

Le chevalier Rossi ✻, conservateur de la Bibliothèque du Vatican, à Rome.

Le comte d'Autessesses C ✻, directeur et fondateur du Musée germanique, à Nuremberg.

Le comte de Ripalda C ✻, inspecteur-général de l'agriculture, à Madrid.

Wikeham-Martin, président de la Soc. archéol. du comté de Kent.

Nilson ✻ ✻, professeur honoraire de l'Université, à Stockholm.

Reichensperger ✻, conseiller à la Cour de cassation de Berlin.

Le colonel baron de Pellaert O ✻ ✻ ✻, à Bruxelles.

Vandenpeereboon O ✻, ministre de l'intérieur du royaume de Belgique, à Bruxelles.

Lancia di Brolo ✻, secrétaire de l'Académie des sciences, à Palerme.

L'abbé Barbier de Montault C ✻, membre de plusieurs Sociétés savantes, à Rome.

Piper (Ferdinand) ✻, docteur et professeur de théologie à l'Université de Berlin.

Le docteur Trompeo C ✻ O ✻ ✻ ✻, médecin du roi d'Italie, président de la Société de médecine, à Turin.

Peeters-Wilbaux, agriculteur, à Tournay.

LISTE

Des Membres de l'Institut des provinces, rangés en deux classes.

En attendant que les Membres de l'Institut des provinces puissent être divisés en sections, nous les avons distribués, dans la liste suivante, en deux grandes classes : celle des sciences, *agriculture, industrie*, et celle des lettres, *arts*, *archéologie* et *histoire*.

Nous donnerons, l'année prochaine, la distribution des membres par régions.

Classe des sciences physiques et naturelles, géographie, agriculture et industrie.

MM.

De Caumont, à Caen.
Eudes-Deslongchamps, Ibid.
Etoc-Demazy, au Mans.
De Marseul, à Paris.
Bouillet, à Clermont.
Lecocq, Ibid.
Bonnet, à Besançon.
Buvignier, à Verdun.
Soyet-Willemet, à Nancy.
Millet, à Angers.
Victor Simon, à Metz.
Mgr. Cousseau, à Angoulême.
Marquis de Vibraye, à Paris.
Tessier, à Anduse.
Valss, à Marseille.
Kuhlmann, à Lille.
Baron du Taya, à St.-Brieuc.
Malherbe, à Metz.
Bally, à Villeneuve-le-Roy.
Comte de Lochard, à Orléans.
Petit-Laffitte, à Bordeaux.
Barthélemy, à Marseille.

MM.

Coquand, à Montpellier.
Castel, à St.-Lo.
Comte Olivier de Sesmaisons, à Nantes.
Matheron (Ph.), à Marseille.
De Buzonnière, à Orléans.
La Crosse, à Paris.
Morière, à Caen.
Lefebvre-Duruflé, à Paris.
Le Normand, à Vire.
Vicomte de Falloux, à Segré.
Noget-Lacoudre, à Bayeux.
Comte Louis de Kergorlay, à Paris.
Guéranger, au Mans.
Maréchal, à Bourges.
Machard, à Orléans.
Boucher de Perthes, à Abbeville.
Raynal, à Paris.
Guillory aîné, à Angers.
Boulangé, à Metz.
De Quatrefages, à Paris.

MM.

Mahul, à Carcassonne.

Le Pelletier-Sautelet, à Orléans.

Comte de Vigneral, à Argentan.

De Béhague, à Paris.

Comte Achmet-d'Héricourt, à Arras.

Baron de Montreuil, à Gisors.

Gomart, à St.-Quentin.

Baron James de Rothschild, à Paris.

Comte de Vaublanc, Ibid.

Gayot, à Troyes.

Alluaud aîné, à Limoges.

Mosselman, à Paris.

Vicomte du Moncel, à Caen.

Le marquis de Saint-Seine, à Dijon.

Besnou, à Cherbourg.

Comte de Pontgibault, à Fontenay.

Gustave de Lorière, à Paris.

Galemard de Lafayette, au Puy.

Mabire, à Neufchâtel.

Le vicomte de Genouilhac, à Rennes.

Albert de Brives, au Puy.

Dumon, à Paris.

De Bouis, D.-M.-P., Ibid.

D'Albigny de Villeneuve, à St.-Étienne.

Mgr. Landriot, à La Rochelle.

Jouvin, à Rochefort.

Valère Martin, à Cavaillon.

Cailliaud, à Nantes.

De Longuemar, à Poitiers.

Ollivier, à Caen.

Blavier, à Paris.

Le comte de Mailly, à Paris.

MM.

C. Maher, à Rochefort.

Auriol, Ibid.

Le baron de Chapelain de Saint-Sauveur, à Mende.

Pichon-Prémélé, à Séez.

Gueymard, à Grenoble.

Lecadre, au Havre.

Bourdaloue, à Bourges.

Raullin, à Bordeaux.

Le comte de Gourcy, à Paris.

Paquerée, à Castillon-sur-Dordogne.

Baudrimont, à Bordeaux.

Durieu de Maisonneuve, à Bordeaux.

Le baron Martineau des Chesnetz, à Auxerre.

Bodin, à Rennes.

Prétavoine, à Louviers.

Robiou de La Tréhonnais.

Le comte Alexis de Chasteigner, à Bordeaux.

Marquis de Fournès, à Paris.

Thiac, Ibid.

Cotteau, à Auxerre.

Silbermann, à Strasbourg,

De Lustrac, à Toulouse.

L'abbé de La Croix, à St.-Romain-sur-Vienne.

Le comte de Nexon, au château de Nexon.

Périer, à Épernay.

Bénard-Le-Duc, à Rouen.

Destourbet, à Dijon.

Yvoy, à Bordeaux.

Bouchard-Huzard, à Paris.

Noel, à Cherbourg.

Le Royer, à Vincennes.

MM.

DEBACQ, à Paris.

DU POERIER DE PORTBAIL, à Valognes.

GUÉRIN-MENNEVILLE, à Paris.

JACQUOT, à Bordeaux.

BILLON, à Lisieux.

LESPINASSE, à Bordeaux.

DU PEYRAT, à Beyries (Landes).

DE LAMARIOUZE DE PREVARIN, à Caen.

DORÉ, à Paris.

S. Exc. M. DROUYN DE LHUYS, Ibid.

POUYER-QUERTIER, à Rouen.

L'abbé CHAMOUSSET, à Chambéry.

ANCELON, à Dieuse (Meurthe).

Le comte DE LESSEPS, à Paris.

BERTRAND-LACHESNÉE, à Cherbourg.

MM.

VERDIER, au Mans.

MARCHAND, à Fécamp.

BOURDON, à Elbeuf.

FLAVIGNY, Ibid.

Comte DE GALBERT, à La Bouisse (Isère).

DORLHAC, à Laval.

Comte DE ROCHEFORT, à Paris.

BELGRAND, Ibid.

DELESSE, Ibid.

DE ROISSY, à Caen.

DESVAUX-SAVOURÉ, à Montdoubleau.

HERPIN, à Metz.

S. Ém. le cardinal BILLIET, à Chambéry.

L'abbé VALETTE, Ibid.

PILLET, Ibid.

Ad. BOISSE, à Rodez.

Classe des arts, belles-lettres, histoire et archéologie.

MM.

LAMBERT, à Bayeux.

L'abbé LOTTIN, au Mans.

L'abbé BOUVET, Ibid.

AUBER, à Poitiers.

Léon DE LA SICOTIÈRE, à Alençon.

TAILLIAR, à Douai.

Guerrier DE DUMAST, à Nancy.

WEISS, à Besançon.

HEPP, à Strasbourg.

Mg^r. DONNET, à Bordeaux.

Mgr. GOUSSET, à Reims.

FERET, à Dieppe.

DE LA FARELLE, à Nîmes.

DU CHATELLIER, à Pont-l'Abbé.

Comte DE MONTALEMBERT, à Paris.

REIDER, à Poitiers.

MM.

V. HUCHER, au Mans.

Vicomte A. DE GOURGUES, à Lanquais.

GOGUEL, à Strasbourg.

L'abbé VOISIN, au Mans.

DESNOYERS, à Orléans.

BALLIN, à Rouen.

BAYLE-MOUILLARD, à Paris.

L'abbé BLATAIROU, à Bordeaux.

Mgr. DEVOUCOUX, à Évreux.

NIEPCE, à Rennes.

Mgr. PARISIS, à Arras.

DE GLANVILLE, à Rouen.

L'abbé LE PETIT, à Tilly.

DE BLOIS, à Quimper.

L'abbé LACURIE, à Saintes.

MM.

Godelle, à Paris.

De Kerdrel, à Rennes.

L'abbé Crosnier, à Nevers.

Aussant, à Rennes.

Tarot, Ibid.

A. Taslé, Ibid.

Barré, Ibid.

Baron de Girardot, à Nantes.

L. De La Motte, à Bordeaux.

Bertrand, à Caen.

De La Monneraye, à Rennes.

Pottier, à Rouen.

Marquis de Chennevières-Pointel.

Raymond Bordeaux, à Évreux.

De Verneilh-Puirazeau, à Nontron.

De Surigny, à Mâcon.

Canat de Chizy, à Châlons-sur-Saône.

Comte de Mellet, à Chaltrait.

Victor Petit, à Sens.

Travers, à Caen.

Dupré La Mahérie, Ibid.

Rostan, à St.-Maximin.

Hardel, à Caen.

Pipteau, à Toulouse.

Pauffin, à Paris.

Marquis Eugène de Montlaur, à Moulins.

L'abbé Boudant, à Chantelle.

Le Vot, à Brest.

L'abbé Cirot de Laville, à Bordeaux.

Comte de Nieuwerkerke, à Paris.

Quantin, à Auxerre.

D'Espaulart, au Mans.

Ricard, à Montpellier

Du Bois, à Nantes.

MM.

L'abbé Tridon, à Troyes.

A. Ramé, à Rennes.

Bouet, à Caen.

Mg^r. Rivet, à Dijon.

Henri Baudot.

De La Grèze, à Pau.

Frantin, à Dijon.

Le vicomte de Juillac, à Toulouse.

Le comte Georges de Soultrait, à Lyon.

Baron Doyen, à Paris.

Comte Van der Straten-Ponthoz, à Metz.

E. de Beaurepaire, à Alençon.

L'abbé Person.

Nau, à Nantes.

De La Borderie, à Vitré.

Semichon, à Neufchâtel,

Campion, à Caen.

L'abbé Jouve, à Valence.

J. La Barthe, à Paris.

Albert Du Boys, à Grenoble.

Marquis de Vogüé, à Paris.

L'abbé Barbier de Montault, à Angers et à Rome.

Leharivel-Durocher, à Paris.

Pillot, à Grenoble.

Le marquis Godefroy de Mesnilglaise, à Paris.

Léo Drouyn, à Bordeaux.

Mg^r. Mellon-Jolly, à Sens.

René Taillandier, à Paris.

Comte de Bonneuil, Ibid.

Ed. de Barthélemy, Ibid.

A. Wilbert, à Cambrai.

Ed. Le Grain, à Vire.

Bulliot, à Autun.

MM.

Yung, à Strasbourg.

Baron de Castelnau-d'Essenault, au château de Latresne (Gironde).

Cousin, à Dunkerque.

De Rodde, Ibid.

Ed. Clerc, à Besançon.

L'abbé Vandrival, à Arras.

Loriquet, à Reims.

Latrouette, à Caen.

L'abbé Decorde, à Bures (Seine-Inférieure).

Mgr. Dupanloup, à Orléans.

Givelet, à Reims.

Galy, à Périgueux.

Hippolyte Minier, à Bordeaux.

Comte de Galembert, à Tours.

Le colonel du génie de Morlet, à Strasbourg.

L'abbé Arbellot, à Rochechouart.

L'abbé Vinas, à Jonquières.

Mgr. l'Évêque de Rodez, à Rodez.

MM.

Marquis Costa de Beauregard, à Chambéry.

Comte d'Estaintot, à Rouen.

Vicomte Le Mercier, à Paris.

J. Pautet, Ibid.

Prost, à Metz.

Victor Canet, à Castres.

Jacques Delorme, à Lyon.

Martin-Daussigny, Ibid.

Duc d'Harcourt, à Harcourt (Calvados).

Marquis de Tanlay, à Paris.

L'abbé Roy-Pierrefitte, à Bellegarde (Creuse).

D'Espinay, à Saumur.

Prarond, à Abbeville.

De La Royère, à Bergues.

L'abbé Azémar, à Rodez.

Le comte de Toulouse-Lautrec, à Rabasteins.

Demolombe, à Caen.

Vautier-Galle, à Paris.

ADDITIONS.

Noms de titulaires omis dans la liste.

MM. l'abbé Barraud, chanoine de Beauvais.

E. Sagot, architecte, à Paris.

Membres titulaires, nouvellement nommés.

MM. de Riancey, directeur de *L'Union*, à Paris.

Malbranche, inspecteur divisionnaire de l'Association normande, à Bernay.

De Dion ❊, ingénieur civil, à Paris et à la Martinique.

Membre étranger, nouvellement nommé.

M. Dognée père ❊, avocat, membre de plusieurs Académies, à Liége.

CONGRÈS

DES

DÉLÉGUÉS DES SOCIÉTÉS SAVANTES

DES DÉPARTEMENTS,

SOUS LA DIRECTION DE L'INSTITUT DES PROVINCES.

SESSION DE 1863.

SÉANCE GÉNÉRALE D'OUVERTURE.

Présidence de M. DE CAUMONT, directeur de l'Institut des provinces de France.

A une heure, M. de Caumont, directeur de l'Institut des provinces, monte au bureau et appelle à ses côtés : MM. CHALLE, sous-directeur de la Compagnie; CONSEIL, député de Brest; DAVID, ministre plénipotentiaire; D'OTREPPE DE BOUVETTE, délégué de la Belgique; DELESSE, ingénieur des mines; le général comte BORÉLY, de Bordeaux; DE WITT, membre correspondant de l'Institut; DU CHATELLIER, id.; DE LA FAYETTE, du Puy; le marquis DE VOGUÉ, délégué du Cher; GAUGAIN, archiviste-trésorier.

M. le secrétaire-général Ch. Gomart, de St.-Quentin, sous-directeur de l'Institut des provinces, tient la plume.

M. de Caumont ouvre la séance par quelques paroles bien senties, puis il annonce que les délégations qu'il a reçues s'élèvent déjà à plus de quatre cents; tout fait présager que le Congrès sera encore plus nombreux que l'année dernière.

M. le Président procède au dépouillement de la correspondance et des délégations faites au Congrès par les Sociétés savantes et agricoles de France. Le tableau suivant résulte de ce dépouillement.

NORD.

Délégués. *Société dunkerquoise :*

MM. COUSIN, membre de l'Institut des provinces.
DE LA ROYÈRE, ancien maire de Bergues.
ALLARD, membre de la Société française d'archéologie.

Comice de Lille :

BRAME, député au Corps législatif.
Julien LE FEBVRE, président honoraire, faubourg St.-Honoré, 100.
Le comte DU MAISNIEL, rue Royale.

Société française d'archéologie :

Le comte DE CAULAINCOURT, de Lille.

Société d'agriculture, sciences et arts de Lille :

KULHMAN, membre de l'Institut des provinces.
LESTIBOUDOIS, conseiller d'État.

Société d'émulation de Cambrai :

A. WILBERT, membre de l'Institut des provinces.

Comice agricole de Condé :

MONNIER, juge de paix, président.

AISNE.

Comice agricole de St.-Quentin :

QUANTIN-BOCHARD, président.
Ch. GOMART, secrétaire.

Société archéologique de Soissons :

DE LA PRAIRIE, président de la Société.
PRIOUX, directeur de la *Revue archéologique*.

PAS-DE-CALAIS.

Société des Antiquaires de St.-Omer et Sociétés d'Arras :

MM. Le marquis DE GODEFROY-MESNILGLAISE.
VINCENT, membre de l'Institut.
L'abbé VAN DRIVAL, chanoine.
Le comte D'HÉRICOURT, membre de l'Institut des provinces.
D'HÉRICOURT fils, licencié en Droit.
LE CESNE, membre de l'Académie.

Société française d'archéologie :

Le baron DE SAINTE-SUZANNE, sous-préfet de Boulogne.
Gustave SOUQUET, à Etaples.

ARDENNES.

Société française d'archéologie :

L'abbé LATOUR, chanoine, curé de Sedan.
L'abbé DE FOURMY, curé de Mouzon.

MEUSE.

BUVIGNIER, membre de l'Institut des provinces, à Verdun.
LIÉNARD, secrétaire de la Société philomatique, id.
JEANTIN, membre de la Société française d'archéologie, à Montmédy.
Le comte DISSOFFY, d'Iserneck, président de la Société philomatique.
PETITOT, secrétaire-adjoint de la Société.

MOSELLE.

Victor SIMON, membre de l'Institut des provinces, à Metz.
Le comte VAN DER STRATEN-PONTHOZ, id.

Sociétés et Comices agricoles :

Le comte HALLEZ D'ARROS.

Société de Médecine de Metz :

ANCELON, docteur-médecin.

Société d'histoire naturelle :

MM. DURAND.

MEURTHE.

Le baron GUERRIER DE DUMAST, membre de l'Institut des provinces, à Nancy.

SALMON LEVILLIER, propriétaire, id.

ANCELON, membre de l'Institut des provinces, à Dieuse.

MARNE.

Sociétés d'agriculture et Comices agricoles de Châlons :

L'abbé AUBERT, curé de Juvigny.

L'abbé BOITEL, chanoine de Châlons.

DE BACQ, membre de l'Institut des provinces.

GARINET, propriétaire, à Châlons.

Le baron CHAUBRY DE TRONCENORD, membre du Conseil général.

DE PINTEVILLE DE CERNON, propriétaire.

Le comte DE MELLET, membre de l'Institut des provinces.

Académie de Reims :

ROBILLARD, vice-président du Tribunal.

H. PARIS, avocat.

SUTAINE, négociant.

Louis PARIS, directeur du *Cabinet historique.*

Léon MACÉ, numismate.

Ch. GIVELET, inspecteur des monuments.

Comice agricole :

CHANDON DE ROMONT.

Société française d'archéologie :

DUQUENELLE, membre de la Société.

PÉRIER, propriétaire, à Épernay.

SOMME.

Société d'émulation d'Abbeville :

L abbé DERGNY, vicaire de St.-Gilles d'Abbeville.

MM. E. PRAROND, de l'Institut des prov., secrétaire de la Société.
Le marquis DE CHENEVIÈRES-POINTEL, conservateur du musée du Luxembourg.
Le vicomte DE FONTENAY, ingén^{r}. du chemin de fer d'Orléans.
BUTEUX, membre correspondant de la Société, à Paris.
BOUCHER DE PERTHES, membre de l'Institut des provinces.
DERMIGNY, membre du Comice agricole, à Péronne.

Société industrielle d'Amiens :

FERGUSON fils, cité Malesherbes.

Société des Antiquaires d'Amiens :

Arthur DE MARSY, membre de la Société.
HARDOUIN, avocat à la Cour de cassation.
MENNECHET, inspecteur de la Société française d'archéologie.

Comice agricole de Montdidier :

Le comte DE VIGNERAL, ancien président du Comice, président de l'Académie de l'Industrie de Paris.

OISE.

Sociétés académiques et Société française d'archéologie :

L'abbé BARRAUD, membre de l'Institut des provinces.
MATHON, archiviste du département.
BOULANGER, fabricant de pavages émaillés.
PEIGNÉ-DELACOUR, membre de plusieurs Académies.
DANJOU, président du Tribunal civil.
CARON, docteur-médecin, à Paris.

Société d'agriculture de Compiègne :

GAUSSIN, membre de la Société d'agriculture de Compiègne.
BOURSIER DE LA PLACE, id.

SEINE-INFÉRIEURE.

Académie impériale :

L. DE GLANVILLE, membre de l'Institut des provinces.

L'Association normande, la Société d'horticulture et les autres Sociétés :

MM. Alfred DE ROISSY, de la Soc. de l'Histoire de France, à Paris.
Le comte Alph. DE CIVILLE, membre du Comice agricole de Buchy.
MARCHAND, membre de l'Institut des provinces, à Fécamp.
BOULAY, membre de l'Académie impériale de médecine, 7, rue Bourdaloue, à Paris.
DORVAULT, directeur de la Pharmacie centrale, id.
LE ROY-PERQUER, rue de Fleurus.
POUCHET, correspondant de l'Institut.
FOUQUET-LONG, membre de l'Association normande.
BEAUDOIN, président des Comices de l'arrond[t]. de Rouen.
Le comte D'ESTAINTOT, membre de la Société d'agriculture.
L'abbé DECORDE, membre de l'Institut des provinces.
MABIRE, membre de l'Institut des provinces, à Neufchâtel.
Le vicomte DE POMMEREU, inspect[r]. de l'Association, à Paris.
Le vicomte DE PETITEVILLE, de la Société française d'archéologie, à Rouen.
BOURDON, ancien député, à Elbeuf.
Victor GRANDIN, inspecteur de l'Association normande.
BALLIN, membre de l'Institut des provinces, à Rouen.
FLAVIGNY, manufacturier, à Elbeuf.
Le comte D'ESTAINTOT, inspect[r]. de l'Association normande.
NOS-DARGENCE, membre de la Soc. d'horticulture, à Rouen.
HUET, id., id.
MALBRANCHE, id.

Société havraise d'études diverses :

MILLET-SAINT-PIERRE.
LAFON DE LURCY, place de la Bourse, à Paris.

Le Cercle pratique d'horticulture du Havre :

PINEL fils, rue Laffitte, 34.
Léon LEFEBVRE, rue Jacob, 52.

CALVADOS.

BAYEUX.—*Les Sociétés académiques et agricoles* :

MM. Le marquis DE BALLEROY, membre du Conseil général.
Le comte DU MANOIR, maire de Juaye.
Le vicomte DE CUSSY, membre de l'Institut des provinces.
BATAILLARD, membre de plusieurs Académies.

Société française d'archéologie :

L. GAUGAIN, secrétaire de la Société française d'archéologie.
DE PIERRE, membre du Conseil général, à Louvières.
Léonce DE MARGUERIT, propriétaire, à Vierville.
L'abbé LE PETIT, curé-doyen de Tilly.
L'abbé NOGET, supérieur du séminaire de Sommervieu.
Le marquis DE FOURNÈS, à Vaussieux.

CAEN. — *Académie des sciences, arts et belles-lettres :*

BOULATIGNIER, conseiller d'État.
Le comte FOUCHER DE CAREIL, de l'Institut des provinces.
DE BOUIS, de l'Institut des provinces, à Paris.
Adolphe HUART, avocat, id.

Société de médecine :

Léon MARCHAND, D.-M.-P., licencié ès-sciences, rue St.-Placide, 56.
Émile QUANTIN, D.-M.-P., rue Mazagran, 14.

Société d'agriculture et de commerce:

Le comte L. D'OSSEVILLE, membre de l'Association normande.

Société d'horticulture :

OLIVIER, ingénieur en chef.
HERINCQ, rédacteur de l'*Horticulteur français*, à Paris.
BOUCHET, secrétaire de la Société centrale, rue de la Tour-d'Auvergne, id.
JAMIN, pépiniériste, à Bourg-la-Reine.

Société des Beaux-Arts :

MM. RUPRICH-ROBERT, architecte, à Paris.
P. GRIMAUD, négociant, 68, rue de Bondy.
Le marquis DE HARCOURT, rue Vanneau.
COUSIN, chef d'institution, 61, rue du Rocher.

Association normande :

Le comte FOUCHER DE CAREIL, de l'Institut des provinces.
Le comte DE GERMINY, maire de Bavent.
Le comte DE CORNOUILLER, propriétaire, à Caen.
Le comte DE BLAGNY, id., id.
LE CORDIER, ingénieur civil.
DAUFRESNE, membre du Conseil général.
Le vicomte DE BLANGY, de la Société française d'archéologie.
Le comte DE MONCEAUX, maire de Chicheboville.
Le baron Emmanuel DE FONTETTE, ancien député.

Société académique de Falaise :

LE BOURGEOIS, propriétaire.
G. PLANTÉ, id.
SAINT-JEAN, président de la Société.
PAULMIER, ancien député.
Le comte DE LIESVILLE.

LISIEUX. — *Société d'émulation :*

Baron DE WITT, membre du Conseil général.
Le prince HANDJÉRI, à Manerbe.
Paul TARGET, ancien président de la Société.

Association normande :

Ch. VASSEUR, membre de la Société française d'archéologie, à Lisieux.
Victor PANNIER, id.
Le comte DE BEAUCOURT, à Blangy.
Le comte DE MONTGOMMERY, propriétaire, à Fervaques.

MM. Sevestre, propriétaire, à St.-Julien-le-Faucon.
Pouettre, inspecteur de l'Association, à Mézidon.
Delaporte, à Livarot.

Pont-l'Evêque. — *Société d'agriculture :*

Feret, président de la Société d'agriculture.
Binette, vice-président de la Société.
Paris-d'Illins, maire de Villers.
Le Danois, référendaire au sceau.

Vire. — *Société d'agriculture :*

Le baron de Chaulieu, ancien député.
De Campagnolles, de la Société française d'archéologie, avocat.

Association normande :

Lenormand, fabricant de drap.
René Lenormant, ancien sous-préfet.
Victor Roger, propriétaire, à Truttemer.
Le vicomte de Saint-Pierre, propriétaire, à St.-Pierre-du-Fresne.

EURE.

Société libre d'agriculture d'Évreux :

Rossey, ancien conseiller de Préfecture.
Louis Passy, à Paris.
Eugène Dramard, secrétaire de la Société.

Société française d'archéologie :

R. Bordeaux, docteur en Droit, à Évreux.

Association normande :

Le comte de Glatigny, propriétaire, au Breuil.
Prétavoine, maire de Louviers, membre de l'Association normande.
Le Métayer-Masselin, inspecteur de l'Association, à Bernay.
Le comte de Barrey, maire de Verneuil, membre du Conseil général.

MM. Le baron de Montreuil, membre du Conseil général, à Gisors.

De Rostolan, propriétaire, à Évreux.

Lereffait, membre du Conseil général, à Pont-Audemer.

MANCHE.

Sociétés savantes de Cherbourg :

Le comte du Moncel, délégué de la Société des sciences naturelles.

Le comte de Tocqueville, délégué de la Société d'agriculture.

Noel, ancien député.

Société d'agriculture de Mortain:

Coquard, président.

Gosset, secrétaire de la Société.

De Montbrun, bibliothécaire de la Société.

Société d'Avranches :

Léopold Delisle, membre de l'Institut de France.

Niobé, docteur en médecine, à Paris.

De Saint-Germain, député au Corps législatif.

Le Breton, fonctionnaire au lycée, à Versailles.

Laisné, président de la Société.

Société d'horticulture de Valognes :

Du Poerier de Portbail.

Foubert, maire de St.-Sauveur-le-Vicomte.

Étienne, avocat, à St.-Sauveur.

Association normande :

Quénault, sous-préfet de Coutances, inspecteur divisionnaire de l'Association normande.

Le comte César de Pontgibault, membre du Conseil général.

Dupré La Mahérie, rue d'Enghien, 14, à Paris.

Tancrède de Hauteville, licencié en Droit.

ORNE.

MM. Le duc Pasquier, membre du Conseil général.
De La Sicotière, membre de l'Institut des provinces, à Alençon.
Pichon-Prémélé, maire de Séez.
De La Rouvraye, membre du Conseil général.
Le baron Le Guay, id.
Massiot, inspecteur de l'Association normande.
De Chazot, député au Corps législatif.
David-Deschamps, id.
Le Pelletier, inspecteur de l'Association normande, à Nocé.
Cécire, id., à l'Aigle.
D'Epinneville, id., à Ticheville.
Le marquis de Torcy, député au Corps législatif.

ILLE-ET-VILAINE.

Sociétés agricoles et archéologiques :

Bodin, membre de l'Institut des provinces, à Rennes.
Bochin, membre de la Société d'agriculture.
Le vicomte de Genouilhac, de l'Institut des provinces.
Audren de Kerdrel, ancien député, inspecteur divisionnaire de la Société française d'archéologie.

MORBIHAN.

Le comte de Kéridec, à Hennebont.

COTES-DU-NORD.

A. de Barthélemy, ancien sous-préfet.
Auber, membre de la Société française d'archéologie.

FINISTÈRE.

Sociétés agricoles et archéologiques :

Levot, membre de l'Institut des provinces, à Brest.

MM. Du Chatellier, membre correspondant de l'Institut, à Pont-Labbé.

De Blois, inspecteur des monuments, à Quimper.

Halléguen, de la Société archéologique, à Landernau.

Conseil, député au Corps législatif.

MAYENNE.

Sociétés agricoles :

Le comte Desnos, membre du Conseil général.

Le comte du Buat, à la Suhardière, près Château-Gontier.

Le baron de Sarcus, président du Comice agricole de Mayenne.

Victor Desvallettes, secrétaire du Comice.

Le comte Armand de Hercé, au château de Monguéré.

SARTHE.

Société d'agriculture, sciences et arts et Société française d'archéologie :

Guéranger, président de la Société d'agriculture.

de Hennezel, ingénieur en chef des mines.

De Lestang, ancien officier de marine.

Hucher, inspecteur des monuments, au Mans.

Charles, à La Ferté-Bernard.

Le vicomte de Cumont.

L'abbé Voisin.

Le comte de Mailly, membre de l'Institut des provinces.

De Baglion, membre de la Société française d'archéologie, au château de Boscé.

EURE-ET-LOIR.

Comices agricoles de Nogent-le-Rotrou, de Vendôme et Société française d'archéologie :

Le général Le Breton, député.

Vacher du Grand-Parc, propriétaire, à Saizé.

Monnier, maire de Basoches.

MM. Bouchard-Huzard, membre de l'Institut des provinces.
Le comte de Bezeval, propriétaire, à Beaumont-les-Autels.
De Morissure, membre de plusieurs Académies, à Nogent.
Paul Durand, de Chartres.
Desvaux-Savouré, des Comices de Vendôme et de Montdoubleau.

Société archéologique d'Eure-et-Loir :

R. Letartre, de la Société archéologique d'Eure-et-Loir.
L. Merlet, id.
Lud. de Boisvillette, id.
Person, id.
J. Greslon, id.

SEINE.

Paul de Wint, de la Société française d'archéologie.
De Saint-Paul, id.
Guizot, ancien ministre, membre de l'Académie française.
Michel Chevalier, membre de l'Institut.
Léonce de Lavergne, id.
De Quatrefages, id.
Belgrand, de l'Institut des provinces, ingénieur en chef des ponts-et-chaussées.
Mille, ingénieur des ponts-et-chaussées.
Mosselman, de l'Institut des provinces, rue de Milan, 13.
Hachette, éditeur, boulevard St.-Germain.
Ramon de La Sagra, correspondant de l'Institut.
Delesse, ingénieur des mines, membre de l'Institut des provinces.
Duras.
Le baron David, ministre plénipotentiaire.
Le marquis de Loray, rue d'Anjou-St.-Honoré, 23.
Doré père, de l'Institut des provinces.
Doré fils, professeur de chimie.
Jules Labarte, de l'Institut des provinces.
Varin, de la Société française d'archéologie.
Mahias, avocat.

MM. FONVIELLE, avocat.

Le marquis JESSÉ DE CHARLEVAL, rue de Ménars, 14.

Le comte D'ERCEVILLE, de la Société française d'archéologie.

BARRAL, directeur du *Journal d'agriculture pratique.*

PAYEN, membre de l'Institut, secrétaire perpétuel de la Société impériale d'agriculture.

Le marquis DE LA QUENILLE, directeur de la *Revue des Beaux-Arts.*

Henri D'URCLÉ.

Victor LONGUET.

ROBERT, président de l'*Union des poètes.*

Le chevalier DE PINIEUX, membre de la Société française d'archéologie.

LE ROYER, de l'Institut des provinces, à Vincennes.

POMPÉE, directeur de l'École professionnelle d'Ivry.

TRESCA, sous-directeur du Conservatoire des arts et métiers, à Paris.

PERDONNET, directeur de l'Ecole centrale, id.

HARENT, chef d'institution, id.

SEINE-ET-MARNE.

Société d'agriculture de Provins :

DE HAUT, avocat à Paris, président.

AUBE.

Société d'agriculture, sciences et arts :

Ernest BERTRAND, juge d'instruction, à Paris.

HÉBERT, agent de la Société d'acclimatation.

Le comte DE VANDOEUVRE, ancien représentant.

MILLARD, ancien représentant.

DOULIOT, professeur de physique au Lycée de Troyes.

PEIGNÉ-DELACOUR.

Société française d'archéologie :

GAYOT, président de la Société d'agriculture, à Troyes.

L'abbé COFFINET, chanoine, id.

YONNE.

Sociétés des sciences historiques:

MM. Le comte DE MONTALEMBERT, de l'Académie française.
DE BOUTIN, conseiller à la Cour impériale de Paris.
Le baron DU HAVELT, membre du Conseil général.
BELGRAND, ingénieur en chef.
Victor PETIT, de l'Institut des provinces.
BERT.
CHALLE, sous-directeur de l'Institut des provinces.

Société centrale d'agriculture :

Le marquis DE CLERMONT-TONNERRE.
Le marquis DE TANLAY, de l'Institut des provinces.
TEXTORIS, membre du Conseil général.
RAUDOT, de l'Institut des provinces.
VIGNON, ingénieur en chef.
CHALLE, sous-directeur de l'Institut des provinces.
RAVEN, membre de la Société française d'archéologie.

Société archéologique de Sens :

DUCOUDRAY, membre de la Société.

COTE-D'OR.

Sociétés agricoles et Commission archéologique de Dijon:

DESTOURBET, président de la Société d'agriculture.
BAUDOT, président de la Commission archéologique.
Le marquis DE SAINT-SEINE, de l'Institut des provinces.
DARBAUMONT, secrétaire de la Commission.
Le comte DE VESVROTTE, à Dijon.
POISOT, rue de La Rochefoucault, 17.
Le comte DE LA LOYÈRE, président du Comité de viticulture, à Savigny, près Beaune.

Société d'histoire et Comice agricole de Beaune:

AUBERTIN, conservateur du musée.
Jules PAUTET, ancien sous-préfet.

LOIRET.

Société des sciences, Comices et Société française :

MM. Mgr. DUPANLOUP, évêque d'Orléans.
DUPUIS, conseiller à la Cour d'Orléans.
MARCHAND, à Auzoër, près Briare.
MAZURE, professeur au Lycée.
DE BUZONNIÈRE, membre de l'Institut des provinces.
PÉROT, ancien conseiller.

NIÈVRE.

Mgr. CROSNIER, protonotaire apostolique, à Nevers.

CHER.

Société d'agriculture :

Le duc DE MAILLÉ.
Le marquis DE VOGUÉ, de la Société d'agriculture de France.
Le vicomte DE ROMANET, ancien membre du Conseil général de l'agriculture.
Le vicomte DE COULONGNE.
PAULINIER.
DE QUERY.
BOURDALOUE, de l'Institut des provinces.

Société française d'archéologie :

BERRY, conseiller à la Cour impériale.

Comice d'Aubigny :

GUILLAUMIN, député au Corps législatif.
SOYER, membre du Comice.

LOIR-ET-CHER.

Sociétés agricoles :

Le marquis DE VIBRAYE, membre correspondant de l'Institut, à Cour-Cheverny.

Société française d'archéologie :

MM. Launay, professeur au Collége de Vendôme.
Le comte de Rochambeau, au château de Rochambeau, près Vendôme.

INDRE.

Maurenq, rue de Rivoly, à Paris.

INDRE-ET-LOIRE.

Société archéologique et Société d'agriculture de Tours :

Le comte de Galembert, de l'Institut des provinces.
Pecard, conservateur du musée archéologique.
Le baron Lambron de Lignim, de l'Institut des provinces.
Bordes, maire de Vouvré.

MAINE-ET-LOIRE.

Société industrielle, Comice agricole et Société française d'archéologie :

D'Espinay, juge d'instruction, à Saumur.
Courtillier, administrateur et fondateur du musée, id.
Delavau, propriétaire, id.
Robinet, à Paris.
Eugène Gayot, ancien inspecteur général des haras, id.
Taillandier père, rue des Saints-Pères.
Le Royer, de l'Institut des provinces, à Vincennes.
Louvet, député au Corps législatif.
Godard-Faultrier, inspecteur de la Société française d'archéologie.
Aubert, membre du Comice agricole.

LOIRE-INFÉRIEURE.

Cailliaud, membre de l'Institut des provinces, à Nantes.
Le marquis de Tilly, de la Société française d'archéologie, id.
Marionneau, id.

VENDÉE.

Société française d'archéologie et Société d'agriculture :

MM. L'abbé BAUDRY, curé du Bernard.
POEDAVANT, à Maillezais.
René CAILLIAUD, rue de la Bourse, 5, à Paris.

DEUX-SÈVRES.

BEAULIEU, correspondant de l'Institut, à Niort.
Léon PALUSTRE DE MONTIFAULT.
DAVID, député au Corps législatif.

VIENNE.

Société des Antiquaires de l'Ouest :

Nicias GAILLARD, président à la Cour de Cassation.
Le comte DE MONTALEMBERT.
DUFAURE, rue Le Peltier, 20.
MORANDIÈRE, ingénieur en chef de la Compagnie d'Orléans.

Société française d'archéologie :

Le R. P. BENY, de Poitiers.
LE COINTRE-DUPONT, propriétaire, id.

CHARENTE.

THIAC, membre de l'Institut des provinces.

CHARENTE-INFÉRIEURE.

L'abbé LACURIE, de l'Institut des provinces, à Saintes.
BRISSON, inspecteur de la Société française d'archéologie, à La Rochelle.
DORVAULT, de la Commission des arts et monuments.

HAUTE-VIENNE.

ALLUAUD, membre de l'Institut des provinces et du Conseil général de l'agriculture, à Limoges.
ARBELLOT, archiprêtre, à Rochechouart.

CREUSE.

MM. L'abbé ROY-PIERREFITTE, à Bellegarde.
Cyprien PÉRATHON, négociant, à Aubusson.
LATOURETTE, député au Corps législatif.

DORDOGNE.

Sociétés agricoles et Société française d'archéologie :

Le marquis DE MALLET, président du Comice agricole de Nontron.
Le marquis Hélie DE BOURDEILLES.
DE VERNEILH, de l'Institut des provinces, à Nontron.
Le vicomte Alexis DE GOURGUES, à Lanquais.
Le comte DE RIGNY, receveur des finances, à Nontron.
Le comte DE LA PANOUZE, à Périgueux.

GIRONDE.

Ch. DES MOULINS, sous-directeur de l'Institut des provinces.
DURIEU DE MAISONNEUVE, conservateur du Jardin botanique, à Bordeaux, membre de l'Institut des provinces.
Le général comte DE BORÉLY, membre du Conseil général de la Gironde.
Le baron DE CASTELNEAU-D'ESSENAULT, de l'Institut des provinces.
Le comte Alexis DE CHASTEIGNER, de l'Institut des provinces.

AVEYRON.

Société des lettres, sciences et arts de l'Aveyron :

GIROU DE BUZAREINGUES, député.
CALVET-ROGNIAT, id.
L'abbé GAYRARD.
Jules DUVAL.
GAYRARD, ingénieur.
CARLE, imprimeur-lithographe.
MARCHAL, ingénieur en chef des ponts-et-chaussées.

AUDE.

Société des sciences et arts de Carcassonne et Commission archéologique de Narbonne.

MM. MAHUL, ancien préfet, membre de l'Institut des provinces.
DELMAS, à Narbonne.
TALAVIGNE, id.
Gabriel BIRAT, id.
DE TOURNAL, président de la Commission archéologique.

BASSES-PYRÉNÉES.

DURAND, architecte, membre de la Société française d'archéologie, à Bayonne.
DE VIGAN, inspecteur des forêts, membre de plusieurs Académies, à Pau.

LOT-ET-GARONNE.

Société d'agriculture, sciences et arts d'Agen.

Sylvain DUMON, ancien ministre, rue Rumfort, 8.
Le baron DE LANGSDORF, ancien ministre plénipotentiaire, rue de l'Université, 94.
Le docteur LA BOULBÈNE, professeur à la Faculté de médecine, rue de Lille, 35.

TARN ET TARN-ET-GARONNE.

Sociétés des sciences, agriculture et archéologie de Montauban, Albi, etc.

Gustave GARISSON, président de la Société, à Montauban.
OLIVIER, membre résidant, id.
E. ROSSIGNOL, inspecteur des monuments, à Montans, près Gaillac.
Le baron Édouard DE RIVIÈRES, à Albi.
Louis DE COMBETTES DU LUC, rue de Grenelle-St.-Germain, 89, à Paris.

MM. Du Molay-Bacon, secrétaire-général de la Préfecture, à Albi.

Henri de Tonnac-Villeneuve, à Gaillac.

Étienne Mazas, à Lavaur.

L. de Combettes La Bourelie, au château de la Bourelie.

Le comte de Toulouse-Lautrec, inspecteur divisionnaire de la Société française d'archéologie.

De Barrau, président de la Société littéraire et scientifique de Castres.

H^te. Crozes, vice-président du Tribunal d'Albi.

Le comte de Martin-Douas.

Rigal, docteur en médecine, à Gaillac.

Le vicomte Gustave de Montcabrier, à Réalmont.

Jollibois, archiviste du département du Tarn.

Le vicomte de Puységur, ancien député à Rabasteins.

LOT.

Léonce de Lavergne, membre de l'Institut.

Le comte Bernard d'Armagnac, à Cahors.

ARIÈGE.

Lacomta, substitut, à Foix.

GERS ET LANDES.

Sociétés savantes et agricoles du Sud-Ouest:

Léon Dufour, correspondant de l'Institut, à St.-Sever (Landes).

Ed. Perris, naturaliste, conseiller de préfecture, à Mont-de-Marsan.

Le comte de Dampierre, au château de Vignon (Landes).

De Guilloutet, membre du Conseil général des Landes.

Dives, chimiste, à Mont-de-Marsan.

Meyroe, chimiste, à Dax.

Domengen, membre du Conseil général des Landes.

Du Peyrat, membre de l'Institut des provinces, directeur de la ferme-école, à Berryes.

Société française d'archéologie :

MM. SOLON, juge, à Auch.

HÉRAULT.

RICARD, membre de l'Institut des provinces, à Montpellier.

FABRÈGE, licencié en Droit, à Paris.

GARD.

BOUSQUET, payeur du Trésor, à Nîmes.

DE MÉRONA, receveur des finances, à Alais.

Le vicomte DE MATHAREL, receveur-général des finances, à Nîmes.

A. PELET, inspecteur des monuments, id.

BOUCHES-DU-RHONE.

ARLES.—*Comité archéologique :*

CLAIR, membre du Conseil général.

MARSEILLE. — *Société de statistique des Bouches-du-Rhône.*

Le docteur BOUDIN, à Paris.

CHAUMELIN, employé au Ministère des finances.

Le vicomte DE CUSSY, rue Caumartin.

VIDAL, inspecteur-général des prisons.

CHAMBON, à Paris.

Société française d'archéologie :

TALON, avocat, à Aix.

VAR.

Société des sciences, belles-lettres et arts du Var :

Auguste SILVY, sous-chef de bureau au Ministère de l'instruction publique.

A. FORGEAIS, de la Société de sphragistique, quai des Orfèvres, 54.

Léon LAGRANGE, homme de lettres, rue de Seine, 13.

MM. Justin AMERO, rue Moulin-Montrouge, 19.
NIRASCON, professeur au collége de Toulon.

Société française d'archéologie :

ROSTAN, membre du Conseil général, à St.-Maximin.

BASSES-ALPES.

DE BERLUC-PÉRUSSIS, inspecteur divisionnaire de la Société française d'archéologie, à Forcalquier.

VAUCLUSE.

VALÈRE-MARTIN, inspecteur des monuments, à Cavaillon.

DROME.

L'abbé JOUVE, de l'Institut des provinces, à Valence.
Le marquis DE SIEYÈS, id.

ISÈRE.

LABBÉ, président du Comice agricole de Mure.
LABBÉ, ancien juge de paix, à Hérieux.
Comte DE GALBERT, de l'Institut des provinces, à La Bouisse.
Paul SIMIAN, délégué de la Société française d'archéologie.
Albert DU BOYS, membre de l'Institut des provinces, à Grenoble.
RÉAL, de l'Académie Delphinale, id.
Le marquis DE BÉRANGER, délégué de l'Académie Delphinale, au château de Sassenage (Isère).
Victor TESTE, délégué de la Société française d'archéologie, à Vienne.
Le marquis DE TERREBASSE, id., id.

RHONE.

MARTIN-D'AUSSIGNY, membre de l'Institut des provinces.
P. CANAT DE CHIZY, de la Société française d'archéologie.

Société française d'archéologie :

Le Cte. G. DE SOULTRAIT, membre de l'Institut des provinces.
VINGTRINIER, directeur de la *Revue du Lyonnais*.

SAVOIE.

MM. Le marquis DE COSTA DE BEAUREGARD, président du Comité d'organisation du Congrès scientifique de France.

Le marquis César D'ONCIEN, vice-président de la Société d'histoire naturelle de Savoie.

CHAPERON, secrétaire de l'Académie impériale de Chambéry.

PILLET, membre de l'Académie.

L'abbé CHAMOUSSET, secrétaire-perpétuel de l'Académie.

HAUTE-SAVOIE.

L'abbé DUCIS, professeur, à Annecy.

AIN.

Comice agricole de Trevoux :

BODIN, député.

DE MONICAULT, ancien préfet, vice-président du Conseil général de l'Ain.

SAONE-ET-LOIRE.

Sociétés d'Autun, Mâcon, etc. :

DE FONTENAY, élève de l'École des Chartes.

BULLIOT, membre de l'Institut des provinces.

DE SURIGNY, de l'Institut des provinces.

LOIRE.

Sociétés d'agriculture, d'industrie, d'histoire, etc.

Le général comte DE ROCHEFORT, de l'Institut des provinces, rue Blanche, 84.

Auguste CALLET, ancien député, avenue de Neuilly, 125.

Le vicomte DE MEAUX, de Montbrison.

D'ALBIGNY DE VILLENEUVE, secrétaire-général du Congrès scientifique de France.

HAUTE-LOIRE.

CALEMARD DE LAFAYETTE, du Puy.

Albert DE BRIVES, membre de l'Institut des provinces.

LE BLANC, secrétaire du Comice de Brioude.

ARDÈCHE.

Société des sciences naturelles et le Comice agricole de Privas :

MM. PERSONNAT, secrétaire et délégué de l'une et l'autre Société.

LOZÈRE.

Sociétés d'agriculture :

DE CHAMBRUN, député.
Le comte BORELLY DE SERRES, rue de Grenelle.
Théod. ROUSSEL, président de la Société.
GUIBERT, secrétaire de la Société.

Société française d'archéologie :

Le baron CHAPELAIN DE SAINT-SAUVEUR, membre de l'Institut des provinces, à Mende.

PUY-DE-DOME.

BOUILLET, de l'Institut des provinces, à Clermont.
THIBAULT, secrétaire de l'Académie, id.

ALLIER.

Société d'émulation et Société d'agriculture, Société française :

Le marquis DE MONTLAUR, membre du Conseil général.
Albert DE BURES, membre de la Soc. française d'archéologie.
Henry DE BONNAND, président de la Société d'agriculture.
Le baron DE VEAUCE, député.
DE L'ÉCLUSE.
Le docteur MIGNOT, à Chantelle.
FAYET, curé d'Hyds.

HAUTE-SAONE ET VOSGES.

Société d'agriculture de Vesoul :

LALANDE, proviseur au lycée de Vesoul.
THIERRY, licencié en Droit.
GALMICHE, élève de l'École des Chartes, à Paris.

Société française d'archéologie :

Le marquis D'ANDELARRE, député au Corps législatif.
Jules DE BUYER, à La Chaudeau.
BARDY, pharmacien, à St.-Dié.

JURA.

Société d'agriculture de Poligny :

MM. HUARD, avocat, à Paris.

BERTHERAULT, secrétaire de la Société.

DOUBS.

Société d'émulation :

Le vicomte DE CHARDONNET, ancien élève de l'École polytechnique.

Jules VOLFREY, rédacteur en chef de la *Franche-Comté.*

DE BANCENEL, lieutenant-colonel en retraite.

Les Sociétés d'agriculture et Comices agricoles :

BONNET, de l'Institut des provinces, professeur d'agriculture du département.

HAUTE-MARNE.

Le baron DUVAL DE FRAVILLE, ancien sous-préfet.

TONNET, de Bourbonne, ancien préfet du Calvados.

HAUT-RHIN.

POIZAT, architecte, inspecteur de la Société française d'archéologie, à Belfort.

A. POIZAT, id., id.

BAS-RHIN.

Le colonel DE MORLET, de l'Institut des provinces, à Strasbourg.

L'abbé STRAUB, professeur d'archéologie, id.

ALGÉRIE.

ROGER, architecte, membre de la Société française d'archéologie, à Philippeville.

ITALIE.

Le comte LANCIA DI BROLO, membre étranger de l'Institut des provinces, secrétaire de l'Académie des sciences de Palerme.

BELGIQUE.

MM. D'OTREPPE DE BOUVETTE, inspecteur-général des mines, délégué des Sociétés savantes de Belgique.

Le baron DE PEELLAERT, lieutenant-colonel, à Bruxelles.

PAYS-BAS.

NAMUR, secrétaire de la Société archéologique du grand-duché de Luxembourg.

POLOGNE.

Le comte André ZAMOISKI, ancien président du Conseil d'État de Pologne.

DUCHINSKY, membre de plusieurs Sociétés savantes, à Kieff.

ADDITIONS.

COTE-D'OR.

Commission archéologique :

DARBAUMOND, secrétaire-adjoint de la Commission archéologique.

Le comte DE VESVROTTE, membre de la Commission.

Ch. POISOT, rue de La Rochefoucault, 17.

SEINE.

BARON, ancien député.

Le comte D'ERCEVILLE, de la Société française d'archéologie.

CAPPON, avocat, quai Bourbon, 51.

CALVADOS.

DE LA PORTE, membre de l'Association normande.

Tous les délégués indiqués dans cette longue liste n'ont pu se rendre au Congrès, mais 240 d'entr'eux ont assisté aux séances.

EXPOSITION DE DESSINS ET DE MODÈLES.

Les murs de la salle des séances sont couverts de dessins, comme les années précédentes.

On remarque, entr'autres choses, un *fac-simile* de la Tapisserie de Bayeux, qui offre, comme on le sait, l'histoire de la Conquête de l'Angleterre par les Normands en 1066. Cette exhibition a été faite par M. de Caumont à l'occasion de la question : *Quelles sont les plus anciennes tapisseries historiques existantes?* M. Parker, d'Oxford, a, de son côté, exposé vingt-cinq planches coloriées représentant des spécimens de tapisseries ou d'anciens tissus.

Le baron de Peellaert, membre étranger de l'Institut des provinces, chevalier des ordres de Léopold et de la Légion-d'Honneur, officier de l'ordre de la Couronne-de-Chêne, a exposé des dessins recueillis dans les années 1861 et 1862. Ce sont :

Hôtel-de-Ville de Middelbourg (Pays-Bas).
Place de Nimègue (id.).
Hôtel-de-Ville de Gouda (id.).
Église St.-Lievin à Deventer (id.).
Le Dôme à Utrecht (id.).
La Concordia à Nimègue (id.).
Remparts à Zutphen (id.).
Chancellerie à Leuwaerden (id.).
Poids de la ville à Deventer (id.).
Hoofpoort à Dordrecht (id.).
Église Ste.-Walburge à Zutphen (id.).
Église de Groningue (id.).
Chapelle à Nimègue ou Valchenhof (id.).
Porte à Kampen (id.).
Hôtel-de-Ville à Kampen (id.).
Porte à Zwolle (id.).
Église St.-Étienne à Nimègue (id.).
Cloître à Utrecht (id.).
Église St.-Nizier à Lyon (France).
Le Munster à Bâle (Suisse).
Cathédrale de Lausanne (id.).
Le château de Schadau (id.).
Le château d'Oberhofen sur le lac de Thoun (id.).
Thoun-sur-l'Aar (id.).
Freibourg (id.).
La mer de glace à Chamouny (id.).

Pont couvert à Lucerne (Suisse).
Château de Neufchâtel (id.).
Château de Chillon (id.).
Porte à Soleure (id.).
Horloge à Berne (id.).
Tombeau des comtes de Neufchâtel (id.).
Hôtel-de-Ville de Bâle (id.).
Portail de la cathédrale de Lausanne (id.).
Chapelle de Guillaume-Tell à Kusnacht (id.).
Ville de Sion (id.).
Cloître byzantin à Zurich (id.).
Église de Xanten (Prusse).
Chutes d'eau à Sarrebourg (id.)
Place de Trèves (id.).
Hôtel de la Maison-Rouge à Trèves (id.).
Emmerich (id.).
Hôtel-de-Ville de Clèves (id.).
Tombeau des ducs de Clèves (id.).
Le Munster à Fribourg en Brisgaw (grand-duché de Bade).
La Douane, id. (id.).
Statue de Scharw, inventeur de la poudre à canon, id. (id.).
Abbaye d'Arnstein sur la Lahn (duché de Nassau).
Château de Schauemburg (id.).
Ruines du château de Blandinstein (id.).

On voit encore dans la salle une belle photographie de la statue de M. Le Cavellier, maire d'Arromanches et habile sculpteur; de magnifiques photographies par divers auteurs ; des cartes et des plans par M. Gomart ; une belle carte de la Flandre ancienne, en quatre grandes feuilles.

Des coupes coloriées ont été exposées par M. l'ingénieur en chef Belgrand.

M. le docteur Auzoux avait placé au fond de la salle des pièces très-remarquables d'anatomie clastique et des fleurs dont il a plus tard fait la démonstration.

Enfin quelques modèles réduits de divers instruments agricoles, déposés par M. le délégué de Valognes, complétaient l'exposition de la grande salle.

Dans le vestibule avaient été déposés quelques tableaux anciens, appartenant à une maison religieuse qui désirait les soumettre aux membres du Congrès pour connaître leur opinion sur la valeur de ces tableaux.

LIVRES OFFERTS AU CONGRÈS.

M. de Caumont présente de nombreux ouvrages offerts au Congrès. Voici la liste de ces publications :

Bulletins du Comice agricole de St.-Quentin, t. XI, 1862. Un vol. in-8°. St.-Quentin, J. Moureau, 1862.

Une culture dans le Craonnais, en 1860*;* par M. Bodard; broch. in-8°. Angers, Cosnier, 1861.

Annual Report of Brevet Lieut. Col. J. D. Graham, on the improvement of the harbours of laken Michigan, etc., for the year 1860. Un vol. grand in-8°. Washington, 1860.

Compagnie universelle du canal maritime de Suez. Rapport de M. Ferdinand de Lesseps; une broch. in-8°. Paris, H. Plon, 1862.

Notice sur la bibliothèque de Cherbourg ; par M. A. Noël. Extrait du II°. vol. du Congrès scientifique de Cherbourg; une broch.

Union des arts. Création d'un centre industriel; une broch. in-8°. Marseille, Arnaud, 1862.

Histoire de cinq villes et de trois cents villages, hameaux et fermes, seconde partie, canton de Rue ; par M. Ernest Prarond ; Un vol. in-12. 1862.

Galerie des hommes illustres du Vendomois, publiée, avec portraits, par la Société archéologique du Vendomois. Maillé de Benehart. Broch. in-8°. Vendôme, 1862.

Annuaire des cinq départements de l'Association normande (29°. année 1863) ; un fort vol. in-8°. avec gravures. Caen, Hardel, 1863.

Bulletin de la Société Linnéenne de Normandie, VII°. volume, 1861-62. Caen, Hardel, 1863 ; un vol. in-8°. avec lithographies.

Congrès archéologique de France, XXIX°. session, à Saumur, à Lyon, suivi du compte-rendu des séances générales tenues au

Mans, à Elbeuf et à Dives ; un fort vol. in-8°. avec gravures. Caen, Hardel, 1863.

Prix Le Sauvage. Rapport sur le concours ouvert le 26 février 1858, par M. Roulland ; un vol. in-8°. Caen, Hardel. 1862.

Mémoires et documents publiés par la Société savoisienne d'histoire et d'archéologie, t. VI ; un vol. in-8°. Chambéry, Albert Bottero, 1862.

Paris, port de mer. Extrait de la feuille maritime et commerciale, par M. Aug^te^. du Peyrat ; une feuille in-4°.

L'Invention, journal mensuel de la propriété industrielle ; une livraison du XVIIe. vol. Paris, 29, boulevard St.-Martin.

Bulletin monumental ou collection de mémoires et de renseignements sur la statistique monumentale de la France, 3e. série, t. VIII, XXVIIIe. de la collection ; un fort vol. in-8°. avec gravures. Caen, Hardel, 1862.

Procès-verbaux du Congrès scientifique ouvert à Liége le 1er. août 1836 , sous la présidence de M. de Caumont ; un vol. in-8°. Liége, de Thier, 1861.

Revue bibliographique, journal de publications nouvelles, 2e. année, n°. 31. 5 mars 1863.

Statistique agricole et industrielle de l'arrondissement de Valenciennes ; par M. Bonnier ; un vol. in-8°. B. Henry, Valenciennes, 1862.

Études St.-Quentinoises, par M. Charles Gomart. T. II ; in-8°. avec plans et gravures. St.-Quentin , 1852-1862. — Ce volume contient les études suivantes : De la peine du bannissement, appliquée par les communes, aux XIIe. et XIIIe. siècles. — *Appendice.* — Documents originaux qui se trouvent dans les archives communales de St.-Quentin. — Étude sur l'Hôtel-de-Ville de St.-Quentin. — Notice sur la chapelle des Endormis de Notre-Dame de Sissy , canton de Ribemont. — Notice sur quelques pierres tombales curieuses du Vermandois. — Borne de juridiction de l'abbaye du Mont-St.-Martin. — Inscription du VIe. siècle. — La Fontaine de la reine de Navarre , à Serain. — Sceau de la comtesse Éliénor de Vermandois. — Passion du martyr saint Quentin. — Introduction historique, chronologique et statistique aux Rues anciennes et modernes de la ville de St.-Quentin. — Anciennes enseignes de St.-Quentin. — La tour du connétable Saint-Pol, au château de Ham. — Le Jardin-Dieu, à Cugny. — Les seigneurs de Ham. — Châtelains et gouverneurs du château de Ham. — Histoire de la dame du Faïel. — La Fête de l'Arquebuse à St.-Quentin. — Le cimetière mérovingien de Vendhuile, ou le champ à Luziaux. — Quelques menhirs du Vermandois. — Le Château de Bohain et ses seigneurs. — Le camp romain de Vermand. — Les Fols et les Sots au moyen-âge. — L'ancienne église de Fresnoy-le-Grand. — Une Béguine à St.-Quentin. — Buckingham et Anne d'Autriche à Amiens en 1625. — Dictionnaire des rues anciennes et nouvelles, places, boulevards, impasses, cours, passages, de la ville de St.-Quentin.

Rapport sur les travaux de la Société d'agriculture, sciences et arts de Poligny pendant l'année 1862 ; une broch. in-8°. Poligny, Maréchal, 1862.

Recherches sur les eaux minérales ; par M. le docteur Bertheraud ; une broch. in-8°. Poligny, 1862.

Un voyage de Marguerite de Flandre dans le Jura, en 1585 ; par le même auteur ; une broch. in-8°. Poligny, 1862.

Rapport verbal fait par M. de Caumont sur divers monuments et plusieurs publications archéologiques. Extrait du *Bulletin monumental.* Une broch. in-8°. Caen, Hardel, 1860.

Recherches comparatives sur les dépôts fluvio-lacustres tertiaires des environs de Montpellier ; par M. Philippe Matheron, de l'Institut des provinces ; une broch. grand in-8°. Marseille, 1862.

The motions of fluids and solids relative to the earth's surface ; by W. Ferrel ; une broch. grand in-8°. New-York, 1860.

Recherches sur le livre anonyme, ouvrage inédit de Guichenon ; une broch. in-8°. Chambéry, 1862.

Les mondes, revue hebdomadaire des sciences ; prologue, feuille in-8°., et la 4e. livraison du t. Ier., 1863. Paris, Étienne Giraud, 1863.

Catalogue du musée archéologique de Philippeville (Algérie) ; par Joseph Roger ; une broch. in-8°. Philippeville, 1860.

Giornale della Commissione d'agricoltura e pastoriza, per la Sicilia ; une broch. in-8°. Palerma, 1862.

Atti della Societa di acclimazione e di agricoltura in Sicilia ; une broch. in-8°. Palerma, 1862.

Les chaires d'économie politique; par M. Jules Pautet. Une broch. grand in-8°. Paris, 1862.

Étude historique sur la statuaire au moyen-âge ; par M. le baron Chaubry de Troncenord ; une broch. in-8°. Châlons-sur-Marne, 1863.

Rapport sur les monuments historiques; par M. le baron Chaubry de Troncenord ; une broch. in-8°. Châlons-sur-Marne.

Mémoires de la Société d'archéologie et d'histoire de la Moselle; un vol. grand in-8°. Metz, 1862.

Bulletin de la Société d'archéologie et d'histoire de la Moselle, cinquième année ; un vol. grand in-8°. Metz, 1862.

Le marquis de Turbilly, agronome angevin au XVIII°. siècle; par M. Guillory aîné ; un vol. in-12. Angers, 1862.

Histoire de la soie; par M. Pariset ; un vol. in-8°. Paris, 1862.

Le Zeramina, journal de colonisation; 9°. année; plusieurs numéros.

Les bibliothèques scolaires; une broch. in-8°. Octobre 1862.

Bulletin de la Société industrielle d'Angers, 33°. année; un vol. in-8°. Angers, 1862.

Annuaire du département de la Manche, 35°. année ; un vol. in-8°. St.-Lo, 1863.

Mémoires de l'Académie impériale des sciences, arts et belles-lettres de Caen; un vol. in-8°. Caen, Hardel, 1862.

Promenades archéologiques et pittoresques ; par M. d'Otreppe de Bouvette ; une broch. in-12. Liége, 1862.

Promenades en Belgique; par le Même; une broch. in-12. Liége, 1863.

Musée d'art et d'archéologie à Liége; par le Même; une broch. in-12, 1862.

Réponse à l'auteur de la brochure intitulée : Les bibliothèques scolaires et M. Hachette; une broch. in-8°. Paris, novembre 1862.

L'archéologie et l'agriculture; par M. le comte du Faur de Pibrac; une broch. in-8°. Orléans, 1863.

Journal des découvertes, un numéro.

Revue bibliographique, un numéro.

Copie autographiée par Ch. Gomart d'une gravure de Jérôme Cock, représentant le siége de St.-Quentin en 1557; une grande feuille. St.-Quentin.

Plan de la ville de St.-Quentin en 1557 *et des opérations du siége;* par Ch. Gomart; une feuille. St.-Quentin.

Plan de la ville de St.-Quentin au XVIIIe. siècle, avec ses fortifications; par le Même; une feuille. St.-Quentin.

Plan de la ville de St.-Quentin en 1855; par Ch. Gomart; une feuille. St.-Quentin, 1855.

Plan du territoire de la commune de St.-Quentin, dressé par Ch. Gomart; une grande feuille. St.-Quentin.

Plan de la ville et du château de Ham, par Ch. Gomart; une feuille. St.-Quentin, 1862.

Annuaire encyclopédique, architecture nouvelle; par M. Ed. Lagout. Hachette, 1862; br. in-8°.

Esthétique nombrée; par M. Ed. Lagout. Paris, Hachette, 1862; in-4°.

Bulletin du Comice agricole de Brioude. Brioude, librairie Cheminard (janvier et février 1862); petit in-18.

Les vignes de l'Amérique du Nord; par M. E. Durand. Mémoire précédé d'une Introduction par M. Ch. Des Moulins. Bordeaux, Lafargue, 1862; in-8°.

Didron, fabricant de vitraux peints. Prospectus in-18, sans date, plusieurs exemplaires.

La Cigale et la Fourmi, lettre à M. P. Larousse, par A. Vingtrinier. Lyon, Vingtrinier; br. in-8°., sans date.

Note sur l'invasion des Sarrasins dans le Lyonnais; par le Même. Lyon, Vingtrinier, 1862; in-8°.

Documents sur la famille des Jussieu; par le Même. Lyon, Vingtrinier, 1860; in-8°.

Revue du Lyonnais, 28e. année, livraisons de septembre, octobre, novembre et décembre 1862. Lyon, Vingtrinier; grand in-8°.

Annuaire de l'Institut des provinces pour 1863. Caen, Hardel, 1863 ; in-8°.

Leçons d'anatomie et de physiologie humaine et comparée ; par le docteur Auzoux, avec l'épigraphe : *Nosce te ipsum.* Paris, Labé, édit. 1858 ; in-8°.

Annual Report of the Board of regents of the Smithsonian institution, for the year 1857.

Defence of Dr. Gould by the scientific Council of the Dudley Observatory, 3e. édition. Albany, 1858.

Reply of the « Satement of the trustees » of the Dudley Observatory, by Benj. Apthorp Gould Ir. Albany, 1859.

Statistique monumentale de l'arrondissement de Pont l'Évêque; par M. de Caumont. Caen, 1862.

Reboisement des montagnes ; compte-rendu, 1862, par M. Vicaire.

Les douze vertus de noblesse; par le comte d'Héricourt. Paris, 1863.

Annuaire des Sociétés savantes de la France et de l'étranger; par le comte Achmet d'Héricourt. Paris, 1863. Deux livraisons.

Hôtel d'Artois, à Paris. Arras, 1863.

Habitations à l'usage des cultivateurs ; par Louis Bouchard. Paris, 1863. Chez Mme. veuve Bouchard-Huzard.

De la détention préventive et de la célérité dans les procédures criminelles en France et en Angleterre ; par M. E. Bertrand. Paris, 1862.

Quatre mémoires sur la Botanique, par M. Ch. Des Moulins. Bordeaux, 1862.

Traité de la proposition ou de l'analyse logique appliquée spécialement à la langue française et à la langue latine ; par J. Delorme, chef d'institution, membre de l'Institut des provinces, à Lyon.

Société impériale d'agriculture, sciences et arts (ancienne Académie d'Angers). — *Répertoire archéologique de l'Anjou ;* douze cahiers de 1862.

Congrès archéologique à Saumur ; par V. Godard-Faultrier.

lité et à l'opportunité qu'il y a de s'en occuper ; cependant quelques savants n'ont pas été de cet avis. Les uns ont prétendu que la terre végétale ne se prêtait pas à des classifications précises, parce que sa composition était sans cesse modifiée par la culture. Les autres ont cru voir dans une carte agronomique la reproduction pure et simple d'une carte géologique ; d'autres, enfin, ont pensé qu'une carte agronomique devait indiquer seulement les cultures permanentes ou variables, ce qui tendait à la réduire à une sorte de carte cadastrale. Tandis que ces doutes étaient émis, M. de Caumont posait nettement la question et, de plus, il en donnait lui-même une solution. En effet, dès l'année 1842, il présentait au Congrès scientifique de Strasbourg une carte agronomique du département du Calvados ; c'est donc à lui que revient incontestablement l'honneur d'avoir esquissé la première carte agronomique qui ait éte publiée en France. Nous ajouterons aussi qu'il a provoqué l'exécution des cartes agronomiques par tous les moyens en son pouvoir, notamment par la fondation de plusieurs prix en province et d'un autre prix qu'il a mis à la disposition de la Société impériale d'agriculture.

Malgré l'appel de M. de Caumont et malgré son exemple, il n'y a jusqu'à présent qu'un petit nombre de tentatives qui aient été faites en France. Ainsi, parmi les cartes agronomiques actuellement publiées, on connaît celle de M. Belgrand pour l'arrondissement d'Avallon ; celle de M. Richard, de Jouvence, pour le canton de Palaiseau ; celle de M. Eugène Jacquot pour l'arrondissement de Toul. Dans la séance d'aujourd'hui, je me propose d'entretenir l'Assemblée du système que j'ai suivi pour exécuter la carte agronomique des environs de Paris et d'indiquer ensuite les principaux résultats obtenus. Toutefois, avant d'entrer dans les détails, il est nécessaire de présenter quelques considérations préliminaires.

Comme Paris est un grand centre de population, il est assez naturel de se demander si la composition primitive de la terre végétale n'a pas été complètement modifiée, soit par l'addition incessante d'engrais, soit par l'apport de diverses substances minérales. Or, les déchets d'industrie et les débris que renforment les boues de Paris se reconnaissent très-bien dans la terre végétale après qu'elle a été lavée; et il est d'abord très-facile de constater, qu'à part un petit nombre d'exceptions, les changements apportés à la composition de la terre végétale sont de peu d'importance, non-seulement aux environs de Paris, mais jusque dans Paris même. On peut d'ailleurs s'en rendre compte aisément, car les matières organiques se détruisent successivement, et quant aux substances minérales introduites, elles sont en proportion très-faible.

On constatera plus aisément encore que, dans beaucoup d'endroits, la terre végétale est complètement indépendante du terrain géologique sur lequel elle repose, et par suite nous voyons qu'une carte agronomique n'est aucunement la reproduction d'une carte géologique. La terre végétale peut, il est vrai, résulter presque entièrement de la décomposition du terrain sous-jacent, mais alors les substances minérales qui le constituent ont généralement subi des altérations qui modifient beaucoup leurs propriétés physiques ou chimiques; en sorte que, même dans ce cas, la terre végétale diffère encore très-notablement du terrain sur lequel elle repose et aux dépens duquel elle s'est formée. En tous cas, lorsqu'une terre végétale résulte de la décomposition d'un terrain, ses caractères dépendent beaucoup plus des substances minérales contenues dans ce terrain que de sa position dans la série géologique. Ainsi, des roches feldspathiques d'âges très-différents pourront donner des terres végétales ayant les mêmes caractères; c'est aussi ce qui aura lieu pour les roches argileuses, calcaires et siliceuses qui se reproduisent si souvent dans toute la série des terrains.

Maintenant les cultures, lorsqu'elles sont permanentes, se trouvent immédiatement représentées par la carte topographique même qui sert à exécuter la carte agronomique : car cette carte donne généralement les bois, les jardins, les vignes, les prés, les terres labourables. Lorsqu'au contraire les cultures sont variables, elles deviennent souvent extrêmement complexes et irrégulières; en sorte que, dans les environs de Paris en particulier, on ne pourrait pas les indiquer, même sur une carte à une très-grande échelle. On devra donc traiter tout ce qui concerne les assolements et les cultures variables dans une description spéciale, qui donnera en même temps l'indication des plantes croissant naturellement sur les différentes régions embrassées par la carte.

Si l'on considère une terre végétale, sa qualité est assurément une *fonction d'un* très-grand nombre de variables ; car elle dépend de son altitude, de son humidité, de sa perméabilité, de sa température et d'une multitude de circonstances météorologiques et climatologiques. Toutefois elle dépend essentiellement de ses propriétés physiques et chimiques ; par conséquent, il faut avant tout déterminer la composition minéralogique de la terre végétale, puis chercher à la représenter sur une carte. Tel est le but que je me suis proposé, et je vais indiquer comment j'ai cherché à l'atteindre.

Mode de recherches. — Des échantillons de la terre végétale ont d'abord été pris à une profondeur moindre que 0m. 30 cent. et choisis dans des endroits où le sol était bien naturel ; en outre, on a eu le soin de les espacer convenablement et de les multiplier d'autant plus que leurs variations de composition étaient plus grandes.

Les substances qui constituent esentiellement la terre végétale sont l'humus, l'argile, la marne, le calcaire, le sable, le gravier, les débris pierreux. On commençait par constater la présence de chacunes d'elles, puis on déterminait approximativement leurs proportions.

L'humus existe toujours dans la terre végétale ; mais quand il est abondant, il lui donne une couleur brune ou noirâtre. Le calcaire se reconnaît de suite à l'effervescence qu'il produit avec un acide, en sorte qu'il était toujours facile de tracer la limite entre la terre végétale qui est avec le calcaire et celle qui est sans calcaire. De plus, on a eu soin de doser la proportion d'acide carbonique pour un assez grand nombre d'échantillons. Les matières argileuses, sableuses et pierreuses ont, du reste, été déterminées par la lévigation et par le tamisage. Pour cela, on pesait d'abord une certaine quantité de terre végétale, après l'avoir fait dessécher à l'air ; puis on la délayait dans un vase à précipité en l'agitant avec de l'eau qu'on laissait ensuite reposer ; on décantait cette eau à plusieurs reprises, de manière à entraîner seulement l'argile et les parcelles microscopiques, tandis qu'il restait au fond du vase le sable avec les débris pierreux. Lorsque ce résidu était sec, on en prenait le poids, puis on l'agitait sur un tamis dont les mailles offraient un intervalle ayant environ 1 millimètre et qui laissait seulement passer le sable ; enfin on prenait également le poids de la partie restée sur le tamis, qui consistait en gravier et en débris pierreux

Système de notation.— Comme la terre végétale présente une composition complexe et variable dans des endroits même très-rapprochés, il est fort difficile d'indiquer à la fois la nature et la proportion de ses éléments. D'un autre côté, ses éléments varient plutôt dans leur proportion que dans leur nature, en sorte qu'il n'est guère possible d'avoir recours à des teintes. Voici quel est le système suivi pour la carte agronomique des environs de Paris.

La terre très-riche en humus est représentée par des hachures bleues et très-fines qui sont inclinées à 45° ; ces hachures s'étendent généralement sur la région calcaire. Maintenant la terre sans calcaire est accusée par une teinte rose, et celle avec calcaire par une teinte jaune.

Le sable, le gravier, les débris pierreux qui forment le résidu de la lévigation sont figurés par des signes rouges, disposés parallèlement à la méridienne de l'Observatoire.

L'argile, la marne, l'humus et les parcelles entraînées dans la lévigation sont au contraire figurés par des signes bleus qui sont disposés perpendiculairement à cette méridienne.

Pour faire connaître la proportion des substances qui composent la terre végétale, on a eu recours à une légende inscrite au point où a été pris l'échantillon essayé. Cette légende donne le sable ainsi que le résidu grossier de la lévigation ; souvent aussi elle donne la proportion d'acide carbonique contenu dans la terre. Pour avoir le carbonate de chaux correspondant, il suffit alors de multiplier l'acide carbonique par 2, 27. Tous ces résultats se rapportent, du reste, à la terre végétale desséchée à l'air, et ils sont exprimés en centièmes.

En outre, on s'est proposé de rendre bien sensible aux yeux la proportion des principales substances qui entrent dans la terre végétale et de la figurer sur toute l'étendue de la carte. Dans ce but, les signes conventionnels ont été distribués méthodiquement. On les a répartis sur des lignes perpendiculaires entre elles, qui se coupent suivant des carrés ayant 0m. 75 centimètres de côté. Comme l'échelle de la carte est 1/40,000, chacun des carrés présente 300 mètres de côté sur le terrain. Ces lignes perpendiculaires ont, d'ailleurs, pour point de départ l'Observatoire et la méridienne qui y passe. Pour noter approximativement la composition de la terre végétale qui est comprise dans chaque carré, on a disposé, parallèlement aux deux côtés consécutifs formant l'angle sud-est, les signes conventionnels qui représentent les diverses substances contenues dans cette terre. Toutefois on n'a pas tenu compte des substances dont la proportion était moindre que un dixième. L'argile, la marne et l'humus sont figurés par les signes bleus sur le côté inférieur du carré; tandis que le sable et les pierres qui forment le résidu du lavage sont figurés par les signes rouges sur le côté latéral de droite.

Quand une substance dépassait la moitié du poids de la terre végétale, il était impossible de placer sur un même côté du carré tous les signes conventionnels qui la représentent. Dans ce cas, on a distribué ces signes, en partie sur la côte du carré qui leur est attribué et en partie sur une deuxième ligne parallèle passant par son centre; de cette façon, le signe correspondant à la substance dominante appelle l'attention d'une manière toute particulière; car, sur la surface d'un même carré, il devient plus nombreux, et, de plus, il occupe une position spéciale. Les signes parallèles aux deux côtés formant l'angle sud-est du carré sont toujours au nombre de 10; par conséquent, ils donnent la composition de la terre végétale exprimée en dixièmes.

Il peut arriver que la terre végétale varie notablement dans les limites d'un même carré, et c'est en particulier ce qui s'observe sur le flanc des coteaux abrupts : on conçoit qu'alors les indications de la carte seront seulement approximatives.

Résultats principaux. — Signalons maintenant les principaux résultats qui sont mis en relief par la carte agronomique des environs de Paris.

La terre végétale change le plus souvent d'une manière graduée, en sorte qu'il est assez difficile de tracer des limites nettes entre ces variétés. Toujours elles contiennent de l'argile, du sable, et, très-fréquemment encore, des débris pierreux. L'humus la constitue essentiellement; mais il est souvent très-abondant dans les vallées et dans toutes les dépressions du sol, même lorsqu'elles sont sur les plateaux et sur le flanc des collines. Il s'est particulièrement concentré dans le fond des vallées humides et partout où le sol est imbibé par les eaux.

Si l'on cherche comment varie la proportion d'acide carbonique dans la terre végétale, on trouve que sur les plateaux elle est généralement nulle ou bien se réduit à des traces. Lorsqu'on descend sur les flancs d'un coteau, l'acide carbonique reste très-faible dans toute la partie élevée; mais il augmente progressivement dans la partie déclive, dans laquelle il peut cependant offrir diverses alternances. Il en est encore de même lorsqu'on descend le cours d'une vallée; pour la Bièvre, par exemple, l'acide carbonique est nul dans toute la partie élevée et jusque vers la côte, 80 au-dessus du niveau de la mer; puis il augmente peu à peu, à mesure qu'on avance dans la vallée, et finit par devenir égal à 10 pour 100. Sur les bords de la Seine et de la Marne, il dépasse quelquefois 25 pour 100. L'acide carbonique contenu dans la terre végétale qui se trouve sur les flancs d'un coteau, ou dans le fond d'une vallée, dépend de circonstances assez complexes, parmi lesquelles il faut signaler l'altitude du point considéré, la pente du sol, l'existence de roches calcaires pouvant fournir des débris, et même la vitesse des eaux qui ont contribué à former la terre végétale.

Le calcaire varie nécessairement comme l'acide carbonique; il manque généralement sur le haut des collines qui avoisinent Paris; il manque aussi sur les terrasses qui bordent la Seine ou la Marne, et même dans le haut de la Bièvre. Il se rencontre dans la terre végétale des plateaux à sous-sol calcaire, comme celui de Romainville, lorsque le terrain de transport qui les recouvre est peu épais. Il apparaît sur le flanc des collines calcaires, et il augmente généralement à mesure qu'on descend. De même que l'humus, il tend à se concentrer dans les dépressions du sol et dans le fond des vallées. Du reste, il s'y trouve beaucoup moins en fragments ou en galets, que mélangé très-intimement avec de l'argile.

Parmi les substances minérales qui entrent dans la terre végétale des environs de Paris, l'argile est la plus constante et aussi la plus importante; elle est tantôt sans calcaire, tantôt avec calcaire et à l'état de marne. Sur les plateaux, elle est généralement sans calcaire, et sa couleur rouge est due à de l'oxyde de fer qui s'y rencontre souvent en grains. Elle constitue plus de la moitié de la terre végétale qui couronne les plateaux de Buc, de Villejuif, de Coenilly, ainsi qu'aux environs de Mitry et de Gonesse.

La marne forme des zones au niveau et au-dessous des couches contenant du calcaire; elle commence à se montrer vers le haut des collines qui sont elles-mêmes calcaires ou marneuses, et elle devient plus abondante à mesure qu'on descend sur leurs flancs: elle s'est particulièrement concentrée dans les vallées. Dans la terre végétale qui occupe le fond des vallées de la Seine et de la Marne, c'est même la substance dominante. La limite supérieure de la marne déposée dans ces vallées marque, d'ailleurs, la limite qui est habituellement atteinte par les inondations des rivières qui les arrosent.

Le résidu grossier de la lévigation est formé de gravier et de pierres. Le gravier est essentiellement du quartz hyalin; cependant, il peut être accompagné de quelques grains de feldspath ou de minerai de fer. Les pierres se rencontrent spécialement sur les hauteurs et sur le flanc des coteaux. Quand elles sont siliceuses, elles proviennent le plus souvent des meulières supérieures ou inférieures; mais elles peuvent aussi être empruntées aux autres roches siliceuses des collines qui environnent Paris. Leurs fragments sont ordinairement anguleux; cependant ils sont arrondis dans les vallées de la Seine, de la Marne et de la Bièvre. Quand les pierres sont calcaires, leurs fragments sont toujours plus ou moins arrondis; elles proviennent cependant de couches très-voisines, particulièrement de calcaires siliceux. Parmi les débris calcaires, il faut encore mentionner les tests de mollusques qui deviennent surtout très-abondants dans les vallées.

Le résidu grossier de la lévigation est généralement considérable vers les parties élevées des plateaux pierreux, notamment sur ceux qui dominent Meudon et St.-Cloud. Souvent il augmente à mesure qu'on descend sur les flancs d'un coteau ; c'est, par exemple, ce qui a lieu pour le coteau de Châtillon. Il est très-grand sur les parois des vallées qui ne sont pas encaissées et qui s'élèvent en pente douce ; c'est ce qu'on constate facilement pour les vallées de la Seine ou de la Marne. Lorsque ces vallées sont barrées transversalement par une presqu'île, le résidu grossier devient surtout très-grand sur leurs parois ; c'est bien visible à Joinville, à St.-Maur, à Montrouge, à Boulogne, à Gennevilliers, à Chatou, dans la forêt de St.-Germain, et sur toutes ces presqu'îles la terre végétale est extrêmement caillouteuse.

Le résidu fin de la lévigation est un sable presque entièrement formé de quartz hyalin. Son quartz provient essentiellement des sables de Fontainebleau, des autres sables tertiaires, ainsi que des roches quartzeuses ou granitiques dont on rencontre les débris dans le terrain de transport. Les menus débris calcaires y sont toujours en très-petite proportion. Aux environs de Paris, le sable se trouve d'ailleurs dans toute espèce de terre végétale. Il est surtout abondant vers le haut des collines couronnées par les sables de Fontainebleau ; il forme des zones au niveau et au-dessous des couches sableuses ; il forme aussi de longues traînées qui descendent sur leurs flancs et même jusque dans les vallées : on peut citer, comme exemple, les environs de Sceaux et de Versailles.

Il est facile de séparer par le tamisage le sable fin du résidu grossier, c'est-à-dire du gravier et des débris pierreux. On trouve alors que ce résidu grossier est ordinairement en proportion beaucoup moindre que le sable. Sur les plateaux et sur les coteaux, il est quelquefois assez considérable et même, sur certains points des plateaux de Marnes et de Meudon, il dépasse accidentellement 50 pour 100. Sur les plateaux de Villejuif et de Saclay, aussi bien que sur les plateaux de Gonesse et de Mitry, le résidu grossier peut, au contraire, devenir à peu près nul. Quelquefois il en est encore de même pour la terre végétale qui repose sur les sables de Fontainebleau et pour celle qui se trouve dans les parties qu'ils dominent ; car, bien que le résidu de la lévigation soit alors considérable, il peut être presque entièrement formé de sable fin. Dans les endroits où le sol est réputé pierreux, comme à Courbevoie, à Nanterre, dans le bois de Boulogne, le rapport du résidu grossier au sable est plus grand qu'un dixième ; toutefois, généralement, il ne dépasse pas quelques dixièmes. Il est rare, d'ailleurs, que le résidu grossier devienne égal et surtout supérieur au sable.

Dans les vallées, le résidu grossier est toujours très-faible; mais il augmente lorsqu'on s'élève sur leurs parois. La proportion du sable fin est encore très-notable dans le fond des vallées; car, sur les bords de la Seine et de la Marne, elle varie depuis quelques centièmes jusqu'à 30 et même jusqu'à 50 pour 100.

Les recherches précédentes montrent que, dans le bassin de Paris, la terre végétale ne résulte pas de la désagrégation sur place des roches sous-jacentes; elle appartient au terrain de transport qu'on retrouve avec des épaisseurs variables à toutes les hauteurs, et elle en forme la partie supérieure. Elle résulte du mélange de ce terrain avec les débris d'animaux et de végétaux qui ont vécu à la surface.

On voit qu'une carte agronomique, exécutée comme celle que nous avons l'honneur de mettre sous les yeux de l'Assemblée, fait connaître, d'après un système particulier de notation, quelle est la composition minéralogique de la terre végétale en un point quelconque des environs de Paris. En outre, elle indique aussi la région qui est sans calcaire ou pauvre en calcaire, c'est-à-dire celle qu'il est avantageux de marner; elle indique aussi la région argileuse ou fortement marneuse, c'est-à-dire celle qu'il convient de drainer.

Enfin, nous remarquerons que le système de notation qui a été adopté, permet de représenter facilement les différents étages du terrain diluvien ou de transport, lors même qu'ils sont superposés l'un à l'autre ; et, en même temps que cette carte, j'en ai dressé une autre qui donne les caractères minéralogiques, ainsi que la distribution des différents terrains de transport qui s'observent dans les environs de Paris.

M. de Caumont remercie M. Delesse de son importante communication et rappelle que ce savant ingénieur a été couronné, dernièrement, par la Société impériale d'agriculture de France, pour le travail dont il vient d'indiquer les bases.

M. Belgrand, ingénieur en chef, pense que le sous-sol doit être le principal guide du cultivateur ; c'est sa composition qui détermine la limite des cultures, les grandes divisions agronomiques et la race du bétail. Il faudrait donc une seconde sorte de cartes agronomiques pour faire connaître le sous-sol et sa composition. Ainsi, une terre argileuse avec sous-sol crayeux n'a pas besoin de drainage, tandis qu'il sera indispensable quand le sol repose sur des argiles imperméables. L'étude du sous-sol doit donc être la base de toute carte agronomique, car il est impossible de nier l'action que le sous-sol exerce sur la couche arable.

M. Delesse ne conteste pas l'influence du sous-sol, et, dans certains pays, elle est tellement évidente qu'on ne peut la nier ; mais cette influence a bien moins d'importance dans les environs de Paris. Le sous-sol exerce là une influence moindre que dans d'autres contrées. Il fait remarquer qu'il y a des différences très-grandes entre la carte géologique et la carte agronomique des environs de Paris.

M. Du Chatellier, après avoir rappelé la belle carte agronomique de M. Belgrand pour les environs d'Avallon, cite la carte géologique et agronomique du département du Finistère faite par M. Le Jean, de Morlaix ; il annonce que les archives du département des Côtes-du-Nord contiennent des travaux importants faits par ordre des propriétaires, et surtout les cartes et légendes des grandes cultures de la maison de Penthièvre. Ces documents contiennent des indications précieuses sur la nature des sols, quoiqu'elles ne puissent être considérées comme des cartes agronomiques.

M. de La Royère, de Dunkerque, cite une très-bonne opération qui se fait dans les environs de Dunkerque : c'est un défoncement des terres à 1 mètre 50 de profondeur, et par suite duquel le sous-sol a été étudié.

M. Perrot, d'Orléans, cite la carte géologique du département du Loiret, qui paraît très-bien faite et qui pourrait être transformée en carte agronomique; mais on trouvera de grandes différences dans la qualité du sol dans les classes qui seront teintées de la même couleur.

M. Hallez-d'Arros voudrait que la chimie agricole fît connaître les bases de la composition des terres; il serait à désirer que cette étude, qui a pris de grands développements en Allemagne, reçût en France la même impulsion.

M. Calemard de Lafayette cite différents travaux relatifs à la composition des sols et prononce le nom de M. Girardin. Les cartes agronomiques, malgré leurs lacunes, doivent être encouragées, parce qu'elles contiendront des notions précieuses pour les populations rurales

M. l'ingénieur Mille présente des aperçus curieux sur la monographie des engrais et sur leur application :

NOTE SUR LES ENGRAIS DE VILLE.

Une ville comme Paris est une immense fabrique d'engrais.

Elle produit :

1°. Les fumiers d'écurie, qui sont la litière d'une population de 40,000 chevaux ;

2°. Les boues et immondices, ramassées sur un développement de plus de 500 kilomètres de voies publiques;

3°. Les vidanges récoltées dans les fosses de 36,000 maisons, et qui représentent près de 2,000 mètres cubes par jour ;

4°. Les eaux d'égout, qui s'écoulent en grande partie par l'émissaire d'Asnière, et versent à la Seine une rivière qui roule 1 mètre cube à la seconde.

Chacune de ces natures d'engrais a son emploi et sa place en culture.

Les fumiers d'écurie, riches et chauds, sont employés par

les jardiniers qui font des primeurs ou savent, au moyen de cloches de verre et sous des couches, conserver des légumes tout l'hiver. Leur industrie s'exerçait dans Paris même : expulsés par l'annexion, on les voit couvrir tous les terrains qui bordent les fortifications ; car il est essentiel d'être le moins loin possible des halles.

Les boues conviennent à la production des gros légumes de la plaine des Vertus, ou aux vignobles assez grossiers d'Argenteuil.

La navigation et les chemins de fer commencent à étendre le rayon de vente hors la banlieue. Les bateaux portent aujourd'hui les boues dans la vallée de la Seine, jusqu'à Mantes; la culture des petits pois s'en accommode très-bien. Sur la ligne du Nord, les wagons de charbon prennent, en retour, des chargements qui vont jusqu'à Pontoise et l'Ile-Adam pour améliorer les jardins. En 1862, 9,000 mètres de boues ont ainsi voyagé à grande distance.

Les vidanges conviennent à la culture des racines et des plantes industrielles. M. Moll les applique avec succès, à la ferme de Vaujours, comme engrais des betteraves, des carottes, des pommes de terre, des choux, du chanvre et du lin. Il suffirait, d'ailleurs, de citer l'exemple du département du Nord. A Paris, la difficulté de la propagation est dans le transport. La banlieue, saturée de fumiers et de boues, ne réclame rien autre chose, et il faut percer au-delà, dans l'Ile-de-France, la Brie et la Champagne. Des bateaux, portant dans leurs flancs un volume de 40 mètres cubes, remontent déjà le canal de l'Ourq jusqu'à 30 kilom. Des wagons-citernes, d'une capacité de 10 mètres cubes, viennent d'ouvrir un mouvement régulier sur Merles, à 50 kilomètres en Brie ; mais le transport à destination a besoin d'être complété par une disposition spéciale. Il faut dans chaque localité un réservoir élevé le long d'une route, et devenant la fontaine marchande, où viendront se remplir les tonnes des cultivateurs. Aussi la consommation n'a-t-elle pas dépassé, depuis plusieurs années, 10 à 12,000 mètres cubes par an ; c'est-à-dire ce que Paris produit en une semaine ! Nous espérons, grâce aux chemins de fer, que la situation va changer, et qu'il sera bientôt possible d'organiser des trains portant 100 mètres cubes, voyageant de nuit, et allant remplir des fontaines marchandes semées sur les plateaux privés d'engrais, et que l'on trouve presque sur chaque direction. Si la ligne de l'Est traverse la Champagne, la ligne d'Orléans coupe la Beauce et la Sologne ; l'Ouest conduit dans les plaines de l'Eure ; Lyon dans le Gâtinais ; le Nord en Picardie. Et partout, en échange de l'engrais, Paris prendra des matériaux de construction et de chauffage, et des denrées de consommation. La loi de l'échange et du travail enrichira la campagne et la ville.

Quant aux liquides d'égout, que nous perdons ici en infectant la Seine, comme nos voisins le font à Londres en infectant la Tamise, on pourrait en faire des eaux d'irrigation fécondes. Peut-on méconnaître le mal de notre indifférence, quand on se rappelle qu'à Milan les liquides d'égout versés sur des sables arides les ont transformés en prairies qui donnent huit et dix coupes de nourriture verte, qui substantent trois vaches laitières par hectare et rapportent 500 fr. au propriétaire, tout en enrichissant le fermier ? Mais, on doit l'avouer, les difficultés du transport sont ici considérables. Il s'agit d'élever, au moins à 15 mètres de hauteur, près de 100,000 mètres cubes par jour, et après avoir créé le moteur, en barrant la Seine, il faut distribuer la source artificielle ainsi conquise au moyen de conduits et de rigoles, comme on le voit dans le Midi sur les bords de la Durance. La campagne, aujourd'hui, n'a d'eau que celle qui tombe du ciel, et il faudrait non-seulement ouvrir les émissaires qui la débarrasseraient aux jours de pluie, mais jeter au travers des champs un réseau de conduites qui permettraient l'arrosage, et accorder à la moindre parcelle de terre les bienfaits d'approvisionnement d'eau et de drainage dont jouit chaque maison à la ville. On a de la peine à accepter une pareille idée, qui pourtant n'est qu'un complément de justice, et qui s'imposera même par nécessité. Car, de quel droit Paris infecte-t-il l'eau que boivent, plus loin, les villes situées en-dessous ?

4

Le mal est si grave en Angleterre, que l'épuration et le filtrage des cours d'eau salis par l'industrie et les usages domestiques sont déjà obligatoires. On recule à appliquer la mesure à des villes immenses comme Londres et Paris; mais du jour où leur assainissement intérieur sera complet, et sous deux ans, ce sera chose faite, nous verrons certainement projeter, en France et en Angleterre, la distribution des eaux d'égout dans les campagnes.

Après quelques observations de MM. Belgrand, Simian et Chamousset, la séance est levée.

L'un des secrétaires-généraux,
Ch. GOMART.

SÉANCE DU 19 MARS 1863.

Présidence de M. MAHUL, membre de l'Institut des provinces, délégué de Carcassonne.

Siégent au bureau : MM. DE CAUMONT, le comte DE CUSSY, l'abbé CHAMOUSSET, BELGRAND, le comte DU MANOIR, le comte D'ESTAINTOT, FOUQUIER-LONG, DE BOUIS et PERROT.

M. DESVAUX-SAVOURÉ remplit les fonctions de secrétaire.

M. de Caumont ouvre la séance par la communication de la lettre suivante :

DIRECTION GÉNÉRALE DES FORÊTS.

« Paris, le 18 mars 1863.

« MONSIEUR LE PRÉSIDENT,

« Le Congrès des délégues des Sociétés savantes devant s'oc- « cuper, à la session de 1863, de la question relative au progrès « du reboisement dans les diverses régions de la France, j'ai « l'honneur de vous adresser, pour être distribués aux membres « du Congrès, si vous le jugez opportun, cinquante exemplaires « du Compte-rendu des travaux effectués par l'Administration

Catalogue du musée des Thermes et de l'hôtel de Cluny ; par E. du Sommerard. 1862.

Rapport verbal fait au Conseil de la Société française d'archéologie sur divers monuments et plusieurs publications archéologiques, dans la séance du 25 octobre 1859 ; par M. de Caumont. 1860. Deux exemplaires.

Questions d'organisation académique ; par M. de Caumont.

Recueil de l'Académie de législation de Toulouse, année 1862. — *La féodalité et le Droit civil français;* par M. d'Espinay, juge au Tribunal de Saumur.

Méthode d'exploitation des mines de houille et d'anthracite des départements de la Mayenne et de la Sarthe ; par M. J. Dorlhac, directeur-ingénieur des mines de Montigné.

Études sur l'éducation professionnelle en France ; par Ph. Pompée. Paris, 1863.

M. de Caumont annonce que les séances du Congrès s'ouvriront tous les jours à midi, pour entendre les rapports sur les travaux des Sociétés savantes : à une heure pour la section des sciences physiques et naturelles, et à trois heures pour la section d'archéologie et des beaux-arts.

Il donne lecture des questions qui y seront discutées et il fait connaître, à la suite de chaque question, les noms des membres qui la traiteront.

CARTES AGRONOMIQUES.

M. Delesse, ingénieur des mines, est appelé à traiter la question ainsi conçue :

« Quels ont été, en 1862, les progrès des études telluriques en « France ? Quelles sont les cartes agronomiques qui ont été ter- « minées ? »

MÉMOIRE DE M. DELESSE,

SUR LA CARTE AGRONOMIQUE DES ENVIRONS DE PARIS.

La question des cartes agronomiques paraît une question bien simple : on serait porté à croire qu'elle est résolue quant à l'uti-

« forestière pendant l'année 1862, en exécution de la loi du « 28 juillet 1860 sur le reboisement des montagnes.

« Le soin avec lequel le Congrès s'occupe des questions scien- « tifiques, d'un intérêt général, me donne lieu d'espérer que « vous accueillerez cette communication avec intérêt.

« Veuillez agréer, Monsieur le Président, l'assurance de ma « considération la plus distinguée.

« Le Directeur général de l'Administration des forêts,

« H. VICAIRE. »

Des remercîments seront adressés à M. Vicaire. La brochure est distribuée aux membres du Congrès qui s'occupent de reboisement.

L'ordre du jour appelle la discussion sur cette question :

« Quelles sont les contrées dans lesquelles les labours pro- « fonds ne sont pas encore en usage ? Moyens de les y intro- « duire. »

LES LABOURS PROFONDS.

M. Ch. Gomart, de St.-Quentin, s'exprime en ces termes :

MESSIEURS,

Notre honorable Directeur, M. de Caumont, m'a inscrit pour traiter la question des labours profonds; je n'ai pas cru devoir décliner cette mission, malgré mon insuffisance ; mais j'ai compté sur deux choses : sur votre bienveillance et sur l'avenir de la cause que je vais traiter devant vous.

J'ai suivi, avec une attention toute particulière, les résultats des expériences faites à St.-Quentin, et comme membre du jury, et parce que je suis persuadé qu'il y a dans ces expériences le germe d'une révolution dans la pratique du labourage. Permettez-moi donc, Messieurs, de vous présenter les divers systèmes qui se sont produits, de vous raconter les expériences faites, de préciser les résultats obtenus et d'en faire ressortir les conséquences. Je crois que c'est là le meilleur moyen de traiter la question posée dans le programme, et d'obtenir de nouvelles expériences, de nouveaux faits qui, tout en contrôlant les résultats obtenus, tendront, dans mon opinion, à propager la pratique des labours profonds.

J'emprunterai souvent, dans cette étude, les idées, les expressions de MM. Moll, de Ceris, Fleury, Séverin, qui ont écrit sur cette question. Ils me pardonneront, je l'espère, de ne pas citer leurs noms à chaque instant.

Vous connaissez, dit M. Moll, le sentiment de *crainte*, on pourrait presque dire d'horreur, qu'inspirait, il y a peu d'années encore, le sous-sol à la grande majorité de nos cultivateurs. En ramener la moindre parcelle à la surface, ou même seulement y toucher, c'était, à leurs yeux, condamner la terre à la stérilité. Aussi, ne voyait-on en France (les extrémités nord et sud exceptées), que des labours très-superficiels, dégénérant parfois en simples grattages. Cette opinion et ce système sont aujourd'hui jugés. On sait enfin que le remuement profond du sol est utile, est excellent, et, ce qui est *non moins heureux*, de la théorie l'idée a passé peu à peu dans la pratique, grâce à l'exemple des cultivateurs éclairés qui sont disséminés dans toutes les parties de la France.

Mais ce qui n'est pas tranché, du moins pour plusieurs, c'est la *manière dont* doit s'effectuer le remuement du sol. Tandis que les uns conseillent de procéder par un seul labour qui ramène à la surface et mêle à la couche arable une partie du sous-sol, de façon à doubler d'un coup l'épaisseur de cette couche ; d'autres, en plus grand nombre, veulent qu'on se borne à remuer, désagréger, ameublir le sous-sol par un instrument approprié qui le laisse en place, sauf à ce qu'on le mélange plus tard et peu à peu à la terre végétale, quand, par l'effet de cet ameublissement même, *il s'est amélioré*.

Les partisans de ce dernier système n'admettent pas qu'un sous-sol, quel qu'il soit, puisse être, sans inconvénient, mélangé à la terre arable, sans avoir été modifié par l'action prolongée de l'air et des engrais. Pour eux, tout sous-sol est *primitivement mauvais*.

Si cette opinion, formulée d'une manière absolue, ne s'est pas toujours vérifiée dans la pratique; si l'expérience nous montre en effet quelques sous-sols, la plupart de nature calcaire, qu'on a pu ramener à la surface, non-seulement sans mauvais résultats, mais avec un avantage réel, dès les premières années, il faut cependant bien reconnaître qu'elle a pour elle la majorité des faits et la théorie.

C'est en partant de faits analogues que M. Demesmay, l'habile agriculteur du département du Nord, a adopté le système du sous-solage en deux opérations qu'il effectue avec une fort bonne charrue, prenant de 0^m. 15 à 0^m. 20 d'épaisseur de bande, et un sous-soleur très simple et cependant énergique, qui pénètre à 0^m. 12, 0^m. 15 ou 0^m. 20 de profondeur dans le fond de la raie ouverte. Avec 4 chevaux, 2 à chacun de ces instruments, M. Demesmay effectue son sous-solage, et cette économie de force est encore une circonstance à signaler en faveur de sa méthode et de son matériel.

M. Vallerand, l'intelligent fermier de Moufflaye, qui a le bonheur de posséder un sol d'une grande profondeur de couche végétale, procède, lui, par l'autre méthode. L'approfondissement est, selon lui, bon ou mauvais. S'il est bon, et tous les agriculteurs éclairés sont d'accord sur ce point, il faut l'effectuer d'une manière prompte, radicale, complète, c'est-à-dire par un seul labour qui ramène le sous-sol à la superficie et ne fasse plus qu'une seule couche des 30 centimètres de terre remuée. C'est ainsi, et ainsi seulement, qu'on pourra mettre à la disposition de la végétation, les éléments de nutrition des plantes qui se sont accumulés dans les couches inférieures dont une longue suite de récoltes a privé la terre arable. Les inconvénients, presque toujours minimes, qui pourraient résulter dans la première année, du mélange des sous-sols, seront largement compensés par l'accroissement des produits dans les années suivantes. M. Vallerand attache, en outre, une importance spéciale à l'enfouissement profond du fumier.

On voit donc que les labours profonds soulèvent de grandes questions, indépendamment de celles qui ont trait à l'étude des meilleures profondeurs auxquelles il convient d'employer les divers engrais considérés non isolément, mais comme concourant simultanément à l'alimentation des récoltes. Plusieurs agriculteurs se livrent, à cet égard, à des expérimentations qu'il est très-désirable de voir se multiplier; car, nous le répétons, il y a là le début d'une importante réforme dans le labourage, et par suite, dans toute notre économie rurale. Jusqu'à présent, dit M. Lecouteux, la petite et la grande culture ont employé les mêmes instruments, les mêmes charrues, et il est arrivé que l'avantage est resté à celle des deux rivales qui travaillait par et pour elle-même; c'est-à-dire à la petite culture, où le chiffre du capital était généralement en meilleur rapport avec l'étendue exploitée. Mais que la grande culture, à l'instar de la grande industrie, ait ses machines spéciales, qu'elle ait de grandes et puissantes charrues, travaillant à bon marché sur de grands espaces, et alors, la question de la grande et de la petite culture deviendra ce qu'est devenue celle de la grande et de la petite industrie. La grande culture aura la supériorité pour la production du blé, de la viande et de la laine. La petite culture, et c'est fort heureux, aura l'avantage pour la production des plantes de haute et intelligente main-d'œuvre. Songeons donc sérieusement aux labours profonds, moyens de pouvoir répandre des fumures à hautes doses et d'obtenir de grosses récoltes à bon marché. Songeons aux charrues à grande puissance qui doivent remuer la terre à $0^{m}.35$ de profondeur.

L'histoire nous apprend, dit M. Fleury, sans chercher les causes scientifiques du fait, que des contrées entières, qui ont porté et largement alimenté pendant de longues séries de siècles des populations nombreuses, sont maintenant complètement stériles et nourrissent avec peine de rares tribus éparses et clair-semées. Est-ce que ces tribus ont perdu l'art de cultiver la terre et de la faire produire? Non, dit la science nouvelle (la chimie); c'est qu'à force de produire, la couche arable a perdu certains éléments, que les blés se sont assimilés, en échange desquels on ne lui a rien rendu d'équivalent; c'est qu'en l'absence de ces éléments essentiels, la terre est infertile.

Restituons-lui donc une partie de ces éléments par les fumiers, s'est dit la génération actuelle et progressive des cultivateurs que la science et l'analyse ont prévenue du danger.

C'est déjà quelque chose, ont ajouté des hommes plus hardis et plus radicaux dans le progrès; fumons notre vieille couche arable trop souvent labourée ; mais rajeunissons-la, quand nous le pouvons, par des labours profonds; allons sous la couche épaisse chercher des couches vierges. C'est une idée qui a enfanté la charrue-brabant et cette variété infinie d'instruments à l'aide desquels on creuse, on pioche, on retourne, on ameublit maintenant le sol dans notre Nord où les idées font vite leur chemin.

Ce n'était point assez pour le cultivateur que nous avons vu prendre la tête du Concours régional de St.-Quentin, il y a quatre ans. L'idée était excellente; seulement, à son avis, on ne la pratiquait point assez radicalement. A l'aide d'une charrue de son invention, il a été chercher à des profondeurs inconnues jusqu'ici le sol qui n'a jamais produit; il creuse des sillons où l'on enterrerait un homme. La vieille terre épuisée, il l'a enfouie à 30 et 35 centimètres, et l'a recouverte par la terre neuve qu'il a ramenée parfaitement ameublie, perméable à la pluie et aux agents chimiques contenus dans l'atmosphère et sans lesquels le meilleur sol ne peut rien.

Voici, du reste, comment M. Vallerand, de Moufflaye, explique les motifs qui l'ont conduit à inventer une charrue capable de défoncer la terre à une grande profondeur et ramener le sous-sol à l'arête supérieure du sillon :

« J'avais essayé, à mon entrée à Moufflaye, le défoncement à la bêche sur 50 ares, et plus tard, en 1840, un autre défoncement à l'aide de deux charrues, l'une derrière l'autre, sur 5 hectares de terre. Ces deux expériences m'avaient réussi, mais les moyens d'action appelaient nécessairement une réforme. J'étais mal outillé, et je rêvais une bonne charrue. J'avais vainement essayé d'en faire établir une, en vue de ces défoncements, par le constructeur qui me fournissait mes charrues à double-corps. Je le fis venir chez moi, je lui exposai que, voulant me livrer en grand à la culture de la betterave, j'avais besoin d'une charrue propre à labourer profondément. Je lui expliquai mon idée ; mais il eut de la peine à la comprendre, sans doute à cause de son énormité. Enfin il me fit la charpente d'une charrue d'après mon plan, et me laissa le soin de faire les versoirs. Cette charrue me donna un résultat satisfaisant.

« L'année suivante, j'en fis faire une plus grande encore, et enfin, en 1856, je fis construire celle qui a été primée à l'Exposition universelle et dont les versoirs ont été découpés et tournés à ma forge sous ma direction. Avec cette charrue, je laboure la terre, en la retournant exactement, à 35 centimètres de profondeur. Je pourrais même aller jusqu'à 45 centimètres et la retourner également.

« Et ce n'est pas seulement pour mélanger des éléments qui ont des propriétés inverses et se modifient avantageusement l'un par l'autre ; mais c'est surtout pour donner à la terre blanche des plateaux une couleur plus brune et plus apte à absorber les rayons solaires, qu'il importe d'opérer ce mélange. En effet, si la couche supérieure a peu d'affinité pour la lumière, le sous-sol, au contraire, en a beaucoup ; je crois que cette affinité du sous-sol pour la lumière est due, en partie, à l'oxyde de fer auquel il doit sa couleur et qui, à l'exemple du fer, est essentiellement bon conducteur du calorique. Il faut donc, à tout prix, mélanger ces deux couches et on peut le faire sans craindre de se tromper. La preuve que cette opinion n'est point hasardée, n'est-elle pas établie par la précocité des récoltes et par la supériorité de la maturité des grains sur nos *rougières*, comparativement aux récoltes de grains obtenues sur le haut des plateaux ?

« Pour faire fonctionner ma charrue, j'emploie 12 bœufs, quoiqu'il serait facile de labourer la terre à une profondeur de 35 centimètres avec moins de 12 bœufs ; mais je ne sais pas si l'on parviendrait à la retourner complètement, chose à laquelle je tiens beaucoup. Jusqu'à présent, je l'ai vainement essayé. J'ai toujours remarqué que plus j'enterrais profondément ma charrue, plus je devais prendre une large voie, faute de quoi la terre cessait de se retourner. Je suis par conséquent obligé de prendre en largeur une voie proportionnée à la profondeur que je veux obtenir, et partant, de dépenser beaucoup de force.

« A mon point de vue, l'opération du défoncement n'est parfaite qu'autant que la *révolution* de la terre remuée est complète, et que le sous-sol est ramené à l'arête supérieure du sillon, pour qu'il soit ainsi exposé à toutes les influences atmosphériques : air, pluie, neige, gelée, soleil. Là, de roche tendre, de schiste argileux, il devient terre friable, meuble, oxyde terreux, poussière ; là, il abrite l'ancienne couche de terre vegétale, s'imprègne des gaz qui tendent à s'en échapper, s'en sature et les tient en réserve pour l'époque de la végétation. Quand, au contraire, on néglige de ramener le sous-sol à la surface, s'il est de nature argileuse, il reste fort long-temps sans se mélangér avec le reste de la couche de terre végétale, dont il détruit l'homogénéité, et dans laquelle il crée de petites excavations, qui font perdre aux plantes, notamment au blé, leur point d'appui ; dans ce cas, les plantes languissent et d'autres plantes, telles que les coquelicots et les bleuets, qui s'accommodent mieux d'une telle préparation, prennent hardiment la place de la plante qui a été semée, et enlèvent au cultivateur le fruit de tout son travail. C'est ainsi, du moins, que je m'explique les déceptions qu'ont éprouvées tant de cultivateurs, à la suite de labours profonds.

« Le rendement de mes blés, loin d'avoir souffert de l'approfondissement de la terre arable, a au contraire augmenté, et au lieu de 16 à 18 hectolitres par hectare que je récoltais précédemment, j'arrive aisément aujourd'hui à 26, quoique j'aie radicalement supprimé la jachère. Ma terre pousse maintenant fort peu de mauvaises herbes ; je puis semer mes blés plus clair. Il pousse de plus grosses tiges, de plus longs épis qu'autrefois, et qui résistent mieux aux grandes pluies.

« Les betteraves que j'ai récoltées en 1859, en place de la jachère, m'ont donné sur 85 hectares un produit de 4,250,000 kil. La réduction, pour déchet de terre, a été de 10 °/₀ et le rendement net de 3,825 kil. »

Ce qui établit une moyenne de 45,000 kil. par hectare. Tels sont les faits rapportés par M. Vallerand , de Mouflaye.

Ce que l'inventeur du département de l'Aisne faisait à Mouflaye; un inventeur du Nord, M. Demesmay, le tentait aussi de son côté, mais avec des modifications; il croit qu'il est dangereux de *ramener la terre neuve à la surface* ; *qu'à son apparition* elle n'est pas productive : que, pour le devenir, il lui faut beaucoup de temps et beaucoup d'engrais. Son système est donc de remuer vigoureusement le sous-sol, afin de le rendre plus facile à pénétrer, par exemple, par la betterave qui, de jour en jour, fait plus de progrès, dans les assolements de la culture industrielle du Nord.

Voici comment M. Demesmay explique les motifs qui l'ont amené à préférer au défoncement l'emploi de sa charrue fouilleuse :

« J'ai aussi essayé l'emploi d'une défonceuse dans mon terrain *glaiseux*, et j'ai même construit pour cela une charrue dont le versoir ramène fort bien à la surface la terre du sous-sol, imitant économiquement ce qu'on pratique souvent dans un arrondissement voisin du mien, en faisant suivre la charrue par des bêches qui entament le fond du sillon. Mes voisins m'avaient prédit que cette culture ne me réussirait pas, malgré la fumure abondante qui l'accompagnait et malgré le soin que je prenais d'appliquer le fumier sur la terre renversée par la première charrue. Leur prédiction s'est vérifiée chaque fois que le sous-sol était imperméable à l'air, que les parties solubles des fumures antérieures ne l'avaient pas complètement pénétré, et j'ai dû renoncer à une pratique sur laquelle j'avais fondé un grand espoir, en voyant ce que le *pelversage* avait produit autour de Valenciennes, où le sol est beaucoup moins glaiseux que le mien.

« C'est alors que j'eus recours à une fouilleuse énergique, divisant le sous-sol sans le ramener à la surface, qui d'abord pénétra à 0^m. 30 de profondeur, et qui, aujourd'hui que la terre a été ameublie par son action, n'arrive jamais à moins de 0^m. 35 et pénètre quelquefois à 0^m. 40.

« Ce système suivi pour la préparation des terres destinées

à la betterave et à l'avoine a accru de beaucoup mes récoltes, et il a été bien vite adopté dans tout l'arrondissement de Lille, où le sous-sol ressemble au mien et où la betterave occupe une grande place. »

On vient de voir les opinions de MM. Vallerand et Demesmay; il ne nous reste qu'à préciser la question :

Quel est le labour le plus parfait ? Est-ce celui de la charrue défonceuse proprement dite, qui ramène le sous-sol à la surface, ou celui de la charrue fouilleuse, qui remue le sous-sol sans en opérer le mélange avec la couche arable ?

Les partisans du premier système disent qu'il est indispensable de ramener le sous-sol à la surface, afin de l'exposer à l'influence des agents atmosphériques et de le rendre assimilable à la couche arable ; que, sans cela, il restera toujours impropre à la végétation ; qu'en augmentant la couche arable, les racines pour lesquelles les labours de défoncement sont surtout utiles vont chercher leur nourriture à une plus grande profondeur; que cette méthode est aussi excellente pour les récoltes qui suivent, parce que la couche végétale étant très-profonde, la même terre n'est pas appelée à produire constamment, et qu'ainsi les récoltes peuvent se succéder sur le terrain sans fatigue pour le sol ; que les engrais enfoncés plus profondément produisent, d'une manière plus régulière, leur effet utile et ne se perdent pas dans l'atmosphère : considération très-importante, qui milite contre les objections que l'on oppose à la pratique des labours profonds.

Les partisans du second système objectent qu'il n'est pas toujours bon de mélanger le sous-sol à la couche arable ; que de nombreux insuccès attestent le danger d'un approfondissement trop rapide ; que ce travail nécessite d'ailleurs une avance considérable d'engrais à faire au sol ; qu'il n'est pas toujours possible ni avantageux de faire à la terre ces grandes avances, et que, dans un grand nombre de cas, la charrue fouilleuse présenterait des résultats économiques plus avantageux que la grande charrue défonceuse.

On voit par cet exposé que la question des labours profonds

est une de celles qui devaient le plus sérieusement toucher le Comice de St.-Quentin, dans la circonscription duquel se trouvent une grande quantité de terres arables à couches épaisses et où par conséquent les labours profonds peuvent être utilement appliqués, soit d'après la méthode Vallerand, si la pratique, répondant à la théorie, démontre qu'il est essentiel de ramener à la surface des éléments qui n'aient jamais rien produit ; soit d'après la méthode Demesmay, s'il est établi qu'un ameublissement inférieur et profond est suffisant pour les besoins actuels de la culture, et tout à la fois plus économique et moins dangereux.

Le Comice agricole de St.-Quentin, mû par une pensée excellente, a voulu mettre fin, par une expérience directe, à la longue polémique qui s'était engagée entre les partisans du système Demesmay et ceux du système Vallerand.

Il a acheté une charrue et un sous-soleur Demesmay, et a organisé, le 29 septembre 1861, un concours de charrues pour labourages profonds : concours brillant s'il en fut ; car parmi les neuf charrues qui y ont figuré, on peut dire que la plus mauvaise était encore un excellent instrument.

En ouvrant à ces champions d'un nouveau genre, non plus le champ-clos des colonnes d'un journal, mais l'arène de l'expérience et de la pratique, le Comice de St.-Quentin répondait à une idée juste, à un besoin senti ; nous en avons la preuve dans l'empressement avec lequel ses ouvertures ont été accueillies, et dans l'immense retentissement qu'a eu ce concours dans le monde agricole.

Dans la pensée des organisateurs du concours, il s'agissait avant tout d'établir quelle est la meilleure charrue pour les labours profonds, et subsidiairement, de chercher quelle influence les labours plus ou moins profonds exercent sur les récoltes. A cet effet, le champ employé pour les essais devait être et a été l'objet d'études comparatives faites successivement sur plusieurs récoltes de nature différente. Telles étaient les clauses mêmes du programme. Ce sont à peu près les termes auxquels avait été ramené le problème, à la suite de la longue discussion qui avait eu lieu, en 1860, dans les colonnes du *Journal d'Agriculture pratique*, entre MM. Gérard, de Blincourt, Vallerand, Besnard, Demesmay et plusieurs autres agronomes.

Le premier système, composé des charrues pour labours profonds proprement dites, qui ramènent le sous-sol à la surface pour l'exposer aux influences atmosphériques et l'identifier avec la couche arable, était représenté par les charrues de MM. Vallerand, de Moufflaye ; Fondeur, de Genlis ; Fondeur, de Jussy ; Briquet, de St.-Lazare ; Paris, de St.-Quentin, et Lefèvre, de Vendhuile.

Le second, composé de charrues moins puissantes, suivies d'une *fouilleuse* qui remue le sous-sol sans le mélanger d'une manière sensible avec la terre arable, était représenté par la charrue de M. Demesmay; celle de MM. Henry frères, et celle de M. Forest-Colin.

Mais l'intérêt de la lutte se concentrait plus particulièrement sur les charrues de MM. Demesmay et Vallerand.

A la tête du premier groupe, comme créateur et propagateur du genre, se présentait naturellement M. Vallerand, de Moufflaye. Cet agriculteur hardi semble avoir posé la limite extrême des labours profonds. La charrue géante dont il se sert étonne au premier abord ; il l'a baptisée aussi d'un nom qui fait peur, elle s'appelle *la Révolution ;* mais il ne s'agit ici que d'une révolution pacifique, qui ne bouleverse le sol que pour le rendre plus fécond, et ne creuse d'abîmes que pour y enfouir les mauvaises herbes et les plantes parasites.

Pour traîner sa charrue, M. Vallerand emploie six paires de bœufs et trois hommes pour les conduire. Ce déploiement de forces effraie et paraît exagéré ; et pourtant, c'est l'expérience qui l'a guidé sur ce point. A la rigueur, trois ou quatre paires de bœufs pourraient suffire à la besogne ; mais, bientôt fatigués et exténués, ils ne pourraient plus fournir qu'un demi-jour de travail, et l'on arriverait ainsi à employer le même nombre de bêtes pour aboutir avec plus de difficultés à un moindre résultat. Les douze bœufs de M. Vallerand labourent un hectare de terre par jour, et sont prêts à recommencer le lendemain. Voilà ce qui justifie sa méthode.

Tout cet appareil colossal marche d'un pas tranquille et sûr en accomplissant son gigantesque travail. Le bouvier dit un mot, touche légèrement ses animaux du bout de son mince bâton, et quand un sillon est terminé, on voit les bœufs de tête faire militairement un demi-cercle dont l'ampleur se diminue à mesure que l'attelage se rapproche du nouveau sillon tracé ; les autres emboîtent le pas : le défilé se complète en bel ordre ; le dernier servant culbute prestement son tourne-oreille, qui se remet à trancher et à remuer la terre. Tout cela sans bruit, sans effort apparent, sans encombre, sans embarras. C'est superbe. Il n'y a pas de compagnie de ligne pour exécuter, à la parade, une conversion mieux faite.

Et il faut voir, par derrière, l'immense soc tout noir pour se faire une idée de ses proportions. Et il faut, sur le côté par où il agit, le voir découper des tranches de terre compacte de 40 ou 45 centimètres de largeur, profondes de 40, retournées (c'est le mot) de fond en comble, ameublies, allégées même à l'œil. Mettant à part l'idée et la théorie de M. Vallerand, on a été d'accord sur ce point, qu'au secours du principe qui le dirige il ne pouvait apporter un instrument plus complet comme puissance et comme perfection. On voit que c'est pour une œuvre de conviction qu'il a créé ce magnifique engin, dont le nom est peut-être ambitieux, mais dont le travail a mérité tous les éloges.

Le champ dans lequel les expériences du concours de St.-Quentin ont eu lieu, le 29 septembre 1861, est une grande pièce de terre de bonne qualité, qui avait porté du trèfle et que les charrues des concurrents ont retournée pour être ensemencée en betteraves au mois d'avril 1862. La terre était dans un bon état d'engrais, et la couche arable de 20 à 22 centimètres d'épaisseur. Dans cette pièce de terre on avait tracé des lots de 15 ares d'égale nature, qui ont été mis à la disposition des concurrents. Ceux-ci ont fait fonctionner leurs instruments sous les yeux du jury, qui a appliqué successivement à toutes les charrues le dynamomètre Regnier.

Après une longue et consciencieuse délibération, le jury de St.-Quentin a tranché la question au profit de la charrue de M. Vallerand.

Si l'on se place au point de vue du jury de St.-Quentin, son jugement semble très-logique. Un labour profond n'a pas seulement pour but d'ameublir la terre à une grande profondeur, il doit aussi l'assainir ; pour cela il faut que les couches inférieures du sol soient ramenées à la surface, en contact direct avec l'atmosphère qui a pour effet de transformer les matières nuisibles qu'elles contiennent en matières assimilables par les végétaux. Ce fait n'est plus contesté aujourd'hui. Or, un pareil résultat est atteint à coup sûr avec *la Révolution;* il ne se produit que plus lentement quand on emploie la charrue Demesmay, qui laisse toujours à la même place les couches voisines du sous-sol.

A peine le verdict du jury de St.-Quentin était-il connu, que de tous côtés il s'éleva des voix : les unes pour critiquer l'instrument de M. Vallerand, les autres pour l'appuyer.

Laissons parler M. de Garidel, ancien capitaine du génie, qui écrit du château de Beaumont, par St.-Menoux (Allier) (1) :

« ....On propose de mettre douze bœufs sur une même charrue ; mais c'est déjà beaucoup d'en mettre six. Y a-t-il, en France, beaucoup de cultivateurs capables de mettre douze bœufs en ligne ? Il est évident que c'est restreindre la pratique des défonçements à des cas exceptionnels, ce n'est pas là ce qui enrichira la France. Bien plus, il y a un mauvais emploi de la force. En effet, quand nous mettons sur une charrue deux ou trois couples, nous ne les faisons pas tirer les uns sur les autres, mais directement chaque couple sur l'âge. C'est une bonne méthode qui exige de l'attention de la part du laboureur, et il faut aussi que les bœufs de devant soient très-sages : autrement ils peuvent tirer brusquement la pointe du

(1) *Journal d'agriculture pratique*, 5 nov. 1861, p. 457.

soc sur les pieds des bœufs de derrière. Mais comment faire tirer directement six couples?

« Considérez encore qu'un défoncement ne se fait guère dans les saisons sèches, et que le piétinement de tant de bêtes détruit votre propre ouvrage s'il est fait en terre mouillée.

« Toutes ces questions sont déjà résolues depuis plus de vingt ans, pourquoi y revient-on et fait-on plus mal?....

« Il faut se hâter de protester contre cette conclusion, qu'il faut douze bœufs pour labourer à 0m. 40 de profondeur en retournant complètement la bande de terre, ou c'en est fait des labours profonds en France. Il n'y a pas un cultivateur de garance ou de tabac, dans les départements de Vaucluse ou des Bouches-du-Rhône, qui ne s'inscrive en faux contre un pareil résultat, qui est trop fort d'un tiers en ce qui concerne le nombre des bœufs.... »

D'un autre côté, c'est M. Fournier, propriétaire, qui écrit de Meaux :

« De 1850 à 1854, j'étais en quête d'une charrue énergique, pouvant labourer à 0m. 32 de profondeur. Malgré mes recherches et l'achat de plusieurs instruments, je ne pouvais aller qu'à 0m. 28; au plus, 0m. 30, et encore la terre passait par-dessus le versoir. Du jour où j'ai entendu parler de la charrue Vallerand, je suis allé chez cet honorable cultivateur, qui a fait fonctionner l'instrument devant moi, m'en a laissé prendre les dimensions, et, à mon retour, je me suis empressé d'en faire construire un semblable.J'attelais six bœufs, la première année, et je labourais à 0m. 30 de profondeur. Les résultats de ce premier essai ayant été favorables, je fis construire une seconde charrue, et avec mes deux charrues j'ai labouré, en 1855, 30 hectares à une profondeur de 0m. 36 à 0m. 40, avec un bon fumier enterré au fond de la raie. Ces 30 hectares ont été mis en betteraves, et j'ai eu une récolte de 57,000 kilogrammes par hectare. Dans une des pièces, il s'est trouvé environ 3 hectares dont le calcaire était à 0m.25, il a été retourné et mis par-dessus; j'ai eu soin de faire ramasser les plus grosses pierres et j'ai fait faire l'ensemencement de betteraves; à la récolte, il n'y avait aucune différence avec le reste de la pièce. L'année suivante, les céréales ensemencées dans cette parcelle ne différaient pas non plus du reste de la pièce, et étaient beaucoup plus belles que lors des labours de 0m. 18 à 0m. 20. Ainsi, les taches que faisaient dans mon champ les 3 hectares défectueux ont disparu depuis l'emploi des labours profonds.

« En 1857, une pièce située sur la route de Meaux à Paris avait reçu un profond labour et un fumier mis au fond de la raie. Par une circonstance indépendante de ma volonté, on n'a pas semé de racines après le labour. Au mois d'octobre, j'ai ensemencé cette pièce en blé en lignes ; elle est sur le passage des cultivateurs du canton de Claie, qui viennent à Meaux. Voir une charrue attelée de 10 à 12 bœufs ramener à la superficie une terre qui n'avait jamais vu le soleil, cela excitait chacun à dire son mot, et la majorité prédisait un manque de récolte. Je n'étais pas non plus très-rassuré: j'aurais voulu qu'une racine précédât la céréale ; mais, pour remettre cette parcelle dans mon assolement au risque de la critique, je n'en ai pas moins persisté à l'ensemencer en blé. A la récolte de 1857, mon blé était le plus beau du canton, c'est-à-dire des blés qui l'environnaient ; je pourrais au besoin citer les noms des cultivateurs dont la prédiction a été renversée.

« Mon opinion est qu'avec une rotation de quatre ou cinq ans, on peut, au commencement de chaque période, faire un labour de 0m. 35 à 0m. 40 avec un bon fumier mis au fond de la raie ; la deuxième année, un demi-guano pour la céréale si l'assolement est de quatre ans, et un guano s'il est de cinq ans.

« J'ai essayé la fouilleuse (certes, il est préférable de remuer la terre plutôt que de la laisser compacte) ; mais je préfère le renversement de la terre, parce qu'il me semble qu'une couche de 0m. 40 est mieux fertilisée lorsque la gelée, la neige, la pluie et le soleil l'ont ameublie. »

C'est M. Alexandre Saint-Martin, de Mérignac-Beaudesert (Gironde), qui raconte :

« Avant d'aller à Moufflaye, chez M. Vallerand, j'avais essayé tous les systèmes préconisés pour les labours profonds : on avait attelé une paire de bœufs bazadais sur une forte charrue Dombasle, qui allait à 0m. 20 ou 0m. 25 de profondeur; mais, pour un travail soutenu, il m'a fallu ajouter une seconde paire de bœufs, car, quelque forts que fussent ces bœufs, une seule paire n'aurait pu suffire.

« Derrière cette charrue Dombasle passait la fouilleuse de M. Bodin, laquelle à son tour exige deux paires de bœufs.

« Alors, on avait une bande de terre retournée de 0m. 20 à 0m. 25 et un labour de sous-sol de 0m. 15 à 0m. 20; en tout 0m. 45 de terre remuée.

« Il me fallait 4 hommes, dont 2 tenant les mancherons de la charrue et de la fouilleuse, et 2 conduisant les attelages, quand je n'étais pas obligé de faire aider ces derniers par 2 enfants : ce qui arrivait assez souvent.

« On ne faisait que 35 à 40 ares de travail dans les dix heures de liées, et le soir mes hommes revenaient éreintés d'avoir tenu les mancherons toute la journée. J'eus alors l'occasion d'être informé des résultats que M. Vallerand obtenait avec sa charrue, et l'idée me vint de faire chez moi ce que M. Vallerand faisait chez lui.

« J'ai suivi mon inspiration, et à l'heure qu'il est, je n'ai qu'à m'en louer.

« M. Vallerand n'ayant pu m'envoyer une de ses *Révolutions*, je priai M. Fondeur, de Jussy, de m'en fabriquer une, qui m'arriva en mars dernier. A sa vue, les bouviers et les paysans jetèrent des holà! à n'en plus finir; ils ne pouvaient comprendre la destination de cette *grande cuillère* (nom par eux appliqué à la charrue).

« J'avais dix hectares à fumer et à labourer: aussitôt l'arrivée de la défonceuse, on y attela deux paires de bœufs, les mêmes qui avaient traîné la Dombasle; on se rendit sur le terrain, et là, au grand étonnement de tout le monde, on vit cette charrue marchant, sans être maintenue, à une profondeur de 0m. 40, retournant admirablement le sol, et enfouissant le fumier comme un jardinier ne le ferait pas avec sa bêche.

« Le sol était de consistance moyenne, et le sous-sol argilo-siliceux : cependant il y avait de grandes difficultés ; car on avait défriché ce terrain l'année précédente à 0^{m}. 35, et il y était resté une énorme quantité de racines que la défonceuse ramenait à la surface.

« Je n'ai donné qu'un seul labour à ces 10 hectares, que j'ai ensemencés en betteraves, qui ne sont pas encore récoltées, mais dont j'estime le rendement à 60,000 kilogr. à l'hectare.

« Jamais les paysans des environs n'ont vu pareilles betteraves, et tous attribuent ce résultat extraordinaire au labour profond.

« Avant de connaître la méthode Vallerand, il me fallait trois labours pour avoir 0^{m}. 25 ou 0^{m}. 30 de terre retournée : maintenant, du premier jet, et avec une dépense moindre, je retourne 0^{m}. 40 de terre, qui entrent en contrat direct avec l'air, l'eau et la chaleur.

« On objecte que le sous-sol, ramené à la surface, est inerte et improductif : c'est là une supposition gravement erronée que rectifie l'expérience.

« Mélangez un peu de guano ou de noir animal à ce prétendu sous-sol inerte, et vous obtiendrez la plus belle récolte que vous puissiez rêver.

« On objecte encore que le fumier enfoui profondément ne peut alimenter les radicelles des plantes : c'est encore là une supposition gravement erronée que rectifie également l'expérience.

« Le fumier, profondément enfoui, ne peut que très-peu s'évaporer : combiné à la superficie du sol maintenant enterrée, il forme un riche compost dont la base est au fond de la raie où, après cinq ans, on va le chercher par un nouveau gros labour qui, en le ramenant à la surface, place entre lui et la nouvelle fumure une couche de 0^{m}. 40, laquelle devient le centre puissant d'un atelier continu d'engrais. »

La Société impériale et centrale d'agriculture de Paris, à la suite d'un rapport de M. Moll sur le concours de St.-Quentin, a recueilli l'opinion de plusieurs de ses membres sur l'efficacité des labours profonds. Nous ne rapporterons ici que le dire de M. Bella, dont la parole fait autorité dans cette matière :

« M. Bella reconnaît toute l'importance de la question, et il ajoute que, depuis six à sept ans, toutes les terres de Grignon ont été sous-solées, et que la profondeur de la couche arable a été portée à 0m. 25 ou 0m. 40 ; mais, en dehors des deux systèmes dont il est ici question, on peut en employer un troisième qui consiste à sous-soler d'abord et à mélanger ensuite successivement le sous-sol avec la couche arable. Il se présente certainement des cas où le sous-sol est complètement stérile ; mais il en est d'autres où sa richesse minérale est plus grande que celle du sol lui-même, et où il suffit de l'exposer au contact de l'air et des agents atmosphériques pour modifier son état et lui donner même une grande fertilité. En général, cette question de l'opportunité des défoncements ne peut être résolue sans tenir compte du système de culture. En effet, l'opération sera suivie de réussite ou d'insuccès, suivant que l'importance de son capital d'exploitation permettra au cultivateur de recourir à des fumures plus ou moins abondantes. »

M. Le Couteux, dans un article très-remarquable publié sur les labours profonds, a fait ressortir cette vérité, que par cela même qu'on enterre plus profondément une plus forte masse de fumier on obtiendra plus de récoltes à meilleur marché (1) :

« A l'époque où se fondèrent les deux écoles de Roville et de Grignon, la presque totalité des terres arables de la France était soumise à des labours dont la profondeur excédait rarement 0m. 10 à 0m. 15. Mathieu de Dombasle signala le vice radical de ce système de labourage : il étudia la charrue, et ce fut ainsi qu'il contribua, au grand profit de l'agriculture, à propager tout à la fois et l'emploi de l'araire, et l'emploi des labours de 0m. 20 à 0m. 25. L'école de Grignon suivit ce même programme de labourage : comme l'école de Roville, elle basa sa culture aux grosses récoltes sur les fortes fumures, et tout logiquement, pour placer ces grosses fumures dans de meilleures conditions d'effet utile, elle fut amenée à approfondir ses terres arables. Bientôt alors, dans toutes les fermes où s'appliquèrent

(1) *Journal d'agriculture pratique*, 20 janvier 1862, p. 97.

les principes de la nouvelle école, on reconnut que, par cela même qu'ils enterrent plus profondément une plus forte masse d'engrais, les labours à 0m. 20 ou 0m. 25 d'épaisseur, procurent des récoltes non-seulement plus abondantes, mais encore mieux garanties et contre les excès de sécheresse, et contre les excès d'humidité. Souvent aussi, on vit des sous-sols améliorer les sols avec lesquels ils furent mélangés.

« Étrange confusion des idées ! tandis que, d'une part, les labours profonds étaient préférés parce qu'ils sont un moyen d'employer plus de fumier sur chaque hectare, et, par conséquent, d'obtenir plus de récoltes à meilleur marché ; d'autre part, on leur reprochait précisément cet avantage : on les repoussait parce qu'ils exigent un accroissement de fumure.

« Pourquoi ces contradictions ?

« C'est que généralement le rôle économique des engrais dans la production agricole n'était pas encore bien compris. On semblait ignorer l'influence considérable qu'ils exercent sur l'abaissement du prix de revient des récoltes, *lorsque le sol est fumé au maximum,* c'est-à-dire de manière à procurer la plus haute récolte possible. On calculait ce que l'on dépensait par hectare sans penser que, dans une culture intensive bien appropriée aux circonstances, la plus forte dépense par hectare a cela de remarquable qu'elle correspond précisément à la moindre dépense par hectolitre ou par quintal de récolte. Et sur la pente de ces idées, on fumait à raison de 10 et 20,000 kilog. l'hectare, tandis qu'aujourd'hui, visant à des récoltes de blé de 30 à 40 hectolitres, on fume à raison de 60 à 80,000 kilog. Or, telles fumures, telles récoltes, et mieux encore, telles avances, tels bénéfices. En d'autres termes, dès que la terre acquiert une certaine valeur, et que les débouchés agissent avec une certaine intensité, la culture aux grosses fumures, c'est la culture aux grosses récoltes à bon marché. Par conséquent, les labours profonds sont au nombre des moyens économiques que doit mettre en œuvre la culture aux grosses récoltes, puisqu'ils sont un moyen d'employer de plus fortes fumures. »

Après vous avoir exposé les différentes opinions qui se sont produites à l'occasion de la question des labours profonds, je vais vous faire connaître le résultat de la récolte de betteraves semées et cultivées, en 1862, sur le champ du concours de St.-Quentin.

Nous pouvons dire, en toute vérité, que le verdict du jury a reçu dans cette circonstance le premier contrôle de l'expérience. En effet, Messieurs, malgré les termes du programme, n'était-il pas évident pour tous que la question de principe était engagée, et qu'en décernant la prime unique dont il disposait à M. Vallerand, de Mouflaye, le jury avait jugé autre chose qu'une question de mécanique agricole? Aussi, nous pouvons bien l'avouer aujourd'hui, nous n'étions point sans appréhensions sur le résultat de ce concours, ou plutôt, disons le mot, en voyant notre lauréat attaquer à 15 centimètres au moins au-dessous de la couche arable, et ramener à la surface un sous-sol infertile et d'une composition très-vicieuse en plusieurs endroits, nous lui présagions un insuccès qui aurait produit un très-fâcheux effet, bien qu'il n'eût été que trop justifié par les circonstances défavorables dans lesquelles il s'opérait; car, en effet, contrairement au programme et au vœu exprimé par le jury, ce labour, ainsi que celui des autres concurrents, n'avait reçu ni fumier, ni aucun engrais artificiel, M. Briquet n'ayant voulu rien changer à son assolement, ni à ses habitudes de culture.

Ces circonstances défavorables faisaient présager aux esprits les moins prévenus un échec imminent. Vous jugerez dans un instant si les résultats obtenus ont justifié ces appréhensions. Mais, avant de vous faire connaître ces résultats, je dois vous exposer les soins que la terre et les récoltes ont reçus de la part de M. Briquet. Je laisse la parole à ce dernier :

« Les labours du concours ont passé l'hiver tels qu'ils avaient « été faits. Le 19 avril 1862, j'ai fait donner trois tours d'ex- « tirpateur et deux tours de herse, suivis chaque fois par un « rouleau pesant.

« Le 21 du même mois, j'ai fait semer par un temps sec. La « levée a été en général assez régulière. Après le premier sar-

« clage et jusqu'au troisième, les betteraves semées sur les par- « celles labourées par MM. Vallerand et Fondeur, de Genlis, ont « jauni; les autres parties, au contraire, poussèrent avec vigueur.

« Les betteraves n'ont reçu que trois sarclages, et pour qu'on « ne puisse attribuer à cette opération le plus ou moins de « récolte, j'ai fait diviser ma terre en longueur et je l'ai partagée « en six parties. De cette façon, toutes les parcelles ont été « sarclées en même temps par des ouvriers différents. »

M. Briquet ajoute que chaque lot a été arraché et chargé, en octobre 1862, par des ouvriers différents sous les yeux d'un surveillant qui ne les a pas quittés, et que les betteraves de chaque parcelle ont été conduites séparément à la fabrique et pesées par les comptables, la tare faite par les contre-maîtres, comme pour les autres betteraves.

Voici les résultats obtenus, auxquels nous ajoutons pour mémoire le genre de charrues employées et la profondeur des labours :

N^os.	CONCURRENTS.	GENRE de CHARRUES.	PROFONDEUR DU LABOUR.	RENDEMENT POUR 15 ARES.	RENDEMENT A L'HECTARE.
			M. C.	K.	K.
1.	MM. Briquet frères.	Défonceuse.	0 31	8,278	55,180
2.	Fondeur, de Genlis.	Id.	0 35	7,635	50,860
3.	Demesmay, de Lille.	Charrue et Fouilleuse.	0 31	6,061	40,400
4.	Paris, de St.-Quentin.	Défonceuse.	0 30	7,659	51,060
5.	Henry frères.	Charrue et Fouilleuse.	0 32	6,701	44,670
6.	Briquet frères.	Charrue et Fouilleuse de M. Demesmay	0 25	6,034	40,220
7.	Forest-Colin.	Charrue et Fouilleuse.	0 31	6,886	45,900
8.	Fondeur, de Jussy.	Défonceuse.	0 33	7,274	48,490
9.	Lefèvre, de Vendhuile	Id.	0 32	6,118	40,780
10.	Briquet frères.	Charrue et Fouilleuse de M. Demesmay	0 25	5,893	39,280
11.	Vallerand.	Défonceuse.	0 38	7,099	47,320

Pour rendre ce résumé plus frappant, nous allons présenter dans un tableau synoptique l'ensemble des résultats obtenus par les différents modes de culture employés :

1°. Sur les labours exécutés par les défonceuses proprement dites, dans les parcelles n°s. 1, 2, 4, 8, 9 et 11, de 0m, 30 à 0m, 38 de profondeur ;

2°. Sur les labours exécutés par les charrues suivies d'une fouilleuse dans les parcelles n°s. 3, 5 et 7, à une profondeur de 0m, 31 à 0m, 32 ;

3°. Nous y ajouterons la moyenne du reste de la pièce, en faisant observer toutefois que la qualité du sol est généralement inférieure dans cette partie du champ à celle où a eu lieu e concours :

1°. Charrues défonceuses. — Moyenne à l'hectare.		48,950 k.
2°. Charrues avec fouilleuses.	—	41,705
3°. Le reste de la pièce	—	34,270

Tels sont les résultats de la récolte de betteraves obtenus en 1862 sur le champ des expériences du concours de St.-Quentin. Ces faits parlent d'eux-mêmes, et nous laissons aux chiffres toute leur éloquence. Cependant, permettez-moi de vous faire remarquer que les deux systèmes de labours profonds ont été tous deux très-avantageux au cultivateur, puisque la récolte obtenue sur les lots des fouilleuses (système Demesmay) a dépassé de 7,435 kilog. par hectare, celle obtenue dans l e restede la pièce. Mais que dire de la récolte faite dans la partie travaillée par les charrues défonceuses (système Vallerand), puisqu'elle a dépassé de 14,680 kilog. à l'hectare la récolte faite dans le reste de la pièce ?

Nous ne conclurons pas en disant que le programme de M. Vallerand doit être applicable à toutes les situations ; mais il nous semble que la mécanique agricole lui devra le point de départ de nouvelles études sur les charrues de grande culture. Il y a là, à notre sens, toute une révolution dans la pratique du labourage, révolution qui doit conduire la culture intensive à une opulence de recettes inconnue dans les terrains labourés superficiellement et fumés proportionnellement à leur profondeur arable. Au résumé, il s'agit de savoir quelle est la profondeur *maxima* à laquelle il convient de porter la couche labourable. Est-ce à 0m, 20 ou à 0m, 35? Comment se comporte l'engrais à diverses profondeurs? En admettant que les engrais actifs, comme le guano et ses analogues, agissent d'autant plus énergiquement qu'ils sont enterrés plus superficiellement, n'est-il pas raisonnable d'admettre que les fumiers frais gagnent à être enfouis profondément, surtout lorsque, par un labour de 0m, 35, la terre végétale a été culbutée à la place du sous-sol? L'emploi combiné des engrais actifs appliqués superficiellement et des fumiers appliqués profondément est-il, oui ou non, la meilleure solution du problème économique des engrais? Voilà ce qu'il faut déterminer par la voie expérimentale, et voilà, par conséquent, pourquoi nous disons que la ferme de Moufflaye a bien mérité de la science, en pratiquant, sur une grande échelle, les labours à 0m, 35 de profondeur.

La charrue à 12 bœufs de M. Vallerand laboure au-delà d'un hectare par jour. Au dire de M. Gérard, de Blincourt, le prix d'un hectare, ainsi labouré à 0m, 35, serait de 35 à 40 fr., la journée de bœuf étant cotée à 3 fr. 15, frais de conduite et autres compris. Ce serait à peu près le double d'un labour ordinaire; mais il est évident qu'en pareil question, ce qu'il faut considérer surtout, c'est l'effet utile; et il est non moins évident que, soit par lui-même, soit par la réduction qu'il permet de faire dans le nombre des grosses façons ultérieures, le labour Vallerand est, tout compte fait, plus économique que le système des façons superficielles avec lequel on le compare. Il ne s'agit pas ici d'apprécier chaque façon isolément: il faut envisager toute la rotation et savoir que le défoncement à 0m, 35 ne se fait qu'une fois par période de 4 ou 5 ans. C'est un labour d'ouverture de rotation: c'est par lui qu'on peut enterrer une masse de 80 à 100 mille kilog. de fumier, lequel fumier n'entravera pas la marche des instruments qui fonctionneront par la suite, lequel fumier se transformera bientôt en un riche compost, lequel fumier fera l'office d'un vrai drainage, lequel fumier enfin attirera les racines des plantes à une profondeur où elles trouveront tout à la fois et une nourriture abondante et une fraîcheur convenable, soit en temps de sécheresse, soit en temps d'humidité.

Un mot en terminant. Les résultats du concours de St.-Quentin ne peuvent manquer d'avoir dans notre pays, avide de progrès, un long retentissement : aussi nous considérons comme un devoir de placer ici quelques réflexions et de poser quelques réserves, afin de ne pas porter la responsabilité de mécomptes qui nuisent toujours au progrès général. En agriculture, une seule expérience est insuffisante : il faudrait en faire beaucoup et sur des sols différents pour arriver à conclure en général, sans risque de se tromper.

Les labours profonds sont assurément chose excellente, et chez les hommes intelligents ils donneront des résultats très-avantageux ; mais il ne faut pas perdre de vue qu'ils ne peuvent produire ces résultats qu'avec le concours d'engrais abondants. L'approfondissement du sol sans accroissement d'engrais amènerait, le plus souvent, la pauvreté dans le présent, sans profit pour l'avenir ; notre mot d'ordre à la fin de ce rapport sera donc celui-ci : Courage et prudence ; prudence à ceux qui ne possèdent point les moyens d'action nécessaires, mais courage à ceux qui peuvent et veulent se jeter résolûment dans la culture intensive ! A ceux-là nous dirons sans crainte, en empruntant un souvenir au bon La Fontaine :

> Courage, amis ! creusez, piochez, bêchez,
> C'est le fonds qui manque le moins.

Après cette lecture, M. Calemard de Lafayette prend la parole pour exprimer ses regrets de voir s'élever une espèce d'antagonisme entre deux systèmes qui ont chacun leur raison d'être ; à la grande exposition de Paris, M. Demesmay, qui représentait l'un des systèmes, a obtenu le premier prix, tandis que M. Vallerand n'a obtenu que le second.

On pourrait croire que c'est pour en rappeler de cette décision que le Comice de St.-Quentin a ouvert son concours, à la suite duquel le prix a été décerné à M. Vallerand.

Mais on doit observer que tous les cultivateurs n'ont pas un attelage de 12 bœufs à leur disposition ; ensuite, dans un pays de montagnes, on rencontre des pointes de rocher à moins de 0^{m}. 35 centimètres de la surface ; il serait alors impossible de faire marcher la grande charrue Vallerand, tandis qu'on peut obtenir cette profondeur avec les deux charrues Demesmay : la première, allant à 0^{m}. 20 centimètres, est suivie par un homme armé d'une pioche pour arracher les pointes de rocher ; vient ensuite la seconde charrue, suivie encore d'un homme chargé d'enlever les grosses pierres. 2 vaches et 2 bœufs suffisent pour traîner le premier instrument ; 2 forts bœufs conduisent la fouilleuse. Dans cette circonstance, M. de Lafayette n'employait que 6 animaux au lieu de 12.

Il se demande ensuite s'il n'y a pas quelquefois inconvénient à ramener le sous-sol en-dessus. Ainsi, dans la Haute-Loire, pour des récoltes de lentilles, on opère un labour profond ou un défoncement du sous-sol à la bêche à 0^{m}. 30. Généralement les céréales qui suivent les lentilles donnent un rendement très-faible.

De toutes ces observations, M. de Lafayette conclut qu'on doit agir avec beaucoup de précaution et faire de nombreuses réserves sur l'emploi de la charrue Vallerand.

M. Gomart répond que, dans son mémoire, il a donné le résultat des expériences faites avec les charrues de l'un et de l'autre système ; sans élever d'antagonisme entre M. Demesmay et M. Vallerand. Il y avait 4 charrues d'un côté et 5 de l'autre ; le Comice de St.-Quentin n'a fait ressortir que les moyennes obtenues par la réunion des instruments de chaque système, tout en présentant dans un tableau le résultat obtenu par l'attelage particulier de M. Vallerand.

Ce travail ne se fait qu'une fois tous les 4 ou 5 ans, en tête de chaque rotation, et malgré les fortes fumures, les blés de M. Vallerand ne versent jamais. Ils ont une grosse tige, peu élevée, mais de longs épis très-productifs, et la surface du champ est régulière comme une table.

M. Gomart pense, comme M. de Lafayette, que *la Révolution*

ne pourrait pas être employée partout, seulement il a cité une expérience faite dans un terrain donné, et il demande qu'on fasse d'autres expériences pour obtenir d'autres faits.

Du reste, les cultivateurs du département de l'Aisne ont été effrayés par l'emploi des 12 bœufs, et ils ont demandé à M. Vallerand un modèle plus petit. On fabrique en ce moment chez M. Fondeur, à Jussy (Aisne), une charrue qui, avec 6 bœufs, retourne un demi-hectare de terre à une profondeur de 0^{m}. 30 centimètres sur une tranche de 0^{m}. 30. Les demandes de cette nouvelle charrue sont si considérables que M. Fondeur, qui cependant fabrique une charrue et demie par jour, ne peut pas satisfaire tous les cultivateurs.

Sur l'observation de M. Perrat, qu'il serait utile de faire connaître la nature du sol défoncé en prenant des échantillons à différentes profondeurs jusqu'à 0^{m}. 30 et de joindre cette note à son mémoire, M. Gomart répond que la terre de Moufflaye est de l'argile brune; en-dessous et en-dessus, de l'argile plus blanche mélangée de quelques petites pierres blanches. Ce sol n'avait jamais été labouré à plus de 0^{m}. 22 centimètres, limite d'enfouissement des anciennes fumures.

On a reconnu généralement que la profondeur de 0^{m}. 30 cent. était la plus convenable; c'est pourquoi on a demandé à M. Vallerand un nouveau modèle qu'il a fait construire.

M. Dermigny, de Péronne, combat les labours profonds. Il cite des fabricants de sucre, ses voisins, qui ont employé la charrue Vallerand et n'ont obtenu que 9,000 kilog. de betteraves à l'hectare, tandis que par le labour ordinaire on obtenait 40,000 kilog.

M. Dermigny pense que dans certains terrains où un labour profond a été pratiqué les blés doivent verser, et que si le blé est resté droit dans l'expérience citée, ce résultat a été obtenu par une année sèche; il aurait certainement versé par une année humide. Il prédit que la charrue Vallerand aura bientôt fait son temps et qu'il n'en sera plus question.

Un membre de la Société d'agriculture de Compiègne a visité 44 fermes en 1862, comme membre du jury; il a vu tous les voisins de M. Vallerand employer *la Révolution* ou la charrue

Fondeur avec 6 bœufs. Sur toutes les terres défoncées, les betteraves étaient belles ; elles étaient moins belles dans les champs où le fumier n'était enfoui qu'à 0m. 20 ou 25 centimètres.

Chez M. Carbonneau, à Mitry, on défonce les terres depuis quinze ans. Il a obtenu 60,000 kilog. de betteraves à l'hectare ; les blés n'ont pas été versés : salis un moment par la rouille, ils ont eu une végétation assez forte pour faire disparaître la rouille et ont donné un très-beau grain. Dans les champs voisins non défoncés, le blé était versé, rouillé, et le grain était de moins bonne qualité.

Après les labours profonds, on doit recommander l'emploi d'un rouleau énergique pour tasser la surface du sol.

Avant de clore la discussion, M. Gomart cite encore un fait : l'année dernière, M. Vallerand reçut la visite d'une personne qui désirait voir fonctionner *la Révolution*. N'ayant pas de champ libre, M. Vallerand fit marcher la charrue à 0m. 35 centimètres de profondeur chez un de ses voisins. Le reste de la pièce reçut un labour ordinaire par le propriétaire. On sema de l'avoine et de la luzerne : dans la partie défoncée, le rendement fut double en avoine, et la luzerne a la plus belle apparence.

Enfin, ce qui justifie l'emploi du système Vallerand dans les circonstances où il se trouve (argile siliceuse à la surface avec le sous-sol d'argile compacte), c'est qu'il a obtenu sur une terre neuve sans engrais une récolte de 1,200 gerbes et de 72 hectolitres d'avoine à l'hectare.

L'expérience a démontré que les craintes de M. Dermigny ne se réalisaient pas, et que les céréales, forcées d'aller chercher l'engrais à 0m. 30 centimètres de profondeur, s'attachaient mieux au sol et versaient moins qu'à la suite des labours exécutés par le système Demesmay.

Études sur le régime des cours d'eau. — M. l'ingénieur Belgrand présente deux tableaux (1) sur lesquels les variations de ré-

(1) Ces tableaux sont le complément de ceux présentés l'année dernière.

gime de certains cours d'eau sont indiquées par des textes. Dix années d'observation lui ont permis d'établir des lois très-régulières et de constater que sur les terrains imperméables les crues sont courtes et dangereuses, elles atteignent quelquefois leur maximum en deux jours. Avec les terrains perméables, au contraire, les crues sont lentes et sans danger. Elles ne se manifestent qu'au bout d'une quinzaine de jours et durent de deux à trois mois.

Les grands cours d'eau sont influencés par leurs affluents. C'est ainsi qu'on explique les crues lentes de la Seine et les crues subites de la Loire.

On passe à la discussion de la question suivante :

« Par quels moyens pourrait-on utiliser partout les eaux plu-
« viales à l'irrigation ? »

M. Belgrand répond à cette question par le mémoire suivant.

MÉMOIRE DE M. BELGRAND.

Dans une notice insérée dans l'*Annuaire* de l'Institut des provinces en 1863, j'ai démontré qu'il existait de grandes étendues de terrains à la surface desquels les eaux pluviales ne coulaient jamais ; que les eaux étaient absorbées sur place au point même où tombait la goutte de pluie ; il est évident que, dans ces conditions, les eaux pluviales ne peuvent être utilisées pour l'irrigation.

Parmi ces terrains, on doit classer la craie blanche des plaines de la Champagne et des plateaux de la Picardie et de la Flandre française ; les montagnes oolithiques de la Bourgogne, du Poitou, des Cévennes, du Jura, etc, les calcaires et les sables tertiaires de la Beauce, du Valois, du Tardenois, du Soissonnais, de Fontainebleau, etc. ; les terrains crétacés du sud-ouest de la France.

J'ai dit que ces terrains se distinguaient par des caractères généraux très-simples et qui peuvent être constatés facilement par tous les agriculteurs.

Les cours d'eau y sont peu nombreux, et sont toujours confinés au fond des vallées les plus profondes. Les autres vallées sont sèches ; souvent les cultures descendent jusqu'au fond, sans qu'on ait ménagé aucun lit, pas même un simple fossé pour leur assainissement.

Ces cours d'eau, à moins que les fonds supérieurs ne soient imperméables, n'ont point de crues violentes ni très-troubles ; en général, le niveau des eaux, dans la saison humide, croît lentement et descend de même. Les crues durent souvent plusieurs *mois et jamais moins de quinze jours.*

Les prairies sont toujours confinées au fond de ces vallées humides ; jamais elles ne s'élèvent à flanc de coteau, ni même sur le thalweg des vallées secondaires. Ces prairies sont souvent marécageuses ou tourbeuses ; jamais, même lorsqu'elles sont saines, elles ne produisent des herbages aussi nourrissants que ceux des pays à pâturages.

Enfin, les bêtes ovines y sont rarement atteintes de la cachexie aqueuse, lorsqu'on les conduit à la vaine pâture sans précaution, pourvu qu'on ne les mène pas dans les prairies.

Lorsqu'un terrain présente ces caractères, qui, je le répète, peuvent être constatés par tout agriculteur intelligent sans qu'il ait besoin d'aucune notion de géologie, il ne faut pas tenter d'utiliser les eaux *pluviales pour l'irrigation :* toutes les dépenses dans lesquelles on s'engagerait seraient en pure perte.

J'ai fait voir, dans la même notice, qu'il y avait d'autres formations géologiques à la surface desquelles les eaux pluviales pouvaient couler en grande abondance, et alors, dans certains cas, elles peuvent être utilisées pour l'irrigation. Parmi ces terrains, on peut citer les formations granitiques du plateau central de la France, du Morvan, de la Savoie, du Bocage, de la Bretagne, des Vosges, etc. ; les terrains paléozoïques des Ardennes, de la Bretagne, etc.; les terrains triasiques du bassin supérieur de la Saône et des Vosges; le lias du Nivernais, de l'Auxois, de la Basse-Normandie et du pied du plateau central ; les argiles oxfordiennes du Perche et de la vallée d'Auge, les argiles et les sables *impurs de la craie inférieure* de la Champagne, du pays de Bray, etc.

Il ne faut pas que les agriculteurs se laissent rebuter par cette nomenclature géologique ; les caractères que présentent ces terrains ne sont pas moins simples que ceux exposés ci-dessus.

Les cours d'eau pérennes ou non pérennes y sont très-nombreux ou plutôt innombrables dans la saison humide ; à la suite de chaque pluie, tous les sillons deviennent des ruisseaux, tous les plis de terrain des torrents, toutes les vallées des rivières ; l'eau séjourne long-temps en larges flaques aux points bas des champs mal nivelés.

Les crues des cours d'eau sont très-violentes, mais de courte durée : rarement de plus de 48 heures après la pluie. La culture des prairies se développe aussi bien sur le flanc des coteaux qu'au fond des vallées.

Ces prairies sont particulièrement propres soit à l'élève, soit à l'engraissement des animaux de race bovine ; les races ovines au contraire, y contractent avec la plus malheureuse facilité une maladie toujours mortelle : la cachexie aqueuse.

Toutes les fois qu'un terrain jouit de ces propriétés, il convient d'examiner s'il n'y a pas possibilité d'utiliser les eaux pluviales.

Il faut, pour cela, que le sol présente une déclivité convenable ; car lorsque sa surface est tellement plate et unie que l'eau de pluie y séjourne sans s'écouler, comme dans certaines parties de la Brie, de la Puisaye et du Gatinais, on ne voit pas trop quel parti l'agriculteur peut en tirer.

Si l'on fait abstraction des cultures maraîchères dont je ne veux pas m'occuper ici, on n'arrose guère en France que les prairies naturelles. Il faut donc savoir, avant tout, quelle est la quantité d'eau nécessaire pour arroser un hectare de pré.

On admet généralement que, pour arroser un hectare de pré, il faut un écoulement continu d'un litre d'eau par seconde ou un volume de 86 mètres cubes par 24 heures.

Mais cette quantité, qui peut être une bonne moyenne, est loin, en pratique, de se justifier dans tous les cas.

Tous les agriculteurs savent que les excellentes prairies du pays de Bray et de la vallée d'Auge ne sont jamais arrosées, et, d'un autre côté, il résulte des documents publiés par M. l'ingénieur Foltz, que les prairies créées sur les graviers de la Moselle usent 100 litres d'eau par seconde. J'ai constaté que certaines prairies granitiques pouvaient consommer une quantité d'eau à peu près indéfinie.

Les prairies exigent donc des quantités d'eau qui varient avec la nature géologique du sol.

Les terrains argileux sont ceux qui en demandent le moins. J'ai constaté que, dans le lias de l'Auxois et dans la craie inférieure de la Puisaye, un écoulement continu de 20 centilitres par seconde suffisait à l'irrigation d'un hectare de pré.

Dans les terrains granitiques ou paléozoïques, la moyenne de 1 litre par seconde se rapproche beaucoup de la vérité.

Lorsqu'on veut aménager les eaux pluviales pour l'irrigation, il faut donc préparer une réserve beaucoup plus grande dans les terrains arénacés solides que dans les terrains argileux ou argilo-sableux.

En France, la nature a amplement pourvu à cette exigence des terrains arénacés : il tombe beaucoup plus de pluie sur les terrains granitiques ou paléozoïques qui, en général, occupent des régions élevées, que dans les terrains argileux qui sont presque toujours situés à des altitudes plus basses.

Je mets sous les yeux du Congrès les courbes des pluies tombées sur le bassin de la Seine en 1861 ; on voit, à la simple inspection de ces courbes, qu'il pleut beaucoup plus dans le Morvan que dans le reste du bassin.

La Bretagne, occupée en grande partie par des terrains paléozoïques ou granitiques, est, en raison du voisinage de la mer, plus pluvieuse et surtout plus régulièrement pluvieuse que les parties plus continentales de la France.

Le plus grand inconvénient de l'irrigation par les eaux pluviales, c'est son irrégularité. Dans la saison chaude, de juin à octobre inclusivement, ces eaux, quoique plus abondantes qu'en hiver, ne coulent pour ainsi dire jamais à la surface du sol : elles restent dans la couche superficielle et sont absorbées par la végétation ou enlevées par l'évaporation.

Dans la saison froide, au contraire, elles courent à la surface du sol en trop grande abondance, amaigrissant les terres des flancs des coteaux, en entraînant avec elles les parties les plus riches de l'humus.

Pour tirer un bon parti des eaux pluviales, il faudrait donc trouver le moyen de les emmagasiner, et le plus simple, celui qui se présente tout naturellement à l'esprit, consisterait à créer de grands réservoirs analogues à ceux qui servent à l'alimentation des canaux.

Dans les terrains arénacés durs comme les granites, cette opération est presque toujours facile : on trouve des parties de vallées très-larges qui se terminent par des étranglements ; en fermant ces défilés par un mur qui souvent n'a pas plus de 100^m. de longueur, on peut créer en amont de véritables lacs qui contiennent d'immenses réserves d'eau ; en utilisant les eaux au profit de l'agriculture et de la navigation, on en tirerait un double profit et, de plus, on atténuerait dans les petites vallées les ravages des inondations.

M. l'ingénieur Chanoine a démontré qu'on pouvait emmagasiner, dans la petite partie du bassin de la Seine occupée par les granites, près de 100 millions de mètres cubes d'eau.

Ces terrains sont d'ailleurs admirablement bien disposés pour l'irrigation : les vallées ayant toujours une pente considérable, une rigole bien tracée, partant du pied du barrage, se trouve bientôt à flanc de coteau à une grande hauteur au-dessus du fond de la vallée.

On peut ainsi convertir en prairies des terres arables, aujourd'hui très-pauvres, qui se louent à peine 10 à 20 fr. l'hect.

La création de ces grands réservoirs serait donc, suivant moi, une des opérations les plus utiles qu'on pourrait entreprendre au profit de l'agriculture dans le Morvan, le Limousin, la Creuse, la Corrèze, la Bretagne, etc.

On pourrait même employer ces eaux à l'irrigation des terres fertiles qui entourent le pied de ces montagnes.

Est-il nécessaire de dire qu'avec l'excessif morcellement du sol de la France ces grands travaux ne peuvent être entrepris que par l'État ? Je suis peu partisan de notre centralisation administrative qui tend à énerver le pays; néanmoins, il est certain qu'elle doit être maintenue dans une certaine mesure pour contrebalancer l'effet du morcellement.

L'administration vient d'ailleurs d'entrer dans cette voie en construisant dans le Morvan le réservoir des Settons, qui contient de 15 à 20 millions de mètres cubes d'eau.

Espérons qu'elle continuera à marcher dans cette voie. Quoique ces réserves soient affectées jusqu'ici uniquement au service de la navigation, il est évident qu'on pourra, dès qu'on le voudra, en faire profiter l'agriculture.

Ces grands réservoirs remplaceraient avec avantage ces milliers d'étangs qu'on a détruits et qu'on détruit encore d'une manière un peu irréfléchie suivant moi ; car, dans ces terrains pauvres, on les remplace par des prairies marécageuses et par conséquent de médiocre qualité, tandis qu'en les conservant et en dérivant les eaux emmagasinées, on pourrait créer à flanc de coteau des prés plus sains et produire des fourrages de meilleure qualité. Dans les terrains argileux, l'emmagasinement des eaux pluviales est beaucoup plus difficile. Les vallées y sont larges, bien ouvertes. Il est rare qu'on y trouve de ces étranglements favorables à la construction des barrages ; de plus, ces vallées ont de faibles pentes, et la dérivation des eaux emmagasinées ne se ferait pas dans de bonnes conditions, puisqu'il faudrait un grand développement de rigoles pour les élever à une certaine hauteur au-dessus des thalwegs.

En outre, les indemnités de terrain seraient considérables.

En somme, ces réservoirs coûteraient très-cher, seraient d'une médiocre utilité, et, de plus, produiraient les fièvres intermittentes, si fréquentes dans tous les pays argileux où il y a encore des étangs.

Il faut donc chercher un autre mode d'emmagasinement des eaux pluviales dans ces terrains.

Le plus simple et le plus rationnel est peut-être le drainage. Il a sans doute l'inconvénient de perdre beaucoup d'eau. Au moment où tombe la pluie, une grande partie s'écoule à la surface des terres drainées ; mais la partie qui pénètre dans les drains s'écoule lentement et pourrait servir à l'irrigation.

Les eaux pluviales des terrains argileux drainés peuvent donc être utilisées par l'agriculture par la méthode suivante :

Dans la saison humide, la partie des eaux qui, malgré les drains, coule à la surface du sol doit être dirigée dans les rigoles d'irrigation. Ces eaux, chargées d'humus, sont de beaucoup les meilleures. Aujourd'hui, les cultivateurs de l'Auxois et du Nivernais en tirent déjà un grand parti. Les rigoles doivent être horizontales pour conserver l'eau le plus long-temps possible. L'eau des drains viendrait comme complément et empêcherait probablement le desséchement complet des rigoles jusqu'au commencement de l'été.

Le drainage étant presque toujours une bonne opération dans les terres arables argileuses, on pourrait, dans les grandes cultures, obtenir ainsi une assez notable quantité d'eau.

On voit néanmoins que dans ces terrains il n'est pas aussi facile d'emmagasiner les eaux, ou de les utiliser, que dans les terrains arénacés durs.

Il est à remarquer, au contraire, que les derniers terrains ont trop peu de valeur pour que le drainage y soit praticable.

Chacune de ces deux natures de sol a donc son mode d'irrigation tout-à-fait spécial : les terrains arénacés durs par l'emmagasinement de l'eau dans de grands réservoirs ; les terrains argileux par le drainage.

Résumé.

Il serait aujourd'hui très-utile, et j'ajouterai très-facile, de dresser la carte générale des terrains de la France où l'irrigation par les eaux pluviales est praticable.

Je mets sous les yeux du Congrès la petite carte géologique de la France de MM. Élie de Beaumont et Dufrenoy. Cette carte peut servir, dès aujourd'hui, à désigner par grandes masses les terrains irrigables et ceux qui ne le sont pas.

Avec les travaux de détail des autres géologues, on pourrait dresser une carte de la France à plus grande échelle.

Cette carte agronomique, d'un nouveau genre, basée entièrement sur l'étude du sous-sol, ferait en outre connaître plusieurs des propriétés fondamentales du sol.

En désignant par une teinte les terres arénacées dures, on connaîtrait la surface du pays où les grands emmagasinements d'eau sont possibles, et produisent rarement les fièvres intermittentes, où le développement des prairies propres à l'élève des races bovines peut s'obtenir sur une grande échelle, où l'on ne peut songer à introduire les races ovines à laine fine, etc., etc.

Une autre teinte désignerait les terrains argileux, c'est-à-dire ceux où l'emmagasinement des eaux n'est jamais possible utilement et présente beaucoup d'inconvénients, notamment pour la salubrité générale du pays; où néanmoins on peut créer de grandes étendues de prairies d'excellente qualité, éminemment propres à l'engrais des races bovines; où le drainage des terres arables est presque toujours une opération fructueuse qui peut, dans une certaine mesure, faciliter l'irrigation des prairies; où l'introduction des races ovines à laine fine peut être une bonne opération financière, mais exige de grandes précautions.

Les parties non teintées désigneraient des terrains dans lesquels la culture des prairies naturelles ne peut prendre un grand développement et où le cultivateur doit surtout compter sur les produits des prairies artificielles; où le drainage est sans utilité, excepté dans quelques fonds de vallée tourbeuse ou marécageuse; où l'élève et l'engrais des races bovines ne doivent pas s'étendre au-delà des besoins de la culture; où les plus belles races ovines et les plus délicates peuvent être introduites sans crainte de maladies.

M. de Caumont remercie M. Belgrand de ses intéressantes communications, et le prie de les compléter en indiquant les moyens de faire de petits magasins d'eau pour l'usage d'une seule ferme. Ainsi, dans certains pays, on trouve au-dessus de la craie des argiles plastiques qui pourraient servir à l'établissement de réservoirs. Dans chaque ferme, il y a une mare pour le besoin des bestiaux, il n'y a pas de prés. Pourrait-on élargir la mare, faire une réserve d'eau et créer un pré d'un hectare, par exemple, qui serait très-utile dans certains temps? Quelle serait la dépense pour une réserve de 50 ou de 100,000 hectolitres d'eau?

M. le général Borelli, membre du Conseil général de la Gironde, appuie la demande de M. de Caumont ; il ajoute qu'indépendamment des eaux pluviales, on pourrait encore utiliser ainsi de petites sources.

M. Belgrand ne peut répondre d'une manière précise à ces questions. Dans l'Yonne, il y a peu de terre végétale à enlever, la main-d'œuvre est à bon marché; la dépense sera moins considérable qu'en Normandie, où la main-d'œuvre est plus chère et où le sol arable plus profond exigera plus de travail.

Dans le Morvan, on fait de petits étangs d'un demi-hectare de surface. Il prie M. Baudot de donner des détails sur les travaux qu'il a exécutés dans les environs de Seaulieu.

M. Raudot dit que dans le Morvan on peut faire un étang d'un hectare pour une dépense variant entre 200 et 600 fr. On établit pour cela, dans un endroit resserré en ovale d'une dépression de terrain, une digue en terre bien pilonnée pour qu'elle soit étanche.

Pour irriguer, on place sur la digue un siphon dont la branche courte plonge dans le réservoir, et la branche longue descend au-dessous et plonge dans un vase plein d'eau. M. Puvis indique dans son ouvrage le moyen d'augmenter ou de diminuer l'écoulement de l'eau, en éloignant ou rapprochant le vase de la partie inférieure du siphon.

Lorsque l'étang est plein, le siphon s'amorce et il irrigue la prairie inférieure jusqu'à ce que l'étang soit vide, et ainsi de suite, avec une grande régularité. — Cette alternative, dans l'irigation, est la chose la plus favorable pour la prairie.

Le siphon a, de plus, l'avantage de fonctionner seul, tandis qu'une irrigation avec des brèches et des fausses-portes exige le déplacement des gens de la ferme.

Le siphon en fonte serait sans doute le meilleur; mais le siphon en zinc, qui a l'inconvénient de se percer quelquefois, présente une telle économie d'installation, qu'il est préféré dans la pratique.

Lorsqu'on emploie cet apareil dans un étang garni de poissons, il faut avoir soin de mettre une grille pour les empêcher d'être attirés et entraînés par la rapidité avec laquelle l'eau s'échappe du siphon.

Le Secrétaire,

G. DESVAUX-SAVOURÉ.

SÉANCE DU 20 MARS.

Présidence de M. Michel CHEVALIER, sénateur, membre de l'Institut.

La séance est ouverte à 3 heures.

M. le Président appelle au bureau : MM. PERDONNET, DE VIGNERAL, DU CHATELLIER, POMPÉE et l'abbé CHAMOUSSET.

En l'absence de l'un des secrétaires-généraux, M. le Président prie M. Ch. CALEMARD DE LAFAYETTE de vouloir bien remplir les fonctions de secrétaire.

L'ordre du jour appelle la discussion de la question du programme ainsi conçue :

« Quelles bases devrait-on adopter pour l'établissement d'un « enseignement professionnel pouvant satisfaire aux besoins « de la société actuelle ?

M. le Président ouvre la séance en signalant toute l'importance de la question. Pour le développement de la prospérité, pour le rang industriel qui lui appartient dans le monde, la France a des besoins nouveaux : il faut que l'enseignement professionnel réponde à ces besoins.

M. le Président aperçoit, du reste, dans l'Assemblée des hommes qui, comme MM. Perdonnet, Pompée, Trescat, Marguerin, Du Chatellier, de Vigneral, etc., peuvent apporter de précieuses lumières et une autorité reconnue dans l'étude de ces grands intérêts. Le Congrès sera heureux de les entendre, et M. le Président se hâte de les convier à prendre la parole.

M. Perdonnet s'excuse de parler le premier ; il s'excuse également d'être bien insuffisament préparé ; mais après des hommes aussi compétents que ceux qui doivent être entendus, il n'oserait, dit-il, se flatter de captiver l'attention de l'Assemblée ; et d'autre part, si l'exposé qu'il va faire laisse beaucoup à désirer, l'auditoire voudra bien y suppléer par son indulgence.

Et d'abord, qu'est-ce que l'enseignement professionnel ? C'est un enseignement semi-scientifique, semi-industriel, destiné à pourvoir de sujets instruits, habiles à tous les degrés dans la hiérarchie des activités sociales, l'industrie moderne, cette vaste carrière où tant de progrès se sont déjà accomplis, où tant d'autres doivent s'accomplir encore.

Pour donner satisfaction à de telles nécessités, il existe déjà bon nombre d'institutions précieuses, mais non encore autant qu'il en faudrait. Beaucoup a été fait, beaucoup plus reste à faire.

Certes, l'orateur ne partage pas la pensée de ceux qui voudraient que l'enseignement professionnel, en vue des exigences de l'industrie, prévalût d'une manière générale.

La science n'est pas tout. Des études exclusives dans le sens de la science, loin de rectifier les intelligences, pourraient les fausser en desséchant le cœur. L'homme n'est pas une abstraction toute de raison et de calcul. L'homme est aussi passion et il faut s'en glorifier. La passion, c'est l'âme des grandes choses. Le calcul, porté dans toutes les sphères de l'activité humaine, amoindrirait l'homme loin qu'il pût le grandir. Le patriotisme du soldat n'est pas de la science ; le dévouement est le contraire du calcul. L'enthousiasme qui fait les héros, la foi qui fait les martyrs, ne relèvent pas du raisonnement pur. La musique elle-même qui charme, qui exalte les masses, qui élève leurs habitudes morales, agit en dehors de la science ; et ainsi fait l'art tout entier, qui n'en est pas moins une des forces supérieures des grandes nations. Donc, rien d'exclusif ; part équitable à toutes les aptitudes et à tous les bons emplois de l'intelligence.

Enseignement professionnel ici, en vue des grandes œuvres à créer dans l'industrie ; mais à côté, mais au-dessus, enseignement philosophique, littéraire, artistique, pour qu'il n'y ait pas de déchéance dans la valeur morale du pays.

Ces réserves faites, il convient évidemment de beaucoup tenter encore pour le développement de l'enseignement professionnel.

Mais où commence celui-ci? Où finit-il?

En Suisse, dès l'école primaire, l'enfant reçoit un enseignement embryonnaire, pour ainsi dire, qui le prépare d'avance aux professions industrielles. En France, nous n'en sommes pas là.

Toutefois, nous avons déjà, pour tant de besoins nouveaux :

1°. Les écoles d'adultes de la classe ouvrière ;

2°. Au-dessus, mais immédiatement après, les écoles d'arts et métiers, de Lyon, Mulhouse, etc., auxquelles correspondent à Paris les écoles Turgot et Chaptal ;

3°. A un degré supérieur, le Conservatoire des arts et métiers ;

4°. Et enfin, comme enseignements complets : l'École polytechnique, l'École des mines, l'École centrale des arts et manufactures.

Écoles d'adultes. — Il faut en signaler de deux sortes : il y a les écoles des Frères, écoles de la ville de Paris ; il y a les cours professés par l'Association polytechnique et par l'Association philotechnique.

Les écoles de la ville de Paris, les écoles des Frères, donnent à l'ouvrier l'enseignement élémentaire ; elles enseignent la lecture, l'écriture, le calcul, et rendent ainsi d'immenses services, en mettant l'instruction la plus indispensable à la portée des classes les plus arriérées de la population dont les élèves se présentent en grand nombre ne sachant ni lire ni écrire.

Les cours des Associations polytechniques et philotechniques, bien qu'élémentaires encore, vulgarisent pourtant des notions déjà plus éclairées, en spécialisant l'enseignement au profit des destinations diverses de l'ouvrier.

Les cours embrassent avec la grammaire, l'arithmétique, la géométrie appliquée aux arts, le dessin, l'hygiène, la législation, la musique chorale.

Ils ont été créés en 1830, à l'instar des cours fondés à Metz par d'anciens élèves de l'École polytechnique, devenus célèbres pour la plupart, et au nombre desquels on peut citer M. Poncelet.

La création rencontra bien des difficultés, bien des mauvais vouloirs.—Et, la justice veut que cela soit dit bien haut et répété souvent, M. Guizot, le premier, donna à cette fondation les encouragements efficaces sans lesquels le succès n'était pas possible.

Ce fait, M. Perdonnet le proclame avec bonheur toutes les fois que l'occasion s'en présente. Il l'a proclamé notamment peu de jours après 1848, et il accomplit le même devoir en faisant connaître aujourd'hui au Congrès quelle patriotique gratitude est due à l'homme illustre dont il vient de prononcer le nom.

Depuis quelque temps, aux cours proprements dits, on a donné un complément important, les conférences. Les cours se font pendant l'hiver jusqu'en avril ou en mai. Les conférences d'été entretiennent les habitudes intellectuelles contractées l'hiver.

Des hommes comme MM. Babinet, Trousseau, de Lesseps, Samson, Thierry, etc., et le si regrettable M. Geoffroy-Saint-Hilaire, prêtent momentanément un concours qu'ils ne pourraient offrir d'une façon continue : ainsi se propage le goût de la science ; le niveau moral des auditeurs s'élève, des horizons nouveaux leur sont révélés, et les conférences deviennent de la sorte un prospectus attrayant et engageant au profit des cours ultérieurs.

M. le Ministre de l'instruction publique a donné de précieux encouragements à ces éléments d'un progrès visible. Les bibliothèques populaires viendront bientôt ajouter une force de plus à l'ensemble que forment les conférences et les cours.

On demandera peut-être si ces cours destinés aux ouvriers restent bien réellement circonscrits dans cette affectation ? Sans doute, des éléments un peu étrangers se mêlent à l'auditoire, des commis, de petits employés de chemin de fer viennent aux cours, et cette rivalité inégale rebute peut-être l'ouvrier ; on s'efforce de le retenir ou de le ramener.

Les résultats obtenus sont-ils absolument sérieux ? Là encore, c'est oui et non. Il manque évidemment la faculté d'astreindre l'élève à une exactitude continue, à des examens réguliers. Des auditeurs volontaires peuvent bien mésuser de leur complète indépendance ; il n'en est pas moins permis de constater souvent les plus excellents effets de l'institution. Quand l'ouvrier de chemin de fer ne veut pas sortir de sa sphère, il y progresse quelquefois de la manière la plus heureuse. Bon nombre de chauffeurs, par exemple, deviennent mécaniciens et se font ainsi une carrière. En résumé, tout ce qui ressemble à l'institution des cours d'adultes a une incontestable utilité, et tous les grands industriels, M. Schneider, M. de Wendel, les grands fabricants de Mulhouse, ont réalisé des fondations du même genre dont les fruits sont tous les jours plus appréciés.

Au-dessus enfin des écoles Turgot et Chaptal, dont M. Pompée dira d'une manière bien plus compétente et la destination et les services, nous trouvons l'École centrale.

Née d'une initiative particulière, créée primitivement par MM. Dussurs, Péclet et Olivier, elle est aujourd'hui entre les mains du gouvernement.

L'industrie se sentait appelée à des destinées toutes nouvelles ; elle avait fait de grands pas, elle allait en faire de bien plus grands encore. Les agents d'un ordre élevé dans la sphère industrielle manquaient alors. Les ingénieurs étaient partout en nombre insuffisant. C'est pour satisfaire à ces exigences impérieuses du temps que l'école fut fondée en 1829. Elle ne compta d'abord qu'une centaine d'élèves, mais sa croissance fut rapide. Aujourd'hui elle a 500 élèves ; et c'est le *maximum* qu'elle puisse recevoir. La place lui manque : elle est obligée de refuser l'entrée à plus de 300 jeunes gens ; et cependant on peut remarquer que le prix de la pension est relativement fort cher : soit 800 francs par an ou, tous frais faits, environ 2,400 fr. ; et cela pendant trois ans. Eh bien ! les enseignements de l'École centrale ont produit des fruits merveilleux et inespérés.

M. Perdonnet prépare un *Annuaire* qui donnera l'indication des positions où sont parvenus les anciens élèves. Ce sera l'historique des services rendus et des carrières parcourues par eux. Pour ne citer dès à présent qu'un seul fait, quatre élèves de l'école sont à l'heure qu'il est ingénieurs en chef du matériel dans nos quatre plus grandes administrations de chemin de fer.

Or, c'est avec un capital de 200 mille fr. que des initiatives privées ont obtenu de si précieux, de si magnifiques résultats, et la spéculation, au point de vue matériel, a été on ne peut plus avantageuse. Aujourd'hui, il faut le redire, l'institution est propriété de l'État.

L'admission à l'école se fait à la suite d'examens dont le programme est conforme à celui de l'École polytechnique. On comprend cependant que les examinateurs soient moins exigeants, mais l'examen n'en reste pas moins sérieux.

Ce programme pècherait aux yeux de l'orateur par l'insuffisance dans les questions concernant l'enseignement littéraire ; cela est regrettable : un ingénieur ne peut se passer de littérature ; la forme est le grand vulgarisateur des doctrines ; c'est par la forme, c'est par l'admirable style dont il a seul le secret, que l'illustre président de l'Assemblée, que M. Michel Chevalier a pu propager tant d'idées nouvelles qui ont eu une si grande part dans la transformation industrielle de la France.

On a articulé que l'École centrale était l'amoindrissement, le pis-aller et, pour dire le mot, l'hôpital de l'École polytechnique ; c'est là une appréciation aussi fausse que malveillante, et l'École centrale ne prétend pas au rang éminent de l'École polytechnique ; l'une et l'autre ont cependant leur valeur et leur caractère très-spécial.

A l'École centrale, la première année est exclusivement théorique, il est vrai ; dans la deuxième année, la pratique alterne avec la théorie ; pour la troisième année, l'enseignement est exclusivement pratique, et entre sérieusement dans la spécialisation professionnelle.

Sans doute, avec 35 leçons on n'a pas la prétention de faire ainsi des praticiens émérites ; mais les cours suivis, les examens passés, les cours généraux associés aux notions spéciales, constituent une gymnastique intellectuelle puissante. De multiples aptitudes ont été développées. Les jeunes gens ont appris à apprendre. Ce ne sont pas des ingénieurs consommés, mais des jeunes hommes très-favorablement préparés.

Les conditions de la sortie doivent, comme celles de l'entrée, être signalées. Il se fait, durant les 3 ans d'étude, une large épuration. Sur cent élèves reçus, il y a seulement trente diplômes donnés à la fin des cours. C'est un déchet de 70 %, tandis qu'à l'École polytechnique, il n'y a que deux ou trois éliminés, ou *fruits secs* (tout le monde connaît cette appellation), sur cent élèves examinés.

Donc, à l'École centrale, les examens de sortie sont très-sévères. Les notes des examens des deux dernières années sont prises en sérieuse considération. Le diplôme est dès lors délivré à bon escient; et il emprunte une haute valeur à ces conditions bien connues.

Comparée d'une part au Conservatoire des arts et métiers, et d'autre part à l'École polytechnique, l'École centrale a un caractère, on peut le répéter, de spécialité qu'il faut lui attribuer d'une manière exclusive. L'État garde, parce qu'il en a besoin, les hommes sortis de l'École polytechnique. Ils se refusent à l'industrie privée, aux grandes créations sociétaires. — L'École centrale pourvoit particulièrement à ces besoins.

De même, elle diffère sensiblement des écoles d'arts et métiers. Celles-ci font d'excellents ouvriers, de précieux contre-maîtres, mais non pas des ingénieurs.

L'École centrale crée surtout les ingénieurs civils, les directeurs des grandes usines, des grandes fabriques, des hommes pourvus d'instruction générale, mais en outre sérieusement préparés à la pratique. Le Creuzot, les grandes fabriques d'Alsace, les usines de M. de Wendel, etc., ont pour directeurs d'anciens élèves de l'École centrale.

Enfin, un dernier trait essentiellement caractéristique du tableau consacré à cette école, c'est, si on peut le dire, son *cosmopolitisme*, sa condition d'établissement d'enseignement international. Il y a à l'École un tiers souvent, un quart au moins d'élèves étrangers.

Primitivement, les belges y étaient en très-grand nombre (aujourd'hui la Belgique a son école fondée sur le modèle de l'école de Paris) ; il y a toujours bon nombre d'espagnols, des russes, des américains, turcs, persans et jusqu'à des birmans.

L'école a été imitée en Belgique, en Égypte, en Allemagne. Le prince Albert, voulant doter l'Angleterre elle-même d'écoles professionnelles industrielles, avait fait étudier tous les établissements de cette nature existant en Europe.

Les résultats de cette enquête amenèrent à conclure en faveur d'un système conforme à celui qui a créé l'École centrale. Cette pensée pourra n'être pas poursuivie ; mais la préférence accordée à l'établissement français reste un fait acquis.

Ce sont là, dit l'orateur en terminant, de précieux témoignages. Ce cosmopolitisme d'un enseignement français profite d'ailleurs à la grandeur du nom de notre pays. Une école de Paris francise de la sorte des hommes à qui leur savoir spécial doit assurer un jour des influences considérables à l'étranger. Ces élèves de l'École centrale seront les initiateurs industriels de leur patrie ; plusieurs seront ministres ; et ils auront emporté de l'École, l'admiration ; pour la France, l'amour de la France et de sa civilisation.

En résumé, et pour clore cette trop longue communication, il faut reconnaître les beaux résultats de l'enseignement qui vient d'être décrit. Ces résultats, les hommes les plus éminents les apprécient ; des hommes comme MM. Pereere, de Wendel, etc., envoient leurs fils à l'École centrale. Elle donnera donc de plus en plus à l'industrie des ingénieurs, des directeurs, des administrateurs essentiellement pratiques et d'une compétence avérée. Et l'industrie trouvera de la sorte les agents supérieurs, indispensables à sa prospérité.

L'orateur se rassied, au milieu des applaudissements de l'Assemblée.

M. le Président est heureux de saisir, devant le Congrès, l'occasion de rendre un juste hommage aux longs et fructueux efforts de M. Perdonnet. Voilà trente-deux ans déjà que le digne et savant ingénieur a voué son vaste savoir et son zèle assidu au développement des institutions d'enseignement professionnel.

Aux classes pauvres, lui et ses éminents collaborateurs ont ouvert les écoles adultes; aux classes riches, l'École centrale. Ainsi de précieux et universels services ont été rendus. La question n'en reste pas moins si vaste qu'il y aura place encore pour d'autres communications intéressantes.

M. le Président invite en conséquence M. Pompée à fournir, à son tour, au Congrès quelques *notions sur l'organisation d'institutions* nouvelles qui lui doivent une si grande part de leur succès.

M. Pompée commence par déclarer que l'exposé que le Congrès vient d'entendre de la bouche d'un homme si compétent, dont le dévouement et le savoir ont marché de pair au profit de l'enseignement du plus grand nombre, le dispense d'entrer lui-même dans des développements étendus. Il lui paraît néanmoins d'une extrême importance de préciser encore, et de déterminer, d'une manière absolue, la signification de ce mot : l'enseignement professionnel.

Pour qu'il n'y ait pas de confusion possible, M. Pompée établit les distinctions suivantes :

Il y a un enseignement qui a pour objet la formation morale de l'homme, la culture de l'homme intellectuel.

Et puis il y a encore l'enseignement qui a pour but l'application spéciale des intelligences à divers besoins sociaux.

Ainsi, d'une part, enseignement général; de l'autre, enseignement spécial. — Et c'est ce dernier qui est réellement l'enseignement professionnel.

Les écoles Turgot et Chaptal sont les véritables écoles préparatoires pour l'industrie, le commerce et l'agriculture; mais c'est là une préparation indirecte, comme celle que les colléges donnent, à l'aide de l'enseignement classique, pour les professions auxquelles on a long-temps trop exclusivement donné le nom de professions libérales, telles que la médecine, le barreau, etc. Aujourd'hui, toutes les professions sont libérales, puisque toutes sont libres.

Il y a donc une instruction générale qui peut se mettre d'avance et de loin en harmonie avec les destinations ultérieures, sans spécialisation manuelle exclusive au profit d'une profession.

De la sorte, à côté des écoles d'adultes dont M. Perdonnet a fait connaître les conditions d'existence, qui répondent aux besoins de la classe ouvrière, d'où l'élève s'acheminera vers l'atelier pour y devenir le sous-officier de l'industrie ; — à côté des colléges qui doivent pourvoir à l'instruction des classes riches, il fallait subvenir aux besoins des classes moyennes où se recruteront particulièrement le commerce et l'industrie. Les écoles Turgot et Chaptal ont été créées dans ce but. Mais M. Pompée croit devoir rectifier les énonciations de M. Perdonnet, qui pourraient induire à assimiler ces écoles aux écoles des arts et métiers dans lesquelles le travail manuel constitue une sorte d'apprentissage. A l'école Chaptal, l'enseignement dure six ans. A l'école Turgot, pour d'autres destinations un peu moins exigeantes, l'enseignement ne dure que trois ans. Mais, en sortant de l'une ou de l'autre de ces écoles, il faut que l'élève soit en mesure d'utiliser le savoir qu'il a acquis, sans qu'on ait négligé de lui donner l'instruction générale convenable à la carrière qu'il doit embrasser. Turgot et Chaptal sont donc, en un mot, des écoles d'instruction générale professionnelle ; mais non pas des écoles d'apprentissage spécialisées en vue d'un seul emploi industriel d'aptitudes restreintes.

Certaines écoles introduisent le travail manuel dans leur enseignement. Ce n'est pas là l'enseignement professionnel demandé par la loi et voulu par l'État. Comme l'a dit M. Perdonnet, l'instruction ne doit pas se circonscrire exclusivement dans le nombre, dans le chiffre, dans le calcul.

En créant les écoles primaires, M. Guizot a créé le premier germe de l'enseignement professionnel. Dans le système inauguré par l'illustre homme d'État auquel a été rendu un si juste hommage, les écoles municipales supérieures devaient correspondre aux besoins du degré supérieur.

M. de Salvandy, animé comme M. Guizot des meilleurs sentiments pour l'instruction du plus grand nombre, créa l'enseignement spécial universitaire, c'est-à-dire par les colléges. C'était là, sous une autre forme encore, l'enseignement professionnel.

Sous la République, M. Carnot nommait une commission qui élabora le projet des colléges professionnels, lesquels devaient être établis dans chaque chef-lieu d'arrondissement.

Plus tard, dans le projet de M. de Falloux, les écoles professionnelles primaires disparaissaient.

Mais deux représentants, MM. Lasteyrie et Wolowski, défendaient l'enseignement professionnel, à titre d'enseignement général et non manuel.

La commission nommée plus tard par M. de Parieu fut dissoute avant d'avoir conclu.

Enfin, M. Fortoul introduisit l'enseignement professionnel dans les colléges où il devait se poursuivre après la 3e., dans la forme qui a pris le nom de bifurcation.

Depuis lors, rien de nouveau ne s'était produit dans la question, lorsque M. Rouland, dans le courant de l'année dernière, a remis l'enseignement professionnel à l'étude, en nommant une nouvelle commission. Il convient d'attendre les résultats de cette étude. Mais, dès à présent, M. Pompée tient à prémunir encore le Congrès contre toutes les confusions possibles dans la matière. On peut, on doit faire de l'enseignement professionnel sans faire de l'apprentissage. Il faut que, par les cours qui ont pour but l'instruction non spécialisée, l'élève soit tâté dans ses diverses et multiples aptitudes, et de la sorte la puissance industrielle du pays sera largement et opportunément desservie, sans qu'aucun amoindrissement moral puisse être à redouter.

M. le Président, interprète des sentiments du Congrès, remercie M. Pompée d'une communication à laquelle les bons services rendus par l'honorable orateur donnent une si haute valeur.

M. Du Chatellier, comme tous les membres présents, a été vivement intéressé par ce qui vient d'être si bien dit et avec une si juste autorité; mais il aurait été heureux que les orateurs eussent fait connaître, en quelques mots, leurs idées sur les moyens de vulgariser un autre enseignement professionnel indispensable, l'enseignement agricole, lequel tient à si juste titre une place considérable dans les préoccupations du Congrès.

Comment espérer un progrès agricole sérieux et continu, tant que l'enfant du cultivateur ne recevra aucune notion de l'art unique auquel sera consacrée son existence?

En Amérique, toutes les grandes villes ont leurs grandes écoles d'agriculture. Aussi résulte-t-il des documents les plus dignes de foi, qu'en dix ans la production agricole a doublé aux États-Unis.

En Angleterre, en Allemagne, l'enseignement agricole public ou privé existe sur la plus large échelle.

En France, quelles sont les institutions répondant à ces grandes nécessités?—Nous avons trois écoles supérieures d'agriculture. Est-ce là quelque chose de sérieux dans un pays où la généralité des cultivateurs en est encore à apprendre ce que c'est qu'un assolement, ce que sont les bons instruments, quelles sont les conditions scientifiques d'un bon élevage, etc. ?

M. Du Chatellier désirerait que dans le sein du Congrès chacun fît connaître les tentatives, partielles et particulières, qui ont pu être faites pour la vulgarisation de la science agricole.

Il peut, en ce qui concerne le Finistère, faire connaître une création qui n'est pas sans intérêt.

Au chef-lieu du département, il a été fondé une école recevant les fils des cultivateurs et destinés à leur donner les notions indispensables à leur état futur.

Pour ne pas rompre les relations précieuses et fréquentes des familles avec les élèves, ces derniers se nourrissent eux-mêmes, c'est-à-dire qu'ils reçoivent de leurs parents leur nourriture. On leur enseigne la lecture, l'écriture, la grammaire, etc., et il leur est fait des démonstrations de culture essentiellement pratiques. Ils assistent et prennent part à des concours de charrues, ils exécutent et voient exécuter, en un mot toutes les œuvres de la vie rurale.

Mais cette institution ne peut avoir encore qu'une action bien limitée, et combien ne resterait-il pas à faire dans un pays de routine ou de jachère, où la femme, occupée aux travaux manuels de la terre, ne peut exercer qu'une action tout-à-fait secondaire sur l'éducation de l'enfant?

En résumé, comment marcher à de plus sérieux progrès ? Qu'a-t-on déjà fait ailleurs ? Que pourrait-on surtout faire ?

M. Du Chatellier réclame les lumières de ses collègues et notamment l'opinion des hommes éminents qui viennent d'être entendus sur cette importante question.

M. Perdonnet reconnaît, en effet, que les écoles dont il a parlé ne spécialisent pas l'enseignement agricole. Cependant il s'y fait des cours qui seront à coup sûr une excellente préparation pour la carrière de l'agriculture.

MM. Bella, Darblay, Dailly, etc., ont suivi les cours de l'École centrale ; c'est là ce semble un témoignage incontestable, non pas de l'appropriation des enseignements à la culture, mais bien de l'heureuse préparation que ces enseignements accomplissent.

M. Pompée dit qu'aux écoles dont il a parlé il se fait des cours d'agriculture et de botanique ; mais qu'on n'a pas songé et qu'on ne doit pas songer à y introduire des pratiques manuelles.

M. de Vigneral se demande si l'enseignement agricole est bien réellement impossible par l'école primaire, comme beaucoup de personnes penchent à le croire.

Les faits semblent à M. de Vigneral donner une réponse moins décourageante. — Dans 43 départements, s'il ne se trompe, à des degrés plus ou moins satisfaisants, quelque chose a été fait. Il importerait d'établir, par une sorte d'enquête, ce qu'il en est à cet égard.

En ce qui concerne la région qu'il habite, M. de Vigneral a l'heureuse conviction d'avoir obtenu les plus féconds résultats par l'initiative toute privée qu'il a pu prendre comme président d'un comice.

Dans le canton de Putanges auquel il fait allusion, il a été distribué dans les écoles primaires un petit manuel tout-à-fait élémentaire ; les instituteurs se sont pénétrés des premières notions agricoles et ont été stimulés à les vulgariser. De plus, les enfants sont conduits fréquemment en présence des bonnes cultures qui leur sont expliquées, des mauvaises au besoin dont le vice leur est indiqué. Des prix, consistant en un modeste livret de la Caisse d'épargnes, sont ensuite donnés aux enfants qui se distinguent dans des examens sérieux, approfondis, où les questions sont dénaturées même avec soin pour que la réponse soit le fait de l'intelligence et non celui de la mémoire. L'appât des livrets est tel qu'aujourd'hui ce sont les parents qui apprennent, ce sont les parents qui lisent et commentent le *Manuel* à leurs enfants pour les mettre à même de prétendre aux prix à décerner ; et de la sorte, le progrès réel, non-seulement dans la notion théorique, mais encore dans les faits de tous les jours, se manifeste partout : les assolements vicieux ont été réformés ; les cultures fourragères se sont multipliées ; la bonne tenue des fumiers, l'établissement des fosses à purin, etc. se sont généralisés.

Il est donc possible, et cet exemple suffit à le démontrer, de propager l'enseignement agricole par l'école primaire.

M. de Vigneral ne croit pas aux bons effets des fermes-écoles ; il ne faut pas que la spéculation de l'exploitation soit juxta-posée à l'enseignement : montrer à l'élève les bonnes pratiques là où elles existent ; lui donner même, s'il était possible, le complément des pérégrinations agricoles et des études nomades dans diverses régions ; voilà des moyens à étudier, sinon à préconiser dès à présent.

Mais si on peut demander, comme le croit l'orateur, à l'enseignement primaire beaucoup de bons résultats, c'est à la condition que celui qui enseigne sera digne de sa mission. Dans l'état des choses, l'instruction se répand, mais la criminalité ne diminue pas : les statistiques diraient plutôt le contraire.

M. de Vigneral voudrait que l'état enseignant n'eût pas une sorte de monopole, et que la carrière de l'enseignement ouvrît à tous un plus libre accès. Le zèle, le bon vouloir, la haute moralité seraient alors des titres aussi favorables que la capacité.

M. Marguerin fait observer à M. de Vigneral que ce qu'il demande est dans la loi. La carrière est ouverte à tous : quiconque se présente aux examens dans les conditions requises peut aspirer au brevet d'instituteur. M. de Vigneral répond qu'à son avis, et relativement à ce qui se passe trop fréquemment en province, l'impartialité des examinateurs inspire une trop légitime défiance.

M. Dermigny, de Péronne, n'a pas de sympathie pour l'enseignement agricole tel qu'on a pu le voir jusqu'à ce jour.

Quand la théorie veut faire admirer les résultats de ses leçons, elle montre les succès ; mais elle dissimule toujours les revers. Combien d'écoles d'agriculture sont bonnes à montrer simplement ce qu'il ne faut pas faire !

Qui professera, en général ? Sont-ce les agriculteurs sérieux, émérites, formés à la pratique ? Hélas ! non. — En résumé, le grand maître, le vrai, le seul maître de la science agricole, c'est l'expérience, et au-dessus de l'expérience, il y a Dieu, l'arbitre souverain qui n'est pas tenu de compter avec les prévisions orgueilleuses de l'homme et qui gouverne les saisons sans lui.

M. Barral ne se proposait pas de prendre la parole. Mais c'est un devoir, à ses yeux, de protester contre quelques mots qu'il vient d'entendre : il aime la personne, il connaît et apprécie vivement les œuvres de M. de Vigneral, il repousse énergiquement quelques-unes de ses conclusions ; M. Barral est certain, d'ailleurs, que la pensée de l'orateur a été dépassée par les entraînements de l'improvisation.

M. Barral est bien convaincu et proclame hautement que la société n'est pas en décadence, que l'instruction élève les âmes et ne les corrompt pas. Voulez-vous améliorer encore l'enseignement, dit-il, élevez la situation matérielle et la condition morale de l'instituteur.

En ce qui concerne l'enseignement agricole, M. Barral proteste également contre les énonciations de M. Dermigny. Les fautes mêmes, les erreurs, les écoles faites, ont profité à la cause commune de l'agriculture. Les essais infructueux sont encore une leçon ; mais ce qui manque aujourd'hui au monde agricole, c'est un enseignement supérieur de l'agriculture. Les hommes éminents qui auraient toute qualité pour répondre à ce besoin ne feraient pas défaut. En attendant, les jeunes gens appartenant aux familles riches, les grands propriétaires ne savent où trouver en France la théorie scientifique élevée qui mettrait l'agriculture à son vrai rang comme science, qui ramènerait ainsi à l'exploitation du sol des intelligences toutes prêtes à s'éprendre du premier des arts, mais sans entraînement pour un métier de routine et d'ignorance.

L'heure avancée détermine M. le Président à interrompre cette intéressante discussion. Elle sera reprise le mardi 24, toujours sous la présidence de M. Chevalier.

Le Secrétaire,
Ch. CALEMARD DE LAFAYETTE,
De l'Institut des provinces.

SÉANCE DU 21 MARS.

Présidence de M. le vicomte DE CUSSY.

Siégent au bureau : MM. DE QUATREFAGES, membre de l'Institut; le baron DE LANGSDORF, ancien ministre plénipotentiaire, DU PEYRAT, le comte D'OSSEVILLE, le baron DE CHAUBRY et GAYOT, ancien inspecteur-général des haras.

M. le comte D'HÉRICOURT remplit les fonctions de secrétaire.

M. Lagout, ancien ingénieur en chef de la ligne de l'Adriatique d'Ancône au Po, fait l'hommage d'une brochure relative aux chemins de fer intercontinentaux, notamment celui de Paris à Pékin. M. Lagout s'exprime ainsi en offrant sa brochure :

« Étant résolu, au Mont-Cénis, le problème du percement des grandes chaînes de montagnes, avec une dépense de quatre millions par kilomètre et une activité effective d'un kilomètre en un an et demi par chantier d'attaque, soit de 20 kilomètres en quinze ans pour les deux chantiers, s'avançant à chaque extrémité du tunnel à la rencontre l'un de l'autre, on arrive à la possibilité pratique et industrielle d'entreprendre le *chemin de fer de Paris à Pékin* de pied ferme. Nous disons de pied ferme, car le détroit de Constantinople, n'ayant guère que 700 mètres de largeur, serait aisément franchi par un pont maritime en acier fondu d'une seule travée, sans piles intermédiaires, puisqu'il est question de traverser le détroit de Messine par un pont métallique qui n'aurait que quatre travées de 1,000 mètres chacune.

« Ainsi, avec les 45 millions de percement des Alpes et 35 millions pour le tunnel des Balkans, dans la Turquie-d'Europe, on arrive de Paris à Constantinople. De là, en traversant le mont Taurus, dans la Turquie-d'Asie, on entre dans la vallée de l'Euphrate, on touche à Babylone et on aboutit au golfe Persique; mettons 40 millions pour ce dernier souterrain. Des bouches de l'Euphrate à l'Indus, on suivrait les côtes maritimes comme le chemin de fer en construction de Perpignan à Rome par le littoral méditerranéen. De l'Indus à la vallée du Gange, qui mène à Calcutta, il y aurait encore 20 millions peut-être à dépenser pour un tunnel. Enfin, en remontant celui des affluents du Gange qui contourne à l'est les monts Hymalaya, dans la direction de Nankin, il ne resterait que quatre grands souterrains, de 20 millions chacun, pour entrer dans la vallée du fleuve Bleu, qui baigne Nankin. Entre cette ancienne métropole de l'Empire chinois et la nouvelle capitale, il existe un grand canal que le chemin de fer intercontinental pourrait suivre sans avoir à percer de nouvelles montagnes. — Total 220 millions. »

A ce travail est jointe une note concernant les chemins de fer interprovinciaux, internationaux, et expliquant comment ils se différencient par les *pentes* et les *courbes*.

M. Lagout a traité cette question dans l'*Annuaire encyclopédique de* 1862, à l'article ALPES ou percement du *Mont Cénis :*

« S'agit-il d'une ligne de grande jonction intercontinentale, dit M. Lagout, n'hésitez pas à adopter les longues percées de plusieurs kilomètres comme au Mont-Cénis, en restant dans les zones climatériques tempérées. Mais veut-on franchir les Alpes suisses ou les Pyrénées entre les deux mers pour relier entre elles d'importantes provinces agricoles ou manufacturières, pour assurer la répartition des subsistances en temps de famine ? Oh ! alors adoptez les rampes de 50 millimètres et les courbes à faible rayon. En un mot, l'inclinaison des pentes limites doit être en raison inverse des populations à desservir, et les rayons des courbes en raison directe du chiffre de ces populations; et l'on appréciera ainsi par sentiment les différentes limites de pente et de courbes pour les chemins de fer intercontinentaux, pour les chemins de fer internationaux, pour les chemins de fer interprovinciaux. »

M. de Caumont rend compte de la correspondance.

La Commission historique du Cher délègue au Congrès M. Bourdaloue.

Le Comice agricole d'Aubigny-sur-Cher délègue, pour le représenter, M. Guillaumin, député au Corps législatif.

M. Paul Durand, de Chartres, s'excuse de ne pouvoir assister au Congrès ; il est retenu par l'achèvement des travaux de l'église de St.-Brice, afin que ce monument puisse être ouvert au culte le jour de Pâques.

L'ordre du jour appelle la lecture du travail de M. le comte de Gourcy sur une excursion agricole en Angleterre, et notamment sur le labourage à la vapeur.

COMMUNICATION DE M. DE GOURCY.

Étant parti le 20 juin 1862 de Pont-à-Mousson, où je suis fixé maintenant, ma première visite a été pour M. Vallerand, fermier à Mouflaye, près Vic-sur-Aisne. J'ai vu là, sur plus de 300 hectares, des récoltes en tous genres les plus belles possible.

M. Vallerand a bien voulu faire atteler une de ses formidables charrues de six magnifiques bœufs, choisis parmi les plus beaux du Charolais : la paire lui revient ordinairement de 1,200 à 1,400 fr. ; il en a, suivant la saison, de 30 à 40 paires.

M. Vallerand ne faisant pas de jachères mortes, nous fûmes obligés de nous rendre dans le champ d'un petit propriétaire voisin, pour que je pusse voir ce labour de défoncement qu'il ne donne qu'à la première de ses cinq soles, semée en betteraves. Ce labour, de 0^m. 35 centimètres de profondeur, a été parfaitement exécuté ; il ramenait par-dessus l'excellente terre un mauvais sous-sol, ce qui n'empêche pas aux petits propriétaires ou fermiers du voisinage de demander en grâce à M. Vallerand d'essayer, dans leurs champs, les charrues qu'il expédie dans toutes les parties de la France.

Cette excellente charrue à défoncement s'attelle ordinairement de douze de ces énormes bœufs : cela permet de labourer, à une profondeur de 0m. 35 centimètres, jusqu'à un hectare dans une journée ; les sillons, à cause de la très-grande profondeur, devant être très-larges.

Le laboureur ne prend les mancherons que pour commencer et pour finir les sillons ; une fois qu'elle est en terre, la charrue fonctionne admirablement sans être tenue.

Une chose qu'il faut citer, c'est que M. Vallerand enterre 70,000 kil. de fumier par ce labour, et c'est ainsi qu'il obtient des récoltes magnifiques : celles de cet été, par exemple, surpassaient celles des meilleurs cultivateurs du département du Nord.

Je ne vous dirai rien du concours de Battersea, car il a été mieux décrit que je ne pourrais le faire ; cependant je dois avouer, malgré ce que disent nos savants professeurs de zootechnie, *qu'on ne doit jamais élever en se servant de femelles croisées*, que je ne puis être de leur avis ; car j'ai dû admirer cette fois, comme dans mes quatre voyages précédents en Angleterre, plusieurs nouvelles races de bêtes à laine qui proviennent du mélange de plusieurs sangs, parmi lesquelles la Société royale d'agriculture a créé de nouvelles catégories de primes : tels sont les Shropshire et les Oxfordshire ; ces sous-races se propagent beaucoup, car elles produisent plus de chair, de laine, et par suite d'argent. On introduit même des béliers Shropshire dans de beaux et très-nombreux troupeaux de Southdown, afin de les rendre plus profitables ; les meilleurs journaux d'agriculture anglais engagent les fermiers à se servir de béliers de ces nouvelles races de préférence aux béliers des races pures, pour produire des bêtes de boucherie. Enfin, il est reconnu que les bêtes de nouvelles races à figure et pattes colorées de noir ou de brun, à âge égal, se vendent plus cher que les Southdown.

Après avoir employé une quinzaine de jours, du matin au soir, à étudier et à admirer le concours et l'exposition universelle, je suis allé visiter dix fermes où l'on emploie des charrues à vapeur :

car ce genre de labour, qui a commencé à devenir pratique il y a cinq ans, préoccupe singulièrement tous les cultivateurs anglais, au point que leurs journaux d'agriculture contiennent maintenant toujours un ou plusieurs articles écrits par des fermiers, où ils rendent compte des visites faites à ceux d'entre eux qui sont munis de ces fameuses charrues.

Elles se répandent assez rapidement en Angleterre ; il y en a aussi à ma connaissance, en France, en Hongrie et en Russie, malgré leur prix allant de 15 à 27,000 fr.

Je visitai, en commençant ce petit voyage de dix jours, M. Smith, de Voolstone, l'inventeur d'un scarificateur à vapeur qui a été le premier à marcher, il y a de cela cinq ans. M. Smith demeure à 6 kilomètres de la station de Bletshley, à laquelle le chemin de fer amène de Londres en deux heures.

M. Smith, que je connais, était absent. Madame me donna le chef de culture, employé depuis vingt ans dans la maison ; je parcourus, pendant plus de deux heures, avec mon guide, paysan fort intelligent, les champs de son maître et ceux de plusieurs fermiers voisins, tous en terres très-fortes ; ceux de M. Smith sont couverts de très-belles récoltes, quoique ses fumiers soient fort mal soignés, éparpillés et blanchis par les pluies, tandis que les fumiers des voisins étaient bien entassés et de bonne couleur. Eh bien ! leurs récoltes ne valaient pas moitié de celles de M. Smith : lui ne fait point de jachères mortes comme ses voisins. On m'a dit qu'ils labouraient jusqu'à cinq fois leurs jachères, et leurs charrues sont attelées de quatre bons chevaux ; cette grande infériorité de récoltes des voisins, que j'ai reconnue après avoir traversé et bien examiné les divers champs de récoltes, ne peut être attribuée qu'à la culture plus profonde du scarificateur à vapeur ; car on m'a assuré que M. Smith n'employait pas plus que ses voisins d'engrais pulvérulents.

J'ai trouvé, en revenant à la ferme, M. Smith ; il m'a dit qu'il avait vendu près de deux cents de ses scarificateurs à vapeur. Il m'en a fait voir un nouveau qui peut semer en même temps qu'il cultive ; son scarificateur, avec une locomobile à vapeur de la force de dix chevaux, coûte 15,000 fr.

Son inconvénient, ainsi que celui de tous les autres appareils de culture à vapeur, est d'employer près du double de personnes et trois quarts de longueur de câble de fil d'acier de plus que l'appareil Fowler, qui a une quadruple charrue et un scarificateur ; mais cet appareil demande une locomobile de la force de 14 chevaux, et son prix arrive à 27,000 fr. Il fait, du reste, beaucoup plus et de meilleur ouvrage avec moitié moins de personnes.

Je suis allé coucher à Bedfort. Le lendemain, de bonne heure, je suis allé, malgré la pluie, chez M. Charles Howard, qui demeure à 3 kilomètres de la ville, où ses deux frères ont une très-belle fabrique d'instruments aratoires ; ils vendent plus de six mille articles par an.

M. Howard me fit voir de très-beaux Durham et un taureau de la fameuse race de M. Bates, que lui et son ami, M. Robinson, ont fait venir d'Amérique pour la somme de 10,000 fr.

Il me montra aussi un fort beau troupeau d'Oxfordshire-Down, dont il vient de vendre à un écossais, régisseur en Livonie d'une ferme de l'empereur de Russie, 6 béliers à 375 fr. la pièce et 20 brebis à 125 fr.

M. Howard a deux cents de ces grosses brebis ; les moutons âgés de quinze mois se vendent gras, après avoir été tondus, 60 fr. la pièce ; le troupeau donne en moyenne 9 livres de laine lavée à dos.

Les terres de la ferme qu'il cultive sont en majeure partie sablonneuses et caillouteuses, elles n'ont environ que 33 cent. de profondeur, sur un sous-sol détestable, mais pas imperméable : ce qui n'empêche pas les récoltes de froment et de fèverolles d'être très-belles.

M. Howard m'a dit que ses frères lui prêtent la charrue à vapeur à quatre socs qu'ils fabriquent, lorsqu'il en a besoin, et qu'elle va fort bien. Leur appareil à vapeur complet à quatre socs et deux scarificateurs, avec une locomobile se rendant elle-même au champ, revient à 15,650 fr. Dans leur catalogue offert à Battersea, quarante-deux acquéreurs de cet appareil en rendent le meilleur témoignage.

Ma troisième visite a été pour la terre de M. Langston ; il était à Londres, il avait déjà une charrue à vapeur de Fowler en 1859, lorsque je le visitai. Il vient de lui en arriver une seconde qui, complète, lui coûte 27,000 fr.

Je l'ai vue labourer, ce qu'elle fait à merveille. M. Savaige, régisseur d'une des deux grandes fermes, chacune d'environ 400 hectares, que M. Langston fait valoir, m'a dit que leur récolte de froment de cette année était bien au-dessous de la moyenne et que, malgré cela, les terres labourées à la vapeur donneront au moins 5 hectolitres de plus par hectare que celles cultivées avec des chevaux

Il m'a dit qu'on avait supprimé, depuis l'arrivée de la première charrue à vapeur, sur une culture de 400 hectares, 12 chevaux et 24 bœufs, et qu'on allait en faire autant sur la seconde ferme qui vient de recevoir la seconde charrue à vapeur ; on ne conserve par ferme que 9 chevaux et on n'a pas plus de bœufs.

La vente des 12 chevaux et 24 bœufs a produit 20,000 fr., il n'y a donc eu que 7,000 fr. à ajouter à cette somme pour payer la seconde charrue. Son câble de fil d'acier n'a besoin que de 800 yards de longueur ; il coûte 1,500 fr., tandis que les autres appareils à vapeur exigent 1,400 yards.

Il emploie trois hommes et trois garçons pour labourer à la vapeur : ce sont des gens pris parmi ses anciens journaliers, et il ne leur donne que 60 centimes par jour en sus des gages ordinaires ; il ne leur a fallu qu'une semaine pour apprendre à conduire l'appareil à vapeur.

M. Savaige m'a dit que son cheptel, sur 400 hectares, se compose de 1,200 grosses bêtes à laine, d'espèce Cotswold et 120 Durham, les veaux compris.

Il a vendu depuis 1860 pour 20,000 fr. de jeunes taureaux, en a conservé trois et quinze génisses ; cette jeunesse provenait d'un taureau de la race de Bates, si recherchée maintenant. M. Langston l'avait loué du capitaine Gunter pour neuf mois, à raison de 3,750 fr.

Il faut 10 hommes et 10 heures de travail, m'a dit le régisseur, pour battre et nettoyer complètement 100 hectolitres de froment.

Le lendemain je suis allé, pour la troisième fois, chez M. Randell, agent et en même temps fermier du duc d'Aumale, dans sa terre de Chadbury, près d'Evesham ; j'y ai vu, pour la seconde fois, le scarificateur de M. Smith, de Wolstone, dont il est toujours content, quoiqu'il m'ait dit que, s'il ne l'avait pas, il achèterait l'appareil Fowler.

Il m'a fait voir, dans des argiles des plus compactes, des froments de toute beaauté, tandis que celui d'une très-grande pièce, *touchant une des siennes, était très-mauvais, quoiqu'il appartînt* à un bon fermier de la même propriété. Le produit devra en être moitié moindre que celui des froments de M. Randell : cela, m'a-t-il dit, ne peut être attribué qu'à la différence des labours donnés dans la mauvaise pièce avec des charrues attelées de quatre fort bons chevaux, et dans les bons froments avec l'appareil à vapeur, que le fermier voisin, quoique fort à l'aise, ne s'est pas encore décidé à acheter.

Je suis allé de Chadbury chez M. Holland, membre du Parlement, qui a vendu cette terre au duc d'Aumale pour près de 4 millions de francs ; il a remplacé ici, il y a quatorze ans, son vieux château par une fort belle habitation entourée d'un très-beau parc ; il a commencé, à la même époque, à cultiver deux fermes en terres aussi très-fortes : il a fallu employer, pour cette culture, un *capital qui, augmenté des intérêts à 4 °/₀*, est arrivé au chiffre de 275,000 fr., dont 175,000 lui sont rentrés ; le reste lui rentrera d'ici à deux ou trois années, et sa charrue à vapeur de Fowler aidant, la grande valeur de son cheptel, de ses récoltes en grange et en terre, ainsi que l'augmentation de valeur de sa terre, résultat du temps, des drainages, des chaulages et du grand emploi d'engrais du commerce, ne lui coûteront plus rien.

M. Holland a 208 Durham, les veaux compris ; un superbe troupeau de Shropshire, dont il vend chaque année une quarantaine de béliers, en moyenne à 300 ou 325 fr. la pièce. Il a depuis quatre ans la charrue et le scarificateur de Fowler, mais il va changer ce dernier, le nouveau lui étant bien supérieur. Il employait 20 chevaux avant d'avoir la charrue à vapeur, il n'en a plus que 8, et il assure que ses récoltes de tous genres se sont de beaucoup augmentées depuis qu'il a fait cette acquisition.

Nous avons vu sa charrue à vapeur à l'œuvre, et elle fonctionnait à merveille.

M. Holland a une machine à vapeur à poste fixe dans son autre ferme : elle sert au battage des grains de cette ferme, à la préparation de la nourriture fermentée du bétail, à moudre diverses espèces de farines, à la cuisson de la nourriture des porcs, enfin de moteur à une scierie rotative.

Son régisseur, que j'avais vu lors de ma première visite à Humbleton, était parti emportant une somme de 5,000 fr, prix de la vente de quatre jeunes taureaux, pour assister à une vente de Durham très-renommés, afin d'y faire l'emplette d'un beau taureau ; il était autorisé à y employer la somme entière si c'était nécessaire.

M. Holland m'a fait remarquer les belles récoltes d'un fermier voisin, qui a un scarificateur à vapeur de M. Smith, de Woolstone.

Je me rendis de Humbleton à l'École d'agriculture de Cirencester, qui instruit une centaine de jeunes gens, parmi lesquels se trouvent un certain nombre de fils de familles de grands propriétaires.

J'y ai fait la connaissance du docteur Vœlker ; il est professeur de chimie agricole à cette école ; il a en cette qualité 5,000 f. d'appointements ; il est aussi chimiste consultatif de la Société royale d'agriculture d'Angleterre, qui lui donne 7,500 fr. d'honoraires ; il est obligé, pour cela, de faire à prix réduits de moitié les analyses qui peuvent lui être demandées par les 5,177 membres de cette Société, dont 174 paient 125 fr. par an, et sont directeurs de ses travaux ; les 4,986 autres membres paient 25 fr., et 17 d'entre eux sont membres honoraires. Les étrangers peuvent faire partie de cette Société en payant 25 fr. : ils reçoivent alors, chaque année, deux ou trois volumes fort intéressants de ses *Mémoires*.

La Société royale confie, chaque année, à M. Vœlker une somme de 5,000 fr. pour être employée à faire des expériences agricoles sur le terrain de l'École de Cirencester. Le professeur d'agriculture, M. Coleman, qui est en même temps directeur de la grande ferme de l'École, aide le docteur, avec lequel il est lié, à faire ses expériences. Ce dernier a aussi une charrue à vapeur de Fowler, de beaux Durham, un troupeau de Cotswold, et les instruments les plus perfectionnés.

Le docteur Vœlker est de Francfort ; il a été très-obligeant pour moi : après avoir passé une heure de la soirée avec lui, il m'a engagé à déjeûner le lendemain à huit heures, et nous ne nous sommes quittés qu'à quatre heures : ce temps a été employé en conversations agricoles, à me faire voir son laboratoire de chimie, où il emploie deux chimistes ; à examiner les expériences pratiques, à visiter la ferme où nous n'avons pas trouvé M. Coleman. Le docteur m'a fait un véritable cadeau en me donnant dix-neuf petites brochures de ses œuvres.

Il m'a dit qu'il y a plusieurs engrais nouvellement connus, mais qui sont trop chers en les comparant au guano et au nitrate de soude, qui est très-employé en culture : lorsqu'on y ajoute du sel, il produit souvent, à dépense égale, plus que la plupart des autres engrais du commerce. La sulfate d'ammoniaque, les cendres d'os venant de La Plata, dont on fait aussi du superphosphate, sont également employés fort en grand dans la Grande-Bretagne.

Les engrais artificiels, vendus par les maisons suivantes sont très-recommandés : ceux de la maison Lawes de Rothampsted ; ceux de la maison Lawson, d'Édimbourg, et enfin ceux de MM. Proctor et Ryland, de Birmingham. Ces engrais sont souvent plus effectifs, à prix égal, que le guano du Pérou. La maison Proctor et Ryland avait, il y a quelques années, un dépôt à Rouen.

J'ai visité, le même soir, M. Anderson, agent de lord Bathurst, ce seigneur étant absent. M. Anderson est gendre d'un des plus fameux fermiers d'Angleterre, M. Hudson, de Castleacre, en Norfolk. M. Anderson a construit, il y à peu d'années, une des belles fermes d'Angleterre, dans le parc de lord Bathurst ; on y élève des Hereford ; le troupeau contient 2,500 Southdown.

Le mauvais temps nous a empêchés de visiter les champs.

Le lendemain, je me suis arrêté à la station de Swindon pour aller voir un grand et remarquable troupeau de Hampshire-Down amélioré par M. Brown, fermier à Ufeit, culture de 320 hectares. Son troupeau contient plus de 800 têtes. M. Brown m'a dit qu'un des mérites de la race Hampshire perfectionnée est de supporter facilement les très-mauvais temps de l'hiver en rase campagne, où les animaux sont parqués sur les champs de turneps sans jamais les mettre à l'abri ; les moutons de cette race, dont la figure et les pattes sont noires, pèsent, tués âgés de 15 mois, 44 kilog., viande nette.

M. Brown vend ses béliers de 200 à 250 fr. ; les brebis sont payées de 60 à 75 fr.

Le baron Peers, propriétaire de terres fort sablonneuses près de Bruges, m'avait mandé, quelque temps avant mon voyage d'Angleterre, qu'il avait acheté de M. Brown des Hampshire améliorés, et qu'ils réussissaient mieux chez lui que les Dishley et Southdown qu'il avait eus précédemment. En parcourant la belle culture de M. Brown, nous avons vu labourer une charrue Fowler, appartenant à M. Stratton, de Broadhinton, éleveur de Durham très-connu. Lui et son beau-frère, M. Redman, ont chacun une charrue à vapeur de Fowler depuis l'année 1859, époque où je les ai visités. Ils sont les voisins de M. Brown ; celui-ci m'a fait voir un petit champ semé en froment Pédigré de M. Hallett, de Brighton : ses épis sont de toute beauté et la paille est très-longue.

Voici la manière dont M. Hallett l'a perfectionné : il a choisi deux beaux épis d'une bonne variété, dont le nom est Nurseri-Wheat : ils contenaient chacun quarante et quelques grains, qu'il planta dans les premiers jours de septembre, chaque grain occupant un pied carré d'une bonne terre bien préparée ; ces pieds, isolés et plantés de très-bonne heure, ont singulièrement tallé : ils ont donné beaucoup de tiges et de longs épis contenant une soixantaine de grains. Il prit les plus beaux épis et choisit les plus gros grains qu'il traita de même. Chaque année, les épis s'allongèrent et donnèrent plus de grains de froment ; enfin, en 1861, une grande quantité d'épis ont atteint 22 centimètres de longueur ; ils contenaient de 100 à 125 grains. Ces épis, comme on n'en avait jamais vu, furent exposés dans bien des parties du palais de l'Exposition, où ils attiraient l'attention et faisaient l'étonnement de tout le monde. J'ai vu, à Battersea, deux pots de fleurs contenant chacun plus de 70 tiges, qu'on assurait provenir d'un seul grain.

J'ai lu, dans plusieurs journaux d'agriculture, des articles relatant des visites faites par diverses personnes à la petite ferme de M. Hallett, où elles disaient avoir vu, sur plusieurs hectares de terres naturellement peu fertiles, des récoltes annonçant des produits de 49 à 56 hectolitres par hectare.

Maintenant, voici ce que M. Hallett conseille aux cultivateurs : c'est de traiter tous les ans, comme il l'a fait, une étendue suffisante pour se procurer la semence nécessaire à leur sole de froment, en choisissant d'abord, avant la moisson, les plus beaux épis et ensuite leurs plus beaux grains, pour continuer leur pépinière, en la plantant toujours en septembre, grain par grain, chacun sur un pied carré, sans oublier de bons sarclages ; ensuite, d'ensemencer leur sole de froment en lignes, à 25 cent. de distance, ce qui économisera moitié de la semence, par conséquent moitié de la pépinière à faire pour cela. Il faudrait acheter un bon semoir et une houe à cheval convenable au sarclage des céréales en lignes.

Le 19 juillet, je me rendis de bonne heure chez le régisseur de la terre de Buscot-Park, à trois milles de la petite ville de Faringdon, située à six milles de la station de Faringdon-Roard, sur le Great-Western.

Ayant demandé à la ferme où se trouvait le régisseur, on me conduisit dans un champ très-considérable, où je trouvai M. Campbell, que j'avais craint d'aller chercher de si bonne heure ; il causait avec M. Muscrop, son régisseur, écossais comme son maître : M. Campbell suivait le travail d'une charrue Fowler, celui de plusieurs herses, rouleaux, tombereaux amenant, les uns du fumier, d'autres des engrais pulvérulents, enfin de quatre semoirs, dont le premier répandait du guano à la volée que la charrue à vapeur allait enterrer; le second semoir semait des turneps en ligne; un autre en semait en poquets; enfin le dernier était un semoir à engrais liquides, qui, en déposant la semence, l'arrosait avec de l'eau contenant de la poudre d'os. L'emploi de ce semoir procure des récoltes de grains de printemps et de racines qui donnent habituellement moitié en sus de celles semées avec les mêmes engrais pulvérulents. L'engrais employé ici était composé de 200 kilog. de guano, 100 kilog. de nitrate de soude et de 6 hectolitres 50 litres d'os pulvérisés pour chaque hectare.

M. Campbell m'engagea à venir déjeûner au château et me fit accompagner par deux de ses sept fils qui venaient le rejoindre. M. Campbell était à cheval; il nous quitta, ayant affaire ailleurs.

Mes deux guides étaient de beaux jeunes gens, dont l'un venait de donner sa démission d'officier de cavalerie pour aller avec son frère dans la Nouvelle-Zélande, afin d'y prendre la direction d'un grand troupeau mérinos que leur père y a établi depuis plusieurs années. Étant arrivé au château, je fus présenté à Mme. Campbell, mère de dix enfants, ayant encore l'air jeune, au milieu de plusieurs fort jolies personnes, dont trois étaient ses filles.

Après déjeûner, M. Campbell me fit monter à cheval pour me faire parcourir une autre partie de sa terre, de 1,800 hectares, ainsi composée : 420 en terres fertiles, mais de difficile culture, il en fait valoir une bonne partie en attendant la fin de quelques baux; 1,200 en herbage et 180 en bois et parc. M. Campbell a acheté cette réunion de trois propriétés, entourées par 10 milles de rivière, dont 7 de la Tamise et 3 de l'un de ses affluents, qui lui servent de frontières; sa terre n'ayant plus d'enclaves, elle lui a coûté plus de quatre millions de francs. Il y a déjà dépensé deux millions et s'attend à y dépenser au moins un million de plus une fois qu'il fera valoir le tout.

M. Campbell a fait infiniment de choses en quatre ans. Depuis son acquisition, il avait jusqu'à 400 draineurs à la fois : toutes les terres avaient besoin de la première de toutes les améliorations; il l'a fait pratiquer aussi pour les terres à sous-sol imperméable.

Le principal des anciens propriétaires avait été ruiné par les courses, les femmes et le jeu; sa terre était restée long-temps entre les mains des créanciers : ce qui l'avait laissée en très-mauvais état. Après avoir drainé, M. Campbell employa pour 300 fr. d'engrais du commerce pour chacun des hectares de sa culture.

Il a fait arracher toutes les haies : elles occupaient beaucoup de terrain et les nombreux arbres dont elles étaient garnies faisaient beaucoup de mal; enfin, elles eussent empêché la culture à vapeur dont il a infiniment à se louer : aussi va-t-il acheter un second appareil de Fowler.

M. Campbell m'a dit : J'ai voulu m'assurer un bon régisseur écossais; il n'a que trente ans, a fait ses preuves de capacité, et je lui donne 6,000 fr., afin de le conserver.

Ses bêtes à laine sont de la race du comté de Lincoln; il en a 6,000 maintenant, mais il en doublera le nombre d'ici un an, par suite de l'amélioration apportée à ses herbages, ainsi que par sa rentrée en jouissance d'une de ses fermes; et lorsque tous les baux seront expirés, il espère pouvoir avoir jusqu'à 17,000 bêtes de cette énorme race, dont les toisons, lavées à dos, pèsent en moyenne de 9 à 10 livres. Il a acheté son troupeau chez les meilleurs éleveurs de cette race; il possède maintenant 200 béliers antenais bons à vendre ou à louer.

M. Campbell n'entretient que le nombre de vaches nécessaire pour avoir le lait et le beurre de sa consommation; mais les herbages de ses bêtes à laine lui engraissent 800 bêtes à cornes par an. Ses terres louées, et qui n'ont pas encore été améliorées, le sont à 125 fr. l'hectare.

Il m'a fait voir les prés de ses fermiers couverts de bon foin; ils ne sont devenus productifs que depuis qu'il les a fait drainer, car les tenanciers n'y ont mis aucun engrais.

M. Campbell m'a fait remarquer combien ses herbages sont pâturés rez terre, et il m'a dit que cela tenait à la quantité de têtes qu'il y entretient. Il ajoute que c'est ainsi qu'ils nourrissent le plus de bêtes, parce que toute l'herbe qui pousse est mangée, tandis que dans le cas contraire l'herbe qui n'est pas consommée en sortant de terre s'allonge, durcit et ne repousse pas.

L'expérience de vingt années lui a appris cela. M. Campbell y fait arracher les chardons et autres mauvaises herbes : cela coûte 75 centimes par hectare ; il dépense à peu près le double à faire tailler les haies et à entretenir les fossés de ses enclos fort étendus.

Une fois que M. Campbell m'eut mis au courant de l'état de sa terre, il me raconta ce qui suit : il se maria âgé de 22 ans, et il partit avec madame, emportant quelque cent mille francs, pour se rendre en Australie. Il commença par choisir un district de l'intérieur, éloigné de toute population et qui pût convenir à l'éducation des bêtes à laine. Il y construisit un cottage, des chaumières pour les bergers et autres serviteurs ; enfin des écuries pour ses nombreux chevaux. Il acheta le plus de mérinos qu'il put trouver, les paya en moyenne 40 fr. la pièce.

On payait alors au Gouvernement 10 centimes de droit de pâture par tête et par an. Avec le temps, il arriva à avoir 100,000 mérinos, dont les toisons se plaçaient à 6 fr. On tuait, chaque année, la cinquième partie des bêtes, dont on faisait du suif en les faisant bouillir, et dont le prix suffit, lorsqu'on a un troupeau considérable, pour payer les dépenses de tous genres : ce qui fait que, lorsqu'on a 100,000 bêtes mérinos, on met chaque année 600,000 fr. de côté. M. et Mme. Campbell passèrent vingt ans dans ce désert ; ils revinrent il y a douze ans, parcoururent l'Europe, passant les hivers dans les capitales, entr'autres, deux à Paris. Toute cette grande et belle famille parle français.

M. Campbell chercha une terre, qu'il n'a trouvée que depuis quatre ans.

Il a reformé, il y a plusieurs années, un nouveau troupeau mérinos ; mais ayant trouvé le climat de l'Australie trop sec, il l'a placé en Nouvelle-Zélande ; il espère l'amener, en peu d'années, au chiffre de 100,000 têtes ; il envoie, pour en prendre la direction, deux de ses fils qui seront remplacés, au bout de cinq ou six ans, par leurs cadets, et ainsi de suite. Ces messieurs sont assurés de faire, de cette manière, leur fortune en faisant chacun un sacrifice de peu d'années.

Voici plusieurs extraits du *Farmers-Magazine*, relatifs au labourage à la vapeur :

M. Prout a acheté l'attirail de culture à vapeur de Fowler, en octobre 1861, étant déjà arrivé à tous ses perfectionnements; sa locomobile est de la force de 14 chevaux, et le tout lui a coûté 26,625 fr. Le fermier qu'il venait de remplacer employait 22 chevaux. M. Prout n'en a acheté que 8 à 1,250 fr. la pièce; s'il n'avait pas possédé une charrue à vapeur, il eût dû acheter 12 chevaux de plus, ce qui lui eût coûté 15,000 fr. En comptant la valeur des harnais, charrues, scarificateurs et herses, nous arriverions bien à 2,625 fr. ; ces deux sommes réunies et défalquées du prix de l'appareil Fowler, il ne reste qu'une somme de 9,000 fr. de dépensée en plus que le prix ordinaire d'une bonne monture de ferme.

M. Prout a labouré dans l'année 247 hectares et en a scarifié 243, ce qui forme un total de 490 hectares cultivés avec l'attirail à vapeur de Fowler. En mélangeant l'ouvrage fait par les deux instruments, la culture d'une journée s'étend en moyenne sur 4 hectares, et la dépense ressort à 6 fr. par hectare, sur une terre très-forte du comté d'Essex.

Voici le détail de la dépense d'une journée de labour avec l'appareil à vapeur de Fowler chez M. Prout :

Chauffeur.	3 f.	75
Laboureur.	3	75
Un homme de journée pour poser les ancres. . .	2	50
Deux garçons de 14 à 15 ans.	2	50
Un garçon avec cheval et tombereau pour eau et charbon	6	25
750 kilog. de charbon, à 2 fr. 50 les 100 kilog. .	21	»
Huile.	1	25
Réparation et intérêts du capital de 26,625 fr., répartis sur 150 jours de travail.	23	»
Total. . .	64 f.	»

Cette somme totale, répartie sur 4 hectares cultivés par jour, donne 16 fr. comme dépense de culture d'*un* hectare.

Un très-grand nombre de cultivateurs de la Grande-Bretagne sont si satisfaits de l'appareil de culture de Fowler, qu'ils s'occupent d'une souscription pour lui offrir une marque de leur admiration pour son talent et de leur reconnaissance pour le service qu'il leur a rendu.

Le seul comté de Witt a déjà réuni, pour cela, une somme de 25,000 fr. On m'a assuré que M. Fowler, qui est heureusement riche, a dépensé deux millions pour arriver à mener son invention à bien.

La moissonneuse et faucheuse perfectionnée de Mac-Cormic m'avait singulièrement plu à l'Exposition de Londres, et je revins plus tôt que je ne comptais le faire à Paris, afin d'assister à Grignon à son concours avec d'autres moissonneuses ayant gagné jusqu'à cette heure le plus grand nombre de primes ; elle les surpassa de beaucoup. Voici ce que j'ai lu depuis, à son sujet, dans le *Farmer's-Magazine* :

« La moissonneuse à râteau automate de Mac-Cormic a concouru à Preston (comté de Lancastre) avec celles de Samuelson, de Picksley et Sims, de Wood, de Gardner et Lindsey, et de Brown et Young, et l'opinion générale, ainsi que celle du Jury furent pour Mac-Cormic, qui gagna la prime de 375 fr. »

Dans un autre numéro du même journal, j'ai lu que la moissonneuse de Mac-Cormic fut essayée près de Norwich (comté de Norfolk), concurremment avec celle de Burgess et Key, employée depuis 4 ans dans ladite ferme. La Mac-Cormic, attelée de 2 chevaux, moissonna pendant 4 heures de suite sans s'arrêter ; elle coupa 2 hectares 40 ares : ce qui, en 10 heures, eût fait 6 hectares ; les javelles étaient si bien faites qu'il ne traînait point d'épis une fois que les gerbes étaient liées.

Les deux chevaux ne suaient pas, tandis que les trois attelés à l'appareil de Burgess et Key transpiraient fortement.

Enfin la moissonneuse Mac-Cormic a si bien fonctionné, que MM. Burgess et Key, qui étaient présents à cet essai, se sont arrangés avec M. Mac-Cormic, et ils sont chargés de la fabrication de sa moissonneuse. Ils demeurent Newgate street, à Londres.

Voici l'appréciation comparative des deux charrues à vapeur le plus en évidence, faite par un fermier anglais qui a passé trois semaines à Londres pour y étudier le concours de Battersea et les objets intéressant l'agriculture exposés au Palais de l'industrie :

« Il est facheux, dit ce cultivateur, qu'on n'ait pu faire concourir à Farnigham, dans le même champ, les divers appareils de culture à vapeur qui s'y trouvaient réunis.

« Dans le champ le plus voisin de la station du chemin de fer, les charrues et les scarificateurs de Fowler et Howard travaillèrent les uns à portée des autres, ce qui permit de mieux les juger.

« Le scarificateur de Fowler a très-bien cultivé la terre à raison de 3 acres par heure, ou 1 hectare 20 ares ; à ce taux, cette admirable machine eût cultivé 12 hectares dans une journée de 10 heures.

« Les labours exécutés par les deux charrues Fowler et Howard étaient excellents : la terre était complètement retournée et cultivée à 6 pouces de profondeur ; enfin les sillons étaient parfaitement droits. Bien des fermiers arriérés, n'ayant pas encore d'appareil à vapeur, paraissaient avoir envie de faire cette forte dépense, tant ils approuvaient la besogne faite. »

Lors d'une autre visite, le même cultivateur vit la charrue Fowler labourer à 8 pouces de profondeur, allant assez vite pour retourner 4 hectares en dix heures ; la largeur labourée avec ses quatre socs est de 40 pouces. La charrue Howard, ayant trois socs, labourait à 7 pouces de profondeur, sur une largeur de 30 pouces. La force employée par sa locomobile marquait 70 degrés, tandis que celle de Fowler, dont le labour était plus large de 10 pouces et plus profond d'un pouce, marquait de 40 à 50 degrés.

Les labours exécutés par ces deux charrues devaient exiger, pour chaque soc, une force de trois chevaux.

Le nombre des visiteurs, pendant ces essais de culture à vapeur, a toujours été très-considérable ; on y remarquait une grande quantité d'étrangers, dont un assez grand nombre firent des commandes aux inventeurs les plus méritants.

Voici les noms de plusieurs de ces inventeurs : Fowler, Howard, Smith, de Woolstone ; Brown, Coleman et fils, Fasker, Evenden et Hancok. J'ajouterai ceux de Steevenss et d'un fabricant de l'île de Jersey dont le nom m'échappe. J'ai vu ces deux charrues à l'Exposition : la première surtout paraissait, à un ingénieur anglais, avoir beaucoup de mérite et en même temps une grande simplicité. Son prix, sans la locomobile et le câble, était de 1,650 fr.

M. Coleman, professeur d'agriculture à l'École de Cirencester et en même temps directeur de la grande ferme attachée à cette École d'agriculture, suivie par une centaine d'élèves, fait part aux lecteurs du *Farmer's-Magazine* qu'il tire un très-bon parti d'une farine dite *nut-meal ;* elle est faite avec des tourteaux de noix de palmier dont on fait de l'huile ; elle se trouve chez les frères Smith, Kent street, Oil Mills, à Liverpool ; son prix est de 150 fr. les mille kilog.

M. Coleman en donne en hiver à ses brebis Cotswoold un quart de livre ; il saupoudre, avec cette farine, du foin, de la paille et des racines hachés après les avoir humectés. Lorsque les agneaux sont assez forts pour fatiguer leurs mères, il donne double ration de nut-meal : cete farine augmente considérablement leur lait.

Il en donne à ses bêtes bovines, à l'engrais, 2 litres avec 2 litres de farine d'orge, moitié de foin et de paille hachés et 50 kilog. de racines.

Cette nourriture est préparée deux fois par semaine, elle se trouve donc fermentée lorsqu'on la donne aux animaux.

Les moutons à l'engrais en reçoivent un demi-litre avec les racines et le fourrage hachés. On se sert aussi, en Angleterre, de tourteau de graine de coton, qui est bien moins cher que celui de lin, et rend à peu près les mêmes services.

Des remercîments sympathiques sont votés à M. de Gourcy, qui a déjà rendu des services si nombreux à l'agriculture.

M. l'abbé Chamousset entretient le Congrès d'une machine à labourer, inventée en France et améliorée par M. Trescat. Cette machine est appelée, selon l'orateur, à rendre d'utiles services. Lorsque M. Chamousset la vit fonctionner, l'essai ne fut point heureux, parce que le mécanicien, encore inexpérimenté, n'avait point la quantité d'eau nécessaire à l'alimentation. Cet examen avait lieu dans le domaine impérial de Solférino. De nouveaux essais doivent être tentés avant dix jours dans la ferme impériale de Vincennes; nul doute que des membres du Congrès tiendront à suivre ces expériences. La machine, qui n'est à proprement parler qu'une locomotive suivie d'une série de pioches qui remuent la terre, rejettent les cailloux ainsi que les bruyères et autres herbes parasites, a l'avantage de se conduire pour ainsi dire d'elle-même sur le champ d'exploitation. Lors de l'expérience faite au domaine de Solférino, malgré les résultats incomplets qu'on a obtenus, il a été constaté qu'elle pourrait utilement servir pour les défrichements.

M. Chamousset rappelle qu'il a entretenu le Congrès d'une nouvelle machine à air chauffé et comprimé ; la grande difficulté d'alimenter la machine à vapeur est, en effet, d'avoir une quantité d'eau suffisante. Une petite machine qui a été visitée par l'Empereur doit être placée à Cussex; elle a été, à l'Exposition de Londres, appréciée par les Anglais, juges compétents en semblable matière. Une machine de cent chevaux devait être placée dans une fabrique d'huile, à St.-Ouen ; mais dans cet établissement le chômage n'est que de peu de durée, des retards eurent lieu pour la livraison et le mécanicien aurait dû payer des dommages-intérêts très-importants. Cette machine, toutefois, ne sera point perdue: elle sera placée prochainement dans une papeterie située à Cussex; en outre, une société vient de se former pour livrer ces machines à l'industrie et pour exploiter les brevets pris en France, en Belgique et en Espagne. Le capital se trouve presque entièrement souscrit. A diverses questions qui lui sont posées, M. Chamousset répond que l'économie réalisée sur le charbon qui doit servir au chauffage est d'environ 2/3; une machine de la force de dix chevaux de vapeur coûterait de 10 à 12,000 fr.

M. Calemard de Lafayette déclare que la France n'est point, pour l'emploi des charrues à vapeur, aussi en retard qu'on le pense; il laisse à M. le vicomte de Meaux le soin de redire les résultats obtenus dans le Forez, par M. le marquis de Ponsins, ainsi que la formation d'une société de grands propriétaires, pour appliquer au défrichement la charrue à vapeur, et se contentera de dire que, depuis la visite du Congrès à St.-Étienne, M. le marquis de Ponsins a réalisé de nombreuses améliorations qui lui ont permis de regarder cette charrue comme son œuvre, et de prendre un brevet d'invention.

La charrue à vapeur est employée à Grignon, les annales de cette École en font suffisamment connaître les avantages. A Mettray, on emploie également la charrue à vapeur, dans des conditions tout exceptionnelles de bon marché; on s'est servi d'une machine à vapeur, ou mieux d'une locomobile qui était sans usage, et on se félicite des résultats qui ont été obtenus.

M. de Caumont cite quatre charrues à vapeur qui, presque toutes, sont placées dans le Midi; une cinquième est dans le département de Seine-et-Marne. Le Gouvernement a fait fabriquer 10 charrues à vapeur, système Fowler, qui doivent être placées chez différents propriétaires.

M. le vicomte de Meaux rend compte des efforts tentés dans le Forez pour le labourage à la vapeur; le sol de ce pays est compacte, l'eau ne parvient point à s'infiltrer: elle repose sur un machefer que la pioche peut difficilement percer. Le drainage serait trop coûteux. M. le marquis de Ponsins a résolu d'améliorer 60 hectares de terrains; il ne pouvait pas employer les labours profonds, car il importait peu que la terre inférieure revînt au-dessus, si l'eau, n'ayant point son écoulement, continuait à rendre la terre insalubre et infertile. Cet habile propriétaire fit venir d'Angleterre une charrue à vapeur, et il reconnut bientôt que sa force était impuissante: il dut augmenter le poids des roues pour éviter des brisements qui se renouvelaient fréquemment. Il a apporté d'autres améliorations qui l'ont engagé à prendre un brevet d'invention : il faut, en effet, une force suffisante pour que la force ou le griffon du scarificateur pénètre dans le sous-sol, le perce et donne aux eaux un écoulement facile. L'insalubrité, que l'on combat ainsi, fait que les bras manquent, que les bestiaux sont rares ; il faut donc lutter pour rendre au sol la salubrité et la fertilité.

Ces résultats paraissent avoir été obtenus par M. le marquis de Ponsins : dès la première année, et sans engrais, il a obtenu une récolte rémunératrice, tandis que les terres voisines n'avaient qu'une récolte médiocre. Le Congrès scientifique de France a pu s'assurer de ces faits en septembre 1862.

Persuadés des avantages que présente le labourage à la vapeur, plusieurs propriétaires du Forez se sont réunis ; ils ont formé une association au capital de 40,000 fr. pour acheter une machine de 16 chevaux Elle défonce, à la profondeur de 30 à 40 centimètres, 1 hectare par jour ; la dépense peut donc être évaluée à environ 100 fr. par hectare.

M. de Quatrefages constate également, avec plaisir, que la France n'est point aussi en retard qu'on le prétend quelquefois : si elle ne dispose pas de capitaux aussi importants que l'Angleterre, elle n'est point toujours sa tributaire : en voici une nouvelle preuve. Des difficultés se sont présentées : les machines anglaises étaient impuissantes à les résoudre, et cependant elles ont été surmontées sans qu'on ait été obligé de faire appel à l'Angleterre.

M. de Beaulny, représentant de l'arrondissement de Meaux, rappelle que la statistique publiée en 1861 signalait déjà huit charrues à vapeur.

M. Gayot en signale une douzaine et indique les exploitations où elles sont placées. Il résulte de cette communication que le système Fowler serait le plus en usage en France.

M. Calemard de Lafayette pense qu'il serait utile de continuer chaque année cette enquête, et de faire connaître les améliorations réalisées et les développements que prendra le labourage à la vapeur ; il félicite les propriétaires du Forez de l'initiative qu'ils ont prise ; il signale également une heureuse tendance qui se fait remarquer dans les villes industrielles. C'est ainsi que, notamment à St.-Étienne, les riches capitalistes emploient leurs bénéfices à des acquisitions territoriales ; bien plus, il se font eux-mêmes agriculteurs. En même temps, les propriétaires restent dans leurs domaines et les améliorent constamment. Cette heureuse tendance doit être signalée à l'attention du Congrès.

M. le vicomte de Cussy remercie les membres du Congrès qui ont parlé sur cette importante question ; comme elle est épuisée, il donne la parole à M. le comte d'Osseville, de Caen, qui a exposé une belle carte topographique de la France, pour la classification des races bovines.

M. le comte d'Osseville s'exprime ainsi :

EXPLICATION

DE LA CARTE TOPOGRAPHIQUE DES ANIMAUX D'ESPÈCE BOVINE.

L'un des avantages les plus immédiats et les plus incontestables des expositions générales a été, sans nul doute, d'offrir à la science économique des points d'observation à la fois curieux et utiles : curieux, en ce qu'ils favorisent la comparaison entre la nature, les qualités et la valeur zootechnique des produits de nos diverses régions ; utiles, en ce qu'ils permettent, jusqu'à un certain point, de déterminer la richesse agricole et alimentaire de chaque race, et de suivre les envahissements progressifs des meilleurs types sur les types inférieurs qui les avoisinent. C'est de l'Exposition universelle de 1860 qu'est sortie la pensée de la carte topographique dont nous allons donner l'explication. L'étude comparée sur place des races entassées au palais de l'Exposition ne nous ayant pas paru suffisante, nous avons voulu les suivre au centre même de leur production, et, pour faire à la Société d'agriculture et de commerce de Caen un rapport qui ne fût pas trop incomplet, nous avons dû fixer préalablement sur la carte tous les renseignements topographiques fournis par les auteurs les plus compétents, confrontés d'ailleurs avec les documents fournis par le livret officiel. C'est cette carte améliorée et mise pour ainsi dire en regard de la *Statistique de la France*, par M. le Ministre de l'agriculture, du commerce et des travaux publics, que nous avons eu l'honneur de soumettre aux observations du Congrès.

Dans un travail de cette nature, le point essentiel est de donner aux signes de convention une signification claire et facile à saisir. Le premier moyen pour éviter la confusion nous a paru devoir être de présenter les races par groupes.

Mais comment établir ces groupes? Sera-ce par région? Sera-ce par aptitudes? Nous avons choisi ce dernier mode de division, comme portant avec lui un enseignement que le premier ne laissait pas entrevoir, et que les teintes appliquées à chaque groupe d'aptitudes révèlent au premier coup-d'œil.

Pour éviter de nous égarer dans une nomenclature confuse, nous avons pris d'abord les seules races primées comme corps de race et inscrites comme telles dans le livret. Que ces classifications soient à certain point discutables, là n'était pas la question. La rectification viendra, s'il y a lieu, après l'expérience, et la discussion pourra trouver sa place dans le cours de la démonstration. Mais ici il importe avant tout de se reconnaître, et voilà pourquoi nous avons suivi de préférence les jalons plantés par les auteurs du programme officiel.

Quant à la fixation des aptitudes, c'était nos observations personnelles jointes aux renseignements puisés aux bonnes sources (1) qui devaient nous la suggérer. Ces aptitudes nous ont paru devoir se classer en cinq groupes, composés et figurés comme suit :

I. Races réunissant les trois aptitudes du *lait*, du *travail* et de la *viande*, indiquées sur la carte par une teinte rouge de laque.

(1) Voir la *Connaissance générale du bœuf*, extraite de l'*Encyclopédie de l'agriculteur*, publiée sous la direction de MM. Moll et Gayot; —*Les races bovines*, par M. le marquis de Dampierre ; — *L'Éleveur des bêtes à cornes*, par M. Félix Villeroy ; — le beau travail de M. Le Four sur la race flamande, etc.

Telles sont les races normande, de Salers, de Mezenc ou Mesine, d'Aubrac et des Pyrénées (béarnaise, tarbéenne, de Lourdes et ariégeoise).

II. Races réunissant la double aptitude du *travail* et de l'*engraissement*.

A ce groupe appartiennent la belle race blanche du Charolais et du Nivernais, les trois races parthenaise, choletaise et nantaise, qui, à proprement parler, n'en font qu'une ; la race limousine, la race bazadaise, si merveilleusement appropriée au roulage, et la race garonnaise et agenaise. Ajoutons-y, contrairement à nos premières observations, mais conformément à la *Statistique*, la race gasconne et la race maraichine (1).

Ce groupe est caractérisé par la couleur verte.

III. Le troisième groupe n'est pas impropre au travail, mais il est plus recherché pour le *lait* et à la *boucherie*. Il se compose uniquement des races femeline et bressanne, encore la capacité laitière de la première de ces races ne présente-t-elle pas un notable développement.

Ce groupe occupe sur la carte l'unique espace teint en violet.

IV. Les races principalement *laitières* forment le quatrième groupe. Ce sont les races flamande et ardennaise, bretonne et tourrache. On les distingue facilement sous leur teinte jaune.

V. Enfin, le cinquième groupe est voué tout entier à l'*engraissement* et comprend uniquement la race mancelle, teinte sur la carte en vert légèrement mêlé de brun.

De tous les points du territoire, les aptitudes identiques se retrouvent donc aisément au moyen de la teinte qui leur est commune ; mais, pour se rendre compte de leurs stationnements respectifs, des lettres de rappel, portées également dans la légende, correspondent à la désignation de ces races, aux centres d'approvisionnement qu'elles desservent et à leur poids maximum en boucherie. Ainsi la lettre A représente, dans la teinte rouge,

(1) Sur la carte présentée, les races gasconne et maraichine forment un groupe à part reconnaissable à sa teinte bleue. Ce groupe était le cinquième dans l'ordre de la légende.

la race normande ; dans la teinte verte, la race charolaise et nivernaise; dans la teinte jaune, la race flamande, etc. Le signe A,A' ou B,B'B'', indique des races qui ne sont l'une à l'autre qu'à l'état de variété, comme la race flamande et la race ardennaise, et les races parthenaise, choletaise et nantaise.

Ce n'est pas tout: si, parmi les races désignées aux récompenses officielles, il en est qui ne peuvent que gagner à être absorbées par leurs voisines, il en est d'autres, non signalées dans le livret des expositions, qui méritent d'appeler l'intérêt par leur parenté très-rapprochée avec les races pures dont elles occupent les limites. A celles-là revenait de plein droit l'espace non occupé par les *races privilégiées*. Tout cet espace a reçu une teinte neutre convenant assez bien, ce semble, à l'éclat moindre qui devait rejaillir sur les familles qui les peuplent. Pour sortir des signes réservés aux groupes principaux, nous avons cru devoir indiquer par des chiffres le point de repère des races françaises de la teinte neutre. La légende fait connaître sommairement leurs relations.

Ainsi, il ne paraît pas indifférent de savoir que la race de *la Montagne-Noire*, indiquée par le nombre 12, répandue plus particulièrement dans les deux départements de l'Aude et du Tarn, est un diminutif de l'excellente race d'Aubrac.

Ainsi la race *périgourdine* se rattache aux races limousines, d'Auvergne et de la Garonne (n°. 1).

La race *landaise* (n°. 3) n'est qu'une variété des races pyrénéennes.

La race *berrichonne* (n°. 7) se rattache, comme la maraichine, à la race parthenaise et ne peut que gagner à se laisser absorber par elle.

La *marchoise* (n°. 9) donne la main à la limousine, dont elle est une variété affaiblie.

La race du *Puy-de-Dôme* (n°. 10) tient aux Salers et se rapproche d'assez près de la bonne souche (1).

La race du *Quercy* se rattache également à la garonnaise

(1) Le poids brut de la race du Puy-de-Dôme est de 492 kilog., et

(n°. 11), et celle du *Gévaudan* se mêle à celle d'Aubrac (n°. 13).

Enfin celles du *Rouergue* et de *Segalas* se côtoient avec les Aubrac et les Salers qui peuplent leur pays (n°. 14).

Il était dans l'ordre que Lyon, notre seconde capitale, trouvât, pour ainsi dire à ses portes, les approvisionnements en lait et en viande de boucherie que réclame sa nombreuse population. Le lait lui est particulièrement fourni par la race bressanne, et la viande de boucherie par les bœufs du Forez, qui concourent et se confondent avec les bêtes de graisse du Charolais, de Salers et d'Aubrac.

Sous le n°. 18 se trouve toute la population bovine du Dauphiné, lequel joint à sa race indigène un mélange d'animaux suisses, piémontais, charolais, savoyards, Salers, Durham, etc. C'est l'Isère qui fournit, d'ailleurs, les plus beaux éléments de croisement.

Remarquons, en passant, un fait dont il faut grandement tenir compte dans les statistiques comparatives avec les pays étrangers et notamment avec l'Angleterre et la Belgique : c'est que, sur nos 86 départements, la statistique des trois nouveaux départements n'étant pas encore connue, il en est dix, c'est-à-dire plus du huitième, qui n'atteignent pas chacun, en moyenne, le chiffre de 14,000 têtes (1). Aucune région des pays du Nord n'offre, que nous sachions, cette particularité, dont la nature du sol et du climat est seule responsable.

Enfin le n°. 19 embrasse toutes les populations indigènes de la Lorraine et d'une partie de la Champagne et de la Bourgogne, auxquelles viennent se joindre des vaches laitières empruntées

le poids net de 273; tandis que le poids correspondant de la race de Salers varie de 518 à 302 kilog.

(1) Voici ces départements avec leur population respective :

Vaucluse. . . .	1,365	têtes.	Basses-Alpes. . .	10,894	têtes.
Bouches-du-Rhône.	4,041	—	Drôme.	20,282	—
Gard	6,447	—	Pyrénées-Orientales.	20,331	—
Hérault	6,738	—	Hautes-Alpes. . .	29,082	—
Var.	8,540	—	Aude	29,677	—

aux races normandes, aux races de Schwitz, de Fribourg et d'Ayr et des animaux de la race Durham.

Si maintenant nous envisageons les principales races au point de vue de la population, voici les résultats qu'elles nous présentent suivant la statistique de 1852, la seule complète et aussi la seule publiée :

Race normande avec ses variétés, occupant tout ou partie du territoire de 16 départements. 1,119,172

Ne sont pas compris, dans ces chiffres ni dans ceux qui suivront, les veaux ou génisses au-dessous d'un an. Le poids moyen de cette race, à l'état d'engraissement, est de 617 kilog., et le poids net de 365 kilog. (1); le poids maximum est de 1,261 kilog.

Races de Salers et d'Auvergne. 927,800

Cette race se répartit entre 19 départements. Elle comprend ici la sous-race du Puy-de-Dôme, et très-probablement la statistique des départements du Midi fait souvent entrer sous la qualification de *race auvergnate* la variété d'Aubrac et la sous-race des Montagnes-Noires. Son poids moyen d'engraissement est de 518 kilog., et le poids des quatre quartiers est de 302 kilog. Son poids brut atteint au maximum 1,005 kilog.

La race *mezine* ou de *Mezenc* ne figure que dans trois départements, dont le principal est l'Ardèche. Le chiffre total de sa population est de. 80,385

Son poids moyen est de 474 kilog. et son poids net de 263 kilog.

Quatre départements concourent à la statistique de la *race d'Aubrac* et ne lui apportent que 70,950 têtes, ci. 70,950

Cette race pèse, en poids moyen d'engraissement, 430 kilog. ; les quatre quartiers pèsent 251 kilog. ; quant au poids maximum, il atteint 860 kilog.

(1) Ce poids moyen est fourni par les départements de la Seine-Inférieure, de Seine-et-Oise et de l'Oise, qui s'alimentent des bœufs du Cotentin à l'état de plein engraissement.

Les *races pyrénéennes*, comprenant la race béarnaise, qui se subdivise elle-même en sous-races de Barétous et de Navarre, et les races de Tarbes, de Lourdes et de l'Ariège, sont assises sur 8 départements et offrent ensemble une population de 374,596

Le poids brut de la race béarnaise (1) est de 341 kil., mais son poids net est très-avantageux et dépasse 63 p. °/₀ (215 kilog.); son poids maximum est de 865 kil.

La belle race blanche du *Charolais* et du *Nivernais*, qui commence le 2e. groupe, se répand en plus ou moins grand nombre sur dix départements. Son chiffre total ne paraît pas dépasser le nombre de. 457,593
mais ce chiffre tend toujours à s'élever, tant par lui-même que par la transformation progressive des races voisines moins parfaites. Son poids moyen à l'engraissement est de 555 kilog., donnant en viande nette 321 kilog. Son poids maximum est de 1,080 kilog.

Sous ces trois noms de *parthenaise, choletaise* et *nantaise*, l'importante race du Poitou couvre en tout ou en partie neuf départements ; mais elle a son siége principal dans les Deux-Sèvres et dans la Vendée. Sa population, la plus forte des grosses races après la race normande et les races d'Auvergne, est de . . 704,947

Son poids moyen à l'état d'engraissement est de 530 kilog., fournissant en viande nette 322 kilog. Son poids maximum est de 922 kilog.

La *race limousine* se répand dans onze départements et compte une population de 466,832

Dans la Corrèze où ce type existe sans mélange, le poids moyen à l'engraissement est de 492 kilog., et le poids net de 296 kilog. Son poids maximum est de 958 kilog.

(1) Le poids brut des races de Tarbes et de Lourdes dépasse celui de la béarnaise, et la proportion de rendement en viande nette en approche beaucoup (62,52 p. °/₀).

La *race bazadaise* n'est mentionnée dans la statistique de France sous son nom véritable que dans le seul arrondissement de Bazas, dans la Gironde, et n'est par suite représentée que par le chiffre plus que modeste de 18,616.

Il est plus que probable que cette précieuse famille, plus exclusivement employée dans le pays des Landes, confond souvent dans la pratique sa dénomination avec celle de la race landaise, laquelle occupe dans la statistique tout ou partie de trois départements et représente une population bovine de 77,413 têtes. En empruntant, comme le poids relatif nous autorise à le faire, ce que les départements de la Gironde et du Gers inscrivait comme *race landaise*, et en ajoutant ces chiffres à la population bazadaise, on obtiendra un chiffre de 41,044

Le bœuf bazadais est un animal robuste, aux formes écrasées, qui atteint à l'engraissement un poids maximum de 1,070 kilog. Son poids d'engraissement moyen est de 675 kilog. et de 417 en viande nette.

Six départements voient naître et se développer les races *garonnaise* et *agenaise*, et tous ces éléments groupés forment un ensemble de 217,853

Son poids moyen est considérable, et hors les bœufs de Bazas qui forment le maximum des poids moyens, il n'est dépassé que par celui des bêtes bovines de la Seine-Inférieure (651 kilog.) et de Seine-et-Oise (636). Le poids brut est de 625 et net de 386. Son poids maximum, de 1,200 kilog., atteint presque celui des plus gros bœufs normands et les dépasse en viande nette (65,63 °/。 contre 63,15).

Les races *femeline et bressanne* reçoivent leur appoint de cinq départements qui leur forment une population de 439,861

Il est remarquable que la race femeline qui, sur

ce nombre, fournit 193,536 individus, en prenant ses chiffres moyens dans l'arrondissement de Vesoul, son siége principal, présente en poids d'engraissement moyen 584 kilog., et en poids net 345 kilog., soit 59,07 °/ₒ ; tandis que la race bressanne produite dans les arrondissements de Bourg, de Trévoux et de Châlon-sur-Saône, ne présente que 55,57 °/ₒ de viande nette, ou 547 kilog. en poids brut, et 304 en poids net.

Avec la *race flamande* commence le 4ᵉ. groupe : cette belle famille comprend, en tout ou en partie, neuf départements ; sa population s'élève à . . 551,338

Son poids d'engraissement moyen, pris dans les départements où elle domine, est de 606 kilog. et le poids net ou des quatre quartiers est de 344 kilog., ce qui ne laisse qu'un produit net de 56,78 °/ₒ. Ce rendement s'élève au maximum à 60,67 °/ₒ avec un poids brut de 925 kilog.

La *race ardennaise*, sa voisine, ne fournit en produit net que 54,45 °/ₒ avec un poids brut de 492 kilog. et un poids net de 268. Cette race montagnarde règne avec plus ou moins d'empire dans quatre départements et forme une population de . . . 125,931

La plus populeuse de toutes les races est, sans contredit, la *race bretonne*. On dirait qu'elle veut compenser par le nombre de têtes l'exiguité de sa taille et l'abaissement de son poids relatif ; mais elle n'en est pas moins l'une des plus riches en viande d'excellente qualité, ce qui la rend précieuse à plus d'un titre.

Elle est répandue dans onze départements, fournissant une population totale de 1,416,716

Elle ne produit pas moins de 61,69 °/ₒ de viande nette, soit 311 kilog. de poids brut ou 190 de poids net, moyenne prise dans les départements où elle domine, tels que le Morbihan, les Côtes-du-Nord et l'Ille-et-Vilaine. En concours de boucherie, elle ne dépasse pas 600 kilog., et arrive à 64,45 °/₀ de viande nette.

La *race Tourrache*, la dernière de ce groupe, règne seulement dans trois départements, encore sommes-nous obligé de comprendre sous ce nom celle que la statistique nous donne comme *race franc-comtoise*. Dans ces conditions, elle embrasse une population totale de 215,716
Son poids moyen brut, à l'état d'engraissement, est de 451 kilog. et net de 265 ou 58,75 °/₀.

Le cinquième groupe comprend, sur la carte, les *races gasconne* et *maraichine;* mais il convient de renvoyer au deuxième la première de ces races, que la statistique présente comme très-propre à l'engraissement. Elle donne, en effet, 60,50 °/₀ de viande nette, soit 557 kilog. de poids brut et 337 kilog. pour les quatre quartiers. Sa population se répartit entre huit départements et s'élève à 208,649

Resterait la *race maraichine*, que l'on trouve dans le seul arrondissement de La Rochelle où elle est représentée par une population de. 13,987
Mais la statistique de France, consultée par nous après avoir dressé notre carte, vient encore donner ici un démenti aux assertions des auteurs, ou plutôt prouver que l'amélioration s'est déjà introduite, à un haut degré, dans une race dont tout le mérite paraissait être la rusticité et la solidité au travail. En effet, les moyennes pour le département de la Charente-Inférieure présentent, pour l'animal à l'état d'engraissement, 543 kilog., et, pour les quatre quartiers, 338; soit 62,24 °/₀ de viande nette.

Dans l'arrondissement de La Rochelle, siége plus spécial de la race maraichine, les moyennes sont un peu moins fortes en tout, soit 496 kilog. de poids brut et 303 kilog. de poids net, ou 61,08 °/₀ de viande nette. Ce groupe doit donc rentrer tout entier sous le régime de la teinte verte, consacrée à la double aptitude : au travail et à l'engraissement.

Le sixième groupe, devenu le cinquième, se compose de la *race mancelle* dont l'aptitude à l'engraissement est plus particulièrement et plus exclusivement renommée. Cette race, qui domine dans la Mayenne et la Sarthe, règne en forte proportion dans Maine-et-Loire et se retrouve par fractions dans Eure-et-Loir, le Loiret et Ille-et-Vilaine. Sa population n'est pas moindre de . . 553,857

Son poids moyen, à l'état d'engraissement, est de 452 kilog. brut et de 286 kilog. pour les quatre quartiers; ce qui élève le rendement en viande nette à 63,27 °/₀, résultat supérieur à tout ce que nous avons constaté jusqu'ici.

Les animaux de concours peuvent seuls dépasser ce chiffre; n'en citons qu'un seul exemple : les animaux de Durham pur, aux concours de Poissy de 1845-46 et de 1855-56, ont produit, en viande nette, de 63,22 à 67,36 °/₀. De son côté, la race mancelle, parvenue au poids maximum brut de 1,000 kilog., battait sa rivale au concours de Poissy de 1855-56, en atteignant la proportion énorme de 68,85 °/₀ de viande nette d'excellente qualité.

Ces cinq groupes réunis, dont le rendement moyen pour cent varie entre un minimum de 54,45 °/₀, présenté par la *race ardennaise*, et un maximum de 63,27 obtenu par la race mancelle, forment une population totale de 7,987,227

La population totale des races bovines s'élève à. 10,093,737 (1)

(1) Cette population, comme on l'a vu, ne comprend que les animaux au-dessus d'un an. Le nombre des naissances par année est

Il résulte que les races dites *communes* y figurent pour 2,106,510

Les plus importantes, entre ces dernières, sont les races :

Alsacienne, nombre de têtes	. . . .	252,601
Berrichonne —	. . . . .	158,810
Picarde —	. . . . .	153,569
Lorraine —	. . . . .	135,111
Marchoise —	. . . . .	95,368
Champenoise —	. . . . .	51,216
De la Lozère —	. . . . .	42,872
Race suisse et croisements	. . . . .	300,198

Il est remarquable que, parmi les vingt et une races classées précédemment et distinguées des races communes, il en est onze qui fournissent plus de 60 °/₀ de viande nette ; et, sur les 86 départements dont la statistique a été publiée, on en compte 77 dont les bêtes bovines fournissent, pour les quatre quartiers, un rendement moyen de 386 à 255 kil., et 9 qui s'élèvent au maximum de 247, mais descendent, pour la Corse seulement, au minimum de 132 kil.

Ces renseignements, non indispensables pour l'intelligence de notre carte, n'ont pas d'autre objet que de la compléter. Notre tâche pourrait donc paraître remplie, si la question topographique ne se reliait, par des côtés intéressants, à la géologie, et si la situation atmosphérique, qui rentre dans la géographie, n'avait pas des rapports saisissables avec les aptitudes des races placées sous leur influence. Un examen de quelques instants suffira pour vider ces dernières questions.

Parmi les vingt et une races classées, il en est cinq qui naissent sur les terrains primitifs et de transition : ce sont les races de

évalué, dans la statistique de 1852, à. 4,103,623

Se décomposant ainsi : Veaux de boucherie	.	2,669,196
Élèves	.	1,191,361
Morts dans l'année.	.	243,066
Nombre égal.	.	4,103,623

Salers et d'Auvergne, limousine, de Mezenc, la race bretonne et la triple race parthenaise, choletaise et nantaise. Les trois premières se disputent le grand massif primitif de l'Auvergne, du Limousin, du Velay et du Vivarais si fortement secoué par les éruptions volcaniques, et s'étendent sur des terrains de formations fort diverses. Les deux dernières occupent les terrains primitifs et de transition d'où elles tirent leur origine, et y reçoivent de notables développements sans toutefois s'y laisser emprisonner.

La race cotentine naît sur les terrains primitifs et de transition de la Manche et du Calvados ; mais elle se développe sur les terrains jurassiques de ce dernier département et de celui de l'Orne, et court peupler, sous le nom de *race normande* ou *cauchoise,* les terrains tertiaires, de formations variées, qui forment le nord du grand bassin de Paris.

La race charollaise et nivernaise croît et prospère sur des terrains plus ou moins inégalement mêlés de primitif, de jurassique et de tertiaire. Cette race, dans sa pureté, est entièrement blanche. Serait-ce trop risquer que de tirer cette induction : de même que le blanc est la concentration de toutes les couleurs, de même cette race est blanche parce qu'elle concentre, sur le sol où elle domine, les principaux terrains géologiques ?

C'est sur un terrain plus nettement jurassique, en plein Aveyron, que se pose la race d'Aubrac. Sa couleur et sa forme diffèrent essentiellement des races qui l'avoisinent et notamment de celle de Salers, mais ses qualités laitières sont les mêmes.

Les races pyrénéennes sont fort diversement assises. Les races de Béarn, de Tarbes et de Lourdes résident sur des terrains de transition et de trias des montagnes, et sur les terrains tertiaires variés et les dépôts quaternaires des plaines et des vallées ; dans les Pyrénées hautes et basses se trouve la race arriégeoise : mêmes terrains, avec plus de primitif et de transition, et le crétacé supérieur en plus.

La race femeline est encore une fille des terrains jurassiques, et son siége est la Haute-Saône et Vesoul. Elle se répand sur les mêmes terrains vers Besançon, Langres et Chaumont, et ne touche qu'accidentellement les terrains d'autre formation.

La race bressanne foule le terrain jurassique mêlé de tertiaire de la Bresse, et ne quitte guère ces formations en se développant tant vers la Bourgogne que vers la Franche-Comté.

Nous en dirons autant de la race tourrache, que nous confondons avec la race dite *franc-comtoise* dans la statistique. Née sur les terrains jurassiques de Poligny, elle participe, à quelques nuances près, aux mêmes variétés de terrains que les deux races précédentes.

Au même terrain jurassique mêlé de transition, de crétacé et de tertiaire inférieur, appartient la race ardennaise.

Quant aux races flamande, dans le Nord, garonnaise, agenaise, gasconne et bazadaise dans le Sud-Est, elles reposent et se développent sur des terrains tertiaires de formations variées et plus ou moins coupés de crétacé et d'alluvions. Le tertiaire supérieur domine pour la race bazadaise. Le tertiaire moyen s'adjoint une part de ce dernier pour recevoir la race gasconne ; il domine plus exclusivement et s'unit à de fertiles alluvions pour nourrir les races agenaise et garonnaise. Enfin, les tertiaires supérieurs et moyens sont plus mêlés, ils sont plus voisins des tertiaires inférieurs et des crétacés et ne négligent pas les riches terrains quaternaires pour former le centre d'origine de la race flamande.

Ajoutons, pour terminer ce tableau, que la race maraichine repose tout entière sur les terrains d'alluvion, tandis que la race mancelle, comme la race normande, s'appuie successivement sur les terrains primitifs et de transition, sur jurassique, crétacé inférieur et tertiaire moyen.

On le voit, l'aptitude laitière n'est nullement exclusive et se rencontre aussi bien sur les terrains primitifs et de transition de la Bretagne et du Cotentin, sur les terrains primitifs et volcaniques de l'Auvergne, sur les sols jurassiques de la Basse-Normandie, de la Franche-Comté et de l'Aveyron, que sur les sols tertiaires et crétacés plus ou moins mélangés et variés de la Haute-Normandie, de la Picardie, de la Flandre et de l'Artois.

L'aptitude au travail et à l'engraissement ne se remarque pas moins sur les mêmes terrains primitifs de l'Auvergne et du Charollais, où ils sont plus mélangés, que sur les terrains tertiaires de la Guyenne et de la Gascogne.

Le terrain jurassique n'emporte avec lui aucune aptitude spéciale, puisque la race cotentine, née laitière sur sol primitif et de transition, conserve ses propriétés, sans les accroître, sur le terrain jurassique du Calvados, et les voit décroître, au contraire, dans l'Orne, sur terrains analogues.

L'engraissement s'opère tout aussi bien sur les terrains primitifs et de transition de la Vendée et d'une partie de la Bretagne et du Maine, que sur les jurassiques de Franche-Comté, les jurassiques et tertiaires supérieurs de la Bresse et les tertiaires du Midi. Les plus forts bœufs du Cotentin, qui sont les plus lourds du Nord, sont presque égalés en poids par les garonnais du Midi, qui naissent, comme nous l'avons vu, sur tertiaire. Si la race bretonne est si mignonne, c'est sans doute moins aux terrains géologiques qu'elle foule qu'à leur maigreur relative et surtout à la vivacité de son atmosphère maritime qu'elle en est redevable.

Il est donc acquis à l'observation que si les terrains géologiques peuvent être soumis à des conditions d'amélioration qui leur soient propres, il n'en est pas, rendons-en grâces à Dieu, qui excluent la fécondité, si ce n'est peut-être le crétacé supérieur quand il règne sans mélange.

Mais si la géologie est muette sur les aptitudes des races auxquelles elle paraît se prêter indifféremment, il n'en sera peut-être pas ainsi des situations géographiques et des conditions atmosphériques : interrogeons-les. Nous venons de voir la race bretonne, très-laitière sur les sols même les plus pauvres ; mais la Bretagne, comme un vaste promontoire, reçoit de toutes parts les vents de mer, et toutes ses côtes sont saturées d'émanations salines. Suivez les rivages de la mer, depuis la presqu'île du Cotentin jusqu'aux alluvions de Dunkerque, vous parcourez les terrains les plus divers : primitif, transition, jurassique, et presque toutes les variétés du tertiaire et du crétacé avec plus ou moins de mélanges ; tantôt ce sont des plaines continues, tantôt des sols accidentés, et partout, sur une bande assez profonde des côtes, l'aptitude laitière se maintient, apparemment parce que l'air vif de la mer s'y fait également sentir. Suivez la frontière de l'Est, l'aptitude laitière continue dans les Ardennes, elle persévère dans les races des Alpes et du Jura. Parcourez les plateaux les plus élevés des Cévennes, descendez jusques aux Pyrénées, vous y trouverez encore l'aptitude laitière. Pourquoi cette particularité ? Parce que l'air vif des montagnes a succédé à l'air vif des côtes nord et nord-ouest de l'Océan, et que le lait se formant en raison de la rapidité relative de la digestion et de la surexcitation de l'appétit, l'atmosphère qui réalisera ces conditions verra naître et se développer les aptitudes laitières en raison directe de la richesse du sol et de la vivifiante activité de l'air.

Le travail et l'engraissement sont moins exigeants ; ils ne craignent pas le voisinage de la mer, comme le témoignent assez la vallée d'Auge et la Vendée. Ce dernier pays n'est pas généralement laitier, quoique maritime, parce qu'il est préservé des vents vifs par la presqu'île bretonne, et que la température est beaucoup plus douce que celle des pays précités. L'engraissement se fait à merveille aussi dans l'intérieur des terres : témoins la race mancelle au nord ; les races charollaise, auvergnate, limousine au centre ; agenaise, garonnaise et gasconne au sud. L'air des montagnes, nécessaire pour le lait, ne l'est nullement pour le travail et l'engraissement que réalisent, dans une rare perfection, les belles et fortes races du bassin de la Garonne.

Par cette note explicative, nous avons cherché à rendre plus fructueuse l'étude de la carte topographique soumise au Congrès. En se rendant compte de la situation des races les plus estimées, on aime à grouper autour d'elles les faits statistiques, économiques, géologiques et géographiques qui s'y rattachent. Ces faits se gravent mieux dans l'esprit et s'apprécient plus aisément avec l'aide d'un signe matériel qui les fixe, pour ainsi dire, sur un point donné. Notre seul regret est de présenter ici, sous forme de résumé, un travail qui réclamerait des développements plus vastes et surtout des forces plus exercées.

Des remercîments et des félicitations sont adressés par M. le Président à M. le comte d'Osseville.

Le Secrétaire,

Comte D'HÉRICOURT.

SÉANCE DU 22 MARS.

Présidence de M. CHALLE, sous-directeur de l'Institut des provinces.

Siégent au bureau : MM. DE CAUMONT, DESTOURBET, BAUDOT, le docteur ANCELON, le comte HALLEZ-D'ARROS et le comte DUMANOIR.

M. le comte D'HÉRICOURT remplit les fonctions de secrétaire.

Sont déposés sur le bureau les ouvrages suivants :

1°. *Revue de sériciculture comparée ;* par M. Guérin-Menneville. Deux livraisons.

2°. *Essais gleucométriques ;* par M. le docteur Pleurcot.

3°. *Emancipation de l'industrie chevaline*, obtenue par l'application du système étalonnier du département de la Côte-d'Or ; par M. Juillet.

4°. *Niveau-graphomètre-équerre*, par M. Leroyer.

5°. Cinq brochures déposées par M. Collardeau.

M. Doré fils, après avoir rappelé l'importance de la réforme aréométrique consistant en la nécessité d'une vérification et d'un poinçonnage pour les aréomètres ou pèse-liqueurs, expose l'état actuel de la question. Il dépose sur le bureau, au nom de l'auteur, M. Collardeau, un certain nombre d'exemplaires de brochures sur la question.

M. Doré analyse ensuite le travail des commissions d'hygiène de la Seine et du Conseil de salubrité sur les poteries vernissées, travail dont les conclusions demandent que les fabriques soient soumises à une surveillance, en même temps qu'à l'obligation de soumettre leurs produits à une température plus élevée.

Enfin, M. Doré signale une peinture résistant à l'eau, proposée par M. Sorel, peinture très-économique composée de *blanc de zinc mêlé à une solution de chlorure de zinc marquant* 58°. à l'aréomètre Baumé.

M. Leroyer présente son niveau-graphomètre-équerre.

Toutes les personnes qui s'occupent de topographie savent combien les instruments que nous possédons offrent encore d'inconvénients. M. Le Royer n'a pas la prétention de les avoir fait disparaître tous et d'avoir construit un instrument parfait ; seulement, il offre les mêmes avantages que les anciens et supprime les inconvénients dus à la forme et au prix.

L'appareil, tel qu'il est gradué, peut s'employer comme le graphomètre ou le cercle répétiteur; il s'emploie comme l'équerre d'arpenteur et remplace avantageusement le niveau-d'eau ; de là son nom de niveau-graphomètre-équerre. Les dimensions sont telles qu'on peut le porter dans sa poche, et le pied est une simple canne de promenade.

Cet instrument doit rendre de grands services aux officiers d'état-major, aux ingénieurs et aux conducteurs des ponts-et-chaussées, dans la mesure des hauteurs et des distances, à cause de la facilité qu'il donne d'éviter les calculs trigonométriques dans la plupart des cas; dans les tracés provisoires des routes ou des chemins de fer, dans les travaux de drainage pour le nivellement.

M. Guérin-Menneville donne lecture du mémoire suivant :

MÉMOIRE DE M. GUÉRIN-MENNEVILLE.

En offrant au Congrès des délégués des Sociétés savantes un ouvrage périodique dont je commence la publication et qui a pour titre : *Revue de sériciculture comparée*, je demande la permission de vous indiquer sommairement, Messieurs, les progrès que cette question a faits depuis l'année dernière.

Tous les agriculteurs qui s'occupent de la production de la soie déplorent la persistance avec laquelle l'épidémie de la *gastine* sévit depuis plus de dix ans dans nos départements. Tous ceux qui observent consciencieusement et sans idée préconçue se rangent à l'opinion que j'ai émise le premier en 1849, presque au début de la maladie, en admettant que l'épidémie qui ravage nos magnaneries n'est que la conséquence de celle qui a atteint presque tous nos végétaux à la suite d'une série de saisons anormales. Il est généralement admis aujourd'hui que cette fatale épidémie a pour cause principale la maladie des mûriers, puisque les savants de tous les pays ont constaté, comme je l'avais fait antérieurement par l'anatomie, que les troubles observés dans l'organisation des vers malades sont tous *des altérations essentielles de la nutrition*, amenées naturellement par l'usage plus ou moins prolongé d'une nourriture viciée. A la vérité, quelques savants protestent, et persistent encore à croire que l'épidémie végétale n'est pour rien dans celle des vers à soie ; mais les agriculteurs instruits et bons observateurs partagent ma conviction, et l'un d'eux, M. de Saint-Priest, qui est en même temps un homme d'esprit et de bon sens, s'exprimait ainsi à ce sujet dans une lettre adressée à la Société impériale et centrale d'agriculture : « La Commission chargée par l'Académie des sciences d'étudier la maladie des vers à soie dans le Midi conclut que cette maladie ne peut être attribuée à une altération de la famille ; que les petites Chambrées élevées avec soin peuvent donner des graines de bonne qualité pendant plusieurs années dans les lieux même les plus fortement envahis par l'épidémie. Sur ces deux points ma réponse est la même : je proteste, je proteste.

M. Duseigneur, à son tour, traite de *prétendue* la maladie du mûrier. Libre à lui; mais il ajoute que c'est l'opinion générale des agriculteurs, parce que le mûrier n'a jamais été plus beau ni plus sain. Cette opinion-là, à mon avis, comporterait mieux l'épithète de *prétendue*. Quant à la beauté de la feuille, d'accord; quant à l'innocuité, je proteste. Ce qui confirme les assertions précédentes, c'est qu'il est reconnu aujourd'hui que des races provenant de la localité non atteinte, et qui donnent une bonne récolte la première année, quand on les élève dans des contrées où règne l'épidémie, en sont atteintes à la première ou à la seconde génération.

Par contre, des faits assez nombreux et plus ou moins observés montrent que certaines localités de France et de l'Europe, placées sous des latitudes plus au nord ou à des altitudes qui les mettent dans des conditions climatériques analogues, possèdent des races demeurées jusqu'à présent exemptes de l'épidémie.

Il y a plus, il semblerait établi que des graines provenant de parents atteints de l'épidémie peuvent donner de bonnes récoltes dans des pays exempts de la maladie.

Ces faits, qu'il serait trop long d'exposer ici, portés à la connaissance de sériciculteurs appartenant aux Sociétés agricoles des départements, et à celle de MM. les Préfets, leur ont fait adopter l'idée qu'il serait possible d'éviter d'aller chercher au loin des graines qui ne sont point toujours exemptes de l'épidémie; si, après en avoir vérifié convenablement la réalité, on provoquait le développement des éducations faites dans ces contrées privilégiées.

C'est pour essayer d'arriver à un résultat si avantageux que j'ai proposé d'organiser une association séricicole pour la fondation, à la ferme impériale de Vincennes (annexe), d'un laboratoire central de sériciculture comparée des Sociétés agricoles de France et de l'étranger, établissement où seront instituées des expériences théoriques et pratiques sur toutes les espèces de vers à soie, et dans lequel les essais faits partout pour combattre les désastreux effets de la gastine seront répétés et comparés entre eux, de manière à mettre les sériciculteurs à même de mieux connaître les localités dans lesquelles l'épidémie n'a jamais sévi ou ne sévit plus, et qui peuvent leur fournir de la bonne graine.

La haute protection que l'Empereur a daigné accorder à mes essais d'introduction du nouveau ver à soie de l'Ailante, en me mettant à même d'en faire une culture expérimentale dans une annexe de la ferme impériale de Vincennes, m'a suggéré l'idée de donner à cet établissement de démonstration un plus haut degré d'utilité, en en faisant le centre des études théoriques et pratiques de nos Sociétés et Comices agricoles et de tous nos sériciculteurs. Ces travaux portant sur toutes les espèces de vers à soie, et plus spécialement sur notre précieux ver du mûrier, peuvent conduire à des résultats très-avantageux.

Pour arriver à ces résultats, il n'est pas nécessaire de faire un très-grand nombre d'expériences, car on se perdrait dans les détails et l'on rentrerait dans l'ordre des recherches scientifiques déjà très-bien faites et dont nous sommes assez riches aujourd'hui. Il faut donc rester dans la grande pratique surtout, et c'est pour cela que mon projet a été goûté par les Sociétés agricoles des départements. Sans leur concours, des recherches faites sur quelques points isolés, sans lien, sans comparaison entre elles, sans une grande idée pratique pour objet, seraient encore long-temps stériles. C'est en les coordonnant, en leur donnant une direction, d'accord avec l'établissement central de la ferme impériale, que nous pouvons espérer des résultats véritablement pratiques. Comme le plan de cette *association séricicole départementale* a été exposé en détail dans le premier numéro de la *Revue de sériciculture comparée* dont je fais hommage au Congrès, je crois inutile d'insister plus long-temps sur cette question capitale, qui va être mise à l'étude dans toutes les régions où l'industrie de la soie peut être pratiquée.

Quoique le ver à soie ordinaire mérite toute notre sollicitude, puisqu'il créait en France, avant l'épidémie que nous cherchons à combattre, pour plus de 150 millions de soie, nous ne devons pas négliger les travaux qui ont pour objet d'introduire et d'acclimater d'autres espèces dont les produits habillent des populations entières dans l'Inde et en Chine.

Les principales de ces espèces sont trois races de vers à soie du chêne, qui donnent d'abondants produits au Bengale, dans le nord de la Chine et au Japon ; le ver à soie du ricin, originaire du Bengale, et le ver à soie de l'Ailante, originaire des régions tempérées de la Chine et objet de grandes récoltes sous le climat de Pékin.

C'est surtout cette dernière espèce qui offre plus de chance de réussite en France, car le climat de sa patrie d'origine est analogue au nôtre. Introduit et acclimaté en France en 1858, ce rustique producteur de matière textile a fait un chemin rapide parmi les agriculteurs de progrès, tant en France qu'à l'étranger, et il est arrivé aujourd'hui, ainsi que l'a établi la Société d'encouragement en me décernant sa grande médaille d'or l'année dernière, à *faire naître l'espérance* de l'introduction d'une nouvelle culture avantageuse au pays.

Aujourd'hui, les faits relatifs à cette nouvelle industrie agricole et manufacturière se présentent dans des conditions très-diverses. Les uns sont très-favorables et de nature à donner une confiance entière aux agriculteurs; les autres sont défavorables et susceptibles de les décourager. Dans l'un et l'autre cas, on pourrait se tromper gravement si l'on portait un jugement précipité.

Aujourd'hui l'*ailanticulture* est arrivée à cette période difficile qui ne permet pas encore de dire si elle sera avantageuse partout, ou si elle ne réussira que dans certaines localités seulement. C'est la période des travaux pénibles, des essais, des espérances et des déceptions. Cette période peut durer plus ou moins long-temps, comme cela est arrivé quand on a introduit certaines grandes industries agricoles, telles que la culture des pommes de terre, des betteraves, de la garance, et même de la pisciculture qui commence à peine, après avoir passé par les plus grandes vicissitudes, à tenir les promesses qu'elle a faites il y a déjà bien des années.

Si des difficultés et des obstacles imprévus ne surgissent pas, si les tentatives qui se préparent réussissent, les populations des pays tempérés et froids pourront produire une nouvelle matière fertile, susceptible de donner aux classes

pas toujours se mesurer au succès, mais aussi aux efforts et aux bonnes intentions. Si mes forces ne me trahissent pas, si je puis encore soutenir pendant quelques années les travaux incessants qu'exige une telle œuvre, et surtout les préoccupations et les émotions de toute espèce qu'elle donne et qui usent promptement la vie, je pourrai peut-être assister à la maturité de cette industrie agricole comme j'assiste aujourd'hui à son enfance.

Je persévérerai donc avec courage, soutenu par le fraternel appui de tous mes honorables confrères du Congrès des délégués des Sociétés savantes, de la Société d'acclimatation et des Sociétés agricoles des départements et de l'Étranger, et, empruntant à l'Empereur lui-même de nobles et encourageantes paroles, je dirai avec lui : « *Échouerait-on, la tentative ne serait pas sans quelque gloire* (1). »

L'honorable membre met ensuite sous les yeux du Congrès divers échantillons de soie, et entre dans des explications qui montrent l'intérêt et l'importance de cette communication. Il montre notamment un échantillon filé de cocons d'ailante. M. de Corneillan et M. Forgemol sont parvenus à dévider le cocon; mais on avait prétendu que cette découverte n'était que le résultat de soins exceptionnels et ne pouvait être appliquée à l'industrie. Un filateur, dont la fabrique est très-importante, est parvenu à obtenir les mêmes résultats. Dès-lors, la question est résolue, et le cocon du ver d'ailante peut-être dévidé industriellement comme les autres. On a obtenu des soies grèges dans l'usine précédemment citée ; les échantillons sont supérieurs à ceux présentés par la Chine.

Cependant, quoique la sériciculture soit très-développée dans cet État, la production française lui est supérieure. Trois espèces de vers vivent sur le chêne :

1°. Le ver à soie du Bengal, qui fournit la soie connue sous le nom de Tussah ; elle est en grand usage en Angleterre, qui la

(1) Lettre sur la question de Rome (*Moniteur* du 25 septembre 1862).

conserve pour ses manufactures : c'est une des causes de sa rareté en France. C'est avec cette soie que l'on fait ces magnifiques foulards de l'Inde, si recherchés et si appréciés de nos jours ;

2°. La seconde espèce, le Bombyx, a été envoyée en France par M. de Montigny, qui a rendu de si nombreux services pour l'acclimatation dans notre pays. Le produit en est le même, mais le cocon en est un peu différent ; il pourrait s'acclimater dans le nord de la France, puisque les conditions climatériques seraient les mêmes que celles dans le milieu desquelles il existe en Chine. Appelé à lui donner un nom, M. Guérin-Menneville l'a nommé le *Bombyx Permii*, en l'honneur du missionnaire qui, le premier, l'a introduit en France.

M. Simon, chargé d'une mission agricole en Chine, a envoyé 4,000 cocons vivants ; mais la personne chargée de l'emballage n'a point pris les soins nécessaires : les cocons exhalaient une odeur atroce, la plupart des chrysalides étaient mortes ; quant à celles qui ont survécu, elles ont produit quelques papillons de couleur noirâtre et tous stériles ;

3°. Un ver provenant du Japon, auquel M. Guérin-Menneville a donné le nom de *Bombyx Jama-Maï* ; il donne une soie presque aussi belle que celle que l'on recueille à l'aide du mûrier. Toutefois, le ver nourri par la feuille de mûrier coûte très-cher, parce qu'il ne peut être élevé que dans des appartements chauffés ; le Jama-Maï, au contraire, se cultive en pleine liberté. M. Guérin-Menneville donne lecture d'une lettre d'un négociant de Hambourg qui en tient 680 kil. à la disposition des amateurs.

M. Duchêne de Bellecourt a envoyé en France, en 1861, des œufs fécondés. M. le Ministre de Hollande en a mis également à la disposition des savants un certain nombre. Ce Bombyx vit sur le chêne blanc ; dans le pays où on le cultive, on le pose sur les coupes récemment faites, quand les buissons donnent leurs premiers bourgeons ; cette culture pourrait donc avoir lieu en France. Quant au ver à soie du mûrier, il est trop connu pour que l'orateur nous en parle ; mais l'épidémie qui a justement jeté l'effroi dans nos départements du Midi, n'a point encore perdu de son intensité : on a beau introduire des vers étrangers, à la seconde génération la maladie se développe.

M. Guérin-Menneville cite plusieurs expériences qui ont été faites, notamment l'introduction de ces vers, surtout un envoi du Japon. Ils réussirent très-bien la première année, et furent tous malades la seconde. Cependant, à Stettin (Allemagne), depuis deux ans, on n'a point eu de maladies : des œufs pris dans cette ville montreront si la maladie est inévitable, ou si elle est produite par le milieu dans lequel vivent les vers.

M. Guérin-Menneville met ensuite sous les yeux du Congrès un échantillon de ouate de soie, tissé en Chine par des vers à soie. On sait que cet animal, à une époque donnée, éprouve le besoin de dégager la soie qui doit former son cocon. Des sériciculteurs chinois prennent un certain nombre de chenilles, les excitent à l'aide d'un fer chaud pour les obliger à déposer leur soie sur toute la surface à couvert, les poursuivent constamment et obtiennent ainsi ces sortes de ouates naturelles dont on double les vêtements de mandarins. En France, on est moins avancé ; cependant l'orateur met sous les yeux du Congrès des espèces de disques de soie qui ont été tissés par un seul ver, sur le fond d'un verre à pied renversé.

M. Mahul ne veut pas faire un travail sur la sériciculture ; il se borne seulement à poser quelques questions à M. Guérin-Menneville.

Dans le Languedoc, on trouve le chêne blanc et l'ailante ; ces deux arbres sont depuis long-temps dans le pays : c'est ainsi que l'on retrouve l'ailante avec le cœur durci ; en un mot, à l'état d'arbre. Mais les cultivateurs ont pu hésiter à employer les nouvelles espèces de vers pour trois raisons :

1°. Placer le ver sur le chêne, n'est-ce point risquer d'en perdre le produit ? En outre, dans un pays où la chenille est un véritable fléau, n'a-t-on pas lieu de craindre que le ver sauvage n'augmente ses dégâts ?

2°. L'ailante, dans un pays où pendant plusieurs mois la chaleur est excessive, sèche et perd ses feuilles, qui ne reviennent qu'au moment où elles ont reçu l'action bienfaisante de la pluie. Sans doute, l'ailante serait une utile production, car elle croit sur les coteaux du département de l'Aude, et sa feuille contient une âcreté qui en détourne les bestiaux : comment, dans la saison chaude pourrait-on nourrir le ver à l'état sauvage?.

3°. La sériciculture est prospère à l'est du département de l'Aude, mais à l'ouest et dans la région qu'habite M. Mahul, sauf de rares années, cette culture n'est point avantageuse. Depuis long-temps, M. Mahul s'est préoccupé de cette question. La raison qui paraît la plus vraisemblable, c'est que le constitution topographique de l'Aude laisse un courant de vent de la Méditerrannée à l'Océan, qui nuit gravement à la santé du ver à soie et a empêché la réussite de cette industrie jusqu'à présent.

Depuis Henri IV, l'Aude a vu sur ses rives des essais persévérants ; de nos jours encore, les Sociétés d'agriculture et le Conseil général ont encouragé cet élève. Le mûrier se plaît dans le pays, mais l'éducation des vers y réussit peu et ne donne point de résultat suffisamment rémunérateur.

M. Mahul termine en exprimant le désir que M. Guérin-Menneville veuille bien visiter les contrées du sud-ouest, et donner aux sériciculteurs des conseils qui pourront peut-être faire obtenir à cette culture un plus complet développement.

M. Guérin-Menneville répond qu'il n'y a aucun danger que le ver dévore les forêts : au contraire, il serait possible qu'il devînt la pâture des oiseaux : il a la peau lisse et se trouve par cela même un objet de friandise pour les oiseaux. En parcourant les forêts de pins, on a vu souvent des chenilles couvertes de poil, et, en passant la main sur ces arbres, en écrasant ces insectes, il en résulterait pour l'homme même une affection morbide, une espèce d'érysipèle. Aussi l'oiseau les craint, tandis que le Bombyx est sans défense contre lui. Si, au point de vue agricole, on doit conserver les oiseaux pour la sériciculture, notamment dans certaines régions de la France, il faudra, comme en Chine, mettre des gardiens qui parviennent à les effrayer. L'orateur est heureux d'apprendre que l'ailante donne un bois dont on apprécie les qualités : on peut, du reste, l'employer dans les terrains les plus arides ; ses racines pénètrent dans les fissures de la pierre, s'attachent au sol, et, en peu de temps, le couvrent de verdure. Si l'ailante perd ses feuilles en été dans le département de l'Aude, cela tient à des conditions climatériques particulières à ce département ; car, dans divers endroits et notamment dans les environs de Toulon, l'ailante conserve toujours ses feuilles vertes. M. Guérin-Menneville partage l'opinion de M. Mahul, relativement aux causes qui empêchent la sériciculture de se développer dans le département de l'Aude, malgré les efforts qui ont été tentés. Il croit que les visites locales sont très-utiles ; il ajoute même qu'elles lui ont profité et que l'expérience, ou pour mieux dire la pratique, ajoute beaucoup aux observations faites dans le cabinet. Il voudrait même que les Sociétés d'agriculture envoyassent, chaque année, plusieurs de leurs membres, soit dans les grandes fermes, soit dans les exploitations ; il croit qu'en unissant ainsi la pratique à la théorie, on obtiendrait de bons et utiles résultats.

M. le baron David, ancien ministre plénipotentiaire, entretient le Congrès d'une espèce de pomme de terre maintenant acclimatée et répandue par ses soins. Il s'agit de la pomme de terre d'Australie, que lui avait confiée M. Geoffroy Saint-Hylaire, et qui est d'une fécondité vraiment remarquable. M. David l'a cultivée avec le plus grand succès, en a distribué des quantités considérables, et tous ceux qui l'ont reçue se louent des produits qu'ils en retirent. Elle n'a jamais été malade, même après avoir été plantée au milieu de celles qui étaient attaquées. Parmi les cultivateurs qui l'ont adoptée dans leurs cultures, on peut citer le comte d'Épremesnil, secrétaire de la Société impériale d'acclimatation.

M. Guérin-Menneville a cultivé aussi la pomme de terre d'Australie dans les conditions les plus mauvaises : il l'a plantée à Vincennes, dans la craie, dans un terrain exposé au nord, il en a cependant obtenu d'excellents résultats, et la maladie ne s'est point manifestée.

M. Calemard de Lafayette croit que l'on ne saurait trop encourager la culture de ce tubercule ; cependant lorsque la pomme de terre dite *Chardon* lui est parvenue, il l'a goûtée, mais elle était aqueuse et ne donnait à la bouche qu'un goût peu satisfaisant. Dans la Loire, elle est devenue bonne, agréable à manger, et les cultivateurs, qui lui avaient été si long-temps hostiles, reviennent à elle. Essayons donc de toutes les variétés, et nous nous en tiendrons ensuite à la meilleure.

M. de Caumont déclare encore qu'on lui avait remis six tubercules de la pomme de terre d'Australie, et qu'aucun d'eux n'a été malade, que tous ont donné des résultats satisfaisants.

Un membre demande si la pomme de terre d'Australie est indigène, c'est-à-dire si elle est originaire de ce pays ou si elle n'est qu'une simple importation. Un autre membre voudrait savoir si elle a été soumise à l'analyse chimique, et si elle a été reconnue aussi nutritive, aussi farineuse que celles que l'on cultivait déjà.

M. David répond, quant à l'analyse chimique, qu'il ignore si la pomme de terre d'Australie en a été l'objet, mais qu'elle a été reconnue partout de bonne qualité et très-saine. Quant à sa véritable origine, à sa nationalité incontestée, il serait difficile de l'établir positivement. Effrayé de la maladie qui frappait l'un des végétaux si nécessaires à l'alimentation des cultivateurs et de l'ouvrier, il a suivi avec un intérêt très-vif tous les essais qui ont été tentés. Il en a tenté lui-même qui ont eu de bons résultats et qu'il se fait un devoir et plaisir de communiquer au Congrès.

Des tubercules sont venus de divers côtés, notamment d'Australie, de la Nouvelle-Grenade, de Sibérie ; sont-ils indigènes ? — Peu importe, dit-il, pourvu qu'ils nous donnent toutes les qualités désirables !

Il est d'ailleurs vraisemblable que cette pomme de terre est indigène, c'est-à-dire qu'elle est véritablement de l'Australie ; car on la trouve dans des terrains vierges de toute culture. Ces pommes de terre ont été distribuées au Congrès de Bordeaux ; des essais ont également réussi, et la pomme de terre n'est point malade, mais elle a une végétation si forte qu'elle en est quelquefois inquiétante. Dans certains cas, on est même obligé de la soutenir à l'aide de rameurs. Lorsque l'on coupe cette pomme de terre, on y voit une couleur violacée qui disparaît à la cuisson ; c'est l'excès de sève qui se manifeste ainsi. M. David ajoute qu'ayant lu dans un journal espagnol que l'on avait simultanément obtenu une récolte de pommes de terre, de fèves et de pois en introduisant ces deux dernières graines dans le tubercule, il avait fait cet essai dans sa propriété, et qu'il avait obtenu des pois sans que la pomme de terre fût en rien diminuée.

M. d'Héricourt répond que, séduit par un article de journal, il a tenté les mêmes essais ; mais son terrain est resté stérile. En d'autres termes, il n'a eu ni pommes de terre, ni pois.

L'auteur fait remarquer que l'introduction de la pomme de terre en France est de beaucoup antérieure à Parmentier. Dès le XVIe. siècle, on voit en effet que Clusius, plus connu sous le nom de Lécluse, avait rapporté de Vienne (Autriche) plusieurs tubercules qui furent distribués dans les provinces belges et dans le nord de la France actuelle.

M. Du Chatellier dit que, depuis une dixaine d'années, on a fait des essais en Bretagne pour faire produire concurremment le pois et la pomme de terre ; on y a renoncé parce que le produit de cette dernière plante était moins avantageux.

M. David convient que cette culture simultanée ne peut et ne doit se faire que sur une petite échelle, et qu'elle n'a été pour lui qu'une preuve de plus de la végétation vigoureuse de la pomme de terre d'Australie.

Le Secrétaire-général,

Comte A. D'HÉRICOURT.

SÉANCE DU 23 MARS.

Présidence de M. Challe, sous-directeur de l'Institut des provinces.

Siégent au bureau : MM. Bataillard ; Bourdaloue, de Bourges ; de Verneilh, de la Dordogne ; Cousin, de Dunkerque ; l'abbé Chamousset, de Mende ; et Boutin, conseiller à la Cour impériale de Paris.

M. Desvaux-Savouré remplit les fonctions de secrétaire.

On dépose sur le bureau les ouvrages suivants :

Annales de la Société de Médecine de St.-Etienne et de la Loire. 1862. 1er., 2e., 3e. et 4e. livraisons.

Annales de la Société impériale d'agriculture, industrie, sciences, arts et belles-lettres du département de la Loire, t. V (deux livraisons). 1861.

Histoire de Montmirail en Brie ; par M. l'abbé Boitel. Montmirail, 1862.

La vie de saint Vincent, diacre, martyr, et de saint Eloi, évêque de Noyon ; par le Même. Châlons, 1863.

Les chaires d'économie politique ; par Jules Pautet. Paris, 1862.

Les *Olympiades*, album de l'Union des poètes. IVe. olympiade. Paris, 1862.

M. le docteur Auzoux présente au Congrès des spécimens des modèles qu'il fabrique pour les démonstrations des professeurs dans les cours publics.

Il ouvre et décompose un œuf, dans l'intérieur duquel on peut suivre toutes les transformations que le poulet subit avant son éclosion.

Il décompose de même un grain de blé, nous montre la circulation de la sève dans une tige ligneuse et dans une tige herbacée ; développe la fleur, la fécondation et la formation du fruit ; démonte un gland jusqu'au germe et fait apparaître le chêne avec ses racines.

Tout le Congrès applaudit à cette communication de M. le docteur Auzoux, dont on connaît en France et à l'étranger le talent d'exposition.

M. Bourdaloue vient ensuite traiter la question de dérivation des cours d'eau pour l'irrigation et s'exprime ainsi :

APERÇU SUR LES DÉRIVATIONS A FAIRE AUX FLEUVES, RIVIÈRES ET COURS D'EAU POUR IRRIGATIONS.

En général, tous nos cours d'eau ont beaucoup plus de pente qu'il n'en faut à leur écoulement, soit au maximum 0,30 par kilomètre.

L'excès, que l'on peut employer en canaux de dérivation pour arrosage, permettra donc d'irriguer d'immenses surfaces de terrain sans nuire aux prairies actuelles qui, placées dans le fond des vallées, conserveront toujours assez de fraîcheur pour entretenir leur végétation.

Malheureusement le nivellement général de la France qui nous donnera, s'il est continué, les pentes de tous les fleuves, rivières, ruisseaux et cours d'eau, le profil de toutes les vallées, n'a fourni, jusqu'à ce jour, que les bases sur lesquelles cet immense travail doit être appuyé.

Cependant, les cartes altitudinales du département du Cher ont été exécutées par le soussigné, qui en a fait don à ses concitoyens.

Avec le secours de ces cartes, on a reconnu que les différents cours d'eau pouvaient arroser en plus environ 20,000 hectares dans le département du Cher. Ce département possède actuellement 54,225 hectares de prairies.

Les notions indispensables pour irrigations consistent à connaître :

1°. Le débit en litres par seconde de chaque cours d'eau, car on admet généralement qu'il faut 1 litre par seconde et par hectare ; on a donc de suite, par le débit même, le nombre d'hectares irrigables ; mais de ce nombre on ne devra prendre que la moitié et laisser l'autre partie pour l'eau nécessaire aux besoins des vallées.

2°. Voir si les profils du terrain le permettent : ce que tous nous pourrions facilement apprécier, si nous avions nos cartes altitudinales de la France qui, non-seulement, indiquent les pentes des cours d'eau, leur débit, mais encore le relief du terrain.

Espérons que la France qui a pris en décembre 1856, sur l'ordre de l'Empereur, l'initiative de ce si précieux travail, le continuera et que bientôt une loi viendra le sanctionner, afin d'arrêter le prochain licenciement du personnel spécial et nombreux qui est attaché à cette grande œuvre.

Je ne puis, pour le moment, faire connaître au Congrès que les pentes de quelques principaux cours d'eau (Voir le tableau ci-après) et présenter les appréciations qui le suivent :

DÉSIGNATION des COURS D'EAU.	DÉSIGNATION des POINTS.	LONGUEUR en KILOMÈTRES.	ORDONNÉES.	PENTE TOTALE.	PENTE moyenne PAR KILOMÈTRE.
RHÔNE.	Genève à Lyon.	195	m. 371,29 159,21	m. 212,08	m. 1,09
	Lyon à Valence.	106	159,21 102,58	56,63	0,53
	Valence à Avignon.	129	102,58 12,69	89,89	0,70
	Avignon. à la mer.	80	12,69 —0,21	12,90	0,16

Loire.	Brives à Roanne.	170	599,02 267,15	331,87	1,95
	Roanne à Digoin.	59	267,15 223,68	43,47	0,74
	Digoin à Decize.	70	223,68 186,39	37,24	0,53
	Decize à Briare.	130	186,39 125,64	62,75	0,48
	Briare à Orléans.	82	125,64 90,90	34,74	0,42
	Orléans à Tours.	115	90,90 45,10	45,80	0,40
	Tours à Nantes.	198	45,10 1,43	43,67	0,22
	Nantes à St.-Nazaire.	56	1,43 —2,25	3,68	0,07
Seine.	Marcilly à Melun.	195	67,64 36,38	31,26	0,16
	Melun à Paris.	146	36,38 26,28	10,10	0,07
	Paris à Rouen.	242	26,28 1,45	24,83	0,10
	Rouen au Havre.	130	1,45 —4,34	5,79	0,04

GARONNE.	Toulouse à Castets.	210	132,05 3,90	128,15	0,61
	Castets à Bordeaux.	55	3,90 —1,36	5,26	0,10
MARNE.	St.-Dizier à Châlons.	70	131,07 77,80	55,27	0,79
	Châlons à Château-Thierry.	80	77,80 56,36	21,44	0,27
	Château-Thierry à embouchure.	140	56,36 27,01	29,35	0,21

VALEUR DU MÈTRE CUBE D'EAU, COMME FORCE MOTRICE.

Si nous admettons : 1°. que la chute moyenne des moulins est de 1 mètre et la force motrice d'une meule de quatre chevaux-vapeur,

$$4 \times 75^{\text{k.m.}} = 300^{\text{k.m.}}$$

sera la dépense de la meule ; soit 300 litres par seconde ; soit, par jour, 25.920.000 litres ou 25.920 mètres cubes ; par an, 9.460.800 mètres cubes.

2°. Que ces 9.460.800 mètres cubes produisent, en moyenne, une ferme annuelle de 1,000 fr. ; la valeur du mètre cube d'eau employé comme poids ou force motrice sera donc égale à

$$\frac{1.000\text{f.}}{9.460.800^{\text{mc}}} = 0\text{f},0001.$$

VALEUR DU MÈTRE CUBE D'EAU EMPLOYÉ EN ARROSAGE.

Nous supposons qu'en moyenne il faut 1 litre par seconde (1) pour arroser 1 hectare dans une année, soit 31.536 000

(1) Voir, pour bons renseignements : Nadault de Buffon, Mangon-Hervé, Maîtrot de Varenne, Belgrand, etc.

litres ou 31.536 mètres cubes qui donnent par hectare une plus-value moyenne de 50 fr. par an. La valeur du mètre cube d'eau employé en arrosage sera donc dès-lors égale à $\frac{50f.}{31,536^{mc}.} = 0f.0015.$

Par les notes ci-dessus, on voit que le mètre cube d'eau employé comme force motrice ne vaut que 0f.0001, tandis que le mètre cube d'eau utilisé en arrosage produit 15 fois autant par hectare, et que de plus cette eau fait marcher les moulins la moitié de l'année.

A la vérité, il faut remarquer que l'eau motrice d'un moulin va alimenter, sauf les pertes diverses qu'elle éprouve dans son parcours, un certain nombre d'usines à l'aval et que l'eau qui sert en arrosage ne retourne à l'aval qu'en bien moindre quantité;

Que l'eau motrice ne peut acquérir plus de valeur, puisqu'elle peut être facilement et commodément remplacée sur beaucoup de points par la vapeur, tandis que le prix de l'eau pour arrosage s'élèvera toujours, puisque la valeur des terrains augmentera encore en raison des progrès agricoles.

Ce simple aperçu demanderait à être développé et sérieusement étudié ; mais, à notre grand regret, nos occupations si multipliées en ce moment ne nous permettent pas d'approfondir ce grand travail. Cependant, on voit facilement que l'eau employée comme poids ou force motrice est mal utilisée par les hommes, car bien certainement Dieu lui a assigné un emploi plus noble, celui d'être un des principaux éléments de la végétation.

M. l'abbé Chamousset désire savoir si l'emploi de l'eau dans l'irrigation a une valeur plus grande que dans l'industrie.

M. Bourdaloue lui répond que cela dépend des circonstances et du produit qu'on peut obtenir avec une quantité déterminée.

M. le vicomte de Meaux communique le projet d'un canal d'irrigation pour la plaine du Forez, dans le département de la Loire. Ce canal, fait sur la rive gauche du fleuve, domine

8,000 hectares et peut en arroser 4,000. La dépense serait de 40 millions, avancés par l'État ou par le Crédit foncier. Le département sera l'entrepreneur. Il a dû s'assurer d'abord du recouvrement des fonds employés. On a déjà trouvé des propriétaires qui ont souscrit pour l'irrigation de 2,000 hectares, à 40 fr. par an et par hectare. Le projet est actuellement au Conseil d'État. Lorsqu'il sera approuvé, le département empruntera les fonds au Crédit foncier et servira ainsi d'intermédiaire et de garant entre les différentes parties contractantes. Pour établir ce projet, on a dû faire exécuter le nivellement complet de la plaine du Forez.

Des remercîments sont adressés à M. le vicomte de Meaux.

M. Calemard de Lafayette fait une communication sur la pisciculture. Il dit que, dans son département, M. le comte de Cozan possède le lac de St.-Front, d'une étendue de 40 hectares, dans lequel le poisson s'engraisse très-facilement. On l'alimentait autrefois en achetant de petits poissons. Aujourd'hui, il a créé un cabinet d'éclosion et il entretient son lac à peu de frais. Pendant la saison de Vichy, il fait des expéditions de poisson à Lyon.

M. le baron de Maillé s'occupe de même de pisciculture.

Dans le lac du Bouchet, appartenant au département, on fait des essais de pisciculture sous la direction de l'Administration des eaux et forêts.

M. de Lafayette appelle ensuite l'attention du Congrès sur les moyens employés par les maraudeurs pour dévaster les cours d'eau, et signale l'usage de la coque du Levant. Elle n'a aucun usage médical et ne sert qu'à détruire le poisson. La Société d'agriculture du Puy a demandé que l'attention du Ministre fût appelée sur cette substance. M. de Lafayette demande au Congrès de vouloir bien émettre un vœu dans le même sens.

M. l'abbé Chamousset dit que la coque a été conseillée par quelques personnes pour fabriquer un emplâtre, qu'on se poserait sur la poitrine au moment de s'embarquer, et qui serait un spécifique très-énergique pour prévenir le mal de mer.

M. de Lafayette, pensant que cette ordonnance n'émanait pas

moyennes et pauvres des vêtements à presque aussi bas prix, mais beaucoup plus durables et plus chauds que ceux qu'elles obtiennent avec le coton acheté à l'étranger. On pourra peut-être arriver aussi à rendre moins nécessaire cette dernière matière textile, qui ne peut être avantageusement produite par l'agriculture européenne, et pour laquelle presque toutes les nations sont plus ou moins tributaires d'un pays de liberté où elle n'est obtenue, le plus souvent, qu'au moyen de l'esclavage. Ce qui rend actuellement ma tâche plus pénible, c'est surtout l'impatience de ceux qui s'étonnent de ne pas voir déjà l'*ailantine* former une grande branche de commerce, et habiller tout le monde, comme en Chine, ne songeant pas que l'on commence à peine à planter les arbres qui doivent la produire, et que ces arbres ne peuvent être en plein rapport que dans quelques années.

Il me semble, cependant, que je puis compter sur l'avenir de l'industrie agricole et manufacturière que j'ai l'ambition de donner à tous, quand je vois la confiance qu'elle inspire à des hommes pratiques de tous les pays, et la protection que lui accordent la Société d'acclimatation et beaucoup d'autres Compagnies savantes et agricoles de divers pays. Actuellement, ce n'est plus moi qui marche en avant : je ne fais que suivre, que constater les faits qui se produisent partout. J'ai livré cette nouvelle industrie aux agriculteurs, telle que je l'ai créée, avec tous les défauts des choses nouvelles qui attendent des perfectionnements ; c'est à eux de la compléter. En effet, il est impossible d'admettre qu'une espèce qui donne lieu à de grandes cultures en Chine, dont la soie se trouve dans le commerce comme on y trouve chez nous la laine et le chanvre, ainsi que le prouve la facilité avec laquelle les membres de la Mission russe à Pékin ont pu faire acheter de la grège dont un échantillon m'a été transmis ; il est impossible, dis-je, que cette espèce ne donne pas, tôt ou tard, les mêmes résultats dans beaucoup de parties de l'Europe.

J'ai l'espoir que les hommes de cœur me tiendront compte de ma pénible tentative ; car ils savent que la gratitude ne doit la Faculté de médecine, persiste à formuler sa demande, d'autant plus que si le poisson en avait avalé une assez grande quantité, il pourrait en résulter des accidents chez les personnes qui le mangeraient.

M. Challe ajoute qu'un autre inconvénient de ce poison, c'est qu'il ne trahit pas sa présence et que l'eau peut l'entraîner à de grandes distances. Il y a beaucoup de poisson détruit et peu de profits réalisés par l'auteur de cet attentat.

On a bien employé la chaux pour engourdir le poisson, mais elle colore la rivière : il est facile de reconnaître l'endroit où elle a été jetée, et par suite de suivre les traces des maraudeurs.

Le Congrès émet le vœu que l'Administration réglemente et surveille la vente de la coque du Levant, comme celle de tous les autres poisons.

Le Secrétaire,

G. DESVAUX-SAVOURÉ,

Délégué du Comice de Vendôme (Loir-et-Cher).

SÉANCE DU 24 MARS.

Présidence de M. Michel CHEVALIER, sénateur, membre de l'Institut.

Siégent au bureau : MM. VICAIRE, directeur général des eaux et forêts; DU CHATELLIER; CALVET-ROGNAT, député; BOULATIGNIER, conseiller d'État; POMPÉE; LE ROYER et LEFÈVRE.

M. Ch. CALEMARD DE LAFAYETTE remplit les fonctions de secrétaire.

M. Pompée dépose sur le bureau, pour qu'il en soit fait hommage au Congrès, les études qu'il vient de publier sur l'éducation professionnelle en France.

M. Hallez-d'Arros offre également son livre destiné à l'enseignement élémentaire de l'agriculture.

La lettre d'envoi de M. d'Arros indique quelles tendances il s'est efforcé de favoriser dans son ouvrage.

Il a eu pour but de combattre l'émigration des cultivateurs, d'élever dans leur esprit la notion de leur haute fonction sociale, et il s'efforce ensuite de généraliser les connaissances les plus utiles à l'enfant.

M. le Président exprime les remercîments du Congrès pour ces dons.

M. Calemard de La Fayette donne lecture du procès-verbal de la dernière séance. Le procès-verbal est adopté.

M. le comte de Vigneral complète une des indications qu'il a produites à la dernière séance en demandant qu'une note statistique à l'appui, qu'il remet aux mains du secrétaire, soit annexée au procès-verbal. Il demande également à constater qu'en ce qu'il a dit relativement aux écoles d'agriculture qu'il voudrait voir déchargées des soins matériels de l'exploitation, M. Barral, son contradicteur sur quelques points, adhère complètement à son opinion. Voici quelques extraits d'une lettre écrite à M. de Vigneral par l'honorable rédacteur en chef du *Journal d'agriculture pratique* :

« L'agriculture, dit-il, ne réclame pas une pépinière où « l'on ferait un plus grand nombre de fonctionnaires publics, « ni même des agents spéciaux qu'elle pourrait employer à des « objets déterminés. Elle demande l'instruction pour elle-même, « l'instruction la plus haute prise librement par ses enfants.

« Les fermes-écoles forment des agents secondaires pour les « exploitations rurales. Les écoles d'agriculture sont destinées « aux fermiers, aux exploitants directs et immédiats du sol. « Ce sont là des établissements ayant un but déterminé ; ils « répondent à un besoin, mais ils sont insuffisants. A quelle « école l'homme qui ne pourra que revenir plus tard à l'agri- « culture, ou bien qui est destiné à surveiller de loin ses « domaines, en se livrant à d'autres travaux, peut-il apprendre « les notions indispensables à ce rôle d'une si grande impor- « tance?

« Nulle profession n'exige autant de connaissances variées « que celle d'agriculteur. Toutes les sciences économiques, « physiques, chimiques, mécaniques, physiologiques, sont né- « cessaires pour résoudre les innombrables questions de la « pratique. Quand on étudie une exposition universelle telle « que celle de Londres, on constate à chaque pas que l'on « marche dans l'inconnu ; il se présente une foule de problèmes « insolubles faute de données positives, qui manquent à tous « parce que les productions innombrables de la terre restent « comme un champ inculte que personne n'exploite.

« Il en serait tout autrement s'il existait un grand établis- « sement où les jeunes gens, qui se dévouent à l'agriculture, « pourraient venir puiser toutes les connaissances qui leur « font défaut.

« Le rétablissement d'un Institut agronomique analogue à « celui de Versailles, mais débarrassé de toutes les fermes qu'on « avait cru devoir y annexer, sera le moyen le plus efficace « d'amener la prospérité de l'agriculture, si d'ailleurs l'ensei- « gnement élémentaire est largement donné dans toutes les « campagnes, de manière que nul n'échappe désormais à l'ac- « tion bienfaisante de l'instruction. Suivant notre manière de « voir, c'est une idée fausse de placer des leçons de pratique « à côté des chaires où la théorie est exposée. A l'École poly- « technique, à l'École des mines, à l'École des ponts-et-chaussées, « les élèves suivent des cours exclusivement théoriques ; ils « vont plus tard étudier la pratique dans les usines, dans les « exploitations, auprès des ingénieurs. De même, les jeunes « gens sortant de la haute école agronomique, dont la création « serait, selon nous, une gloire pour la France, iraient étudier « la pratique chez les grands propriétaires, ou fermiers, que « les concours de la prime d'honneur font regarder comme « chefs des exploitations les plus remarquables dans tous nos « départements. Ils vérifieraient alors les théories au contact « des pratiques les plus perfectionnées, et non pas dans des « cultures dirigées pour le compte de l'État.

« Ainsi, la grande école agronomique distribuerait la science :

« les agriculteurs l'appliqueraient eux-mêmes. On verrait alors « se réaliser complètement l'alliance féconde de la science et « de la pratique. »

M. Vicaire, dont les moments sont comptés et qui se doit à d'autres occupations pressantes, demande à l'Assemblée de vouloir bien recevoir immédiatement la communication sur le reboisement qu'il a préparée pour le Congrès, et qu'il lui serait impossible de faire plus tard.

M. Vicaire donne lecture du travail suivant, accueilli par l'auditoire avec le plus vif intérêt.

MÉMOIRE DE M. VICAIRE.

Messieurs,

J'ai eu l'honneur de vous faire remettre quelques exemplaires du compte-rendu des travaux effectués par les soins de l'Administration des forêts, en exécution de la loi sur le reboisement des montagnes.

Je devais cet hommage aux hommes de science et de dévouement qui veulent bien se réunir ici, pour travailler en commun à l'étude de toutes les questions dont la solution peut contribuer à la prospérité du pays.

L'accueil empressé et bienveillant que ma communication a reçu de vous, Messieurs, prouve qu'en cédant aux encouragements de votre honorable président, je n'avais pas trop présumé de vos dispositions.

Recevez, je vous prie, tous mes remercîments.

Dans l'Histoire de France, il n'y a pas d'épisodes plus saisissants que ceux des inondations qui ont désolé, à diverses époques nos plus riches vallées. — On avait reconnu, depuis long-temps, que le reboisement des montagnes remédierait au mal d'une manière notable ; mais pour les uns le reboisement des montagnes était impossible, et pour les autres il ne produirait des effets appréciables que dans un avenir très-éloigné. Or, vous le savez, Messieurs, dans notre siècle, on n'aime les grandes entreprises qu'à la condition de jouir promptement de leur résultat. *Il appartenait au gouvernement de l'Empereur de faire* cesser ces causes d'hésitation, plus spécieuses que réelles.

Il y a tant de choses que l'on considérait autrefois comme impossibles et qui se sont faites de nos jours, qu'il est permis de se demander si le mot impossible ne devrait pas être rayé du Dictionnaire de la langue française.

L'autre objection n'était pas mieux fondée, car avant même que les jeunes bois puissent servir à l'imbibition de l'eau dans le sol, les travaux de reboisement, qui consistent en rigoles horizontales ou poquets, exercent déjà une action utile sur le régime des eaux en retardant dans une certaine mesure leur écoulement.

Si d'ailleurs l'effet ne devait pas être aussi prompt, serait-ce donc un motif suffisant de s'abstenir?

Qui de vous, Messieurs, ne se rappelle à cette occasion la fable du bon La Fontaine dans laquelle un vieillard dit aux jeunes hommes qui le raillaient de planter à son âge :

> Mes arrière-neveux me devront cet ombrage.
> Eh bien ! défendez-vous au sage
> De se donner des soins pour le plaisir d'autrui ?
> Cela même est un fruit que je goûte aujourd'hui;
> J'en puis jouir demain et quelques jours encore.

Peut-on dire mieux sous une forme plus simple ?

Ce qui est vrai pour les hommes est bien plus vrai encore pour les gouvernements, qui ne meurent pas.

Après cette digression, que je vous prie d'excuser, je reviens à mon sujet.

La loi sur le reboisement des montagnes date du 28 juillet 1860, et le décret qui en règle l'exécution du 27 avril 1861. Ce n'est donc qu'à partir de cette époque que l'Administration des forêts a pu se mettre à l'œuvre.

Sa première pensée a été pour l'avenir. Elle a cherché immédiatement à se procurer les ressources nécessaires en graines et plants, pour pouvoir opérer plus tard sur une grande échelle aux conditions les moins onéreuses.

Les pépinières établies en vue du reboisement des montagnes sont au nombre de 813, d'une contenance totale de 509 hect. Leur produit a été évalué à 100 millions de plants : plusieurs de ces établissements sont en état de rivaliser avec ceux du commerce.

Des sécheries ont été créées partout où cela a été possible et avantageux. Leur nombre est de 8 et leur produit annuel de 15 à 20,000 kilogrammes de graines de diverses espèces.

Pour suppléer à leur insuffisance, l'Administration des forêts a organisé sur plusieurs points, notamment dans les Alpes, en Corse et en Algérie, le ramassage des graines les plus précieuses à des prix modérés.

Conformément au vœu de la loi, il a été procédé par les agents forestiers, de concert avec les ingénieurs des ponts-et-chaussées et des mines, à la reconnaissance des terrains pour lesquels le reboisement devait être obligatoire. Les projets déjà élaborés ne renferment pas moins de 200,000 hectares. Plusieurs d'entre eux ont déjà reçu l'approbation du Conseil d'État et la sanction de l'Empereur.

Grâce à l'accord qui a régné entre les deux administrations, grâce aussi à l'appui de MM. les préfets, des commissions spéciales, des conseils d'arrondissement et des conseils généraux, ces projets importants ont subi avec succès la longue série des épreuves auxquelles la loi les a soumis.

Les soins de l'avenir n'ont pas fait perdre de vue à l'Administration des forêts ceux du présent.

De nombreux reboisements ont été opérés en 1861 et 1862, sans l'emploi de la coercition, sur les terrains domaniaux communaux et particuliers. Leur étendue est de 16,055 hectares, et la dépense à laquelle ils ont donné lieu, qui avait été évaluée par prévision dans l'exposé des motifs du projet de loi à 180 fr., ne s'est élevé qu'à 108 fr. par hectare.

Ce sont là assurément, Messieurs, des résultats considérables. Je suis heureux et fier de les signaler à votre attention, parce qu'ils font le plus grand honneur à mon administration, et qu'ils sont le présage certain de résultats plus considérables encore dans un avenir peu éloigné.

Et cependant jamais entreprise fut-elle entourée de plus de difficultés ?

On conçoit combien il faut de peines et de jours pour rendre à la culture des bois dés montagnes dénudées depuis long-temps. Souvent la terre fait défaut. On a à craindre les effets du ravinage et ceux, non moins désastreux, des chaleurs excessives qui succèdent parfois sans transition aux froids les plus rigoureux. Les essences ne conviennent pas à tous les sols, à toutes les expositions, à toutes les altitudes. Telle méthode qui réussit sur un point ne réussit pas toujours dans une localité voisine. Ce n'est que par tâtonnements qu'on peut arriver à reconnaître les meilleures manières de procéder. Les essais multipliés auxquels l'Administration des forêts vient de se livrer lui donnent la certitude qu'elle triomphera de ces difficultés, quelque graves qu'elles soient.

Malheureusement ce ne sont pas là les seuls obstacles qui s'opposent au succès. A côté des difficultés matérielles, il y a les difficultés morales, et celles-ci, je le dis avec regret, mais avec conviction, ne sont ni les moins grandes, ni les moins nombreuses.

Les difficultés morales prennent leur source dans l'antagonisme qui existe, dans les pays de montagnes, entre le régime pastoral et le régime forestier.

Le régime pastoral tend à empiéter sans cesse sur le régime forestier; c'est le présent qui demande à l'avenir tout ce qu'il peut en tirer sans songer que l'avenir deviendra à son tour le présent. Si le régime forestier veut maintenir ses droits, si surtout, dans un cas d'absolue nécessité, il veut étendre les limites de son domaine, des réclamations très-vives s'élèvent de toutes parts, une lutte à outrance s'engage ; et comme cela arrive dans beaucoup d'autres circonstances, ce n'est pas toujours la raison qui l'emporte. Ainsi, l'agriculture et la sylviculture, deux sœurs qui devraient toujours être étroitement unies, surtout dans les pays de montagnes, sont devenues, par un malentendu regrettable, deux ennemies mortelles! Une des plus vives préoccupations de l'Administration des forêts a été de chercher à se réconcilier à l'occasion du reboisement des montagnes.

Elle a été puissamment secondée, dans quelques contrées, par des hommes de cœur qui n'ont pas hésité à mettre leur popularité au service d'une bonne cause, au risque même de la voir leur échapper. Je leur adresse ici l'expression bien sincère de ma vive gratitude.

D'où vient donc cette sorte de répulsion que l'on éprouve, en général, dans les pays de montagnes, pour les bois ?

Sans les bois, il n'y a pas de bons pâturages ; avec les bois, au contraire, les pâturages les plus mauvais ne peuvent manquer de s'améliorer. La violence des vents se fera moins sentir ; les hivers seront moins rigoureux, les étés plus tempérés. Au lieu de ces trombes d'eau qui entraînent tout sur leur passage, on aura des ondées bienfaisantes qui contribueront puissamment à alimenter les sources et à régulariser les cours d'eau de manière à permettre de les utiliser au profit de l'industrie.

D'après un savant ingénieur, M. Conte-Grandchamp, avec 7 hectares de bois, on peut facilement irriguer 1 hectare de prairie. Les bois donneront donc aux habitants des montagnes la facilité de pouvoir substituer, sur quelques points, l'élève du gros bétail à l'élève du mouton, et c'est là, n'en doutez-pas, un grand avantage.

Dans plusieurs départements, faute de bois on ne peut pas tirer parti des minerais les plus riches. L'Ariège est de ce nombre.

Dans l'Aude, on est obligé, pour approvisionner les hauts-fourneaux, de recourir à l'Espagne et à l'Italie.

Il y a dans les Alpes des contrées sauvages dans lesquelles, faute de bois, on se sert pour se chauffer en hiver de bouses de vaches desséchées au soleil!

Et l'on ne reboiserait pas! Autrefois les bois étaient sans valeur dans les montagnes, parce qu'ils y étaient sans débouché ; mais aujourd'hui que les chemins de fer ont la prétention bien légitime de pénétrer partout, il n'en est pas ainsi.

Puisque l'on défriche en plaine, il faut reboiser en montagne. Suivons, en cela, les indications de la nature qui fait si bien tout ce qu'elle fait.

Le peu de faveur dont les bois jouissent ne peut s'expliquer que par l'impossibilité d'en obtenir des revenus avant un laps de temps assez long.

L'avenir, quelque brillant qu'il soit, résiste difficilement aux séductions du présent.

Je comprends un motif semblable de la part d'un propriétaire qui n'a tout juste de revenu que ce qu'il lui faut pour vivre ; mais je ne le comprends pas de la part des communes qui possèdent plusieurs milliers d'hectares voués au parcours et n'ont souvent pas de bois.

Je ne le comprends pas non plus de la part d'un propriétaire aisé qui cherche à assurer, par un placement sûr, l'avenir de ses enfants Au lieu de s'adresser aux Compagnies d'assurances pour se procurer le moyen de doter ses filles ou d'exonérer à peu de frais ses fils du service militaire, il ferait plus sagement d'acheter un terrain en montagne et de le reboiser.

Ce terrain, qui lui coûterait 50 à 60 fr. l'hectare, pourrait être reboisé avec l'aide du gouvernement, moyennant 50 fr.

Sans doute, il ne retirera de la forêt aucun produit appréciable avant 15 ans, mais à cette époque son capital aura été au moins quintuplé : l'expérience en a été faite dans le Puy-de-Dôme.

Le reboisement des montagnes offre donc aux pères de famille un placement avantageux.

C'est, de plus, un vaste champ ouvert à la spéculation : je suis convaincu qu'on trouverait difficilement une mine plus riche à exploiter.

En faisant une bonne affaire, les spéculateurs auraient la satisfaction de faire une bonne action. Ils seraient, pour l'Administration des forêts, de précieux auxiliaires. J'appelle leur concours de tous mes vœux.

Le reboisement des montagnes est une œuvre éminemment utile à tous les points de vue, une œuvre vraiment nationale. Elle mérite les sympathies, non-seulement des corps savants, mais de tous les hommes de bien. En réclamant les vôtres, Messieurs, je suis certain que vous ne me les refuserez pas et je vous en remercie.

Le président, au nom du Congrès, donnant une expression directe aux applaudissements qui ont accueilli la lecture de M. Vicaire, *remercie vivement l'éminent administrateur.*

M. Simian dépose une note sur les œuvres de reboisement dans le département de l'Isère. L'Assemblée désire que ce travail intéressant trouve place dans les publications du Congrès.

NOTE DE M. PAUL SIMIAN.

Une commission de reboisement, qui a à sa tête un inspecteur de l'administration des forêts, a été créée dans le département de l'Isère, au mois d'avril 1862. Elle a constaté qu'il existe dans ce département :

Terres de dernière classe.	42,744 hect.
Pâturages de 1re. classe.	35,250
Id. de dernière classe	63,769
Terres vaines et landes.	32,764
Total.	174,527 hect.

Les terres de dernière classe ne sont pas cultivées et peuvent être considérées comme improductives. Sur 174,527 hect., un tiers au moins devra être reboisé. On peut dire, sans exagération, qu'il y a dans l'Isère 60,000 hect. à reboiser. Dans ce but, depuis quatre ans, le Conseil général vote un crédit annuel de 3,000 fr. Cette allocation permettra, en 1863, de semer et planter 274 hect. dans dix-sept communes diverses. La dépense s'élèvera à 11,286 fr. ; l'État y contribuera pour 4,822 fr., le département pour 3,000 fr., et les communes pour le surplus.

Pour parvenir à ce résultat, l'Administration forestière entretient 31 pépinières, savoir :

15 pépinières domaniales, d'une contenance de	4h.,47a.,60c.
16 id. communales de	1 63 »
TOTAL.	6h.,10a.,60

En 1862, on a reboisé, dans les terrains domaniaux ou communaux, 195 hectares (1).

La Commission de reboisement a étudié, pendant la même année, dans notre département, onze périmètres, d'une contenance de 4,634 hect., comprenant : 1°. à reboiser 3,062 hect. ; 2°. à conserver en pâturages, en y faisant des travaux d'amélioration, 1,572 hect. Sur ces onze périmètres, trois seulement ont été soumis à l'approbation du Conseil général ; ils contiennent 910 hect. à reboiser, et 600 hect. à conserver en pâturages, avec jouissance réglée; en tout 1,510 hect.

L'étude des périmètres porte principalement sur les parties des montagnes où se forment les torrents. Ainsi la Commission a examiné 25 périmètres (25,000 hect.) (11 dans l'Isère et 14 dans les Hautes-Alpes) qui renferment les sources du Drac et celles de l'Ebron. Cette étude entraîne avec elle non-seulement la prescription du reboisement immédiat, mais encore l'exécution de tous les travaux destinés à prévenir les inondations. Les périmètres étudiés en 1862 seront reboisés en 1863. Tous les terrains compris dans ces périmètres sont soumis au régime forestier, aux termes de la loi du 28 juillet 1860. Si les propriétaires des parties à reboiser consentent à faire les travaux, l'État leur accorde une subvention qui varie de 50 à 75 %, suivant la fortune des intéressés. Les agents forestiers sont chargés de la direction de tous les reboisements.

Ces derniers se font tantôt par semis, tantôt par plantations, suivant les expositions et les altitudes. Les essences employées sont nombreuses et bien choisies. Les arbres tirés des pépinières ont généralement quatre ou cinq ans. 1 are peut donner 40 ou 50,000 plants pendant cet espace de temps.

Je passerai sous silence les avantages immenses du reboisement. L'excellent mémoire de M. le Directeur général des forêts

(1) Tous ces renseignements et ceux qui suivent m'ont été fournis par l'Administration des forêts : ils sont donc de la plus scrupuleuse exactitude.

les a suffisamment fait connaître. J'ai voulu seulement donner au Congrès des délégués quelques renseignements précis sur l'état de la question dans mon département.

M. Charles de Ribbe présente, sur le même sujet, les considérations suivantes :

NOTE DE M. DE RIBBE.

La question du reboisement, après avoir été long-temps l'objet de vœux aussi stériles qu'unanimes, vient d'entrer dans le domaine des faits. Elle est aujourd'hui mise à l'ordre du jour, non pour la discussion, mais pour l'exécution. On connaît la loi du 28 février 1860.

Jusqu'alors on n'avait pu que constater, étudier les causes et les effets du mal né du déboisement. Pendant un demi-siècle, les travaux publiés par les savants, les administrateurs, les économistes, avaient fourni les éléments de l'enquête la plus sérieuse sur la situation des pays de montagnes, où les bois sont les protecteurs nés du sol et où leur ruine entraîne celle de toute agriculture. Les grandes inondations de 1856, en multipliant les désastres dans les vallées du Rhône, de la Loire, etc., ont plus fait, pour émouvoir l'opinion publique et poser avec éclat la question forestière, que les plaintes, cependant si vives, des contrées directement et immédiatement intéressées à des mesures de salut.

La loi du 26 février 1860 a été le fruit du nouveau et heureux mouvement d'opinion qui s'est dégagé de la conviction générale. Elle a été le point de départ d'une œuvre considérable, à peine ébauchée, dont la réalisation se poursuit malgré tous les obstacles. L'avenir, et un avenir moins éloigné qu'on ne le croit, donnera la mesure de ce que peuvent accomplir la science, la persévérance, le zèle, le dévouement trop peu apprécié d'un nombreux personnel d'agents formant les commissions de reboisement dans les Alpes, les Pyrénées, les Cévennes et ailleurs.

Sous la haute et féconde impulsion de l'éminent directeur général des forêts, M. Vicaire, ces hommes d'élite sont et s'offrent aux populations en véritables sauveurs, envoyés non pour leur ravir leur unique moyen d'existence, c'est-à-dire le pâturage, mais pour le leur conserver, pour l'augmenter si c'est possible en établissant la solidarité et l'accord de tous les intérêts.

L'entreprise est difficile: elle trouve à vaincre l'ignorance et, ce qui est pire encore, un coupable égoïsme. Les habitants de la montagne regardent et traitent souvent le forestier comme un ennemi. Cette hostilité est, dans la plupart des cas, moins et beaucoup moins le fait des petits propriétaires n'ayant plus de troupeau, que celui des propriétaires influents de la commune voulant exploiter à leur profit les terrains boisés ou propres au reboisement. De tels abus ne sont point malheureusement isolés : ils ont été signalés par les observateurs qui ont étudié bien des pays de montagnes. On ne saurait trop les condamner. On ne saurait, par cela même, s'arrêter à cette considération que le reboisement ruinera de pauvres communes. Loin de les ruiner, on veut leur garder le peu qu'elles possèdent, destiné à être la proie des torrents, après avoir été celle de quelques individualités exerçant un monopole. Il ne s'agit pas, du reste et exclusivement, de convertir les terrains en bois.

Le gazon, non moins que les grands végétaux, maintient le sol; il couvre la mince pellicule d'humus, que ne tarderaient pas à enlever les pluies, d'un bouclier naturel, d'une sorte de feutre perméable et consistant. Il divise et tamise les eaux, les absorbe là où elles s'écouleraient au préjudice des fonds inférieurs, empêche les ravinements et multiplie les sources. Cela est aujourd'hui si bien compris que le rapport du savant M. Chevandier de Valdrome au Corps législatif, sur la loi du 26 février 1860, présente le gazonnement comme devant servir avec le reboisement à consolider le sol des montagnes. La loi de 1860 est sous ce point de vue insuffisante, parce qu'elle est incomplète. Elle ne s'occupe pas de pâturages; elle ne les défend pas contre les abus toujours croissants de la dépaissance, dans les lieux où l'intérêt public commanderait le reboisement, s'il était possible, et où, à défaut des bois, le gazon empêche le ravinement des torrents.

Tous les progrès ne s'effectuent pas en un jour. Toutes les réformes dont nous jouissons ont été achetées au prix de sacrifices. Toute bonne méthode a été précédée de nombreuses expériences et de tâtonnements inévitables. Le temps viendra où la force irrésistible de l'exemple éclairant, stimulant les populations, vaincra la force passive du préjugé et de la routine. Ce temps n'est pas encore arrivé, spécialement pour les Alpes dont l'agriculture souffre, d'une manière si profonde, de la destruction des bois. Nous ne referons pas encore une fois, en détail, le tableau de la misère, de la dénudation et de la dépopulation des Alpes. Nous ne montrerons pas leurs pentes ravinées, leurs vallées transformées en immenses lits de cailloux, leurs villages même souvent menacés par l'irruption subite des eaux torrentielles, leurs habitants émigrant avec les derniers vestiges de sol enlevés par les orages et laissant derrière eux le désert. Si le reboisement est quelque part d'utilité publique, c'est surtout dans une zone tristement privilégiée, pour l'action dissolvante des cataclysmes de la nature.

C'est dans cette zone que les travaux de reboisement demandent une expérience plus consommée et devront fixer au plus haut degré l'attention publique. Le gouvernement prenait naguère une décision à laquelle on ne saurait trop applaudir, quand on connaît les difficultés d'une œuvre aussi étendue et aussi complexe. Nous voulons parler de la nouvelle conservation forestière de Gap, créée par décret du 7 octobre 1862. Le département des Hautes-Alpes a été ainsi séparé de la conservation de Grenoble, avec celui de la Drôme, pour être l'objet d'une sollicitude toute spéciale et être soumis à un ensemble de travaux mieux surveillés. L'exemple frappant offert par la commune de Chorges, sauvée d'une destruction presque fatale après quelques mesures protectrices, est bien propre à encourager les efforts qui vont être tentés. Cette commune se trouvait dans la situation la plus désastreuse : un torrent, dit *des Moulettes*, menaçait de l'engloutir. Une somme supérieure à 100,000 fr. avait été vainement dépensée dans la création d'une digue. La digue avait été emportée en 1838, malgré l'épaisseur d'un mur massif, maçonné à chaux et à sable. Eh bien ! ce qu'un endiguement plus coûteux encore n'aurait pu faire, la seule soumission au régime forestier l'a réalisé. La nature s'est chargée du gazonnement, dès que le pâturage a été interdit. Là où il n'y avait que des rochers dénudés, des berges croulantes et des pierres roulantes, l'herbe a poussé, fixant et consolidant tous les matériaux en démolition. Quelques années après la mise en défends, la montagne de Chorges était couverte d'un tapis de verdure ; elle donnait même des produits : sur quelques parties, on commençait à faucher. Tels ont été les effets du gazonnement combiné avec le reboisement qu'aujourd'hui le torrent des Moulettes est devenu inoffensif, que les habitants ont repris la culture de terrains naguère livrés à la violence des eaux torrentielles.

Ce qui s'est accompli à Chorges se renouvellera partout, dans les mêmes conditions et par les mêmes moyens, moyens souvent très-simples, très-économiques, hors de proportion avec la grandeur des pertes causées par les torrents et chaque jour aggravées par l'insouciance des victimes. Veut-on en juger ?

La Société impériale et centrale d'agriculture, sur le rapport de M. Vicaire, vient de décerner une médaille d'or à M. Jourdan, garde forestier communal à Sisteron (séance du 28 décembre 1862). Quels étaient les titres d'un agent aussi modeste à cette distinction éclatante ? On en trouverait peu de plus sérieux : le garde Jourdan a exécuté purement et simplement des barrages, c'est-à-dire de petites constructions rustiques, consistant en piquets et fascines mis en travers des ravins pour retarder l'écoulement des eaux et retenir les terres. Les fascines étaient sur place, au moment de la coupe affouagère : il ne fallait que le travail nécessaire pour les utiliser, et ce travail a été fourni gratuitement par ceux qui bénéficiaient de la coupe. On sait, on comprend, sans plus de détails, la valeur du procédé et son facile emploi. Le garde général Jourdan aura l'honneur non d'avoir découvert ce qui était si évident, mais d'avoir appliqué les efforts persévérants de son zèle à le mettre en œuvre. Il a construit lui-même, en quelques années et sans frais, plus de trois cents barrages. Et, comme l'a proclamé le directeur général des forêts, de l'aveu de tous, si la ville de Sisteron n'a pas eu à souffrir de l'orage qui a éclaté au mois de mai dernier, c'est à lui qu'elle en est redevable. Grâce aux barrages économiques du garde Jourdan, les terrains de la montagne du Mollard ont été consolidés, et la mise en défends a achevé le travail de préservation.

Les barrages ainsi établis sont les plus élémentaires. Ils sont d'autant moins exposés à la destruction qu'ils sont formés avec des fascines d'osier et de saule, dont les tiges donnent des milliers de boutures et créent un massif de végétation. Il y a encore, pour les ravins plus profonds, les barrages munis de pièces de bois transversales, les barrages en pierres sèches, les barrages clayonnés, les barrages en petite charpente, les barrages en grosse charpente. Le mode d'exécution, le coût de ces divers barrages ont été l'objet d'un travail très-intéressant publié par M. de Venel, garde général des forêts (aujourd'hui sous-inspecteur), dans la *Revue agricole et forestière de Provence* (1). On y lit, entr'autres faits constatés, que 70 barrages clayonnés ont été établis dans l'automne de 1861, sur le territoire de la commune de Barrême (Basses-Alpes). Là existent plusieurs torrents dangereux. Ils n'ont pu attaquer ces constructions solides qui, après avoir traversé la période des pluies et de la fonte des neiges, sont encore debout et ont été comblés en amont.

Outre les 70 barrages élevés à Barrêmes, il en a été créé près de 200 ailleurs, dans les années 1861 et 1862. Ils sont de différentes grandeurs. Ceux qui sont clayonnés offrent 3 mètres de largeur sur 1 mètre de hauteur moyenne; leur coût est de 2 fr. 60. On en a construit en pierres dans la commune d'Uncruet (Basses-Alpes), pour empêcher les ravinements du Rion-Chanal,

(1) Numéro du 5 août 1862.

ils présentent 7 mètres de largeur sur quatre de hauteur, et ont nécessité une dépense de 30 fr.

Il importe, avant tout, de fixer les terrains les plus inclinés sur les pentes mobiles lorsqu'on veut les reboiser. On exécute dans ce but des semis, à la volée, ou par poquets, d'essences buissonnantes, telles qu'épine-vinette, sabine et genevriers communs, hypophaé, bugrane rampante. Les coulées tracées par les eaux sont toujours, en vertu du système pratiqué par les barrages, entrecoupées de distance en distance par des parois parallèles en piquets fortement clayonnés, et les intervalles chargés de boutures de tremble. Un remarquable travail de M. de Cabrens, chef de la commission du reboisement dans les Basses-Alpes, a mis sous les yeux du public (1) le tableau vrai, saisissant de semblables entreprises. La monographie consacrée au périmètre du Riou-Chanal, commune d'Uvernet, montre ce torrent entraînant un rocher massif de 20 à 30 mètres cubes et le faisant rouler jusqu'à 300 mètres en amont d'Uvernet. Elle nous apprend de plus que ce torrent est de formation récente, qu'en quelques années il a pris un caractère effrayant, et qu'une partie du bourg peut être emportée d'un moment à l'autre. Telle était la situation de Chorges avant la soumission des terrains au régime forestier et de reboisement. La commune d'Uvernet devra son salut à des moyens de préservation identiques.

Quant aux essences forestières, elles sont si nombreuses et leur choix varie tellement selon la configuration, la nature et l'état des lieux, qu'il serait superflu de les énumérer. Tout dépend de tant de circonstances qu'il faut se garder ici de l'esprit de système : les agents étudient de près les meilleures conditions de réussite, et il est hors de doute que l'observation les conduira beaucoup mieux au but que les spéculations théoriques.

On emploie dans les Alpes le mélèze et le cembro, les diverses espèces de pin et le sapin ; on a fait les semis, partout où

(1) *Revue agricole et forestière de Provence*, numéro du 5 février 1862.

cela a été possible, *sur la neige;* méthode destinée, comme l'observe M. de Cabrens, à jouer un grand rôle dans l'œuvre du reboisement, si son efficacité, déjà constatée d'après quelques expériences locales, se confirme d'une manière générale.

Les semis sur la neige ne s'effectuent bien qu'avec des graines d'un très-faible volume et de forme arrondie: mélèze, pin sylvestre, épicéa, genêt, buis, etc... On a déjà reconnu, par les travaux du printemps 1862, que ces graines, se mettant en communication immédiate avec le sol, s'insinuent partout à travers les gazons, les buissons, les pierrailles. Le mélèze a été semé de la sorte dans les parties les plus élevées où il croît jusqu'à une altitude de 1,800 à 2,400 mètres. On choisit un temps calme et serein, lorsque la couche de neige est fondante à la surface et un peu durcie en-dessous de manière à porter le poids des ouvriers semeurs. — « En cet état de choses, dit M. de Cabrens (1), les ouvriers peuvent se placer en ligne, en s'espaçant à l'intervalle de 5 à 6 mètres, et n'ont ensuite qu'à marcher devant eux en répandant la graine comme on sème les céréales ou des semences fourragères. Si l'opération est bien conduite, l'on voit le sol se couvrir uniformément de graines qui s'enfoncent presque aussitôt sous l'action du soleil. » On a usé du même procédé pour les semis de plantes fourragères avec lesquels ils fixeront les berges inaccessibles et les versants dénudés. Dans des conditions ordinaires, un ouvrier peut semer de 1 à 2 hectares par jour.

Une des essences dont on attend encore de meilleurs résultats pour le reboisement de la Provence est le cèdre. On en a fait venir de l'Atlas une grande quantité de cônes dont on extrait la graine. Les graines de cèdre semées sur la neige ont moins bien germé que celles de mélèze, et une partie a été entraînée sur les rochers ou les terrains gazonnés. Il sera nécessaire de poursuivre les expériences. La plus curieuse des expériences, déjà couronnées de succès, a été celle par laquelle on a utilisé des cônes trop résistants pour l'extraction de la graine. D'après

(1) Travaux du printemps de 1862, *Revue agricole et forestière de Provence*, numéro du 5 juin 1862.

les instructions de M. Labussière, conservateur d'Aix, ces cônes ont été jetés tels quels dans la neige, où un séjour de 10 à 15 jours leur a suffi pour disjoindre les soudures de leurs écailles. Les produits des cônes répandus ou semés sur place ont parfaitement levé.

Tout porte à croire que le cèdre convient au sol calcaire et au climat sec du Midi. Dès la première année, sa racine filiforme pénètre à une extrême profondeur. Il ne craint pas le manque d'abri, sur les coteaux exposés au soleil. Les semis de cèdre, exécutés au versant méridional du mont Ventoux, département du Vaucluse, ont échappé beaucoup mieux que les semis d'autres résineux à la mauvaise chance d'une très-longue sécheresse. Si ces derniers se confirment et si le cèdre pouvait arriver à l'état de peuplement, la Provence serait dotée d'une précieuse essence forestière.

Nous ne nous étendrons pas davantage sur ces détails auxquels on pourrait en ajouter de non moins intéressants, qui concernent spécialement l'*ailante* ou *vernis du Japon*. L'Administration des forêts essaie d'introduire l'ailante au nombre des essences servant à reboiser les terrains inclinés. Un double but serait atteint, si là encore les espérances se réalisaient. On consoliderait des pentes livrées à l'action ravinante des pluies et on créerait des sources nouvelles de produits pour les jours où le ver de l'ailante sera l'objet d'une exploitation industrielle.

Nous ferons suivre ces courts aperçus de quelques indications statistiques, donnant une idée de l'état où se trouve la question du reboisement dans les Bouches-du-Rhône, le Vaucluse et les Basses-Alpes.

On a commencé par pourvoir aux premières exigences du reboisement. On reboise par la méthode des semis ou par celle des plantations. La loi accordant des subventions en graines ou en plants aux particuliers, il a fallu se mettre en mesure de répondre aux demandes encore sous ce rapport.

Les achats de graines pour la conservation d'Aix se sont élevés, dans l'année 1861, à 15,000 fr., et en 1862 à 20,000 fr. Ce sont des chiffres déjà considérables.

Des pépinières ont été établies sur divers points. Il y en a aujourd'hui environ 27. Elles couvrent une surface de 15 hect. 72 ares. Elles pourront fournir bientôt des millions de plants. La dépense de leur établissement a été, dans les deux années, de 14,605 fr.

Les travaux de reboisement se sont étendus, en 1861, à 559 hectares, avec un coût de 15,601 fr., et, en 1862, à 2,325 hect., avec un coût de 86,400 fr.

On a sous les yeux autant de chiffres qui marquent la progression. C'est peu que de signaler des chiffres, des procédés, des méthodes, de montrer les avantages et l'urgence du reboisement pour beaucoup de localités où les torrents exercent leurs ravages. Nous ne saurions nous dispenser de considérations, au moins sommaires, sur l'accueil fait par les communes aux applications de la loi.

Nul n'ignore et nous avons dit combien peu les communes ont la notion de leurs véritables intérêts, au milieu des souffrances qu'elles éprouvent. Les causes et les effets du déboisement de leurs montagnes sont aussi évidents que la lumière du jour. Il est certain, il est avoué que telle ou telle vallée protégée jadis par les bois subit aujourd'hui les désastres périodiques des inondations, par la destruction de ces bois sacrifiés à un aveugle esprit d'imprévoyance. Tel torrent qui n'existait pas, il y a vingt, trente, quarante ans, tel ravin inoffensif lorsque les pentes étaient gazonnées, multiplient de plus en plus leurs ravages, creusent leurs berges, roulent des masses énormes de graviers sur leurs lits exhaussés; et on peut prédire l'année et le jour où le dernier habitant s'en ira, selon l'expression de M. Blanqui, avec le dernier arbre abattu. — Comment des populations entières, se soumettant à un véritable fatalisme, acceptent-elles un sort pareil? Comment ne voient-elles pas ce qui est visible, tangible, ce qui a l'éclat d'une si triste certitude? Ce spectacle de muette et inerte passivité nous a toujours étonné. On ne l'expliquera que par des causes morales et sociales étrangères à la question technique du reboisement des montagnes. Il y a eu un temps où les mêmes fléaux sévissaient dans les Alpes, mais avec moins d'intensité ; où les populations luttaient contre eux, où elles s'imposaient des réglements restrictifs du droit de jouissance ; où les assemblées communales punissaient sévèrement les infracteurs de la loi consentie par tous. Ce temps n'est plus. L'esprit communal a été détruit avec les traditions et les libertés municipales. Aussi, les Alpes se dépeuplent avec une progression alarmante.

Le jour est venu maintenant de réagir contre des préjugés invétérés, contre des habitudes de jouissance abusive, et surtout contre l'exploitation des terrains communaux ayant trop souvent un caractère de monopole. L'entreprise est difficile, ce n'est pas un motif pour l'abandonner. La publicité ne doit pas être seulement dissolvante et propager le mal, elle doit aider la cause du bien et secouer une funeste inertie. Il faut faire appel à l'intérêt bien entendu de tous, user du ressort si puissant de l'émulation, et agir en même temps par la persuasion et par la loi.

Plusieurs communes semblent avoir entendu cet appel. Un retour de l'opinion vers les idées conservatrices se manifeste en Provence. Partout où dans l'administration municipale des communes rurales se trouve un homme de cœur, le forestier n'est plus traité en ennemi : on est mieux disposé à l'écouter, à observer ses conseils ; on va visiter ses travaux, semis et plantations ; et le premier mouvement d'incrédulité est suivi d'une approbation générale. Ainsi l'exemple produit et produira son effet, si on seconde son influence. Déjà quelques conseils municipaux ont demandé, par leur propre initiative, la soumission de leurs terres vagues au régime forestier.

Nous citerons la belle conduite d'un maire, celui de la commune de Bédouin, auquel la Société impériale et centrale d'agriculture décernait naguère une grande médaille d'or. La commune de Bédouin possède, au versant méridional du mont Ventoux (département du Vaucluse), des terrains boisés et non boisés ayant une contenance 6,263 hectares. La plus notable partie est improductive. Le maire, M. Eymard, a deviné où étaient les vrais intérêts du pays, et sur sa proposition, le Conseil municipal a voté le reboisement graduel de 4,000 hectares.

Une petite somme d'argent a été consacrée à cette œuvre; mais l'Administration forestière donne les graines et la commune subvient aux travaux par des prestations en nature, imposées aux habitants qui jouissent du droit d'extraire les produits dans la forêt communale.

Que de tels exemples se généralisent, et le reboisement de la Provence est assuré. C'est pour créer dans ce but un mouvement d'opinion qu'un recueil à la fois agricole et forestier a été fondé à Aix. Trop long-temps un divorce désastreux a existé entre l'agriculture et la sylviculture. Trop long-temps on a méconnu la solidarité qui lie le sort de la plaine à celui de la montagne, et, au nom des besoins du pâturage, on a compromis les fonds où sont les premiers éléments de la nourriture du troupeau. La culture d'un sol en pente et l'aménagement des bois ne sauraient se séparer, dans un pays où presque toutes les pluies sont des orages, où la sécheresse est un des fléaux les plus calamiteux.

La *Revue agricole et forestière de Provence* a été établie en 1862, par l'initiative du Comice agricole d'Aix; elle n'a cessé, depuis lors, de concourir à une œuvre si utile de propagande. Elle est en quelque sorte l'organe provincial et régional où devront se grouper successivement tous les faits intéressant le reboisement des Alpes, les indications pratiques sur le choix des essences, des méthodes, en un mot les divers aspects de la question forestière. La modicité de son prix la mettrait à la portée des bourses les plus modestes, elle pourra pénétrer jusqu'au sein des classes agricoles.

L'Académie d'Aix a voulu, de son côté, s'associer à une œuvre aussi patriotique, qui trouve dans les circonstances son opportunité. Elle a été préoccupée d'une pensée d'enseignement populaire, d'un autre genre de propagande qui s'exercerait non par des articles de revue, mais par un écrit accessible à toutes les intelligences. En 1859, elle mit au concours la question suivante :

« *Exposer dans un écrit succinct, méthodique et pratique, adressé sous forme de conseils aux propriétaires, particuliers ou communes, et même aux simples cultivateurs, comment la conservation des bois se lie, en Provence plus encore que dans les autres régions du territoire français, aux vrais intérêts de l'agriculture.* »

Aucun des *Mémoires* présentés au premier concours n'ayant été jugé digne du prix, l'Académie en a ouvert un nouveau, et a éclairé la formule de la question par un programme. Ce nouveau concours a amené la production de deux *Mémoires*, dont l'un vient d'obtenir la médaille de 300 fr. sur le rapport de celui qui écrit ces pages, et le second a été l'objet d'une mention honorable. L'un et l'autre sont rédigés en forme de dialogues; ils sont utilement répandus.

Qu'il nous soit permis d'émettre, en terminant, un vœu. Ce serait que, dans tous les pays où faire se pourra, les Sociétés agricoles fussent en même temps forestières et s'occupassent des intérêts forestiers.

M. Théophile Roussel, ancien représentant de la Lozère, comprend que l'Assemblée soit ramenée à l'importante question qui est réclamée par l'ordre du jour; mais il n'en regrette pas moins que le temps soit insuffisant pour qu'une séance entière puisse être consacrée à l'étude des grands intérêts que soulève la question du reboisement. Il demande qu'elle soit au moins maintenue au programme de l'année prochaine.

L'Assemblée donne son assentiment complet à cette proposition.

Conformément à l'ordre du jour, la question de l'enseignement professionnel est reprise.

M. Le Royer présente quelques observations sur la position de la question. Il lui semble que la discussion, dans la dernière séance, ne s'est pas circonscrite dans le cadre où le programme la renfermait.

M. le Président, en reconnaissant qu'il y a quelque chose de fondé dans cette observation, invite les orateurs qui seront entendus à en tenir compte.

M. Gossin a la parole.

M. Gossin regrette de n'avoir pu assister à la dernière séance et se demande s'il ne vient pas un peu tard. Il lui semble cependant que l'Assemblée peut attacher quelque intérêt à connaître les détails de l'organisation d'enseignement agricole dont l'arrondissement de Compiègne a pris l'initiative en France. L'historique de cette création mérite sans doute d'être connu. C'est grâce à deux hommes éminents, grâce à MM. de Tocqueville et avec le zélé concours de M. Randouin, préfet de l'Oise, que M. Gossin a mûri la première pensée d'un enseignement agricole dont les résultats sont aujourd'hui incontestables et incontestés.

Dès 1847 et 1848, M. Gossin fut encouragé à faire un premier cours dans les écoles primaires supérieures de Compiègne. Ce cours eut un plein succès. Trois ans de professorat ne laissèrent alors aucun doute sur les fruits qu'il était permis d'attendre de cette création. Ces résultats aidant, M. Gossin porta son enseignement à Noyons, dans un établissement d'études secondaires. Là, au Petit-Séminaire de Noyons, les leçons d'agriculture furent données aux élèves de troisième, de seconde, de rhétorique et de philosophie, et le succès de cette seconde tentative fut encore complet. L'enseignement fut alors l'objet d'une troisième épreuve.

L'École normale de Beauvais, sous la direction d'un frère d'un très-haut mérite et dont le nom est bien justement connu, reçut à son tour l'enseignement agricole, et dut ainsi préparer par l'instruction des élèves-maîtres celle que ceux-ci devaient à leur tour transmettre aux enfants des écoles primaires. Enfin le même enseignement, reçu par les instituteurs, fut offert au clergé, et M. Gossin put porter son cours au Grand-Séminaire. Tel est l'ensemble des moyens par lesquels l'enseignement agricole a été généralisé à tous les degrés de l'échelle dans le département de l'Oise.—Et pour compléter cet ensemble, un institut normal, destiné à former des professeurs capables à leur tour de multiplier les cours d'agriculture, fut enfin annexé à l'École normale.

M. le Président, tout en reconnaissant l'intérêt de cet historique, se demande si l'orateur est bien dans la question telle que le Congrès semble avoir voulu la circonscrire, en dehors de l'enseignement agricole.

L'Assemblée témoigne le désir d'entendre M. Gossin compléter sa communication. M. Gossin, reprenant, dit qu'il lui a semblé utile de faire d'abord l'historique des faits, de montrer ainsi par ce qui a été réalisé à Compiègne, ce qu'il est possible, ce qu'il y a lieu de faire ailleurs; et il vient maintenant aux moyens des détails qu'il lui semble bon de recommander particulièrement à l'attention du Congrès.

Et d'abord, il faudrait mettre entre les mains de l'instituteur quelques ouvrages spéciaux. Il en existe déjà d'excellents; on pourrait créer des prix pour que des hommes compétents fussent stimulés à en produire encore.

Chaque instituteur devrait, en outre, avoir à sa disposition un jardin où il pourrait donner sur place aux enfants d'utiles démonstrations. Dans l'Oise, 150 instituteurs ont leur jardin. C'est là, sans doute, un terrain d'action très-limité. Le maître peut cependant y donner à l'élève d'utiles leçons, sans qu'il y ait lieu de vouloir y annexer de la culture proprement dite. Pas de demi-exploitations, mais des notions de jardinage seront toujours profitables.

Un troisième moyen digne d'être vivement recommandé ce sont les conférences. Dans l'Oise, ce moyen a eu des résultats inespérés. Telle commune a eu, grâce à un instituteur zélé et instruit, des conférences d'une inappréciable valeur.

En ce qui concerne les leçons d'agriculture adaptées à l'enseignement secondaire, on a paru craindre l'envahissement des colléges par l'élément agricole ; on a paru craindre que les études classiques, littéraires, morales, n'eussent à souffrir de ce voisinage. L'orateur pense tout le contraire. La belle antiquité est pleine du souvenir, des réminiscences de la vie rurale. Les plus attrayantes images sont empruntées à la nature ou au travail des champs. Que manque-t-il, d'ailleurs, à notre littérature contemporaine ? Le sens vrai des choses, le bon sens. Dans le milieu champêtre, dans le contact avec la na_ ture, cultivée, les esprits s'apaisent, se rassurent, le moral s'assainit, et le bon sens prévaut. Donc le développement moral, intellectuel, littéraire même, au point de vue du beau et du bien, ne peut que gagner dans un enseignement agricole bien compris. Il ne s'agit certainement pas de transformer le lycée en école d'agriculture ; mais de justes notions agricoles et une compréhension plus raisonnée des œuvres de la vie rurale, comme des œuvres de la nature, ne peut que former le cœur et rehausser ses aspirations.

M. le Président intervient encore pour engager M. Gossin à resserrer son argumentation et à se rapprocher des termes précis du programme.

M. Hallez-d'Arros et M. le comte d'Héricourt regrettent que M. le Président croie devoir gêner M. Gossin dans le développement d'idées qui ont toute la sympathie du Congrès.

M. Pompée croit que l'Assemblée n'est plus dans son programme. L'année dernière, et l'*Annuaire* en fait foi, ces questions ont été traitées ; une commission fut même nommée, et elle devait présenter cette année des conclusions. L'objet de la discussion est donc autre chose.

En ce moment, nous sommes à la veille de nouvelles tentatives d'organisation d'enseignement professionnel.

Deux courants, deux tendances se manifestent :

Le courant qui viendrait du Ministre de l'instruction publique voudrait donner à l'enseignement un but plus professionnel, mais sans y introduire le travail manuel.

Le courant qui viendrait du Ministre des travaux publics verrait, dans les études aboutissant au travail manuel, la véritable forme de l'enseignement professionnel.

Il serait intéressant qu'une réunion d'hommes si compétents pût se prononcer en faveur de l'un ou de l'autre système, après les avoir suffisamment étudiés par la discussion tous les deux. C'est là, au sens de l'orateur, que serait la partie sérieuse du débat.

M. Doré pense que des manipulations dans l'enseignement professionnel sont sérieusement utiles, et qu'il y a lieu de les généraliser. Il est regrettable que ce complément pratique ne soit pas suffisant aujourd'hui dans les écoles existantes.

M. Fichet a la parole. L'honorable membre a depuis longtemps étudié et réalisé l'idée de l'enseignement professionnel.

Selon lui, le véritable enseignement professionnel est celui qui donne l'instruction de l'ouvrier, celle du contre-maître, celle de l'agent général qui remplit un rôle dirigeant dans l'industrie.

Les ouvriers doivent être préparés en vue de l'apprentissage où ils entreront à la sortie de l'école. La théorie doit être enseignée ; mais il faut arriver à la théorie appliquée, à la théorie pratique.

L'exercice manuel ne sera pas donné comme leçons d'un métier spécial, mais comme une leçon de méthode, une préparation méthodique à l'apprentissage.

C'est sur ces bases rationnelles que M. Fichet lui-même avait créé son école professionnelle. Malheureusement les encouragements n'ont pas été proportionnés à la valeur et à l'utilité de l'œuvre, des compétitions se sont plues à alarmer les esprits.

Il y a donc lieu de reprendre cette importante étude ; et le moyen c'est qu'il soit nommé une commission où le Ministre de l'instruction publique soit représenté, mais où celui de l'agriculture et du commerce ait plus large part encore.

M. Pompée répond à M. Fichet que le système par lui soutenu, lequel donne dans l'enseignement professionnel une place considérable à la pratique manuelle, a été tenté au Conservatoire des arts et métiers, sous le ministère de M. Bethmont. De l'aveu des hommes les plus compétents réunis en commission, on a dû constater un insuccès complet.

En somme, Messieurs, ajoute M. Pompée, à des besoins nouveaux il faut des institutions nouvelles.

Ce n'est pas d'hier, c'est du temps des parlements, après l'exclusion des Jésuites, qu'on a commencé à comprendre qu'il importait à la société française que la jeunesse y reçût deux enseignements distincts. Pour toute une large portion de la population, il faut une instruction moins spéculative que pratique, où l'esthétique littéraire cède le terrain en faveur d'une préparation continuelle aux applications ultérieures. C'était la pensée qu'avait voulu réaliser M. Guizot lorsqu'il a créé l'enseignement primaire.

Les Écoles primaires supérieures n'enseignaient pas le latin ; mais, avant de conduire l'élève au seuil de l'apprentissage, on devait lui donner un enseignement littéraire, scientifique, artistique général, non pas très-élevé, mais bien posé, bien digéré, bien précis. Quant au travail manuel, comment y destiner l'enfant avant d'avoir pu tâter sa vocation ?

Mais de même qu'après le collége il existe des écoles spéciales pour les professions dites libérales, de même après l'enseignement professionnel il faut les écoles de spécialisation industrielle.

Et maintenant faut-il concentrer l'enseignement professionnel dans les colléges, en commençant seulement après la troisième ? Mais ce serait là de précieuses années perdues pour l'enfant. Celui-ci aura fait inutilement antichambre pendant trois ans à la porte de l'enseignement qui lui est réservé.

Qu'on y songe, les familles qui destinent leurs enfants à l'industrie ne peuvent subir les sacrifices d'argent que le régime des colléges leur inflige.

Ce sont de telles nécessités qui ont amené la création des écoles Turgot et Chaptal. — On y voudrait des ateliers ; mais le temps est bien insuffisant. D'ailleurs, comment spécialiser l'exercice manuel en vue de vocations qui ne sont pas encore nées ? Que s'est-il passé en Alsace, où les parents ont presque tous demandé successivement que leurs enfants fussent exemptés d'opérations manuelles sans rapport avec leurs destinations ? Le travail d'atelier a été supprimé. Comment, après de tels exemples, songer à tenter les mêmes épreuves ?

M. Tresca accepte la question telle que M. Pompée l'a posée, et c'est à ce point de vue : c'est pour savoir s'il faut créer l'enseignement professionnel en dehors de la pratique, ou si c'est au travail manuel spécialisé au profit des diverses industries, que le Congrès peut avoir à manifester ses préférences en faveur de l'un ou de l'autre système.

Sans doute, il y a une première époque dans la jeunesse de l'élève où les vocations ne se dessinent pas. Mais n'arrive-t-il pas une seconde époque, où la vocation de l'enfant étant déjà connue, il faut se hâter de spécialiser l'instruction au bénéfice de ceux qui ne peuvent pas attendre ? Donc, les pratiques manuelles ne méritent pas l'exclusion dont veut les frapper M. Pompée. Quant à savoir s'il convient de dédoubler d'un seul coup l'enseignement universitaire en France, de créer un enseignement parallèle à l'enseignement classique, sur un mode partout uniforme ; c'est là, ce semble, une résolution bien prématurée.

Est-il plus pressant d'établir ainsi un vaste réseau d'écoles faisant double emploi avec les colléges, mais donnant l'enseignement en quelques années de moins, que de créer quelques écoles où le travail manuel soit le complément de l'instruction ?

Ne vaut-il pas mieux essayer avec modération et prudence l'un et l'autre système, et étudier par la comparaison les résultats de l'un comme de l'autre ?

Pour vouloir trop entreprendre, ne risque-t-on pas d'arriver à des inconséquences ? D'où vient donc qu'à Chaptal on a introduit le latin ? Y a-t-il un latin professionnel ? L'orateur signale également l'insuccès de l'enseignement professionnel, introduit dans les colléges ou lycées. Cette pensée ne pouvait réussir. Deux cours dans la même maison établissent entre les élèves deux catégories, deux classements contraires au sentiment d'une complète parité entre tous.

Donc pour l'enseignement professionnel non complété par le travail manuel, qu'on fasse quelques essais partiels, timides, si on peut le dire. Pour l'enseignement industriel avec exercices manuels, il y a moins d'inconvénients à le généraliser davantage. Il ne fait concurrence à rien de ce qui existe, il ne détournera pas les élèves qui vont à l'enseignement classique et littéraire.

L'orateur pense donc qu'il ne faut pas apporter de système absolu dans de telles œuvres.

Rejeter le travail manuel des écoles professionnelles, c'est mentir au titre; uniformiser tous les établissements sur un modèle unique, c'est mentir aux besoins.

On ne fera jamais, en effet, que les mêmes écoles d'arts et métiers puissent convenir sur tous les points de la France. Il faut donc un programme général et pour ainsi dire classique.

Mais l'orateur insiste encore pour qu'on ne répudie pas le travail manuel. L'établissement où il est pratiqué avec le plus de succès, c'est l'École normale supérieure de Paris. Là, les élèves travaillent le bois, le fer le cuivre. Ce travail ne prend pas un temps considérable, mais il est exécuté avec le plus grand soin. Quelle récréation plus profitable, d'ailleurs, pour ceux-là qui se destinent à une profession qui n'aura pas à exécuter un travail similaire? Est-il donc si fâcheux pour le marin, pour l'industriel, pour l'agriculteur, pour le propriétaire lui-même, d'avoir manié la lime et le rabot, d'être familiarisé avec les outils les plus usuels?

Pour se résumer sur ce point, l'orateur pense, il le répète, qu'à côté de l'Université il n'y a pas lieu de créer tout un système parallèle et pour ainsi dire rival, mais seulement un enseignement plus pratique où le travail de l'atelier tienne une place prudemment calculée.

Si le temps n'était pas si rigoureusement compté par l'ordre du jour, M. Tresca ajouterait quelques mots relativement à l'enseignement agricole. L'orateur, contrairement à ce qu'il a entendu dire dans la séance de vendredi, n'admet pas que l'enseignement de l'agriculture puisse être répandu par la voie de l'enseignement primaire. Quel professeur de culture qu'un instituteur! Est-ce dans un catéchisme par 50 demandes et 50 réponses qu'il aura puisé lui-même son instruction? Même difficulté si on veut annexer l'enseignement agricole à l'enseignement secondaire. Où le professeur se sera-t-il instruit?

Enfin l'orateur n'a pas entendu sans surprise énoncer qu'il fallait conserver les écoles d'agriculture existantes, parce qu'elles montrent le contraire de ce qu'il faut faire.

N'est-il donc pas possible de constituer un enseignement agricole vraiment scientifique? Les cours de MM. Moll, Boussingault sont-ils donc inutiles? M. Tresca pense que les conférences dont il a été parlé peuvent rendre d'excellents services; mais que ce soit le cultivateur le plus expérimenté qui préside et dirige les conférences.

Enfin, à défaut de professeurs autorisés, et d'auditoires fixés au milieu des populations agricoles, des cours momentanés, *un professorat nomade*, analogue à celui que tout le monde connaît et qui a porté sur divers points opposés les bonnes notions de l'arboriculture, rendraient évidemment de précieux services et répondraient à de sérieux besoins.

M. Fichet, reprenant la parole, aurait plus à répondre à M. Pompée qu'à M. Tresca. L'enseignement complété par le travail manuel, tel que M. Fichet l'avait organisé, n'était pas l'enseignement direct de la profession, mais bien la matérialisation de la théorie. Ce n'était pas l'école d'apprentissage, mais l'atelier apprenant à apprendre le travail matériel.

Eh bien! sous ce rapport, la France avait eu l'honneur de marcher la première, de faire les premières tentatives; mais aujourd'hui la France est cruellement dépassée, et l'orateur, dans l'intérêt de notre pays, pousse un cri d'alarmes.

En Angleterre, il se forme une grande et véritable armée industrielle : 80,000 enfants sont instruits en vue des grands besoins de l'industrie, et nous préparent des rivalités menaçantes. La Belgique, la Suisse prennent également une avance énorme et dangereuse pour nous. Dans dix ans peut-être, si nous ne réagissons par un effort puissant, la France sera déchue du rang industriel qu'elle occupe aujourd'hui, et peut tomber au deuxième ou troisième rang industriel dans le monde.

M. Baudot applaudit à une grande partie des énonciations qui viennent de se produire. Il est fermement convaincu que l'enseignement classique trop généralisé devient un véritable péril social. Avant la première révolution, il y avait beaucoup plus d'élèves dans les colléges; mais un clergé beaucoup plus nombreux, et propriétaire, ouvrait ses rangs aux lettrés. Aujourd'hui on a des fortunes amoindries, une jeunesse déclassée par l'instruction classique contient tous les ferments dangereux des révolutions.

A ce point de vue, on ne peut méconnaître l'utilité d'une organisation qui donne aux classes intermédiaires l'enseignement professionnel, l'enseignement qui fera vivre celui qui le reçoit.

Mais, sur les moyens, M. Raudot se sépare radicalement des préopinants. Tous voudraient une réglementation systématique et uniforme, par décrets et par ordonnances, une véritable université professionnelle. Il y a là, M. Raudot n'hésite pas à le dire, d'immenses inconvénients pour l'État.

N'y a-t-il pas déjà assez de fonctionnaires publics ?

Avec l'État enseignant viendra la gratuité, et alors nous déclasserons plus complètement encore des hommes dont les ressources bornées seront hors de proportion avec l'instruction qu'ils auront reçue. D'autre part, une organisation uniforme ira à contre-sens de tous les besoins locaux. Qui ne s'effraie des rivalités menaçantes pour notre industrie signalées par M. Fichet ? L'État enseignant partout sur un même modèle, nous mènera infailliblement à cette déchéance dont les symptômes sont faciles à saisir. La liberté, bien autrement flexible et bien autrement féconde, variera les combinaisons, éveillera les émulations et nous rendra la puissance de lutter contre ces États voisins, l'Angleterre, la Belgique, la Suisse, dont on nous a dit les progrès, et qui n'ont progressé que par la liberté.

M. Challe demande la parole. Il n'a pas assisté à la séance de vendredi, mais, après avoir entendu MM. Pompée et Tresca, il est frappé, comme le Congrès doit l'être, de ce fait que toutes les institutions sont étudiées au point de vue exclusif des besoins de Paris et de quelques autres grands centres industriels. Là n'est pas toute la France. C'est Paris qui fait la loi pour la province, sans que les intérêts de la province soient bien connus et suffisamment sauvegardés. Voilà un grand danger.

Or, il faut le répéter après tous les orateurs entendus, la France a besoin d'un enseignement qui ne soit ni l'enseignement classique ni l'apprentissage ; la France a besoin d'un enseignement que l'orateur n'appellera pas professionnel, mais intermédiaire.

Les besoins d'enseignement classique trouvent pleine satisfaction. L'enseignement primaire se propage également, mais entre ces deux extrêmes, entre la tête et la base des populations, pour cette classe du milieu, d'une immense puissance, comme diraient les géologues, il manque tout un ordre d'enseignement aujourd'hui indispensable.

MM. Tresca et Pompée ont défendu ou attaqué l'atelier du travail manuel avec de si bonnes raisons apparentes, que lorsque M. Pompée parlait, on était disposé à conclure contre M. Tresca ; que lorsque M. Tresca avait la parole, on eût volontiers conclu contre M. Pompée ; mais là n'est pas la question. On s'entendrait facilement sous ce rapport, grâce à quelques transactions de part et d'autre.

C'est au-dessus de ce débat que s'agite celui, bien autrement important, de savoir comment on organisera le véritable enseignement que l'orateur a qualifié d'intermédiaire.

La loi de 1833, en créant les Écoles primaires supérieures, avait résolu le problème. Et quand cette loi a été fâcheusement modifiée sous ce rapport, il est arrivé ceci : l'enseignement intermédiaire avait une telle raison d'être que, malgré l'échec qu'il recevait de la loi nouvelle, il a subsisté sur beaucoup de points, malgré la loi ou en éludant la loi.

Il y aurait à s'enquérir des faits locaux à cet égard, en ce qui concerne Auxerre. L'orateur croit bon de dire en détail ce qui existe. Les écoles où l'on donne des notions surtout pratiques d'histoire, de géographie, de mathématiques, de chimie, de physique, de langues vivantes, de langues mortes, de chant, etc., le tout enseigné en vue de l'application, rendent d'immenses services ; elles ont produit des hommes d'un haut mérite.

Les jeunes gens qui en sortent, s'ils sont propriétaires, sont aptes à conduire avec succès leurs exploitations agricoles ; ils combattront à bon escient la routine et donneront tous les exemples de progrès. Les mêmes écoles fournissent de nombreux sujets aux ponts-et-chaussées, au service de la voirie départementale. Elles créent enfin de très-bons contre-maîtres, des mécaniciens habiles : c'est de là notamment qu'est sort l'inventeur de la presse mécanique, aujourd'hui employée partout, M. Normand.

Le véritable enseignement intermédiaire existe donc, au moins comme spécimen, en quelques endroits. Mais que de difficultés n'a-t-on pas rencontrées? L'Université ne lui fournissant plus de professeurs sortis des écoles normales, la Direction est réduite à se pourvoir au dehors. Le maître se multiplie avec combien de fatigues et d'efforts! et néanmoins, M. Challe insiste sur ce fait : quelques-uns de ces précieux établissements ont prospéré.

A Lyon, il existe des écoles dirigées par des Frères qui satisfont largement à cette même nécessité de l'enseignement intermédiaire pour les familles de condition moyenne, lesquelles n'ont besoin ni de latin ni de haute esthétique littéraire, mais bien de grammaire, d'histoire, de sciences exactes élémentaires et appliquées.

M. Raudot, dit M. Challe, voudrait voir ces écoles sous un régime complet de liberté. Il repousserait même les subventions et les encouragements. Sans doute, théoriquement, cela est séduisant. M. Challe lui-même, qui admire beaucoup l'Université, admire plus encore la liberté; mais, pratiquement, ce système absolu est-il possible? L'Université existe et veut exister : nous ne la verrons pas finir. Eh bien! si elle a à lutter contre des écoles qui ne relèvent en rien de l'État, par les cours industriels des plus petits collèges, elle écrasera toute concurrence. Les villes qui tiennent à leurs collèges municipaux paient les professeurs des cours industriels; elles ont des locaux gratuits. On pourra ainsi donner l'enseignement presque gratuitement, et l'école libre ne résistera pas à ces conditions d'infériorité manifeste.

Voyez les instituteurs : en droit, l'instituteur libre peut s'établir à ses risques et avec ses ressources limitées; en fait, il a dû succomber dans une lutte inégale contre l'instituteur officiel payé des deniers communs.

Si maintenant l'orateur croyait pouvoir ajouter quelques mots sur l'enseignement agricole, sans fatiguer l'attention de l'Assemblée, à M. Tresca, qui ne croit pas que l'École primaire ait la moindre aptitude pour vulgariser de saines notions d'agriculture, il répondrait par l'argument invincible du fait. Dans l'Yonne, dans 480 communes, l'instituteur enseigne les notions élémentaires de l'industrie rurale. Les bons labours, les bonnes fumures, la science des amendements, les soins aux animaux sont l'objet de leçons essentiellement pratiques et dont les fruits sont visibles partout.

M. Tresca croit moins encore aux bons effets des cours d'agriculture dans les colléges. Qu'il veuille bien s'informer des résultats obtenus dans l'Oise. Et les ecclésiastiques qui ont reçu les enseignements de M. Gossin au Séminaire! qu'on les voie à l'œuvre. On les trouvera, si on le veut, présidant ces conférences auxquelles tout le monde applaudit, y présidant avec une supériorité, une intelligence du véritable progrès agricole qui défieraient toute critique.

M. Tresca voudrait, pour l'agriculture, quelque chose comme les cours nomades d'arboriculture. Nous voulons mieux que cela : nous voulons que l'instituteur ait appris à l'École normale à démontrer lui-même à ses élèves, et la taille et la conduite des arbres, et bien d'autres notions d'un ordre plus général et plus sérieux en agriculture. Or, ce que nous voulons ainsi, cela existe à l'état de fait trop particulier encore, il est bien vrai : mais nous demandons précisément que les faits existants soient étudiés, soient compris, et qu'on s'efforce de les généraliser. C'est pourquoi il y a grand profit pour tous à ce que les résultats accomplis soient signalés dans le sein du Congrès et ailleurs.

En ce qui le concerne, M. Challe serait heureux que des hommes comme M. Tresca voulussent bien venir vérifier ce qu'il avance. Il serait heureux de leur montrer, par ce qui existe sur quelques points, ce qui pourrait avoir lieu partout, et de les amener à conclure qu'avec du dévouement, du zèle et de l'intelligence, le problème est loin d'être insoluble.

De vifs applaudissements témoignent à M. Challe combien l'Assemblée s'associe à son éloquente conviction. M. Boulatignier voudrait résumer devant le Congrès les idées arrêtées qu'il s'est faites après des années d'étude de la matière, et un rôle actif dans les questions d'enseignement auxquelles il a consacré de longs efforts. M. Boulatignier n'a pas voulu se borner à parler des services gratuits à rendre à l'enseignement, il a fait des cours à l'École Chaptal, et l'a long-temps administrée pour la ville; il a donc suivi avec soin le développement de cette création importante. C'est dire aussi qu'il n'est pas non plus l'ennemi de ce qu'on nomme improprement l'enseignement professionnel, qui serait plutôt, ainsi que l'a dit M. Challe, l'enseignement intermédiaire. Mais il ne peut souscrire à l'anathème prononcé par M. Raudot contre les études classiques : c'est aux lettres humanitaires qu'il faudra toujours demander le développement moral de l'homme ; ce sont elles surtout qui couronnent l'instruction par l'éducation. On parle, en effet, toujours d'instruction scientifique; je veux, moi, dit M. Boulatignier, qu'on parle d'éducation. Et prenons-y garde : on a dit que les lettrés déclassés étaient les instruments des révolutions; il y a plus encore à se défier de l'orgueil de la science. Parmi les orgueilleux de la science, on trouvera, plus souvent que partout ailleurs, la révolte contre les lois morales, la rebellion contre Dieu.

Sans donc qu'il faille généraliser au-delà des besoins et en l'exagérant l'enseignement classique, c'est moins encore des esprits que des âmes que les hommes qui ont l'autorité dans la société portent la responsabilité devant Dieu.

L'instruction n'est donc qu'un moyen, et éclairer les intelligences sans former le cœur, c'est mentir à de grands devoirs.

Sous d'autres rapports, M. Boulatignier serait bien près de s'entendre avec MM. Challe et Raudot. Ce n'est pas lui, et il en a donné bien des preuves ailleurs, qui voudrait développer indéfiniment l'action de l'État. Mais peut-on songer à faire table rase? Ne faut-il pas tenir un certain compte des tendances, des vieilles habitudes du pays. En France, on ne veut voir la main de l'État nulle part lorsqu'il s'agirait de créer, mais partout on veut ses subventions pour faire vivre plus tard ce qui n'est pas né viable.

Donc vouloir se passer complètement de l'État, c'est une chimère. Mais ce qu'il faut, c'est que les hommes de bien donnent un concours assidu de surveillance, de patronage et de dévouement.

Quand il s'agit d'organiser l'enseignement pour de nouveaux besoins, la première préoccupation dont il importe de se pénétrer, c'est la nécessité d'économiser et le temps et l'argent des élèves. Il importe que les prix soient proportionnés aux ressources des parents.

L'École Chaptal coûte 1,100 fr., sans l'argent de poche, sans les frais de voyage, etc. N'est-ce pas exorbitant pour répondre aux besoins de la classe moyenne?

Il faut donc de l'économie. Il faut qu'on puisse organiser des externats de 125 à 150 fr. par an; et des internats dans des proportions analogues. Mais, pour cela, il ne faut pas multiplier les maîtres; il ne faut pas non plus que les mères lèvent trop souvent, si on peut le dire, le couvercle de la marmite, et déclarent, comme elles le font aujourd'hui, que le haricot doit être proscrit d'une maison d'éducation honorable, qu'on ne peut pas dîner décemment avec des haricots et du gigot.

Quant à créer un système d'écoles professionnelles parallèle au système universitaire, quant à établir des lycées professionnels à côté des lycées existant, ce serait l'exagération la plus dangereuse. C'est bien déjà trop d'un lycée par département.

Quelques écoles industrielles, non soumises à une réglementation uniforme, mises en harmonie avec les besoins locaux, voilà ce qui doit suffire. Faut-il ensuite renoncer à profiter des avantages que fournissent et les bâtiments déjà existants de l'Université et les aptitudes des professeurs à faire de doubles cours? Faut-il séparer matériellement l'École professionnelle du lycée? L'orateur ne le pense pas. On craint que l'enfant ne perde beaucoup de temps quand il n'entrera pas immédiatement dans la spécialité professionnelle. Mais ce n'est pas à 15 ou 16 ans que l'enfant peut devenir un contre-maître sérieux! Quant à la question de l'atelier et du travail manuel, il y a à agir ici avec une grande réserve. En général, l'enfant qui exécute des manipulations se fait de cet exercice une récréation, un jeu. Pour appeler les choses par leur nom, *il gâche :* tout cela est très-coûteux et peu utile.

Quant aux modifications apportées à la loi de 1833, relativement aux écoles primaires supérieures, M. Boulatignier est d'autant plus à l'aise qu'il a toujours combattu ces modifications. Qu'on rétablisse donc, et le gouvernement n'est pas disposé à s'y opposer, les conditions de la loi de 1833.

A ce propos, que chacun veuille bien garder sa part de responsabilité : ce n'est pas Paris qui fait des lois pour la France, c'est la représentation, où Paris tient par le monde une place si limitée qui, à tort ou à raison, à tort suivant l'orateur, a voulu les dérogations à la loi de 1833 votées en 1850.

En résumé, les écoles primaires supérieures doivent être rétablies Pas plus que M. Raudot, M. Boulatignier ne veut une uniformité réglementaire à la façon du lit de Procuste. Il n'approuve pas cette centralisation pour la règle universelle qui détruit toute spontanéité, toute liberté dans l'enseignement. Il ne lui plaît pas qu'on puisse dire, comme on le lui a dit : Aujourd'hui à la même heure, à la même minute, dans tous les lycées de l'Empire, la même chose se fait ; le professeur explique la même ligne.

Non, ce n'est pas ainsi que se fait l'éducation. S'il rencontre un trait d'histoire chemin faisant, le professeur doit pouvoir, suivant l'inspiration de son intelligence et de son cœur, s'y arrêter, y puiser un exemple, en déduire une leçon.

Mais il ne faut pas dire non plus qu'un enseignement absolument libre assurerait d'infaillibles succès.

Pourquoi y a-t-il encore tant à désirer dans la marche des écoles primaires telles qu'elles existent aujourd'hui ? Légalement, il est permis à l'industrie privée de leur faire concurrence. Où sont les résultats de cette liberté ?

Sait-on ce qui manque en France ? Il manque l'initiative énergique, assidue, bienveillante des bons citoyens.

M. Challe a montré ce qu'on a pu faire dans l'Yonne. Donc rien dans la loi n'empêche de bien faire.

Mais une instruction pratique sans lendemain, des leçons

qui ne seront pas continuées, une période d'enseignement et puis l'oubli venant oblitérer les intelligences à peine dégrossies, est-ce assez?

Quoi qu'on fasse, il faut que les institutions gratuites et libres (leçons du soir, leçons du dimanche, conférences, etc.) aident l'élève à conserver ce qu'il a acquis, à accroître lui-même par l'étude indépendante son capital d'instruction.

Il faut, en un mot, que ceux-là surtout qui trouvent l'action de l'État exagérée ne la laissent pas devenir partout indispensable, et pour cela il faut payer de sa personne. Dans la commune qu'il habite, M. Boulatignier s'occupe de l'instituteur; l'instituteur s'efforce de bien faire, se sentant appuyé. L'orateur lui-même, il n'hésite pas à le dire, a dû à l'intérêt et à la bienveillance que ses concitoyens témoignaient à son enfance, des encouragements dont le souvenir restera toujours vivant dans son cœur. C'est grâce à ces hommes de bien, d'une obscure petite ville, qu'il est devenu ce qu'il est, et il leur en garde une éternelle reconnaissance.

Donc, il faut que chacun agisse sous l'inspiration de son dévouement; il faut qu'on se cotise moins encore d'argent que de zèle. C'est ainsi seulement qu'il se fera quelque chose de durable, de sérieux, dans cette grande question à laquelle le Congrès attache, à si juste titre, une si réelle importance. (Applaudissements.)

M. le Président pense que l'Assemblée voudra rester sous l'impression de cette excellente improvisation.

La séance est levée à 5 heures.

Le Secrétaire,

Ch. Calemard de Lafayette.

SÉANCE DU 25 MARS.

Présidence de M. CHALLE, d'Auxerre.

Siégent au bureau : MM. D'ESTAINTOT, FICHET, DESTOURBET, le comte DE GLATIGNY, TAILLANDIER, DE CAUMONT.

M. Paul SIMIAN remplit les fonctions de secrétaire.

M. le Président prend la parole. Vous savez peut-être, Messieurs, dit-il, que l'Institut des provinces de France a fait frapper une grande médaille, pour l'offrir aux hommes de progrès, de science et de dévouement, qui sont la gloire et l'honneur de notre époque. Ces récompenses sont décernées cette année : 1°. au créateur du canal de Suez, à M. de Lesseps, qui, avant de rendre cet immense service à la civilisation tout entière, a sauvé la ville de Barcelonne ; 2°. au savant M. Des Moulins, de Bordeaux, depuis plus de trente ans président de la Société Linnénne de la même ville, dont les beaux travaux sont connus de toute la France et de l'étranger, l'homme vertueux, l'homme dévoué à tout ce qui peut rehausser la gloire du pays ; 3°. à M. Lambert, le modeste bibliothécaire de Bayeux, qui a publié un ouvrage très-important sur la *numismatique gauloise*, qui a doté sa ville natale d'une bibliothèque et d'un musée, et qui a toujours montré le plus grand zèle pour le bien public. M. Des Moulins, M. Lambert, voilà les deux hommes que nous croyons pouvoir placer à côté de l'illustre M. de Lesseps. (Applaudissements unanimes.)

L'ordre du jour appelle l'exposé de la question des générations spontanées. M. Pouchet, correspondant de l'Institut, a la parole.

M. Pouchet lit un discours sur ce sujet. Ce mémoire est interrompu plusieurs fois par les mots : très-bien ! très-bien ! — Après cette lecture, M. Pouchet donne quelques explications orales sur ses ingénieuses expériences et démontre au Congrès l'utilité de l'aéroscope qu'il a inventé, utilité qui a été méconnue par son adversaire, l'honorable M. Pasteur (1).

M. le Président. Messieurs, la question des générations spontanées est sans contredit l'un des problèmes les plus difficiles à résoudre qui existent. Les animalcules microscopiques proviennent-ils de germes répandus dans l'atmosphère ou se développent-ils spontanément ? Telle est la question qui, déjà soulevée pendant le dernier siècle, est encore discutée aujourd'hui. Nous avons entendu avec beaucoup d'intérêt le mémoire de M. Pouchet. Nous le remercions bien vivement au nom du Congrès. Nous ajouterons que ces doctrines ne peuvent blesser les consciences les plus timorées. M. le cardinal Donnet lui-même, au Congrès de Bordeaux, a déclaré que la doctrine de la génération spontanée n'était nullement en désaccord avec la religion et a cité, à l'appui de son opinion, un passage d'un Père de l'Église.

M. Foucher de Careil. Je n'ai pas vu les expériences de M. Pouchet. Elles seules peuvent prouver la vérité de son système.

M. le Président. M. Pouchet, ainsi que cela est porté dans le programme, nous a fait un exposé de l'état de la question. Nous croyons être dans l'esprit de ce même programme, en déclarant qu'il ne doit y avoir aucune espèce de discussion. D'ailleurs, l'ordre du jour appelle une communication d'un savant russe sur la statistique.

M. Foucher de Careil. Le Congrès est-il suffisamment édifié sur la question des générations spontanées ?

Le Congrès. Non, non.

M. le Président. Je répète qu'aucune discussion ne doit avoir lieu.

M. Foucher de Careil. Il est important de connaître l'avis du Congrès.

M. le Président. Voulez-vous, Messieurs, entendre M. Foucher de Careil? — Oui, oui.

(1) Le mémoire de M. Pouchet a été imprimé à Rouen peu de jours après la clôture du Congrès.

M. Foucher de Careil. Messieurs, je n'ai pas la prétention de juger la question qui vous est soumise au point de vue de l'expérimentation. Je ne connais pas, d'ailleurs, les expériences de M. Pouchet. Il m'est donc impossible d'amener le problème sur ce terrain. J'ai toutefois suivi d'assez près le développement de cette doctrine, pour savoir que des expériences solennelles ont été faites devant l'Académie des sciences, dont je lis les comptes-rendus. Je sais que MM. Pouchet et Pasteur ont fait des prodiges devant cette savante Compagnie. Entre leurs mains, le microscope, l'instrument du célèbre Swammerdam, est venu nous révéler les fantastiques merveilles de la création. Voici donc deux hommes, également savants, qui opèrent d'une manière excellente et qui, chose étrange! obtiennent des résultats diamétralement opposés. Je ne veux donc pas et je ne dois pas accepter les conclusions de M. Pouchet, car la science n'a pas encore tranché la question : *adhuc sub judice lis est.*

Mais je puis et je dois signaler les dangers du système de M. Pouchet, au point de vue philosophique.

Où nous conduira cette doctrine, Messieurs? Au matérialisme. Voilà le danger, voilà l'écueil que je veux indiquer. Il est incontestable qu'aujourd'hui une grande partie de l'école philosophique allemande s'appuie sur la théorie de M. Pouchet. Le panthéisme, puisqu'il faut le nommer, n'a pas de plus puissant allié que notre savant micrographe. Le plus grand des panthéistes modernes a admis la doctrine de la génération spontanée. De là, Messieurs, on est parti pour saper les opinions spiritualistes. On a dit : le mouvement naturel des êtres vers la vie se fait par une progression simple. . . . . . Au bas de l'échelle naturelle, les êtres naissent sans aucune intervention ; pourquoi n'en serait-il pas de même au sommet de l'échelle? Pourquoi l'homme ne serait-il pas sorti jadis du limon de la terre? Ainsi, Messieurs, on arrive à supprimer un Dieu créateur et à expliquer le monde par la *productivité* de la nature.....

M. le Président. Je crois devoir faire observer à l'orateur que la séance sera levée dans vingt minutes.

M. Foucher de Careil. Je renonce à la parole.

Le Congrès. Parlez, parlez

M. le Président. Un savant russe a demandé un moment pour dire quelques mots sur la statistique.

M. de Mellet. Je m'étonne de ne pas voir ici M. Pasteur. Ce savant avait le droit d'être entendu.

M. le Président. J'ai déjà prévenu le Congrès de ce qui devait se passer. M. Pouchet a bien voulu nous exposer l'état de la question, mais aucune discussion n'était à l'ordre du jour.

M. Foucher de Careil. Je ne dois pas, Messieurs, laisser sans réponse le discours de M. Pouchet, car les doctrines de ce savant sont fort dangereuses. Il faut dire bien haut que l'Académie des Sciences, le premier corps savant du pays, s'est prononcée contre la génération spontanée. Cela seul suffirait à prouver la fausseté de ce système.

Mais, Messieurs, il y a mieux que cela. Il suffit de connaître les lois générales qui président à l'organisation des êtres, pour penser qu'il y a une monstruosité scientifique dans la théorie de M. Pouchet. Si vous admettez que les monades peuvent naître aujourd'hui spontanément, vous admettrez aussi que l'homme a été jadis enfanté par la nature. Tous les livres de l'école allemande en sont là. Pour elle, comme pour M. Renan, l'être humain est un produit d'une génération spontanée primitive. Suivant M. Renan, lorsque toute la création physique fut sortie de la terre, l'homme apparut tout à coup pour en devenir le dominateur. Il fut procréé par le limon de notre planète, par la boue réchauffée par le soleil. Voilà, Messieurs, les conséquences fatales de ce système de la génération spontanée.

Ce grand, cet immense procès de la création s'agite en France, en Angleterre, en Allemagne. Un de mes amis a écrit un livre sur cette matière. Non-seulement il n'est pas de l'avis de M. le cardinal Donnet, mais encore il est persuadé que l'ancienne dispute des matérialistes et des spiritualistes se concentre sur cette question de la génération spontanée.

La nature peut créer des êtres, dites-vous. Eh bien! je vous réponds, moi, que votre théorie pèche par la base; car vous, qui invoquez la nature, vous faites litière de toutes les lois naturelles. C'est avec des corps inorganiques que vous prétendez produire des corps organiques. Vous renversez cette grande loi suivant laquelle les espèces sont fixes, immuables, cette loi que la science a trouvée et que la raison a démontrée. Vous dites que des espèces inanimées peuvent engendrer des espèces animées. Quelle théorie! Quelle erreur! Quelle monstruosité!

Je condamnerai toujours votre doctrine, parce que je la crois athée.

Quand Harvey vint dire, au XVIIe. siècle : « *Omne vivum ex ovo* », il se trompa sans doute; mais son erreur fut moins grande que la vôtre. Lorsque Leibnitz affirma la préexistence des germes, il ne fut pas dans le vrai, comme M. Flourens l'a prouvé par ses belles expériences sur l'épigénèse. Ces hypothèses, toutefois, n'étaient pas de nature à égarer complètement les esprits.

Vous, au contraire, vous jetez le trouble dans la science philosophique. Vous niez la préexistence des espèces. Vous perpétuez l'œuvre de la création. Vous faites naître la vie de la mort!

Non, nous n'admettrons pas votre théorie, parce que c'est la négation du *moi*, la négation de l'âme humaine, de ce grand principe qui vit et qui pense en nous. Pour vous l'âme, notre âme immortelle, est un gaz, un fluide, une sorte de quintescence de la matière. Et voilà comment vos expériences, qui semblent inoffensives au premier abord, enfantent des résultats désastreux.

Ne venez pas exposer ces doctrines monstrueuses, car votre procès est jugé. Vous voulez en appeler sans doute. Je comprends ce désir; mais je le répète, votre système est déplorable. Il ne doit pas être admis, parce qu'il supprime Dieu et met le néant à sa place. (Applaudissements.)

M. Bataillard. Messieurs, l'Académie des Sciences a jugé le procès, dit-on. Eh bien! je crois que ce jugement ne doit pas être le dernier. Personne, dans ce corps savant, ne saurait contrôler les expériences de MM. Pasteur et Pouchet. D'autre part, je crois qu'il faut abandonner le terrain de la philosophie. Beaucoup de découvertes, blâmées d'abord par les prêtres et par les philosophes, ont fini par être admises. Qui vous dit, d'ailleurs, que la génération spontanée n'a pas été préconçue par le Créateur? Enfin, je crois que la théorie de M. Pouchet n'est pas de nature à renverser les doctrines spiritualistes, qui dureront autant que l'humanité.

M. Pouchet. Je n'avais pas lieu de croire que la question prendrait cette tournure. Je ne suis pas venu ici pour démontrer l'utilité religieuse ou philosophique de mes travaux sur la génération spontanée.

Je vous dirai seulement que la morale et la religion ne sont nullement détruites par mon système. Avant moi, plusieurs Pères de l'Église avaient adopté ma doctrine.

Vous prétendez qu'on en a tiré des conséquences désastreuses. Que m'importe! Toutes les découvertes n'ont-elles pas été exploitées par des esprits peu judicieux?

Ne croyez point que je professe le matérialisme. Mes adversaires sont moins religieux que moi. Ils veulent arrêter la création, limiter la puissance infinie de Dieu.

D'ailleurs, les panspermistes soutiennent que l'air est rempli de germes. Comment, je le demande, pourrions-nous respirer s'il en était ainsi?

Vous dites que la question est jugée. C'est une erreur. Elle reviendra devant l'Académie des Sciences. Il y a peu de temps, un illustre chimiste vint me voir et me dit : « Je suis un partisan du système de M. Pasteur. » Quand il eut vu mes expériences, il s'en alla convaincu de la fausseté de ce système.

J'ai dit souvent aux panspermistes : Où sont vos germes? Trouvez-les.—Montrez-les-moi.—Jamais on ne les a vus, jamais on ne les a fait voir.

M. de Mellet. Je prierai M. Pouchet de répondre à cette objection : Comment se fait-il qu'il y ait des générations spontanées dans les petites espèces et qu'il n'y en ait pas dans les grandes?

M. Pouchet. Il y a des générations spontanées dans les espèces inférieures, parce qu'elles sont composées d'éléments rudimentaires, tandis que les grandes espèces renferment une prodigieuse quantité de corps différents. — Chaque grand animal est une sorte de monde, autour duquel gravitent des myriades d'animalcules. Nous n'obtenons, d'ailleurs, que de petits êtres, parce que la puissance qui crée s'est affaiblie. Si vous admettez, comme tout le monde, les systèmes et les découvertes de la géologie moderne, si vous pensez qu'à une époque antéhistorique Dieu a pu créer des espèces nouvelles, telles que le mastodonte, le plésiosaure, etc., vous devez admettre qu'aujourd'hui encore des térébratules, des vibrions peuvent surgir du néant, sous l'impulsion de la volonté divine. Si vous niez la génération spontanée, la géologie tout entière doit être refaite.

M. de Mellet. Je regrette de n'avoir pas bien compris la réponse de l'honorable M. Pouchet. Mais je maintiens mon objection et je partage les idées de M. Foucher de Careil.

M. Pouchet. Je le répète, je ne suis pas venu ici pour faire de la philosophie. Vous croyez à l'existence des germes de l'atmosphère. Montrez-les-moi. Je n'ai pas d'autre réponse à faire.

M. de Mellet. On n'aurait pas dû soulever cette question.

M. le Président. Elle est au moins fort intéressante.

M. Bataillard. L'objection faite à M. Pouchet ne m'a pas paru sérieuse.

M. Calemard de Lafayette. On a peut-être amené à tort la question sur le terrain religieux. Il y a quelques jours, un éminent prédicateur, le Père Félix, disait que la religion, même dans ce siècle, pourrait se passer du concours de la science, car cette dernière est changeante, tandis que le christianisme est immuable.

La parole est donnée à M. Cotteau.

M. Cotteau lit un très-remarquable rapport sur les progrès de la géologie en 1862.

PROGRÈS DE LA GÉOLOGIE EN 1862.

RAPPORT DE M. GUSTAVE COTTEAU.

Le mouvement scientifique que nous aimions à vous signaler dans notre précédent rapport poursuit son cours. En 1862, comme en 1861, les recherches, les observations géologiques et paléontologiques se sont multipliées sur tous les points de la France, et nous avons à vous rendre compte d'un grand nombre de travaux relatifs aux questions les plus variées. Plusieurs de ces travaux, d'une valeur scientifique incontestable, ont été publiés par les Sociétés de province (1).

§ I. — Terrain igné et paléozoïque.

Dans une note relative au terrain primaire des environs de Falaise (Calvados) (2), M. Dalimier recherche la position stratigraphique de la grauwacke schisteuse des environs de Noron et des couches qui l'avoisinent ; il signale les grès supérieurs que caractérisent ces tiges allongées, perpendiculaires à la surface des bancs, que M. Rouault a appelées tigillites, et que les géologues américains désignent sous le nom de *Scolithus linearis*. Dans cette même note, l'auteur mentionne ces empreintes bizarres, sinueuses qu'on trouve à Noron, sur une dalle même de grauwacke, attribuées tantôt à des trilobites, tantôt à des formes gigantesques d'algues coralloïdes ; ces empreintes pourraient bien, suivant M. Dalimier, ne pas avoir une origine organique.

M. Dalimier ne s'occupe pas seulement des terrains primaires du nord de la France : il a présenté à l'Académie des sciences un mémoire sur la géologie du plateau méridional de la Bre-

(1) Les auteurs qui publient des notes ou des mémoires géologiques sont priés de vouloir bien nous les communiquer, chaque année, avant le 1er. mars au plus tard, afin que nous puissions les comprendre dans notre rapport.

(2) *Bull. Soc. géol. de France*, 2e. série, t. XIX, p. 907.

tagne (1). Ce travail a pour but de montrer la succession des terrains primaires dans le bassin central de la Bretagne et d'établir, contrairement à l'opinion de M. Rouault, que la grauwacke des environs de Rennes, loin d'être superposée à toutes les assises siluriennes, en constitue la base, et que les grès à tiges de *Scolithus linearis* et à bilobites forment un seul et même terrain, antérieur au dépôt des ardoises fossilifères.

Dans notre rapport de l'année dernière, nous avons mentionné un remarquable mémoire de M. Barrande sur la faune primordiale d'Amérique : l'auteur passait en revue tous les documents publiés en Amérique dans ces derniers temps. Cet éminent géologue nous a fait, cette année encore, une communication fort importante sur le même sujet (2). Plus les observations se multiplient, plus elles tendent à démontrer la grande et belle harmonie qui existe, sur les deux continents, dans la succession des premières faunes qui ont apparu sur le globe.

Le terrain anthracifère de la Mayenne a été l'objet d'un long mémoire de M. Dorlhac (3). Ce travail, en grande partie consacré aux méthodes d'exploitation, aux aménagements, aux conditions de travail et au matériel des mines de houille et d'anthracite, contient en outre d'utiles renseignements géologiques sur l'âge et la nature des couches qui renferment les gisements exploités.

Nous devons à M. Ébray une notice intéressante sur le terrain houiller des environs de Decise (Nièvre) (4). Après avoir recherché la cause qui a fait apparaître le terrain houiller au milieu d'affleurements jurassiques, l'auteur étudie sa constitution et donne une coupe très-détaillée des couches exploitées à la Machine ; il examine ensuite les terrains qui viennent en recouvrement et relève leur épaisseur approximative.

M. Eugène Deslongchamps a signalé, dans le terrain dévonien

(1) *Comptes-rendus de l'Institut*, t. LV, p. 922.

(2) *Bull. Soc. géol. de France*, t. XIX, p. 721.

(3) *Bull. de la Soc. de l'industrie minérale*, t. VII, 1862.

(4) *Bull. Soc. géol. de France*, t. XIX, p. 615.

supérieur de Fesques (Boulonnais), la présence du genre *Phorus*, et décrit, sous le nom de *P. Bouchardi*, l'espèce nouvelle qui s'y rencontre (1). L'existence du genre *Phorus* à une époque aussi reculée était d'autant plus intéressante à constater, que les terrains carbonifère, pénéen, triasique et même jurassique ne renferment aucun vestige de ce genre bizarre, considéré jusqu'ici comme ne descendant pas au-dessous du terrain crétacé.

MM. Kœchlin-Schlumberger et Schimper ont publié un très-beau mémoire sur le terrain de transition des Vosges (2). Ces deux savants distingués se sont partagé la tâche : la première partie de l'ouvrage, relative à la géologie, a été traitée par M. Kœchlin-Schlumberger. Le terrain de transition occupe dans les Vosges une étendue considérable : sa longueur est de 60 kilomètres ; sa largeur varie de 22 à 33 kilomètres. A l'exception des ballons de Giromagney et de Servance, il constitue les cimes les plus élevées des Vosges, et sa puissance, sur certains points, peut être évaluée à 3,000 mètres. M. Kœchlin a étudié ce vaste ensemble ; il a décrit toutes les localités intéressantes et suivi le plus souvent les couches sur de grandes étendues ; partout il a relevé des coupes minutieuses et donné les renseignements les plus complets sur la nature des roches, les éléments minéralogiques et chimiques dont elles se composent, et les modifications plus ou moins profondes que le métamorphisme leur a fait subir. L'auteur recherche, en terminant, l'âge du terrain de transition des Vosges et arrive à cette conclusion qu'il appartient au terrain carbonifère inférieur. M. Kœchlin a ajouté à cette première partie du mémoire des observations pleines d'intérêt sur l'origine de la minette, du granite et du mélaphyre qui, d'après sa théorie, sont dans les Vosges, des roches métamorphiques, c'est-à-dire des schistes et des grès du terrain de transition transformés par voie humide et à une température peu élevée.

Dans la seconde partie du mémoire, M. Schimper s'est occupé

(1) *Bull. Soc. Linn. de Normandie*, t. VI. 1862.

(2) *Mém. de la Soc. des Sc. nat. de Strasbourg*, 1862.

de l'étude et de la description des végétaux fossiles qu'on rencontre sur deux points de ce puissant massif, dans les vallées de Thann et de Burebach, et qui rappellent la flore des terrains houillers inférieurs de la Silésie, publiée par Gœppert. Ce sont des *Calamites* aux feuilles verticillées, à la tige cannelée (*Calamites radiatus*) ; des *Stigmaria*, plantes singulières, marquées de cicatrices et qui ne sont probablement que des racines de sigillaires; des *Knorria* dont les troncs sont droits, élancés, munis de feuilles longues et lancéolées ; des *Lepidodendron* aux tiges arborescentes, couvertes de cicatrices foliaires régulièrement disposées ; de gracieuses fougères et quelques conifères du genre *Dadoxylon*. Ce travail est accompagné de planches remarquables qui représentent tous ces végétaux, de grandeur naturelle et avec les détails de leur organisation.—L'ouvrage de MM. Kœchlin-Schlumberger et Schimper est un des plus importants publiés dans le cours de l'année 1862. Non-seulement il fait grand honneur à ces deux auteurs, mais aussi à la Société des sciences naturelles de Strasbourg qui l'a édité avec beaucoup de soin et de luxe.

MM. Pidancet et Chopard ont fait connaître les débris d'un reptile gigantesque recueilli dans les marnes irisées de Poligny (Jura) (1). Ce saurien, par l'ensemble de ses caractères, ne peut rentrer dans les coupes génériques établies jusqu'à ce jour, et les auteurs proposent de le désigner sous le nom de *Dimodausaurus Polyniensis*.

M. Schlumberger, de Nancy, a donné la description et les figures d'une dent du *Muschelkalk* de Lunéville et appartenant au genre *Ceratodus*, Agassiz (*Cerat. runcinatus*) (2). Avant la découverte de M. Schlumberger, les dents de *Ceratodus* n'étaient connues que d'une manière très-incomplète.

Signalons encore, relativement au terrain paléozoïque, une note de M. de Rouville, tendant à fixer l'âge essentiellement triasique, suivant lui, des dépôts gypseux secondaires du midi de la

(1) *Comptes-rendus de l'Institut*, t. LIV, p. 1259.

(2) *Bull. Soc. géol. de France*, t. XIX, p. 707.

France (1), et les observations de M. Gosselet sur quelques gisements fossilifères du terrain dévonien de l'Ardenne (2).

§ II. — Terrain jurassique.

MM. Piette et Terquem ont publié un important mémoire sur le lias inférieur de la Meurthe, de la Moselle, du grand-duché de Luxembourg, de la Belgique, de la Meuse et des Ardennes (3). Fruit de longues et patientes observations, ce travail renferme un grand nombre de coupes, de listes de fossiles, de tableaux comparatifs, et les auteurs, s'appuyant à la fois sur la stratigraphie et la paléontologie, arrivent à cette double conclusion : 1°. que le *bone-bed* ne fait pas partie du lias avec lequel il est en stratification discordante, que c'est un étage distinct des marnes irisées, qui mérite une place à part dans la formation triasique, et doit être intercalé entre l'étage saliférien et l'étage sinémurien ; 2°. que le lias inférieur, tout en étant caractérisé par un ensemble de fossiles qu'on retrouve dans toutes ses assises, contient quatre zones coquillières dont chacune renferme des espèces particulières.

Nous devons à MM. Deslongchamps des renseignements pleins d'intérêt sur la découverte d'ossements de vertébrés dans les nodules calcaires du lias supérieur de La Quaine et de Curcy (Calvados) (4), sur l'aspect et la nature de ces nodules ossifères, et sur les circonstances singulières qui paraissent avoir donné lieu à leur formation. Parmi les ossements recueillis, cette année, dans les nodules de La Quaine, M. Eudes-Deslongchamps mentionne un *Teleosaurus temporalis* presque entier, un ichthyosaure de 2 mètres de longueur, et trois espèces de gros poissons représentées par sept ou huit individus.

M. Eugène Deslongchamps nous a donné, en outre, quelques renseignements stratigraphiques fort utiles sur le système juras-

(1) *Bull. Soc. géol. de France*, t. XIX, p. 683.

(2) *Id.*, p. 559.

(3) *Id.*, t. XIV, p. 322.

(4) *Bull. Soc. Linn. de Normandie*, t. VII, p. 231 et 238. 1862.

sique inférieur dans les départements de l'Orne et du Calvados (1). A l'aide des coupes qu'il a relevées, l'auteur établit qu'il existe une discordance bien prononcée entre le lias moyen et le lias supérieur qu'il voudrait séparer de la série liasique pour le reporter dans la série oolithique.

M. Noguès, dans un résumé très-complet, nous a fait connaître le résultat de ses observations sur le terrain jurassique des Corbières (2), lambeaux isolés au milieu des schistes, des calcaires paléozoïques et des grès du trias, et que l'auteur, d'après les fossiles qui s'y montrent, classe dans les différents étages du lias. De cette étude, on peut conclure que, dans les régions du sud-est, le terrain jurassique inférieur présente les mêmes faunes et les mêmes horizons que dans le nord et l'est de la France, avec des modifications dues à des influences locales, et qui ont plutôt porté sur les caractères chimiques des roches que sur les faunes.

M. Farge a étudié avec soin le terrain jurassique des environs de Durtal (Maine-et-Loir), et notamment les calcaires de Vairie (3). Rappelant les opinions contradictoires dont cette couche a été l'objet, l'auteur cherche à déterminer son âge géologique et n'hésite pas, d'après l'ensemble de ses fossiles, à la séparer du lias pour la placer dans l'oolithe inférieure.

Nous devons encore à M. Farge une note renfermant la description de quatre nouvelles espèces d'*Acteonina* recueillies dans l'étage bathonien de Montreuil-Bellay (4).

M. Terquem a publié un mémoire sur les foraminifères du lias inférieur et moyen du département de la Moselle (5). Deux cent cinquante espèces ont été étudiées par cet habile paléontologiste. C'est tout un monde organique nouveau, et d'une richesse inattendue, qui s'ouvre devant les investigations de la science.

(1) *Bull. Soc. Linn. de Normandie*, t. VII, p. 304. 1862.

(2) *Bull. Soc. géol. de France*, t. XIX, p. 501.

(3) *Annales de la Soc. Linn. de Maine-et-Loire*, 5e. année, p. 121, 1862.

(4) *Id.*, p. 114.

(5) *Mém. de l'Acad. imp. de Metz*. 1862.

M. Dumortier nous a fourni quelques renseignements intéressants sur l'oolithe inférieure du Var (1). Après avoir constaté, aux environs de Cuers, l'horizon si remarquable des fucoïdes (*Chondrites scoparius*), l'auteur décrit les couches qui viennent au-dessus : les unes, d'après les fossiles qu'on y rencontre, appartiennent incontestablement à l'oolithe inférieure, déjà signalée du reste dans cette partie de la France par MM. Jaubert et Hébert.

M. Jules Martin a fait paraître une note sur quelques espèces nouvelles et peu connues, caractéristiques de l'étage bathonien, de la Côte-d'Or (2). Ces espèces, au nombre de six, sont décrites avec soin par M. Martin, qui indique les localités où elles se rencontrent, et fixe l'horizon stratigraphique qu'elles caractérisent. Ce mémoire est accompagné de planches très-exactes et qui ne laissent aucun doute sur l'identité des espèces décrites.

M. de Ferry, qui s'occupe depuis long-temps de l'étude difficile des polypiers fossiles, a établi un nouveau genre de la famille des Symphylliens, et qu'il a dédié, sous le nom de *Fromentellia* (3), à M. le docteur de Fromentel, l'un de nos zoophytologues les plus distingués. Deux espèces sont rangées par l'auteur dans ce genre curieux : l'une qui appartient à l'étage bathonien (*From. Fabryana*), et l'autre à l'étage corallien (*From. Rupellensis*).

M. Dolfuss nous a fait connaître une nouvelle espèce de trigonie (*Trigonia Baylei*), provenant de l'étage kimmeridgien du Havre (4), espèce fort rare et qui, suivant l'auteur, se distingue nettement par l'ensemble de ses caractères des autres espèces qu'on a rencontrées au même niveau.

C'est également dans les argiles kimmeridgiennes, à Bléville, près du cap la Hève, que M. Lennier, conservateur du Musée d'histoire naturelle du Havre et chercheur infatigable, a recueilli des ossements de saurien que M. Valencienne, dans une note

(1) *Bull. Soc. géol. de France*, t. XIX, p. 839.

(2) *Mém. de l'Acad. de Dijon*, 1862.

(3) *Bull. Soc. Linn. de Normandie*, t. VII, 1862.

(4) *Bull. Soc. géol. de France*, t. XIX, p. 614.

insérée aux *Comptes-rendus de l'Institut* (1), a considérés comme appartenant à un *Plesiosaurus*, probablement au *Plesiosaurus recentior* de Conybeare, qui provient, comme celui du Havre, de l'argile de Kimmeridge.

M. de Fromentel, dont nous avons plus d'une fois, dans nos précédents rapports, signalé les beaux travaux sur les polypiers fossiles, a entrepris la publication des espèces du terrain jurassique supérieur. La première partie de cette monographie (2), consacrée aux polypiers de l'étage portlandien, a paru en 1862. Quarante-deux espèces, recueillies pour la plupart aux environs de Gray (Haute-Saône) par M. Perron, sont décrites et figurées dans ce travail. Avant 1856, une seule espèce avait été indiquée dans l'étage portlandien. L'ouvrage que vient de publier M. de Fromentel nous montre que cet étage est aussi riche en zoophytes que les autres étages jurassiques, si on excepte toutefois l'étage corallien. Parmi les espèces les plus intéressantes au point de vue stratigraphique, nous citerons le *Thamnastræa portlandica*, qui est excessivement abondant et généralement bien conservé. Suivant l'auteur, il se présente en masses considérables et forme un horizon constant, qui non-seulement peut indiquer l'étage qu'il habite, mais encore déterminer la hauteur des bancs qui le supportent ou le surmontent.

§ III. — Terrain crétacé.

M. Perceval de Loriol a fait paraître la description des animaux invertébrés fossiles de l'étage néocomien moyen du mont Salève (3). Dans les quelques observations stratigraphiques qui précèdent la description des espèces, M. de Loriol établit : 1°. que la faune du néocomien du Salève ne présente aucune analogie avec celle du néocomien des Voirons : quatre espèces bien caractérisées seulement sont communes, une seule est également abondante dans les deux gisements ; 2°. que cette

(1) *Comptes-rendus de l'Institut*, t. LIV. p. 628.

(2) *Mémoires de la Société Linnéenne de Normandie*, t. XII. 1862.

(3) *Descript. des animaux invert. foss. contenus dans l'étage néocomien moyen du mont Salève*, Genève, 1861-63.

même faune appartient au facies jurassique du néocomien moyen et qu'elle en offre tous les fossiles caractéristiques; 3°. que le facies alpin n'existe pas au mont Salève, et que ce n'est point là qu'il faut espérer trouver un point de réunion des deux facies qui, malgré le voisinage, ne sont nullement mélangés. L'auteur s'occupe ensuite de tous les animaux invertébrés recueillis dans cette intéressante localité.

Il décrit successivement et avec beaucoup de soin les mollusques, les annélides, les échinides et les éponges, associés à des types caractéristiques et parfaitement connus qui viennent fixer l'horizon stratigraphique des couches; il se rencontre un certain nombre d'espèces nouvelles. Nous signalerons parmi les plus intéressantes un beau scalaire (*Sc. neocomiensis*), un *Neritopsis*, voisin du *Ner. lævigata*, mais cependant distinct (*Ner. Meriani*), des pleurotomaires, deux colombelles dont une remarquable par sa grande taille (*Col. maxima*), plusieurs espèces d'acéphales et de bryozoaires, et parmi les échinides, un *Pygurus*, voisin du *Pyg. Montmolini* (*Pyg. salevensis*), mais dont la forme est plus déprimée; deux espèces appartenant à notre genre *Phyllobrissus*, un *Pygaulus* (*Pyg. Lorioli*), que M. Desor a considéré comme nouveau. Trente planches exécutées d'une manière très-satisfaisante accompagnent ce mémoire, destiné à prendre place parmi les plus importantes de nos monographies locales.

M. Cornuel poursuit ses intéressantes recherches relatives au terrain crétacé inférieur: il nous a donné un mémoire très-complet sur les rapports qui existent entre les grès verts inférieurs du pays de Bray et celui du nord-est et du nord-ouest du bassin anglo-français (1). Après avoir décrit et comparé les différentes assises, il démontre que le pays de Bray, malgré sa position géographique centrale, n'a fait partie ni du lac Wealdien, ni de la région marine anglaise, et qu'il n'a pas cessé d'appartenir à la région française du bassin total.

M. Coquand a publié une note (2) sur la nécessité d'établir,

(1) *Bull. Soc. géol. de France*, t. XVIII, p. 975.

(2) *Id.*, t. XIX, p. 531.

dans le groupe inférieur de la formation crétacée, entre le néocomien proprement dit et le néocomien supérieur, un nouvel étage que caractérise le *Scaphytes Ivani*, et pour lequel il propose le nom de *Barémien*, en prenant pour type la localité de Barême (Basses-Alpes). M. Coquand cherche, dans d'autres parties de la France, l'équivalent de cet étage et pense le trouver dans les argiles ostréennes de MM. Cournel et Leymerie. Resterait à prouver, comme le dit l'auteur, si les grès ferrugineux, les sables supérieurs à l'*Ostrea Leymeriei* (argiles bigarrées), et inférieurs aux argiles à plicatules, pourraient être considérés comme parallèles aux calcaires à *Chama ammonia*.

M. Leymerie, dans une note très-digne de remarque insérée aux *Comptes-rendus de l'Institut*, a signalé l'existence, aux environs d'Orthez, de l'étage aptien représenté par des argiles et des marnes riches en *Exogira* (*Ostrea aquila* d'Orb.) (1). Cette assise constitue la base du terrain crétacé, dans les Pyrénées-Orientales ; il est probable, suivant M. Leymerie, qu'elle correspond au gisement de La Clape, de St.-Paul de Fenouillet, de Quillan, et qu'elle reparaît à l'autre extrémité de la chaîne, sur les bords de l'Adour, à Vinport, près Tercis, où sa présence a été constatée par MM. Dumortier et Noguès.

Sur un autre point de la France, dans l'Aisne et la région occidentale des Ardennes, M. Piette indique également la présence de l'étage aptien, caractérisé comme toujours par des *Ostrea aquila* de très-grande taille (2).

Nous devons à M. Ébray une étude sur la craie moyenne de la vallée du Cher et de la vallée de l'Indre (3). L'auteur fixe la position stratigraphique des couches, et cherche à déterminer la limite des étages, d'après les oscillations plus ou moins prononcées que le sol a subies.

M. Arnaud a publié un mémoire sur le terrain crétacé de la Dordogne (4). La plupart des subdivisions que M. Coquand a

(1) *Comptes-rendus de l'Inst.*, t. LIV, p. 683.

(2) *Bull. Soc. géol. de France*, t. XVIII, p. 946.

(3) *Id.*, t. XIX, p. 789.

(4) *Id.*, t. XIX, p. 465.

signalées dans la craie moyenne et supérieure de la Charente se retrouvent dans la région qui fait l'objet de ce travail et sont étudiées avec le plus grand soin, au double point de vue de la stratigraphie et de la paléontologie. M. Arnaud discute et apprécie la valeur des nombreux étages établis par M. Coquand : « Les observations que nous a suggérées l'étude des divisions « de la craie supérieure dans la Charente, dit l'auteur, trouvent « dans la Dordogne une exacte application ; elles établissent « pour nous, dans cette phase de la grande formation crétacée, « un caractère de complète continuité ; nulle part, en effet, le « bassin du Sud-Ouest ne porte, pendant cette période, la trace « d'événements généraux qui aient subitement modifié la com- « position des mers et les conditions d'existence de leurs habi- « tants..... Il serait cependant loin de notre pensée de contester « l'utilité des divisions destinées à faciliter l'étude ; mais il im- « porte de ne pas en exagérer le véritable caractère, plutôt ar- « tificiel que naturel, et de ne pas méconnaître le rôle de con- « vention qu'elles sont uniquement appelées à jouer dans « l'histoire de la craie supérieure. » Nous sommes heureux de voir M. Arnaud arriver, par l'étude approfondie des faits, à des conclusions à peu près identiques à celles que nous formulions dans un de nos précédents rapports, relativement aux divisions introduites par M. Coquand dans le terrain crétacé de la Charente.

Nous trouvons dans le *Bulletin de la Société géologique de France* une notice intéressante, de M. l'abbé Bourgeois, sur le terrain crétacé de Loir-et-Cher (1). Résultat d'observations locales très-minutieuses, ce travail, exécuté surtout au point de vue paléontologique, nous donne la succession des zones fossilifères qui constituent, dans cette partie de la France, la formation crétacée, si riche en corps organisés fossiles. Le tableau synoptique qui accompagne ce consciencieux mémoire nous fait voir la distribution des espèces dans les différentes assises.

M. Alphonse Milne-Edwards a fait connaître l'existence, pendant la période crétacée, d'un nouveau genre de crustacés

(1) *Bull. Soc. géol.*, t. XIX, p. 652.

voisin des Raniniens (1), qu'il désigne sous le nom de *Raninella*, et qui diffère des Ranines par sa carapace ovale et allongée. L'espèce qui a servi de type à cette coupe générique nouvelle (*Ran. Trigeri*) a été recueillie par M. Triger, dans les sables cénomaniens du Maine.

M. Sæmann a fait paraître une note sur les caractères zoologiques du *Belemnites quadratus* (*Belemnitella quadrata*, d'Orbigny) (2), qui, suivant lui, fait partie de la division des Actinocamax dont le caractère important est d'avoir une alvéole cartilagineuse entre le cône et la gaîne des Bélemnites ordinaires.

Nous devons à M. Courtillier une notice sur les Nullipores de l'étage sénonien (3). Les planches qui accompagnent ce travail, dessinées par l'auteur lui-même, nous font connaître plusieurs espèces de ces êtres curieux, placés sur les degrés les plus inférieurs de l'échelle organique.

Nous avons continué, M. Triger et moi, la publication des échinides de la Sarthe (4). La huitième livraison a paru en 1862, elle comprend la plus grande partie du Supplément, des coupes stratigraphiques et un grand tableau synoptique du terrain crétacé dressé par M. Triger.

§ IV. — Terrain tertiaire.

M. Deshayes poursuit avec autant de zèle que de savoir la publication de son grand et magnifique ouvrage sur les animaux sans vertèbres du bassin de Paris (5). Les livraisons publiées en 1862 sont relatives aux Gastéropodes et ne contiennent encore qu'une partie des genres et des espèces qui, dans certaines couches, se sont multipliés avec une si étonnante profusion.

M. Matheron nous a donné le résultat de ses études compa-

(1) *Comptes-rendus de l'Institut*, t. LV, p. 492.

(2) *Bull. Soc. géol. de France*, t. XVIII, p. 1025.

(3) *Annales de la Soc. Linnéenne de Maine-et-Loire*, 5e. année, p. 25. 1862.

(4) *Échinides de la Sarthe*, 8e. livraison. Baillière, 1862.

(5) *Descrip. des anim. sans vert. du bassin de Paris*. Baillière, 1862.

ratives sur les dépôts fluvio-lacustres tertiaires de la Provence, des environs de Montpellier, du versant méridional de la montagne Noire, du bassin de Narbonne et d'Armissan (1). Cet important mémoire est appelé à jeter un grand jour sur l'âge relatif des dépôts tertiaires du midi de la France, et sur leur coïncidence avec les divers étages du bassin parisien. Le tableau qui accompagne ce mémoire permet d'embrasser d'un seul coup-d'œil les concordances que l'auteur a reconnues.

Nous devons à M. Hébert plusieurs observations intéressantes sur le terrain tertiaire des environs de Paris. Le savant professeur de la Sorbonne, revenant sur une question qui, l'année dernière, avait été l'objet d'un désaccord entre M. Laugel et lui, cherche à fixer l'âge de l'argile à silex, des sables marins tertiaires et des calcaires d'eau douce du nord de la France (2). Il insiste surtout sur l'argile à silex, et établit que ce dépôt, non-seulement est inférieur aux calcaires de Beauce auxquels on voudrait le réunir, mais aux sables qui servent de base au calcaire, et que, sur un grand nombre de points, l'argile à silex repose directement sur la craie.

Deux autres notes de M. Hébert méritent également votre attention : la première est relative aux dépôts tertiaires marins et lacustres des environs de Provins (3). Suivant l'auteur, ce dépôt, dans lequel, en 1829, des ossements de Lophiodon ont été rencontrés, et qui renferme une si curieuse série de fossiles d'eau douce, serait inférieur au calcaire de St-Ouen et synchronique des sables de Beauchamps. Dans la seconde de ces notes, M. Hébert signale, sur le territoire de Méraniez, à sept kilomètres au sud de Chartres, un nouveau gisement du calcaire à *Lophiodon* de Provins (4). Non-seulement la roche est semblable et offre les mêmes variétés de structure compacte,

(1) *Recherches compar. sur les dépôts fluv.-lac. des environs de Montpellier et de la Provence.* Marseille, 1862.

(2) *Bull. Soc. géol. de France*, t. XIX, p. 445.

(3) *Comptes-rendus de l'Institut*, t. LIV, p. 513.

(4) *Comptes-rendus de l'Institut*, t. LV, p. 149.

crayeuse, celluleuse et bréchiforme, mais les fossiles d'eau douce qu'elle renfermes ont identiques; et, bien que ces deux localités soient éloignées de plus de 120 kilomètres, ils se présentent dans le même état de conservation dès qu'on les recueille dans la même variété de roches. Ce calcaire de Méraniez, comme celui de Provins, est en parfaite concordance avec le calcaire de Beauce, sous lequel il s'étend régulièrement et de manière à pouvoir être atteint lorsque les carrières sont assez profondes. Il y a donc à se demander, ajoute M. Hébert, si l'épaisseur considérable assignée, en quelques localités, au calcaire de Beauce ne proviendrait pas de la présence, sous ce calcaire, de travertins plus anciens, notamment du calcaire de Provins. — Nous devons encore à M. Hébert quelques observations nouvelles, tendant à fixer l'âge des calcaires de Villy (1).

M. de Saporta s'est beaucoup occupé de l'étude des végétaux fossiles; il a publié le résultat de ses recherches sur la végétation du sud-est de la France à l'époque tertiaire (2). Il nous montre les diverses flores cantonnées dans des bassins distincts et se modifiant, suivant les hauteurs qu'elles occupent, dans la série des couches. « Si nous cherchons à résumer, dit M. de « Saporta, quelques vues d'ensemble sur la période qui corres- « pond à ces flores, il est aisé de constater d'abord l'existence « de plusieurs catégories de formes, les unes depuis disparues, « les autres ayant leurs analogues dans les zones australes ou « tropicales, les dernières semblables génériquement à celles « qui vivent maintenant dans la partie boréale de notre hémi- « sphère. Tel est le point de départ de l'ancienne végétation; « en s'en éloignant, elle commence une évolution, au moyen « de laquelle les diverses séries de végétaux à physionomie « exotique sont éliminées successivement, tandis que l'élément « indigène se dégage de plus en plus, et tend à se substituer « à tous les autres. »

M. Watelet a publié une notice sur la flore tertiaire du

(1) *Bull. Soc. géol. de France*, t. XIX, p. 554.
(2) *Comptes-rendus de l'Inst.*, t. LV, p. 396.

bassin de Paris (1). L'auteur a rencontré, dans les couches éocènes si peu explorées jusqu'ici au point de vue de la botanique fossile, un grand nombre de végétaux pour la plupart inédits, et leur étude lui a montré que la flore du bassin parisien ne le cède en rien à celle des contrées les plus favorisées sous ce rapport. M. Watelet se propose de faire paraître un travail descriptif comprenant tous les végétaux fossiles du nord de la France. Nous nous associons de tous nos vœux à cette entreprise, destinée à combler une très-regrettable lacune.

M. Gervais, répondant à une note de M. Noguès insérée, l'année dernière, dans le *Bulletin de la Société géologique de France* (2), a présenté de nouveaux renseignements sur le dépôt lacustre d'Armissan qui, suivant lui, appartient au terrain miocène. Le savant doyen de la Faculté des sciences de Montpellier a le projet de publier la description et les figures des espèces animales recueillies dans cette curieuse localité. En attendant la publication de ce travail, il a signalé à l'Académie l'existence d'un oiseau fossile découvert à Armissan, il y a quelques années, par M. Pessieto, de Narbonne (3). La pierre qui le renferme est un fragment de dalle d'environ 20 centimètres carrés sur lequel sont disséminés pêle-mêle les os d'un squelette d'oiseau que M. Gervais place parmi les gallinacées, dans le voisinage des *Tetras*, et auquel il donne le nom de *Tetrao Pessieti*. Nous devons encore à M. Gervais une note sur les ossements d'un très-grand *Lophiodon* trouvé à Bracorneau, près Lautrec, dans les couches éocènes, et rapporté au *Lophiodon Lautrecense* de M. Noulet, pachyderme à cinq doigts impairs dont la taille devait égaler celle de nos plus grands rhinocéros (4).

M. Tournouer a fait paraître un mémoire stratigraphique très-complet sur les faluns du département de la Gironde (5). S'ap-

(1) *Revue des Soc. savantes*, t. I, p. 182. 1862.
(2) *Bull. Soc. géol.*, t. XVIII, p. 969.
(3) *Comptes-rendus de l'Inst.*, t. LIV, p. 820.
(4) *Id.*, t. LIV, p. 840.
(5) *Bull. Soc. géol. de France*, t. XVIII, p. 1035.

puyant sur des descriptions locales, des coupes relevées avec soin et des considérations paléontologiques dont on ne saurait contester la valeur, M. Tournouer propose une classification nouvelle pour les terrains tertiaires moyens de l'Aquitaine.

M. Valencienne a rendu compte à l'Académie des sciences de ses observations sur une mâchoire de dauphin, découverte aux environs de Dax, dans le terrain miocène (1). L'espèce à laquelle appartient cette mâchoire est très-voisine du *Delphinus frontalis*, l'une de nos espèces vivantes que caractérise d'une manière positive sa symphèse relevée, dans toute sa longueur, par une crête osseuse très-prononcée.

M. Albert Gaudry, indépendamment des ossements de mammifères qui sont de beaucoup les plus nombreux et les plus intéressants, a rencontré à Pikermi quelques débris d'oiseaux et de reptiles. Il s'est occupé de leur détermination (2), et a reconnu parmi les oiseaux un faisan, un coq, une grue, et parmi les reptiles une tortue, espèces très-voisines des animaux de même nature qui vivent actuellement en Europe. M. Gaudry arrive à cette conclusion, qu'à Pikermi, les mammifères, les plus parfaits des animaux, sont très-différents de ceux qui existent aujourd'hui, que les oiseaux et les reptiles se rapprochent beaucoup des êtres actuels, et qu'un grand nombre de mollusques sont identiques avec les mollusques vivants dans nos mers; ce qui semble établir que, depuis les temps géologiques jusqu'à nos jours, les êtres ont d'autant moins varié qu'il sont d'une organisation moins élevée.

Avant les recherches de M. Gaudry, on ne connaissait que des débris incomplets et fort rares de singes fossiles. M. Gaudry a découvert à Pikermi vingt crânes de *Mesopethicus Pantelici* et presque toutes les pièces du squelette de ce singe fossile. Dans une note présentée à l'Académie, il insiste sur les caractères zoologiques de cette espèce, intermédiaire entre les Macaques et les Semnopithèques; elle forme en quelque sorte transition

(1) *Comptes-rendus*, t. LIV, p. 788.

(2) *Id.*, t. LIV, p. 502. — *Bull. Soc. géol.*, t. XIX, p. 629.

entre ces deux genres actuellement vivants (1), ressemblant aux derniers par sa tête et aux seconds par ses membres relativement assez courts et organisés, suivant toute probabilité, plutôt pour errer parmi les rochers que pour grimper sur les arbres.

Dans nos précédents rapports, nous avons, à plusieurs reprises, appelé toute votre attention sur les nombreux animaux vertébrés fossiles que M. Albert Gaudry a recueillis en Grèce, et vous avez pu apprécier l'importance des découvertes de notre jeune et savant naturaliste, au fur et à mesure qu'elles étaient signalées par lui soit à l'Académie des sciences, soit à la Société géologique. Sous ce titre : *Animaux fossiles et géologie de l'Attique* (2), M. Gaudry a entrepris de faire connaître, dans un ouvrage d'ensemble, le résultat de ses recherches. Cette importante publication formera deux parties : dans la première, seront décrits et figurés tous les vertébrés fossiles de Pikermi, dont plusieurs appartiennent à des genres nouveaux ; la seconde partie sera consacrée à la géologie de l'Attique. « On trouve à « Pikermi, dit M. Gaudry, des débris de reptiles, d'oiseaux et « surtout de mammifères. Ces animaux furent les témoins d'une « époque que l'espèce humaine n'a point connue ; leurs « formes sont très-variées, leur nombre est immense, et plu- « sieurs atteignent des dimensions gigantesques. Aucun point « dans la nature actuelle n'offre une semblable réunion de « grands animaux ; il est étrange de voir ces restes fossiles « accumulés dans un pays où les hommes eux-mêmes ont laissé « des ruines si magnifiques. On dirait que Dieu a voulu ménager « un contraste à nos admirations, en plaçant l'un près de « l'autre, Athènes où le monde intellectuel a donné ses plus « sublimes manifestations, Pikermi où le monde organique ap- « paraît dans sa plus grande puissance. Étudier les animaux « dont les débris sont enfouis dans l'Attique, et faire l'histoire « géologique de la contrée où ils ont vécu, tel est le but de

(1) *Comptes-rendus*, t. LIV, p. 1112. — *Bull. Soc. géol.*, t. XVIII, p. 1022.

(2) Savy, Paris, 1862 (livraisons 1-3).

« cet ouvrage. » Les trois premières livraisons, accompagnées de planches fort belles, comprennent la description et les figures de plusieurs espèces de carnivores et notamment du *Metarctos diaphorus* qui, par ses caractères, se rapproche à la fois des chiens et des ours.

M. Laugel nous a donné de nouveaux et très-intéressants renseignements sur les mammifères recueillis dans le gisement de St.-Puits, près Chartres, qui, sans aucun doute, est pliocène (1). Les ossements qu'on y rencontre ont été rapportés à l'éléphant (*Elephas meridionalis*), au rhinocéros (*Rh. leptorhinus*), à l'hippopotame (*Hip. major*), à un cerf probablement nouveau, à un cheval et à un rongeur très-remarquable par la structure de ses dents, et pour lequel M. Laugel a cru devoir créer le genre *Conodontes* (*Con. Boisvilletti*).

M. Jacquot a publié une note sur l'existence et la composition du terrain tertiaire supérieur dans la partie orientale du département de la Gironde (2). L'éminent ingénieur cherche à établir que le sable tertiaire des Landes est représenté, sur la rive droite de la Garonne, par un étage de sables bigarrés avec lits intercalés de galets de quartz et dépôt argileux et ferrugineux analogue à celui qui forme la plus grande partie des collines de la Chalosse ; il arrive à cette conclusion, que la formation des sables tertiaires supérieurs s'étend sans discontinuité depuis le pied de la chaîne des Pyrénées jusqu'à la mer ; dans cet espace, elle change plusieurs fois de facies : composée dans le voisinage de la montagne de galets énormes, elle devient en s'éloignant moins grossière et plus sableuse.

Nous devons à M. Joba une note sur un gisement de terrain tertiaire d'eau douce des environs de Constantine, rapporté par l'auteur à l'époque pliocène et renfermant des coquilles terrestres fort curieuses (3). M. Crosse en a donné la

(1) *Bull. Soc. géol.*, t. XIX, p. 703.

(2) *Actes de l'Acad. imp. des sciences et belles-lettres de Bordeaux*. 1862.

(3) *Journal de conchyliologie*, t. II, p. 150. 1862.

description et les figures (1), et a appelé l'attention des naturalistes sur les caractères étranges et inattendus que présente cette petite faune locale.

M. Munier a décrit une nouvelle espèce de scissurelle (*Sc. Dehayesi*) recueillie aux environs de Senlis, dans les couches éocènes du bassin parisien. Cette description est suivie de la liste monographique des espèces connues.

M. Michaud a fait paraître, dans le *Journal de conchyliologie*, la description de coquilles fossiles terrestres et d'eau douce des environs de Hauterive (Drôme) (2). Sur 26 espèces, 17 sont considérées comme nouvelles et figurées dans les planches qui accompagnent ce travail. L'auteur range les couches où elles ont été rencontrées dans l'étage miocène.

Nous trouvons encore dans ce même recueil plusieurs articles purement paléontologiques de MM. Rambourg (3), Crosse (4), Mayer (5) qui nous font connaître un certain nombre d'espèces fossiles nouvelles. Nous citerons notamment le *Concholepas Dehaysi* des faluns de la Touraine, la seule espèce du genre recueillie en Europe à l'état fossile; le *Clanculus Ozennei* des sables moyens d'Anvers, remarquable par sa bouche oblique et grimaçante, munie de dents nombreuses et inégales.

§ V. — Terrain quaternaire.

Cette année encore, nous avons à vous rendre compte de plusieurs travaux relatifs à la question si grave de l'existence de l'homme à l'époque quaternaire.

Dans une lettre adressée à M. le Ministre de l'Instruction publique, M. Delanoue expose, en un résumé de quelques pages,

(1) *Journal de conchyliologie*, t. II, p. 152.

(2) *Id.*, t. II, p. 58, 1862.

(3) *Id.*, p. 172.

(4) *Id.*, p. 182.

(5) *Id.*, p. 261.

l'état de cette importante question (1). Après avoir fixé la position stratigraphique des dépôts de St.-Acheul et principalement de la couche qui renferme les couteaux en silex, il passe en revue les nombreuses découvertes qui ont eu lieu, dans ces dernières années, sur d'autres points de la France, et dont nous vous avons entretenus dans nos précédents rapports. Il conclut en disant : « Il n'y a donc plus de doute possible ! « L'homme a été évidemment le compatriote et le contemporain « des monstrueux pachydermes et de toute la faune des dé- « pôts quaternaires. Son avènement est donc nécessairement « antérieur à cet ancien cataclysme diluvien qui a enseveli, « comme pour nous les conserver, ces débris si curieux de la « plus ancienne et probablement de la plus petite de nos races, « de ce premier âge enfin de l'humanité : *l'âge de la pierre* « *ébauchée* : spectacle bizarre ! Les fossiles les plus précieux « pour nous seraient évidemment les fossiles humains, et c'est « d'hier seulement que nous commençons à nous apercevoir « qu'il existe par milliers des preuves de leur existence. Ces « preuves surgissent partout, et l'homme vraiment fossile n'est « encore apparu nulle part, mais l'attention est éveillée, surex- « citée, et l'on ne peut tarder à retrouver les titres si long- « temps perdus de l'antiquité de l'espèce humaine. »

La notice de M. Delanoue avait paru au commencement de 1862 ; dans le courant de l'année, MM. Rames, Garrigou et Filhol publièrent un mémoire qui mérite toute votre attention et signalèrent la découverte de l'*homme fossile* dans les cavernes de Lombrive et de Lherm (Ariège) (2). Les débris humains accumulés dans la caverne de Lombrive sont très-abondants et ont été amenés par un courant qui partout a laissé dans la caverne des traces de son passage ; ils se rencontrent associés à des ossements d'ours (*Ursus priscus*), de chien, espèce indéterminée, de cheval (*Equus caballus*), d'aurochs

(1) *De l'ancienneté de l'espèce humaine.* Valenciennes, 1862.

(2) *L'homme fossile des cavernes de Lombrive et de Lherm* (Ariège). Toulouse, 1862.

(*Bison europæus*), de cerf (*Cervus elaphus*) qui caractérisent les derniers âges de la période quaternaire. La horde sauvage qui peuplait alors ces contrées appartenait, suivant les auteurs, à la race caucasique. La taille des individus était moyenne, l'angle facial très-ouvert, le crâne fortement développé et d'un bel ovale. Chez cette peuplade, les dents présentaient un phénomène bien remarquable : elles s'usaient sans se carier et l'usure atteignait même la racine chez les individus avancés en âge. Les ossements humains sont moins abondants dans la caverne de Lherm et remontent à une antiquité beaucoup plus haute, ils paraissent aux auteurs du mémoire contemporains du grand Ours des cavernes, si abondamment répandu dans les premiers temps de la période quaternaire, et qui a laissé d'innombrables débris dans la caverne de Lherm. Ajoutons cependant, en ce qui touche ce dernier gisement, que l'opinion de MM. Rames, Garrigou et Filhol est en désaccord, comme nous le verrons plus loin, avec celle de M. l'abbé Pouech.

C'est surtout dans les Pyrénées que se rencontrent les preuves de l'existence de l'homme à l'époque quaternaire. Nous venons d'indiquer le résultat des recherches entreprises dans la caverne de Lombrive; l'année dernière, nous avons mentionné les importantes découvertes faites par M. Lartet dans la grotte d'Aurignac (Haute-Garonne). Cette année, M. Alphonse Milne-Edwards a fait exécuter des fouilles minutieuses dans la grotte de Lourdes (Hautes-Pyrénées) (1), et là aussi il a rencontré des ossements humains et des débris de l'industrie humaine associés à des ossements de renne, de cerf, de cheval, d'aurochs (*Bison europæus*), disparus depuis long-temps de la faune pyrénéenne et remontant, comme les animaux de la caverne de Lombrive, à la fin de la période quaternaire.

Ne croyez pas cependant que l'opinion qui admet la contemporanéité de l'homme et des grands mammifères quaternaires, malgré la valeur des documents sur lesquels elle s'appuie, soit à l'abri de toute conteste. M. Scipion Gras, l'auteur de la carte

(1) *Ann. des sc. nat.* (4e. série : Zoologie), t. XVII. 1862.

du Vaucluse dont nous vous parlerons tout-à-l'heure, est allé visiter le gisement classique de St.-Acheul (1), et tout en constatant, avec les observateurs qui l'ont examiné avant lui, que les couteaux celtiques se rencontrent dans des couches quaternaires non remaniées, ce fait ne lui paraît pas suffisant pour démontrer l'existence de l'homme à cette époque reculée. Suivant lui, les haches celtiques si nombreuses, mais pour la plupart à peine ébauchées, qu'on retrouve dans les couches de St.-Acheul, ont été laissées sur place par ceux-là mêmes qui les travaillaient, et qui, pour exploiter plus facilement les silex, avaient creusé, dans les couches quaternaires inférieures, des galeries abandonnées ensuite et comblées depuis long-temps. Il nous paraît bien difficile qu'une pareille explication puisse être admise. Comment croire qu'une quantité aussi considérable de haches que celle que renferment les dépôts de St.-Acheul ait été abandonnée par les ouvriers mêmes qui les travaillaient? Comment supposer que ce dépôt, qui paraît aujourd'hui si régulièrement stratifié, ait été, à l'époque celtique, sillonné de galeries souterraines qui ne laissent aujourd'hui aucune trace de leur existence?

Dans un autre ordre d'idées, M. E. Robert, l'un des plus ardents antagonistes des opinions mises en avant par M. Boucher de Perthes, a signalé à l'Académie des sciences, à 10 ou 12 mètres au-dessus de la berge actuelle de la Seine, près de la porte de Vitry et en-deçà du mur d'enceinte, la découverte de débris celtiques et gallo-romains, dans un sable diluvien à ossements quaternaires évidemment beaucoup plus anciens que les débris celtiques qui paraissent provenir de sépultures, et ont été, à une certaine époque, bouleversés par un puissant courant (2). M. Robert fait remarquer le rapprochement qu'on pourrait établir entre le gisement qu'il vient d'indiquer et celui de St.-Acheul, sur la rive gauche de la Somme. Pour lui, ces deux gisements se trouvent exactement dans les mêmes con-

(1) *Comptes-rendus*, t. LIV, p. 1126.

(2) *Id.*, t. LV, p. 446.

ditions : « Dans l'une et l'autre localité, dit-il en terminant, on « trouve à la même hauteur et presque à la surface d'un dépôt « puissant de terre argilo-sablonneuse, des traces évidentes du « séjour des Celtes, notamment des silex grossièrement travaillés « en forme de haches, de pointes, de flèches, de lames de cou- « teau. Or, si par la pensée on admet que les Celtes, qui ha- « bitaient la colline de St.-Acheul, durent descendre de temps « à autre sur les bords du fleuve pour se façonner des instru- « ments avec les cailloux roulés qui remplissaient la vallée, il « sera facile d'expliquer à la fois l'abondance, la fraîcheur et « jusqu'à la position horizontale des haches en silex accumu- « lées sur ce point, où elles auraient été abandonnées pré- « cipitamment dans les grandes inondations par les hommes « occupés à les tailler puis recouvertes par de nouveaux atter- « rissements fluviatiles. »

Nous devons à M. Melleville une note sur les terrains de transport superficiels du bassin de la Somme (1). Les couches dans lesquelles on rencontre des objets de l'industrie humaine, associés à des débris fossiles d'espèces perdues, ont été principalement l'objet de son examen. Il a cherché à fixer leur âge et la position qu'elles occupent dans la série sédimentaire ; suivant lui, le terrain de transport du département de la Somme se divise naturellement en deux groupes : le système inférieur, qui lui paraît pliocène, et le système supérieur, qui correspond au terrain de transport de la vallée de la Seine, et appartient seul au terrain diluvien. Des ossements de mammifères ont été rencontrés dans ces deux dépôts ; mais les débris de l'industrie humaine n'existent que dans le système supérieur. Les conclusions de ce mémoire ont été énergiquement combattues par MM. Hébert, Delanoue et Albert Gaudry. Ces géologues sont d'accord pour reconnaître que les terrains de transport de la vallée de la Somme, comme ceux de la vallée de la Seine, forment deux dépôts désignés depuis long-temps : l'inférieur sous le nom de *diluvium gris*, le supérieur sous le nom de *diluvium*

(1) *Bull. Soc. géol.*, t. XIX, p. 423.

rouge; qu'ils appartiennent l'un et l'autre au terrain quaternaire et que les débris de l'industrie humaine n'ont été rencontrés jusqu'ici, que dans le diluvium gris ou inférieur, tandis que le diluvium rouge, où voudrait les placer M. Melleville, n'en renferme aucune trace.

Signalons encore à votre attention, sur cette grave et intéressante question, une lettre que nous a adressée M. de Saint-Marceaux, et qu'il a publiée dans la *Revue archéologique* (1). C'est à tort, nous dit-il, que, dans notre rapport de l'année dernière, nous avons assimilé les silex recueillis à Quincy-sous-le-Mont (Aisne) à ceux des dépôts de St.-Acheul : ils en diffèrent par leur nature et l'âge plus récent des couches diluviennes qui les renferment. S'appuyant sur ces faits, M. de Saint-Marceaux propose d'établir, entre l'époque anté-diluvienne, représentée par les silex de St.-Acheul, et l'époque celtique, une troisième époque qu'il appelle *anté-celtique* et qui serait caractérisée par les silex de Quincy-sous-le-Mont. Nous ne voyons qu'avantage à adopter cette subdivision, alors même qu'elle serait locale, puisqu'elle correspond à des différences stratigraphiques bien constatées.

M. l'abbé Pouech a fait paraître une étude fort intéressante de la grotte ossifère de Lherm (Ariège) (2). Le savant abbé nous fait d'abord parcourir toutes les parties de cette vaste et curieuse caverne qui présente, en quelque sorte, deux étages superposés, et dont certaines galeries ont jusqu'à 15 et 20 mètres de hauteur ; il nous fait admirer les énormes stalactites qui pendent aux voûtes, s'élèvent en piliers ou s'étendent en élégantes draperies ; puis il recherche l'âge relatif et l'origine de cette caverne ; ouverte dans les couches compactes d'un calcaire crétacé rempli de fossiles, elle a dû, sans doute, sa forme actuelle et ses dimensions au grand et puissant mouvement qui mit fin à la période éocène, redressa si fortement les couches nummulitiques et imprima à la chaîne des Pyrénées le relief que

(1) *Revue archéologique*, décembre 1862.

(2) *Bull. Soc. géol.*, t. XIX, p. 554.

nous lui voyons aujourd'hui. M. l'abbé Pouech a étudié avec un soin minutieux chacune des parties de la grotte où des ossements ont été recueillis; il a constaté la quantité innombrable de débris de grands carnassiers, et notamment d'ours, qui se trouvent entassés dans ce vaste ossuaire. De l'état dans lequel se trouvent ces ossements, il conclut que la grotte de Lherm, à l'époque quaternaire, pendant une longue série de siècles, a servi de repaire aux animaux qui peuplaient la contrée, et que cet état de choses s'est prolongé jusque dans les commencements de la période actuelle, sans qu'aucune observation puisse faire supposer, qu'à une époque quelconque, un courant ait parcouru cette caverne et y ait transporté quelques-uns des débris qu'on y retrouve actuellement. M. l'abbé Pouech signale, sur quelques points de la caverne, des ossements humains; mais, contrairement à l'opinion de MM. Rames, Garrigou et Filhol, ils lui paraissent relativement récents et ne sont accompagnés, suivant lui, d'aucuns vestiges de l'industrie humaine; rien n'indique donc qu'on doive les reporter à l'époque quaternaire. Du reste, la caverne de Lherm n'a pas encore livré tous ses secrets à la science. Plusieurs parties sont inexplorées; des fouilles restent à faire, et en remerciant M. l'abbé Pouech du mémoire qu'il nous a donné, nous ne saurions l'engager trop vivement à continuer ses intéressantes recherches.

M. de Quatrefages a fait une étude détaillée des amas de coquilles connus sous le nom de buttes de St.-Michel-en-Lherm (Vendée), qu'on a considérés long-temps comme des dépôts formés naturellement par la mer (1). L'éminent naturaliste est arrivé à une conclusion diamétralement opposée, et démontre que les buttes de St.-Michel ont été, en réalité, élevées de main d'homme, au-dessus du niveau de la mer qui les entourait, et que cette construction, postérieure au règne de Pépin-le-Bref, date peut-être du temps de Charlemagne.

Nous devons à M. Lory une note sur les dépôts erratiques et l'extension des anciens glaciers dans le département de

(1) *Bull. Soc. géol.*, t. XVIII, p. 933.

l'Isère (1). En un résumé de quelques pages, l'auteur signale l'influence énorme que ces anciens glaciers ont exercée sur la configuration du sol, et constate la puissance des dépôts qu'ils ont laissés dans les parties basses du département.

M. Bourguignat a publié la *Paléontologie des mollusques terrestres et fluviatiles de l'Algérie* (2). Accompagné de notes géologiques dues à MM. Deshayes, Marès et Joba, cet ouvrage, exécuté avec le soin que M. Bourguignat apporte à ses travaux, contient la description des quatre-vingt-quatorze espèces appartenant en grande partie à l'époque contemporaine ; vingt-sept formes spécifiques seulement n'existent plus ou du moins n'ont pas été, jusqu'à ce jour, recueillies à l'état vivant. Sachons gré à l'auteur de nous avoir fait connaître cette partie toute nouvelle de la faune fossile de l'Algérie.

§ VI. — Géologie générale.

Nous avons, cette année, à vous signaler la publication de plusieurs cartes géologiques départementales. Ces monographies ne sauraient être trop vivement encouragées : non-seulement elles sont d'une utilité locale incontestable, mais elles formeront plus tard une série de documents précieux qui serviront à établir une carte géologique de la France, détaillée et parfaitement exacte.

Citons, en première ligne, la grande carte géologique de l'Auvergne, publiée par M. Le Coq, notre collègue. Résultat de trente années de recherches et d'observations, ce beau travail, exécuté à une échelle beaucoup plus étendue que les cartes ordinaires, montre l'ensemble et les détails géologiques de l'un des points les plus intéressants de l'Europe. L'année dernière, M. Le Coq, en présentant lui-même au Congrès cette carte géo-

(1) *Sur les dépôts erratiques et sur l'extension des anciens glaciers dans le département de l'Isère.* Grenoble, 1862.

(2) *Paléont. des mollusques terrestres et fluviatiles de l'Algérie.* Paris, Baillière, 1862.

logique, dans une improvisation que vous n'avez pas oubliée, a exposé beaucoup mieux que nous ne pourrions le faire les principaux faits géologiques dont le Puy-de-Dôme a été le théâtre, et dont la carte géologique qu'il vient de terminer est, comme il l'a dit lui-même, *l'expression coloriée* (1).

M. Ébray a fait paraître une carte géologique du département de la Nièvre (2). Commencée dans l'origine par MM. Berbera et de Champcomtois, cette carte a été complétée par M. Ébray. Mieux que tout autre, M. Ébray qui, dans ces dernières années, a étudié avec tant de soin et dans toutes ses parties le sol de la Nièvre, était à même de relever la carte d'un pays sur lequel il a déjà publié tant de documents géologiques.

M. Passy a présenté à l'Académie un exemplaire de la carte géologique de la Seine-Inférieure (3). Déjà publiée en 1832, cette carte a été reportée sur les feuilles de la carte d'État-major, et l'auteur y a ajouté le détail des terrains superficiels. Le département de la Seine-Inférieure est, au point de vue géologique, un des plus intéressants que nous connaissions. La carte de M. Passy sera, pour les géologues qui voudront la visiter et l'étudier, un guide précieux. Avec les travaux antérieurs de l'auteur et ceux de M. de Sénarmont, elle complète un ensemble qui comprend les départements de Seine-et-Marne, Seine-et-Oise, Seine, Eure, Oise et Seine-Inférieure.

MM. Dumas et de Rouville ont terminé la carte géologique de l'arrondissement de Lodève (4), et présentent quelques observations sur les terrains variés qu'ils ont eus à étudier, et no-

(1) *Carte géologique du département du Puy-de-Dôme.* 1862. — *Bull. Soc. géol.*, t. XIX, p. 762. — *Ann. de l'Inst. des Soc. sav.*, 2e. série, t. V, p. 92. 1862.

(2) *Carte géol. du département de la Nièvre.* Nevers, 1861.

(3) *Carte géol. de la Seine-Inférieure*, par M. Passy. Paris, 1863. — *Comptes-rendus*, t. LV, p. 260.

(4) *Carte géologique de l'arrondissement de Lodève (Hérault)*, par MM. Dumas et de Rouville. 1862. — *Comptes-rendus*, t. LV, p. 192.

tamment sur le terrain paléozoïque, qui offre, dans cette région de la France, un intérêt tout particulier.

M. Scipion Gras nous a donné la carte géologique du département du Vaucluse, accompagnée d'un volume de texte qui lui sert d'explication (1). Ce travail mérite toute votre attention. Sur certains points cependant et notamment en ce qui touche le terrain crétacé inférieur, M. Scipion Gras ne nous paraît pas attacher assez d'importance à la paléontologie, aussi sa classification se trouve-t-elle parfois en désaccord avec les opinions généralement admises.

La carte géologique de la Loire-Inférieure a été dressée par M. Cailliaud, qui, à l'appui de ses observations, a réuni, dans le Musée de la ville de Nantes, plus de 4,000 échantillons de roches, de minéraux et de fossiles (2). M. Cailliaud est un des vétérans de la science : les voyages lointains qu'il a entrepris et publiés l'ont rendu célèbre. De retour dans son pays, il s'est consacré à l'étude des diverses branches de l'histoire naturelle ; la carte géologique qu'il vient de publier est un titre à ajouter à ceux que nous lui connaissons déjà.

Nous devons à M. Alphonse Favre la carte géologique des parties de la Savoie, du Piémont et de la Suisse, voisines du Mont-Blanc (3). Ce sol si souvent bouleversé, ces couches si profondément modifiées et dont il est parfois bien difficile de saisir la superposition ont été étudiés avec soin par l'auteur, et son travail est destiné à jeter un grand jour sur la géologie de cette contrée.

M. Belgrand, notre collègue, a relevé la carte hydrologique, géologique et agronomique du bassin de la Seine. En présentant, l'année dernière, cette carte au Congrès, l'éminent ingénieur vous a donné des explications insérées dans l'*Annuaire* de

(1) *Descrip. géol. du dép. du Vaucluse*, par M. Scipion Gras. Savy, Paris et Avignon, 1862.

(2) *Carte géol. de la Loire-Inférieure*, par F. Cailliaud. Nantes, 1862.

(3) *Comptes-rendus*, t. LV, p. 701.

1863, et qui démontrent l'importance de ce travail au double point de vue de la science et de l'utilité pratique (1).

M. Coquand vient de terminer la description géologique et paléontologique du département de la Charente (2). Dans un de nos précédents rapports, nous avons rendu compte de la première partie de cet ouvrage : nous ne reviendrons pas sur les observations critiques que nous avons cru devoir adresser alors à l'auteur relativement aux subdivisions qu'il admet dans le terrain crétacé. Ce second volume est, en grande partie, rempli par le catalogue synoptique des animaux et des végétaux fossiles observés dans les terrains stratifiés du Sud-Ouest et distribués dans les divers étages suivant leur superposition. Ce catalogue ne comprend pas moins de 1,000 espèces parmi lesquelles un grand nombre sont nouvelles.

M. de Cessac, qui, en 1857, a publié la carte géologique de la Creuse, nous a donné, cette année, une esquisse géologique qui est en quelque sorte le résumé du volume d'explication que l'auteur se propose de joindre à l'appui de sa carte (3). Dans cette esquisse de quelques pages, M. de Cessac nous indique les différents terrains dont se compose le sol de ce département, en insistant surtout sur les terrains ignés qui en occupent une grande partie.

M. Albert Gaudry a fait paraître un long et savant mémoire sur la géologie de l'île de Chypre (4). L'ouvrage se divise en trois parties : la première est consacrée à l'histoire géologique de Chypre; l'auteur décrit successivement et par ordre d'ancienneté les terrains qui constituent le sol de cette île curieuse : les calcaires compactes de la formation crétacée, identiques pour l'apparence à ces puissantes masses de calcaire hippuritique qui abondent dans le midi de l'Europe et se retrouvent

(1) *Annuaire des Soc. sav.*, 2e. série, t. V, p. 115.

(2) *Desc. phys., géol. et paléont. du dép. de la Charente*, 2e. vol. Marseille, 1862.

(3) *Bull. Soc. géol.*, t. XIX, p. 640.

(4) *Mém. Soc. géol. de France*, 2e. série. t. VII, 1862.

en Asie et en Afrique; des grès semblables aux macignos éocènes d'Italie et ne renfermant que des empreintes de végétaux carbonisés; des marnes blanches que leurs caractères minéralogiques et les fossiles qui s'y rencontrent placent dans la période miocène; des roches plutoniques qui, surgissant du sein des eaux après le dépôt des marnes blanches, donnèrent lieu à deux chaînes de montagnes sensiblement parallèles: celle des Cévennes et celle du mont Olympe; puis, postérieurement à ces soulèvements, des dépôts pliocènes très-riches en fossiles dont un grand nombre ont leurs analogues vivants dans les mers actuelles, et enfin des dépôts quaternaires formant, autour de l'île, un cordon littoral dû, sans doute, à l'abaissement des eaux de la mer. Des coupes nombreuses intercalées dans le texte, ainsi que des paysages représentant les accidents de terrain les plus intéressants et les plus pittoresques, accompagnent ces descriptions locales et les rendent plus faciles à saisir. La seconde partie renferme l'énumération des substances utilisées dans les arts, et la troisième un catalogue des corps organisés fossiles. Une carte géologique étendue et très-détaillée, donnée par M. Gaudry et Amédée Damour, est jointe à ce mémoire.

Bien qu'il sorte un peu du cadre qui nous est tracé, mentionnons ici un excellent travail de M. Desor, sur l'orographie des Alpes dans ses rapports avec la géologie (1). C'est une étude consciencieuse, détaillée et parfaitement claire de ces montagnes intéressantes que le géologue a explorées si souvent et à des points de vue si divers. M. Desor décrit d'abord, sous le rapport orographique, chacun des nombreux massifs qui constituent les Alpes et ont pour centres autant de noyaux cristallins, de forme en général ellipsoïde; il passe ensuite en revue les faits géologiques qui se sont succédé sur le sol alpin jusqu'à l'époque où, vers la fin de la période miocène, la chaîne actuelle fut soulevée et plus tard recouverte de gigantesques glaciers; puis il recherche l'influence que ces événe-

(1) *Bull. Soc. des sc. nat. de Neuchâtel.* 1862.

ments, les plus extraordinaires dont notre hémisphère ait été témoin, ont dû apporter dans toute l'économie animale ou végétale de l'époque.

Les actes de la Société Linnéenne de Bordeaux renferment une notice de M. Leymerie sur le petit bassin d'Amélie-les-Bains, dans les Pyrénées-Orientales (1). Ce savant professeur a étudié avec un soin minutieux les dépôts très-variés qui s'y rencontrent; il fixe leur âge, leur position stratigraphique, et nous fait voir que cette localité, bien connue par ses eaux thermales sulfureuses et la douceur de son climat, se recommande, sous d'autres rapports, à toute l'attention des amis de la nature et particulièrement des géologues.

M. Ébray a continué la publication de ses études géologiques sur le département de la Nièvre. Dans les onzième et douzième fascicules qui ont paru en 1862 (2), l'auteur passe en revue les phénomènes géologiques contemporains, le diluvium quaternaire, les divers étages des terrains tertiaire et crétacé, nous donne sur quelques-uns de ces dépôts de très-utiles renseignements. Nous devons encore à M. Ébray deux notes intéressantes : la première renferme des considérations géologiques sur la ligne de partage du bassin de la Seine et du bassin de la Loire (3); l'auteur étudie la cause de la déviation de l'axe du Millerault à son entrée dans le département de la Nièvre, et cherche à nous montrer que cette disposition irrégulière du faîte est en harmonie non-seulement avec les formes orographiques, mais encore avec la nature des bouleversements qui ont modifié la disposition des couches : une carte relevée par l'auteur accompagne ce travail et donne la direction des failles, la position des régions anticlinales et des gîtes de séparation. La seconde de ces notes est relative à la ligne de propagation suivie par quelques

(1) *Actes Soc. Linn. de Bordeaux*, t. III, p. 445.

(2) *Études géol. sur le dép. de la Nièvre*, onzième et douzième fascicules. 1862.

(3) *Consid. géol. sur la ligne de partage du bassin de la Seine et du bassin de la Loire.* Nevers, 1862.

fossiles (1), étude paléontologique à l'aide de laquelle l'auteur démontre le développement de certains types qui passent d'une couche à une autre.

M. Raulin nous a donné une note qui tend à éclairer la question, si controversée, de l'âge des ophites (2). Ses observations portent sur les environs de Dax ; il en résulte que, dans cette localité, les ophites sont antérieurs non-seulement au terrain tertiaire miocène, mais encore au terrain crétacé. Les fragments roulés qu'il a recueillis dans les couches crétacées de Poug-d'Arzet, d'une part, et dans la marne miocène de Mimbaste d'autre part, ne peuvent laisser aucun doute à ce sujet.

M. de Mortillet a publié un long et consciencieux mémoire sur les terrains du versant italien des Alpes comparés à ceux du versant français (3). L'auteur décrit avec détail les terrains igné, paléozoïque, jurassique, crétacé, tertiaire et quaternaire; puis il résume ces descriptions dans un tableau synoptique et arrive à cette conclusion : qu'il y a parallélisme à peu près complet entre les terrains du versant italien et ceux du versant français.

La *Paléontologie française* (4), ce vaste ouvrage, destiné à faire connaître tous les animaux invertébrés fossiles de France, continue à paraître : six nouvelles livraisons ont été publiées en 1862. C'est encore bien peu, si nous considérons l'étendue de ce travail et le temps qu'il faudra pour le mener à sa fin ; et c'est déjà beaucoup, si l'on envisage les difficultés qui se présentent au début d'une œuvre de cette nature. Sur les six livraisons publiées, deux sont dues à M. de Fromentel, chargé des zoophytes crétacés, et une à M. Eugène Deslongchamps, qui a entrepris la description des brachiopodes jurassiques ; les trois autres, relatives aux oursins crétacés, ont été données par nous et comprennent la grande famille des *Cidaridées*.

(1) *Sur la ligne de propagation de quelques fossiles.* Nevers, 1882.

(2) *Comptes-rendus*, t. LV, p. 669.

(3) *Bull. Soc. géol.*, t. XIX, p. 849.

(4) *Paléontologie française*, t. IV, 9e. livraison. Masson, 1862.

M. Eugène Deslongchamps, qui s'est occupé depuis long-temps, et avec tant d'avantage pour la science, de l'histoire des Brachiopodes, a commencé la publication de ses Études critiques sur des Brachiopodes nouveaux ou peu connus (1). Les deux premiers fascicules, accompagnés de planches dessinées par l'auteur, viennent de paraître. Nous y trouvons la description d'espèces jurassiques, crétacées et tertiaires; plusieurs sont nouvelles et remarquables par leur rareté ou la beauté de leur forme. Nous devons encore à M. Eugène Deslongchamps une note, plutôt zoologique que paléontologique, sur les modifications qu'éprouve le *deltidium* dans les différentes familles de Brachiopodes (2).

Nous avons fait paraître notre cinquième article sur les Échinides nouveaux ou peu connus (3); parmi les espèces que nous avons décrites, nous citerons le *Diplocidaris pustulifera*, reremarquable par sa grande taille et sa belle conservation, et l'*Heterolampas Maresi*, qui a servi de type à un genre nouveau.

M. de Ryckhost nous a donné une notice sur le genre *Craspidotus*, de Philippi, voisin des Monodontes et des Turbots (4). Ce genre, qui comprend 38 espèces, atteint son maximum de développement dans les terrains crétacés, décroît rapidement dans les couches tertiaires, et paraît, à l'époque actuelle, réduit à une seule espèce qui vit dans la Méditerranée.

M. d'Archiac a publié la première partie du *Cours de paléontologie stratigraphique* (5) qu'il professe, avec tant de succès, au Muséum d'histoire naturelle de Paris. Comme le dit l'auteur lui-même, cet ouvrage n'est pas la reproduction sténographiée de ses leçons, mais il en représente les idées et les faits dans leur disposition générale et leur enchaînement successif. Nous ne saurions, avec une trop vive insistance, appeler votre attention

(1) *Bull. Soc. Linnéenne de Normandie*, t. VII, p. 248. 1862.

(2) *Bull. Soc. géol. de France*, t. XIX, p. 409. 1862.

(3) *Revue et Magasin de zoologie*. Mai, 1862.

(4) *Journal de conchyl.*, t. II, p. 410. 1862.

(5) *Cours de paléont. strat.* Savy, Paris, 1862.

sur ce remarquable volume, qui comprend l'histoire générale de la paléontologie stratigraphique depuis les temps les plus reculés jusqu'en 1822. Il appartenait à l'illustre auteur des *Progrès de la géologie en France* de nous donner cette longue et intéressante revue. M. d'Archiac a divisé cette partie de son ouvrage en régions naturelles qu'il considère comme des centres ayant eu peu de relations entre eux, et dans lesquels le mouvement scientifique se produisait d'une manière plus ou moins indépendante. Il s'occupe successivement de l'Italie, de la Suisse, des États d'Allemagne, de la Russie, des Iles-Britanniques, de l'Espagne, des deux Amériques, des Pays-Bas, et termine par la France, qui nous intéresse plus particulièrement. Dans chacune de ces régions, il nous fait connaître l'origine, le développement et les progrès des études paléontologiques; il nous signale les erreurs, les tâtonnements de l'esprit humain, et nous montre combien de temps il a fallu à des vérités, qui aujourd'hui nous paraissent élémentaires, pour se dégager des ténèbres qui les entouraient, et lorsqu'il rencontre quelques-uns de ces hommes qui, comme Smith, en Angleterre; Werner, en Allemagne; en France, Bernard de Palissy, Buffon, et plus tard Cuvier, Brongniart, d'Omalius d'Halloy imprimèrent à la science, par la nature de leurs travaux, une si heureuse impulsion, l'auteur se complaît dans l'étude approfondie de leurs ouvrages et de leurs idées, et se livre aux considérations philosophiques et critiques les plus élevées.

Ce premier volume n'est pas seulement un exposé historique de la paléontologie et de la stratigraphie, c'est encore, au point de vue bibliographique, un répertoire presque complet et relevé avec un soin minutieux, de tous les ouvrages, de tous les mémoires publiés avant 1822 sur les fossiles et les terrains de sédiment. En terminant cette première partie, M. d'Archiac nous trace la marche qu'il va suivre : A partir de 1822, dit-il, commencent des études paléontologiques plus sérieuses, parce qu'elles ont un but mieux déterminé, une utilité mieux constatée ; aussi les voyons-nous se multiplier et s'étendre à toutes les parties du globe avec une rapidité qui semble encore s'accroître de jour en jour. C'est à l'examen de tous les documents recueillis depuis 40 ans, sur tant de points divers, que sera consacrée la seconde partie de l'ouvrage.

Ce que M. d'Archiac a fait pour les ouvrages paléontologiques et stratigraphiques publiés avant 1822, MM. Delesse et Laugel l'ont entrepris pour l'ensemble des travaux géologiques exécutés, chaque année, dans tous les pays (1). Les quelques lignes qui précèdent la *Revue géologique* expliquent le but que se sont proposé les auteurs. « Ce qui contribue, disent-ils, à rendre « parfois stériles beaucoup de travaux méritoires, c'est qu'ils « demeurent sans lien commun, qu'ils ne se résument dans « aucune synthèse; c'est qu'épars dans les nombreux recueils « savants, ils n'arrivent souvent même pas à une publicité gé- « nérale et risquent de demeurer ignorés. Nous sommes con- « vaincus que le simple rapprochement de semblables études « est propre à en faire apprécier, peut-être même à en augmenter « la valeur : en juxtà-posant des observations faites de divers « côtés sur des sujets semblables, on a l'espérance d'en voir « jaillir une pensée commune, surgir l'évidence d'une vérité ou « d'une erreur. »

Nous ne pouvons qu'applaudir aux idées qui ont déterminé MM. Delesse et Laugel : c'est la même pensée qui nous anime lorsque nous vous présentons, chaque année, dans un cadre plus restreint et beaucoup plus facile, notre rapport sur les progrès de la géologie en France. — La première année de la *Revue géologique* a paru au commencement de 1852 ; la seconde année est sous presse. Les auteurs ont su triompher des difficultés innombrables qui s'attachent à un travail de cette nature : leur ouvrage est un compte-rendu impartial, fidèle et concis, un résumé, fait avec autant de soin que de savoir, de plus de six cents documents publiés sur toutes les régions du globe. Destinée à combler une lacune dans l'histoire scientifique

(1) *Revue de géologie pour l'année* 1860. Dunod, Paris, 1861.

de notre époque, la *Revue géologique* devient indispensable à tous les travailleurs qui s'occupent sérieusement de l'étude de la géologie.

Nous ne vous rendrions pas un compte exact des progrès de la géologie et de la paléontologie en France, si, en terminant ce rapport, nous ne signalions à votre attention un livre élémentaire qui a paru vers la fin de 1862, et dont la deuxième édition est déjà presque épuisée : nous voulons parler de l'ouvrage de M. Louis Figuier : *La terre avant le déluge* (1). Si les travaux purement scientifiques, destinés à élargir le cercle de nos connaissances et à jeter la lumière sur quelques-uns des problèmes les plus ardus de la science, doivent surtout être pris en considération, il ne faut pas oublier qu'à côté de ces ouvrages, souvent très-abstraits et consultés seulement par des hommes spéciaux, il s'en trouve d'autres non moins utiles, dont le but est de vulgariser les idées scientifiques et de les mettre à la portée de tous en leur donnant une forme moins aride et plus attrayante. L'ouvrage de M. Figuier remplit parfaitement ce but : c'est un traité de géologie écrit, non-seulement pour la jeunesse, mais pour les gens du monde. L'auteur, sans sortir des faits que la science a constatés d'une manière positive, nous fait connaître les phénomènes dont la terre a été successivement la théâtre, et nous montre, dans une série de tableaux animés et pittoresques, les évolutions que la nature organique a subies depuis les temps les plus reculés jusqu'à nos jours. Des gravures fort exactes, représentant les fossiles les plus habituels, des vues idéales de la terre aux différentes époques géologiques, des cartes accompagnent cet ouvrage et s'adressent aux yeux et à l'imagination en même temps qu'à l'esprit. M. Figuier est lui-même un savant très-distingué : sachons-lui gré d'avoir écrit ce livre, que nous croyons appelé plus que tout autre à hâter les progrès de la géologie, en propageant le goût d'une science qui, au premier abord, peut paraître aride, mais qui, en

(1) *La terre avant le déluge*. Hachette, Paris, 1862.

réalité, est sans contredit la plus intéressante de toutes les sciences naturelles.

La séance est levée à 3 heures 1/4.

L'un des Secrétaires du Congrès,

Alf.-Paul Simian,
De la Société française d'archéologie.

PHILOSOPHIE, BEAUX-ARTS, LITTÉRATURE ET ARCHÉOLOGIE.

SÉANCE DU 19 AVRIL 1863.

Présidence de M. le comte de Mellet.

Siégent au bureau : MM. de Verneilh, de Caumont, le vicomte de Cussy, Gayot, le baron de Chaubry et de Witt, membre de l'Académie des Inscriptions et Belles-Lettres.

M. Prarond remplit les fonctions de secrétaire.

M. de Caumont mentionne les ouvrages suivants, offerts au Congrès :

Bulletin de la Société d'agriculture, sciences et arts de Poligny (Jura). Poligny, Mareschal, 1863.

Statuti novelli della Academia Palermitana di scienze e lettere. Palerme, stamperia di Michelangelo, 1854 ; in-8°.

Coup-d'œil sur les chemins de fer maritimes de la France ; par M. du Peyrat, ingénieur. Une feuille in-4°. Roanne, Ferlay (Plusieurs exemplaires).

Discours prononcé à l'ouverture du Congrès des délégués en 1858 ; par M. de Caumont ; br. in-8°. Paris, Walder.

Revue bibliographique, n°. du 20 février 1862, in-4°. Paris. — Id., n°. du 20 décembre 1862.

Journal des découvertes, 2e. année (mars 1863), in-f°. Genève.

Le Zeramna, journal de Philippeville (Algérie), imprimé dans cette ville ; in-f°. (Divers numéros de l'année 1860).

Deux aquarelles : vues de la cathédrale de Lausanne (Suisse) et du château de Blanduistein (duché de Nassau).

Sépultures gallo-romaines découvertes à Courly (Oise); par M. Mathon. Amiens, Herment, 1860 ; une broch. in-8°.

. *Note bibliographique sur un recueil de cantiques religieux* recueillis par M. Guy Patris-Beauvaisin. Amiens, Lenoël-Hérouart ; in-8°. Sans date.

Réponse aux critiques faites par M. Paul Lacroix de deux notices sur le château de Sarcus ; par M. Houbigant. Paris, Plon, 1860 ; br. in-8°.

Résumé d'une conférence sur l'architecture militaire des bords de la Loire, faite au Congrès de Saumur, le 1er. juin 1862; par M. de Caumont. Caen, Hardel. In-folio.

Notes descriptives sur quelques vases du musée de Beauvais; par M. Mathon, avec planches. Beauvais, Desjardins br. in-8°.

Enguerrand de Marigny, étude historique; par M. Paul Simian. Roanne, 1862; in-8°.

Rapport sur les monuments historiques, présenté au Conseil général du département de la Marne, dans sa séance du 30 août 1862; par M. le baron Chaubry de Troncenord. Dortu-Doullin, in-18. 3 exemplaires.

Etude historique sur la statuaire au moyen-âge; par M. le baron Chaubry de Troncenord. Châlons-sur-Marne, Laurent, 1863, in-8°. Deux exemplaires.

Giornale della commissione d'agricoltura de la Sicilia. Palermo, stamp. Macoclin, 1862, in-8°.

L'agricoltura siciliana alla esposizione di Firenze del 1861. Palermo, stamp. Lorsmaider, 1862 ; in-8°. carré.

· *Les mondes, revue des sciences*, prologue par M. Moigno. Paris, Raçon ; br. in-8°. Sans date.

Le livre de M..., *Histoire de la soie*, est remis par M. de Caumont sur le bureau pour la nomination ultérieure d'un rapporteur.

M. Lagout présente un système complet de la partie de l'esthétique afférente à la *justesse des proportions* dans les arts plastiques. Il l'appelle *Esthétique nombrée* pour la différencier de la *Métaphysique du Beau*, de la *Science du Beau*, des *Essais sur le Beau*, etc., etc., ouvrages qui embrassent l'esthétique dans sa généralité, et qui ne peuvent dès lors aboutir à aucune règle pratique nettement déterminée.

Les proportions d'une œuvre d'art sont, selon lui, susceptibles de mesures représentées par des nombres d'où vient la dénomination d'*esthétique nombrée* à un ensemble de recherches faisant ressortir la loi du Beau dans la simplicité du nombre.

L'ensemble du travail de M. Lagout présente trois parties qui se complètent :

1°. Synthèse. — Principe de l'*Equation du Beau* approuvé par l'Académie des Beaux-Arts ;

2°. Analyse. — Formule de l'*Equation du Beau* présentée à l'Académie des sciences ;

3°. Applications. — Barême de l'*Equation du Beau*. Architecture nouvelle. Art industriel (1).

M. Du Chatellier, correspondant de l'Institut, présente au Congrès un vase trouvé dans l'intérieur de l'Afrique, près du lac Michigan ; ce vase, qu'un mètre de terre ou de sable recouvrait, est en fer, revêtu d'argent niellé. Près du vase se trouvaient une boîte et une plaque d'un métal semblable, suivant les témoignages recueillis; la plaque était couverte de caractères : on ignore ce que sont devenus ces derniers objets. Ce vase ne paraît pas très-ancien au Congrès, et on pense qu'on en fabrique encore en Orient qui ont beaucoup de ressemblance avec celui-ci.

L'ordre du jour appelle la discussion sur les questions suivantes :

(1) Tous ces ouvrages se trouvent à la librairie Hachette, boulevard St.-Germain, 77, à Paris.

« Quel a été le mouvement archéologique en France, pendant « l'année 1862 ?

« Quelles ont été les publications archéologiques pendant « cette même période ? »

M. le comte de Mellet prend la parole.

RAPPORT DE M. LE COMTE DE MELLET.

« Si nous avions, Messieurs, dans tous les départements de la France, un archéologue non-seulement aussi savant, mais aussi infatigable et aussi actif dans ses recherches et dans les comptes-rendus de ses découvertes, que l'est M. l'abbé Cochet dans la Seine-Inférieure, principalement en ce qui concerne les sépultures de toutes les époques, il n'y aurait qu'à dépouiller de nombreux rapports et à en prendre l'essence, pour répondre à la première question posée plus haut. Et pourtant, ce pourrait encore être là une tâche assez considérable pour celui de nos collègues qui serait chargé de ce travail. Mais nous n'en sommes point là, et je fais des vœux pour que le savant explorateur de la Seine-Inférieure trouve, dans toutes les branches de l'archéologie française, de nombreux imitateurs.

« Pour moi, Messieurs, je me renfermerai dans un coup-d'œil général sur ce qui s'est accompli dans notre pays, au point de vue plus spécial du moyen-âge, pendant l'année qui vient de s'écouler. Je vous dirai, ce que vous savez au reste comme moi, que le mouvement de restauration des édifices de cette même époque, ainsi que de constructions nouvelles qui en reproduisent les types, ne s'est point ralenti. Sur tous les points de la France, on répare et on construit à nouveau. Assurément, tout n'est point irréprochable dans ce qui se fait, et il y a bien des écarts et des erreurs à regretter; mais la chose en elle-même est excellente et prouve victorieusement que trente ans de labeurs n'ont point été perdus ; mais qu'une glorieuse réhabilitation est venue venger les monuments légués par nos aïeux, des dédains ou de l'oubli dont ils avaient été l'objet. Je ne vous citerai pour exemple que Notre-Dame de Paris, que de longues années de travail et une dépense de neuf ou dix millions auront rendue, sous la direction de l'éminent M. Viollet-Leduc, à un état de splendeur qui la relèvera des outrages dont cette illustre cathédrale avait été l'objet. Encore une fois, Messieurs, je ne viens point, par cette déclaration, poser en fait que cette restauration est sans reproche et ne saurait être contrôlée dans le détail. Je ne viens point jeter le gant à la critique : ce n'est point là mon but, et du reste, je proclame mon incompétence à aborder à fond une semblable discussion. Je me borne à constater un fait et à prouver ainsi que la résurrection du moyen-âge est complète aujourd'hui, dans la doctrine, comme dans la pratique de tous les jours. Et constatons en passant, Messieurs, qu'à l'heure qu'il est, les tentatives nombreuses qui ont été faites pour substituer un nouveau style à celui du moyen-âge ont échoué et échouent tous les jours. Tous ces efforts pour créer n'ont abouti à rien : point d'idée fondamentale ; point d'unité ; nulle inspiration qui saisisse ; rien qui ait de l'avenir et qui promette à la postérité ! Nous pouvons dire que notre siècle n'a rien produit encore, en fait de style religieux. Jamais époque n'eut des ouvriers plus habiles, et en même temps jamais époque ne fut plus pauvre en conceptions de génie, en ce qui concerne plus particulièrement les édifices sacrés. A quand donc une création nouvelle, qui ait devant elle, je ne dirai pas un siècle, mais un quart de siècle ?

« Cet exposé, Messieurs, me ramène à la pensée que j'exprimais dans cette enceinte, il y a déjà plusieurs années : — Copions, disais-je, copions le moyen-âge ! Inspirons-nous, surtout, du XIIIe. siècle, qui fut le type le plus parfait d'un temps qui a produit tant de chefs-d'œuvre. Ne soyons que des copistes, je le veux, ainsi qu'on nous le reproche quelquefois. Et puisque jusqu'à cette heure on n'a pu nous présenter rien de mieux, reproduisons, je ne dis pas servilement, mais avec les variétés de détails que la science et le goût pourront inspirer, reproduisons le style d'une époque qui a su allier les plus admirables conceptions de l'architecture avec les exigences les plus intimes de la vérité catholique.

« Je passe à la 2ᵉ. question, concernant la bibliographie.

« L'année 1862, Messieurs, a été, comme celles qui l'ont précédée, féconde en publications relatives à l'archéologie monumentale ou historique, aux beaux-arts, etc.; et si je viens vous entretenir quelques moments d'un certain nombre de ces publications, je ne viens point m'ériger en juge qui distribue des rangs et adjuge des couronnes, mais je veux tout simplement répondre à la question annuellement formulée dans notre programme, sachant très-bien que je néglige bien des ouvrages de mérite. Parmi les écrits que je nomme, il en est qui émanent de sources si graves, que les éloges que ma bouche pourrait prodiguer ne pourraient jamais paraître une exagération.

« Je pense aussi que s'il n'est point nécessaire de faire tous les ans mention des revues qui sont la base de la science qui nous occupe, il est bon d'en parler quelquefois, et de montrer qu'elles continuent leur course avec le succès qui signala leur origine.

« C'est ainsi, Messieurs, que je vous nommerai en premier lieu le *Bulletin monumental*, cette importante revue qui a déjà publié vingt-huit volumes, et qui est le grand interprète de la Société française d'archéologie ; qui a vu le jour avec elle et qui est composé de communications faites par les membres de cette Société, sous la direction et avec le concours très-actif de M. de Caumont, l'illustre fondateur d'une Compagnie dont les membres très-nombreux sont répandus sur toute la surface de la France, et ont beaucoup de collègues à l'étranger.

« Je dois maintenant vous parler avec honneur des *Annales archéologiques*, qui sont arrivées à leur XXIIᵉ. volume in-4°., sous la direction de M. Didron, et qui, pour la beauté typographique, pour le nombre et pour la perfection des gravures, sont une des plus belles publications de notre temps. Nommer parmi les collaborateurs des *Annales* M. Didron d'abord, puis MM. Darcel, de Mélicocq, Barbier de Montault, Hurel, de

Verneilh, baron de Guilhermy, c'est assez vous dire, sans parler de beaucoup d'autres noms, tout le mérite et toute l'autorité de cette revue, qui présente à la fois la pratique et la théorie de l'art. J'ai nommé MM. Félix de Verneilh et de Guilhermy, deux savants dont la science et les doctrines ont si puissamment contribué à assurer les fondements de cette archéologie du moyen-âge, si long-temps négligée et si vivace aujourd'hui. M. de Guilhermy donne souvent dans les *Annales* des articles sur l'iconographie chrétienne, écrits par une main dont la sûreté n'a jamais fait défaut. M. de Verneilh, à qui l'on doit des communications judicieusement et consciencieusement écrites sur l'architecture au moyen-âge, a dernièrement réfuté, dans les *Annales archéologiques*, avec beaucoup de force et de logique, un travail de M. Renan, intitulé : *L'Art du moyen-âge et les causes de sa décadence*. Dans ce travail, aussi solidement et savamment pensé qu'élégamment écrit, il prend à partie les attaques de M. Renan contre le style gothique. Il répond avec bonheur à ce que cet auteur a objecté, des vices et des inconvénients de l'architecture ogivale. La France, l'Angleterre, l'Italie et l'Allemagne sont passées en revue par M. de Verneilh dans l'ensemble des monuments ogivaux que possèdent ces contrées. Enfin, ne se préoccupant point outre mesure du ralentissement qu'il croit remarquer en ce moment dans le zèle pour ce style, il n'en prouve pas moins en même temps qu'il continue la reprise de ses longues destinées et qu'un avenir brillant lui est encore réservé.

« La *Revue des Sociétés savantes des départements*, publiée par le Comité des Travaux historiques, est au 8e. volume de sa nouvelle série. Les travaux de la province y sont analysés et exposés avec beaucoup de détails et un grand esprit de justice et de bienveillance ; et l'on peut voir, en lisant dans ce recueil les rapports des savants membres du Comité des Travaux historiques, qu'ils sont animés d'un véritable esprit de confraternité pour les Académies provinciales. La *Revue* rend également compte des travaux spéciaux et importants du Comité des Travaux historiques.

« Je vais maintenant, Messieurs, signaler à votre attention quelques ouvrages parmi ceux qu'a vu publier l'année qui vient de s'écouler.

« Un des premiers en date est l'*Abécédaire d'archéologie gallo-romaine*, de M. de Caumont. Cet ouvrage, qui paraît après les deux volumes publiés sous la même forme par l'illustre auteur au sujet de l'archéologie du moyen-âge, en est le digne complément et présente, sous une forme rapide, mais substantielle et avec un grand nombre de planches insérées dans le texte, l'état de ce que les événements multipliés qui se sont accomplis sur notre sol depuis la conquête de la Gaule par les Romains, nous ont permis de conserver des monuments de toute espèce, fruit de cette civilisation, jusqu'au jour où les invasions des barbares détruisirent cette puissance colossale dont les lois et l'influence s'étendaient sur tout le monde connu. M. de Caumont débute par des aperçus très-intéressants et très-nets sur tout ce qui constitue la géographie des Gaules depuis Jules César, et son traité de 500 pages est terminé par des considérations sur l'état de la Gaule au IVe. siècle, et sur les invasions générales des barbares au Ve. : tableau dans lequel viennent se grouper des citations empruntées aux matériaux historiques les plus recommandables, et qui présentent, sous des couleurs dramatiques, l'état de désordre et de ruine de la Gaule au moment où l'aurore de la civilisation chrétienne va faire renaître l'espérance dans les cœurs.

« Le tome IV de la *Statistique monumentale du Calvados*, par M. de Caumont, comprenant l'arrondissement de Pont-l'Évêque, a paru en mai 1862.

« Le *Dictionnaire d'architecture du moyen-âge*, par M. Viollet-Leduc, a complété son sixième volume et se maintient dans les conditions de haut savoir dans le texte, et de perfection dans le dessin, qui en font un ouvrage de premier rang. Le *Dictionnaire du mobilier* de l'éminent architecte, présenté à l'Exposition de Londres, y a reçu une médaille d'honneur.

« La *Mosaïque des promenades* et autres trouvées à Reims, étude sur les mosaïques et sur les jeux de l'Amphithéâtre ; par

M. Ch. Loriquet, bibliothécaire et archiviste de la ville de Reims, etc. Cet ouvrage a été l'objet d'une mention très-honorable de la part de l'Académie des inscriptions et belles-lettres.

« *Histoire des progrès de l'artillerie depuis l'invention de la poudre à canon jusqu'au XVIIe. siècle*, par M. le colonel Favé. L'auteur, qui a obtenu une médaille de l'Académie des inscriptions et belles-lettres pour cet ouvrage important, se livre aux recherches les plus savantes et les plus détaillées sur le développement de l'artillerie et de toutes les armes à travers le moyen-âge et jusqu'à nos jours.

« *Cartulaire municipal de St.-Maximin*, par M. de Rostan, membre de l'Institut des provinces. In-4° de 185 pages.

« *Cartulaire de l'abbaye de Notre-Dame-de-la-Roche, du diocèse de Paris*, par M. Moutier, de Rambouillet; beau volume de 500 pages, avec album in-folio, dessiné par M. Nicolle, architecte-adjoint à la Manufacture de Sèvres. Le généreux et savant duc de Luynes a voulu faire les frais de l'impression de ces deux derniers ouvrages.

« *Paléographie des chartes et des manuscrits du XI*^e^. *au XVII*^e^. *siècle*, 4e. édition, par M. Chassant. Cet ouvrage élémentaire et portatif se divise en quatre parties : 1re. partie. Difficultés matérielles et accessoires de l'écriture ; 2e. partie. Différents modes d'abréviations ; 3e. partie. Lecture et transcription des anciennes écritures; 4e. partie. Sceaux et leurs légendes.

« La *Danse macabre de Troyes*, édition de 1486, réimprimé avec les planches en 1862, je crois, par M. Baillière, libraire, à Paris. Ce fac-simile d'un ouvrage d'une excessive rareté, et par conséquent d'un prix très-élevé, est d'un exemple excellent qui ne saurait être trop recommandé et trop suivi. C'est ainsi que des livres dignes de toute l'attention des érudits et des amateurs, mais devenus à peu près introuvables dans le commerce, peuvent reprendre rang, sans beaucoup de frais, sur les rayons des bibliothèques et être consultés avec fruit par les personnes auxquelles la nature de leurs études les rend nécessaires ou utiles.

« *Traité de la réparation des églises ; principes d'archéologie pratique et appliquée*, par M. Raymond Bordeaux, 2e. édition. Cette nouvelle édition est une bonne fortune, et l'ouvrage de notre savant confrère ne saurait être trop recommandé à toutes les personnes qui peuvent être dans le cas d'avoir à surveiller les réparations à faire à des édifices du moyen-âge : elles y trouveront des conseils dictés par la connaissance approfondie de ces monuments, et y apprendront avec quelle sage et prudente sobriété il faut porter la main sur ceux que les dégradations occasionnées par le temps ou par la main des hommes nous forcent ou nous engagent à réparer et à restaurer.

« *Légende de sainte Ursule*, onze livraisons grand in-4°. de 20 pages et deux chromolithographies reproduisant vingt-un tableaux peints, qui se trouvent dans l'église de Ste.-Ursule de Cologne. Cet ouvrage, dont le texte, en français, appartient à M. Dutron, n'a été tiré qu'à 450 exemplaires. Une planche supplémentaire reproduit les noms et les armoiries des principaux souscripteurs.

« Je m'arrête ici, Messieurs, heureux de constater une fois de plus qu'en 1862, comme dans les années précédentes, l'activité des études archéologiques ne s'est point ralentie, et qu'elle promet, au contraire, de continuer à porter des fruits toujours abondants et précieux. »

M. Paul Simian prend la parole à son tour ; il désire appeler l'attention du Congrès sur une grande publication allemande, la nouvelle édition de l'*Encyclopédie classique des antiquités*, de Pauly. M. Simian s'exprime ainsi :

« Parmi les récentes et nombreuses publications allemandes sur l'archéologie et ses diverses branches, je dois signaler particulièrement au Congrès la nouvelle édition de l'*Encyclopédie classique des antiquités*, de Pauly (*Pauly's Real Encyclopedie der classischen Alterthumswissenschaft*). Cette édition, considérablement augmentée, paraît dans ce moment à Stuttgard, sous la direction du docteur Teuffel, professeur de philologie à Tubingue, et avec la collaboration de MM. Brunn,

Bursian, de Tubingue; Caser, de Marbourg; Fabiger, de Leipzig; Grotefend, de Hanovre; Hersberg, de Halb; Krafft, de Maulbroun; Müller, de Rudolstadt; Planck, d'Ulm; Preuner, de Tubingue; Rein, d'Eisenarch; Reinisch, Schmidt, de Bonn; Schoüfeld, de Mamiheim; Stoll, Bolckmann, Westermann, de Leipzig; Wolfflin, etc. Ces noms sont connus, en Allemagne, de tous ceux qui s'occupent de philologie ou d'archéologie. Ils sont la véritable synthèse de cette phalange des érudits d'Outre-Rhin, qui a déjà rendu tant de services à ces deux sciences.

La lettre A de cette nouvelle publication a été imprimée à Stuttgard, en juin, juillet et août 1862. Elle forme un gros volume in-8°. de plus de 800 pages. L'*Encyclopédie* tout entière sera composée probablement de dix ou douze gros volumes in-8°. très-compactes. Dans le premier volume, nous avons remarqué principalement les mots : *Acta diurna*, *Adoptio*, *Ædilis*, *Ægyptis* (écrit d'après les découvertes nouvelles), *Ælia gens*, *Æra*, *Æs*, *Æsculapius*, *Africa*, *Ager*, *Agrippa*, *Alax*, *Alaricus*, qui présentent une abondance de recherches et une quantité de citations telle qu'aucune publication, anglaise ou française, n'en saurait donner la moindre idée. Je n'en excepte même pas le *Dictionnaire des antiquités grecques et romaines* de Smith, recommandable pourtant sous tant de titres divers. Comme on a pu le comprendre déjà, d'après la rapide énumération que je viens de donner, le *Lexique* de Pauly, revu par Teuffel, est une *Encyclopédie des antiquités* dans le sens le plus large du mot : histoire, biographie, bibliographie, mœurs et coutumes, ustensiles, *realia*, comme disent les Allemands : elle réunit tout, elle embrasse tout. Elle s'occupe non-seulement des antiquités grecques et romaines, mais encore des antiquités de tous les peuples connus. C'est en un mot une véritable bonne fortune pour les archéologues, un vrai cadeau fait aux antiquaires de toutes les nations. »

Pour donner au Congrès une idée plus nette de ce magnifique ouvrage, M. Paul Simian lit la traduction du mot *Acta diurna*, faite par lui le plus exactement possible en vue de la circonstance présente.

On passe à la question du programme ainsi conçue :

« Quelles sont les plus anciennes tapisseries historiques ? »

En posant cette question, M. de Caumont voulait attirer les plus actives recherches des savants vers les tapisseries historiques qui peuvent encore exister en quelques lieux, bien que l'espoir se perde de plus en plus d'en découvrir de nouvelles.

La Normandie, qui possède celle de la reine Mathilde, est fière et s'étonne d'être seule maîtresse d'un trésor de ce genre : nulle part on ne connaît de tapisseries de la même date pouvant servir de documents pour l'histoire.

M. de Caumont appelle l'attention sur cette tapisserie de Bayeux dont une reproduction partielle est sous les yeux du Congrès. Cette reproduction est une sorte de *fac-simile* de la plus sévère exactitude, quoique dans des proportions un peu plus grandes que celles de la tapisserie même. Tout le monde n'ayant pas été à Bayeux, cette reproduction est intéressante pour tous ceux des membres du Congrès qui n'ont pas vu l'œuvre de la reine Mathilde. M. de Caumont entre dans quelques développements sur l'histoire même de la tapisserie. Les Anglais se sont beaucoup occupés du trésor de Bayeux ; ils en ont fait faire des vues coloriées, etc.

M. de Verneilh donne lecture d'une lettre de M. le comte de Quast, ainsi conçue :

« J'ai revu, et avec plus d'attention que la première fois, dit « M. de Quast, les tapisseries de la cathédrale de Halberstadt. J'ai « trouvé une grande différence de style entre celles qui décorent « les différentes parties du chœur : les unes, présentant l'histoire « d'Abraham et de Jacob, me semblent beaucoup plus an- « ciennes que les autres. Peut-être pourrait-on attribuer les « premières au XIe. siècle ou au moins au commencement du « XIIe., tandis que les autres, offrant des figures d'Apôtres, « sont de la fin de ce dernier siècle ou du commencement « du XIIIe. Les premières n'ont que quelques couleurs qui, « toutefois, sont très-vives et bien conservées. Les nuances « sont différentes dans ces deux séries de tapisseries, qui sont « d'ailleurs à peu près de même importance. Les unes et les

« autres paraissent faites à la manière des Gobelins et non pas « à l'aiguille ; mais je ne saurais rien préciser à cet égard. Je « ne connais pas, en Allemagne, de tapisseries historiques d'une « aussi haute antiquité que celles qui offrent l'histoire d'Abra- « ham, à Halberstadt. Vous trouverez, dans les Annales du « Comité des monuments d'Autriche qui vous sont sans doute « parvenues, ou qui vous seront envoyées sur votre demande, « des chromolithographies de quelques tapisseries intéressantes. « Les tapisseries de la cathédrale de Halberstadt me paraissent « être du même travail qu'une chasuble que j'ai découverte, il « y a quelques semaines, dans l'ancienne collégiale d'Erfurt « en Thuringe, et qui est couverte de niches nombreuses, « renfermant chacune une figure de saint avec inscription ; « elles sont disposées en trois zones, 2, 1, 3 : celles d'en bas « sont cintrées. Dans un encadrement, on aperçoit un *præ- « positus Henricus* agenouillé, qui régnait en 1144, date « qui permet de préciser l'époque à laquelle on peut attribuer « cette œuvre. Sans cette date, j'aurais rapporté ce travail à « la fin du XIIe. siècle ; mais j'ai souvent remarqué que, dans « les arts secondaires, les dates ne coïncident pas toujours « avec celles de l'architecture contemporaine. »

M. de Verneilh fait remarquer qu'il serait intéressant de savoir si les tapisseries mentionnées par M. de Quast ne seraient pas plutôt des broderies que des tapisseries proprement dites.

M. Vignon donne quelques renseignements sur une vieille tapisserie de la cathédrale de Sens.

M. le marquis de Tanlay présente quelques observations sur quelques autres tapisseries.

M. Baudot donne quelques détails sur une tapisserie de l'église collégiale de Beaune et sur une autre conservée à Dijon.

M. de Verneilh développe les considérations du plus haut intérêt sur l'histoire de l'émaillerie. Ces documents précieux ont été publiés dernièrement dans le *Bulletin monumental ;* on les trouvera *in extenso* dans ce recueil.

Le Secrétaire,
PRAROND, d'Abbeville,
Membre de l'Institut des provinces.

SÉANCE DU 20 MARS.

Présidence de M. le comte DE MONTALEMBERT.

Sont appelés à siéger au bureau : MM. le comte DE MELLET, le duc DE MIREPOIX, le comte DE BONNEUIL, DE VERNEILH, DAVID, ancien ministre plénipotentiaire.

M. le vicomte DE MEAUX remplit les fonctions de secrétaire.

L'ordre du jour appelle la discussion de la question ainsi conçue :

« Quelles modifications l'application de l'art à l'industrie « doit-elle entraîner dans les écoles de peinture, de sculpture « et d'architecture ? »

M. Léo Drouyn, membre de l'Institut des provinces, à Bordeaux, s'exprime ainsi, à ce sujet, dans une lettre adressée à M. de Caumont :

« Jamais on ne fera, dit M. Léo Drouyn, qu'un industriel *de notre temps* cherche à diriger le goût du public, il suivra toujours les goûts de la masse pour *vendre ses produits*.

« S'il fait une œuvre d'*art industriel* remarquable, il la gardera dans ses ateliers, et personne n'en voulant, il fera autre chose.

« L'art passera dans l'industrie lorsque le souffle de Dieu passera sur les masses et les fera artistes, comme aux beaux temps de la Grèce, aux beaux temps du Moyen-Age et de la Renaissance. Il y a bien quelques hommes isolés qui relient le passé au futur, mais ils sont rares et incompris du public.

« Les *écoles répondront aux besoins de la société* lorsqu'il y aura, dans les élèves, l'amour de la règle, de la discipline et le respect pour le maître, trois choses qui manquent trop souvent aujourd'hui. »

M. de Caumont donne lecture du mémoire suivant, envoyé par M. de Surigny, de Mâcon, membre de l'Institut des provinces :

L'ART DANS L'INDUSTRIE.

La question posée au Congrès des Sociétés savantes : « De l'application de l'art à l'industrie, et par voie de conséquence, du mode d'enseignement artistique » n'est pas nouvelle ; mais elle est majeure et mérite attention et discussion.

La première chose à demander est celle-ci : L'art doit-il s'allier à l'industrie ? Évidemment oui, ou pour mieux dire, cette alliance n'aurait jamais dû cesser. La vie pour l'industrie c'est cette union, et de même que séparer l'âme du corps c'est tuer l'homme, séparer l'art de l'industrie c'est tuer l'industrie.

C'est ce constant accord de l'utile et du beau qui fait le charme des objets que nous a légués l'antiquité. Ils répondent victorieusement à ce stupide préjugé trop répandu, mais tout moderne, qu'un objet façonné avec art n'est pas aussi adapté à sa destination que celui auquel on a brutalement donné la forme qui lui est strictement nécessaire. Il est inutile de rechercher les causes de ce retour tout moderne à la barbarie : le fait est malheureusement constant ; mais il faut constater aussi, et la dernière exposition à Londres en est le meilleur *criterium*, que cette éclipse va cesser, que la lumière se fait, que plusieurs industriels font une heureuse exception à la routine de leurs confrères, et que le goût général s'améliore. Mais la lumière se fera davantage encore, lorsqu'il sera bien constant que l'industrie a non-seulement à satisfaire les besoins matériels, mais encore les besoins intellectuels, et que pour elle, il y a tout profit à réaliser cet accord. C'est au public à donner cet enseignement, en n'achetant pas les produits de mauvais goût, en forçant la production à être excellente, dans son propre intérêt. Cette éducation publique se fait chaque jour par les Sociétés savantes artistiques et littéraires, par les expositions des beaux-arts et la discussion qui en résulte, par les expositions universelles, où les grands industriels, mis en contact, luttent entr'eux de goût et introduisent par là même l'art dans l'industrie, en vulgarisent et en étendent le sentiment. Mais ceci n'appartient guère qu'à l'homme de loisir.

A l'ouvrier, dont l'instruction est courte et le temps limité, il reste encore beaucoup à apprendre : quel sera le meilleur mode de l'instruire vite et bien ?

Avant d'aborder cette question toute pratique, je veux dire que je ne m'associe point du tout aux paroles de M. Michel Chevalier, ni à celles de la *Gazette des Beaux-Arts,* ni à celles de M. de La Borde, membre du jury international et rapporteur, qui pensent que nous avons été battus complètement à l'exposition de Londres. Non, Messieurs, nous n'avons pas encore notre Azincourt industriel. J'observerai seulement (comme le fait M. Vignon, dans un excellent article du *Correspondant,* du 25 février) que les Anglais sont beaucoup plus riches que nous, qu'ils sont remplis d'intelligence et de persévérance, mais que pour faire les poteries de Minton et l'orfévrerie d'Unington, ils paient nos artistes fort cher et s'approprient ainsi leur talent. En cela ils font très-bien, puisqu'ils ont de l'argent ; mais c'est pousser l'anglomanie un peu loin, que d'attribuer à ces fabricants le talent qu'ils achètent, et de dire que *les Anglais ont les dispositions artistiques les plus rares à un degré éminent.* Cette mode de la louange exagérée peut sembler piquante dans un discours, mais elle passera.

Ce qui restera, ce sont les œuvres de notre colonie française, qui fait de l'art en Angleterre, ce sont surtout, et fort heureusement, « les types que les grands industriels seuls peuvent payer et faire reproduire par des travailleurs d'élite. Ces types sont ensuite reproduits à bon marché par l'industrie secondaire et vulgarisés (1). » Voilà ce qui doit réjouir dans l'Exposition universelle de Londres.

Ceci dit sur l'origine de la question, j'approuve fort, en la réduisant un peu, et en la formulant plus clairement, celle que pose le programme : « Quelles seraient les réformes à introduire dans les écoles d'art destinées aux ouvriers, et quelles modifications y aurait-il à faire à l'enseignement qu'on y donne ? »

Quand il est question de l'art dans l'industrie, il doit surtout,

(1) Ch. Vignon, *Correspondant.*

ce me semble, être question des ouvriers et des écoles créées pour eux. C'est bien ainsi, je pense, que l'entend le programme, puisqu'il voudrait que l'enseignement pour les orfèvres, les bâtisseurs, les sculpteurs, etc., ne se bornât pas à dessiner éternellement des nez et des oreilles. Je dis trois fois *Amen*. Partout, on est engagé dans une fâcheuse routine, et je ne sais même pas si Lyon et l'Angleterre méritent l'exception revendiquée pour eux. Partout, en France bien certainement, on enseigne au jeune homme qui veut embrasser une profession tenant aux arts, l'académie, c'est-à-dire le dessin du corps humain avec tous ses détails.

Assurément, rien de plus beau que l'étude de l'homme, qui est un monde en miniature. Cependant, commencer par là c'est, comme dit le proverbe, mettre la charrue avant les bœufs. L'étude de l'homme n'est qu'une des branches des arts du dessin. Le paysage en est une autre, le dessin d'ornement, une autre encore, etc. Ce n'est donc qu'indirectement et par un long chemin, par une branche on peut le dire, qu'on descend au tronc de l'arbre, pour remonter ensuite à la branche spéciale que déterminera la profession. Ne serait-il pas plus court de partir du tronc de l'arbre lui-même?

Ce tronc de l'arbre artistique, cette origine première, c'est le sens qui engendre et domine tous les arts du dessin, architecture, sculpture, peinture, c'est le sens de la forme.

Ce sens de la forme, qu'on pourrait appeler un sixième sens, chez les natures heureusement douées, produit l'art. C'est donc cette faculté, qui sert à tout dans les arts, qu'il faut développer chez celui qui en a reçu le don précieux, et même faire éclore chez celui qui n'en a qu'un faible germe.

Le fait-on dans les écoles, comme il convient à des enfants d'ouvriers, à des esprits sans instruction préalable? Le fait-on surtout de la manière la plus prompte pour ceux dont le temps est compté et qui n'en peuvent donner à l'art qu'une faible part? Évidemment non. Le chemin le plus long, c'est celui qu'on prend. Voyez:

Le jeune homme arrive à l'école, il prend son carton et se

met en place. On lui donne un nez à copier, un nez qui commence au-dessous du sourcil et finit au-dessus de la lèvre (bizarre idée !). L'élève copie de son mieux; mais ce nez est de trois-quarts Le professeur, s'il n'est pas un âne, lui explique qu'il y a là un côté fuyant, dont la perspective lui dérobe partiellement la vue, etc. : déjà de la géométrie et une complication dans la leçon. Enfin, l'enfant ombre son nez, cette ombre a des reflets : leçon d'optique. L'ombre se projette à 45 degrés sur une joue absente : nouvelle leçon de géométrie. Et ainsi de suite, pendant des mois, des années, jusqu'au jour où la brosse et le marteau s'empareront de l'apprenti et le soustrairont forcément à ces belles choses. Heureux si, en dehors de cet enseignement, le sentiment, l'instinct, un je ne sais quoi qu'il a dans l'âme, lui fait comprendre la valeur du relief, l'harmonie des formes, l'expression même que le moindre des objets, un manche à balai, est susceptible de recevoir.

Il y a ainsi des esprits intelligents qui laissent leur professeur et ses explications en arrière. Le sens de la forme, très-vif en eux, les conduit droit au but. Ils imitent quand même; ils copient et copient bien, et arrivent enfin malgré tout à l'application de leurs études. Au fils de l'appareilleur et du tailleur de pierres, on met le tire-ligne à la main : il retrouve son angle de 45 degrés. Au fils du sculpteur, on donne de la terre à modeler : heureux celui-là ! Au peintre en bâtiments, on fait anatomiser corniches, chapiteaux, moulures, feuilles d'acanthe, toujours éclairés à 45 degrés. Au tisseur de Lyon, on donne des fleurs à détailler, à grouper, à peindre même. Chacun s'en tirera, en proportion de ce sens de la forme qu'il aura développé en lui, mais seulement dans cette proportion, rien de plus. Tous les pas inutiles, et il en aura fait beaucoup, ne l'auront pas acheminé à son but, ils lui auront seulement donné de la fatigue. C'est cette fatigue que je voudrais lui éviter; je voudrais le mener à l'art, s'il est capable, par le chemin le plus court.

Ce chemin le plus court, c'est l'étude de la forme sans intermédiaire, c'est le modelage.

Mais, pour diriger l'élève dans cet exercice, une chose de

première nécessité, c'est un professeur intelligent. Peu m'importe qu'il sache faire une teinte parfaite, qu'il ait un dessin savant, qu'il compose avec verve et se soit fait un nom dans les arts! Avec ces qualités éminentes, il peut être un détestable professeur. Mais si, avec une connaissance ordinaire de son métier, avec une certaine variété dans son instruction, il est penseur et observateur, cela suffit. Cet homme sera difficile à trouver, j'en conviens, avec les maigres émoluments affectés à la plupart des écoles. Cependant, c'est pour l'art national une question de vie et de mort : et si les Français sont trop pauvres pour disputer aux Anglais les tableaux des grands maîtres, je dirai que la France est encore assez riche pour payer de bons professeurs, et que c'est, après tout, la manière la plus économique de s'en tirer. La bonne terre ne manque pas chez nous, il ne s'agit que de la bien cultiver.

Mon bon professeur trouvé, je lui envoie un petit garçon intelligent. Que lui mettra-t-il entre les mains? Au lieu d'une feuille de vélin bien blanc qu'il aura peur de gâter, et d'un crayon en aiguille qu'il cassera à coup sûr, il lui donnera une masse d'argile corroyée et un modèle à imiter, En faisant cela, il suivra l'indication de la nature.

Si je me rappelle l'instinct des enfants ; si je me rappelle ma vocation artistique : nous prenions une pomme de terre où une rave, et nous y taillions un grand-homme ou un animal ; mais si le ruisseau nous offrait de la terre grasse, ou, mieux encore, si nous pouvions en dérober de bien préparée au potier voisin, notre bonheur était parfait. En ajoutant et en retranchant, le grand-homme prenait vraiment de la tournure et l'animal était mis de côté.

Dans ces essais d'enfant pour réaliser les formes que rêve leur jeune cerveau, qui ne voit une marche indiquée par le bon sens ?

Dans ce travail de modelage pour rendre la forme des objets, plus de complications, plus de perspectives, de lumières et demi-teintes, d'ombres portées, de reflets, de raccourcis, choses difficiles à comprendre. L'élève, au lieu de modeler (comme vous dites vous-même) avec son crayon, c'est-à-dire fictivement, modèlera véritablement, et rendra dans toute sa réalité ce qui sera l'objet de son étude.

Je voudrais donc qu'au lieu d'être la fin des études, d'être une exception, le modelage fût la règle générale, le commencement de toutes les études qui ont la forme pour objet, et dans la nature tout est forme. Je voudrais qu'on développât rapidement et vigoureusement ce sens créateur, cette faculté esthétique, comme disent les Allemands, qui est la base de tous les arts; qu'une masse de terre fît le premier fonds des écoles de dessin, avec des reliefs de toute sorte à imiter, bien convaincu que celui qui est né peintre, c'est-à-dire plus enclin à la couleur, à un certain idéal dans les formes, aux jeux de la lumière, à la variété des plans dans une scène historique où dans le paysage, au mouvement d'un grand nombre de personnages, choses auxquelles la peinture se prête plus particulièrement, que celui-là trouvera plus tard et sans peine sa voie, à laquelle ses premières études plastiques ne seront en aucune façon inutiles ou nuisibles, bien au contraire. L'école florentine presque tout entière n'est-elle pas née dans les ateliers des modeleurs et des orfévres? Celui qui sait construire un homme en terre a bien vite appris, si telle est sa pente, à le traduire sur une toile.

Si d'une haute école, *comme celle qui* a l'homme *pour objet*, on ramène la question aux écoles professionnelles, combien plus nombreux sont ceux qui se destinent à un métier où la forme seule est en jeu!

Les tailleurs de pierre, les menuisiers, les charpentiers, les sculpteurs sur bois et sur pierre, les orfévres, les ciseleurs, les potiers, *les plâtriers, les architectes même qui ont continuellement* à se rendre compte de coupes et de saillies, tous les métiers relèvent plus ou moins de l'art du modelage. J'ai souvent été étonné et impatienté de l'incapacité des sculpteurs ornemanistes eux-mêmes, pour se rendre compte d'un vrai relief. Ils n'y arrivent qu'en tâtonnant et éprouvent une vraie difficulté à se faire des modèles en terre pour fixer leurs idées. N'est-ce pas là le plus sanglant reproche qu'on puisse faire à l'instruction qui *leur a été donnée?*

J'ajoute ceci, parce que c'est d'une importance majeure dans les professions industrielles, et pour bien faire comprendre l'immense facilité du modelage: c'est que, pour être maître en ce genre, il faut très-peu ou point d'acquis dans le dessin, chose longue à apprendre. Je n'en veux pour preuve que nos sculpteurs modernes, je parle des maîtres, dont la plupart exécutent très-difficilement une esquisse sur le papier, et formulent avec talent leurs idées sur la terre et le marbre. Il faut passer sous silence l'antiquité grecque et le moyen-âge, où les artistes étaient si complets, et se borner à la société actuelle: je la prends avec sa *faiblesse native* et je veux tâcher, avec les membres du Congrès, d'élever le niveau intellectuel, non pas des hommes instruits qui pour tout ce qui touche les arts ont déjà fait de remarquables progrès, mais des ouvriers. Je veux développer en eux le sens esthétique en même temps que la pratique de l'art Je veux mettre entre leurs mains un instrument docile, parfaitement persuadé du profit qu'en saura tirer l'esprit vif et aiguisé d'un grand nombre.

Je ne prétends donner, qu'on veuille bien le croire, aucune prééminence à la sculpture sur la peinture: chacun a sa pente et fait bien de la suivre; mais je prétends développer par la voie la plus courte, qui *n'est ni sculpture ni peinture*, la faculté innée des beaux-arts. Je ne me laisserai point effrayer par l'objection des petits bonshommes crayonnés en trois barres par les enfants, depuis Pompéï jusqu'à nos jours. Il y a là sans doute le premier jet d'un esprit artiste, mais un jet qui ne se développe pas. Dans l'impossibilité de vaincre des difficultés de raccourcis de perspective, il reste dans une éternelle immobilité. Ce jet de l'esprit, je le prends pour une simple indication, pour un point de départ, et je m'efforce de le faire marcher en avant par le développement de la faculté esthétique, que favorisera puissamment, à mon avis, l'exercice du modelage.

On voudra bien aussi ne pas oublier que j'ai demandé pour mon école-modèle un professeur intelligent. En effet, il aura dans son chemin à faire continuellement l'application de son jugement et de ses connaissances variées. A mesure que les élèves développeront leur talent, il aura à reconnaître l'aptitude particulière de chacun et à diriger ses études dans ce sens Dans cette dernière catégorie rentrent parfaitement les écoles spéciales instituées avec une mission particulière, comme celle de Lyon, par exemple ; ces écoles, il faut soigneusement les conserver ; mais elles ne peuvent être un régime auquel soit soumise la totalité des individus de professions si variées : on n'y trouverait pas le mouvement d'esprit nécessaire au développement du sens artistique, qui assurera la prédominance de notre industrie.

M. le comte d'Héricourt ne croit pas que le Gouvernement fasse tout ce qu'il pourrait et ce qu'il devrait faire pour encourager les beaux-arts. Depuis la division des grandes fortunes et la dispersion des patrimoines de l'Église, l'État presque seul est capable de demander aux artistes de grandes œuvres, de soutenir, par exemple, la peinture historique. Il devrait diriger l'art vers un but élevé et pur. Le fait-il toujours ? M. d'Héricourt ne le pense pas. Toutefois il a confiance dans le génie de la France, et signale en particulier les efforts inspirés par la foi catholique et tentés de toutes parts dans le domaine de l'art religieux. Aujourd'hui, comme au XIIe. siècle, ne pourrait-on pas dire que notre patrie se couvre d'un blanc manteau d'églises ?

M. de Caumont ramène le débat à la question posée au Congrès : l'application de l'art à l'industrie. Dans ce but, dont la dernière exposition de Londres a démontré l'importance, faut-il, comme le pense M. de Surigny, apprendre aux enfants à modeler plutôt qu'à dessiner ? Faut-il surtout leur apprendre autre chose que le dessin académique, ou bien est-il bon qu'ils copient indéfiniment et universellement des nez et des oreilles ?

M. le comte de Bonneuil remarque qu'en racontant comment on apprend à peindre en modelant, M. de Surigny a retracé sa propre histoire. Il s'est souvenu, peut-être involontairement, de son enfance et de ses premiers essais au collége qui ont précédé sa vocation pour la peinture. Mais ce ne sont pas les écoles de dessin ou de modelage qui font les artistes. Le sentiment de la forme que M. de Surigny voudrait développer par le modelage est inné; ce n'est pas un maître qui peut le donner à ses élèves. Un maître apprend à copier avec exactitude. Voilà le but des écoles, et, sous ce rapport, le dessin peut être plus avantageux que le modelage.

M. Du Chatellier, sans nier l'utilité du modelage, ne croit pas non plus que l'étude du dessin même académique soit stérile. Il cite l'exemple d'une école fondée par lui il y a long-temps dans une petite ville de 4,000 âmes, et où, comme partout à cette époque, on ne débutait pas autrement que par des nez et des oreilles. Eh bien! les ouvriers qui en sortaient, après avoir travaillé avec application, tels qu'un maçon, un ferblantier, un menuisier, se trouvaient plus habiles et introduisaient des formes nouvelles dans les travaux de leur état. Faites donc dessiner, si vous le pouvez, les enfants de la classe ouvrière, et, s'ils ont des loisirs pour étudier et réfléchir, le goût de l'art leur viendra.

M. le Président voudrait voir signaler dans le sein du Congrès les industries auxquelles l'art se marie avec le plus de succès, et les efforts tentes, les moyens employés dans chaque ville, dans chaque province pour parvenir à ce résultat. Lyon, avec ses soieries, en offre le plus éclatant exemple. A quelles conditions s'est accomplie cette alliance? A quelles conditions peut-elle s'accomplir pour des industries analogues? M. le Président provoque, à cet égard, la réponse des membres du Congrès.

M. Calemard de Lafayette pense qu'en rappelant les merveilles de l'industrie lyonnaise, M. le Président a indiqué le but qu'il importe de se proposer pour rendre les études artistiques profitables à l'industrie. Il faut que ces études soient appropriées spécialement aux industries locales. A côté des soieries de Lyon, M. Calemard de Lafayette cite les dentelles du Puy. Cette industrie est très-prospère; elle occupe cent vingt mille femmes dans la Haute-Loire. Elle travaille à la parure des bergères et à celle des impératrices, et peut ainsi fournir du travail aux ouvrières les plus inexpérimentées comme aux plus habiles. Elle est flexible, sachant suivre tous les progrès du goût et tous les caprices de la mode, et cette année la Haute-Loire a présenté la plus belle pièce de dentelle à l'Exposition de Londres. Enfin, elle est sans dangers ; elle n'arrache pas la femme au foyer domestique, où elle apporte un peu d'aisance. Comment donc se conserve et se perfectionne cette industrie? Comment se forment les dessinateurs et les meilleures ouvrières ? La Société académique du Puy, dont M. Calemard de Lafayette est maintenant président, a fondé il y a trente ans, grâce à l'initiative de M. le vicomte de Bec-de-Lièvre, des cours de dessin, de modestes écoles industrielles dont les professeurs reçoivent un traitement de 600 fr., et auxquelles on a ajouté récemment un cours de dessin d'ornement. La charité privée, de son côté, a institué des asiles pour les jeunes filles orphelines et pauvres, où des religieuses dirigent leur apprentissage. Ces établissements vivent des ressources que leur procure la fabrication de la dentelle. M. Calemard de Lafayette pense que les écoles industrielles de la Haute-Loire auraient droit aux subventions du Gouvernement.

Cette dernière observation provoque une question de M. le Président. Après avoir remercié M. Calemard de Lafayette des détails si curieux et si instructifs qu'il vient de donner, M. le Président demande pourquoi solliciter l'intervention de l'État pour une industrie dont la prospérité est due tout entière à l'initiative individuelle.

M. Raudot estime, en effet, que l'État est incompétent en matière d'art et d'industrie, et quand il protége l'art et l'industrie, il court risque de se tromper et de favoriser le mauvais goût. Au XVIIIe. siècle, le Gouvernement patronait le genre *rococo* ; au XIXe., il encourage la médiocrité aux dépens du vrai talent. Si l'on a pu constater un progrès artistique dans l'industrie à l'Exposition de Londres, c'est à des efforts libres et spontanés qu'on le doit. Si l'industrie lyonnaise est si florissante, ses dessinateurs se sont formés sans l'intervention de l'État. Les subventions du Gouvernement amènent son inspection, et le résultat d'un contrôle de ce genre, confié à des agents subalternes, est de soumettre des hommes d'un vrai mérite à des gens qui ne les valent pas et qui ne seraient rien sans leurs fonctions.

M. Du Chatellier, sans vouloir étendre l'action de l'État ni faire dépendre de sa direction le mouvement des intelligences, ne peut méconnaître, en fait, que les écoles primaires relèvent de lui; et, puisqu'il est désirable que l'enseignement primaire en matière d'art industriel soit subordonné aux besoins spéciaux de chaque pays, il désire que le Gouvernement consulte à cet égard les Sociétés et Académies locales. M. Calemard de Lafayette s'unit au désir de M. Du Chatellier et proteste qu'il ne souhaite pas agrandir l'action de l'État, mais seulement la voir mieux dirigée là où elle s'exerce actuellement.

M. le comte d'Héricourt observe que les écoles de dessin sont encouragées ordinairement par les villes, quelquefois par les départements, jamais par l'État.

Conformément à l'invitation de M. le Président, M. de Caumont reprend l'enquête commencée sur l'application de l'art à l'industrie, enquête qui doit porter principalement sur la puissance de l'initiative individuelle et libre. M. de Caumont signale dans le département du Calvados, comme au Puy, des milliers de dentellières. Là, les dessinateurs de cartes se forment plutôt d'après le goût dominant et les exigences de la fabrique que dans les écoles publiques et dépendent directement des patrons. A Rouen, on a cherché à former une école industrielle, mais ce projet n'est pas encore réalisé.

M. Bertrand *signale les écoles de dessin* de la ville de Troyes. Fondées par un habitant de cette ville, ces écoles sont maintenant devenues municipales et contribuent au progrès de l'industrie des tissus particulière à cette contrée. Elles sont très-fréquentées, et de là le goût et l'étude du dessin se sont répandus dans les écoles primaires: d'abord dans les écoles mutuelles, ensuite dans les écoles des Frères. Et ce ne sont pas seulement des ouvriers tisseurs qu'elles contribuent à former, ce sont aussi des mécaniciens. Enfin, le sculpteur Simart en est sorti. Des professeurs nés et formés dans le département dirigent ces écoles.

M. le Président, en remerciant M. Bertrand des renseignements très-dignes d'intérêt qu'il vient de donner, observe qu'un des principaux avantages de ces écoles municipales est de retenir et de fixer en province, dans leur pays, des hommes de mérite, sans susciter en eux des pensées d'avancement, qui dans toutes les carrières rendent nomades les fonctionnaires de l'État.

M. Du Chatellier appelle l'attention du Congrès sur les musées industriels. La ville de Lyon possède des modèles des étoffes tissées depuis deux siècles. N'est-ce pas pour elle une gloire en même temps qu'un enseignement profitable ? Le Congrès a déjà émis le vœu que cet exemple fût suivi. Il y a long-temps qu'il s'est occupé de la création de musées industriels. M. Du Chatellier désire que ces pensées ne soient pas abandonnées.

M. Calemard de Lafayette rappelle que l'industrie dentellière, dont il vient de tracer le tableau, possède au Puy son musée. Ce musée a été fondé il y a dix ans et antérieurement à celui de Lyon.

M. le comte d'Héricourt, revenant sur les écoles de dessin, signale celle de Valenciennes qui prospère sans subvention du Gouvernement et d'où est sorti le sculpteur Lemaire.

M. l'abbé Chamousset cite l'école de dessin de Chambéry. Là, le modelage et le dessin marchent ensemble. M. l'abbé Chamousset ne voudrait pas qu'on les séparât.

La discussion est close par ces paroles, et le Congrès émet le vœu suivant :

« Le Congrès estime qu'il peut y avoir lieu dans certains cas
« d'allier les études du modelage à celles, trop exclusives, du
« dessin académique.

« Il pense surtout qu'il convient que les écoles soit munici-
« pales, soit particulières, adaptent plus spécialement l'ensei-
« gnement des arts aux besoins des industries locales. »

Le Secrétaire,

Vicomte DE MEAUX.

SÉANCE DU 21 MARS.

Présidence de M. Guizot, ancien ministre.

Cette séance est ouverte à trois heures.

Prennent place au bureau : MM. de Lavergue, Leroyer, Bouchard-Huzard, Du Chatellier, Raudot, le général comte de Rochefort, David, ancien ministre plénipotentiaire, et de Quatrefages.

M. Paul Simian remplit les fonctions de secrétaire.

Une grande affluence se fait remarquer. Tous les membres du Congrès avaient voulu assister à cette seance présidée par le grand historien, le grand homme d'État, M. Guizot.

M. de Caumont, se tournant vers cet illustre président qui vient d'ouvrir la séance, lui adresse les paroles suivantes :

« Monsieur,

« Il y a trente ans déjà que, quelques amis et moi, nous pensâmes à importer en France le Congrès dont M. de Humboldt avait doté l'Allemagne.

« Vous étiez alors ministre de l'instruction publique, Monsieur, et vous voulûtes bien accueillir cette pensée, la prendre sous votre haut patronage, et l'encourager par vos paroles.

« Ainsi protégée dès son début par un homme tel que vous, l'œuvre devait prospérer et grandir, et ce n'est pas sans éclat que le Congrès a fait son tour de France, siégeant successivement dans nos principales métropoles.

« Partout où il s'est montré, l'excitation intellectuelle a été grande, et je ne crois pas sortir du vrai en disant que le Congrès, *sans rien coûter à l'État*, a produit de plus grands résultats que n'auraient pu le faire des millions consacrés à l'encouragement des sciences, des arts et des lettres.

« Ce fait, *produire beaucoup sans rien coûter à l'Etat*, était, dans les habitudes, une exception qui a suscité au Congrès une foule d'ennemis, parmi ceux dont le zèle est proportionné à l'importance des traitements et chez lesquels l'initiative privée est tenue en suspicion.

« Le Congrès pourtant a marché résolûment; il a mis en lumière des hommes qui sont devenus éminents et qui occupent le rang le plus élevé.

« Plusieurs ne l'ont pas oublié, et reconnaissent les services que le Congrès leur a rendus; d'autres ont repoussé d'un pied dédaigneux le marchepied qui leur avait prêté secours; et quand on connaît un peu le cœur humain, ces injustices n'ont rien d'étonnant.

« Je me rappellerai toujours que, sortant de votre hôtel, il y a vingt-cinq ans, en compagnie d'un homme qui n'existe plus et dont je tairai le nom, cet honorable fonctionnaire, qui vous devait beaucoup, m'exprimait son désir de vous voir rentrer dans la vie privée. Étonné d'entendre un pareil langage, j'en demandai l'explication, et mon interlocuteur me répondit sans hésiter: « que vous aviez fait pour lui tout ce qu'on pouvait « faire, mais qu'un nouveau ministre pourrait peut-être accorder « encore autre chose. »

« Je compris alors, et je me tus.

« Le Congrès a été traité de la sorte par ceux qu'il avait mis en lumière et qui *n'avaient plus rien à lui demander.*

« L'amour-propre, mal compris et mal réglé, porte trop souvent les hommes faibles à renier *leurs origines;* il est probable qu'il en sera toujours ainsi, et cette tendance ne me paraît pas, par le temps qui court, en voie de décroissance.

« Mais croyez-le bien, Monsieur, le Congrès ne sympathisera jamais avec ceux qui ont *fait de l'oubli une doctrine.*

« Hier, M. Perdonnet, M. Pompée et d'autres savants qui honorent le Congrès de leur sympathique concours, proclamaient que l'on vous devait les *premiers établissements d'enseignement professionnel.* Souvent et toujours, votre nom a été prononcé dans cette enceinte avec respect et reconnaissance : nous ne sommes pas, grâce à Dieu, de ceux qui *renient leur premier maître pour flatter le dernier.*

« La sincérité est une vertu naïve que les progrès du siècle ont effrayée : ses autels sont déserts, *le grand monde lui fait peur*. Elle vit aujourd'hui très-RETIRÉE. Mais notre réunion n'est rien moins que ce grand monde et, par une heureuse exception, la sincérité est restée au milieu de nous.

« Croyez-le donc, Monsieur, nous sommes de sincères admirateurs de vos vertus, de votre éloquence, de votre science profonde et de votre beau caractère; merci donc, au nom du Congrès, de la visite dont vous l'honorez aujourd'hui; le Congrès en conservera le souvenir le plus durable et le plus reconnaissant. »

Ce remarquable discours a été interrompu plusieurs fois par des applaudissements unanimes.

M. le Président. Je n'avais nul droit, Messieurs, aux paroles si élogieuses pour moi que M. de Caumont vient de prononcer. Quand M. le Directeur m'exposa ses idées sur les congrès, idées qui devaient être si fécondes en heureux résultats, je les accueillis, je dus les accueillir avec faveur. Mais je n'ai pas assez fait peut-être,..... car je n'avais que soupçonné le développement que devaient prendre ces congrès.....

Je n'élèverai pas ici, Messieurs, la question de la centralisation. Je dirai néanmoins que la centralisation, telle que certains esprits la comprennent, ne vaut rien, n'a jamais rien valu. *Il ne faut pas que la mode de Paris s'impose aux provinces*, que les frivolités de la grande ville étouffent les plus nobles aspirations des départements. Que les bonnes idées de Paris se répandent en province : je le veux bien ; mais je veux aussi que les hommes des départements sachent au besoin juger Paris et ses œuvres. Personne plus que moi, Messieurs, n'est convaincu de la haute utilité de vos travaux. Je suis donc véritablement heureux de vous apporter ma coopération, de contribuer à vos études, comme simple particulier, de même qu'autrefois j'y ai contribué étant ministre. (Applaudissements prolongés.)

M. le Directeur général. Nous profiterons de la présence de M. Guizot, pour le prier de vouloir bien remettre : 1°. une médaille d'or à M. Baudot, de Dijon, qui a publié un très-bel ouvrage sur les sépultures mérovingiennes; 2°. une médaille d'argent à M. Aubertin, conservateur du musée de Beaune. Ces médailles ont été votées l'année dernière, à Lyon, à ces Messieurs par la Société française d'archéologie; elles auront un plus grand prix pour eux quand ils les auront reçues de la main de notre illustre président.

M. le Président décerne ces récompenses. (Applaudissements unanimes.)

L'ordre du jour appelle la question suivante :

« Quel est, à l'heure qu'il est, l'état moral des populations « de la France? L'intelligence s'est-elle développée chez elles « en raison de l'instruction reçue? »

Sont inscrits pour cette question : MM. de Blois, Des Moulins, Baudot et plusieurs autres membres. La parole est à M. Challe pour lire un rapport de M. Des Moulins, de Bordeaux.

M. Challe lit ce mémoire, où l'auteur traite de l'état moral des populations dans les environs de Bordeaux. Ce discours est interrompu plusieurs fois par les mots : très-bien, très-bien.

MÉMOIRE DE M. DES MOULINS.

« Quel est, à l'heure qu'il est, l'état moral des populations « de la France? L'intelligence s'est-elle développée chez elles « en raison de l'instruction reçue? »

Question multiple, immense, à laquelle tout un volume, long-temps médité dans le silence du cabinet, dans les profondeurs de la conscience, suffirait à peine à répondre; question adressée à des hommes d'étude, il est vrai, mais qui bien souvent, emportés par le courant de leurs travaux habituels, peuvent à peine leur ravir le temps nécessaire pour étudier une de ses faces.

Telle est la position dans laquelle je me trouve, et si j'obéis à un devoir en adressant au Congrès quelques réflexions sur cet important sujet, je dois solliciter d'abord son indulgence en faveur d'un travail qui ne pourra être qu'un fragment d'étude.

En transmettant à votre savante assemblée, Messieurs, l'excellente réponse qu'a faite à la question pour les départements des Landes et des Basses-Pyrénées un des hommes les plus laborieux, les plus consciencieux dans leurs travaux, dont s'enorgueillit la circonscription du Sud-Ouest, je devrais me borner, peut-être, à m'efforcer de répondre moi-même pour la Gironde, comme M. Du Peyrat l'a fait pour le département qu'il habite ; mais les Landes ont une physionomie toute particulière, au moral comme au physique. Tout récemment et encore à peine atteintes par le mouvement du siècle, elles n'ont que commencé à subir cette transformation qui gagne de proche en proche nos provinces les plus reculées, et qui, en entamant peu à peu leur individualité morale et matérielle, les ramènera fatalement *toutes*, autant que le permet la constitution physique des diverses contrées, à une *uniformité* dont les résultats consisteront à la fois dans une somme quelconque d'avantages et dans une somme quelconque d'inconvénients ; — sommes encore inconnues, véritables x du problème, dont il s'agira d'établir un jour la valeur et la balance ; et cette balance donnera à nos neveux la solution la plus complète de la grande question sur laquelle le programme du Congrès appelle nos méditations.

Or, la Gironde se compose de deux moitiés que sépare la Garonne, — moitiés presque égales en surface, mais d'une inégalité extrême sous tous les autres rapports. A l'Ouest, ce sont les Landes avec leur population pauvre et clair-semée, avec leur race gasconne restée presque pure, et avec leur constitution physique tout-à-fait à part. Ce n'est qu'une extension du département voisin, et mon savant collègue M. Du Peyrat a trop bien rempli pour celui-là sa tâche, pour qu'il me soit permis de songer à la recommencer sur un sujet absolument identique.

A l'Est, au contraire, c'est Bordeaux. Je dis seulement *Bordeaux*, parce qu'une ville provinciale de premier ordre, une capitale de région, c'est un astre environné de son atmosphère et des satellites captifs dans son système, — satellites qui, tournant docilement autour du centre commun, gravitent en quelque sorte vers lui et ne sont que les membres épars d'un même corps. Je ne prends ici qu'une vue d'ensemble, et ne tiens pas compte du mince lambeau de terre proprement *celtique* qui diffère par la race, par la langue, par les mœurs de ses habitants, de tout ce qui entrait jadis dans le domaine de la langue d'*oc*. La délimitation administrative et par conséquent non naturelle, non ethnologique, qui a donné Blaye à la Gironde, a été commandée par le commerce maritime de Bordeaux ; elle est purement artificielle, née du mouvement de la civilisation, et n'a nulle racine dans la nature des choses.

Bordeaux donc, c'est tout l'espace qui court Nord et Sud de la pointe de Grave à La Réole, Ouest et Est des portes de Bordeaux aux marches de la Saintonge, du Périgord et de l'Agenais.

Dans cet espace encore vaste, tout est *un*, sauf des nuances qui tendent chaque jour à s'effacer davantage. La grande ville est une pompe aspirante et foulante à la fois, qui absorbe et rejette tour à tour les éléments que son action peut atteindre, les mêle, les brasse et les confond dans une uniformité qui ne saurait plus désormais permettre de les distinguer entre eux.

Mais ce qu'on observe à Bordeaux et dans sa sphère d'activité, on l'observe également à Toulouse, à Marseille, à Lyon, à Lille, à Rouen. Dans un pays comme le nôtre, que les siècles ont amené à l'unité politique; dans un pays que le niveau de la civilisation moderne a courbé comme les autres sous le joug de la passion du lucre, du culte dominateur des jouissances et de l'or qui les procure, toutes les grandes villes se ressemblent fatalement au moral, comme leurs habitants se ressemblent au physique, après des siècles de croisements incessants. Traitées de satellites par la capitale de l'État duquel elles ressortissent, elles se modèlent sur lui et se façonnent, proportions gardées, à son image ; toutes les individualités s'effacent ; l'histoire *immatérielle* d'une grande ville devient celle de toutes les autres.

Bordeaux, par exemple, cet antique *emporium*, fut de tout temps une ville de commerce; Paris l'est devenu plus tard, après que la France a été constituée ; il y a été amené par les nécessités de son rang de capitale de l'unité française. Bien plus tard encore, ces nécessités se sont accrues et Paris est devenu une ville industrielle ; mais Bordeaux ne l'était pas encore il y a quarante ans et n'avait que les industries du sol et de la mer : la fabrication des vins et la construction des navires, industries dont l'action ne pouvait être déplacée. Aujourd'hui *que tout est dans tout*, Bordeaux s'est fait industriel comme Paris, comme Lyon, comme les villes manufacturières se sont faites commerçantes, et cela avec des nuances du plus ou moins, selon les traditions de la spécialité et les exigences des localités. Donc, parler de Bordeaux, c'est esquisser la physionomie de toutes les grandes villes, et la question particulière et régionale, ne pouvant admettre ici les développements de détail qui l'empreindraient d'une physionomie propre, se trouve élevée au rang de question générale.

Qu'aurais-je donc à dire que ne sachent bien mieux que moi les hommes dont la spécialité d'études les porte à l'observation des faits philosophiques et sociaux ; pourvu toutefois que leur vue soit demeurée saine, leur cœur droit, leurs jugements assis sur les principes de l'éternelle justice, de l'éternelle morale, de l'éternelle vérité ?

« Quel est, à l'heure qu'il est, l'état moral des populations de « la France ? »

Cette première partie de la question appelle un développement qui en fixe la portée et qui a été donné par un excellent article de journal (1). Le voici : « Y a-t-il amélioration ou abaissement dans le niveau de la moralité depuis dix ans ? »

Dix ans, c'est bien court ! et je n'écris pas un livre où la précision des détails puisse racheter l'insuffisance chronologique des assertions d'ensemble. Cependant, il y a des éléments d'appréciation qui sont à la portée de toutes les intelligences un peu exercées, et je puis me contenter de faire appel à ceux-là. Ce sont l'observation en gros des faits qui tombent dans le domaine public ; les observations privées que chacun est à même de faire

(1) Chronique scientifique, signée Y, dans le *Moniteur du Calvados* du jeudi 25 et vendredi 26 décembre 1862.

autour de soi sur les mœurs, les usages, les modes, les habitudes sociales et les résultats que produisent les faits publics sur la conduite des particuliers; ce sont encore la connaissance même peu approfondie des produits de la presse quotidienne, l'observation des tendances de la littérature et des effets qu'elle provoque dans les masses; ce sont enfin les statistiques du meurtre, de l'infanticide, du suicide, des enfants trouvés et même des aliénés.

Encore une fois, je ne puis essayer de rien démontrer méthodiquement : je ne puis qu'indiquer les sources où tout homme de bonne foi puisera comme moi la douloureuse conviction qu'il me faudra bientôt exprimer en formulant ma réponse. On croit beaucoup, en ce siècle, à la statistique; et bien que j'aie des comptes sérieux à régler avec elle (ce que j'essaierai de faire tout à l'heure), je ne demanderais pas, pour prouver ma thèse, de plus puissant auxiliaire qu'elle-même, si elle pouvait embrasser tout ce qu'il y a de public, de visible à tous et à chacun, dans les faits que je viens de désigner comme éléments d'une saine appréciation de l'état moral actuel.

Les statistiques officielles sont impuissantes à tout atteindre et bornent leur ressort aux *délits* : Or, de leur aveu, l'accroissement est effroyable, depuis dix ans, sinon dans le nombre des meurtres produits par les passions de colère, du moins dans celui des meurtres produits par les passions de cupidité, et dans le nombre des infanticides et des suicides, produits directs des passions d'immoralité.

Mais ces crimes sont isolés, pourra-t-on dire; ils ne sont pas concertés entre les coupables; ils sont tout individuels et commis dans des intérêts divers; donc, ils ne sont ni la cause, ni l'effet d'un tendance générale de la société à une époque donnée. — *Isolés*, j'y consens quant aux temps, aux lieux, aux personnes; mais leur nombre met en lumière le lien d'origine qui les unit; *isolés* comme Louvel, Fieschi et Orsini, ces deux bouts et ce milieu d'une chaîne qui ne manque pas d'anneaux intermédiaires; *isolés*, sans doute, car le millésime de ces forfaits diffère comme la personne du coupable, celle de la victime et le principe que celle-ci représente. Mais l'union c'est la force, et le nombre c'est l'union.

Dans un ordre moins élevé, je citerai, par exception, quelques exemples qui me semblent tout aussi caractéristiques. Un seul journal de la ville que j'habite enregistrait récemment, pour les vingt-quatre heures écoulées, trois infanticides constatés, et l'un d'eux (un quatrième peut-être, ma mémoire fait défaut à ce détail) échappait à l'uniformité banale de ce genre de crime. Un jeune couple avait fait publier ses bans ; mais comment se présenter à l'église sans la couronne de fleurs d'oranger ? Et que faire d'une pauvre petite créature qui, récemment, était née ? *On la tue*, et le futur époux — le père — va l'enfouir sous des décombres où l'œil vengeur de la police le découvre, suit avec une merveilleuse intelligence les faibles indices que le crime n'a pas effacés, et au lieu de marcher à l'autel les coupables sont livrés à la justice.

A l'une des dernières sessions des assises, comparaissait l'assassin d'un homme de 83 ans : « Que vous avait donc fait ce « pauvre vieillard, qui habitait sous votre toit ? — Il parlait de « nous quitter, et s'il était allé ailleurs, il aurait pu donner « son bien à d'autres ! »

Entendez-vous, Messieurs, cette *naïveté* d'un assassin qui ne songe plus à nier, mais *à expliquer* son crime à l'aide d'une raison que chacun doit comprendre ? Et la preuve du sens positif de cette interprétation est fournie par une autre réponse, absolument analogue. Un *invalide* mourait assassiné : « Que vous « avait donc fait ce pauvre vieillard ? — On lui avait mis une « mâchoire EN ARGENT !..... »

Vous le voyez, Messieurs, je passe sous silence toute citation de faits, toutes considérations puisées dans l'ordre religieux ; et bien qu'à mes yeux, comme aux vôtres, ce soient à la fois les plus fécondes en enseignements, les plus puissantes en preuves, les plus dominantes de nos convictions, c'est à dessein que je les omets, parce que si j'ose affirmer qu'il n'y a pas d'homme à qui sa conscience, sérieusement consultée, ait répondu « il n'y a pas de Dieu », je sais qu'il en est beaucoup à qui

Dieu est CACHÉ par l'aveuglement de l'indifférence, par l'aveuglement des passions, de l'intérêt ou de l'orgueil, ou enfin, malheureusement, par la préférence volontaire et donnée, *coûte que coûte*, au mal sur le bien. Pour ces hommes, Dieu est comme s'il n'était pas ; et je veux que, parmi eux, tous ceux qui ont conservé du moins la franchise de la bonne foi, disent avec moi : « Le niveau de la moralité a baissé en France depuis dix ans. »

Sauf pour le très-petit nombre de faits que j'ai cités, les preuves de cet abaissement ont été choisies dans les causes, et peuvent par conséquent être qualifiées preuves *à priori ;* les faits observés leur servent uniquement de contrôle expérimental. Mais il est aussi des preuves théoriques *à posteriori*, et dont la vérité ne se manifeste pas par des actes déterminés. De ce genre de preuves, je me borne à citer seulement celle que tous les partis avouent également, tout haut ou tout bas : c'est *l'abaissement* excessif *des caractères*, l'une des plaies les plus ignominieuses de l'humanité à notre époque, et qui ne peut procéder que d'une seule source, *l'abaissement* du niveau de *la moralité*. La moralité, en effet, renferme le respect de soi-même. Le respect de soi-même se perd dans l'abaissement du caractère, sorte d'éclectisme appliqué au gouvernement de soi par soi dans les diverses positions où l'on se trouve ; et l'éclectisme, dans le monde des hommes et des choses comme dans celui de la morale et de la philosophie, c'est la lèpre de l'esprit qu'elle fausse quand elle ne l'émousse pas, la lèpre du cœur qu'elle dessèche quand elle ne le corrompt pas, la lèpre de la dignité individuelle, à qui elle arrache son drapeau, pour y substituer le tableau des *profits et pertes* dont les événements peuvent amener la chance.

A la seconde partie de la question : « L'intelligence s'est-elle « développée en raison de l'instruction reçue ? » je répondrai brièvement et *affirmativement ;* je dirai *oui*, dans le sens du bien ; *oui* encore dans le sens du mal.

Un homme habitué à de nombreux rapports avec les ouvriers disait avoir trouvé, chez eux, d'autant plus d'intelligence et d'habileté dans la pratique de leur métier, qu'ils avaient reçu une instruction plus variée, même sous des rapports plus ou moins éloignés de la spécialité de leur profession. Évidemment cet observateur était dans le vrai; ce sont là les heureux fruits, matériels et intellectuels, des soins qu'on donne depuis un certain nombre d'années à l'instruction professionnelle, accrue de tout ce que l'élève peut facilement ajouter aux leçons de la spécialité, grâce aux cours qui sont professés généralement dans le même local sur diverses branches des sciences appliquées, et même des lettres humaines. On pouvait devenir très-habile dans le travail manuel, lorsque l'éducation professionnelle du cordonnier en vieux, par exemple, différait complètement de celle du cordonnier en neuf; mais nécessairement le bon ouvrier de l'une ou de l'autre profession devait être moins ingénieux, avoir à sa disposition moins de ressources variées, que s'il eût puisé des idées à un plus grand nombre de sources. Bernard Palissy était habile potier de terre; mais quand son génie lui eut soufflé le courage de se faire chimiste, minéralogiste, agronome, naturaliste, antiquaire, il se trouva qu'il était devenu *artiste.*

Je n'ai point à m'occuper, dans ce paragraphe, des rapports que les progrès de l'instruction, répandue comme elle l'est maintenant *au hasard* dans la classe ouvrière comme ailleurs, peuvent avoir avec l'élévation ou l'abaissement du niveau de la moralité : la question n'en parle pas, et là encore il y aurait matière à tout un livre. Mais je ne sortirai pas de la sphère de ma réponse, en faisant remarquer que dans les classes plus aisées de la population, dans les degrés moins élémentaires de l'instruction, les résultats n'ont pas valu ce qu'ils valent pour la classe ouvrière.

Aspire-t-on aux professions dites libérales ? L'enseignement officiel suppose qu'on devra *tout savoir*, et se met en mesure d'y pourvoir en enseignant à l'enfant, à l'adolescent, sinon *tout*, du moins de *tout un peu.....* de *tout* BEAUCOUP même, si l'on considère les manuels d'examen. Or, la digestion intellectuelle est aussi nécessaire pour faire de bon chyle, que la digestion corporelle ; mais comme l'enfant grandit vite et que son intelligence encore tendre se prête, comme ses organes, à une distension immodérée, on *le gorge* (daignez excuser, Messieurs, cette expression empruntée à la ferme !). Il ne digère rien, mais qu'importe ? il *contient ;* cela suffit pour qu'il se présente, tout gonflé, à l'examen du baccalauréat....., et de là sortent ces ignorants titrés, qui ne sont bons à rien qu'à courir les cafés, les théâtres et les fumoirs, à moins que la voix de parents encore respectés, ou la voix d'une conscience encore pure, ne vienne crier bien fort au cœur du bachelier : « Tu n'es qu'un enfant, deviens maintenant un homme ! » S'il écoute cette voix, alors il commencera à étudier, à apprendre.

La réaction de l'opinion générale contre la bifurcation des études a fait de grands progrès, même dans le corps enseignant, depuis que l'expérience a éclairé sur les résultats auxquels aboutit l'ingestion immodérée de ce pêle-mêle de nourriture intellectuelle. On peut donc espérer qu'il sera porté remède, avant long-temps, aux graves inconvénients de la méthode essayée. Cette réforme est bien nécessaire à divers points de vue. Le temps est court et la première jeunesse s'envole bien vite. Si l'*instruction* l'absorbe à son profit tout entière, où placera-t-on l'*éducation*, dont l'enseignement public ne s'occupe guère, — disons mieux, ne s'occupe point, et qu'il ruine parfois de fond en comble sous le rapport moral comme sous le rapport religieux, à l'aide des livres qu'il approuve et place de gré ou de force dans les mains de la jeunesse, — à l'aide aussi, quelquefois, des professeurs dont il autorise ou tolère les leçons ?

Dans cet état de choses, qui doit attirer la plus sérieuse attention des dépositaires de l'autorité, comment s'étonner de ce que le niveau de la moralité s'abaisse ? Lancer les jeunes générations dans la vie pratique, c'est infuser du sang nouveau dans les veines du corps social : si se sang n'y arrive pas pur, il y fera l'office d'un virus.

Jusqu'ici, Messieurs, je me suis borné à faire passer sous

vos yeux, sans aucun des développements que repousse une simple lecture de Congrès, l'indication sommaire des éléments sur lesquels repose ma conviction. Vous les connaissez si bien tous, qu'il m'a suffi de les nommer pour que vous puissiez juger si je les ai bien choisis, et si ma réponse à la question est l'expression légitime de leurs conséquences. Maintenant, et après avoir demandé à la statistique tout ce qu'elle pouvait m'offrir de documents utiles, je voudrais attirer votre attention sur le change qu'elle donne fatalement à l'opinion des hommes irréfléchis ou intéressés, par des passions malsaines, à prendre le masque de l'optimisme. Menteurs par irréflexion, ou menteurs volontaires et coupables, il faut briser entre leurs mains des armes qui ne peuvent faire que le mal.

Je citais tout à l'heure avec éloge un article de journal. J'y reviens encore, pour le louer d'avoir donné une bonne définition de la statistique MORALE, non pas, dit-il avec une haute raison, — « non pas de la statistique morale, telle que nous la pré« sentent les chiffres du ministère de la justice et qui nous « donne avec exactitude le nombre *des délits constatés* dans « chaque catégorie, mais d'une statistique qui répondrait vrai« ment à ce titre, en nous faisant connaître le mouvement des « idées dans les masses *qui ne commettent pas de délits.* — « C'est là, » dit encore le judicieux écrivain, « c'est là une « statistique peu connue de l'administration ; » et j'ajoute qu'en tant qu'*administration*, elle ne peut pas la connaître. Mais, en tant qu'*hommes*, les magistrats respectables à qui leurs fonctions commandent de dresser ces statistiques officielles, infirmes, incomplètes, et qui par conséquent mentent à leur titre, ces magistrats connaissent aussi bien et mieux que nous, nécessairement, la vraie statistique MORALE qu'ils ne sont pas appelés à publier. Ils savent que nous sommes dans le vrai, lorsqu'au nom de la philosophie sociale, nous ne tenons aucun compte de l'enseignement que donnent les chiffres officiels.

Et voilà l'un des torts les plus graves de notre époque : introduire de vive force les sciences *exactes* dans un domaine qui leur est absolument étranger et où, ne pouvant dire vrai que sur des faits matériels et matériellement constatés, elles restent impuissantes, incomplètes, illusoires, en tout ce qui n'est pas de leur ressort. Contrairement à leur nature fonctionnant dans sa sphère légitime, on les fait menteuses !

Et comment en serait-il autrement quand le culte de la matière est arrivé à ce point de faveur, que la matière seule et les lois qui la régissent sont admises comme éléments de connaissance, d'appréciation, de jugement philosophique, quand on en est venu à ne tenir compte que de ce qui est tangible ou *démontrable* (passez-moi l'expression), et à agir comme si tout ce qui ne l'est pas n'avait pas d'existence? C'est dans notre siècle que s'est accompli le plus épouvantable des forfaits, le seul forfait, peut-être, qui soit *nouveau* dans l'histoire du genre humain : on a dit que LA LOI HUMAINE DOIT ÊTRE ATHÉE !!! et on l'a dit au nom de la logique et de la liberté de la conscience, comme s'il pouvait y avoir une conscience là où il n'existe pas une règle supérieure : *virtus peccati lex*. On admet (presque tous, du moins) qu'il existe une morale ; mais qu'est-ce qu'une morale sans sanction et par conséquent sans fixité? Aussi voyez-vous surgir de toutes parts les inexorables conséquences de ce honteux jugement d'une logique et d'une raison devenues folles à force d'orgueil ! Il n'y aura plus ni bien, ni mal absolus, constants, déterminés. La morale sera ce que chacun la fera à son usage, et la faute ne commencera que là où le fait se changera en délit constaté. On parlera bien haut de probité, mais on la fera taire quand il y aura de l'argent à gagner, et on ne sentira l'aiguillon du remords que s'il est constaté par procès-verbal qu'on a blanchi le pain à l'aide des sulfates, et verdi les huîtres à l'aide du cuivre. On parlera bien haut de moralité, et on cherchera avant tout le plaisir et le lucre. On élèvera un piédestal, dans les livres, à l'adultère et à la débauche ; on se piquera même, dans les conversations, de n'avoir pas manqué de succès personnels et, comme pour les vols de toute sorte, on n'éprouvera un sentiment de regret que si l'on n'a pas eu assez d'adresse pour faire échapper le délit à sa constatation.

Je m'arrête ; ce peu de mots suffit à apprécier la valeur réelle des statistiques soi-disant morales du rit officiel. On pourrait demander leur suppression au nom du simple sens commun ; mais à quoi bon ? elles ne trompent personne, si ce n'est les enfants (de tout âge). Quand on étale, dans les expositions publiques, de riches collections de sommités fleuries ou de grappes de fruits, les hommes sensés n'oublient pas que tout cela a tenu à des branches, à des tiges, à des racines. La même pensée surgit, à coup sûr, quand la statistique officielle groupe sous leurs yeux ces bouquets de *fleurs du crime ;* personne ne se dit : « C'est là tout ce qu'a produit notre terre. »

M. Bertrand a la parole. Il demande, avant de prononcer quelques mots, à entendre un mémoire de M. Du Peyrat.

M. le Président. Messieurs, êtes-vous du même avis ?

Le Congrès. Oui, oui.

M. Calemard de Lafayette donne lecture du mémoire de M. Du Peyrat, sur le niveau de la moralité dans les Landes.

MÉMOIRE DE M. DU PEYRAT.

Nous allons répondre en peu de mots, mais carrément et sans hésitation, en ce qui concerne l'extrémité de la région du Sud-Ouest, comprenant les vallées de l'Adour et des Gaves traversant les départements des Landes et des Basses-Pyrénées.

L'état moral de la population des campagnes est assez satisfaisant surtout dans la vallée de l'Adour : l'esprit religieux y est encore vivace et il y maintient l'ordre dans les familles ; mais s'il n'y a aucun abaissement sensible dans le niveau de la moralité depuis dix ans, on peut, à plus forte raison, affirmer qu'il n'y a aucune amélioration dans les mœurs. L'abaissement moral de nos populations date de plus loin ; ce n'est qu'à partir de 1830 qu'elles ont commencé à prendre des goûts et des habitudes de dépense inconnus jusqu'alors ; l'ancien costume national, aussi simple qu'économique et qui se confectionnait en quelque sorte dans la famille, a tout-à-fait disparu.

Un luxe relatif s'est peu à peu introduit d'abord dans le costume des femmes, et l'on ne peut méconnaître qu'il a pris une très-grande extension dans ces dernières années. Nous disons un luxe relatif, parce qu'il consiste encore plus dans la forme et la coupe des vêtements que dans la richesse des étoffes; néanmoins, il est évidemment au-dessus des moyens de la plupart des familles, et cette richesse apparente est une cause de misère qui se cache sous un manteau.

Le besoin de se faire remarquer et de paraître plus que l'on n'est en réalité, tient principalement à la trop grande fréquentation des marchés et peut-être aussi à l'augmentation des prix de la volaille, des œufs et des fruits qui ont doublé depuis peu d'années. C'est un bien assurément pour nos pauvres campagnes; mais toute médaille a son revers, et les femmes produisant spécialement ces mêmes objets de consommation, vont plus souvent au marché pour les vendre. Elles y prennent des habitudes de dépense d'abord relatives aux bénéfices qu'elles font, mais qui peu à peu les absorbent, puis finissent par les dépasser, et toutes ces causes réunies ne peuvent que contribuer à l'abaissement des bonnes mœurs.

Le mal n'est pas, il est vrai, très-grand encore; mais il s'aggrave tous les ans, et les paysannes qui ont pris des goûts de luxe, ne pouvant plus les satisfaire en travaillant les champs, accourent se placer dans les villes comme domestiques où elles ne tardent pas à se perdre. Les garçons suivent tout naturellement les filles, et les plus intelligents abandonnent leur famille pour aller chercher plus de jouissances matérielles dans les villes; et pour peu qu'ils réussissent à mieux vivre que chez eux, ils ne reviennent plus au village et sont perdus pour l'agriculture. A cette émigration qui n'a commencé que depuis quelques années, il faut en ajouter une autre déjà ancienne, c'est celle des Basques et des Béarnais pour Montévideo où ils ont formé en quelque sorte une colonie, quoiqu'elle soit tout-à-fait mêlée avec la population indigène de cette partie de l'Amérique méridionale.

On ne peut se dissimuler qu'un tel état de choses ne soit

très-préjudiciable aux travaux des champs ; la main-d'œuvre devient nécessairement plus rare, par conséquent plus chère, et il pourrait bien arriver dans la suite, si les mêmes causes persistaient, que la valeur des récoltes ne fût plus en rapport avec les frais de la culture. Cette crainte se manifeste déjà par l'organe de tous les cultivateurs intelligents. Nous ne pensons pourtant pas qu'elle soit encore trop à redouter dans la région du Sud-Ouest, par la raison que la culture des terres est divisée en métairies exploitées par le colonage partiel ; mais ce qui est déjà sensible dans beaucoup de communes et particulièrement dans celles traversées par les chemins de fer, c'est la faiblesse des familles dont les fils ont abandonné la métairie cultivée par le père, pour gagner davantage en allant travailler ailleurs ; et il en résulte que la culture, qui était déjà mauvaise avant cet abandon, devient bien plus mauvaise encore par le manque de bras jeunes et vigoureux. Les propriétaires qui savent observer s'inquiètent beaucoup de cette situation, parce qu'elle tend à s'accroître et qu'ils ne voient aucun moyen de porter un remède efficace au mal qui menace l'agriculture dans l'avenir.

L'instruction publique des populations agricoles du Sud-Ouest, étant fort arriérée, n'a pu avoir aucune influence appréciable sur le développement de l'intelligence générale; le plus grand nombre des cultivateurs ne sait ni lire ni écrire couramment, et c'est d'autant plus regrettable que le paysan de nos contrées a beaucoup d'intelligence et d'esprit naturel. Il est certain que si on savait tirer un meilleur parti de ses heureuses dispositions en lui donnant une éducation réellement pratique et mieux appropriée à l'état qu'il doit exercer, on verrait aussitôt la culture des champs et les divers métiers qui s'y rattachent faire des progrès qui deviennent tous les jours plus nécessaires pour alimenter la nombreuse population des bassins sous-pyrénéens.

Il faut dire nettement et franchement la vérité : malgré tout le bon vouloir et les efforts incessants du gouvernement pour que le paysan reçoive l'instruction qui lui est nécessaire, pour qu'il tire un meilleur parti de son travail et de ses facultés, on ne peut disconvenir que l'instruction primaire, telle qu'elle est organisée, est bien loin d'atteindre le but désirable, du moins dans cette partie du Sud-Ouest. Les instituteurs primaires, quoique ou parce qu'ils sont fils de cultivateurs, n'aiment pas l'agriculture ; ils ne savent pas le premier mot de ses principes, et, dans leur ignorance, ils croient encore que la profession de cultivateur est moins honorable que toutes les autres, même que celle de colporteur ou de cordonnier, ce qui est absurde ; mais cette absurdité est dans l'esprit des masses, et il n'est pas facile de l'en déraciner. C'est par l'instruction réellement agricole des instituteurs primaires et des curés des campagnes, qui devraient sans cesse prêcher sur les devoirs du cultivateur et du propriétaire, que la culture pratique pourra peu à peu s'améliorer et augmenter le bien-être des populations.

Nous l'avons déjà dit, l'instruction primaire, étant fort peu avancée dans la région du Sud-Ouest, n'a pu encore avoir aucune influence directe sur le développement de l'intelligence des paysans qui, sous ce point de vue, est à peu près la même aujourd'hui qu'elle était autrefois. Il faut, toutefois, constater un fait considérable et qui ne souffre pas d'exception : c'est que, lorsqu'un enfant fait quelques progrès à l'école et qu'il dépasse un peu le niveau ordinaire de l'intelligence, sa famille le pousse aussitôt avec ardeur pour qu'il puisse devenir prêtre, c'est le premier degré de son ambition ; ou instituteur primaire, c'est le second degré, ou enfin commis ou clerc d'huissier, c'est le troisième degré ; et personne ne songe à élever les enfants pour en faire d'habiles cultivateurs, parce qu'on n'en voit aucun qui parvienne à une grande aisance. Dans l'état actuel des mœurs dans cette partie de la France, tous les jeunes gens les plus intelligents ne travaillent plus à la culture des champs et sont perdus pour l'agriculture ; on pourrait en citer un très-grand nombre d'exemples, et ce mal tend à augmenter sans cesse dans les familles de nos meilleurs paysans. Quoique fort bons soldats, ces jeunes gens n'ont aucun goût pour l'état militaire et ils ne servent que par force, tandis que tous désirent changer la *pioche contre la plume*, et leurs parents les *prédisposent* dès l'enfance à cette substitution, très-bonne en elle-même et profitable à quelques-uns, mais qui est à coup sûr très-préjudiciable et même dangereuse au plus grand nombre.

Telle est la conviction profonde et mûrement réfléchie que nous avons acquise par l'étude d'un grand nombre de faits que nous avons observés depuis vingt ans que nous habitons continuellement la campagne en toute saison. Chacun peut en déduire les conséquences, et quel que soit le point de vue où l'on se place, nous ne pensons pas que l'on puisse en tirer un bon augure pour le progrès agricole.

Encore un mot, Messieurs, et nous terminons ce rapport auquel nous aurions désiré donner une autre conclusion. Les meilleurs sujets sortis de nos écoles primaires n'ont que des notions très-vagues sur la géographie et l'histoire générale du monde, tandis qu'ils ignorent complètement la topographie et la nature du sol et des productions de leur propre canton. Comme chez leurs instituteurs, les mots de philosophie et de logique, de progrès et d'*instruction publique* sortent trop souvent de leur bouche et, vivant au milieu des campagnes, ils ne savent absolument rien sur l'économie rurale. Quelques notions exactes sur les plantes et les animaux et sur la manière de les cultiver ou de les élever, ainsi que sur les influences de la nature du sol et du climat, sur la puissance des labours et des engrais, sur les propriétés de l'air et des divers gaz sur la végétation des plantes et la vie des hommes et des animaux, leur seraient assurément plus nécessaires que les connaissances qu'ils s'efforcent d'acquérir en lisant trop souvent de *mauvais livres* qui les boursoufflent d'une fausse science. C'est ainsi que leur esprit s'obscurcit au lieu de s'éclairer : et il en résulte qu'ils sont incompris des paysans qui n'écoutent que ce qui est net, précis et accessible à leur bon sens naturel. Les instituteurs primaires veulent s'élever et ne parlent plus la langue des paysans ; cette malheureuse disposition les empêche de rendre tous les services qu'ils sont appelés à rendre par la nature de leurs fonctions. En cherchant à s'élever au-dessus de leur état ils s'abaissent au contraire, et au lieu de bons conseils qu'ils pourraient donner, ils ne sont trop souvent que des pédagogues comprenant fort mal la noble mission qu'ils ont à remplir.

L'éducation primaire des campagnes est donc très-défectueuse. Le seul moyen de l'améliorer consisterait, d'après nous, dans une instruction mieux appropriée des élèves-instituteurs des écoles normales, où l'on ne s'occupe pas assez des choses rustiques les plus nécessaires à vie et à la prospérité des familles des paysans. Il faut réformer cet ordre de choses, du moins dans cette région plus arriérée que les autres dans le progrès ; il faut organiser des promenades agricoles dans les fermes pour les élèves des écoles normales et des écoles primaires, et non leur faire cultiver un jardin, qui sera toujours insuffisant pour leur démontrer les divers modes de culture et les résultats que l'on peut en obtenir. Sous un point de vue plus élevé et qui domine tous les autres, il faut trouver les moyens de faire arriver et de fixer les intelligences dans les campagnes, ce qui ne peut avoir lieu qu'en y faisant affluer les capitaux. Nous avons développé cette pensée dans notre mémoire sur l'état matériel et moral de l'agriculture en France, lu au Congrès scientifique de Bordeaux en 1861, et nous pensons que par les moyens proposés la moralité publique et l'aisance générale feraient de grands progrès : alors la France, heureuse et prospère, sera réellement la tête et le cœur des nations.

M. le Président. L'ordre du jour appelle la lecture d'un troisième mémoire. L'Assemblée désire-t-elle l'entendre ?

M. Du Chatellier. Ce mémoire est adressé par M. de Blois, ancien député. Il sera inséré au procès-verbal. Je crois donc qu'il est inutile de le lire. Les conclusions de M. de Blois sont, du reste, les mêmes que celles des auteurs des précédents mémoires. Il pense que la moralité publique s'est altérée en France. Cela vient, suivant lui, de l'énorme consommation des liqueurs alcooliques.

MÉMOIRE DE M. DE BLOIS.

« Quel est, à l'heure qu'il est, l'état moral des populations « de votre région ? »

J'habite le Finistère. Les deux tiers au moins des habitants de ce département, où l'on compte maintenant 627,766 âmes, appartiennent à la civilisation bretonne, qui se distingue par son idiôme et ses usages propres. La civilisation française n'y domine que par l'influence prépondérante des villes.

L'accroissement de sa population, qui s'est augmentée dans la proportion d'un cinquième pendant ces trente dernières années, annonce une condition prospère. C'est une région peu industrielle où les travaux agricoles absorbent presque toute l'activité et dans laquelle les chemins de fer, en voie de construction, ne sont pas encore ouverts.

On peut dire, en parlant de ses mœurs, qu'elles s'affaiblissent. Si l'on se reporte aux habitudes de la génération précédente, on y remarque un déclin sensible dans les mœurs de la classe ouvrière en particulier. Le penchant inné des Bretons pour les liqueurs excitantes, qui se conciliait, dans la période écoulée, avec les soins et les devoirs de la famille, a pris aujourd'hui des proportions qui énervent et anéantissent l'action de l'autorité paternelle.

L'usage, pratiqué par une partie des femmes de cette classe, de prendre dans les *petits cafés* le liquide désigné sous ce même nom ; la lecture, parmi la jeunesse, des romans de notre époque et d'autres causes de dissolution ont contribué à cet affaiblissement. Il s'annonce surtout par la négligence des occupations ou devoirs qui intéressent l'ordre de la famille ; c'est moins le déréglement des mœurs proprement dit que la misère du désordre dans les ménages. Mais cet état de choses laisse la jeunesse exposée aux dangers de cet âge et à ceux de l'esprit d'inconduite et d'imprévoyance.

Ce qui est beaucoup plus grave, c'est la tendance au relâchement qui se manifeste depuis une période récente parmi les classes rurales.

L'intempérance, qui a franchi, dans les campagnes, les limites dans lesquelles elle se renfermait autrefois et qui restait peu offensive pour les mœurs, est devenue un écueil depuis que l'augmentation de l'aisance s'est prêtée au genre de sensualisme dont on cherche la satisfaction dans les cabarets Les gains du travail des champs se portent plutôt dans cette direction que vers l'amelioration du régime domestique, lequel conserve sa grossière simplicité. Ces goûts ne sont plus particuliers aux hommes, ils sont partagés par les femmes.

Cette région est restée un pays de soumission religieuse. Les doctrines de la religion y sont, pour la classe rurale surtout, le seul lien de la morale. Mais l'on ne peut pas se dissimuler que le principe religieux s'affaiblit dans cette classe et que l'esprit contraire, entretenu par les *journaux* dans les villes, s'ouvre dans les campagnes un accès qui aide à ce relâchement. Il semble que la civilisation bretonne, en perdant sa rudesse primitive, perd également de sa force morale.

Tel est l'état présent du pays.

Si on l'envisage au point de vue des données de la statistique, on reconnaît qu'elles ne viennent pas infirmer cette appréciation. Les délits contre les mœurs se sont multipliés. Les naissances d'enfants naturels, qui étaient, il y a trente ans, dans la proportion de 1/34, sont descendues à celle de 1/24. C'est ce qui résulte du tableau comparatif des chiffres de 1828 avec ceux de 1858, inséré dans le Rapport sur l'enquête relative aux enfants assistés, dernièrement publié par ordre du gouvernement (1). Il constate un changement notable survenu durant cette période dans l'état moral du pays.

(1) 1828. Total des naissances : 19,509. Enfants naturels : 552.
1858. — 20,092. — 826.

D'après les recherches statistiques de M. Du Chatellier sur le Finistère, le rapport des naissances d'enfants naturels aurait été, dès 1831, de 1/24. Mais ce peut être une erreur typographique Ses chiffres, pour cette année qui était l'objet de son étude, donnent en effet un peu plus de 1/28 comme terme de proportion.

« Y a-t-il eu amélioration ou abaissement du niveau de la « moralité depuis dix ans ? »

Il y a eu abaissement.

On a vu que les dispositions observées dans la classe rurale appartiennent à cette période. Les mœurs avaient fléchi dans une ou deux contrées du littoral. Mais les tendances dont il est ici question se font remarquer dans les deux grandes divisions anciennes qui forment le département du Finistère : le *Pays de Léon* et le *Pays de Cornouaille.*

C'est un sujet de préoccupation pour les personnes qui observent les faits qui s'accomplissent dans l'ordre moral. Et ces tendances se produisent au moment où les nouvelles voies de communication sont entreprises ici de tous côtés.

« Quels seraient les voies et moyens à employer pour amé- « liorer l'état présent ? »

« Quelles institutions pourraient être créées dans ce but ? »

L'autorité préfectorale s'est occupée de soumettre à une répression les excès de l'intempérance. Elle a pris un arrêté, il y a trois ans, pour faire appliquer les peines de police aux personnes qui paraîtraient en public dans l'état d'ivresse et ordonné des mesures contre les cabaretiers qui auraient favorisé leur passion. Cette tentative a été imitée dans un département voisin ; mais elle est restée infructueuse dans l'une et l'autre région, et il est au moins douteux que l'on pût remédier à ces mauvaises habitudes même par une loi qui édicterait une pénalité plus sévère.

Le moyen le plus simple et le plus efficace serait que l'autorité usât du pouvoir discrétionnaire dont elle est investie, relativement à l'exercice de l'industrie cabaretière, pour supprimer les debits qui existent en surplus des besoins réels de chaque commune, où le nombre en serait déterminé par un acte du gouvernement. Ce serait, sans doute, une perturbation pour beaucoup d'existences; mais des moyens énergiques sont réclamés par la gravite du désordre qui se montre de plus en plus envahissant.

On ne voit, en dehors de l'action qui rentre dans le domaine de l'autorité religieuse, qu'un seul moyen de préserver les campagnes du progrès des mauvaises tendances : c'est la bonne éducation des filles destinées à devenir, comme mères de famille, les gardiennes et les promotrices de la moralité domestique. On a pensé qu'elles devaient être formées à ces devoirs par une plus grande retenue dont la simplicité des mœurs dispensait autrefois. Il a paru que ce soin pourrait être confié, avec avantage, aux institutrices fournies par les congrégations qui se livrent à l'enseignement.

Telle a été, du moins, l'opinion du Conseil général.

La loi, qui prescrit que les communes de plus de 800 âmes soient pourvues d'écoles spéciales pour les filles, n'a reçu presque aucune exécution dans ce pays. Le Conseil général, pour faciliter aux communes qui s'occuperaient de ces fondations le choix de ces institutions, a alloué, depuis plusieurs années dans son budget, une somme à repartir comme subvention entre celles qui feraient appel à leurs soins.

Nous ne nous occupons pas ici de l'influence que la presse littéraire, ou autre, a exercée sur l'état moral de cette région : c'est une de ces causes générales qui ne demeurent pas inaperçues, qui s'est fait sentir ailleurs et qui rentre spécialement dans la sphère du pouvoir politique.

On ne voit pas quelles institutions spéciales pourraient être créées pour l'amélioration morale du pays. Il y a bien des ressources dans les institutions existantes. Le tout est d'être en mesure d'y avoir recours ; or, dans ce pays, les communes n'ont guère d'autre revenu que le produit de leurs centimes additionnels.

« Quel est l'état intellectuel des populations de votre « région ? »

« L'intelligence s'est-elle développée chez elles en raison de « l'instruction reçue ? »

Le goût de la culture intellectuelle est au moins aussi répandu, dans cette région que dans les autres pays, parmi les classes supérieures. Elles y trouvent, dans les établissements universitaires ou libres, les éléments de l'instruction littéraire ou scientifique.

L'enseignement primaire est le seul qui ne soit pas aussi développé. La statistique a constaté que les 4/5 des personnes mariées de cette région ne savent encore ni lire ni écrire. La génération nouvelle sera notée plus favorablement. Dans l'espace de vingt-cinq ans, le Finistère a vu se tripler le nombre des élèves de ses écoles primaires.

Il a été, pour 1861 :	Garçons	23,712
	Filles	17,001
	Total. . .	40,713

Ce chiffre total fait le sixième de celui de la population. Cet enseignement est distribué aux garçons, dans la proportion des deux tiers du nombre présumé de ceux qui pourraient suivre les écoles, et aux filles dans celle de la moitié plus 1/12. Il y a donc près des 2/5 des enfants qui n'apprennent ni à lire ni à écrire. Cette observation s'applique particulièrement aux campagnes.

Pour les garçons, cette abstention provient en grande partie de l'insouciance des parents pauvres. Elle est toutefois forcée, en ce qui regarde un certain nombre. Un dixième des communes, mais ce sont les plus petites, manquent encore d'écoles. Nous avons aussi des communes tellement vastes, que la fréquentation de ces écoles est difficile aux enfants des villages situés à la circonférence.

On peut voir, toutefois, que les classes rurales de ce pays apprécient, en général, le bienfait de l'instruction primaire.

Il semble qu'on en sente au moins autant le prix pour les filles que pour les garçons. Les filles de paysans riches vont la chercher dans des pensionnats de communautés religieuses ou particuliers. Les écoles de filles, très-peu nombreuses même en y comprenant les écoles mixtes, se concentrent en effet dans les villes ou dans les communes très-importantes.

Les instituteurs laïques concourent, avec les autres, à l'enseignement des garçons dans la proportion des 3/4. Les filles se répartissent par moitié, ou environ, entre les écoles dirigées par les institutrices laïques et celles des congrégations religieuses.

Quant aux résultats de l'instruction donnée dans les écoles primaires, on a remarqué qu'elle facilitait aux sujets l'apprentissage des professions et la pratique des occupations auxquelles ils s'emploient. Si ces résultats ne sont pas saillants, ce sont du moins ceux que l'on était en droit d'attendre.

« Quels sont les besoins du pays au point de vue intel-« lectuel ? »

Nous ne trouvons pas de besoins de cette nature à signaler en particulier pour cette région. Elle possède une école supérieure appropriée aux jeunes gens des classes rurales, qui y trouvent, avec les notions utiles à l'arpentage, celles de la théorie et de la pratique agricoles. Deux écoles spéciales d'agriculture sont aussi établies dans les contrées, où cet enseignement a paru avoir le plus d'intérêt pour assurer les progrès d'une bonne culture.

« Quelles modifications pourraient être introduites dans l'en-« seignement primaire ? »

Quelques notions élémentaires de théorie agricole, ou bien quelques notions applicables aux professions les plus répandues dans la contrée, pourraient être données dans les écoles, suivant les avantages que leurs élèves, en général, pourraient en retirer.

« Considérations sur les tendances de la civilisation moderne. « Quelle sera-t-elle dans l'avenir ? »

C'est assez pour nous d'avoir vu s'élever les bases du nouvel édifice à côté de celui sous lequel nous nous abritons, et d'avoir reconnu que sa pierre angulaire était l'ordre matériel et son plan la subordination de l'ordre intellectuel à l'empire des intérêts matériels, pour nous éloigner d'en étudier les proportions et l'ordonnance.

Nous aimons mieux faire des vœux pour que la société s'arrête sur la pente qui l'entraîne hors de ses voies, et espérer que les principes qui paraissent succomber aujourd'hui reprendront un jour plus d'autorité et de puissance.

L'ordre moral peut être ébranlé, mais il ne peut pas périr dans les institutions politiques, sans que des éléments d'instabilité et des conditions d'abaissement, préparés à la civilisation rivale, lui fassent une plus triste destinée que celle qu'aucune société ait eue à subir dans les dernières phases de sa décadence.

M. le Président adresse des remercîments à l'auteur du mémoire, puis il donne la parole à M. Bertrand.

M. Bertrand. Je cède volontiers mon tour de parole à M. Raudot.

M. Raudot. Je crois qu'il vaut mieux que M. Bertrand parle le premier. Je lui répondrai.

M. Bertrand. Les esprits chagrins sont portés à exagérer l'immoralité en France. Elle est beaucoup moins grande qu'on le pense communément. On peut le dire avec vérité : la majorité de la population française est saine d'esprit et de corps.

D'ailleurs, Messieurs, en matière de moralité, on tend toujours à généraliser, à étendre outre mesure les questions On tombe ainsi dans de graves erreurs. C'est ce qu'a fait l'honorable M. Des Moulins. Pour se rendre un compte exact de la moralité de tel ou tel pays, il faut examiner de près les hommes, les habitudes, les lieux, les professions, les antécédents, parce que les causes de l'immoralité sont souvent complexes, souvent même très-nombreuses. Dans le mémoire qui a été lu, on a pris avec raison pour base les résultats donnés par la statistique. Cela est bien, sans doute. Mais pourquoi, je le demande, infirmer après cela tout ce discours en disant que la statistique n'indique pas l'état réel de la société et que beaucoup de délits, beaucoup de crimes passent inaperçus? Messieurs, je sais, par expérience, que les statistiques fournies par la magistrature sont parfaitement exactes. J'ai rempli diverses fonctions pendant trente ans. J'ai eu l'honneur de faire partie d'un parquet. J'ai pu voir que les statistiques criminelles se font avec un soin scrupuleux. Mais elles ne s'occupent nécessairement que des faits soumis aux tribunaux. Dans tous ces faits, ou du moins dans la plupart, il y a violation de la loi morale. On peut en conclure que toute infraction à la loi pénale prouve un relâchement de la moralité privée. Toutefois, les crimes ne doivent pas tous être rangés dans la même catégorie Ainsi, il y a certains crimes qui ne sont que l'exagération de vices honteux. Parmi ces crimes, je citerai le viol, l'attentat à la pudeur, l'adultère.

Quand on veut connaître l'état moral d'une région quelconque, il faut donc examiner la proportion de ces crimes. Or, l'auteur du mémoire, je le crois du moins, n'a pas consulté sérieusement la statistique criminelle publiée par le Ministère de la justice. Les hommes qui écrivent sur ces matières négligent trop cette source précieuse. En voici la preuve. Dernièrement un journal disait que l'on commettait plus d'assassinats en France qu'en Angleterre. Eh bien ! Messieurs, il aurait fallu dire le contraire pour être dans le vrai. En France, on ne compte qu'*un individu jugé* sur cinquante-cinq, et dans ce chiffre, Messieurs, je comprends même les simples contraventions, qui, en définitive, ne sont pas des crimes. En Belgique, il y a un individu qui passe devant les tribunaux sur cinquante-huit citoyens; en Angleterre, un sur quarante-sept; au Hanovre, un sur douze. Ces chiffres prouvent que l'assertion du journaliste, dont je parlais tout à l'heure, est entièrement gratuite. En résumé, il n'y a pas de pays en Europe où la moralité soit meilleure que dans le nôtre. J'ajouterai qu'en Angleterre beaucoup de crimes ne sont pas poursuivis, parce que l'intervention du ministère public y est moins active, moins vigilante qu'en France, et parce que, le plus souvent, tout est laissé à l'initiative privée.

Qu'on ne dise donc pas que notre belle France est immorale. Nous devons au contraire signaler un progrès constant dans la moralité. Ouvrez les statistiques criminelles et vous y verrez que le nombre des crimes a notablement diminué depuis l'année 1855.

J'attaque donc les bases mêmes du mémoire. Je n'admets pas qu'on puisse recueillir des faits isolés dans les journaux et les statistiques, pour en tirer cette induction éminemment fausse : que le niveau de la moralité a baissé. Il y a, il y aura toujours des criminels en France ; mais il y a aujourd'hui, dans notre pays, amélioration et de l'instruction et de la moralité publiques. Autrefois on commettait moins de crimes, parce que la population était moins nombreuse.

On est venu vous dire aussi qu'il y a en France un grand abaissement dans les caractères. C'est là une grave erreur. Jamais on n'a vu, dans notre pays, plus de fidélité au malheur, aux grandes infortunes, plus de charité, plus de patriotisme. (Applaudissements.)

M. Baudot. Dans le programme, Messieurs, j'aperçois deux questions. J'examinerai d'abord celle de savoir si l'intelligence générale s'est développée dans la même proportion que l'instruction publique. Si nous lisons les comptes-rendus publiés par le gouvernement, nous y voyons que, dans ces dernières années, sur 300,000 jeunes gens appelés au service militaire, 90,000 ne savent ni lire ni écrire, et 3,000 ne savent que lire. D'un autre côté, il est notoire qu'un tiers de la population rurale ne sait ni lire ni écrire. Voilà un résultat fort triste. D'où cela vient-il, Messieurs? Eh bien ! je le dis avec une conviction profonde, cela vient du monopole des instituteurs et du peu d'intérêt qu'ils prennent à l'instruction publique. Quand leur école ne produit pas 700 fr. par an, l'État leur assure une subvention qui leur est payée régulièrement. Il résulte de cet état de choses que la plupart des instituteurs comptent sur ce minimum et ne font rien ou presque rien. Pourquoi? Parce qu'il n'y a pas de libre concurrence. Si un instituteur non soudoyé par le gouvernement se présente, on l'accepte d'abord, non, je me trompe, on feint de l'accepter et on ne tarde pas à rendre sa situation impossible. De là ce résultat si fâcheux qu'un tiers de la population des campagnes ne sait pas lire.

Après avoir étudié brièvement la première question, j'aborde la seconde. Mais, auparavant, je veux écarter quelques objections. Vous dites que les caractères se sont élevés. Erreur ! Les hautes classes de la société deviennent plus habiles, mais je nie que leurs sentiments soient meilleurs qu'autrefois. Je ne veux pas récuser les chiffres de la statistique, mais j'en tire d'autres conclusions que vous. Vous dites qu'il n'y a pas accroissement dans le nombre des crimes, cela est vrai ; mais nous allons voir comment cela est vrai. J'ai été magistrat, Messieurs, et je connais la magistrature d'aujourd'hui. De mon temps, on respectait la loi De nos jours, on en fait bon marché. On *correctionnalise* les crimes (c'est le terme reçu), parce que la répression devant les Cours d'assises est plus ou moins incertaine. Lorsque les crimes ne sont pas graves, on les renvoie devant le Tribunal correctionnel. Et c'est ainsi qu'on diminue le nombre des crimes. La statistique ne saurait donc démontrer un progrès sérieux dans la moralité. — Aujourd'hui, la police se fait beaucoup mieux qu'autrefois. Le nombre des gendarmes a augmenté. Malgré cela, on commet autant et plus de crimes que jadis.

Mais quelle est la nature de ces crimes ? C'est là le côté le plus intéressant de la question.

Quand une population est batailleuse, cela ne veut pas dire nécessairement qu'elle est corrompue. Que si, au contraire, le nombre des crimes contre les mœurs augmente, dites, dites bien haut que l'immoralité progresse. C'est ce qui a lieu malheureusement de nos jours. Tous les renseignements tendent à le prouver. Le nombre des suicides, des enfants morts-nés s'accroît tous les jours. La statistique insérée chaque année dans l'*Annuaire du Bureau des Longitudes* constate cet effrayant progrès. En 1839, 27,490 morts-nés. En 1851, on a compté 46,520 morts-nés en France. Sous ce chiffre, Messieurs, je vois des crimes hideux.

D'autre part, Messieurs, l'état de la population présente un phénomène singulier. De tous les pays de l'Europe, sans autre exception que la Turquie peut-être, la France est celui où la population augmente le moins. Ce fait annonce une agriculture en stagnation, une moralité dépravée.

Il y a, sans doute, en France, accroissement du nombre des

mariages, mais il y a diminution du nombre des naissances. J'ouvre l'*Annuaire du Bureau des Longitudes* qui contient le relevé des actes de l'état civil de 1817 à 1859, et j'y vois que dans les dix premières années, de 1817 à 1826, les naissances se sont élevées à 9,656,335; dans les dix dernières, de 1850 à 1859, les naissances ne sont plus que de 9,546,561. Ainsi, quoique nous ayons un surcroît de population de six millions, dans la deuxième période, nous avons 109,774 naissances de moins.

Chose plus étrange encore, le nombre des décès va croissant! Je vois 7,724,278 décès dans la première période, et, dans la seconde, 8,678,228. L'excédant des décès est donc de 953,950 (1)! Quel progrès! grand Dieu! La population revient au point où elle en était sous Louis XVI, car il résulte des relevés de l'état civil pendant quatorze ans, de 1771 à 1784, constatés dans le livre de Necker sur l'administration des finances, que le nombre moyen était alors, pour les naissances, de 947,789 par an, et, pour les décès, de 848,851, à peu près comme de nos jours, et nous avons six ou sept millions d'habitants de plus qu'à cette époque.

Aujourd'hui on se marie et l'on n'a pas d'enfants, on ne veut pas en avoir. Je connais un village, moral et religieux, où, sur 400 âmes, il y a trente-une familles qui ne comptent qu'un seul enfant. Cela prouve que la moralité s'amoindrit même dans les campagnes. Tout le monde le comprendra.

Mais, dit-on, la population de Paris s'accroît chaque jour. Que m'importe? Savez-vous comment la grande ville s'agrandit? Elle s'agrandit au détriment des campagnes. Elle attire les pauvres paysans et leur enlève leurs vertus primitives. Dans mon village, depuis quelques années, 100 sur 600 sont allés à Paris. Ces hommes ne reviennent au pays que pour donner de mauvais conseils et de mauvais exemples. Ne me parlez pas des grands travaux publics : ils entraînent avec eux les agglomérations

(1) V. l'*Annuaire du Bureau des Longitudes*, année 1863, p. 181 et suiv.

d'ouvriers, la corruption, l'immoralité. La conscription amène les mêmes résultats. On dit que c'est une bonne mesure, que le paysan prend à l'armée de la tournure, de la désinvolture. Je le veux bien, mais j'affirme aussi qu'il y a là une cause permanente de démoralisation. Les soldats, d'ailleurs, ne se marient pas; les domestiques non plus. On les relègue, dans les villes, à un cinquième étage, et l'on ne leur permet pas de fonder une famille. Des enfants! mais que voulez-vous qu'on en fasse? Cela ennuierait Monsieur, cela gênerait Madame.

Chez les maîtres, le luxe est effréné. Telle femme, qui n'a pas d'enfants, se ruine et ruine son mari. Comment? En achetant de vains objets de toilette. Ce qu'il y a de plus déplorable encore, c'est que le luxe s'introduit même chez les paysans. Aujourd'hui, ils ont des redingotes et ne sont pas meilleurs que jadis. Chez les femmes de la campagne, le goût des parures est un véritable fléau, qui entraîne fatalement avec lui la dépravation et les vices les plus honteux. — J'ai vu dernièrement une jardinière affublée d'une crinoline. O siècle de vanité!

Il est un fait plus alarmant encore, Messieurs, c'est que l'accroissement si faible de la population française n'indique nullement un accroissement proportionnel dans la partie jeune et virile de la nation. Le Gouvernement a donné, en 1823, la force des huit classes de 1816 à 1823. Le nombre total des jeunes conscrits s'élevait alors à 2,304,729; le nombre des jeunes gens de 1851 à 1858 a été de 2,444,840. Il n'y a donc qu'une augmentation d'un seizième, tandis que la population totale s'est accrue de près d'un sixième. Si l'accroissement du nombre des jeunes hommes de 20 à 21 ans avait marché de pair avec l'augmentation de la population générale, chaque classe de 1851 à 1858 aurait dû donner 33,788 conscrits de plus par an. De sorte que la France n'a presque pas plus de jeunes bras pour la défendre aujourd'hui, qu'elle n'en avait, il y a soixante-dix ans, pour résister à l'Europe tout entière.

Mais la population s'est accrue pourtant, diront mes adversaires. Oui, sans doute. — En 1817, notre population était de 30 millions; elle ne s'est augmentée que de 6 millions 1/2 dans les quarante-cinq années suivantes, tandis que, pour ne citer que nos voisins les plus proches, la Confédération-Germanique qui n'avait, comme nous, que 30 millions d'habitants en 1817, en a 45 millions maintenant; tandis que l'Angleterre qui, à la première époque, n'avait que 20 millions d'âmes, en a 9 millions 1/2 de plus, sans compter au moins 5 millions d'émigrants, qui sont allés peupler les Indes et l'Australie. Ce tableau n'est-il pas alarmant, Messieurs ? Ne pensez-vous pas que cette décadence est pire qu'une guerre meurtrière, plus terrible qu'une bataille perdue ?

Quelles sont les causes de cette dégénérescence ? D'un côté, c'est l'abaissement de la moralité; de l'autre, la décadence de l'agriculture. L'année dernière, le Gouvernement a fait importer en France 16 millions d'hectolitres de blé. Sans ce secours, nous aurions vu une famine effroyable. Si, comme nos voisins les Allemands, nous avions aujourd'hui 8 millions de Français de plus, avec quoi les nourrirait-on ? Je vous le demande, Messieurs. — Ce serait assurément une misère effrayante, une famine inconnue jusqu'à ce jour.

Il faut donc, Messieurs, réagir avec persévérance contre cet état de choses. Il ne faut pas abandonner les campagnes, parce que là est la vraie, la seule richesse de la nation (Applaudissements nombreux).

M. d'Héricourt. Messieurs, après le savant discours que vous venez d'entendre, je l'avoue, j'hésite à prendre la parole. Je dirai seulement que je ne suis pas un détracteur de mon temps. A toutes les époques, on a écrit : nous sommes plus mauvais que nos pères; nous ne valons pas nos aïeux. Lisez les philosophes, les chroniqueurs, les historiens, et vous serez convaincus de la vérité de ce que j'avance.

On a beaucoup parlé, depuis deux jours, de l'instruction publique. On a dit qu'elle n'était pas assez répandue en France. Un tiers de la population française, suivant un des orateurs, ne sait ni lire ni écrire; cela peut être vrai; mais si nous prenons les chiffres du moment et ceux du passé, quelle différence, Messieurs ! Autrefois, l'instruction la plus élémentaire était presque inconnue dans les campagnes. J'ai moins de quarante-cinq ans, Messieurs, et je me souviens d'un temps où la plupart des villageois ne savaient ni lire ni écrire ; tout le monde pourrait en dire autant. Autrefois, les enfants apprenaient le catéchisme chez les vieilles femmes ; ils ne le lisaient pas.

M. Des Moulins dit que le nombre des crimes augmente chaque jour. Je le veux bien ; mais la charité, la religion ne se répandent-elles pas aussi de plus en plus ? Partout les crèches se multiplient. Dans tous les lieux, on fonde des salles d'asile. Chaque ville, chaque bourg possède la sienne. Bientôt on demandera dans quel village l'enfant est abandonné. On a dit que l'instituteur avait intérêt à élever le moins d'enfants possible. Eh bien ! Messieurs, je ne crois pas cela. Le maître d'école est placé sous la surveillance du maire, sous la direction du curé. Il est inspecté chaque année par des fonctionnaires consciencieux. Qu'on ne dise donc pas qu'il remplit mal ses devoirs ! Ce serait insulter à la fois les maires, les curés et les inspecteurs des écoles primaires.

Ce qui prouve, au contraire, Messieurs, que le niveau de l'instruction générale s'est relevé, c'est qu'aujourd'hui, plus que jamais, les prêtres se recrutent parmi les cultivateurs, parmi les enfants des instituteurs.

On a beaucoup parlé du luxe. Est-ce un bien, est-ce un mal ? Je ne veux pas trancher la question. Est-ce une invention du XIXe. siècle ? Non, Messieurs, non, mille fois non. Le luxe est de tous les temps, de toutes les époques. Au XIIIe. siècle, saint Louis fut obligé de le réglementer par des édits somptuaires. Au XVe. siècle, ouvrez les livres des prédicateurs, tous prêchent contre le luxe. Qui ne connaît, Messieurs, les splendides sermons de l'immortel Savonarole ?

Le luxe n'a-t-il pas son bon côté ? N'est-il pas la coquetterie, la pudeur de la femme ? Quoi qu'il en soit, Messieurs, fléau ou avantage, c'est une rivière qui a débordé, qui déborde, qui débordera toujours.

On a dit que nos jeunes campagnards n'aimaient pas la conscription. Qu'est-ce que cela prouve, Messieurs ? Cela indique la vivacité, la ténacité des sentiments de famille, de l'amour des enfants pour leurs parents. Mais aussi, Messieurs, quand ces jeunes héros rentrent dans leurs foyers, après une bataille, après une victoire, quelle joie, quelle fête au village !

On a dit que la débauche prenait des proportions de plus en plus alarmantes. Oui, Messieurs, il y a beaucoup d'ivrognes. Oui, Messieurs, il y a beaucoup de cafés. Mais, si les cabarets se remplissent le soir, les églises sont pleines le matin. (Hilarité dans l'auditoire.)

Le soldat, de retour dans son pays natal, n'est pas seulement appelé à être un bon domestique, c'est mieux que cela, c'est un bon cultivateur. L'agriculture française, je le dis sans crainte d'un démenti, progresse continuellement. Les grands propriétaires restent dans leurs terres. L'*absentésime* n'existe plus. Et l'on a bien raison, Messieurs, de rester à la campagne. C'est là, c'est parmi ces propriétaires ruraux que l'on recrute les maires, les membres des conseils généraux, les députés eux-mêmes.

Ne désespérons donc pas de la France : elle est grande par sa charité, grande par sa religion, grande par sa gloire !

M. Foucher de Careil. Messieurs, je veux circonscrire le débat. L'enquête de M. de Caumont soulève tant de questions diverses, que je veux en éloigner plusieurs. J'écarte d'abord celle de la statistique. Je ne crois pas à son infaillibilité. Je pense surtout qu'en matière de statistique morale, il faut être prudent; car c'est peut-être une grave erreur de Laplace et de Condorcet d'avoir voulu appliquer le calcul des probabilités aux lois morales.

Je veux éliminer aussi la question de la population. Je dirai seulement que je ne suis pas malthusien. La doctrine de Malthus est immorale, elle est impie. Je crois que M. Raudot y a rattaché avec raison la dégénérescence des races.

Mais c'est l'infini que cette question; elle demanderait plusieurs séances.

La science de Condorcet, appliquée à la race française, produit, je dois l'avouer, des résultats effrayants. M. Raudot vous dit que notre race est en pleine décadence. Pourquoi? Parce que les conscrits ont quelques centimètres de moins peut-être? Mais cela, c'est du matérialisme, Messieurs.

Renfermons-nous donc dans le programme : cherchons le mal, trouvons le remède. Il est incontestable que le mal existe La centralisation en est-elle bien la cause, la centralisation, cette hydre insaisissable que M. Raudot cherche toujours à terrasser? Je ne le crois pas, Messieurs.

Il y a du mal, beaucoup de mal, je l'avoue ; mais je veux y remédier. Quelles sont les causes de l'immoralité? Voilà la vraie, la grande question.

M. d'Héricourt vous a parlé du luxe, des lois somptuaires. Je ne m'en occuperai pas.

Les seules causes de l'immoralité sont la misère et l'ignorance.

Toutefois, je le dis hautement, nous valons mieux que nos ancêtres ; car il y a des lois fixes, immuables, même en morale. Les grandes races tournent dans des orbites invariables. Le flot du progrès marche toujours.

Où est le remède, Messieurs? Je commence par dire que ce remède ne peut pas être une panacée. Où est le remède? Les libéraux vous diront : c'est l'instruction obligatoire. Singulier libéralisme!

Le remède, Messieurs, n'est pas si facile à trouver. En 1833, notre illustre président, M. Guizot, a fait la loi sur l'instruction publique, qui est le vrai code de la matière en France. M. Guizot sut alors passionner tout le pays pour cette grande question de l'instruction publique. Eh bien! Messieurs, je crois que nous ne devons pas abroger cette loi, qui est un véritable chef-d'œuvre. Dans cette loi est le nœud de la question. Dans cette loi, on a su merveilleusement intéresser à l'instruction de l'enfant le père, la famille, la commune. Quand ces ressources sont insuffisantes, on fait intervenir le canton, l'arrondissement, le département. L'État ne paraît qu'en dernier lieu.

Lorsque je vois un grand poète, Victor Hugo, demander l'enseignement obligatoire, *parce que la liberté commence où l'ignorance finit*, j'affirme qu'il se trompe. Ce qu'il nous faut en France, ce n'est pas l'instruction, c'est l'éducation. C'est la force morale, c'est le caractère qui nous manquent. Le mot d'*éducation* résume tout.

Se borner au mécanisme de la lecture et de l'écriture, se borner à l'instruction obligatoire, c'est errer. Adressez-vous aussi à la volonté, à la force morale des hommes. Faites leur éducation. Unissez tous les efforts; car tous les moyens sont bons, quand on poursuit un noble but.

Le faux libéralisme veut déchirer la charte de l'instruction publique en France. Pour moi, le seul, le vrai, le grand libéral est Celui qui a prononcé, il y a dix-huit cents ans cette belle parole: *Sinite parvulos venire ad me*. Je condamne donc le *compelle eos intrare*. C'est une des grandes aberrations de notre siècle. La liberté par la contrainte. Quelle théorie! Quelle inconséquence! Quoique un peu allemand, voire même Hégélien, je ne saurais comprendre une pareille doctrine. Vous ne voulez pas de *Mortara* à l'église, pourquoi donc en voulez-vous à l'école? Répondez, si vous le pouvez.

Il faut donc développer nos institutions libérales. Là est le remède. On y trouvera un moyen de réagir contre l'ignorance et la misère. La misère! Mg[r]. Dupanloup a démontré dernièrement, dans un beau mandement, que ce n'était pas une nécessité fatale et absolue. Je l'en remercie pour ma part.

Pour la combattre, il faut agir sur les enfants; il faudrait, sans doute, pouvoir agir sur les hommes. Tout curé vous dirait qu'après la première communion, dans les campagnes, on abandonne l'enfant à lui-même.

Je me résume en un mot : je demande le développement des institutions libérales, de l'éducation populaire qui fait les hommes.

M. le général de Rochefort. Messieurs, je désire réfuter un passage du discours de M. Baudot. Cet honorable membre nous a présenté l'armée comme une école d'immoralité. C'est là, je le crois, une erreur. Quand les jeunes soldats nous arrivent, ils ne savent le plus souvent ni lire ni écrire. Nous les instruisons, nous leur enseignons l'abnégation, le dévouement, ces grandes vertus militaires. Ce n'est pas dans les camps que les jeunes gens prennent la fatale habitude de l'ivresse. Elle y est punie, stigmatisée.

Que font les soldats après leur libération? Beaucoup d'entre eux deviennent employés des chemins de fer, où il faut d'honnêtes gens.

J'ai examiné les soldats de près. J'ai vu que tous, ou presque tous, s'instruisent au régiment. Sur 1,000, 900 au moins reviennent dans leurs foyers sachant lire et écrire.

M. de Quatrefages. Messieurs, un savant, M. Boudin, a fait un travail dont je veux dire quelques mots. Il a prouvé que, de 1816 à 1840, la taille des soldats est restée à un minimum, et que, depuis cette époque, elle s'est relevée. L'aptitude au service militaire a augmenté dans les mêmes proportions. Depuis 1816, elle s'est élevée progressivement. Il n'y a donc pas de dégénérescence en France, comme on l'a prétendu.

M. Bataillard. Messieurs, je ne traiterai pas la question à fond : je veux seulement en examiner un des côtés. Un magistrat déplore l'immoralité, un prêtre l'irréligion. Je comprends cela. Chacun cherche un remède au mal. Les uns attaquent les industriels ; les autres, les cultivateurs. L'inimitable fabuliste La Fontaine l'a dit quelque part beaucoup mieux que je saurais l'exprimer :

> Dieu fit pour nos défauts la poche de derrière,
> Et celle de devant pour les défauts d'autrui.

Vous aurez beau chercher à améliorer la moralité des enfants et des ouvriers : vous n'arriverez à aucun résultat sérieux, si la classe supérieure donne toujours de mauvais exemples. Tous, ici, nous sommes gens de labeur et de travail ; mais que de personnes qui perdent leur temps, qui cherchent perpétuellement a assouvir de vaines satisfactions physiques ! L'habitant des châteaux sature ses enfants de tant de douceurs, de tant de distractions, que, dès l'âge de vingt ans, ils sont rassasiés du monde et cherchent dans le *nefas* un oubli de leur immense dégoût (Applaudissements).

Dans les villes, le père de famille ne s'occupe pas des enfants.

Le cercle, le café l'éloignent de la maison conjugale. Là, il puise de bonne heure de mauvais principes, une moralité douteuse. Les enfants deviennent tout cela...

Nous ne sommes pas meilleurs que nos aïeux. Nous ne les valons même pas. Autrefois, l'existence était plus modeste, plus austère. J'en ai vu quelques restes : on aurait repoussé l'argent mal acquis ; on travaillait pour peu de bénéfice, mais pour beaucoup d'honneur. Où donc en trouvons-nous aujourd'hui? On a perdu l'habitude du travail et celle de l'économie. Autrefois, on amassait péniblement un petit pécule ; aujourd'hui, on spécule, on joue à la Bourse. Beaucoup d'argent et pas de peine : voilà le mot d'ordre.

M. le Président. Je demande à l'Assemblée si elle désire émettre un vœu. Les différentes personnes qui ont parlé peuvent-elles déposer des conclusions ? Le remède de M. Bataillard est excellent, mais on ne peut le mettre aux voix. Celui de M. Foucher de Careil peut y être mis.

Le Congrès. Non, non.

M. le Président. Je demande que la question soit précisée.

M. de Quatrefages. Nous ne pouvons rien voter. La question est trop générale, trop vaste... Je demande qu'elle soit remise à l'étude pour l'année prochaine... Ainsi, le Congrès rendra un grand service à la société tout entière.

M. de Caumont, directeur général. On nous a annoncé dix mémoires sur cette question ; mais nous ne les avons pas encore reçus.

M. Du Chatellier. Notre origine indique notre but. Cette question était un appel fait à tous nos collègues. La plupart d'entre eux auront des renseignements à fournir. Je demande donc que cette question soit remise à l'année prochaine.

M. le Président. Il me semble que l'Assemblée est du même avis?

Le Congrès. Oui, oui.

La séance est levée à 5 heures 1/4.

L'un des Secrétaires du Congrès,

Alf.-Paul Simian,

De la Société française d'archéologie.

SÉANCE DU 23 MARS 1863.

Présidence de M. DE QUATREFAGES, membre de l'Institut.

Siégent au bureau : MM. DU CHATELLIER, R. BORDEAUX, DUVAL DE FRAVILLE, DE PEELLAERT.

M. Jules PAUTET, remplit les fonctions de secrétaire.

M. le Président donne la parole à M. Paul Simian pour la lecture du procès-verbal de la séance précédente. Ce remarquable travail, qui reproduit, avec une scrupuleuse fidélité, toutes les phases de la discussion, tous les incidents de la séance et jusqu'aux paroles elles-mêmes des orateurs, est accueil i par d'unanimes applaudissements. M. le Directeur félicite avec effusion son rédacteur.

MM. Baudot et Du Chatellier demandent néanmoins quelques modifications de détail, et le proces-verbal est adopté à l'unanimité.

Avant d'entamer l'ordre du jour, M. Duval de Fraville obtient la parole pour une communication relative à la destruction d'une ville Lorraine, au milieu du XVIIe. siècle.

Hilairemant d'abord, La Motte ensuite, s'élevait sur une hauteur isolée, à 280 mètres au-dessus du niveau de la mer, sur la frontière de France, c'est-à-dire qu'elle devait être un poste militaire. Les ducs de Lorraine en avaient fait une place importante.

Dans la guerre suscitée entre la France et le duché, sous le ministère de Richelieu, le maréchal de Caumont La Force vint mettre le siége devant La Motte, en avril 1634. La garnison, sommée de se rendre, répondit par un refus énergiquement formulé. Le siége dura trois mois, et la place ne capitula qu'en juillet. A la paix, cette place fut rendue au duc de Lorraine, après avoir été démantelee ; mais sa position stratégique et son importance la firent réédifier, et elle redevint promptement une forteresse redoutable.

La guerre recommença, et de nombreux volontaires se joignirent à l'armée française pour venir à bout de ce repaire de soldats déprédateurs, qui les avaient souvent inquiétés. Mais la forteresse tint bon pendant six mois, et les Français ne purent y entrer qu'en vertu d'une capitulation signée en juillet 1646. L'une des conditions de cette capitulation était la conservation de la ville, elle comptait 2,500 âmes, et la sécurité de ses habitants. Au mépris de cette capitulation, une ordonnance du roi intervint qui prescrivit la destruction des remparts, bien plus, de la ville elle-même, et la dispersion de ses habitants. Si les Français s'acquittèrent avec ardeur de cette douloureuse tâche, c'était pour se venger des déprédations dont ils avaient été victimes, et bientôt cette ville, dotée de tous les établissements d'une civilisation chrétienne, disparut complètement du sol, chacun venant en prendre les matériaux pour des constructions rurales et autres.

Cet anéantissement d'une forteresse, n'attirerait que la tristesse de l'histoire, si la violation d'une capitulation ne devait encourir sa réprobation.

Cette intéressante communication est accueillie avec un douloureux intérêt, et son auteur reçoit les félicitations du Bureau.

M. Baudot s'élève contre cette destruction sauvage d'une ville, il trouve moyen d'en accuser ce qu'il appelle la centralisation.

M. Du Chatellier explique cet acte de brutalité par les excès de la guerre et les violences de la soldatesque; il dit que bien souvent, et en Bretagne notamment, les États provinciaux ont demandé et obtenu la destruction de forteresses qui menaçaient le repos des populations.

M. de Fraville rappelle, pour expliquer l'ardeur de destruction qui s'était emparée des Français, les incursions violentes des soldats Lorrains sur le territoire français ; mais il flétrit, comme elle le mérite, la violation des stipulations de la capitulation.

L'ordre du jour appelle la discussion de cette question :

« Quelles sont, à l'heure qu'il est, l'influence et l'autorité de « la presse périodique en France, particulièrement en province ?

« Quel parti meilleur pourrait-on en tirer, au point de vue de « la moralisation et de la bonne instruction des masses? »

M. le Directeur du Congrès constate que l'autorité de la presse de Paris sur les provinces tend, chaque jour, à diminuer. La presse de province grandit. Il y aurait un grand parti à en tirer. L'influence de la presse locale gagne chaque jour du terrain et efface celle de la presse parisienne.

M. Du Chatellier insiste pour que la presse locale cesse de demander le mot d'ordre à la presse parisienne, il veut qu'elle vive de sa propre vie, et que surtout elle se place à un point de vue provincial. C'est ce point de vue qui, pour l'histoire elle-même, est à désirer, ainsi que l'ont demandé plusieurs membres de l'Institut; c'est ce coup-d'œil, pour ainsi dire provincial, cette monographie historique qui, éclairant les questions locales, feront arriver un jour à un travail d'ensemble utile. Dans sa région, on compte beaucoup de journaux indépendants, le *Journal de Brest*, par exemple, est plein de vie et de force; il donne plus de renseignements que les journaux de Paris, et le nombre de ses abonnés est devenu considérable, par suite des services réels qu'il rend aux populations en les tenant exactement au courant de tout ce qui les intéresse, entr'autres de tous les mouvements du littoral.

L'orateur, pour prouver tout ce qui peut être fait de bien avec la presse locale, cite l'exemple d'une question du plus haut intérêt pour les habitants de la Bretagne, l'*incinération des guamons*. Il fut consulté sur l'opportunité de cette incinération; le Conseil général, saisi d'un mémoire sur la question, se montra défavorable à l'incinération; mais, au moyen de la presse, la discussion put éclairer la matière, et grâce aux journaux, qui firent bravement leur devoir, l'incinération triompha.

M. Baudot reconnaît les progrès de la presse départementale : les abonnés arrivent chaque jour aux journaux locaux au détriment de ceux de Paris. Il en cite quelques-uns bien rédigés, bien renseignés, qui ont des correspondances électriques, tel que le *Messager du Midi*, et qui gagnent chaque année sur la presse centrale. Décentralisons dans les faits, s'est écrié

M. Baudot, ce sera un pas pour décentraliser administrativement plus tard.

M. Raymond Bordeaux eût voulu que la question fût scindée par régions, autrement il la regarde comme insoluble. Il croit que la presse provinciale prend un grand développement et fait une concurrence notable aux journaux de Paris ; mais il nie qu'elle décentralise. Il n'y a pas d'esprit local dans la direction, et c'est encore la presse centrale qui se fait jour dans la presse provinciale.

Il faut distinguer deux classes de journaux : ceux officiels, qui ne sont guère que des feuilles d'annonces, et ceux publiés en dehors du patronage administratif. Les journaux préfectoraux se font, en général, à coups de ciseaux. Les autres sont trop souvent l'œuvre de coteries...

Il y a à Paris des établissements spéciaux qui, à tant par an, fournissent des correspondances et des articles tout faits pour chaque nuance de journaux départementaux. La *Société des gens de lettres* approvisionne ces journaux de feuilletons pour un prix très-modique par numéro. Les journaux sont en général des spéculations industrielles, parfois très-lucratives. Certains se contentent d'un nombre d'abonnés inférieur à mille, et ont pour unique rédacteur quelque pauvre diable peu rétribué, quand ce n'est pas l'imprimeur lui-même qui se charge de remplir les colonnes... Pour gagner de l'argent, il faut suivre les idées régnantes plutôt que de les combattre... M. Bordeaux entre dans des développements et cite un certain nombre de journaux départementaux qui exercent une influence considérable. Le *Journal de Rouen*, par exemple, a un grand nombre d'abonnés dans la Seine-Inférieure et l'Eure : tiré chaque jour à plusieurs mille, lu dans tous les cafés, il fait certes une concurrence importante aux journaux de Paris, malgré les courtiers qui s'occupent d'abonner au *Siècle* et surtout à l'*Opinion nationale*, dont les affiches couvrent les murs des bourgades. Il a un personnel de rédaction aussi complet que celui de plusieurs feuilles parisiennes ; ses rédacteurs sont bien payés, et son propriétaire tire de grands bénéfices ; il appartient à l'opinion démocratique. Le *Nouvelliste de Rouen*, également quotidien, est la feuille officielle : il gagne moins d'argent, quoiqu'il ait le privilége des annonces ; il a aussi un personnel de rédaction distingué, et son format est celui du *Constitutionnel*. Le *Journal du Havre* a également de l'importance.

Dans le Maine-et-Loire, il existe deux grands journaux, répandus dans toute la France, l'*Union de l'Ouest* et l'*Ami du Peuple*, qui paraît seulement une fois la semaine, mais dont le bas prix (8 francs par an) tend à faire le journal des curés de campagne et des cultivateurs ; c'est une feuille à part, rédigée avec talent, dans le sens religieux et libéral, mais ce n'est pas une feuille à couleur locale : il est vrai qu'elle a une édition spéciale pour l'Anjou.

M. Bordeaux donne des détails statistiques sur le nombre d'abonnés, le personnel de rédaction, les produits pécuniaires, etc., d'un certain nombre d'autres journaux, tels que le *Courrier de l'Eure*, le *Journal de Chartres*, *L'Ordre et la Liberté* de Caen, le *Moniteur du Calvados*, etc. M. Bordeaux désirerait qu'à présent, que les *Conseils de préfecture* sont publics, les journaux publiassent leurs décisions les plus intéressantes.

M. le Président affirme que la presse locale a beaucoup plus d'influence qu'on ne suppose, et qu'il en donnera pour preuve ce fait, qu'en 1848, malgré les influences révolutionnaires, on est parvenu, dans son pays, à l'aide de la presse, à faire passer, aux élections, toute une liste de députés conservateurs.

M. Challe ne partage pas l'opinion de M. R. Bordeaux sur la presse départementale, il ne veut s'occuper que de celle de sa région ; mais il est heureux de constater que les journaux de l'Yonne qui sont, il est vrai, ainsi que cela doit être inévitablement, des spéculations industrielles (c'est leur condition d'existence), sont aussi des tribunes ouvertes à la discussion de tous les intérêts locaux. Dans un journal, il y a sans aucun doute une affaire, mais il y a aussi une influence utile et bienfaisante.

Dans l'Yonne, on compte trois journaux qui ont une existence sérieuse, qui prennent de l'extension chaque année, et qui sont en mesure de rendre de véritables services. L'un de ces journaux est publié sous le patronage administratif; les deux autres sont dus à l'initiative individuelle, et tous les trois prospèrent; ceux qui n'ont pas le bénéfice des annonces judiciaires, luttent contre ce désavantage par l'intérêt qu'ils savent apporter à leur rédaction. Leur influence est grande et elle s'augmente avec la diffusion.

Ces journaux sont recommandables par leur initiative et leur independance, ils n'abordent pas la critique des actes de l'administration, cela est vrai; mais il leur reste un champ assez vaste, celui des intérêts généraux, celui des questions générales, l'instruction à répandre, les bonnes nouvelles et les bonnes méthodes agricoles et industrielles à propager, les projets de chemins de fer, de routes, de fontaines, de bâtiments publics à étudier; ils ouvrent leurs colonnes à la discussion de ces intérêts, et acquièrent ainsi des droits à l'estime de tous.

Quand viennent les élections, les services rendus atteignent les hauteurs de la politique, les candidats trouvent la porte large ouverte à la discussion de leurs titres, et le public éclairé peut déposer son vote dans l'urne en connaissance de cause, grâce à la presse locale.

M. Du Chatellier augure bien de l'influence des journaux de province qui sont indépendants, et qui restent dans la voie de la conciliation : ils atténueront les opinions extrêmes, et opéreront de désirables rapprochements dans toutes les nuances de l'opinion publique.

M. Challe revient sur l'influence très-grande des journaux de sa localité, et il en donne pour preuve que la souscription ouverte dans leurs colonnes, pour les ouvriers colonniers sans travail, a permis d'envoyer à ces intéressants citoyens la somme de 50,000 fr.

M. de Caumont considérerait qu'un immense moyen d'influence résulterait, pour les journaux de province, de ne pas se borner à des correspondances parisiennes; il voudrait que l'on en sollicitât de régionales, de proche en proche: ainsi l'on relierait plusieurs départements et l'action de la presse locale, qui tend à s'augmenter déjà, grandirait encore davantage.

M. de Quatrefages veut parler de la presse de l'est de la France et notamment du *Courrier du Bas-Rhin*. Son rédacteur est un homme honnête et sérieux, qui fait son travail consciencieusement; ses premiers Strasbourg sont aussi soignés que les premiers Paris des grands journaux. Aussi son influence est-elle grande, quoique son cadre soit très-restreint, étant imprimé en allemand et en français. Il s'occupe avec suite des intérêts locaux et il entretient, par sa correspondance, comme un *esprit régional*, selon la pensée de M. de Caumont.

L'orateur parle du *Journal de Mulhouse* comme ayant toujours donné accès aux manifestations d'indépendance moyenne, comme s'étant tenu dans la modération et la sagesse, ce qui lui a donné une véritable importance.

M. Bordeaux fait observer que l'Alsace, où il faut citer aussi le journal l'*Alsacien*, est dans une situation particulière, puisque le pays parle allemand et ne peut s'assimiler les journaux parisiens. Il demande si la Bretagne a des journaux en langue bretonne, s'il existe quelque périodique en idiôme provençal, et si en Corse il n'y a pas des journaux en italien. Il existe des almanachs rédigés dans les idiômes du Midi.

M. Du Chatellier répond qu'en Bretagne le français seul est la langue de tous les journaux; il ajoute qu'il avait essayé lui-même une publication, au point de vue littéraire, en langue *natale*, mais qu'il avait échoué.

Plusieurs orateurs constatent que la langue française est partout la langue écrite de tous.

M. le Président déclare la discussion close et fait remarquer que le Congrès n'a pas de vote à formuler.

M. de Caumont offre, de la part de son auteur, Mlle. Janton, un remarquable travail, fait en 24 heures, sur l'*Esthétique dans les arts*. Ce mémoire sera imprimé dans les comptes-rendus du Congrès.

A 5 heures 1/2 la séance est levée.

Le Secrétaire,

Jules PAUTET.

SÉANCE DU 24 MARS.

Présidence de M. DE VIGNERAL.

Siégent au bureau : MM. GUILLAUMIN, DEHAUT, GAYOT, DE MONTREUIL, CHALLE, DU MANOIR, LEGOYT, COTTEAU.

M. DESVAUX-SAVOURÉ remplit les fonctions de secrétaire.

L'ordre du jour appelle la question suivante :

« État des études statistiques en Europe; méthode adoptée « pour ces recherches. »

A propos de cette question, M. Legoyt fait observer d'abord que la statistique présente un sujet d'études très-vaste, que pour aujourd'hui il a dû choisir entre les différents états de l'Europe et qu'il se borne à la France, parce que c'est en France qu'on a fait le plus et le mieux.

M. Legoyt ne pense pas qu'il y ait lieu de parler de l'utilité de la statistique devant le Congrès; il indiquera seulement son histoire en France et son état actuel.

La statistique remonte aux premiers âges de la monarchie; elle se basait plutôt sur des observations générales que sur des faits positifs. Charlemagne envoyait dans toutes les parties de son Empire des *missi dominici*, sorte d'inspecteurs généraux, qui visitaient toutes les provinces, s'assuraient de la manière dont la justice était rendue, étudiaient l'état physique et moral des populations et, à leur retour, remettaient des comptes-rendus et des notes sur ce qu'ils avaient vu. Nous n'avons pas ces mémoires, mais nous possédons les instruments donnés par Charlemagne, et nous pouvons en conclure que ce prince était un économiste.

Depuis cette époque jusqu'au XVIe. siècle, on trouve des renseignements dans les cartulaires, les censiers, les assiettes de contributions, les anciens terriers. Ce sont tous des documents financiers et administratifs, nullement faits pour la statistique.

M. Léopold Delisle a parlé des classes agricoles de la Normandie au XIVe. siècle.

Au XVIIe. siècle on retrouve deux documents :

1°. La collection des ouvrages de géographie par les Elsevire, de 1726 à 1736. 31 volumes. L'un des plus forts est consacré à la France, *De Gallia et de Francorum regimine et opibus.* — Ces documents sont très-intéressants.

Le premier almanach a paru en 1691. Il est très-modeste, et contient cependant quelques détails sur l'organisation des postes, les villes traversées par le grand courrier, les bureaux de poste, les évêchés, etc., etc.

Louis XIV, à l'instigation de Vauban, prescrivit une enquête très-vaste à tous les intendants de province Boulainvillier rapporte ces instructions dans son premier volume.

Les intendants devaient faire le dénombrement de la population et le recensement agricole, donner des renseignements sur la culture, le bétail, les assolements, la vicinalité, sur l'industrie de chaque localité et joindre des échantillons aux rapports.

Ce travail fut fait d'une manière inégale par chacun d'eux. Quelques-uns s'en acquittèrent très-bien, les autres moins bien, la plupart assez mal L'intendant de Blaville s'est montré un économiste et un statisticien digne de ce nom.

En Languedoc, la ville de Lodève avait joint des spécimens de draps à ces renseignements.

Le gouvernement fit copier une centaine d'exemplaires manuscrits de cette statistique, qui ne fut pas livrée au public.

Vauban a récapitulé tous les renseignements sur la population dans un ouvrage intitulé : *La Dime royale*, qui est le précurseur de la statistique française. Il y a joint des programmes très-étendus sur la matière.

Pendant les trois premiers quarts du XVIIIe. siècle, le gouvernement a dû faire des statistiques pour le recrutement de l'armée et pour les impôts ; mais il ne les publiait pas. Par cette cause, un grand nombre de personnes ont essayé à en faire ; mais, à moins qu'un particulier n'opère sur une petite étendue, il ne peut arriver à la vérité et ne fera qu'une mauvaise statistique conjecturale.

Ce résultat était la faute du gouvernement. Pourquoi n'en faisait-il pas? Pourquoi ne la publiait-il pas?

Ici, M. Legoyt lit une nomenclature d'ouvrages particuliers sur la statistique ; il cite entr'autres *l'abbé Expilly*, dont le le travail est original et les recherches nombreuses. Son *Dictionnaire de la France* a 7 volumes et n'est arrivé qu'à la lettre S. Il allait de province en province, de paroisse en paroisse, et rapporte avec une très-grande bonne foi ce qu'il a vu.

Boulainvilliers publie deux ouvrages sous le titre *État de France :* l'un est politique et l'autre, de 7 vol. petit in-12, contient des observations nombreuses.

Voltaire, dans un de ses écrits, pense que la population de la France a dû s'accroître.

Après Expilly, deux hommes ont fait des recherches sérieuses.

Messans (pseudonyme de Monthyon, fondateur du prix de ce nom), après avoir fait des études sur un grand nombre de paroisses, en conclut que la population s'est accrue au XVIIe. et au XVIIIe. siecle.

De Parcieu, *Essais sur les probabilités de la vie humaine.* Il a annexé à son ouvrage des tables de mortalité déduites des tontines de la fin du XVIIe. siècle. Ces tables ont servi pour la caisse des retraites pour la vieillesse. On y trouve que la vie moyenne des femmes est plus grande que celle des hommes. L'accroissement de la vie humaine est démontré au XIXe. siècle; il en résulte que l'État est en perte, parce qu'il voit arriver à l'âge de jouissance un nombre de tontiniers plus considérable que celui indiqué par la Table de de Parcieu.

On trouve encore les Richesses et ressources de Bonvallet des Brosses (1781);

L'ouvrage de Necker sur les finances de la France en 1784;

L'Aperçu des richesses territoriales, par Lavoisier. Ce livre contient beaucoup de documents sur la production agricole et sur les superficies cultivées en France; on se demande même comment il a pu réunir autant de détails.

M. Challe fait observer, pour compléter les renseignements précédents, que Vauban avait fait la statistique de l'élection de Vézelay, en 1697 et 1698. Il vint pour cela à sa terre de Bazoche avec des ingénieurs; il fit mesurer le territoire et faire le dénombrement de la population, des différentes cultures, de leur rendement, et enfin celui de l'industrie du pays. Ce travail est resté manuscrit.

Vauban avait tenté une étude de canalisation et avait fait rechercher le rendement probable.

M. Legoyt reprend ainsi :

Les travaux officiels de statistique ont commencé un peu avant 1789. On a fait, depuis 1772 jusqu'en 1787, un relevé du mouvement annuel de la population; les années 1785, 86 et 87 sont perdues; mais ces relevés ont été en partie publiés par Meaux, par Necker, et dans les *Mémoires* de l'ancienne Académie des sciences, par Condorcet et Laplace.

Necker avait fondé au Ministère un bureau *de renseignements;* c'était un bureau de statistique qui plus tard s'appela *de la balance du commerce.* Du ministère des finances, ce bureau passa à celui de l'intérieur; puis au ministère de l'agriculture et du commerce, et enfin à celui des travaux publics.

L'ouvrage de Necker, intitulé : *Les comptes-rendus au roi, janvier* 1781, donne des renseignements aussi vrais que possible sur la population, les impôts et les finances de l'État.

Un autre ouvrage, *Documents sur le commerce extérieur de la France,* a été brûlé.

Mais M. Arnauld a publié un livre, *De la balance du commerce et des relations de la France avec les autres États,* dans lequel il traite la question de 1716 à 1783.

Un troisième ouvrage de Necker, *Tableau des cartes et documents statistiques,* donne des renseignements sur le commerce, les finances et le prix du blé dans les différentes localités de la France.

En 1789, la Constituante eut besoin de connaître le pays et surtout le chiffre de la population. Des instructions furent adressées aux agents du gouvernement. Ce travail se fit longtemps attendre, il arriva cependant et disparut ensuite des archives de Paris.

Mais des recherches, faites dans les départements, nous fournissent une observation très-curieuse : c'est qu'en 1790 la population était d'environ 28 millions et demi d'habitants, tandis que Necker n'en porte que 24 millions.

Plus tard, le Comité de salut public eut besoin de renseignements sur les quantités disponibles de fer, de salpêtre, de grains, etc. ; il envoyait à ses agents des ordres, avec ces formules : « Tu rempliras avec le plus grand soin..... tu es personnellement responsable. »

Vint ensuite une rédaction moins sinistre dans les circulaires ; mais c'est autre chose de faire une demande ou de recevoir la réponse.

En l'an VI, François de Neufchâteau avait invité les préfets à faire des études sur leur département.

Sous son ministère, Lucien Bonaparte établit un bureau de statistique, dirigé par M. Duquesnoy.

Sous le ministère de M. Chaptal, nouveau plan de statistique ; il y a une vingtaine de volumes curieux. On constate encore des lacunes.

En 1801, il y eut un premier dénombrement de la population, qui fut vivement critiqué et même révoqué en doute, par M. le baron Charles Dupin.

M. Legoyt a fait des recherches aux archives, et a trouvé les originaux envoyés par les préfets. En 1801, la population n'était plus que de 25 1/2 à 27 millions d'habitants ; il y avait donc une diminution de 1 million et demi depuis 1790, qu'il faut attribuer à la guerre et à l'émigration.

Ce recensement parut peu satisfaisant. Laplace prétendit qu'il avait été *faussé en moins*, et fit une contre-épreuve. Pour cela, il choisissait un certain nombre de communes, y faisait le dénombrement exact des mariages, naissances, décès ; et, après tous ses calculs, il est arrivé à des résultats presque analogues.

En 1804, il y eut un second dénombrement fait par l'Empire; les émigrés étaient rentrés : on trouva un accroissement de population de 1 million.

Pendant son administration, Chaptal fit faire une statistique pour la production industrielle. En quittant le ministère, il emporta tous les documents, qu'il publia dans un livre imprimé en 1816.

Viennent maintenant des renseignements d'un nouveau genre fournis par le gouvernement : ce sont les exposés de la situation de la République et de l'Empire; ils sont peu connus et présentent cependant une page d'histoire vivante.

Le premier exposé est de 1800; il est plus politique que statistique.

Le deuxième fut présenté au Corps législatif, le 31 décembre 1804.

Le troisième, présenté en 1808, exalte au plus haut point la politique impériale.

Le quatrième, du 12 décembre 1809, signale des progrès de tous côtés et s'occupe beaucoup des voies de communication.

Le dernier et le plus curieux de tous a été présenté au Corps législatif en 1813. La situation était critique, le ton change: on y est modeste, on atténue les revers; on est très-prudent à l'endroit des relations diplomatiques. On y trouve cependant vingt-quatre tableaux annexés, avec des documents très-étendus.

En 1814, l'exposé du royaume par la première Restauration montre le mal fait et développe ce qu'on a l'intention d'entreprendre pour améliorer la situation. On publie des tableaux des pertes matérielles éprouvées en 1812 et 1813.

L'Empire revient, il fait un nouvel exposé, qui est la contradiction du précédent. On répond aux accusations et on stigmatise les fautes de la Restauration.

Depuis 1816, on a présenté la statistique pour la révision; on mentionne la taille, les infirmités et autres causes qui influent sur les qualités du soldat.

La statistique criminelle a été commencée en 1823.

Enfin, nous avons les documents financiers. Nulle part on n'en trouve autant qu'en France. Cette justice nous a été rendue au Congrès de statistique tenu à Londres, en 1860.

Le premier document est le budget.

Le deuxième est le budget accompli, ou compte-rendu provisoire de l'exercice précédent.

Le troisième document financier est le compte-rendu des divers ministères.

On trouve des documents annexes pour la poste, les poudres et salpêtres, les tabacs, etc.

La France publie même des choses que les étrangers cachent : ainsi l'inventaire du matériel de la marine et du matériel de l'armée, où rien n'est dissimulé.

On publie la statistique de la justice civile et criminelle.

Le ministère de la marine publie celle des colonies au point de vue du commerce et de la population. Malheureusement, dans ce dernier document, on a confondu, depuis quelques années, les noirs et les blancs.

Le ministère de l'intérieur publie la statistique des établissements pénitentiaires.

Le ministère du commerce la statistique sur les douanes, sur les recettes des chemins de fer.

Après ces renseignements préliminaires, M. Legoyt arrive à la formation du service spécial dont il est chargé. On a établi, en 1833, un bureau de la statistique générale de France. Pourquoi ? L'idée principale et promotrice était de placer tous les renseignements sous la même influence On voulait unifier tous les services. On pensait qu'il n'était pas possible de faire de la statistique sans savoir ce qui se faisait ailleurs.

Cette pensée n'a été réalisée que d'une manière incomplète. Au bout de quelque temps, les différentes administrations ont retiré leur concours et le bureau s'est trouvé réduit à ses propres ressources ; mais il a redoublé d'efforts.

La statistique constate le mouvement annuel et quinquennal de la population.

Elle demande les naissances par sexe, par état civil, par mois ;

Un état spécial des enfants morts-nés, naturels reconnus, des mariages dans les villes, dans les campagnes, par mois, par état civil, indiquant l'âge des conjoints.

Ce renseignement a été demandé par M Legoyt. On y trouve un fait curieux, c'est que l'âge des conjoints va toujours en s'élevant. Il explique ainsi la diminution dans les naissances. Si cet état de choses continue, il y aura stationnement dans la population française, tandis qu'il y a augmentation chez nos voisins.

Les tables de *mortalité* donnent une mesure assez exacte des faits qui se sont accomplis ; elles sont influencées par la cherté des vivres, les guerres, les inquiétudes politiques, et d'une manière différente dans chacun de ces cas, à la ville ou à la campagne, ou bien encore suivant le sexe ou la profession.

En examinant les décès par âge, par sexe et par état civil, M. Legoyt a calculé 60 années de tables mortuaires par périodes quinquennales jusqu'en 1859 Il a reconnu que l'accroissement de la vie moyenne avait été continu, sauf pour la période de 1854 à 1859.

Si la France était isolée et n'avait aucune relation avec le reste du monde, le tableau des naissances comparé à celui des décès donnerait le mouvement de la population.

Il n'en est pas ainsi ; il faut donc, pour connaître le mouvement de la population, avoir recours aux dénombrements, opération qui se fait tous les cinq ans.

Les cultes (c'est le renseignement qui présente le plus de difficulté à obtenir). — En 1851, cette question a soulevé tant de *susceptibilités et de réclamations dans certaines provinces*, qu'en 1856 on a effacé de la liste l'enquête sur la religion de chaque individu. La tolérance religieuse ayant paru plus grande en 1861, on a redemandé ce renseignement qui a été fourni sans opposition.

L'origine par département. — Les Français le sont-ils d'origine, *ou par naturalisation?*

On demande : l'âge par sexe ;

Les professions (ce renseignement est difficile à obtenir) ;

La nature des infirmités ;

Le nombre des aliénés, des crétins, des idiots, des aveugles, des sourds-muets ;

Le nombre des maisons par étage, par couverture (paille, tuile, ardoise).

On demande : la statistique des hôpitaux, des crèches, de l'assistance publique ;

La consommation dans les villes, — octroi ;

Les salaires industriels ;

La statistique des finances, des communes, des libéralités aux établissements publics, des sinistrés (incendies, épizooties, grêle).

Toutes ces questions, qui rentrent dans la statistique administrative, sont faciles à résoudre ; mais ce qui présente le plus de difficulté, c'est la statistique agricole et industrielle.

La première surtout présente des difficultés insurmontables. Comment obtenir les surfaces ensemencées occupées par chaque nature de récolte ?

Puis les cultivateurs refusent de donner des renseignements exacts, dans la crainte de voir augmenter l'impôt.

Ensuite on ne trouve pas de comptabilité agricole dans les petites exploitations.

Enfin, le principe de l'enquête gratuite présente une énorme difficulté.

On compose cependant les commissions de statistique en prenant des propriétaires, des hommes instruits et éclairés, réunis sous la présidence du juge de paix du canton : on leur promet un titre éternel à la reconnaissance publique, on leur distribue quelquefois des médailles pour récompenser des travaux hors ligne. Rien de tout cela ne peut stimuler le zèle au point de produire un travail d'une valeur aussi exacte que celui qui serait fait par des hommes spéciaux.

Il y a donc des erreurs commises.

Mais ensuite il y a un contrôle établi au canton, un second

contrôle à l'arrondissement, un troisième pour le département; ce qui permet de croire que les grosses erreurs et surtout les faussetés sont exclues.

On doit attribuer à ce travail une valeur *minima* dans les appréciations.

La statistique industrielle paraissait plus facile à établir. Les hommes qui sont à la tête de l'industrie pouvaient fournir de meilleurs renseignements en raison de leur position sociale, de leurs lumières, de leur indépendance.

Diverses considérations vinrent encore mettre obstacle à la sincérité des réponses. La plupart virent s'élever devant eux l'impôt ou la diminution des droits de douane; ils s'offusquèrent de voir l'État s'immiscer dans leurs affaires particulières et ne répondirent pas; d'autres, par vanité, donnèrent des chiffres exagérés.

Le bureau central de statistique n'a pas reculé devant ces difficultés qui, dans l'enquête de 1850, avaient amené de grandes erreurs.

En 1861, malgré les embarras causés par les nouveaux tarifs, l'enquête a donné des résultats qui sont dignes d'attention.

Le Gouvernement a un élément de contrôle pour vérifier la déclaration des industriels. Pour l'établissement des patentes, les contrôleurs des contributions directes visitent les fabriques, prennent note des machines, des matières en magasin, en un mot, de tout ce qui peut amener la vérité dans la base de l'impôt.

Les études de statistique ont reçu des encouragements de diverses manières: par des prix Monthyon, par des récompenses distribuées dans plusieurs Sociétés d'agriculture, par l'établissement d'une Société de statistique à Paris.

A Londres, en 1851, des savants manifestèrent le regret qu'on ne puisse s'entendre sur la direction à donner aux études statistiques, et formèrent le vœu qu'on établit une conférence de cette nature qui se réunirait dans divers pays de l'Europe.

Le gouvernement belge prit l'initiative et organisa, en septembre 1852, à Bruxelles, une réunion des délégués des différentes puissances.

Le second Congrès de statistique eut lieu à Paris, en 1855, sous la présidence de M. Rouher. On y adopta le plan d'un programme général.

Le troisième se tint à Vienne, en 1857;

Le quatrième à Londres, en 1860.

Le cinquième se tiendra à Berlin, en septembre 1863.

A la fin du XVIIIe. siècle, le Gouvernement ne publiait rien; pour combler cette lacune, on vit surgir trente-cinq statistiques particulières qui toutes étaient plus ou moins conjecturales.

Aujourd'hui la statistique privée n'a plus sa raison d'être en présence de l'immense quantité de faits réunis par l'administration : elle doit se contenter de grouper les faits au moyen de compilations. Un travail de ce genre, bien élaboré, peut être très-utile; mais aussi des compilateurs non consciencieux sont de vrais fléaux pour la statistique. (*Applaudissements.*)

M. le comte de Vigneral rappelle l'existence de la Société de statistique universelle fondée en 1829, inscrite sans interruption, depuis cette époque jusqu'en 1863, dans l'*Almanach impérial*, et qui possède plus de six mille adhésions autographiques des personnages les plus illustres de notre siècle. Ses publications ne se sont point ralenties, et, dans la mesure de ses forces, elle aide de son activité incessante à la manifestation de l'utilité incontestable de la science de la statistique (1).

M. Du Chatellier remercie M. Legoyt des détails si pleins d'intérêt qu'il vient de donner au Congrès. Il aurait cependant encore quelques observations à faire. Il se demande si l'envoi, dans toutes les communes de l'Empire, de tableaux préparés d'avance ne doit pas nuire à la connaissance de tous les renseignements qui pourraient être fournis. Ne se passe-t-il pas,

(1) La Société de statistique universelle se réunit rue Louis-le-Grand, 21. Son président honoraire est M. le vicomte de Barral, et son président titulaire actuel M. Doumet, membre du Corps législatif.

dans certaines localités, des faits qu'il serait très-utile de porter à la connaissance de l'administration et qui ne sont mentionnés nulle part, parce qu'ils ne rentrent pas dans le cadre du tableau général?

Il reconnaît que tous les renseignements devant être mis à la disposition des services publics, les industriels ne les fournissent qu'avec répugnance, craignant des surélevations de taxes.

Il voit, d'un autre côté, que le public est obligé d'accepter sans contrôle les renseignements concentrés et fournis par l'État; tandis qu'aux États-Unis on trouve un petit livre de recensement décennal fait avec des renseignements puisés à toutes les sources et complétés par des voyages. Ce livre renferme des documents précieux.

M. Baudot rappelle que M. Legoyt avait annoncé que la vie moyenne augmentait; il lui demande comment on doit compter cette vie moyenne.

M. Legoyt répond qu'il y a deux méthodes : 1°. celle de de Parcieu, qui consiste à prendre des individus à leur naissance et à les suivre jusqu'à leur mort; 2°. celle de Halley, qui considère mille naissances, ce qui suppose la population stationnaire, c'est-à-dire le nombre des décès semblable à celui des naissances. On obtient ainsi des résultats trop faibles.

Pour établir les tables mortuaires, on a pris la vie moyenne des décédés et on a calculé 12 tables de mortalité pour chaque sexe, soit à Paris, dans une grande ville, dans une petite ville ou à la campagne.

M. de Caumont et M. le Président remercient de nouveau M. Legoyt de tous les développements par lesquels il a éclairé le Congrès sur l'état des études statistiques en France.

La séance est levée à 3 heures 1/2.

Le Secrétaire,

G. DESVAUX-SAVOURÉ.

Délégué du Comice de Vendôme.

SÉANCE DE LA SOCIÉTÉ FRANÇAISE ET DE LA SECTION D'ARCHÉOLOGIE DU CONGRÈS,

Le 25 mars 1863.

Présidence de M. le comte DE MONTALEMBERT.

La Société française d'archéologie avait convoqué, pour le 25 avril, sa séance annuelle à Paris, laquelle a remplacé la séance du Congrès.

Siégent au bureau : MM. DE CAUMONT, DE VERNEILH, le duc DE MIREPOIX, D'ERCEVILLE, PARKER, d'Oxford ; le baron DE TRONCENORD, de la Marne.

M. le comte D'HÉRICOURT remplit les fonctions de secrétaire.

M. d'Héricourt dépose sur le bureau les ouvrages suivants :

1°. *La vérité sur la décentralisation*, par M. de Boyer de Sainte-Suzanne ;

2°. *Essai sur l'état de l'agriculture dans le département de la Seine-Inférieure, en* 1860, par M. Morière, professeur d'agriculture pour les départements de la Seine-Inférieure, du Calvados et de l'Eure, et M. Fauchet, président de la Société centrale d'agriculture de la Seine-Inférieure ;

3°. *Lettres inédites du général Dumouriez et du capitaine de vaisseau La Couldre de La Bretonnière, au sujet du port de Cherbourg*, publiées par M. C. Hippeau.

Il est donné lecture du rapport suivant, de M. Ch. Des Moulins, de Bordeaux, sur l'état des études archéologiques dans le Sud-Ouest :

RAPPORT DE M. DES MOULINS.

MONSIEUR LE DIRECTEUR,

Mon Rapport annuel, pour 1862, ne vous entretiendra que des monuments en construction ou en réparation dans la capitale du Sud-Ouest ; ce sont les seuls dont il est opportun de vous parler, car vous étiez à Bordeaux en 1861, entouré d'un grand nombre de membres de la Société française et de notre Institut des provinces, et vous avez revu avec eux les édifices que vous connaissiez déjà si bien, et que votre infatigable activité prend soin de replacer, à divers intervalles et pour toute la France, sous les yeux des absents dans vos précieux *Rapports verbaux*. Vous tenez donc en haleine l'intérêt et la mémoire des gardiens vigilants sans doute, mais trop souvent impuissants, à qui vous avez confié le soin de protéger le dernier souffle de vie de ces pauvres mourants, qu'on a tant de hâte d'*achever !*

D'*achever*, dis-je, et malgré quelques bonnes exceptions, je ne retire pas le mot. Il y a plusieurs synonymes, qui sont plus souvent en circulation que lui-même : *réparer*, *agrandir*, *embellir*, RESTAURER surtout !

Parmi les bonnes exceptions, je place en première ligne la tour St.-Michel de Bordeaux. Il est évident que le vœu public, dans notre ville, est favorable à la réédification *complète* de ce vieux témoin de nos discordes civiles, de cette sorte de personnification lapidaire de notre cité du moyen-âge. Cela étant, et la Société française d'archéologie ayant dû restreindre son vote à la spécialité de ses fonctions, les archéologues n'ont pu que reconnaître qu'une simple restauration des parties endommagées de la vieille tour serait impuissante à lui donner la force de supporter la flèche nouvelle. Une restauration plus radicale, un rajeunissement plus complet de sa vigueur première étaient désormais indispensables, et M. Abadie y a pourvu avec le talent éminent dont il a donné des preuves si multipliées. Il s'est engagé à conserver tout ce qui, de la vieille tour, pouvait être conservé avec sécurité, et il a tenu parole. Il n'a point *démonté* le vénérable monument, dont l'individualité par conséquent n'a pas été brisée. Il a laissé à chacune des vieilles pierres la teinte que les ans lui avaient donnée, et il est à désirer que cette bigarrure (qui d'ailleurs ne saurait se maintenir même pendant un siècle), soit respectée. Il a fouillé hardiment dans les bases de la tour, et a rejeté au dehors la majeure partie de leur masse apparente, laissant le colosse tout entier reposer sur les piliers qui forment sa charpente. Cette hardiesse produit en ce moment l'effet le plus saisissant : l'air et le jour circulent librement à travers ces bases, comme entre les jambes du colosse de Rhodes, dont M. César Daly nous parlait si magnifiquement au Congrès de Bordeaux. Mais cet effet ne sera pas permanent ; la réalité demeurera la même, mais l'apparence sera modifiée et deviendra, si j'ose le dire, plus rassurante quand les arceaux actuellement vides seront bouchés par des vitraux de couleur entourant la chapelle funéraire qui, au rez-de-chaussée, surmontera le célèbre caveau.

Lors de la réunion du Congrès, en 1861, les réparations de l'église paroissiale de St.-Michel étaient commencées, et elles viennent d'atteindre leur terme. Elles sont d'une importance telle, que la basilique devra recevoir une nouvelle consécration, qui lui sera donnée, le 20 mai prochain, par S. Em. Mgr. le cardinal-archevêque, entouré des évêques comprovinciaux. Vous savez, Monsieur le Directeur, que les piliers de l'édifice inspiraient depuis long-temps de graves inquiétudes que n'avaient pas calmées quelques reconstructions partielles, que légitimaient, au contraire, les évidements énormes qu'on avait récemment pratiqués sous le chœur et le sanctuaire, pour l'installation d'une sacristie semi-souterraine et de ses dépendances. On s'est enfin décidé à déposer la voûte et la charpente du chœur et du transept, et à en refaire à neuf toutes les piles, en leur donnant un diamètre plus considérable. Il n'est donc resté d'ancien que la totalité des murs et des fenêtres ; tout le reste est neuf et a été reproduit fidèlement, exactement, avec habileté et avec une réussite complète, par M. Burguet, architecte de la ville. — Tous les chapiteaux des colonnes se trouvaient inutiles pour la reconstruction, puisque le diamètre des colonnes était augmenté ; mais ils ont été conservés et soumis à l'examen d'une Commission composée de trois membres de l'Académie (MM. Jules Delpit, Léo Drouyn et Charles Des Moulins), et présidée par le maire, afin que cette Commission jugeât quelles pièces doivent être conservées au

Musée de la ville, et quelles autres peuvent, sans aucun dommage pour l'art ou l'archéologie, être mises au rebut. Le triage a été fait et les pieces ont été marquées. La Commission a pu constater que la reproduction proportionnelle des sculptures a été exécutée avec beaucoup de soin, il n'y aura de différences, dans leur aspect comparé, que celles qui proviennent des perfectionnements de la main-d'œuvre moderne, mise en regard de celle des deux ou trois derniers siècles du moyen-âge; et les têtes des piles étant portées à une grande hauteur, cette physionomie moderne du *faire* de nos artistes sera en grande partie effacée. En somme, cette restauration *inévitable* est parfaitement exécutée.

A l'abbatiale St^e^.-Croix de Bordeaux, vous le savez, Monsieur le Directeur, les projets étaient tout aussi sobres, et n'ayant pas à s'immiscer dans la question du clocher qu'on juxta-pose simplement à l'église, le Conseil d'administration de la Société française d'archéologie a approuvé ces projets, sauf quelques réserves de détail, et a consacré par son vote le rejointoiement des pierres de la façade. — Il paraît qu'on est maintenant tenté de modifier ces projets, et d'échanger la sobriété de la consolidation contre l'obéissance à la mode, — je veux dire contre le luxe d'une restauration complète, d'un achèvement de l'*idéal* de l'édifice. La question est pendante devant le Conseil municipal. Il est, en cela, souverain (après l'*argent*, toutefois); mais celui-ci, dans ce siècle, ne manque jamais pour le culte de la mode. Que décideront nos édiles? Je l'ignore. Que feraient les protestations de l archéologie? Je le sais..... Elles seraient inutiles. — Le nouveau projet, dont je n'ai point connaissance, — mais je le tiens de bonne et sûre source, — est admirable de richesse, d'élégance et de grâce. Je n'en suis pas surpris, car je connais St.-Martial d'Angoulême, et l'église neuve qui s'achève en ce moment à Bergerac; mais notre vieille abbatiale St^e^.-Croix, ne conservant presque plus rien de son ancienne irrégularité de formes et changeant complètement de physionomie, où serait-elle désormais?.,... L'évidence matérielle du talent ne saurait voiler l'évidence morale de la vérité, et la voix sévère de l'archéologie devrait toujours faire retentir ce verdict : « Vous « avez ACHEVÉ l'abbatiale de Ste.-Croix. »

La tour de Pey-Berland va recevoir à son sommet une statue colossale, en cuivre repoussé, de la Sainte-Vierge (un peu plus de 6 mètres). Cette statue a figuré, l'an passé, à l'Exposition universelle de Londres. Aujourd'hui même, au moment où je trace ces lignes, on la hisse au faîte du monument, bien qu'elle ne doive être inaugurée que le 19 mai. L'*idée* que réalisera l'installation de cette statue est bonne, salutaire, poétique, excellente en un mot ; c'est un hommage rendu à la Mère de Dieu, à la protectrice puissante et spéciale de la France ; mais, dans les conditions réalisées, l'effet monumental, artistique, sera-t-il heureux ? On en doute. La flèche de la tour Pey-Berland était robuste et *courtement conique ;* le projet primitif consistait à *la reproduire servilement*, à la tronquer près du sommet de sa pyramide, et à constituer la pointe de celle-ci au moyen de la statue dont les parties saillantes, *avalées par l'air*, à cette grande hauteur, eussent laissé à l'amortissement de la tour l'apparence amincie, effilée, que comporte l'idée d'une *pyramide ;* c'eût été mieux, ce semble. Mais ici encore on a changé de projet, et à cette base robuste, énergique, qui devait rendre plus léger le colosse de cuivre, on a substitué un maigre pédicule de champignon, surmonté de son chapeau, un piédouche grêle qui aura pour effet, — on le craint du moins, — d'isoler la masse terminale, à peu près comme les lourdes boules dorées de St.-Michel-des-Lions et St.-Pierre-du-Queyroix, à Limoges.

Il y a une église à bâtir, à Bordeaux, pour la nouvelle paroisse St.-Ferdinand. La précédente administration municipale la voulait *grecque*, jugeant sans doute trop *suranné, pour notre époque*, un modèle d'église catholique choisi entre le XIe. et le XVe. siècle de l'ère chrétienne, et trouvant plus d'actualité dans l'emploi du style païen, tel qu'il florissait quelques siècles *avant J.-C.* Chacun a son goût, heureusement ; et la nouvelle édilité n'a pas adopté cette idee. Elle veut un édifice *moyen-âge :* M. Abadie a proposé un plan *roman ;* on ne peut rien désirer de mieux que son adoption.

L'ancienne église des Petits-Carmes-des-Chartrons, aujourd'hui paroisse St.-Louis, qui date de la fin du XVIIe. siècle (1671), est trop petite pour la paroisse et menace ruine; sa façade est *décollée* et penche en surplomb sur la rue. Il faut reconstruire tout l'édifice, et cette paroisse, riche et zélée, veut une église *gothique*, afin de multiplier les soutiens si nécessaires dans un sol marécageux et impropre par lui-même à supporter de lourdes masses. Les projets de reconstruction sont à l'étude.

L'église paroissiale St.-Pierre, l'une des plus anciennes de Bordeaux (car sa crypte primitive était déjà bouchée et inaccessible du temps de Grégoire de Tours); l'église St.-Pierre, dis-je, qui possède le sanctuaire le plus ajouré, le plus élégant qu'il y ait dans notre ville, va être détruite. Le territoire de la paroisse ne peut nullement s'étendre, puisqu'il est resserré entre le fleuve et les autres circonscriptions paroissiales, et, par conséquent, il paraît difficile que la population y reçoive un accroissement considérable. Mais n'importe, on affirme que l'église est trop petite et trop proche d'une ruine complète pour qu'on puisse la réparer. J'ai honte de nommer le genre d'édifice par lequel on paraît avoir le projet de remplacer cette demeure du Dieu de majesté! les piles gothiques prennent trop de place et empêchent d'y voir, comme des piliers de pierre amoindriraient ce qu'on peut faire entrer de colis dans une gare....... On parle d'une église *en fer!!!* et les Bordelais vont déjà pouvoir s'habituer à voir un temple en costume de halle; car les RR. PP. Dominicains font bâtir, à l'autre bout de la ville, une chapelle dont les colonnes sortent de la fonderie....... Un temps viendra où l'archéologie sera effacée du nombre des sciences! C'est en vain, Monsieur le Directeur général, que vous l'aurez ressuscitée : le siècle veut la condamner à mourir encore et à mourir pour toujours.

Les réparations de l'Hôtel-de-Ville, incendié le 12 juillet dernier, ne sont pas commencées. Mais rassurez-vous; il n'y aura pas de fer : on veut une restauration plus magnifique que l'état primitif.

Le Conseil municipal, en dépit de l'avis unanime de la Commission départementale des monuments, en dépit d'un avis contraire exprimé par l'Académie, en dépit, enfin, d'une opposition qu'on dit assez forte de l'opinion publique, a décidé que le Musée des tableaux et celui des antiques occuperaient, avec les écoles de dessin et de peinture, les flancs nord et sud du jardin de l'Hôtel-de-Ville. J'ose à peine vous dire que, parmi les hommes d'étude à Bordeaux, je suis à peu près le seul convaincu que le Conseil municipal a raison; — que cette annexion du musée et des écoles à la maison de ville est convenable et de bon goût; — qu'elle complètera, sans la dégrader, la beauté du palais construit par l'archevêque prince de Rohan; — qu'elle offrira aux finances de la ville une désirable économie sur la construction à nouveau d'un musée qu'on trouvera toujours mesquin, si l'on n'y déploie pas un luxe insensé; — et qu'enfin, si ce projet ne peut manquer d'enlever quelque chose de ses agréments, quelques arbres fort beaux et assurément regrettables, quelques mètres cubes d'air au jardin du palais municipal, il ne le réduira pourtant pas à n'être qu'une CRAPAUDIÈRE.

Ce mot, que j'ose placer dans mon Rapport, parce qu'il a eu les honneurs du procès-verbal de plusieurs séances de notre édilité, a eu aussi les honneurs d'un succès immense. *Les mots*, adroitement placés par un homme d'esprit, ont en France une puissance incalculable sur l'opinion publique, et je crois que celui-ci *a fait* l'opinion qui semble en ce moment dominante à Bordeaux. L'académicien, le conseiller municipal, l'homme éminent qui l'a prononcé, n'a pourtant pas réussi à convaincre la majorité de ses collègues. Du fond de mon humble isolement, j'ose avouer que je m'en réjouis; mais à cette condition qu'on s'en tiendra à la sobriété du projet adopté *en principe* par le Conseil municipal; que le jardin sera fermé à l'ouest par une colonnade essorée comme celle qui borne la cour d'honneur à l'est, et qu'on subordonnera les constructions latérales au noyau primitif du monument, en les maintenant dans un parfait accord de style avec lui, de façon à laisser à celui-ci toute son importance et la juste suprématie qui lui revient sur ses dépendances (*Applaudissements*).

M. de Verneilh expose que souvent les architectes, au lieu de chercher à conserver, détruisent ; quelquefois ils sont assez heureux pour s'inspirer du style de l'église ; mais souvent, selon l'expression du sous-directeur de l'Institut des provinces, on restaure en *rebâtissant*. Il serait regrettable qu'il en fût ainsi de l'église de St.-Croix de Bordeaux.

M. de Caumont voudrait qu'une enquête sérieuse fût faite par les délégués des Sociétés savantes, et que le Congrès pût ainsi apprécier les grandes restaurations, leur importance et l'intelligence avec laquelle elles sont faites : il se rendrait ainsi compte du mouvement archéologique.

Pour répondre au désir exprimé par M. le Directeur, M. le comte d'Héricourt passera rapidement en revue les restaurations faites à Arras. L'Hôtel-de-Ville date du XVe. siècle ; une partie est de la Renaissance ; il fallait donner plus de développement à cet édifice, établir des bureaux, en un mot, le mettre en rapport avec les besoins de l'administration actuelle. L'architecte n'a point eu la prétention de créer, il s'est inspiré des monuments de la même époque, et l'Hôtel-de-Ville d'Arras complété restera homogène ; bien plus, ce monument avait subi des mutilations : on avait notamment enlevé la crête du toit ; les baies avaient disparu, et l'édifice avait perdu son cachet. Ces diverses parties ont été rétablies aux applaudissements des archéologues.

Les membres de la Société française d'archéologie ont accordé, il y a quelques années, une médaille à un jeune architecte qui avait élevé, dans le couvent des dames Bénédictines d'Arras, une délicieuse chapelle en style ogival Depuis lors, ses travaux ont pris une grande importance : sans mentionner les nombreuses chapelles qu'il a élevées dans le diocèse d'Arras, on peut parler de Valenciennes, et notamment de celle construite à Genève, en présence de ce beau lac, et sur les murs détruits des remparts protestants.

La ville d'Arras était célèbre par sa belle cathédrale gothique, détruite au moment où toutes les agitations avaient cessé ; on remarquait également, sur l'une des places, une élégante chapelle qui maintes fois a justement appelé l'attention des archéologues. Une pieuse tradition rapporte qu'au XIe. siècle, la Vierge, touchée des prières de l'évêque Lambert, de la piété des habitants, apporta un cierge ; quelques gouttes de cire, mêlées avec de l'eau, donnaient la guérison aux nombreux malades atteints par une de ces pestes si communes à cette époque, connue sous le nom de *Mal des Ardents*. Une congrégation se forma ; elle compta, dès le début, les noms les plus illustres de la province. La comtesse Mahaut d'Artois la protégea ; elle fit élever, dans le style élégant du XIIIe. siècle, une chapelle qui était, selon la poétique expression de M. Didron, un véritable cierge de pierre. Cette chapelle fut détruite lors de la tourmente révolutionnaire : les dames Ursulines d'Arras eurent la pensée de la rétablir. M. Grigny prêta son concours, et bientôt la ville d'Arras retrouvera, dans ses murs, ce magnifique témoin de la piété de ses habitants

Dans un autre quartier, où l'air circulait à peine, habité par la classe ouvrière, on a élevé une église romane inspirée par l'étude du XIIe. siècle. C'est encore M. Grigny qui dirige les travaux ; espérons que cet exemple sera suivi par d'autres villes, et qu'au lieu de temples néo-grecs, nous verrons partout des églises où l'on retrouvera tous les caractères de cette architecture religieuse, que l'on pourrait appeler la gloire de l'art français.

M. le comte de Mellet appelle l'attention des membres présents sur la restauration du plain-chant, et de la véritable musique d'église ; il signale, notamment, les efforts tentés dans ce but par M. d'Ortigues, et dépose sur le bureau quelques exemplaires d'une nouvelle *Revue* consacrée à la musique religieuse. Il donne lecture de la lettre suivante, qui lui a été adressée :

« MONSIEUR LE COMTE DE MELLET,

« La gracieuse démarche que vous avez faite auprès de

« M. d'Ortigues a donné lieu à une correspondance et à des « pourparlers entre quelques-uns des membres du Bureau de « la Société permanente pour la restauration du plain-chant et « de la musique d'église, afin de mettre à profit votre obligeante « proposition.

« Malheureusement, M. l'abbé Pelletier, notre président, « n'est pas à Paris, et M. d'Ortigues, notre vice-président est « surchargé de travail à un tel point, qu'il lui a été impossible « d'accepter la mission de délégué.

« Les membres les plus éminents de la Société se trouvaient « aussi absents.

« Je n'ai reçu que tardivement le recueil des travaux du « notre Congrès, je ne l'ai reçu qu'au moment où se terminait « la session du Congrès des Sociétés savantes; enfin, ce n'est « qu'hier soir que j'ai appris que vous tenez encore séance « aujourd'hui.

« Je m'empresse, Monsieur le comte, de réparer autant qu'il « est possible ces malentendus, en vous adressant :

« 1°. La partie déjà publiée des travaux de notre Congrès;

« 2°. La circulaire relative à la formation de la Société per- « manente pour la continuation de l'œuvre commencée en « novembre 1860;

« 3°. Le compte-rendu de la séance dans laquelle cette Société « a été organisée.

« Chacun de ces documents est en double exemplaire.

« M. l'abbé Pelletier, notre président, m'a chargé de vous « prier de vouloir bien faire agréer au Congrès des Sociétés sa- « vantes l'hommage de ces publications.

« F. CALLA. »

M. le comte de Montalembert remercie M. de Mellet, de cette communication, et exprime le désir que cette nouvelle institution tienne toutes les promesses de son programme. On ne verrait plus alors de ces messes prétendues religieuses, chantées par des artistes de l'Opéra, et qui n'éveillent aucun sentiment religieux ; c'est un concert, où l'on admire de belles voix, mais dont la musique se prête mal à traduire le sentiment de la prière.

M. Simian donne lecture d'un travail sur les cités lacustres : ce travail sera imprimé dans le *Bulletin monumental* de la Société française d'archéologie.

Cette lecture est suivie d'une improvisation de M. Dorvault, délégué de la Société des arts et d'archéologie de Saintes, que nous croyons pouvoir résumer ainsi :

« J'ai l'honneur de porter à la connaissance du Congrès une nouvelle qui sera, je n'en doute pas, accueillie avec intérêt par les amateurs d'antiquités romaines et par les archéologues. Saintes possède un amphithéâtre connu sous le nom d'*Arènes de Saintes*, qui ne le cède que de quelques mètres en superficie au Colysée de Rome. Mais ce monument, enfoui sous des jardins, des prés et même des maisons d'habitation, ne se présente pas aux yeux avec sa majestueuse importance. C'est donc avec plaisir que je fais connaître que la municipalité de Saintes, avec un empressement dont les amis des monuments historiques doivent lui savoir gré, vient, il y a huit jours, de réunir les diverses personnes dont les propriétés encombraient les arènes et d'être assez heureuse pour traiter amiablement de leur expropriation pour la somme de 15,000 fr. Deux propriétaires, mais dont les immeubles ont fort peu d'importance, ont cependant refusé les offres. Ils vont être expropriés pour cause d'utilité publique, et sous quelque temps, comme Nîmes, comme Arles et comme Rome, Saintes aura ses arènes à présenter aux voyageurs et aux antiquaires. »

M. le comte de Montalembert appelle de nouveau l'attention sur une magnifique tapisserie allemande qui existe dans l'église de Konigshitter. Cette tapisserie a été l'objet d'une étude faite par les érudits de l'Allemagne. Les dieux de la fable se trouvent mêlés à des scènes religieuses ; il serait bon que cette tapisserie fût étudiée par un archéologue français. M. le Président a également appelé l'attention de ses collègues sur l'achèvement de la cathédrale de Cologne ; on sait que cette église, que l'on termine dans ce moment, est un des monuments les plus importants de l'Allemagne. Depuis sa restauration, il paraît à l'orateur offrir moins d'intérêt; la cathédrale de Lincoln, entourée de jardins, pourrait presque lui paraître supérieure. Une question, que l'on pourrait traiter, serait donc celle-ci: Est-il utile d'isoler les cathédrales? L'architecte qui les a élevées avait un but: dans sa pensée, elles dominaient les maisons voisines; on les voyait de tous les points de la ville, grandes et majestueuses, et le regard comme la prière s'élevait vers elles. La restauration de la métropole de Cologne lui a enlevé ce prestige, et, pour ne parler que de Paris, Notre-Dame est-elle aussi grande, aussi majestueuse depuis qu'elle est isolée? L'orateur signale encore la cathédrale de Metz. On a fait disparaître les constructions qui se trouvaient autour de cet édifice; on aperçoit maintenant les chapelles latérales, et certes l'architecture n'y a point gagné.

En terminant son éloquente improvisation, M. le comte de Montalembert appelle l'attention des membres du Congrès sur divers édifices du XIIe. siècle, qui auraient un grand intérêt pour l'archéologue. Il y a sur les bords de la Baltique, en remontant la Vistule et l'Oder, d'intéressantes études à faire. St[e].-Marie de Lubeck n'est peut-être pas assez connue; elle a conservé toute son élégance et sa parure du moyen-âge.

M. de Verneilh trouve que si la cathédrale de Cologne, malgré ses restaurations, ne présente pas un aspect aussi satisfaisant que l'espéraient les archéologues, c'est que la façade n'est point encore faite. Les grandes lignes manquent d'ailleurs; Cologne est surtout un édifice à étudier. On n'y trouve point ces statues qui ornent et garnissent nos églises françaises. Peut-être en est-il de même en Angleterre où l'on ne rencontre point de chaises, où les bancs sont symétriquement rangés; mais, du moins, quand vous entrez dans ces édifices, vous êtes disposé au recueillement par les arbres, la verdure, le parc qui les précèdent.

M. de Montalembert reproche à la cathédrale de Cologne d'être trop courte; il n'aime point l'isolement des cathédrales anglaises; car il croit que la beauté de l'édifice est encore relevée par la comparaison avec les maisons voisines: la maison du Seigneur ne doit point être une pyramide élevée dans le désert. Certes, l'orateur n'est point le défenseur du style qu'on a employé pour l'Hôtel-Dieu ; mais il craint qu'au moment où cette construction sera enlevée, la métropole ne paraisse moins grande, moins monumentale.

M. Parker signale une église anglaise, appartenant à la fin du XVe. siècle, qui a conservé son cachet primitif: on retrouve, servant pour ainsi dire de couronne au monument, les maisons canoniales, et l'on voudrait croire que l'oubli s'est fait autour de ces constructions.

M. de Verneilh appelle l'attention sur les villes fermées. C'est ainsi qu'à Lincoln on retrouve quatre parties : la métropole, le château ; le reste de la ville, qui est double, contenait des habitations particulières.

M. Legoyt trouve que l'on ne s'occupe pas assez des proportions. Si, en son isolement, l'église Notre-Dame perd de sa grandeur, c'est que ce monument est tronqué; dans l'intérieur, des différences paraissent par suite de l'ornementation. Il ne faut point oublier que de nombreuses inondations ont nécessité l'exhaussement, et que, notamment, un arrêté du Parlement de 1507 a prescrit l'obligation d'élever de 8 pieds toutes les rues qui se trouvent à côté de la métropole. Les recherches faites ont démontré que ces travaux avaient été exécutés ; il en est de même à Ravenne, dont les colonnes ont plus d'un mètre de terre au-dessus de leur base.

Si l'église de St[e].-Clotilde n'a point réalisé l'espoir des archéologues, c'est qu'ici encore on s'est trouvé en présence d'une question d'argent : on n'a pu donner aux flèches la hauteur nécessaire. L'église, de cette manière, se trouve écrasée.

M. de Montalembert appelle de nouveau l'attention sur les églises placées sur les rives de l'Oder et de la Vistule. Presque toutes sont construites en briques. L'orateur signale notamment l'église de St[e].-Marie de Lubeck. Les protestants qui n'étaient point iconoclastes, ont laissé réparer l'intérieur ; il en est de même de Nuremberg et de Dantzig, qui a une admirable collection de tableaux. C'est là surtout qu'on pourrait étudier le véritable art chrétien, mais on a négligé l'ornementation intérieure ; il en est de même à l'église St^{e}.-Élisabeth de Breslau.

L'orateur signale encore l'église de Marienbourg, de cette ville qui fut la capitale de l'Ordre teutonique. Ce monument vient d'être restauré par le roi de Prusse ; partout la brique y domine. Ne serait-il point utile d'étudier les effets qu'en pourrait tirer l'architecte, et de décrire tous les monuments où la brique est principalement employée ?

M. le comte d'Héricourt répond que, dans le nord de la France, il existe un grand nombre de monuments en brique. Ceci s'explique par la friabilité de la pierre, qui se réduit en poussière après un hiver rigoureux. Il signale un travail de M. Grigny sur l'emploi de la brique, et en recommande l'usage aux architectes. La brique, en effet, coûte meilleur marché que la pierre, et le talent de l'artiste peut en tirer des effets satisfaisants ; elle ne redoute point l'action des saisons. Ainsi, elle réalise le triple problème de l'économie, de la solidité et du bon marché ; mais il ne faut point se faire illusion : les monuments construits en brique n'auront jamais l'élégance de ceux construits avec la pierre. Il est un style qui chaque jour s'accrédite, parce qu'il est religieux ; c'est le style gothique du XIIe. siècle ; lorsque les monuments religieux avaient, avant tout, un caractère essentiellement monastique, lorsque les voûtes étaient en plein-cintre, on aurait pu employer la brique. Il existe, en effet, dans le nord de la France, des monuments qui ont été construits d'après ce modèle et que l'on pourrait citer. Fréquemment il arrive que les habitants ne sont point assez riches pour mener à bonne fin les œuvres qu'inspirent leurs sentiments religieux ; on s'adresse au Gouvernement, on sollicite des secours, mais le Gouvernement lui-même est impuissant à satisfaire à toutes les demandes. L'église en brique, par la raison qu'elle coûte moins cher, qu'elle s'élève plus rapidement, doit donc être spécialement recommandée.

M. de Verneilh dit qu'en Allemagne les églises en brique se rencontrent fréquemment ; il y a, en effet, des régions où la pierre est si rare qu'on n'y rencontre même point le moëllon. La brique cependant n'est point disgracieuse; s'il est vrai qu'elle se refuse à la sculpture, il ne faut point oublier que la France a plusieurs grands monuments en brique: pour ne parler que du Midi, on peut citer la cathédrale de St.-Séverin, l'église des Jacobins de Toulouse, la métropole d'Alby. Cependant, il faut reconnaître qu'aucune de ces églises n'a la magnificence, ni la beauté des monuments en brique construits en Allemagne.

Aucun orateur ne demandant la parole, la discussion est fermée.

M. Victor Robert, président des l'Union des Poètes, donne lecture d'une pièce de vers qui est vivement applaudie.

M. de Caumont, avant de clore la session du Congrès, remercie les membres qui y ont pris part. Il adresse des félicitations à M. Challe qui, depuis plusieurs années, a présidé avec un remarquable talent la commission chargée d'entendre les rapports des délégués, et s'est chargé de la rédaction du rapport général sur les travaux publiés en province. Il cite encore les noms de MM. Du Chatellier, Simian et celui des autres secrétaires de la session qui se termine et qui ont rivalisé de zèle dans la rédaction des procès-verbaux. De nombreux applaudissements accueillent cette improvisation, après laquelle M. le Président déclare que la session de 1863 est close.

Le Secrétaire,

Cte. Achmet d'Héricourt.

SÉANCE SUPPLÉMENTAIRE DU 26 MARS.

Présidence de M. de Bouis.

L'ordre du jour appelle la lecture de quatre procès-verbaux. MM. Calemard de Lafayette, Desvaux-Savouré, et P. Simian sont les auteurs de ces procès-verbaux, qui sont adoptés par le Congrès. M. Du Chatellier fait quelques observations sur la statistique. Suivant lui, les statistiques générales ne sont pas toujours exactes : il croit que les savants des départements pourraient faire mieux que l'État, surtout en matière de statistique locale. La population du département du Finistère, ajoute-t-il, augmente rapidement. D'où cela vient-il ? — Voilà un fait qui ne peut être bien étudié que sur place. — D'un autre côté, quand un gouvernement est dominé par des idées particulières, la statistique officielle devient entre ses mains un instrument de pouvoir.

M. Destourbet pense que chacun des membres de l'Institut des provinces de France pourrait se charger de faire la statistique d'un certain nombre de communes.

M. d'Héricourt n'est pas du même avis. Il ne veut pas que toutes les Sociétés savantes de France soient soumises à un même programme, sorti de la rue de Grenelle-St.-Germain ; mais il soutient que la centralisation est chose excellente en statistique. Suivant cet orateur, les commissions cantonales vérifient les travaux des maires, qui sont également examinés par les conseils d'arrondissement et revus par les conseils généraux. Il y a là des éléments d'exactitude, qu'un particulier ne pourra jamais réunir. Il est impossible, d'ailleurs, de discuter les chiffres officiels, parce qu'on ne peut pas se livrer à des enquêtes pour les contrôler.

M. Destourbet rappelle au Congrès qu'il s'est beaucoup occupé de la statistique du département de la Côte-d'Or. Il a pu constater, pendant le cours de ses travaux, que les employés de la Préfecture ne connaissaient pas même le nombre des usines du pays. Un simple particulier peut, d'après lui, obtenir beaucoup plus de renseignements que les commissaires choisis par l'État.

M. de Caumont, directeur-général, craint que certaines personnes ne s'abusent sur la valeur des statistiques locales. Elles sont généralement mal faites. L'éminent orateur pense néanmoins que les comices agricoles peuvent fournir des documents précieux à l'administration. Il ajoute que les commissions cantonales n'ont pas l'importance qu'on leur attribue et qu'elles commettent partout de nombreuses erreurs.

M. Hallez-d'Arros dit qu'il s'occupe de cette matière depuis plus de quinze ans. Il a été secrétaire-général de préfecture et son expérience lui a appris que la statistique, telle qu'on la fait aujourd'hui, est complètement inutile. Suivant lui, il faudrait placer, dans chaque commune, un registre qui, sous le nom d'*Annales*, contiendrait tous les renseignements désirables : faits agricoles, météorologiques, accidents, maladies, épizooties, etc. Ce registre, placé dans les archives, serait tenu soit par l'instituteur, soit par le secrétaire de la mairie, assisté de deux conseillers municipaux. Voilà comment, d'après M. d'Arros, on pourra obtenir des renseignements exacts.

M. Calemard de Lafayette, passant à un autre ordre d'idées, demande que désormais chaque orateur, avant de prendre la parole au sein du Congrès, dépose ses conclusions sur le bureau.

M. Hallez-d'Arros croit que cette session a été fort intéressante et que l'Administration, notamment en matière d'enseignement, pourra puiser, dans les procès-verbaux, des documents utiles.

M. Calemard de Lafayette résume en quelques mots le système de l'*Équation du beau*, dont l'auteur est M. Lagout, ancien élève de l'École polytechnique.

M. Lagout expose ainsi ses idées.

Après avoir étudié les chefs-d'œuvre de l'art monumental consacrés par l'approbation unanime des peuples : le Parthenon, l'arc de Trajan, le porche de la cathédrale de Spolète, etc., il a posé le théorème d'esthétique suivant : « Dans les beaux-arts, les rapports les plus simples produisent les sensations les plus agréables. » Michel-Ange et Léonard de Vinci professaient la même opinion La formule de l'esthétique nombrée renferme les rapports 1, 2, 3, 5. C'est, suivant M. Lagout, la traduction algébrique des idées émises sur la beauté par Platon et par Pythagore. — L'orateur croit qu'en appliquant cette équation dans l'art industriel, on obtiendra des résultats surprenants.

M. Calemard de Lafayette demande des moyens pratiques pour l'application de ce système.

M. Lagout répond qu'il publiera prochainement une série de manuels, à l'usage des industriels, accompagnés de dessins où les proportions relatives seront nettement chiffrées.

La séance est levée à 2 heures.

L'un des Secrétaires du Congrès,

Alf.-Paul SIMIAN.

RAPPORT

SUR LES

TRAVAUX DES SOCIÉTÉS SAVANTES

PENDANT L'ANNÉE 1862 ;

Par M. CHALLE,

Sous-directeur de l'Institut des provinces de France, pour la région du Centre.

Les recommandations que nous avions adressées, l'an dernier, à toutes les Sociétés savantes de France ont produit leurs fruits. Nous avons reçu, d'un grand nombre d'entr'elles, un rapport détaillé sur leurs travaux. Beaucoup d'autres nous ont adressé le volume de leurs publications de 1862. Nous sommes donc en mesure de présenter un exposé d'ensemble sur les travaux de la plus grande partie de nos Académies ; mais la modique place dont il nous est permis de disposer dans l'*Annuaire,* nous oblige à resserrer ce travail dans les limites d'un simple résumé. Pour le faire avec clarté, nous suivrons l'ordre que nous avions établi précédemment.

RÉGION DU SUD.

La région du Sud a perdu, en 1862, plusieurs hommes éminents dans les sciences ou les lettres, en tête desquels nous devons citer MM. Marcel de Serres, professeur de géologie à la Faculté des sciences de Montpellier ; Dumège, savant archéologue de Toulouse, et Gout-Desmartres, l'un des poètes ingénieux et charmants que comptait dans son sein l'*Académie de Bordeaux.*

Le volume qu'a publié cette dernière Société, pendant l'année qui vient de s'écouler, contient des travaux importants et d'un sérieux intérêt. Nous y avons remarqué spécialement :

Dans l'ordre des sciences :

Un mémoire de M. Jacquot sur l'existence et la composition du terrain tertiaire supérieur dans la partie occidentale du département de la Gironde ;

Un autre, de M. V. Raulin, sur quelques protubérances crétacées de la partie occidentale de l'Aquitaine ;

Un Essai historique de M. Valat sur la géométrie transcendante des Grecs, ou supérieure des modernes ;

Une remarquable étude de M. J. Duboul sur la vie et les travaux du mathématicien et physicien Mairan ;

Un travail plein d'intérêt de M. Labat, organiste de la cathédrale de Montauban, sur l'instrumentation et sur les instruments de musique qui furent inventés en France au moyen-âge et pendant la période de la Renaissance ;

Un vocabulaire, par M. A. Baudrimont, de la langue des Bohémiens habitant les pays basques français.

En littérature :

Une étude de M. l'abbé Cirot de La Ville sur le vague et l'infini ;

Une autre, de M. Brunet, sur le *Gesta Romanorum*, recueil de contes, célèbre au moyen-âge ;

Une très-fine et très-spirituelle critique de la traduction d'*Horace* de M. J. Janin, par M. Dabas ;

Un excellent éloge du poète bordelais Edmond Géraud, par M. Laterrade ;

Des lettres inédites de Guez de Balzac, publiées par M. Tamisey de Laroque.

Et enfin en poésie :

Une pièce pleine d'une douce philosophie, *L'Arbre devenu vieux*, par M. J. de Gères ;

Et une spirituelle et mordante satire de M. H. Minier, intitulée : *On ne rit plus*.

En dehors des publications de l'Académie, M. Léo Drouyn

continue, avec activité et un succès croissant et splendide, l'*Histoire et la description des villes fortifiées, forteresses et châteaux pendant la domination anglaise dans la Guyenne.* Dix nouvelles livraisons ont paru en 1862. Les vues de Langoiran, la tour de Faize, le moulin de Labatut, le donjon de Langoiran, le château de Blanquefort, la porte de l'Escalier, celles de Duras et de Langon, les diverses vues de St.-Macaire sont des chefs-d'œuvre de délicatesse et de grâce.

M. Des Moulins a bien voulu nous fournir la note suivante sur les travaux de la *Société Linnéenne de Bordeaux*, pendant l'année 1862.

« L'histoire des travaux de la Société Linnéenne de Bordeaux, pendant l'année 1862, s'est forcément confondue avec celle du Congrès scientifique de cette ville, tenu en 1861, et le président de la Compagnie n'éprouve aucune peine à inscrire cet aveu en tête du rapport annuel que l'Institut des provinces demande aux Sociétés qui ont adhéré à son œuvre.

Cette œuvre en effet, Messieurs et très-honorés Collègues, — cette grande œuvre de la *décentralisation intellectuelle*, à laquelle nous consacrons, tous, nos efforts, — et pour un bon nombre d'entre nous j'oserais dire *nos vies ;* — cette œuvre est l'œuvre commune que nous devons à notre patrie en particulier, à la science en général. Elle est *une* dans son but ; elle est multiple dans ses détails, et ces détails sont unis par un lien commun de solidarité ; en sorte que celui, — individu ou corps constitué, — qui donne ses soins aux détails, porte sa pierre au travail d'ensemble, comme il fournit son contingent à l'ensemble, quand il consacre son temps à l'une des parties qui composent celui-ci.

Vous le savez, Messieurs, les Sociétés savantes de province, — les Sociétés *spéciales* surtout, — n'ont à leur disposition qu'un seul mode efficace de manifestation de leur existence et par conséquent de leur action *utile.* Leur personnel est peu nombreux et d'une composition inégale pour les capacités, les positions sociales, l'influence en un mot qu'elles peuvent exercer sur un public toujours plus ou moins prévenu contre la science, et plus encore contre *le travail* qui peut seul en enrichir l'esprit humain. Leurs séances ordinaires ne sont rien que des causeries, tantôt administratives et consacrées à la marche matérielle de la Société, tantôt scientifiques, et qui dans ce cas tendent indirectement, mais sûrement, à devenir la matière d'une publication quelconque ;— ou bien ces séances admettent des lectures qui aboutissent directement à l'impression. Quant aux séances publiques, ces solennités ne sont qu'un moyen de faire connaître la Société et un appeau dressé pour attirer des recrues pour la Compagnie, ou des matériaux, ou même des abonnés pour son recueil. En un mot, les séances, privées ou publiques, ne sont jamais que le *laboratoire* destiné à l'alimentation du recueil, et la *vie de relation, l'utilité publique* de ces Sociétés résident *exclusivement* dans LEURS PUBLICATIONS.

C'est donc seulement de la nôtre que je vous parlerai, Messieurs, et je vous aurai donné ainsi une idée suffisamment complète de nos travaux de 1862.

Pendant cette année, nous n'avons mis sous les yeux du public que *trois* livraisons grand in-8°., formant 276 pages. Nous sommes fort peu riches, parce que la prise d'eau qui nous a été concédée sur le Pactole départemental et municipal est mesurée par des mains auxquelles on ne saurait adresser le reproche de prodigalité. Et malgré cela, nous eussions publié davantage si les prix modérés de notre typographe et son habitude des publications scientifiques n'avaient engagé les secrétaires-généraux du Congrès à lui confier l'impression du plus volumineux *Compte-rendu* que la collection des Congrès français ait renfermé jusqu'à présent. Or, ni les auteurs, ni les typographes, ne peuvent faire deux choses à la fois, et n'osant espérer, *à Bordeaux,* des matériaux suffisants pour *deux* beaux volumes de Compte-rendu, la Société Linnéenne avait concentré tous les efforts de ses membres vers un but unique, *préparer des travaux pour ce Compte-rendu*, ce qui eût appauvri d'autant le recueil de nos *Actes.* Mais nous avions jugé témérairement, et il est advenu le contraire de ce que nos évaluations nous donnaient lieu d'attendre. Bordeaux et les membres étrangers du Congrès ont fourni une si riche moisson, — ont si bien mérité la reconnaissance des amis des Congrès, que, dans l'espoir de borner le Compte-rendu à *quatre* volumes, plusieurs membres de la Société Linnéenne ont dû retirer et placer ailleurs des travaux préparés pour le Congrès, et qui ne se rapportaient pas à des questions d'intérêt exclusivement local.

Il est résulté, de ce revirement, que le recueil de nos *Actes* a recouvré presque tout ce qu'il avait été exposé à perdre au profit du Congrès, et que les trois livraisons publiées en 1862 ont été suffisamment nourries.

La première a paru le 19 mars 1862 et forme la 6e. et dernière du tome XXIII des *Actes de la Société Linnéenne*.—Ses principaux articles sont : une *Notice géologique sur Amélie-les-Bains*, par M. Leymerie, professeur à la Faculté de Toulouse ; un *Coup-d'œil sur le Congrès ministériel* du 25 novembre 1861, dans lequel une médaille de bronze a été donnée à notre Société, par M. Raulin, vice-président ; une *Notice sur J. Geoffroy-Saint-Hilaire*, par M. Bazin, président honoraire ; enfin, une *Notice sur les travaux scientifiques de Cordier*, par M. Raulin.

La seconde livraison (première du t. XXIV, publiée par anticipation à la fin de 1861) renferme : un *Mémoire sur le terrain tertiaire de la vallée de l'Adour*, par M. Leymerie, et un *Essai sur les Conferves de Toulouse*, par M. Arondeau, inspecteur d'Académie à Vannes.

La troisième (deuxième du tome XXIV, publiée le 19 novembre 1862) renferme : une *Note sur une terre végétale de l'Alaric*, par M. Jacquot, ingénieur en chef des mines ; un mémoire de feu Marcel de Serres sur *le sulfate de plomb trouvé en Algérie ;* des *Observations sur le Cypris fusca*, par M. de Rochebrune, d'Angoulême ; enfin, quatre mémoires botaniques par le Président. Ces mémoires sont relatifs : 1o. au genre *Schufia*, Spach, démembrement des *Fuchsia ;* 2o. à diverses pélories de Linaires, aux galles des feuilles du Térébinthe, et à la station *minéralogique* des végétaux ; 3o. aux vrilles de la vigne-vierge ; 4°. aux *vignes de l'Amérique du Nord*, dont M. Élias Durand a écrit une monographie qui est reproduite en entier dans ce travail.

Nous avons d'autres matériaux préparés pour l'impression, et que nous espérons publier dans le courant de 1863, entr'autres la *Monographie du genre* ISOETES, dont M. Durieu de Maisonneuve présenta l'esquisse au Congrès de 1861, et dont j'espère qu'il dira quelque chose au Congrès des délégués, en plaçant sous ses yeux les magnifiques dessins dont la reproduction doit accompagner ce mémoire. »

Nous nous permettrons d'adresser une observation à l'*Académie impériale des sciences, inscriptions et belles-lettres de Toulouse*, au sujet de la publication de ses *Mémoires*, dont les sujets sont très-divers: c'est qu'ils semblent jetés confusément dans le volume sans ordre ni méthode, ce qui rend les recherches d'autant plus difficiles, que l'on n'y trouve pas de table par ordre de matières ni même par ordre successif, mais seulement une table par ordre alphabétique. Nous cherchons en vain la raison qui empêche la docte Compagnie et quelques autres Académies qui suivent son exemple d'admettre dans leurs *Bulletins* la division qu'indique leur titre entre les sciences et les inscriptions et belles-lettres, et de mettre d'un côté tout ce qui concerne les sciences mathématiques, physiques et naturelles, et de l'autre ce qui se rapporte à l'histoire, à l'archéologie et à la littérature.

A part cette critique, nous devons rendre hommage aux beaux travaux que contient le volume de 1862. Nous y avons trouvé :

De savants mémoires sur les mathématiques pures et la chimie, de MM. Brassins, Molins, Tillol et Daguin.

Sur la botanique (Espèces du genre *Galium* des environs de Toulouse.—Sur quelques plantes de la *Penna blanca*, des montagnes de l'Aragon. — *Observations tétralogiques.* Composition chimique des fleurs), de MM. Baillet, Timbat-Lagrave, Clos et Filhol:

Sur la génération spontanée ou plutôt, selon la terminologie actuelle, l'hérogénie, par M. Joly; doctrine qui ne rend pas les armes, quoique, selon la malicieuse observation de M. Joly, elle ait été condamnée en Sorbonne par un savant astronome;

Sur l'anatomie comparée (recherches sur l'appareil temporo-jugal et palatin des vertébrés);

Sur les chaudières à vapeur et les causes actuellement reconnues de leurs explosions, par M. de Planet.

Ajoutons à cette énumération :

Une remarquable étude historique et biographique de M. Émile Vaïsse sur Arnaud Sorbin de Sainte-Foy, poète fort insipide et prosateur assez médiocre du XVIe. siècle, mais ardent et infatigable polémiste contre les doctrines de la Réforme, prédicateur d'intolérance, apologiste de la St.-Barthélemy, et fait évêque de Nevers en 1578 pour avoir, selon le gré de Henri III, prononcé l'oraison funèbre de Quélus et de Saint-Mégrin; puis devenu ami de la paix et de la tolérance en 1595, lorsque Henri IV, vainqueur de la Ligue, lui eut conservé son titre de prédicateur du roi;

Un savant mémoire de M. Astre sur l'histoire de l'ancienne Bourse de Toulouse;

La suite des doctes études historiques de M. Lagrèze-Fossat sur Moissac, cette puissante abbaye à laquelle les comtes de Toulouse faisaient hommage et prêtaient serment de fidélité;

Et enfin une intéressante notice de M. Devals sur la ville et le château de Négrepelisse.

Les procès-verbaux des séances de l'Académie sont imprimés à la suite des mémoires. Parmi les faits curieux qui y sont constatés se trouve le récit détaillé des fouilles faites par MM. Troyes et Noulet dans la grotte du Portel, où, avec les ossements d'animaux antédiluviens, furent trouvés des armes et ustensiles en silex taillé, comme dans la caverne de Lherm, qu'avaient précédemment visitée les mêmes explorateurs.

La *Société littéraire et scientifique de Castres* n'était pas représentée au Congrès. Elle n'a rien encore publié de ses travaux de l'année dernière. Nous avons eu occasion de compulser le volume de 1861, et nous y avons trouvé assurément des morceaux fort remarquables, tels que, par exemple :

Un mémoire très-approfondi de M. Roux sur une question qui est en ce moment à l'ordre du jour, celle de l'enseignement professionnel ;

Un autre, d'un sens très-droit et très-judicieux, de M. Serville, sur les tours d'enfants trouvés ;

Des recherches d'un grand savoir, de M. Marturé, sur les divers systèmes de contributions publiques auxquels le pays a été assujetti depuis la conquête romaine jusqu'à nos jours ;

Des travaux d'histoire et d'archéologie locales d'un grand intérêt, de MM. Canet, Cumenge, Combes et autres, etc.

Mais, si la docte Société nous permet cette observation, la mauvaise disposition du volume nuit à l'effet de ces excellents travaux. Au lieu de publier séparément, comme le font presque toutes les Sociétés, d'abord les procès-verbaux avec les courtes notes et une simple et brève analyse des mémoires plus étendus ; puis les mémoires eux-mêmes *in extenso,* dans une autre partie, tout se fait de suite et sans distinction. Et, comme la lecture des mémoires a été divisée parfois en plusieurs séances, on a eu le temps d'oublier le commencement quand on arrive à rencontrer la fin ; ou bien il faut courir d'un procès-verbal à un autre, pour retrouver la suite d'un mémoire dont la première partie vous a intéressé.

Les travaux qu'a publiés, en 1862, la *Société archéologique et historique du Limousin* ne sont pas nombreux ; mais ils se recommandent par leur importance. On y trouve d'abord une histoire très-approfondie de l'église et de la riche et puissante abbaye, aujourd'hui détruites, de St.-Martial de Limoges, par M. l'abbé Roy-Pierrefitte.

Les origines de l'émaillerie limousine sont le sujet d'un docte mémoire qu'a lu M. Ferdinand de Lasteyrie, et que l'on trouve ensuite dans ce volume. L'auteur entreprend de réfuter l'opinion de M. F. de Verneilh, qui ne veut pas reconnaître l'antériorité des ouvrages de Limoges sur ceux de Venise et de l'Allemagne. M. de Verneilh est venu répliquer en personne, dans une savante dissertation qu'a publiée le *Bulletin* de 1863. Il ne nous appartient pas de prononcer sur ce litige. Mais nous pouvons rendre plein hommage au profond savoir, à l'exquise courtoisie et à l'excellent ton de discussion des deux éminents champions de ce débat archéologique dans le champ-clos de la Société.

M. Maurice Ardant, à qui l'on doit tant de recherches sur les ouvriers de cet art de l'émaillerie dans la ville de Limoges, a produit encore trois notices sur cet important sujet dans le volume de 1862.

On y trouve aussi un grand et beau travail historique donné par M. Cyprien Pérathon, président de la Chambre consultative des arts et manufactures d'Aubusson, sur les manufactures de tapisseries d'Aubusson, de Felletin et de Bellegarde. Les renseignements les plus curieux sur ce sujet, jusqu'alors peu connu, abondent dans ce remarquable mémoire.

Le département du Gers a une *Société d'agriculture et d'horticulture* en pleine activité. Elle publie, sous la direction de M. l'abbé Dupuy, son secrétaire, une revue mensuelle qui est de tout point excellente. Elle rend compte des travaux de la Société; elle reproduit les mémoires qui y ont été présentés, et il y en a parfois de très-remarquables; enfin, elle tient ses lecteurs au courant de tous les perfectionnements introduits par la science moderne dans l'art agricole.

L'agriculture tient certainement une très-grande place dans les travaux de la *Société d'agriculture, sciences et arts de la Lozère*, et sous ce rapport son *Bulletin* peut être cité comme un modèle. Cependant, ses publications traitent aussi des sujets qui intéressent l'histoire ou l'administration de la contrée. M. Th. Roussel a soutenu à plusieurs reprises en 1862, avec une grande énergie, les droits du pays à l'établissement d'une ligne de fer, et a discuté avec une grande supériorité les questions de direction et de tracé. M. l'abbé Baldit a continué à extraire, des archives de la Préfecture, de curieux documents qui éclairent d'une vive lumière l'histoire du diocèse de Mende aux XVIe. et XVIIe. siècles. M. l'abbé Bosse et M. le docteur Frédéric Cazalis l'ont suivi dans cette voie, le premier, en éclairant par des pièces inédites l'histoire de la reconstruction de la cathédrale de Mende sous Henri IV, et celle de la disette du Gévaudan en 1750 ; le second, en mettant en lumière le curieux recueil des statuts, priviléges, anciennes coutumes, donations du Consulat et autres actes de la ville et communauté de Meyrueix, qu'avait rassemblés, au XVIIe. siècle, un jurisconsulte de cette ancienne baronnie.

Nous signalons, comme un symptôme heureux, l'apparition des *Bulletins* émanés de plusieurs Sociétés d'agriculture départementales, qui ne manifestaient auparavant leur existence que par des concours publics. Elles ont compris que leur œuvre ne pouvait être complétée qu'en propageant elles-mêmes l'instruction agricole dans des publications qui, répandues dans toute la contrée, finissent par pénétrer jusque dans les écoles et les chaumières des villages, y éveillent d'abord la curiosité, puis y sont lues et enfin recherchées, étudiées et acceptées comme un bienfait. Nous signalerons, comme étant entrées dans cette voie, la *Société d'agriculture du département de l'Ardèche* et la *Société centrale d'agriculture et d'acclimatation des Basses-Alpes.*

Parmi les Sociétés agricoles de cette région, le *Comice agricole de l'arrondissement de Brioude* se distingue par son zèle et son activité. En échange d'une cotisation annuelle qui n'est que de 3 francs, il distribue gratuitement à ses membres l'excellent journal mensuel qui se publie à Grenoble sous le titre de *Sud-Est.* De plus, il publie chaque mois, au prix modique de 1 fr. 60 c. par année, un *Bulletin* destiné à répandre dans toutes les communes et jusque chez les plus humbles cultivateurs, les notions d'une culture améliorée. Nous avons sous les yeux plusieurs numéros de ce *Bulletin,* dont nous ne saurions trop louer la bonne méthode, la saine doctrine et la parfaite lucidité. Des concours annuels vont ensuite, et dans chaque canton successivement, stimuler par l'éclat de leur solennité et de leurs récompenses, le développement du progrès agricole (1).

La *Société impériale d'agriculture, industrie, sciences, arts et belles-lettres du département de la Loire* a été fort occupée, en 1862, de l'organisation du Congrès scientifique qui s'est tenu dans cette ville, et des expositions qui ont accompagné son ouverture. De plus, elle a perdu, dans le cours de la même année, son président, M. le colonel Briant, et son secrétaire-général, M. d'Albigny, qui avaient long-temps donné à ses travaux une active impulsion, et qui tous deux ont quitté St.-Étienne. Le *Bulletin* qu'elle a publié se ressent peut-être un peu de ces deux causes de ralentissement. On y trouve cependant des travaux d'un intérêt sérieux :

Les documents fournis par M. Durieu dans l'enquête sur les vipères ;

Un catalogue des oiseaux trouvés dans le département de la Loire, par le même ;

Des aperçus agricoles, par M. Jacob ;

(1) Cet article était déjà composé, lorsque nous avons lu dans les journaux un arrêté préfectoral qui supprime ou suspend le Comice de Brioude. Les motifs de cette mesure ont dû paraître étranges à ceux qui, dans d'autres départements, voient l'administration empressée à favoriser le développement et la prospérité des Sociétés agricoles. Jamais la *communication préalable du programme* n'y a été demandée, et on ne soupçonnait pas même qu'un préfet eût le droit de la demander. Et pour les *concours de maréchalerie*, ils étaient depuis un an introduits avec grand succès et universelle approbation dans le département de l'Yonne, dans celui d'Ille-et-Vilaine et ailleurs ; et cette année, M. le Ministre de la guerre les avait encouragés, en envoyant au Concours de Vauluisant (Yonne) des forges de campagne pour les faciliter, et un vétérinaire principal pour les diriger et lui en faire un rapport. Quant aux *intentions politiques* que l'arrêté reprochait aux chefs du Comice, c'est une arme commode, et à l'aide de laquelle tous ceux qui travaillent au bien public peuvent être mis en suspicion.

Un tableau des progrès de l'industrie à l'exposition de Londres, par M. Michalowski ;

Un exposé complet des découvertes faites dans les *cités lacustres* de la Suisse, par le même ;

Des découvertes modernes sur la génération et le développement des entozoaires ou vers intestins, par M. le docteur Mourier ;

Et enfin le Complément du catalogue raisonné des ouvrages imprimés, manuscrits, chartes, titres, plans et gravures pouvant servir à l'histoire du Forez, par M. de La Tour-Varan.

Nous trouvons, dans la *Société de Médecine de St.-Étienne et de la Loire*, l'une des Sociétés médicales les plus actives et les plus éclairées. Les séances annuelles dont rend compte son *Bulletin* de 1862 sont très-suivies et très-occupées. Les rapports qu'il publie sont des traités approfondis. Nous citerons, par exemple, ceux de M. le docteur Raimbault sur un mémoire relatif à l'état charbonneux du poumon, à propos de quelques faits graves d'anthracosis ; de M. le docteur Béraud pour résumer tous les documents de l'enquête sur la morsure des vipères dans le département de la Loire, et de M. le docteur Garin sur la constitution médicale et les maladies qui ont régné à certaines époques de l'année. Avec ces travaux, nous devons mentionner avec honneur une notice historique sur le docteur Escoffier, qui, pendant quarante ans, a exercé son art dans la ville de St.-Étienne avec une grande distinction et un désintéressement des plus honorables. Mais le morceau capital de ce volume est une grande étude, du docteur Béraud, sur l'hygiène et la topographie médicale de cette grande cité industrielle. Ce sujet important est traité, dans ce beau travail, avec autant de profondeur que de sagacité.

A défaut de renseignements qui nous manquent sur les travaux des Sociétés savantes de la ville de Lyon, nous voulons au moins mentionner un excellent recueil mensuel, historique et littéraire, dirigé dans cette ville avec une grande distinction par M. Aimé Vingtrinier, sous le titre de *Revue du Lyonnais*. La poésie, les arts, la littérature, l'histoire et surtout l'histoire provinciale dans ses diverses branches, y compris la biographie Lyonnaise, y ont été, en 1862, l'objet de travaux des plus remarquables, parmi lesquels nous citerons, comme tout-à-fait hors ligne : l'*Histoire du Beaujolais au XII*ᵉ. *siècle*, par M. Michaud ; l'*Histoire littéraire de Lyon au IV*ᵉ. *siècle*, par M. de La Saussaye ; *Lyon avant* 1789, par M. le comte de Poncins ; une excellente notice biographique sur Nicolas Bergasse, par M. L. de Gaillard ; *Les Sarrazins dans le Lyonnais*, de M. A. Vingtrinier, et une *Requête des oiseaux insectivores*, petit chef-d'œuvre de bon sens et de finesse, par M. Peyré. Ce recueil est digne d'un grand succès et nous ne doutons pas qu'il ne l'obtienne.

Nous sommes entré, cette année, pour la première fois en rapport avec l'*Académie Flosalpine (des Hautes-Alpes)*. Voici le rapport plein d'intérêt qui nous a été présenté sur les travaux de cette Société, par M. Alf.-Paul Simian, avocat à la Cour impériale de Paris, membre de la Société française d'archéologie et de l'Académie Flosalpine, etc. :

« L'Académie Flosalpine a été fondée en 1857, par Mgr. Depéry, savant et vénérable évêque de Gap. Ce prélat voulut ainsi imiter, dans les Hautes-Alpes, l'exemple donné un siècle auparavant, en Savoie, par saint François-de-Sales, qui pensait avec raison que le culte des lettres et des sciences peut se concilier avec les austérités religieuses les plus grandes et l'entier accomplissement de la parole évangélique.

Destinée d'abord à fonctionner dans les étroites limites du département des Hautes-Alpes, l'Académie Flosalpine ne tarda pas néanmoins à ouvrir ses portes à un grand nombre d'hommes distingués du Dauphiné et de la France.

Car ses membres ne sont pas tenus à la résidence ; et c'est là un caractère qui la distingue des autres Sociétés savantes.

Cette Compagnie est encore bien modeste, bien inconnue, mais elle est appelée à un grand avenir. Pareille à ces ruisseaux des Hautes-Alpes, qui coulent ignorés au fond des ravins et qui deviennent plus loin de grandes rivières, elle arrivera sans doute à une grande notoriété. On peut, dans les Alpes, se livrer facilement à des études scientifiques et archéologiques. Que de trésors recèlent dans leurs flancs les hautes montagnes et les pics neigeux de ce département! Que de richesses l'amateur de botanique n'y découvre-t-il pas? Combien de donjons se dressent solitaires et inconnus sur les rochers arides de l'arrondissement de Gap!

Le vrai, le seul ennemi de ce magnifique pays, Messieurs, c'est le froid, c'est l'hiver qui sévit pendant six mois chaque année. Si bien que l'on serait tenté de crier, avec Virgile au savant qui va explorer cette région :

. . . . Ah! te ne frigora lædant!

Mais rassurez-vous, Messieurs, l'esprit des habitants de ce pays ne participe en rien de cette nature aride et sauvage. Il y a eu et il y a encore dans les Hautes-Alpes des intelligences d'élite. Qui ne connaît pas ce berger, du nom de Villars, qui, sans autre maître que lui-même, s'est fait de bonne heure une place distinguée parmi les disciples des Linnée et des de Jussieu? Vous rappellerai-je les noms du Père Fornier, savant auteur des *Annales du diocèse d'Embrun;* du Père Rossignol, infatigable compilateur; de Para-du-Thanjas, philosophe profond et grand théologien; de Fantin-des-Odoards, un de nos bons historiens?

De nos jours les Hautes-Alpes ne possèdent-elles pas un poète distingué, M. Faure de Chaillol; un savant minéralogiste, M. Itier; un romancier de talent, M. Ponson du Terrail; un érudit qui est en même temps un élégant écrivain, M. Georges Guiffrey?

Au-dessous de ces notoriétés, nous apercevons un grand nombre d'écrivains pleins de conscience et de talent.

Nous voudrions pouvoir vous faire connaître tous les travaux de cette pléïade alpine, mais, suivant l'usage, cet humble rapport doit se borner à contenir l'énumération, je ne veux pas dire le compte-rendu, des travaux de l'Académie flosalpine lus ou publiés pendant l'année dernière.

Ces travaux sont ceux qui suivent :

1°. Une pièce de vers intitulée : *A un petit enfant*, et un autre morceau : *Secours aux indigents*, par M. Renaud, sous-préfet d'Embrun ;

2°. Des *Stances sur le château de Tallard*, par feu Mgr. Depéry, évêque de Gap ;

3°. Des *Cantiques à l'usage des élèves du petit séminaire*, par le même prélat, cantiques parmi lesquels il y a des odes magnifiques en l'honneur de Notre-Dame d'Embrun ;

4°. Une touchante élégie par M. Long, juge au Tribunal d'Embrun, *Sur la mort de Mme. Fabre*, adressée à M. Fabre, aujourd'hui président du Tribunal civil de Chambéry ;

5°. Une *Épître à M. Sauret, historien d'Embrun*, par M. Faure de Chaillol, ancien sous-préfet ;

6°. Un poème de M. Gusman Bette *Sur la Fête-Dieu*. M. Bette, employé au Ministère de l'Intérieur, est un fervent catholique et un poète d'un vrai mérite. Son œuvre présente des qualités très-précieuses : un rhythme harmonieux uni à une vive éloquence ;

7°. Une notice, par M. Calixte de Bellegarde, *Sur le chien*, travail plein d'aperçus nouveaux et ingénieux et parfaitement écrit ;

8°. Un *Discours sur la botanique*, par M. le docteur Souriguère. La plupart des questions qui se rattachent aux phénomènes de la végétation y sont traitées avec beaucoup de clarté. Le travail caché qui s'opère dans les plantes, l'absorption des gaz et des liquides, la circulation de la sève, le rôle des feuilles et des racines, la fécondation des fleurs : tel est le tableau que le savant médecin a offert à une Académie qui s'apelle *Flosalpine*, et qui porte dans ses armes un bel oranger avec cette devise : *Flores et fructus in scientia et virtute* ;

9°. Une dissertation de M. Lubin, président du Tribunal d'Embrun, *Sur le roi Cottius*. Déjà, dans la séance annuelle du 12 juillet 1859, un des membres de notre Académie, M. l'abbé Templier, expliquant l'inscription gravée sur l'arc de triomphe de Suze, nous avait dit quelques mots de ce fier Gaulois, qui, seul, sut résister avec avantage à la prépondérance romaine. M. Fauché-Prunelle, conseiller à la Cour impériale de Grenoble et membre de l'Académie Flosalpine, dans son *Essai sur les institutions autonomes des Alpes Cottiennes-Briançonnaises* (2 vol. in-8°.), ouvrage mentionné honorablement par l'Institut, avait également fait connaître les états de Cottius et leur constitution.

M. Lubin a traité, dans sa notice, quatre points principaux : « 1°. le pacte d'alliance que le roi Cottius conclut avec l'empe« reur Auguste, sans avoir été vaincu ni subjugué comme les « autres montagnards ses voisins; 2°. la célèbre voie de com« munication que, en signe de paix avec les Romains et pour « leur faciliter le passage dans les Gaules, il construisit à tra« vers les anfractuosités et les déclivités dangereuses du mont « Genèvre; 3°. l'arc de triomphe monumental qui fut élevé par « lui, ou peut-être par son fils, à Suze (où on le voit encore), « en souvenir de l'alliance et des grands travaux qui avaient « signalé son règne; 4°. enfin, un autre monument, moins « éclatant et moins visible peut-être, mais plus glorieux, c'est« à-dire son tombeau, qui atteste, au dire des historiens, le « gouvernement sage et équitable qu'il exerça sur les peuples « à lui confiés, et les avantages que ceux-ci retirèrent de « l'amitié du peuple-roi. » — « *Hujus sepulchrum in Segurione est mœnibus proximum, manesque ejus ratione gemina religiose coluntur, quod justo moderamine rexerat suos, et ascitus in societatem Rei Romanæ, quietem genti præstitit sempiternam* » (Ammien Marcellin, liv. XV). Tel est le texte qui a été profondément étudié et expliqué par M. Lubin ;

10°. Une étude par M. Jules Chérias, intitulée : *Pacte juré entre le Dauphin de Viennois et la ville d'Embrun.* Ce travail est un fragment inédit d'un grand ouvrage sur les *Juridictions métropolitaines des Alpes-Maritimes et de la Narbonnaise IIe., relativement à l'évêché de Gap,* ouvrage dont une partie a déjà paru dans le *Courrier des Alpes.* — M. Jules Chérias est un écrivain instruit et laborieux, qui nous a déjà donné une *Histoire du général Lamotte de La Peyrouse* (in-8°. de 500 pages, Gap, 1842) et un *Aperçu sur les illustrations gapençaises* (in-8°. de 80 pages, Gap, 1849). Nous désirerions toutefois, dans les travaux de cet historien, une critique un peu plus rigoureuse. Pourquoi, par exemple, citer comme un ouvrage sérieux la CHRONIQUE DE TREBONIUS RUFINIUS, inventée par M. Mermet, de Vienne? — Pourquoi se baser sur des indications données par une publication parisienne aussi superficielle que la FRANCE PITTORESQUE?

11°. Une *Histoire des invasions des Sarrasins dans les Alpes au moyen-âge*, par M. l'abbé Templier, aumônier de l'École normale de Gap, auteur de traductions estimées et d'un *Essai sur la mansion romaine de Mons Seleucus*. Cette savante étude est une nouvelle et péremptoire réponse à l'opinion de M. Pillot, archiviste de l'Isère, qui a prétendu que la longue occupation du Dauphiné par les Arabes n'avait pas eu lieu ou n'avait duré qu'un petit nombre d'années. Elle se divise en six parties, dont voici les titres : *Premières incursions des Sarrazins dans les Alpes; — Colonies du Fraxinet; — Prise d'Embrun;— Captivité et délivrance de saint Mayeul; — Expulsion générale des Barbares ;— Légendes et monuments.*

L'auteur de ce travail s'est beaucoup aidé d'un mémoire manuscrit où sont consignées les observations qu'a faites, dans le Champsaur, un membre de l'Académie Flosalpine, M. le docteur Nicolas. De ce mémoire il résulte que les vestiges de l'occupation arabe sont encore nombreux dans cette vallée. On y a trouvé à plusieurs reprises des anneaux, des chaînes, des monnaies, des tombeaux moresques. Des noms de chefs : *Mourre-Bas* (Morabbas), *Arbeyri* (Al-Béric); des noms de villages : *Villars Mouren* (Villa arsa Maurina); de forêt : *Barbeyrous ;* de familles, tels que : *Sarrasin*, *Morel*, *Mouren*, etc., y portent l'empreinte ineffaçable d'une origine moresque.

C'est ici le lieu de dire qu'une inscription en caractères arabes a été récemment découverte à Serres, dans les Hautes-Alpes. M. l'abbé Templier promet d'en donner une traduction exacte ;

12°. Une *Histoire populaire de Notre-Dame-des-Trois-Rois, plus particulièrement connue sous le nom de Notre-Dame d'Embrun*, par M. l'abbé Gaillaud, premier vicaire de la cathédrale de Gap. Cette étude est écrite d'un style correct et pur, et l'auteur y résume fidèlement les traditions relatives à la *Vierge du Réal*. C'est bien là une histoire populaire. L'histoire savante du *Pélerinage des rois de France à Notre-Dame d'Embrun* a été faite par M. le président Fabre, dont le bel ouvrage est déjà parvenu à sa seconde édition.

13°. Une *Introduction à des études historiques sur l'abbaye de Boscodon*. Cette introduction promet un ouvrage sérieux, car les ruines de Boscodon offrent à M. Tissot, son auteur, tout ce qui peut impressionner une âme de poète et d'archéologue : « la poésie avec la sainteté, l'art avec la nature, l'antique, le « grave, le pittoresque et le beau. »

14°. Une page d'histoire contemporaine : *Le passage du pape Pie VI dans les Hautes-Alpes*. Les vieillards dauphinois se souviennent encore de ces jours néfastes, où notre pays se couvrit cependant d'une gloire impérissable en faisant partout un triomphal cortége au pontife-martyr. M. l'abbé Sauret, président de l'Académie Flosalpine, nous a raconté simplement les épisodes de cette voie douloureuse. — Nous avons admiré, en lisant ce travail, combien est toujours émouvant le spectacle d'une grande âme aux prises avec l'adversité et la persécution. Nous avons retrouvé dans cette étude les qualités habituelles du style de M. Sauret : beaucoup de pureté unie à beaucoup d'élévation, une grande simplicité qui n'exclut ni l'émotion, ni l'éloquence. M. l'abbé Sauret a déjà fait ses preuves, et son *Histoire de la ville d'Embrun* (1 vol. in-8°.) prendra place à côté des travaux estimés de nos grands historiens dauphinois : Chorier, Valbonnais et Guy-Allard.

15°. Un intéressant article d'iconographie religieuse portant ce titre : *De quelques crucifix habillés qu'on trouve dans certaines églises en France, d'où cette question : Notre Seigneur fut-il crucifié nu ou couvert de quelques vêtements?* par M l'abbé L.-M. Roger, du clergé de Paris.

16°. Une étude historique de M. Paul Simian, avocat à la Cour impériale de Paris, sur *Enguerrand de Marigny*, étude extraite de documents inédits ou très-peu connus.

17°. Une *Théorie du tir à l'usage des enfants du peuple*, par M. Ambroise Faure, savant modeste et méconnu.

18°. Quelques poésies inédites du regrettable M. Célestin Roche, hommage de sa veuve à l'Académie Flosalpine.

19°. Des *Documents historiques sur les monastères de Durbon et de Berthaud* (diocèse de Gap), par M. Ch. Charronnet, archiviste du département des Hautes-Alpes. L'auteur de ce travail est un ancien élève de l'École des chartes, de cette école qui a déjà fourni tant d'historiens distingués. C'est dire que l'étude historique dont nous avons donné le titre est une œuvre consciencieuse où l'élégance du style s'allie à la profondeur des recherches. Les chartreuses de Berthaud et de Durbon n'ont jamais brillé d'un bien vif éclat en Dauphiné; mais elles ont donné jadis à la culture, à la vie, une vaste étendue de terrain jusqu'alors stérile, et ont répandu tant de bienfaits dans tout le pays haut-alpin qu'il n'était pas juste qu'elles restassent dans l'obscurité. Tout en rendant hommage aux vertus des Chartreux, l'auteur n'a pas cru devoir cacher le côté peu honorable de leur histoire : je veux parler des ruses plus ou moins pieuses au moyen desquelles ils s'emparaient des terres de leurs voisins. Nous ne saurions trop louer M. Charronnet de cet acte d'indépendance. En agissant ainsi, il a rempli son devoir d'historien, il a suivi cette maxime, qui devrait être celle de tous les écrivains : VERITAS DEUS.

20°. *Les guerres de Religion dans les Hautes-Alpes et l'histoire de la société protestante de cette contrée* (1560-1789), par le même auteur. Cet ouvrage est le plus considérable qui ait été publié sous les auspices de l'Académie Flosalpine. Il a été mentionné très-honorablement, dans l'un des derniers concours des Antiquités de la France, par l'Académie des Inscriptions et Belles-Lettres. C'est à la fois une œuvre littéraire et une œuvre d'érudition. Œuvre littéraire : il est parfaitement écrit et se laisse lire avec facilité, je dirai même avec plaisir; œuvre d'érudition : il est entièrement extrait de documents inédits, rempli de faits nouveaux et d'événements inconnus. C'est une source féconde que pourront exploiter avec profit tous ceux qui s'occuperont désormais de l'histoire ou des antiquités du Dauphiné. L'auteur de cet humble rapport a déjà consulté plusieurs fois le livre de M. Charronnet, et toujours cet ouvrage remarquable a été pour lui un guide sûr, plein de révélations inattendues.

Le volume de M. l'archiviste des Hautes-Alpes est divisé en trois livres : le premier traite des guerres de Religion; le second décrit l'organisation de la société protestante sous le régime de l'Édit de Nantes; le troisième fait connaître les suites et les résultats de la Révocation du même Édit dans le pays, et indique la persistance du protestantisme jusqu'aux jours mêmes de la Révolution française. Le premier livre est à coup sûr le plus intéressant. Il contient des détails extrêmement curieux sur les Vaudois des Hautes-Alpes, sur le célèbre Guillaume Farel et sa famille, sur la première guerre civile entre les Catholiques et les Protestants, dont les principaux épisodes furent la prise de Gap et celle de Tallard, le siége de Sisteron, le combat de Lagrand et la surprise de Romette par les Huguenots; sur la seconde guerre, qui ne fut pas moins féconde en événements désastreux; sur la troisième, qui amena le triomphe des Réformés à Chorges, à Veynes et à Sarjages; sur la quatrième, pendant laquelle les Catholiques furent défaits à La Bâtie-Mont-Saléon et à Freissinières; sur la cinquième, la sixième, la septième et la huitième guerre civile, pendant lesquelles on vit s'élever et grandir peu à peu Lesdiguières, cet habile capitaine, tour à tour huguenot et catholique, *toujours vainqueur et jamais vaincu,* qui devint bientôt le maître, le véritable souverain du Dauphiné, *prorex Delphinatus*, comme il osa le dire lui-même. Dans ce livre, nous avons remarqué également des recherches très-intéressantes sur Paparin de Chaumont, évêque de Gap au XVIe. siècle, l'une des figures les plus pittoresques et les moins connues de cette époque néfaste, et sur la petite ville de Tallard, qui fut alors le principal boulevard du catholicisme en Dauphiné.

Le second livre renferme une histoire très-complète de la société protestante dans les Hautes-Alpes, sous le régime de l'Édit de Nantes. Dans ce livre, l'auteur raconte les luttes qui éclatèrent entre les deux partis religieux à Gap, à Embrun, à Briançon et à Serres; le synode protestant de 1618, le grand soulèvement de 1621; puis il termine en jetant un coup-d'œil rétrospectif sur l'Église réformée de Gap, sur ses pasteurs, ses écoles, ses finances et sa discipline.

Dans son troisième livre, M. Charronnet enregistre les larmes, les douleurs et les persécutions qui précédèrent ou qui suivirent la Révocation de l'Édit de Nantes (22 octobre 1685), cet acte impolitique qui fut si fatal au Dauphiné et à la France et qui n'amena point la destruction du protestantisme. « Si jamais « l'expérience a démontré l'impuissance où se trouve la tyrannie « de déraciner du cœur humain les croyances religieuses, ce « fut certainement à la fin du XVIIe. siècle et dans le courant « du XVIIIe. Tout fut mis en œuvre pour arriver à ce résultat « et l'on a peine à croire que l'époque de Voltaire et de l'*Ency-* « *clopédie* ait vu des actes aussi odieux que ceux dont le gou- « vernement français se souilla à ce moment (1). »

Les Calvinistes, poursuivis et traqués, ou bien quittèrent le pays, ou bien se convertirent; mais ces conversions ne furent pas sincères. On les chassa de tous les emplois publics, et pourtant, dans plusieurs localités des Hautes-Alpes, la population s'obstina à élever aux honneurs des hommes de la religion supprimée.

Après avoir donné une statistique des nouveaux convertis dans la région des Alpes, l'auteur rend hommage au grand principe de la liberté de conscience, l'une des plus précieuses conquêtes de 1789.

21°. Des *Réflexions* sur l'ouvrage précédent, par M. l'abbé Joubert, vicaire-général de Gap. Suivant cet ecclésiastique, le beau livre de M. Charronnet, écrit au point de vue protestant, a profondément affligé les catholiques. Tout ce qui peut faire rejaillir sur les évêques de Gap, sur le clergé et les catholiques, l'odieux et le blâme, paraît y avoir été accumulé. Une affligeante

(1) *Les guerres de Religion dans les Hautes-Alpes*, p. 481.

partialité en faveur du protestantisme y éclate à toutes les pages. Telle est, Messieurs, l'appréciation de l'honorable M. Joubert. Ce respectable ecclésiastique a le mérite incontestable d'être à la fois un savant théologien, un polémiste spirituel et vigoureux et un littérateur habile. Il s'élève, dans sa brochure, aux plus hautes considérations de l'ordre moral et religieux.

Humble rapporteur, je ne m'érigerai pas en juge entre M. l'abbé Joubert et M. Ch. Charronnet. Je dirai seulement que, si ce dernier a été un peu loin en faveur des Huguenots, c'est que, par la générosité qui n'appartient qu'aux grandes âmes, il a été poussé à prendre vivement et sans arrière-pensée la défense des victimes et des opprimés. Ne blâmons donc pas trop M. Charronnet et n'oublions pas que son ouvrage est un service immense rendu à la science historique tout entière.

Avant de terminer ce modeste compte-rendu des travaux de l'Académie Flosalpine, qu'il me soit permis de rendre un dernier hommage à la mémoire de Sa Grandeur Mg[r]. Depéry, évêque de Gap, fondateur et grand-maître de la Société littéraire et scientifique des Hautes-Alpes. Ce vénérable prélat était une des gloires de l'épiscopat français. Il aurait pu parvenir aux siéges les plus élevés. Mais aux honneurs, aux dignités nouvel lesqui lui furent offertes, il préféra toujours son humble ville de Gap, sa terre montagneuse et aride des Hautes-Alpes; car il avait bien compris que ce pays pouvait produire des savants aux fortes études, aux patientes recherches, autant et peut-être plus que tout autre pays, et qu'il ne manquait qu'une courageuse impulsion. Homme de Dieu, il crut devoir s'en charger : *Fuit homo missus a Deo.* Avant de fonder l'Académie Flosalpine, il publia deux ouvrages considérables : 1°. *Les constitutions et instructions synodales du diocèse de Gap;* 2°. l'*Histoire hagiologique* du même diocèse. Quand on étudie les sages dispositions du premier de ces ouvrages, on y reconnaît la main et l'esprit d'un grand prélat, d'un véritable Père de l'Église. On y remarque, entre autres, l'obligation à laquelle sont soumis tous les jeunes prêtres du diocèse, de venir chaque année, pendant les cinq ans qui suivent leur entrée dans les ordres, subir un examen sur la théologie et l'histoire ecclésiastique ; on y remarque également les utiles indications (art. 1404 et suiv.) que le savant évêque donne aux membres de son clergé sur les diverses périodes de l'architecture romane et ogivale et sur les meilleurs ouvrages à consulter pour connaître l'histoire de l'art au moyen-âge, et éviter ainsi les bévues trop souvent commises dans la restauration des monuments religieux. — Le second ouvrage contient l'histoire des saints du diocèse de Gap et de l'ancien archevêché d'Embrun, depuis l'introduction du christianisme dans cette partie des Alpes jusqu'au XIIIe. siècle. Ce n'est que la première partie d'un ouvrage beaucoup plus considérable que la mort (hélas!) n'a pas permis de publier. — Tel qu'il est, ce livre contribue à jeter un grand jour, non-seulement sur l'histoire religieuse, mais encore sur l'histoire politique, civile et militaire des Hautes-Alpes pendant le moyen-âge. Nous n'avons pas besoin d'ajouter qu'il est admirablement écrit. Tous ceux qui ont pu connaître Mg^r^. Depéry savent que ses moindres ouvrages se distinguaient toujours autant par l'élégance exquise de la forme que par la justesse des pensées. »

Nous devons à M. le docteur Caze, de Barjols (Var), le rapport suivant, sur les travaux de la *Société des études scientifiques et archéologiques de la ville de Draguignan*, pendant le cours de l'année 1862 :

« La Société des études scientifiques et archéologiques de la ville de Draguignan est entrée dans sa huitième année d'existence, et a publié, en 1862, le IVe. volume de ses *Mémoires*, que nous allons rapidement analyser.

Avec un zèle infatigable, le vénérable président de notre Société, M. Doublier, poursuit ses *observations météorologiques* à Draguignan, et continue ses *études* sur les divers terrains de notre sol. Nous espérons qu'un jour, ces mémoires colligés en volume nous donneront l'histoire géologique complète de notre département.

M. Rossi, de Toulon, publie et termine un très-intéressant *mémoire sur l'origine du calcaire.*

Sous le titre de *Pièces justificatives de l'histoire de Vence*, M. l'abbé Tisserant continue, dans notre *Bulletin,* la publication d'une *Vie* manuscrite de saint Véran, évêque de Vence, écrite en 1630, par un chanoine vençois, Jacques Barcillons.

M. Raymond Poulle, dans ses *Monographies Dracénoiles*, nous fait assister à la construction de l'église paroissiale de Draguignan. Grâce à ses patientes recherches, nous connaissons l'histoire de ce monument, son érection en collégiale et la chronologie de ses dignitaires. Nous ne pouvons que féliciter l'auteur, qui s'est donné tant de peine pour découvrir et déchiffrer tant de curieux documents.

Nous ne croyons pas inutile d'ajouter que les collections de notre Société s'enrichissent tous les jours, par voie de dons ou d'échanges, d'un grand nombre de publications littéraires, scientifiques, archéologiques, etc., de manuscrits, de fossiles, de minéraux, etc.

Mais nous serions incomplet et injuste, si nous ne vous rendions pas compte du mouvement littéraire et archéologique de notre département, mouvement dont l'honneur revient à notre Société, en ce sens qu'il a été représenté et accompli par quelques-uns de ses membres, dont nous allons juger les écrits et les actes.

Mouvement littéraire. — M. Louis Rostan, membre de l'Institut des provinces, continue de mériter le titre d'historien de la ville de St.-Maximin, en publiant les *monuments de la crypte* de cette célèbre église, et en faisant paraître, sous les auspices de M. le duc de Luynes, le *Cartulaire municipal* de cette cité, œuvre qui jette un nouveau jour sur l'organisation et l'administration des communes provençales au moyen-âge. M. le chanoine Alliez jette enfin, à l'impatience et à l'admiration publiques, l'*Histoire du monastère de Lérins,* et M. l'abbé Tisserant signe, dans l'*Histoire de Vence*, un ouvrage accompli. M. Octave Teissier, dans un petit volume, gros pourtant de curieux détails et de précieux documents, se fait l'historien de la *commune de Cotignac*, et il est malheureux que son éloignement de cette cité l'empêche de fouiller encore dans ses riches archives. Nous devons au même auteur la *biographie de Louis Gérard*, *botaniste de Cotignac*, et celle d'*Arnaud de Villeneuve*.

Quoique la prétention de faire entrer quand même le fameux médecin-chimiste du XIIIe. siècle, dans le panthéon qu'il prépare aux hommes illustres du Var, semble un peu hasardée à tous ceux qui connaissent l'histoire de la médecine, nous acceptons cependant pour notre département cette illustration nouvelle, en disant avec le proverbe : Abondance ne nuit point.

Mouvement archéologique. — Grâce à la générosité de la Société française d'archéologie, M. Louis Rostan a fait déposer sous le cloître de St.-Maximin un dernier milliaire romain, oublié par le temps et le vandalisme le long de la voie Aurélienne.

Mg[r]. Jordany, évêque de Fréjus, correspondant du Ministère de l'instruction publique, rachète, au nom du diocèse, l'île fameuse de Lérins, dont l'histoire se lie à celle de la Provence, et sauve ainsi de saintes ruines et de grands souvenirs.

M. l'abbé Bayle restaure et rend à son plan et à son style primitifs la collégiale d'Aups, construite à l'aurore du XVIe. siècle, et qui n'avait que trop souffert dans cette guerre que le mauvais goût et l'ignorance archéologique avaient déclarée aux édifices religieux.

Tels sont les travaux de notre Société, les publications et les actes de nos sociétaires. »

Nous avons reçu des publications de l'*Académie des sciences et des lettres de Palerme*, de la *Commission d'agriculture et de pâturage (pastorizia) pour la Sicile*, de la *Société d'acclimatation et d'agriculture en Sicile*. Ces documents, dont quelques-uns offraient un assez vif intérêt, n'étaient pas assez complets pour nous mettre à portée d'apprécier, dans leur ensemble, les opérations de ces Sociétés savantes. Nous espérons que dans un prochain avenir les relations qui viennent d'être ouvertes s'étendront davantage, et qu'il nous sera permis de donner un compte-rendu des travaux de ces nouveaux correspondants.

Nous n'avons pas avec l'Algérie de communications régulières. Elle ne s'est pas encore fait représenter au Congrès des délégués. Cependant, on nous a fait passer, de Philippeville, le catalogue du musée archéologique qui a été organisé dans cette ville par M. Joseph Roger, architecte, et nous avons vu avec un vif plaisir que, grâce au zèle de cet habile archéologue, peu aidé et souvent même contrarié par certaines autorités de ce pays, cette collection est déjà d'une grande richesse en numismatique, en céramique, en sculpture et en épigraphie.

RÉGION DE L'EST.

Nous devons à M. Ch. Revillout, professeur au lycée impérial de Versailles, membre correspondant et délégué de l'Académie Delphinale, membre de l'Académie Flosalpine, l'intéressant rapport qu'on va lire sur les travaux de l'*Académie Delphinale* :

« L'Académie Delphinale, pendant l'année 1862, s'est principalement occupée de travaux historiques et archéologiques, relatifs au Dauphiné ou bien aux provinces voisines. Des mémoires étendus et consciencieux ont été lus dans ses séances bimensuelles et ont éclairé plusieurs questions obscures. Malheureusement l'histoire du Dauphiné est remplie plus que toutes les autres de mystères presque insondables, et les efforts des Sociétés savantes et des antiquaires ne parviendront jamais, à moins de quelque découverte inespérée, à faire pénétrer assez de lumière dans ces profondes ténèbres. Comment éclaircir les origines d'un pays où les invasions hongroises et sarrazines ont fait disparaître presque tous les monuments historiques antérieurs au Xe. siècle? Au lendemain de ces invasions, le plus illustre évêque de Grenoble, ne trouvant rien dans les traditions de son église, était obligé de quêter des renseignements au-dehors et rassemblait avec peine ce recueil si peu complet, si précieux cependant, que l'on nomme le premier Cartulaire de saint Hugues. Comment espérer de voir jamais bien clair sur une histoire dont les hommes du XIe. siècle ne savaient déjà plus rien ? Ces difficultés n'ont pas rebuté les savants du Dauphiné : partout les Sociétés se sont mises à l'œuvre, aussi bien dans l'ancienne capitale de la province que dans les villes moins considérables. Au milieu même des Alpes, le petit séminaire d'une cité, bien petite aujourd'hui, mais grande au moins par ses souvenirs, est devenu le centre d'une Société d'archéologues, jeunes et vieux, et l'Académie Flosalpine, privée sitôt de son fondateur et de son premier grand-maître, Mg^r. Depéry, évêque de Gap, membre correspondant de l'Académie Delphinale, mort au mois de décembre 1861, a déjà produit de nombreux mémoires sur l'histoire ancienne des Hautes-Alpes.

Dans ce mouvement qui porte tant d'intelligences vers l'étude du passé, Grenoble, ancienne capitale de la province, ne pouvait pas rester en arrière. Il ne m'appartient pas de vous entretenir des travaux accomplis par la Société de statistique, dont les *Mémoires* sont riches en renseignements sur les antiquités dauphinoises, et je n'ai mission de vous parler que de l'Académie Delphinale. Habitués, Messieurs, à entendre sur ce sujet une voix plus autorisée, vous regretterez avec moi que d'autres devoirs aient empêché M. le marquis de Bérenger de remplir une tâche qu'il accomplissait si bien. Pris à l'improviste et très-occupé moi-même, j'aurais dû décliner l'honneur de le remplacer pour cette session ; mais ayant été, pendant plus de onze ans, le secrétaire perpétuel de l'Académie Delphinale, j'aurais eu mauvaise grâce à refuser de vous entretenir de ses travaux.

Le premier en date est un Rapport, de M. Macé, sur la géographie ancienne et les voies romaines du Dauphiné et de la Savoie. Le savant auteur de ce mémoire a fait deux choses : il a d'abord analysé les études d'une Commission prise dans l'Académie Delphinale et dans la Société de statistique, et dont il était membre, puis il a contrôlé ces travaux et les a complétés par des recherches et des conclusions personnelles. La Commission qui prépara les premiers éléments de ce mémoire s'était réunie presque toutes les semaines, pendant deux ans, et avait examiné les textes anciens avec le plus grand soin, en essayant de les éclairer par la connaissance des lieux. Sans doute ces recherches et cet examen laissaient encore bien des questions douteuses. Le Rapport de M. Macé, qui, sur plusieurs points importants, s'est séparé de ses collègues, en est la preuve ; mais de pareilles études, faites avec une patience consciencieuse, méritent certainement quelque estime, et le rapport qui les résume et les complète a paru assez important pour être publié à la fois dans les *Mémoires* de la Société de statistique et dans le *Bulletin* de l'Académie Delphinale, bien qu'il ait déjà paru dans un recueil imprimé par les ordres de Son Exc. M. le Ministre de l'instruction publique.

M. Fauché-Prunelle, un des membres de la Commission dont je vous parlais tout à l'heure, a continué, en 1862, les études qu'il avait, l'année précédente, entreprises sur les vestiges du droit germanique en Dauphiné. Les institutions de droit privé et le droit criminel l'ont principalement occupé dans cette seconde partie de son travail. Il a montré les origines burgondiennes du bail à mi-plant, de l'albergement, espèce d'emphythéose, spéciale à la province, et de retrait lignager dont on retrouve le principe dans le titre 84 de la loi Gombette.

Les divers modes d'investiture, usités dans le Dauphiné, fournissent également à l'auteur des rapprochements curieux, et la tradition par le bâton, tantôt recourbé en crosse pour les bénéfices ecclésiastiques, tantôt façonné en sceptre pour les fiefs, ou bien par l'épée et par l'étendard, lui paraissent des emprunts faits à l'Allemagne ou plutôt des souvenirs de la domination burgondienne. Enfin, par un retour sur le droit politique, M. Fauché-Prunelle voit dans les plaids, assises, conseils signalés par les chartes dauphinoises, un vestige des assemblées germaniques. Passant ensuite au droit criminel, M. Fauché rappelle les coutumes des anciens Germains sur la composition ou wehrgeld et sur les peines pécuniaires, et retrouve les vestiges de cette pénalité primitive et grossière dans les nombreux tarifs des hommes serfs ou taillables, qui sont conservés dans les cartulaires dauphinois. Comme une conséquence naturelle de ces peines purement pécuniaires, M. Fauché signale l'usage de la liberté sous caution, qui s'est maintenu long-temps dans le Dauphiné.

N'était-il pas naturel de laisser libre l'auteur d'attentats qui n'entraînaient alors que des réparations plutôt civiles que criminelles ? N'est-ce pas aussi par suite du même principe que les peuples germaniques, et les nations qui ont emprunté leurs institutions, ne mettaient point de différence entre la procédure en matière civile et en matière criminelle ? Ainsi le duel judiciaire, qui ne fut aboli dans la province qu'en 1451, par une ordonnance du dauphin Louis (Louis XI), était d'un usage fréquent même dans les causes civiles. M. Fauché termine son mémoire en signalant, dans plusieurs chartes dauphinoises, la continuation de la peine de l'adultère, rappelée par Tacite : châtiment que, dans beaucoup de localités, l'usage avait remplacé par une amende.

Il serait assurément difficile d'accepter tous les rapprochements indiqués par le patient et minutieux auteur du mémoire : pour beaucoup d'entr'eux, l'analogie n'est pas assez précise ; à d'autres, il serait facile d'opposer des comparaisons contraires, empruntées aux origines gallo-romaines ; mais, tout en réservant sur plusieurs points son opinion, il est impossible de méconnaître l'intérêt de pareilles études. Versé dans la connaissance des chartes dauphinoises et surtout briançonnaises, l'auteur a rassemblé, dans ce mémoire, les renseignements les plus curieux et les plus complets sur les institutions du Dauphiné pendant le moyen-âge, et son recueil jette de nouvelles clartés sur cette époque, encore si peu connue.

M. de Saint-Andéol avait, l'année dernière, relevé partout les données éparses sur le pays des Helviens (département actuel de l'Ardèche), et tenté de reconnaître, à l'aide de l'archéologie locale et de l'étymologie, les localités signalées dans une charte épiscopale du VIIe. siècle. Il vient de compléter ce relevé par l'indication d'un ancien *oppidum*, dont il a retrouvé les logis en basalte, construits en pierre sèche, près de la montagne de Bergwise. M. de Saint-Andéol pense que cet *oppidum* est l'*Alaunis* des Helviens que Pompée, suivant Étienne de Byzance, avait donné aux Marseillais, et dont le nom gaulois, précédé du nom de Pompée, se retrouverait dans le village de Pompelone (*Pompeii Alaunis*).

M. l'abbé Trépier, abordant une question capitale pour l'histoire du Dauphiné, a soumis à l'Académie des notes et des observations sur la domination des comtes Guignes à Grenoble, et sur la valeur historique du Cartulaire de saint Hugues. Quelques mots sont nécessaires pour faire apprécier au Congrès la portée de ce travail, un des plus utiles et des plus savants qui aient été lus à l'Académie. Quand saint Hugues devint, au milieu du XIe. siècle, évêque de Grenoble, son église avait à défendre ses droits contre deux adversaires redoutables: l'archevêque de Vienne, Guy de Bourgogne, pape plus tard sous le nom de Calixte II, qui lui disputait la juridiction spirituelle des paroisses contenues dans l'ancien comté carlovingien (le pays de Salmorenc), et le comte Guignes d'Albon, alors très-puissant dans les vallées de l'Isère, du Drac, de la Romanche et de la Haute-Durance, et qui partageait avec lui la souveraineté temporelle de Grenoble. Comme les invasions du siècle précédent avaient détruit tous les monuments de son église, saint Hugues fut obligé de chercher les preuves de ses droits dans les archives des églises voisines et forma, du résultat de ses recherches, un recueil dont la Bibliothèque impériale possède aujourd'hui l'original, et que l'on nomme le premier Cartulaire de saint Hugues. Puis il réunit, dans deux autres recueils existant encore dans les archives de l'évêché de Grenoble, des actes moins anciens que les premiers et souvent contemporains de saint Hugues lui-même. Au nombre de ces actes figure une transaction célèbre entre le saint et le comte Guignes. Cette transaction est précédée, dans le manuscrit, d'un préambule historique de la plus haute importance. Le saint y rappelle l'occupation de Grenoble par une nation païenne, la délivrance de cette ville par l'évêque Isarn, entraînant pour conséquence la souveraineté indépendante et allodiale des évêques; enfin il affirme qu'à cette époque il n'y avait pas de comtes dans le Graisivaudan. Ces révélations si considérables gênent beaucoup le système de ceux qui voient avec Chorier, dans les comtes d'Albon, les descendants directs et les héritiers légitimes des anciens comtes du Graisivaudan. Aussi ont-ils accusé le préambule de n'être pas authentique. C'est à défendre ce document, d'une portée si considérable, que M. l'abbé Trépier a consacré son long mémoire et plusieurs séances de l'Académie. Expliquant et restreignant le sens des expressions de saint Hugues, l'auteur prouve, par des arguments qui ont semblé pour la plupart très-solides, que le préambule est authentique et que les renseignements qu'il contient sont sincères et conformes aux données fournies par les autres monuments de l'époque. Il montre comment la maison d'Albon, peut-être ancienne et puissante dans la vallée de l'Isère, n'y possédait pas, au temps d'Isarn, l'autorité comtale et n'arriva que graduellement à dominer à Grenoble. Tel est, en substance, le travail de M. l'abbé Trépier, et s'il n'a pu résoudre toutes les difficultés et soulever tous les voiles, il a du moins posé nettement la véritable question, l'a dégagée des interprétations hypothétiques, et maintenu au Cartulaire de saint Hugues sa haute valeur en tête de l'histoire du Dauphiné.

M. Du Boys, aujourd'hui secrétaire perpétuel, a soumis un rapport sur l'ouvrage de M. Sauret : *Essai historique sur la ville d'Embrun.* Tout en accordant à cet essai la part d'éloges que méritent les recherches et le talent de l'auteur, M. Du Boys a dû lui reprocher une tendance trop manifeste à louer les archivistes d'Embrun, à mettre la légende à la place de l'histoire, enfin à laisser dans l'ombre les événements civils pour s'occuper presque exclusivement de l'histoire ecclésiastique. L'Académie Delphinale s'est associée à ces critiques; mais, en donnant à M. l'abbé Sauret le titre de membre correspondant, elle a montré tout le prix qu'elle attachait à ses efforts.

M. G. Vallier, un de ces infatigables chercheurs qui trouvent tant de belles choses cachées, s'occupe avec ardeur et persévérance de recueillir partout les inscriptions, les sceaux, les monnaies, les jetons, etc., concernant la province. Il les dessine avec une fidélité remarquable et prépare une collection que l'on peut appeler unique en son genre. En attendant la publication de ce recueil, M. Vallier communique à l'Académie quelques-unes des curiosités qu'il a eu l'occasion de découvrir et qu'il récolte avec empressement, même quand elles ne concernent pas le sujet spécial de ses études. C'est ainsi qu'il a eu la bonne fortune de rencontrer des lettres écrites par J.-J. Rousseau à M. le docteur Clappier. Ce dernier était le correspondant botanique de Rousseau, et les lettres qu'il en a reçues ne contiennent guère que des renseignements sur les plantes; mais on y retrouve la trace des préoccupations habituelles de ce génie ombrageux et méfiant, qui écrivait à Mme. de Vernas : « On dit « que la grotte de la Balme est de vos côtés; c'est encore un « objet de promenade et même d'habitation, si je pouvais m'en « procurer une dont les fourbes et les chauves-souris n'appro- « chassent pas. »

L'histoire locale, malgré son charme et son utilité, n'absorbe pas tellement l'Académie qu'elle y consacre tous ses instants. L'histoire générale, la jurisprudence, la littérature et les beaux-arts ne peuvent manquer d'occuper une grande place dans les réunions d'une Compagnie dont font partie des magistrats éminents, de savants ecclésiastiques, des jurisconsultes et des professeurs de Faculté. Ainsi, M. Maignen a rassemblé, pour en faire la matière de deux volumes, les communications qu'il avait faites à l'Académie sur les beaux-arts, et M. Roux a continué ses études sur les historiens anciens par une appréciation de Tite-Live comme écrivain, et surtout comme historien national de Rome. Il a montré par des citations piquantes, d'un côté, l'attrait que communique au récit de Tite-Live son ardent patriotisme; de l'autre, les erreurs, si durement relevées par la science germanique, dans lesquelles ce patriotisme entraîna souvent ce grand écrivain.

En dehors de ces travaux, dus à l'initiative de ses membres, l'Académie Delphinale poursuit avec patience des œuvres collectives. Elle a commencé, par l'impression du Cartulaire de saint Robert, une collection de chartes et de monuments relatifs à l'histoire du Dauphiné ; elle prépare en ce moment le Répertoire archéologique du département de l'Isère. Ceux qui connaissent notre belle province, encore si peu explorée, comprendront la lenteur d'un semblable travail. Le relevé de ses richesses archéologiques, moins belles et moins nombreuses, il faut bien l'avouer, que ses grandioses beautés naturelles, n'existe nulle part dans les bibliothèques. D'un autre côté, le département est un des plus vastes de la France ; ses communes, excessivement nombreuses, occupent un grand espace dans des montagnes et dans des vallées souvent peu accessibles. Il n'est donc point étonnant que l'œuvre avance lentement : mais elle s'achèvera bientôt, grâce aux efforts persévérants des membres chargés d'en recueillir sur place les éléments indispensables. »

M. l'abbé Chamousset, secrétaire perpétuel de l'*Académie impériale de Savoie* et son délégué au Congrès, nous a fourni la note suivante sur les travaux de cette Société pendant l'année 1862 :

« J'ai l'honneur de présenter au Congrès, au nom de l'Académie impériale des Sciences, Belles-Lettres et Arts de Savoie, les trois livraisons qui forment le tome V[e]. de la 2e. série de ses *Mémoires*, et qui ont été imprimées depuis la dernière session du Congrès. Des travaux importants ont été publiés *in extenso;* des comptes-rendus assez développés, et rédigés par M. L. Pillet, secrétaire de l'Académie, donnent la substance des communications nombreuses et ayant de la valeur qui ont été lues et discutées dans le sein de cette Académie.

Les mémoires publiés en entier sont :

1°. Une *Notice biographique sur Philibert Simond*, prêtre apostat, devenu, en 1792 et 1793, la tête et le bras de la Révolution en Savoie. Cette notice est due à la plume infatigable de Mg[r]. Billiet, archevêque de Chambéry. Dans un pays où la presque universalité du clergé a noblement confessé la foi, en bravant pendant la Terreur les périls d'un apostolat héroïque, les cachots, l'exil et la mort, Philibert Simond méritait un châtiment, et ce châtiment devait lui être infligé par le prélat éminent qui, par ses vertus et son savoir plus encore que par les dignités auxquelles il a été élevé, est la gloire du clergé savoisien : Simond ne pouvait en recevoir un plus sévère et plus flétrissant que le simple exposé de sa vie, écrit de la main même de notre vénérable cardinal-archevêque.

La notice biographique sur Philibert Simond et les pièces justificatives qui l'accompagnent sont en même temps un monument historique très-précieux à consulter; la France de 1792, bien différente de la France de 1859, avait importé dans ce bon pays, récemment annexé, toutes les fureurs révolutionnaires, et n'avait pas tardé à le couvrir de ruines.

2°. *Recherches sur le livre anonyme*, ouvrage inédit de Guichenon, par le marquis L. de Costa de Beauregard.

Le *Livre anonyme* est un des précieux manuscrits de Guichenon que la ville d'Auxerre a cédés au Piémont en 1835. Il établit les droits et préséances de la maison de Savoie, l'une des plus anciennes (sinon la plus ancienne) familles régnantes, et spécialement le droit de prendre le *titre royal*. Les recherches de M. de Costa l'ont conduit à des découvertes très-curieuses en elles-mêmes et sous le point de vue historique.

3°. *Quatrième notice sur quelques monnaies de Savoie inédites*, par François Rabut, de Chambéry, professeur d'histoire au Lycée d'Agen. Cette quatrième notice est la continuation (je crains de dire le complément) des travaux très-considérables antérieurement publiés par le savant et infatigable archéologue.

4°. *Mémoire sur l'ozone manifesté dans le serein et la rosée*, par M. Charles Calloud. Les expériences de M. Calloud, chimiste distingué de notre ville, confirment quelquefois, contredisent, sur d'autres points, les résultats obtenus par d'autres savants sur le corps mystérieux que l'on est convenu d'appeler l'ozone;

5°. *Analyse d'une terre argileuse en culture près de St.-Seine*, par le même auteur.

On trouve dans ce travail un nouvel exemple d'une terre labourable qui, desséchée, ne donne à l'analyse aucune trace de carbonate calcaire, et qui, cependant, produit des récoltes dont l'incinération indique dans le tissu minéral des plantes les proportions de chaux sans lesquelles elles ne peuvent vivre. L'auteur trouve l'explication de ce fait dans les eaux plus ou moins chargées de bicarbonate de chaux qui, après avoir traversé les roches calcaires supérieures, viennent imprégner la terre argileuse.

Dans une semblable terre, très-argileuse et compacte, le drainage ne serait-il pas nuisible s'il n'était accompagné d'amendements calcaires ?

6°. *Marie-Louise-Gabrielle de Savoie, reine d'Espagne,* par Frédéric Sclopis.

Cette princesse accomplie a laissé dans le cœur du peuple espagnol un souvenir si profond que, bien des années après sa mort, ce peuple continuait à s'écrier : Viva la Saboyana!

7°. *Utopie pour la réforme de la procédure civile,* par M. Louis Pillet.

La magistrature savoisienne, remarquable à toutes les époques par son intégrité, son indépendance et la profondeur de sa doctrine, magistrature presque exclusivement composée de Savoisiens, allait se disséminer et se fondre dans la grande magistrature française : cette terre fertile de la Savoie ne cessera pas sans doute de produire d'excellents magistrats, mais il n'y aura plus de magistrature savoisienne; c'est une conséquence nécessaire de l'annexion, qui nous a été avantageuse sous d'autres rapports. C'est cette pensée qui a inspiré à M. l'avocat Pillet, jurisconsulte aussi distingué que naturaliste laborieux et savant, le projet de rappeler les efforts tentés, à une époque déjà éloignée, par Antoine Favre, illustre président du Sénat de Savoie, pour diminuer les procès et en détruire les lenteurs. M. Pillet établit qu'Antoine Favre fut le précurseur des grandes réformes de 1806.

8°. Enfin, *Ossements fossiles trouvés en Savoie, de* 1850 *à* 1862, par M. Louis Pillet.

Ce travail est la suite d'une communication faite en 1850 par M. Pillet sur ce même sujet, travail des plus importants pour la géologie de la Savoie : extrêmement pauvre en *ossements fos-*

siles, dont il est nécessaire de recueillir et de signaler les plus légères traces; inférieure, sous ce rapport, à la géologie de la plupart des pays voisins, la géologie de la Savoie les domine toutes par le nombre et la variété de ses formations, les modifications qu'elles ont subies, et surtout la grandeur majestueuse des phénomènes de dislocation, plissements, soulèvements et affaissements des roches, dont il est impossible de se faire une idée sans les avoir étudiés sur les lieux.

Maintenant ma tâche devient plus difficile; comment pouvoir, dans une revue rapide, vous donner une idée suffisante des nombreuses communications lues et discutées dans nos séances, qui sont résumées par M. L. Pillet dans ses comptes-rendus? L'Académie a mis le plus grand soin à consigner dans ses archives tout ce qui peut éclairer l'archéologie et l'histoire du pays : spécialement des inscriptions lapidaires fort curieuses, recueillies en diverses localités, qui lui ont été présentées par MM. le chanoine Vallet, le curé Pont, Fivet, architecte, etc. Elle a reçu avec reconnaissance et elle fait conserver précieusement les monnaies, médailles, poteries, statuettes, etc., qui lui ont été adressées par MM. Conte, ingénieur des ponts-et-chaussées; le général Antoine Gabet; Revel, docteur-médecin; Davat, docteur-médecin; S. Ém. Mg[r]. Billiet, cardinal-archevêque, etc. Les inscriptions et les antiques envoyés à l'Académie ont plusieurs fois été accompagnés de savants mémoires donnant lieu à des discussions fort animées. Je citerai spécialement les travaux remarquables de M. Fivel. MM. Guilland et Revel, docteurs-médecins,ont vivement intéressé par les détails qu'ils ont donnés sur des tombes récemment découvertes dans les environs de Chambéry; M. le comte de Feras, de Thenon, a adressé à l'Académie un travail considérable *sur le célèbre abbé de St.-Réal;* M. le marquis L. Costa de Beauregard a donné lecture de quelques pages de son grand ouvrage *sur la biographie de l'historien Guichenon,* ouvrage du plus haut intérêt, comme tout ce qui sort de la plume du président de l'Académie impériale de Savoie.

Je me borne à ces généralités sur nos travaux archéologiques et historiques.

Les études médicales ont aussi trouvé leur place : MM. les docteurs Canet et Revel ont donné des détails intéressants sur la nécessité d'une ventilation et aération convenable des hôpitaux, et sur les moyens les plus propres à l'obtenir.

La littérature et la poésie sont venues, par intervalle, jeter des fleurs au milieu des discussions scientifiques ; on ne peut lire sans être ému la délicieuse pièce de vers, intitulée : *Ma sœur*, envoyée par un jeune poète de Chambéry, M. Maurice Molens : M. Auguste de Juge, magistrat de haut mérite et poète goûté, nous a lu plusieurs fables extraites d'un nouveau recueil qu'il se propose de publier, et une *Épître à mon jardinier* : l'âge lui avait conservé toute la fraîcheur de ses jeunes années, et l'Académie impériale, dont il a été plusieurs fois président et vice-président, espérait pouvoir jouir long-temps encore de ce membre aimé et estimé, lorsqu'une mort soudaine est venue nous le ravir. M. L. Pillet, dans un travail intitulé : *Études philologiques sur les noms propres*, relève plusieurs abus orthographiques et flagelle une manie qui s'introduit en Savoie depuis l'annexion, et qui consiste à prononcer à la française, en les défigurant, plusieurs noms propres de localités. M. Pont, curé de St.-Jean de Belleville, s'est occupé à recueillir les divers patois des montagnes de la Haute-Tarentaise, et en a envoyé des spécimens curieux. La séance du 31 juillet 1862 a été l'une des plus remarquables par les beaux discours prononcés par MM. Adolphe Fabre, président du Tribunal, et le comte Amédée Greyfié, à l'occasion de leur réception au nombre des membres effectifs de l'Académie impériale, et par la réponse du président, M. le marquis Costa de Beauregard. Ces discours ne comportent pas une analyse, il faut les lire dans les Comptes-rendus, où ils ont été reproduits.

Depuis les importantes découvertes géologiques de MM. Pillet et Vallet, qui ont déterminé la Société géologique de France à tenir en Savoie sa session extraordinaire de 1861, MM. Pillet et Vallet ont continué leurs recherches avec une ardeur nouvelle. Pour faciliter les études, surtout dans les pays de montagnes, M. Pillet a proposé un nouveau système de cartes géologiques, qui a l'avantage de représenter les altitudes et les coupes des terrains ; ce système, fort ingénieux, a mérité les encouragements de l'Académie.

Depuis quelques années, *les habitations lacustres* ont à juste titre appelé l'attention des savants : la Savoie n'est pas restée étrangère à ce mouvement ; des recherches ont été faites sur les bords du lac du Bourget et du lac d'Annecy. L'Académie a entendu avec plaisir les communications de MM. Despines et Davat, médecins à Aix-les-Bains, et de M. L. Pillet. L'attention est décidément fixée sur ces époques reculées, où l'homme commençait à habiter la terre ; il sortira bientôt, des observations poursuivies avec ardeur, une nouvelle lumière sur cette époque intermédiaire entre l'ère actuelle et les âges géologiques.

L'Académie impériale a continué d'encourager le progrès agricole : une somme de 300 francs a été consacrée à acheter des charrues étrangères, qui ont été livrées pour la moitié du prix coûtant à divers agriculteurs ; l'Académie les a priés, en même temps de lui faire parvenir les résultats obtenus avec ces nouveaux instruments.

L'Académie impériale avait provoqué, il y a quelques années, l'érection à Chambéry d'un monument en l'honneur d'Antoine Favre, l'illustre président du Sénat de Savoie, qui n'est pas seulement la gloire de notre modeste pays, mais qui est regardé par les jurisconsultes de tous les pays comme la lumière du barreau. Son appel a été entendu, la Municipalité a joint une somme considérable à celle, considérable aussi, que l'Académie avait offerte ; une souscription avait été ouverte promptement en Savoie, en France et à l'étranger. L'Académie a continué ses soins à l'accomplissement de ce projet ; le monument est en voie d'exécution.

L'Académie impériale a ouvert un concours, pour trois prix, qui seront distribués au mois d'août prochain ; le Congrès scientifique de France étant alors réuni à Chambéry, la grande solennité de la distribution des récompenses en recevra plus d'éclat. 1°. Un prix de 750 fr. pour la meilleure *biographie d'un Savoisien décédé avant* 1845 ; 2°. un autre prix de 750 fr. à l'auteur du meilleur *Répertoire archéologique* de l'un des arrondissements de Savoie ou de Haute-Savoie ; 3°. un prix de 400 fr. pour l'auteur du meilleur *poème sur le Congrès scientifique de* 1863, et une médaille de 200 fr. au poème qui aura mérité la seconde place.

Enfin l'Académie impériale, qui est en échange de publications et en rapports d'amitié avec tous les autres corps savants de la Savoie, ainsi qu'avec un grand nombre de Sociétés savantes étrangères, a étendu cette année notablement ces relations fécondes avec les Corps savants étrangers.

Par ce court exposé, vous reconnaîtrez, Messieurs, j'en ai la confiance, que l'Académie impériale de Savoie n'a pas cessé d'être le centre du mouvement intellectuel dans notre pays, et qu'en 1862, comme dans les années précédentes, elle s'est efforcée de remplir les devoirs qu'elle a contractés, en héritant de la devise de l'ancienne Académie Florimontane, fondée il y a deux siècles par deux immortels amis, saint François-de-Sales et le président Favre : *Flores et fructus.* »

Chambéry a en outre une Société savoisienne d'histoire et d'archéologie, une Société médicale et une Société départementale d'agriculture.

La *Société savoisienne d'histoire et d'archéologie* a publié, en 1862, un volume de mémoires et documents qui contient des pièces d'un grand intérêt.

La première est l'*Obituaire des Frères-Mineurs* (Cordeliers) *de Chambéry.* Ce document, qui commence à l'an 1374 et se poursuit jusqu'en 1783, contient une foule de renseignements précieux pour l'histoire de la ville, pour celle des familles, des monuments et des arts. M. Robert, qui le publie, l'a fait précéder d'un résumé historique et l'a accompagné de notes et de tables fort utiles pour l'intelligence du texte et pour les recherches.

On trouve encore dans ce volume :

Un remarquable aperçu historique et artistique du château et de la Sainte-Chapelle de Chambéry, par M. Th. Fivel ;

Une liste chronologique, malheureusement incomplète, mais encore très-précieuse, des baillis, gouverneurs, châtelains et juges de la province du Chablais depuis l'année 1256;

Des documents inédits sur l'histoire de la ville de Thonon, par M. le colonel Dufour, faisant suite à d'autres documents relatifs à la Savoie, déjà publiés par le même auteur. Plusieurs de ces pièces touchent à un point assez curieusement étudié aujourd'hui de l'histoire des villes, à savoir l'origine, les développements et les statuts de ces compagnies de bourgeois qui ont existé partout sous divers noms; et, en Savoie, sous ceux de *Basoche, Abbaye de la jeunesse, Tireurs de l'arc, de l'arbalètre, de l'arquebuse* et tout récemment *de Chevaliers tireurs*. Une description de la vallée de Maurienne, extraite par le même auteur d'un manuscrit du XVIIe. siècle;

Une notice de M. Laurent Sevez sur la bijouterie et l'iconographie religieuse de la Savoie, dans les siècles passés et dans le temps présent; travail ingénieux et intéressant;

Et enfin un fragment historique, de M. Eugène Burnier, juge au Tribunal de St.-Jean-de-Maurienne, sur le Parlement de Chambéry sous François Ier. et Henri II, c'est-à-dire pendant la période où une injuste conquête avait violemment réuni la Savoie à la France. Ce fragment, dont les éléments ont été, en très-grande partie, fournis exclusivement par les archives de la province, fait partie d'un travail complet que prépare l'auteur sur l'histoire de la magistrature savoisienne. Le fragment publié est une œuvre fort remarquable, et qui révèle à la fois des études sérieuses, un esprit droit et judicieux et une grande élévation de pensée.

Le volume se termine par une suite du *Bulletin bibliographique de la Savoie*, recueilli par M. Rabut, et dont il a déjà publié précédemment plusieurs parties.

En somme, ce volume offre une lecture pleine d'intérêt, non-seulement pour les habitants de la contrée, mais pour toutes les personnes qui se plaisent aux recherches historiques approfondies.

Le département de la *Haute-Savoie* a une *Société d'histoire, sciences, arts, industrie et littérature*, qui est établie à Annecy sous le titre de *Société Florimontane*. Elle publie, sous la direction de M. J. Philippe, une revue mensuelle avec le titre de *Revue savoisienne*. Les sujets qu'elle traite sont très-variés. Mais l'histoire et l'archéologie locales y sont approfondies de préférence, et les articles qui en traitent nous paraissent se recommander en général par un savoir solide et l'art, si essentiel et si précieux, de donner de l'attrait aux sujets sérieux. Nous ne parlons ainsi qu'à raison des livraisons de 1863, qui nous sont parvenues. Quant à celles de 1862, qui ne nous sont pas connues, nous n'en pouvons rien dire. Toutefois, nous critiquerons comme défectueux le format de journal in-4°. sur deux colonnes, et nous croyons qu'on ferait bien de donner à cette excellente publication le format in-8°. avec couverture, qu'ont adopté presque toutes les Revues.

Nous devons à M. de Chardonnet, ancien élève de l'École polytechnique, l'exposé plein d'intérêt qu'on va lire sur les travaux de la *Société d'émulation du Doubs :*

« Dans son excellent rapport de l'année dernière, M. le capitaine Bial, professeur à l'École d'artillerie de Besançon, vous a donné quelques détails sur l'organisation et le but de la Société d'émulation du Doubs. Cette Société continue ses travaux avec le même zèle, et le volume en cours de publication contiendra des mémoires fort intéressants. C'est à l'obligeance de M. Bial que je dois une partie des notes dont je me suis servi pour la rédaction du rapport que j'ai l'honneur de vous présenter.

Lui-même est l'auteur d'une très-bonne étude, intitulée : « *Chemins, habitations et oppidum de la Gaule au temps de César.* » Ce travail est divisé en trois parties :

1°. L'auteur établit les caractères essentiels des chemins de la haute antiquité, particulièrement de la Gaule indépendante ; il fonde sur ces caractères une règle pour reconnaître les chemins celtiques ; il vérifie ces caractères et cette règle au moyen des données éparses que fournit l'histoire sur ce sujet, et d'un examen descriptif et critique des rares exemples de chemins anté-romains reconnus en Angleterre, en France et en Suisse ; il esquisse l'ébauche d'une carte des chemins celtiques, en montrant dans quelles directions les archéologues doivent chercher ceux qu'indiquent les opérations militaires décrites par les auteurs anciens, et surtout par César dans ses *Commentaires*.

2°. Il établit, de même, les caractères des habitations de la Gaule indépendante : les cavernes, les mardelles, les habitations lacustres, les cabanes, les *ædificium* dont parle César, y sont étudiés et clairement décrits.

3°. M. Bial fait connaître l'organisation extérieure des bourgades, des villes, des *oppidum* celtiques ; il dépeint leurs places d'assemblées, leurs sanctuaires, leurs cimetières, leurs fortifications ; il éclaire ces tableaux par la description des *oppidum* celtiques d'Angleterre, de France et de Suisse, dont il reste des vestiges ; enfin il place sur la carte des chemins gaulois les principaux *oppidum* de la Gaule au temps de César.

On voit que cette étude est, en quelque sorte, une peinture de la civilisation extérieure et matérielle de la Gaule au moment de la conquête romaine. L'auteur en présente le tableau aussi complet que le permet l'état actuel de nos connaissances, auxquelles cette étude même ajoute beaucoup.

M. le docteur Delacroix, professeur à l'École de médecine de Besançon, inspecteur-adjoint à l'établissement thermal de Plombières, a donné un mémoire très-remarquable sur les fouilles faites, en 1858 et 1859, aux sources ferrugineuses de Luxeuil. Il a trouvé dans ces fouilles la confirmation de l'opinion qu'il avait émise sur la distinction nettement établie, dans l'antiquité, entre *Lixovium* et *Bricia*, entre les sources thermales et les sources ferrugineuses, dont nos ancêtres gallo-romains avaient parfaitement compris les différences de composition et d'allure souterraine, et qu'ils employaient à des usages séparés, comme l'indiquent de très-remarquables travaux de captage, dont le but évident était d'assurer cette distinction.

M. Delacroix a tiré des fouilles une intéressante collection de débris de poterie, actuellement déposée au musée d'archéologie de Besançon, collection d'autant plus variée, qu'apportée par les baigneurs et commençant à la période celtique, elle semble empruntée à tous les lieux. Mais ce qui nous intéresse plus particulièrement, c'est un fort beau moule, très-bien conservé, indiquant à Luxeuil même la fabrication de cette poterie rouge, fine, à reliefs, qui caractérise la belle époque de la céramique romaine.

Un savant mémoire sur le coefficient de contraction de la veine liquide, par M. Théodore d'Estocquois, professeur à la Faculté des sciences de Besançon, mérite toute l'attention des personnes qui s'occupent de physique et de mathématiques.

On sait que, lorsque l'eau s'écoule par un orifice, la dépense réelle obtenue est égale à la dépense théorique $\sqrt{2gh}$ multipliée par un coefficient, appelé coefficient de contraction de la veine liquide, dont la valeur a été déterminée par de nombreuses expériences. M. d'Estocquois l'a cherchée par le calcul, au moins dans les cas d'un vase de révolution autour d'un axe vertical, et d'un orifice rectangulaire horizontal, la contraction ayant lieu sur un des côtés du rectangle seulement. Il a trouvé ce coefficient égal au cosinus de l'angle que font, avec la verticale, les filets les plus extérieurs de la veine.

Le mémoire est divisé en quatre parties :

La première a pour objet la forme des filets liquides, dans un vase de révolution, déterminée au moyen de l'équation de continuité.

Dans la deuxième, le vase est supposé contenir un liquide pesant : les constantes, restées arbitraires, sont déterminées d'après les conditions du mouvement.

La troisième partie traite de l'orifice rectangulaire horizontal. M. d'Estocquois résout la question directement. Il fait remarquer, cependant, que cette étude se déduirait de celle du vase de révolution, en supposant que l'axe du vase s'éloigne à l'infini.

Dans la quatrième partie, M. d'Estocquois compare les valeurs données par sa théorie aux résultats de l'expérience. Il trouve que la différence entre ces valeurs ne dépasse pas quelques centièmes dans le cas des ajutages coniques. Cette différence s'explique d'ailleurs par le fait que M. d'Estocquois n'a pas tenu compte de l'adhérence du liquide aux parois, ni de la perte de force vive due aux oscillations du liquide. La différence entre les valeurs théoriques et les valeurs expérimentales est encore moindre dans le cas d'un orifice circulaire en mince paroi ouvert dans un plan horizontal, et dans le cas où l'eau s'écoule par l'orifice rectangulaire.

M. Sire, essayeur du commerce à Besançon, a remis un mémoire sur la cohésion, où se retrouvent les qualités qui distinguent l'ingénieux inventeur du *Pendule gyroscopique* et du *Polytrope*, l'habile expérimentateur auquel nous devons d'utiles études sur les mouvements de rotation.

Notre volume de 1862 contiendra aussi un travail de M. Étalon, sur le *Jura graylois*, manuscrit de 500 pages, renfermant la description d'un grand nombre de fossiles nouveaux. La Société d'émulation avait précédemment publié d'autres travaux importants de ce jeune et déjà célèbre paléontologiste, si brusquement enlevé par une mort prématurée à la science qu'il cultivait avec tant d'ardeur et de succès.

Notre Société, qui ne se borne pas, comme vous le savez, à des études théoriques, continue avec persévérance l'exploration archéologique du pays d'Alaise, le plus vaste champ de bataille de l'époque gauloise qui ait été encore signalé. Sur les trente mille *tumulus* qui enceignent l'*oppidum*, deux cents à peine ont été fouillés ; il en résulte néanmoins, pour le musée de Besançon, une incomparable collection d'armes et de bijoux, se rapportant à la période dite le *premier âge de fer*, que les savants de l'Allemagne, de la Suisse et de l'Angleterre considèrent comme contemporains de la conquête des Gaules. Quatre énormes môles, recouvrant des amoncellements d'os calcinés, de charbons et de cendres, ont été interrogés à leur tour : ils rappellent d'une manière saisissante ces funérailles gigantesques que les armées romaines célébraient après la victoire, et dont

Virgile a fait une si éloquente peinture. Une tombelle celtique, récemment ouverte au lieu dit le *cimetière des Crétas*, a fourni un style en bronze, à écrire, d'un caractère essentiellement romain; c'est le second exemple d'une association aussi significative que la Commission des fouilles d'Alaise a la bonne fortune de constater. Signalons également, parmi les dernières découvertes, une médaille consulaire au type de la famille *Fabia,* qui a surgi non loin du lieu dit les Champs-de-la-Victoire. Des camps sont disséminés sur tout le pourtour du massif d'Alaise : les uns destinés à bloquer l'*oppidum*, les autres à protéger contre un coup de main les positions de l'assiégeant ; ces derniers occupent le débouché supérieur de chacune des gorges qui mettent en communication le plateau d'Amancey avec les vallées de la Loue et du Lison. Sur les parties rocheuses du sol, on s'est retranché en établissant, l'un devant l'autre, deux bourrelets parallèles, dont l'intervalle remplissait l'office de fossé. Quelques coupures transversales ont été faites dans ces bourrelets ; il en est sorti des fragments d'une poterie jaunâtre et fine, qui contraste absolument avec la céramique des Celtes. Les camps reconnus dans les environs d'Alaise sont déjà au nombre d'une quinzaine ; ils affectent tous la forme carrée.

Les hauteurs qui avoisinent Alise-Sainte-Reine, cette rivale privilégiée d'Alaise, ne possèdent que six petits camps de forme ronde, et divers savants pensent que ce plan de castramétation ne remonte qu'à la seconde moitié du IVe. siècle. Qu'on ne s'étonne donc plus de cette persistance des documents du moyen-âge à désigner le Mont-Auxois sous le nom d'*Alisia*, et à réserver pour le seul massif d'Alaise le vocable césarien d'*Alesia.*

Les fouilles d'Alaise, de 1862, dirigées par MM. Jules Quicherat, Alphonse Delacroix, le capitaine Bial et Auguste Castan, ont été l'objet d'un rapport de ce dernier, qui fera partie du prochain volume des *Mémoires* de la Société d'émulation.

Alaise n'est pas le seul point que la Société ait exploré : à quatre kilomètres au sud de Besançon, sur un plateau que sillonnent les voies antiques, existe une traînée de plusieurs milliers de *tumulus* qui, moyennement large d'un kilomètre, commence aux environs du village de Fontain et se prolonge jusqu'aux escarpements de la Loue. En parcourant cette zone, on remarque d'abord, au pied du village de Fontain, un camp de construction romaine; plus loin, on rencontre la *Malpierre*, les *Champs-Latins*, les *Champs-Julien*, les *Champs-du-Débat* et enfin le hameau de *Bois-Néron*. Sous ce dernier groupe d'habitations, existe un important vestige de castramétation en pierres sèches. En regard de cet ouvrage, qui occupe le centre du champ de bataille, s'ouvre, entre deux lèvres de roche, un couloir étroit dans lequel s'engage la route qui conduit à Besançon. A première vue, cet ensemble apparaît comme le résultat d'un combat entre Gaulois et Romains, pour la dispute du passage que nous venons de signaler. M. Alphonse Delacroix est allé plus loin : avec la pénétrante sagacité qui le caractérise, il a cru pouvoir y placer le théâtre du massacre des bandes gauloises insurgées contre Néron, par les légionnaires du Rhin, unis aux Belges et aux cavaliers bataves. Cette sanglante affaire, dans laquelle périrent vingt mille Gaulois, y compris leur chef Julius Vindex, se passa, suivant Dion Cassius, *non loin* de Vesontio. M. Delacroix ayant émis le vœu que des fouilles fussent entreprises pour contrôler son attribution, la Société s'est rendue à ce désir. Une vingtaine de *tumulus*, construits avec de larges dalles mordant les unes sur les autres en manière de toiture, ont été ouverts; ils recélaient généralement des os d'hommes et de chevaux. La plupart étaient absolument privés de poterie, et aucun d'eux n'a fourni le moindre objet de parure : deux circonstances qui semblent indiquer une période où l'on commençait à oublier les pratiques funéraires de la Gaule indépendante. Le camp romain de Fontain présente un carré légèrement oblong; il se classe naturellement comme type de transition entre la formule du carré parfait, qui avait cours au temps de César, et la méthode adoptée sous Trajan, qui consistait à arrondir les angles de la castramétation. Les décombres du muraillement gaulois ont fourni des ossements humains, de la poterie celtique et un magnifique instrument de fer, à qui l'heureux calcul de ses proportions et l'habileté de son travail de forge assignent une provenance romaine. Cette pièce, haute de 60 centimètres, se compose d'un vigoureux grappin relié, au moyen d'une tige doublement courbée et rendue octogonale par quatre chanfreinements, à une longue douille soudée à chaud. C'est là, croit-on, le premier exemplaire connu de la *falx muralis*, dont les légions romaines firent un si fréquent usage pour précipiter les palissades et ébranler les assises des murailles gauloises. Ces résultats, intéressants par eux-mêmes, consolident l'attribution de M. Delacroix, qui avait déjà pour elle les vraisemblances topographiques, les déductions stratégiques et la tradition orale conservée par les lieux dits. Telles sont les conclusions d'un rapport de notre savant confrère, M. Auguste Castan, qui paraîtra sous peu dans les *Mémoires* de la Société, et qui sera lu avec le plus grand intérêt par tous ceux qui se sont intéressés à la question d'Alaise.

En terminant ce rapport, je suis heureux de pouvoir vous signaler le développement que prend tous les jours la fabrique d'horlogerie de Besançon. Malgré l'état de malaise où différentes circonstances placent en ce moment plusieurs de nos industries, celle-ci continue à prospérer. La Société d'émulation s'intéresse d'autant plus à ces progrès qu'elle espère y avoir contribué, comme vous le disait M. Bial, par l'exposition universelle de 1860. »

M. Huard, membre honoraire de la Société d'agriculture, sciences et arts de Poligny, nous a présenté le mémoire qu'on va lire sur les travaux de cette Société :

« Délégué, pour la deuxième fois, par la *Société académique de Poligny*, près de l'*Institut des provinces*, je viens, en quelques mots, a dit M. Huard, retracer l'itinéraire progressif suivi, par la savante Compagnie jurassienne, pendant le cours de l'année 1862.

Les *séances agricoles publiques*, but principal de la Société, ont été tenues régulièrement les premiers lundis de chaque mois. Ces séances ont été employées à l'examen des questions suivantes :

1°. *En agriculture.* — La pomme de terre Chardon ; — Multiplication extraordinaire des insectes en 1861 ; — Nécessité de réduire la culture des céréales ; — Nouvelles formules de fromages à introduire dans les chalets du Jura ; — Avantages du drainage au moyen de l'épine noire ; — Avantages des machines pour le cultivateur ; — Oiseaux utiles à l'agriculture ; — Avantage de la planche substituée aux billons ; — Parallèle entre les blés du printemps et les blés de l'automne, les blés barbus et les blés non barbus ; — Comparaison des plantes oléagineuses, au point de vue du rendement, et exhortation à cultiver, dans le Jura, le pavot-œillette et le colza de mars ; — Influence de l'alimentation sur la richesse des éléments du lait ; expérimentations faites sur ce sujet dans le département ; — Résultats agricoles obtenus dans le Jura par l'emploi du *semoir-rouleau universel.* Présentation à la Société d'un soc de charrue modifié, d'un coupe-racines très-simple ; — Époques reconnues convenables pour l'ensemencement et l'effeuillage de la betterave ; — Essais de replantation des tiges de la pomme de terre, comme préservatif de la maladie ; — Résultats obtenus par la replantation du sorgho.

Ces études d'agriculture n'ont pas toujours, il est vrai, obtenu la sanction du succès le plus éprouvé ; mais elles témoignent hautement de l'émulation qui existe dans la *Société de Poligny*, et, à ce titre surtout, elles méritent les éloges les plus chaleureux de tous les hommes qui s'occupent du progrès de l'humanité.

2°. *En arboriculture.*—Greffe du noyer et du châtaignier;— Préservation de la gelée des arbres ; — Production du gui ; — Disparition du châtaignier du département du Jura.

3°. *En horticulture.* — Vertus insecticides de la lignite, du chlorure de chaux, du coaltar, de la poudre Bugnot ; — Conservation des melons et des fleurs naturelles ; — Obtention de gros oignons, de choux-fleurs de Hollande, de grosses asperges; — Culture des fraisiers et des oignons à fleurs.

4°. *En apiculture.* — Travaux sur le nombre rationnel des ruches; ruches en paille; enterrement des ruches; — Piquet foré et préservateur des insectes; — Avantages de la ruche pyramidale.

5°. *En pisciculture.* — Amodiation des cours d'eau poissonneux.

6°. *En viticulture.* — Culture superficielle et économique des vignes; — Essais, à Poligny, de l'inoculation de l'oïdium; — Emploi de la liqueur Lannabras; — Essai de la clef-ficheuse de Fellens; — De la hauteur à donner aux vignes; — De la greffe Cailliot; — Du maïs vert et des os comme engrais; —Description du vignoble de Salins et essais de la méthode Guyot dans ce même vignoble.

Comme conclusion à ces travaux relatifs aux sciences agricoles, permettez-moi, Messieurs, d'ajouter que la *Société de Poligny* a distribué aux cultivateurs, et cultivé dans son propre jardin, à titre d'essais: le blé et l'orge de Crimée, le blé bleu, les avoines de Sibérie et de Hongrie, les pommes de terre suisses, africaines et de Vitry, les maïs blanc et rougè, l'œillette, le colza de mars, les courges d'Italie, les betteraves impériales de Villemorin, la carotte blanche, les pois Commenchon, la rave Aberdeen, l'orge hexagone, diverses espèces de haricots; le sorgho de Chine, la rhubarbe de Chine, etc., etc.

La *Société* a, en outre, établi dans son jardin d'essais une ruche pyramidale, et elle a fait procéder à des expérimentations publiques au sujet de la charrue à une seule roue qui lui a été présentée.

Dans le cours de ses séances, la Société s'est occupée aussi de questions importantes, concernant les sciences et les lettres, ainsi qu'on en pourra juger par l'exposé des travaux que nous présentons ici:

1°. *Hygiène et médecine.* — Sur ces deux sujets, fort à l'ordre du jour, les questions suivantes ont été traitées:

La maladie aphtheuse, par MM. Renaud et Lemaire; —La race

chevaline, par MM. Bel et Rossignol ;—L'alimentation des veaux par les résidus de la farine de maïs Betz-Pénot ; — L'avantage de l'allaitement prolongé des veaux, par l'abbé Maire ; — Conseils d'hygiène agricole, par le docteur Quantin ;—La substitution du collier au joug et les avantages de la race bovine sans cornes ; — La caisse des retraites pour la vieillesse agricole, par M. Vitard ; — Sur l'hydrophobie, par M. Lacroix ; — De l'emploi médical des forces physiques, par M. Ferran ; — De *la chorée*, par le docteur Quantin ; — Sur l'ergot de froment ; sur les biscuits de mer préparés avec la farine Betz-Pénot ; — Sur la production à volonté des sexes dans l'espèce animale ; — Inauguration des *Conférences agricoles* de M. Tissot, vétérinaire, conférences dans lesquelles on a surtout traité *de la météorisation et de la non-délivrance chez la race bovine.*

2°. *Commerce.* — Consommation statistique du sel dans le Jura ; — Altérations frauduleuses du safran et de la garance ; — Mesurage du bois en grume.

3°. *Industrie.* — Nouveau régénérateur des vernis ; — Alcool de sorbes ; — Sciure de bois durcie et moulée ; — Fabrication du vinaigre par le procédé Pasteur ; — Du remplacement du houblon par la gentiane dans la fabrication de la bière.

4°. *Hydrologie.* — Sur la découverte des sources, par M. Jurassien ; — Sur les ressources du Jura en eaux minérales, par le docteur Bertherand ;—Sur les Eaux-Bonnes, par le docteur de Pietra-Santa ; — Les eaux minérales de Salins, par MM. Berthier et Maraux ; – Du dessèchement des plaines du Vernois et de l'Échellion, par M. Bel ; — Recherches sur les fondations de la *Furieuse*, par M. de Miserey.

5°. *Histoire.*—Le *Champ sacré des Séquanes*, par MM. Toubin et Gindré ; — *La peste à Poligny en 1636*, par le docteur Pernon ; — *Notices sur Besain, Moirans et sur les clefs du Jura*, par M. Gindré ; — *Études sur la sorcellerie dans le Jura, et sur un voyage de Marguerite de Flandre dans ce département*, par le docteur Bertherand ; — *Le lac d'Antre ; les eaux de Vaucluse ; Bonaparte à Dôle*, par M. Bel ; – *Histoire abrégée du Consulat et de l'Empire*, par M. Adolphe Huard ;

— *Bonnes œuvres de M. Barbet à sa commune natale (Poligny)*; — *L'Alesia de César*, par M. Girod; — *Éloge de Mme. Fraissinet*, par le docteur Bénestor Lunel; — *Les Gloires chrétiennes du Jura*, par le docteur Bertherand; — *Notice sur Laumier, de Dôle*, par M. Pallu.

6°. *Archéologie.* — *Une médaille du couvent de Rosières*, découverte par M. Vionnet; — Congrès archéologique de la Société de Poligny.

7°. *Géologie.* — *Les roches jurassiennes hors d'Europe*, par M. Marcou; — *Les marbres de Ste.-Ylie (Jura)*, par M. Dardenne; — Congrès géologique et paléontologique de Poligny, à Poligny, à l'occasion des découvertes de fossiles faites dans les tranchées du chemin de fer, sur plusieurs points du Jura.

8°. *Littérature.* — *La Justice*, par Mlle. Arnoult; — *Sur l'enseignement primaire*, par M. Bel; — *Moyens de créer des bibliothèques communales*, par M. Armand Maillard; — *Analyses de l'histoire des marionnettes*, de Magnen; — *Des steppes de la mer Caspienne*, de M. de Hell, par M. H. Cler; — *De l'importance de l'éducation sur l'enseignement primaire*, par M. Dupasquier; — *Du danger d'exciter à un trop haut point l'émulation dans les écoles primaires*, par M. Adolphe Huard.

9°. *Poésie.* — Un sonnet à la ville de Poligny, par M. H. Cler; — *Le Démon*, par M. Firmin Gavel; — *Un souvenir à la mer*, par le docteur Gobert; — *Hymne à Dieu*, par M. Eichoff, de l'Institut; — diverses poésies, par M. C. Blondeau; — plusieurs strophes, par M. Lefebvre-Bréart; — *Super flumina*, imitation par M. Petit; — un certain nombre d'hommages poétiques, adressés à la *Société* par MM. Garcerie et Lefèvre; — enfin, M. Regnault a fait de nouveaux envois de sa traduction en vers des Chefs-d'œuvre de lord Byron. Ces envois ont été accueillis avec enthousiasme par les membres résidants de la Société de Poligny.

Cette nomenclature terminée, permettez-moi, Messieurs, de résumer mon travail par l'exposition sommaire des articles insérés dans le *Bulletin mensuel de la Société de Poligny :*

Observations météorologiques mensuelles ; — Biographie d'Antide Janvier ; — Revue des industries jurassiennes qui ont figuré au concours de la Société en 1861 ; — De nos thés indigènes, par le docteur Rouget ;—De l'enseignement élémentaire de la musique vocale, par M. Cochery ; — Sur le cuvage des raisins avec la grappe, par M. Gerbet ; — Note sur la charrue à âge articulé, par M. Gindré ; — Légende du lac de Châlain, par M. Javel ; — *Henri IV devant Poligny*, par M. Cottez ; — *Poligny ou la route de Marengo,* poésie, par M. G. de Mancy ; — *La Châtelaine*, ballade, par M. Sternemann ; — *Danger de l'émulation exagérée dans les écoles primaires*, par M. Adolphe Huard ; — les cours d'arboriculture et de viticulture professés à Poligny par M. du Breuil ; — un grand nombre d'articles bibliographiques dus à la savante et judicieuse plume de MM. Cler, Maraux, Jeannin ; — Sur l'*Abeille ardennaise*, de M. Lefebvre-Bréart ; sur les *Scarabées*, de M. Toubin ; sur les *Traités des poids et mesures,* de M. Benoît ; — sur les *Œuvres musicales,* de M. Blanc ; sur les *romans*, de M. Victor Poupin ; sur les *Entretiens d'un instituteur avec ses élèves*, par M. Bourgeois ; sur *les prédications agricoles,* de M. Defranoux, et sur l'ouvrage de M. Max Buchon, travail relatif à Salins-les-Bains.

Ajoutons à tous ces travaux les mentions suivantes : vote de 150 fr., de la *Société*, pour obtenir de M. du Breuil un *cours de viticulture public ;* — organisation d'une *Société de secours mutuels en faveur des vignerons et ouvriers de Poligny ;* — distribution d'un millier de plants de vignes de Sardaigne aux vignerons ; — obtention d'une inspection officielle des vignobles de l'arrondissement, par le docteur Guyot ; — envoi de délégation au *Congrès scientifique de St.-Étienne*, ainsi qu'au Congrès tenu à Lyon par la Société française d'archéologie ; — plusieurs souscriptions à la *Société du Prince impérial* et à divers ouvrages publiés par des membres de la Société ; — l'*exposition* et le *concours annuels* du mois de septembre 1862. 280 candidats environ étaient inscrits. — Les récompenses ont été nombreuses, et décernées au nom des hauts patrons de la

Société : S. A.I. le prince Napoléon (protecteur de la Société), LL. AA. la princesse Bacchiochi et le prince d'Aremberg.

Maintenant, Messieurs, que vous avez pu juger, d'après les termes de ce Rapport, des travaux immenses accomplis par une Société comptant à peine trois années d'existence, et cela à l'aide de ses seules ressources, je ne doute nullement que l'*Institut des provinces*, protecteur de tout ce qui est travail, progrès et émulation, n'accorde à la *Société d'agriculture, sciences et arts de Poligny*, une mention flatteuse, qui sera pour ce Corps savant une précieuse récompense de ses efforts à concourir au bien de l'humanité. »

A la suite de cette communication, le Congrès a décidé que son président écrirait à M. le Préfet du Jura, pour réclamer sa bienveillance et celle du Conseil général du département en faveur de la Société de Poligny, dont les travaux sont si dignes de l'estime et de la reconnaissance de la contrée.

La *Commission d'archéologie et des sciences historiques* du département de la Haute-Saône, qui, fondée en 1838, n'avait jusqu'à présent publié que deux volumes de mémoires, s'est réveillée récemment d'un long sommeil et a donné un troisième volume en 1862.

Il contient :

Un mémoire de M. Déy, sur l'administration intérieure de la ville de Luxeuil, gouvernement électif et populaire, qui, selon l'auteur, a succédé sans intervalle dès les temps mérovingiens au régime aristocratique de la curie romaine. Ce mémoire n'est que le début d'un travail complet qu'annonce l'auteur sur cet important sujet ;

Une revue épigraphique dans la Haute-Saône, curieuse et intéressante collection des inscriptions de tout âge qu'offre la contrée ;

Un rapport sur les fouilles faites dans le cimetière gallo-romain à Beaujeu, en 1861. Ces fouilles ont produit d'abondants résultats en armes, ustensiles, ornements, poteries, monnaies gauloises et romaines, qui sont décrits dans le rapport et figurés dans des planches bien dessinées ;

Des notes biographiques sur diverses notabilités du département ;

Et enfin un document inédit du XVIIe. siècle sur la reddition de la ville de Vesoul, en 1674.

Tous ces travaux sont sérieux et dignes d'estime. Il faut espérer que la Commission tiendra à les continuer avec activité.

La Société d'émulation des Vosges n'a publié en 1862 que le premier cahier de son tome XI. Ce cahier forme toutefois un volume de 230 pages. Et, avec les rapports sur les concours agricole, industriel, littéraire, artistique et scientifique auxquels la Société distribue des prix, on y trouve, entre autres morceaux remarquables :

Un mémoire et des documents inédits, de M. Vergnaud-Romagnési, sur les *monuments anciens et nouveaux élevés à la mémoire de Jeanne-d'Arc*, et sur les portraits ou figures peintes, gravées, lithographiées, sculptées, tissées, etc., de cette sainte héroïne. Ce travail abonde en renseignements curieux.

L'*École orientaliste de Nancy*, à propos de la deuxième édition de la Méthode de MM. Émile Burnouf et Loupot pour étudier la langue sanscrite, par M. Maudheux. Il y a dans cet ouvrage d'intéressantes révélations sur les travaux de MM. Guerrier de Dumast, Burnouf et Loupot, qui ont créé à Nancy un foyer d'étude des langues orientales. Selon M. Maudheux, le moment est venu où la création dans cette ville, et peut-être aussi à Metz, d'une chaire de sanscrit et une autre d'arabe littéraire aurait des chances de succès. Les Académies de ces deux villes les ont demandées. Serait-ce donc trop que de constituer un second foyer aux études orientales, et ne serait-il pas utile de le placer dans une ville qui d'elle-même s'est portée vers ces études et qui semble appelée plus que toute autre à relier ensemble les travaux linguistiques de l'Allemagne et ceux de la France ?

Après ce travail vient une traduction de l'idylle d'Ausone sur la Moselle, poème que l'on a trop loué, sans doute, en le comparant à ceux de Virgile, mais dont le goût pur, la grâce et la fraîcheur ne se ressentent pas encore de la décadence qui avait déjà fait de grands progrès vers la fin du IVe. siècle, temps où vivait l'auteur. Cette traduction est due à la plume élégante et facile de M. Ch. Charton.

On trouve encore, dans ce volume, de curieux renseignements sur la démolition, en 1670, d'une des places-fortes de la Lorraine tournée du côté de la France, et que Louis XIV voulait raser en réunissant la Lorraine à ses États.

Des fouilles ont été faites, en 1862, dans deux de ces vastes mares que l'on rencontre en grand nombre sur les plateaux des Vosges, dans des lieux aujourd'hui éloignés des habitations, et dont, contrairement aux suppositions de plusieurs archéologues, M. Maudheux avait, dans un mémoire publié en 1861, expliqué l'existence dans le sens, peu poétique peut-être, mais très-rationnel, de simples citernes ou réservoirs pour des habitations alors existantes; les fouilles ont pleinement justifié cette explication, à laquelle les développements de l'auteur avaient déjà donné une grande vraisemblance.

Disons un mot, en passant, d'une piquante correspondance du président de la Société avec M. de Saulcy, par l'intermédiaire de la *Revue archéologique*, au sujet de fouilles faites d'autorité par ce dernier dans des tombelles qu'avait commencé à explorer la Société d'émulation. M. de Saulcy a emporté, pour les musées de Paris, toutes ses trouvailles, et il ne comprend pas que les savants des Vosges voulussent essayer de déterminer, à l'aide de ces fouilles, la limite des territoires respectifs des Lingons et des Leuks. Le président vosgien prend la liberté grande de remontrer que c'est surtout dans les collections locales, dans les musées du lieu même, que les objets trouvés dans les *tumuli* ont de l'intérêt; et il croit devoir apprendre à M. le sénateur que la civilisation romaine, à laquelle étaient dès long-temps initiés les Lingons avant la conquête de la Gaule, étant fort différente des rudes et grossières habitudes des Leuks, peuplade de la Belgique, et que le diocèse de Toul s'étant agrandi au XIe. siècle, aux dépens de celui de Langres, l'étude des *tumuli* et leur contenu étaient indispensables pour montrer à quels peuples ils appartenaient, et servir par conséquent à la détermination des antiques limites.

La *Société d'histoire naturelle de Colmar*, fondée seulement il y a trois ans, a déjà créé un musée qui, en peu de temps, a pris un grand accroissement, et qu'elle complète sans cesse par des dons qui lui sont envoyés de toutes parts. Elle publie un *Bulletin* annuel, imprimé sur beau papier et en beaux caractères (Avis à tant de Sociétés dont les publications sont si arriérées sous ce rapport). Son volume de 1862, avec ses rapports sur l'organisation intérieure, contient une note de M. Benoît sur le terrain glaciaire de la vallée de Giromagny; une autre de M. Kampmann sur la Bèche, sur le dommage causé à la vigne par cet insecte et sur les moyens d'y remédier; un rapport sur la destruction des oiseaux nuisibles dans le département, rapport sur le vu duquel le Conseil général du Haut-Rhin a supprimé la prime pour la destruction des nids, et l'a réservée uniquement pour la destruction des oiseaux signalés comme véritablement nuisibles; enfin, ce qui est le travail le plus considérable du volume, la deuxième partie d'un catalogue des Lépidoptères d'Alsace, comprenant les Pyrales et les Tordeuses, par M. H. de Peyerimhoff.

M. le docteur Ancelon a bien voulu nous communiquer le rapport suivant sur les travaux de la *Société d'archéologie Lorraine*:

« La Société d'archéologie Lorraine, qui a déjà publié onze volumes de *Mémoires annuels*, dix volumes d'un *Journal mensuel*, six volumes de *Documents sur l'histoire de Lorraine*, compte aujourd'hui 7 membres honoraires, 400 titulaires, parmi lesquels, chose peut-être sans exemple, il faut citer les villes de Mirecourt, de Rembervillers, de Nomeny, et 20 correspondants pleins de zèle. A ce nombre fort respectable viennent s'ajouter, chaque jour, des membres nouveaux : derrière eux se pressent, en foule, les souscripteurs en faveur de la restauration et de l'ameublement de la *galerie des Cerfs*, et les donateurs du musée lorrain.

Je n'apprendrai rien aux savants collègues qui m'écoutent, en leur disant que le XIXe. siècle n'est pas seul en possession de cet entraînement archéologique ; quant au *profanum vulgus*, je puis le renvoyer aux *petites trouvailles archéologiques*, communiquées à notre Société par son savant et laborieux président, dans la séance du 13 janvier 1862, et d'où il appert : « 1°. que, par délibération du 4 avril 1522, consigné au registre « capitulaire de la cathédrale de Toul, un maire de Lucey fut « condamné à l'amende pour la négligence par lui commise de « n'avoir fait commandement à ceux qui ont trouvé les pièces « de médalles antiques en une vigne, ban du dit Lucey, de les « porter à Messeigneurs ou relever et retirer en ses mains..... « que même pénalité fut infligée à la femme qui les trouva et « aux autres qui les prindrent ; 2°. que le receveur de St.-Dié « faict despence de ce qu'il a despendu en allant au Chippal « (Vosges), quérir les vieilles pièces d'argent trouvées au dit « lieu, et les avoir porté à Nancy par ordonnance de Messieurs « les présidents, audyteurs des comptes de Lorraine, en 1573 ; « 3°. que le receveur Gascon Gaspard, d'Épinal, fait despence de « 26 francs, que par mandement de Son Altesse (le duc « Charles III), du septième jung 1605, Elle luy avait plu ac- « corder à ce comptable qui jà auparavant les avait fournis et « desbourcez à Piéron Jeandel et Mougeon les Gaudenotz de « Moussoux et plusieurs autres du dit lieu pour leur part et « moitié de la treuve par eulx faicte de certaines chaudières et « chaudrons fort anthicques, trouvez au ruisseau qui flue par « le dict Moussoux. »

On doit encore à M. Henri Lepage cinq chartes inédites de l'abbaye de Bouxières, datant du Xe., du XIe., du XIIe. siècles ; la découverte d'une copie d'un jugement arbitral rendu par le roi saint Louis, à propos d'un différend survenu entre Thiébaut, comte de Bar, et Renaud, son frère; une note intéressante sur le château d'Havoué, où naquit Bassompierre « le dimanche, « jour de Pâques-Fleuries, le dixième d'avril, à 4 heures du « matin, en l'année 1579, » et dont la famille princière de Beauveau est en possession depuis le commencement du XVIIIe. siècle; une note sur le peintre Philippe Lamoureux; un relevé des archives de la Cour impériale de Nancy, qui, rangées dans huit salles dont une très-vaste, occupent à peu près tout le second étage du palais de justice : c'est un travail herculéen; — un savant mémoire sur le bienheureux Bernard de Baden, dont la statue, échappée comme par miracle aux vandales de 1793, est toujours l'objet du culte fervent des populations de la Lorraine allemande, dans l'église paroissiale de Vic; enfin un mémoire de longue haleine sur Dombasle, son château et son prieuré.

Après M. Henri Lepage vient M. Louis Benoît, travailleur infatigable, qui a répondu aux habiles provocations de la Société par un important *Répertoire archéologique* de l'arrondissement de Sarrebourg, riche en souvenirs, en trouvailles, en découvertes de tous les âges. Nous ne saurions trop louer la sagacité avec laquelle l'ingénieux archéologue, si profondément versé dans l'histoire de la Lorraine allemande, restitue à la liste des sires de Fénestrange un de ses membres les plus illustres : ce Henri-le-Vieux, de la branche de Brackenkopf, qui,

Moult avait braches et levriers
Et vénéors et braconniers,

mort en 1335, et dont le tombeau, jusqu'ici méconnu, occupe la chapelle de Landsberg dans l'église de Fénestrange.

Dans les travaux de M. Arthur Benoît, nous trouvons une solution contraire à l'idée défavorable admise au XVIIIe. siècle, à propos de la question, si controversée, du servage des femmes, au moyen-âge; une note sur le couvent des Dominicains de Viviers; un mémoire sur l'église des Cordeliers de Sarrebourg, fondée en 1265, par Guillaume, comte de Castres, visitée en

1270 par saint Bonaventure, lieu de sépulture de plusieurs dynasties au XIVe. siècle, théâtre et écuries au XIX ! Cependant, lors du passage du duc Antoine par Sarrebourg pour aller combattre les Rustauts, « le dymenche quatorzième jour du moi de « may, les princes du parc d'honneur ouyrent la messe moult « dévotement en l'église des Cordeliers du dit Sarrebourg avec « doulce harmonie d'orgues et jubilation mélodieuse des chan- « tres, aux quels les religieux du lieu ne correspondaient « nullement pour la rudesse de leurs cas et faulx tons durs et « rigoureux en suivant la prolation et le maintien germanique « rude et pesant par nature. » La dernière communication de M. Arthur Benoît a trait à la prise de possession de la ville de Sarrebourg par les commissaires du roi, le 18 octobre 1661, en exécution du traité de Vincennes.

Un trictrac, damier-échiquier, en bois de grenadine, légué par le roi Stanislas à son stucateur Chevalier, aujourd'hui en la possession de M. le docteur Benoist, de Lunéville, a fourni l'occasion à M. Louis Lallemant de lire une piquante note biographique sur le bon roi. Habile à retrouver les actes de naissance, de décès et les tombes, notre compatriote, avec la placide ténacité d'un Lorrain, a restitué le littérateur Hoffmann et le ministre Choiseul à Nancy, et exhumé des archives de l'Hôtel-Dieu de Paris l'acte de décès, contesté dans ces derniers temps, du poète Gilbert, dont les cendres reposent dans l'église St.-Pierre-aux-Bœufs.

Si les illustres morts d'hier sont ainsi condamnés à l'oubli, qui donc peut être prophète en son pays? Personne, répond M. A. Bigot en faisant l'histoire d'un illustre fils de la Lorraine. Saint Guérin, élevé dans l'abbaye de Molesmes, abbé du monastère *sub Alpibus* fondé par Humbert II, de Savoie, honoré de l'amitié de saint Bernard, évêque de Sion, invoqué comme un saint dans la paroisse de St.-Jean-d'Aulps (*sub Alpibus*), n'a pas même un autel à Pont-à-Mousson, où il naquit vers l'année 1075.

On n'a pas à adresser le même reproche à la ville de Toul, dont l'église n'a laissé perdre le souvenir d'aucun des grands hommes qui l'ont illustrée, ainsi qu'on peut le voir dans l'*Introduction à l'histoire ecclésiastique du diocèse de Toul-Nancy*, lue à la Société par M. l'abbé Guillaume.

A cette énumération rapide des travaux présentés à la Société, dans le courant de l'année qui vient de s'écouler, il faut ajouter encore : les *Notes archéologiques sur l'ancienne localité gallo-romaine qui existait sur les territoires des villages d'Autrécourt, Berthancourt et Lavoye, département de la Meuse*, par M. de Widranges ; sur un *Ordo* du XIIe. siècle, par M. A. Bigot; sur *une trouvaille de monnaies faite près de Dieulouard*, par M. Monnier; sur un *Bethléem*, par M. Guérard ; sur une *nouvelle preuve de la dépopulation de la Lorraine*, par M. l'abbé Mougeot; sur le *dépôt du cœur de Marie Leczinska dans l'église de Bon-Secours*, par M. l'abbé Charlot; sur la *Chronique d'Enville*, sur la *prestation de serment de la garnison de la Mothe*, sur *Girardet*, par M. Joly; enfin sur le *souvenir du siége de Nancy au XVIIe. siècle*, par M. Schmidt.

Il y aurait bien des faits, bien des données historiques encore à extraire de l'importante correspondance de la Société, bien des fouilles entreprises à faire connaître, bien des découvertes à exposer ; mais le temps me presse, et j'ai hâte, pour terminer ce rapport, de vous signaler le fait le plus important, le plus glorieux pour nous, qui rend manifeste aux yeux de tous et la puissance de vitalité et la réalité des progrès de la Société d'archéologie lorraine. Le 20 mai 1862, la *galerie des Cerfs*, habilement restaurée aux frais de la Société, du département et du pays, ornée des précieuses dépouilles de Charles-le-Téméraire, fut inaugurée par les autorités civiles et militaires de la province, par la Société elle-même, en présence d'une foule immense. Dans cette solennité, M. le Préfet de la Meurthe se montra improvisateur éloquent et chaleureux ; M. Henri Lepage émouvant parfois, intéressant toujours; le secrétaire perpétuel, M. G. du Mast, poète plein de charme, suspendit l'auditoire à ses lèvres. »

La Société d'archéologie et d'histoire de la Moselle est

animée d'une grande activité. Elle a publié en 1862 un volume de Mémoires ou travaux de longue haleine. Et, de plus, le bulletin de ses séances remplit un volume de semblable grosseur. Il est vrai que toutes les communications dont les proportions n'ont pas une grande étendue sont insérées dans les procès-verbaux. Mais, parmi ces communications, il y en a beaucoup qui offrent un sérieux intérêt, et parfois dénotent une science très-profonde. Nous citerons, par exemple, les notes de M. Abel sur les antiquités étrusques de la Moselle, sur le village de Norroy-le-Veneur et sur les vestiges de l'ancienne liturgie dans cette contrée ; celles de M. l'abbé Remy et de M. Goullon sur ce dernier sujet; celle de M. de Bussy, sur les marges, margelles ou mardelles ; celle de M. l'abbé Bergmann, sur la petite ville de Corze, son ancienne et célèbre abbaye de Bénédictins et sa remarquable église romane ; de M. Guercy, sur le village de Vaux et sa grande enceinte de refuge, etc.

Le volume des *Mémoires* contient d'importants travaux :

De M. Maguin, sur les vicissitudes de la transformation de la législation romaine en droit coutumier écrit dans la province des Trois-Évêchés ;

De M. Victor Simon, sur des chênes enfouis à une assez grande profondeur dans la vallée de la Moselle, phénomène qui paraît se rencontrer assez fréquemment dans cette localité ;

Du même auteur, sur un bas-relief représentant deux figures humaines, dont le corps se termine en forme de poisson ;

Du même encore, sur le jeu de dés et sur trois dés antiques ;

De M. Lambert, De l'influence des Phéniciens sur la civilisation grecque ;

De M. Charles Abel, une dissertation très-étendue et très-savante, intitulée : *César dans le nord-est des Gaules ;*

Et enfin le Dictionnaire topographique de l'arrondissement de Sarreguemines, grand et beau travail de M. Thilloy.

RÉGION DU NORD.

La *Société impériale des sciences, de l'agriculture et des arts de Lille* publie simultanément, mais dans des volumes différents, les travaux de ses membres sur les sciences et les lettres, et ceux qui concernent exclusivement l'agriculture. Nous ne nous occuperons ici que du volume qui concerne les sciences et les lettres.

Il contient, entr'autres choses, trois mémoires sur des questions de mathématiques pures :

Résolution de quelques cas particuliers des équations différentes linéaires, et *Théorie générale des développantes*, par M. A. David ;

Aperçu historique sur l'origine et les progrès du calcul des variations, jusqu'aux travaux de Lagrange, par M. Guiraudet.

Plusieurs autres sur des matières de chimie, de médecine et d'hygiène :

De la migration du phosphore dans la nature, par M. Corenwinder ;

Sur un nouveau métal, le Thallium, par M. Lorry, et *sur les sels organiques de ce métal*, par M. Kuhlmann ;

Nouveau procédé de fabrication de l'acide nitrique, par le même ;

Traitement du croup, travail très-approfondi de MM. Fischer et Bricheteau ;

Hygiène de la ville de Lille, mémoire aussi judicieusement pensé que nettement écrit, par MM. Pibat et Tancrez ;

Rapport sur la composition et l'usage industriel des eaux de la Lys, du canal de Roubaix, des puits de sable vert, de la marne et du calcaire bleu, par M. Girardin ;

Sur la production artificielle des monstruosités dans l'espèce de la Poule, très-curieux travail de M. Dareste, dont les procédés, fort simples pour arriver à ce résultat, consistent à la fois dans la position verticale donnée aux œufs soumis à l'incubation, et dans l'application partielle d'une couche d'huile à leur surface .

L'histoire est représentée dans ce volume par une excellente étude, de M. Albert Dupuis, sur le diplomate flamand Auger de Bousbecques, ambassadeur en Turquie du frère de Charles-Quint, Ferdinand, roi des Romains (1555); la littérature, par une agréable notice de M. Ginslin, intitulée : *Horace à Athènes;* et la poésie l'est par un poème sur la bataille de Bouvines, de M. Delétompe, instituteur à Orchies, qui a été couronné au concours ouvert par la Société en 1861. C'est une poésie correcte, élégante, et qui dans l'occasion ne manque ni de force ni ne chaleur. Il y faut ajouter deux fables et un sonnet dus à la muse facile et gracieuse de M. Deplanck.

A défaut d'un rapport sur les travaux de la Société impériale d'agriculture, sciences et arts de Valenciennes, nous citerons un très-remarquable et très-intéressant travail de M. Bonnier, intitulé : *Statistique agricole et industrielle de cet arrondissement*, qui a été, à juste titre, couronné au concours de cette Société institué par M. le sénateur Dumas, et qui a obtenu aussi une médaille d'or de la Société impériale et centrale d'agriculture. Ce mémoire est divisé en trois parties. La première, qui sert d'introduction, présente un exposé de la topographie, de l'histoire et de la division administrative. La seconde partie traite de la statistique générale; population; voies de communication; importations et exportations douanières, etc. Vient ensuite la statistique agricole; genres de culture, procédés pratiques, instruments aratoires, animaux domestiques, valeur vénale et locative de la terre aux trois époques de 1789, de 1800 et d'aujourd'hui. La statistique industrielle est traitée ensuite dans le détail de ses applications multiples et perfectionnées. Une dernière partie est consacrée à la déduction, à l'explication des causes des progrès constatés par la statistique. Elle offre de précieuses indications aux contrées qui voudraient marcher dans la voie de ces progrès, qui ont fait de l'arrondissement de Valenciennes, en agriculture et en industrie, le plus riche arrondissement de France.

Le Bulletin de la *Commission historique du département du*

Nord est occupé presque en entier par la statistique archéologique des arrondissements de Lille et de Dunkerque. C'est l'œuvre d'une Commission qui se composait de MM. Le Glay, de Coussemacker, de Melun, de La Phalecque, Ed. Van Hende et l'abbé Derveaux. En dehors de ce grand travail, on trouve principalement, et indépendamment de quelques notices de moindre importance, une suite que donnait le savant et si regrettable M. Le Glay à un nouveau mémoire sur les archives départementales du Nord ; une notice sur l'ancienne église de Quesnoy-sur-Deûle, par M. Frelin, et une autre de M. l'abbé Caruel, sur un curieux tableau triptyque du commencement du XIIIe. siècle, monument funèbre de Hugues Le Cocq, commissaire et maître ordinaire en la Chambre des comptes de Lille; lequel tableau se trouvait dans l'église collégiale de St.-Pierre, à Lille, et est aujourd'hui perdu. Mais il en existait une gravure par Jacques Harrewyn, et le *Bulletin* en donne une copie qui permet de juger l'ensemble de la composition.

Nous devons à M. Cousin le rapport que l'on va lire sur les travaux de la *Société savante de Dunkerque:*

« La Société Dunkerquoise pour l'encouragement des sciences, des lettres et des arts m'ayant délégué à votre Congrès, ainsi qu'un de ses plus dévoués membres correspondants, M. de Laroyère, ancien maire de Bergues et président de la Commission des moëres françaises, j'ai l'honneur de vous présenter le rapport de ses travaux depuis votre dernière session. Je les mentionnerai tous successivement, en suivant, comme d'habitude, l'ordre alphabétique. Je commence par ceux des membres titulaires résidants.

M. Armand a lu un savant rapport sur un mémoire envoyé au concours de 1862, en réponse au sujet scientifique : L'homme a-t-il existé durant la période qui a précédé la formation diluvienne, connue en géologie sous le nom de *diluvium* ?

M. de Bonvarlet a fait une communication relative à la découverte, dans les greniers de l'Hôtel-de-Ville de Dunkerque, d'un beau tableau attribué par M. de Forcade, conservateur du musée, au célèbre Van-Dyck. On lui doit, en outre, un rapport sur des Bulletins de la Société archéologique, historique et scientifique de Soissons.

M. Conseil a présenté, sur le combat naval entre le *Merrimac* et le *Monitor*, des observations d'autant mieux accueillies que, comme ancien capitaine du port, il est on ne peut plus compétent sur les questions de navigation et d'armement maritime.

En ce qui me concerne, j'ai lu à la Société :

1°. Mon rapport sur le Congrès des délégués de 1682, Congrès qui a offert le plus grand intérêt;

2°. Une partie de mon second mémoire sur l'emplacement de Quentowic, mémoire que je compte terminer sous peu et où je donnerai de nouvelles raisons de penser que cette ancienne ville était effectivement sur le territoire d'Étaples (Pas-de-Calais);

3°. Mon compte-rendu des fouilles archéologiques que j'ai faites à Wissant, après la dernière récolte, compte-rendu que la Société française d'archéologie a bien voulu imprimer *in extenso* dans son XXVIe. volume.

M. Raymond de Bertrand a fait la biographie d'un chef d'escadre, Perier de Salveit, né à Dunkerque le 4 septembre 1691, biographie d'un intérêt tout particulier pour notre ville, à qui ce brave amiral a rendu beaucoup de services.

M. de Bertrand a donné, de plus, des renseignements sur un autre illustre marin de Dunkerque, le vice-amiral François-Cornille Bart, fils du célèbre Jean Bart.

M. Delyé, secrétaire perpétuel de la Société Dunkerquoise, a lu, à la séance publique du 27 juillet 1862, un excellent compte-rendu des travaux de l'année précédente.

On doit à M. Derode un travail sur le café, dont la lecture à cette séance a répandu le plus agréable parfum du bon goût et de spirituelles observations, et en outre deux belles études, l'une sur un traité de l'harmonie, l'autre sur les poids et mesures de la Flandre maritime.

M. Everaere a fait un intéressant rapport sur le concours des beaux-arts à la même séance, à l'ouverture de laquelle M. Gojard, président de la Société, avait prononcé un éloquent discours sur l'alliance des sciences, des lettres et des arts.

M. Gustave Hubert a traité avec talent le sujet relatif à l'importance des études historiques, à l'état de ces études en France et à la part qu'y prennent les Sociétés savantes.

MM. Labbé, Millet et Quiquet ont fait : le premier, un très-remarquable rapport sur les pièces de poésie envoyées au concours de 1862, et un travail sur la destinée des mots ; le second et le troisième, de bons comptes-rendus, l'un, du dernier volume de la Société impériale et centrale d'agriculture, sciences et arts de Douai ; l'autre, de deux volumes des *Mémoires* de la Société d'émulation de Cambrai et de plusieurs *Bulletins* de la Société des Antiquaires de la Morinie.

M. Terquem, vice-président de la Société, s'est occupé d'un objet important pour Dunkerque, d'où partent tous les ans plus de cent navires qui vont à la pêche de la morue dans la mer d'Islande. Son travail tend à faire faire avec le thermomètre, par les capitaines de ces navires, des *observations* de nature à déterminer la route des bancs de morue. Il a remis également la suite de celles qu'il a recueillies lui-même, au parc de la marine, en 1861 et 1862, afin de constater les variations de l'aiguille aimantée.

M. le docteur Zandyck, qui continue avec le plus grand dévouement ses observations météorologiques de chaque jour, les a analysées pour 1861 et 1862 et offertes à la Société.

Les divers travaux dont je viens de parler ont été imprimés dans un volume in-8°. de 479 pages, qui a été publié au mois de septembre dernier. Ce volume, qui est le VIII°. des *Mémoires* de notre Compagnie, comprend plusieurs écrits de membres correspondants, à savoir : 1°. une biographie de Pierre Simon, de Bayeux, par M. J.-J. Carlier, qui a réuni de précieux détails sur ce spirituel Normand, mort à Dunkerque, le 16 février 1860, âgé de 76 ans ; sur ses poésies, ses œuvres dramatiques, et sur une Société littéraire fondée en notre ville, en 1815, sous le nom de : *Le Petit couvert de Momus ;* ses travaux et ses membres. Cette Société, dont Pierre Simon fut l'un des fondateurs, ainsi que M. J.-J. Carlier et plusieurs autres honorables habitants de Dunkerque, n'existait plus en 1820; 2°. des fragments historiques sur les Récollets de Cassel, par M. de Smyttere, médecin en chef de l'asile de Lille, l'érudit auteur d'importants travaux historiques sur Cassel et ses environs.

La Société Dunkerquoise encourage les sciences, les lettres et les arts, non-seulement par ses publications, mais encore par un concours qu'elle ouvre chaque année. Celui de 1862, dont les résultats ont été proclamés à la séance publique du 27 juillet, a été remarquable par le nombre des envois qui lui ont été faits de divers points de la France. On y a distribué cinq médailles, dont une en or, deux en vermeil et deux en argent.

Je considère comme un devoir de mentionner ici d'autres travaux qui ont été insérés dans le 6e. volume du Comité flamand de France, leurs auteurs étant membres titulaires résidants de la Société Dunkerquoise. Ces auteurs sont: l'un, M. Derode, qui a fourni audit volume son projet de programme pour la monographie de la Flandre maritime, où il montre de nouveau les trésors de son érudition, et, en outre, de curieux rôles de dépenses des ducs de Bourgogne, à partir de 1404 jusqu'en 1517; l'autre est M. Bonvarlet, dont la notice offre beaucoup d'intérêt pour l'archéologie de l'arrondissement de Dunkerque; elle contient la description des principales pierres tombales, et elle est enrichie de jolis dessins où plusieurs de ces dalles tumulaires sont figurées, dessins dus à M. Deritter, peintre du village de Chroclite, près de Bergues.

J'ajoute: 1°. que la Société Dunkerquoise a accueilli de son mieux et nommé membre honoraire un savant astronome faisant partie du Bureau des longitudes de France, qui est venu à Dunkerque, au mois d'octobre dernier, afin de s'y livrer à des observations astronomiques au même moment que M. Leverrier en faisait de semblables à Paris, à l'Observatoire impérial, dont il est l'illustre directeur. — Les opérations ont eu lieu également au parc de la marine, où, pour mieux en assurer le succès, on avait placé un télégraphe électrique qui communiquait avec cet observatoire. — Les dépêches étaient transmises en moins d'une seconde, en sorte que la correspondance était instantanée ;

2°. Que M. Derode continue son grand travail concernant l'archéologie et la géographie de la Flandre maritime ;

3°. Que M. Raymond de Bertrand, outre ses productions historiques qui ont été imprimées dans le VIIIe. volume de la Société Dunkerquoise, a terminé deux importants travaux dont il s'occupait depuis plusieurs années. Le plus volumineux a pour titre : Le port et le commerce de Dunkerque au XVIIIe. siècle ; il n'a pas moins de 400 pages. L'autre est intitulé : Faits et usages chez les Flamands de France, et notamment à Dunkerque, au XIXe. siècle. »

M. le marquis de Mesnil-Glaise, membre de l'Institut des provinces, a bien voulu nous communiquer le rapport suivant sur la *Société des Antiquaires de la Morinie :*

« La Société des Antiquaires de la Morinie, depuis mon dernier Compte-rendu, n'a pas publié de nouveau volume. Elle a été surtout occupée d'un travail important, le Dictionnaire topographique de l'arrondissement de St.-Omer, travail provoqué par le Ministre, et qui, dans une contrée tant bouleversée par la guerre, les remaniements politiques et même les révolutions physiques, présente de réelles difficultés et une grande complication. Ce travail, confié à son archiviste, M. Courtois, qui possède à fond la géographie locale, est prêt. A lui se rattache une question maintes fois controversée, que soulève de rechef une vaste étude entreprise en haut lieu, l'emplacement du *Portus Itius.* Vous savez que, depuis l'embouchure de la Bresle jusqu'à Blaakenberg, chaque crique a eu des partisans qui revendiquèrent pour elle l'honneur d'avoir vu partir l'expédition de César. Wissant semblait en possession de la majorité des suffrages. Cette possession est en ce moment inquiétée par Boulogne. M. l'abbé Haigneré, archiviste de cette dernière ville, qui a joûté brillamment au Congrès archéologique de Dunkerque, chez qui une érudition ingénieuse et déjà profonde est au service d'un patriotisme local fervent, plaide habilement pour sa patrie ; on assure qu'une auguste adhésion lui est acquise. Néanmoins, la Société de la Morinie défend la tradition la plus établie, et son mémoire sera produit à la Sorbonne le 11 avril prochain. Nous faisons des vœux pour que la lumière jaillisse enfin de ce débat séculaire : mais nous craignons fort que les flots ou les dunes demeurent en possession d'un secret à la poursuite duquel l'érudition a épuisé tant d'efforts. Comment en effet, après dix-neuf cents ans, reconnaître avec certitude les indications de César sur un rivage que l'océan et ses sables capricieux ont maintes fois et tour à tour rongé, déchiré, envahi, transformé ? Les lieux, évidemment, ne sont plus les mêmes.

M. de La Plane, secrétaire-général, l'historien couronné des abbés de St.-Bertin, livre à l'impression les commencements d'une Histoire de Clairmarais, monastère qui consacre le souvenir de la présence du grand saint Bernard sur notre littoral, et qui, à peine fondé, fut le premier asile de saint Thomas Becket, fuyant la persécution d'Henri II. Nous devons encore à M. de La Plane une notice nouvelle des baillis ou capitaines de St.-Omer, parmi lesquels figurent des Fiennes, des Créquy, des Lannoy, des Croy, des Sainte-Aldegonde ; puis une autre sur les arbalétriers, les archers, les arquebusiers de St.-Omer et des environs, institutions qui ne sont plus aujourd'hui que des occasions de plaisir, tout au plus d'exercices propres à développer l'adresse, mais qui jadis étaient liées à la défense du pays, et entretenaient l'esprit belliqueux des habitants, esprit qui n'avait que trop d'occasions de se déployer. Plusieurs lettres émanant du duc de Bourgogne au XVe. siècle, reproduites à la suite de la notice, attestent leurs glorieux services.

La Société continue à mettre en lumière, dans son *Bulletin*, des pièces relatives à l'histoire locale. Je puis en signaler de relatives aux droits féodaux de l'abbaye de St.-Bertin, dont un feudataire recevait annuellement une *peliche d'agneaux* et une *paire de bottes*, à charge de servir de champion, si l'abbé ou l'Église *estaiz appelé en champ de bataille*, d'autres relatives à la protection de la *garaine des cygnes de St.-Omer*, défendue contre toute hostilité par des amendes énormes ; d'autres relatives à la guerre qui ensanglanta notre frontière après le décès de Marie de Bourgogne ; elles sont extraites des riches archives d'Ypres, dont le savant M. Diegerick vient de publier un inventaire en 5 volumes in-8°.

On sait qu'un des épisodes les plus terribles de cette guerre, qui se ralluma plusieurs fois avec fureur dans le cours du XVIe. siècle, fut la chute de Thérouenne, prise de vive force, après que son brave commandant, André de Montalembert-d'Essé, eut succombé sur la brèche. La Société a voulu consacrer le souvenir de ce trépas glorieux par un marbre commémoratif, placé dans l'église de l'humble village qui conserve le nom de l'infortunée Thérouenne.

La Bibliothèque de St.-Omer possède de précieux manuscrits. L'un d'eux renferme un texte de Jacques de Vitry. Les cinq épîtres de cet archevêque de Tyr, relatives aux événements de la Terre-Sainte, ont été imprimées par Bongars, Martène, d'Achery. Mais dans la publication de ces doctes éditeurs manque un très-long et curieux passage relatif au roi éthiopien David, fameux sous le nom légendaire de *Prêtre Jean*. Ce passage, le *Bulletin* le donne en plusieurs pages avec d'utiles annotations de M. Duchet.

Je ne terminerai pas sans rendre un juste et douloureux hommage à la mémoire d'un savant éminent, que nous nous honorons de compter parmi nos fondateurs, et que se disputaient à la fois je ne sais combien de Sociétés. M. le docteur Le Glay, conservateur des archives départementales du Nord, vient d'être enlevé à la science et à ses nombreux amis. Sa santé, depuis long-temps affaiblie, ne l'a point empêché de travailler jusqu'à la fin. Ce n'est point ici la place d'une notice, que les détails d'une vie si laborieuse et si féconde rendraient trop étendue. Qu'il suffise de rappeler son érudition sûre et profonde, alliée à un goût littéraire des plus délicats. C'était un Bénédictin Cicéronien : il maniait avec une élégante aisance la langue latine, mérite rare de nos jours. Son nom restera dans la diplomatique comme dans les souvenirs du pays qui avait le bonheur de le posséder. Il contribua puissamment à ranimer à Lille le goût de l'instruction. D'une aménité et d'une bonne volonté sans égales, son concours était assuré à tous les bons travaux comme à toutes les bonnes œuvres. Vous vous associerez aux regrets que mérite cet homme non moins vertueux que docte, qu'on ne connaissait point sans l'aimer, et qui laisse un vide bien difficile à remplir. »

La *Société centrale d'agriculture du Pas-de-Calais* n'a pas eu en 1862, dans ses séances, de discussions aussi approfondies que l'année précédente, quand elle avait abordé l'examen des causes et du traitement de la pleuropneumonie de la race bovine. Le Bulletin qu'elle a publié n'en a pas moins d'intérêt, surtout dans la partie qui rend compte du concours régional et du prix d'honneur disputé par des agriculteurs aussi éminents que MM. Dervacques, d'Herlincourt, Dalaby, d'Havrincourt, Gary et Decrombecque. C'est ce dernier qui l'a emporté. Mais cinq médailles d'or ont été attribuées à ses concurrents. Le secrétaire de la Société a mis en relief, d'une manière des plus intéressante, le mérite spécial de chacun de ces concurrents. On lit aussi avec un vif intérêt, dans son Bulletin, une notice biographique sur Tiburce Crespel, agriculteur et industriel des plus distingués.

Ce Bulletin est annuel. Je préfère le mode de publication *du Comice agricole de St.-Quentin*, qui donne un Bulletin par mois, et porte ainsi périodiquement à la connaissance des cultivateurs tous les faits de pratique et de science, toutes les découvertes qui peuvent leur être de quelque utilité. Il faut ajouter que le secrétaire-général du Comice, M. Ch. Gomart, apporte à la rédaction de ce Bulletin des soins assidus, et par son zèle et son savoir il en a fait le modèle des recueils de ce genre. Le Comice de St.-Quentin mérite aussi le titre de Comice modèle. Toutes les inventions, tous les perfectionnements nouveaux qui se présentent en agriculture avec un caractère sérieux y sont discutés, étudiés et approfondis avec un grand soin.

Nous devons à M. Arthur Demarsy, élève de l'École des chartes, délégué de la *Société des Antiquaires de Picardie*, le rapport suivant sur les travaux de cette savante Société :

« Permettez-moi de venir vous dire quelques mots de la Société des Antiquaires de Picardie, qui a bien voulu me faire partager, avec MM. Hardouin et Cocheris, l'agréable et flatteuse mission de la représenter à votre savante réunion.

J'aurais voulu pouvoir vous entretenir des travaux publiés par la Société des Antiquaires de Picardie pendant l'année qui vient de s'écouler, mais malheureusement le volume de 1862 n'a pas encore été distribué, par suite du retard apporté par l'impression simultanée des tomes XIX et XX.

Le premier de ces deux volumes est entièrement consacré à la suite de la description, faite par M. Cocheris, de tous les manuscrits et chartes intéressant la Picardie, et qui se trouvent dans les collections publiques de Paris. C'est un recueil des plus utiles pour ceux qui étudieront désormais l'histoire de notre province, et qui y trouveront de suite l'indication de la plupart des sources à consulter.

Je serai donc obligé de me borner à vous indiquer les communications les plus importantes faites pendant cette année, et insérées dans le *Bulletin* trimestriel.

Dans ce nombre, je vous signalerai deux notices sur les rues de Roye et les siéges de la même ville, par M. Coet ; un discours sur l'amour et l'intérêt de clocher, lu à la séance publique par M. Bouthors ; une étude sur quelques tournois en Picardie, par M. Janvier ; un mémoire sur la détermination de quelques points géographiques dans l'Aisne et l'Oise, par M. Martin-Marville, et un aperçu sigillographique sur les archives de la Somme, par M. de Boyer de Sainte-Suzanne.

La Société termine en outre, en ce moment, la publication du Cartulaire d'Ourscamp, confiée aux soins de l'honorable M. Peigné-Delacourt, qui doit faire précéder ce recueil d'une Histoire de cette célèbre abbaye. Cet ouvrage formera le Ve. volume des documents inédits sur la Picardie, que la Société publie collectivement avec ses mémoires et ses bulletins.

Indépendamment du Comité central, deux Comités locaux fonctionnent en Picardie, le premier à Beauvais, le second à Noyon,

Ce dernier, qui compte plus de cent membres, en dehors du Compte-rendu de ses travaux publié par le Bulletin central, édite un Bulletin spécial qui a renfermé cette année d'intéressantes notices sur les environs, et un journal des découvertes faites dans le pays.

Enfin, outre tous ses travaux archéologiques et historiques, la Société des Antiquaires achève en ce moment, sur un terrain que lui a concédé la bienveillance de Sa Majesté l'Empereur, que l'on trouve toujours disposé à favoriser le développement de l'archéologie en France, la construction d'un musée, splendide monument élevé dans des proportions gigantesques et destiné à renfermer les collections de tout genre, jusqu'à ce jour éparses dans les différents édifices publics de la ville d'Amiens. »

Franchissons pour quelques instants la frontière, afin d'entrer en communication avec les Sociétés savantes de la Belgique.

M. Alb. d'Otreppe de Bouvette, au nom de plusieurs Sociétés littéraires de ce pays, a bien voulu nous présenter sur leurs travaux le rapport suivant :

« Les années dernières, dans de courts exposés, je me plaisais à vous signaler, par quelques légers aperçus, les progrès incessants qu'accomplissait la Belgique, ma patrie, dans le vaste domaine des sciences, des lettres et des arts à tous les degrés de l'intelligence.

Aujourd'hui qu'oubliant mon âge avancé (76 ans), un sentiment de reconnaissance me ramène parmi vous; aujourd'hui je viens, par l'indication d'institutions ou nouvelles ou mieux développées, démontrer que la Belgique, *petit pays et grande nation*, suivant les nobles paroles de l'un de vos orateurs, M. Jules Simon, que la Belgique intelligente, libre, industrielle, développe toutes les forces vives du génie des nations, et qu'en pleine possession *de toutes les libertés*, elle peut donner sans avoir peut-être encore beaucoup à recevoir. Mais modeste, sans jalousie et sans orgueil, elle vient toujours avec bonheur, par quelques-uns des plus humbles, saluer le génie de la France et offrir de respectueux hommages aux esprits d'élite, réunis dans cette enceinte, sous l'intelligente direction d'un savant illustre, de M. de Caumont.

Après ce légitime hommage rendu au mérite par la reconnaissance, j'ouvre, devant vous, nos écoles; je montre nos athénées, et j'étale le luxe de l'enseignement par tous ces moyens déjà connus et, *comme choses nouvelles*, par la création, dans les communes, de *bibliothèques populaires* et, dans chaque province, d'*une commission royale* pour l'archéologie et la conservation des monuments.

Pour répandre les lumières jusque dans les hameaux les plus éloignés; pour assurer l'instruction dans les campagnes, trois choses étaient nécessaires : 1°. bâtir une école dans chaque commune rurale; 2°. obtenir de bons instituteurs; 3°. faciliter aux enfants l'accès de l'école en améliorant la voirie vicinale, et ces trois choses, presque partout réalisées, ont donné les résultats les plus heureux. L'instruction, *sans être obligatoire*, comme en Prusse, est devenue, chez nous, populaire; elle a pénétré les masses, s'est infiltrée dans les couches les plus obscures de la misère, et l'ignorance complète ne sera bientôt plus, en Belgique, qu'une rare exception; cependant, on a compris que cette instruction rudimentaire donnée dans les écoles de villages n'était qu'un premier échelon dans le savoir, une première étape dans la marche des sciences, et que le progrès, pour s'accomplir, exigeait davantage : de là l'idée de créer, comme complément aux études scolaires, des *bibliothèques communales*, ce qui déjà a été réalisé dans plusieurs de nos petites localités, notamment à Hognoul (par l'initiative de M. Grandjean), hameau qui compte à peine 464 habitants et qui déjà possède 192 ouvrages, aucuns achetés, tous obtenus à titre de dons. Liége, la grande cité industrielle, foyer de lumière, centre d'une savante Université et d'une école de mines, Liége est depuis deux ans (grâce à un de ses échevins, M. Henaux) en possession d'une riche *bibliothèque populaire.* En voici le catalogue et l'on y voit qu'il se compose d'ouvrages nombreux et variés, obtenus de la munificence des citoyens; ouvrages prêtés qui circulent dans les masses, qu'on étudie, qu'on lit au foyer de la famille, et qui, rentrés au dépôt après un prêt de quinze jours, sont remis à d'autres lecteurs pour en retirer la même instruction ou y puiser les mêmes plaisirs d'utiles distractions.

Par le livre comme par l'école, l'enfant apprend l'histoire du pays; par suite il s'attache au sol, et lorsque, par hasard, il découvre en le fouillant, à la bêche ou à la charrue, des objets enfouis, au lieu, comme naguère, de les briser et de les jeter à la voirie, il les recueille et les porte à l'examen d'un plus savant que lui. C'est quelquefois une bonne fortune, une heureuse découverte pour l'antiquaire : la connaissance s'en répand et l'appréciation en est bientôt faite par les préposés aux progrès des sciences historiques. Ce sont, en général, les *correspondants légaux de la Commission royale des monuments.* Ils forment une sous-commission pour chacune de nos neuf provinces en relations incessantes avec les hommes éminents, savants, artistes, littérateurs qui siégent à Bruxelles; ils s'éclairent mutuellement et se réunissent en session ou en Congrès, chaque année, pour rendre compte des travaux accomplis, discuter des questions et ouvrir de nouvelles voies au progrès. Ainsi, on le voit, dans ce rayonnement par l'école, par le livre, par l'inspection de l'artiste, de l'archéologue, la lumière se répand, pénètre, se distribue partout, et aucune partie du territoire belge ne reste plongée dans l'obscurité. Si des répugnances se manifestent pour l'enseignement officiel, on le demande, on l'obtient de l'enseignement religieux ou privé qui le donne dans d'autres vues, mais avec un succès moral incontestable, et par cette concurrence permise, salutaire même, le désir du bien, l'amour des saines doctrines fournissent de nouveaux éléments à une honorable émulation, à d'utiles progrès et proclament en même temps la liberté la plus large de la pensée sans contrôle, et des croyances sans restriction; toutes les libertés fleurissent sur notre sol, comme y croissent nos moissons qui réjouissent chaque année l'œil de nos cultivateurs, qui eux aussi, accessibles à tous les progrès, recherchent l'instruction et reçoivent l'*enseignement théorique et pratique des Sociétés agricoles*, dont je me permettrai de vous dire, pour la première fois, un mot. Mais, à cet égard, ma tâche est facile.

Elle s'accomplit par la remise, sur votre bureau, de la note développée sur nos Comices agricoles, note obtenue d'un ami, de M. Jacques, rédacteur du *Journal d'agriculture de l'est de la Belgique*, journal répandu dans nos campagnes et dont voici un numéro, celui du 5 de ce mois, à *titre de renseignement.*

Maintenant a-t-on besoin de se demander si la Belgique, puisant à tant de sources d'instruction (après l'exploitation du sol et toutes les richesses accumulées de la matière), peut et sait s'élever aux conceptions des arts et s'illustrer par les travaux de l'intelligence? Nos publications pour les sciences, nos œuvres pour les arts répondent à cette double question; et j'ajouterai que nos nombreuses Sociétés vouées au culte de l'utile, du beau et du bon, recueillent et répandent tous ces fruits dans le champ si varié et si riche de l'intelligence nationale. Faire l'énumération de ces Sociétés, les unes scientifiques, les autres littéraires ou artistiques, nous conduirait loin; et même, borné à Liége, renfermé dans l'étroite enceinte de la ville que j'habite, citer les noms et les titres de ces Sociétés qui s'y développent avec succès et quelques-unes avec éclat, est déjà une tâche qui, pour être agréable et facile, n'est pas sans longueur.

1°. *Société royale des sciences naturelles.* Elle a pour secrétaire M. Lacordaire, né parmi vous, et l'un des plus illustres professeurs de notre savante Université.

2°. *Société libre d'émulation de Liége* fondée en 1779 pour l'encouragement des sciences, des lettres et des arts. Elle a pour président honoraire l'un de nos collègues de l'Institut des provinces de France; c'est M. le comte de Mercy-Argenteau, et moi qui ai reçu le même honneur de vos libres suffrages, je me trouve au titre de secrétaire-général honoraire de cette Société qui publie beaucoup, qui met des questions au concours, distribue des prix et compte parmi ses membres, très-nombreux, des hommes de grande valeur et d'un mérite éminent, tels que MM. de Rossius-Orban, Ulysse Capitaine, Polain, Leroy, Stecher, Helbig, et bien d'autres encore qui en sont les hauts fonctionnaires.

3°. *L'Institut archéologique Liégeois.* — J'ai l'honneur d'en être le président depuis sa fondation, qui date du 4 avril 1850. Après de longues luttes et d'affligeantes péripéties, l'Institut est parvenu à obtenir un magnifique local dans le vieux palais restauré de nos princes, et à y installer ses collections dont la plus riche partie a été donnée par son président. D'autres collègues plus savants, sans être moins généreux, ont consacré leurs talents à la publication de nos bulletins. J'ai l'honneur de faire hommage au Congrès de la dernière livraison de nos annales, la 3e. du 5e. volume de nos publications.

4°. *La Société de littérature Wallonne.* Son président, membre de nos Chambres législatives, M. Charles Grandgagnage, est un savant dans la linguistique, érudit renommé dans la science des étymologies et des origines. Plusieurs de ses collègues occupent aussi un rang très-élevé dans le monde scientifique ou littéraire; très-nombreux, je ne puis en nommer aucun, parce que le choix serait difficile et que les omissions pourraient paraître blessantes. Cette Société, dont un grand nombre d'affiliés sont pris dans tous les rangs, imprime des annuaires, des mémoires; ouvre des concours, distribue des médailles, etc.

5°. *Cercle artistique et littéraire.* Il tient des conférences, donne des concerts et cultive les arts sans grand retentissement; il se compose, en général, d'hommes de goût et d'amis des lettres. Il ne publie rien.

6°. *La Société*, nouvellement constituée, *de l'Union des artistes liégeois.* C'est une émanation du génie local; elle nous promet des fruits abondants, et la garantie de ses futurs succès est dans les noms des hommes de mérite, peintres, architectes, statuaires, etc., qu'elle compte dans ses rangs. Dire enfin, pour terminer, que nous possédons *une Académie des Beaux-Arts, un célèbre Conservatoire de musique*, c'est dire que chaque année nous avons des expositions artistiques auxquelles toujours se mêlent les fleurs, des concours d'harmonie et de nombreux concerts.

En finissant ainsi, puis-je me flatter d'avoir justifié la fierté nationale et les promesses un peu vaniteuses de mon début. Si, dans l'éloge, j'avais dépassé la limite, qu'on veuille m'excuser en faveur de mon attachement au sol et de l'amour de mon pays. »

La ville de Mons a dans son sein deux Sociétés savantes. La première embrasse, dans son titre comme dans ses études, toutes les branches de la science et de la littérature. Elle s'appelle *Société des sciences, des arts et des lettres du Hainaut.* La seconde a restreint l'objet de ses travaux aux recherches sur l'histoire et l'archéologie. Elle s'intitule *Cercle archéologique de Mons.* Chacune d'elles publie, chaque année, un beau et fort volume des travaux de ses membres.

Le volume que vient de publier la première de ces deux Sociétés contient, entre autres choses, deux mémoires d'une grande valeur :

L'un est un exposé historique et statistique de l'industrie métallurgique dans le Hainaut, par M. Warzée. C'est un vaste et beau travail que liront avec plaisir et profit non-seulement ceux qui s'intéressent aux souvenirs ou à la prospérité de cette contrée, mais aussi tous ceux qui seront curieux de connaître les origines et les développements successifs de cette grande industrie, et d'apprécier la somme des richesses qu'elle verse sur le pays qui la pratique.

L'autre est un mémoire aussi étendu qu'intéressant sur la falsification des denrées alimentaires et sur les mesures législatives et de police qui pourraient être prises pour la réprimer efficacement. C'est l'œuvre de M. le docteur Van der Broeck.

A côté de ces belles recherches nous citerons un excellent travail que son auteur, M. Lehardy de Beaulieu, a modestement intitulé : *Simples causeries sur l'or*, et qui examine et approfondit sous toutes leurs faces les questions si importantes que suscite l'énorme accroissement apporté depuis quinze ans à l'extraction de l'or et à son accumulation dans tous les canaux de la circulation commerciale.

Un morceau de poésie fort remarquable : *Le Hainaut,* chanté par un de ses enfants, M. L. Dumont, un poète-archéologue, mais un vrai poète, plein de distinction et de chaleur, et une notice ingénieuse, avec planche à l'appui, intitulée : *Une iconographie mythologique au moyen-âge*, tranchent sur le fond un peu austère de ce volume qui est terminé par quelques notes nécrologiques sur des membres distingués que la Société a récemment perdus.

Le volume de 1861 des *Annales du Cercle archéologique de Mons* contenait des travaux très-estimables et très-variés, et entre autres :

Une dissertation sur un des plus beaux monuments de l'art ogival qui existent en Belgique, l'église de St.-Waudru, à Mons, par M. Dethuin ;

Une histoire très-étendue et très-complète sur l'ancienne église collégiale et paroissiale, aujourd'hui démolie, de St.-Germain, de la même ville. par M. L. Devillers ;

D'ingénieuses et savantes notices, de M. Dethuin, sur deux curieuses sculptures de l'église de St.-Waudru, sur la commune de Nieux-Maisières, par M. Charles Rousselle ; sur les halles de Mons, par M. Devillers ; sur la milice communale et les compagnies militaires de cette ville, par le même ; sur le précieux rétable en chêne sculpté de la paroisse de Buvrinnes.

Celui de 1862 contient :

Une notice historique pleine de savoir et d'intérêt, de M. Théophile Lejeune, sur le village de Familleureux, ses seigneurs, et entre autres le redoutable Fier-à-Bras de Vertaing, qui vivait à la fin du XIVe. siècle, et dont un curieux bas-relief encore existant dans l'église constate la terrible violence ;

Un autre et remarquable travail de M. Petit sur la maison hospitalière d'Hautrages ;

Diverses notices, de M. Albert Toilliez, sur une charte de

l'abbaye d'Épinlieu ; de M. Gachez, sur la cour des Chênes, à Hornu ; de M. de Bettignies, sur quelques vieilles tours de la ville de Mons ; de M. Devillers, sur des cartulaires des abbayes de St.-Ghislain et d'Alne, sur les principaux épisodes de l'histoire de la ville de Thuin, sur diverses découvertes d'antiquités. Ces travaux, si divers et si approfondis, attestent la science, le zèle et le talent de leurs auteurs, et doivent attribuer un rang élevé au Cercle de Mons parmi les Sociétés archéologiques. »

Nous avons reçu d'un de nos collègues, M. A. Namur, conservateur de la Société archéologique et historique du grand-duché du Luxembourg, la notice que l'on va lire. Comme c'est pour la première fois qu'elle est représentée au Congrès, les détails, sur ses origines, que cette note contient, ne paraîtront sans doute pas superflus.

« La *Société pour la recherche et la conservation des monuments historiques du Grand-Duché de Luxembourg* a été fondée par arrêté royal grand-ducal du 2 mai 1845. Sa Majesté le Roi Grand-Duc a daigné en accepter le patronage, et le Gouvernement grand-ducal accorde à la Société un subside annuel de 1,500 fr.

Dès son origine, cette Société s'est imposé la tâche de rechercher et d'étudier les sources historiques de l'ancien pays de Luxembourg à l'époque de sa plus grande extension. Elle a marché avec succès de progrès en progrès, encourageant avec la plus sévère impartialité les efforts intellectuels faits dans toutes les branches de l'histoire et de l'archéologie.

Les époques celtique, gallo-romaine, gallo-franque, le moyen-âge, les temps modernes ont tour à tour fixé l'attention des membres de la Société, et le musée archéologique qu'on est parvenu à créer, dont les accroissements successifs sont consignés dans les dix-sept rapports annuels de M. le conservateur-secrétaire, le docteur A. Namur, excite souvent l'admiration des savants étrangers qui viennent le visiter.

La Société compte en ce moment 19 membres effectifs,

67 membres correspondants dans le pays et 164 membres honoraires, choisis parmi les savants de divers pays étrangers. Elle est en relation avec 98 Sociétés et établissements étrangers, répartis par pays comme suit : Allemagne, 25 ; Angleterre, 2 ; Autriche, 2 ; Belgique, 24 ; Danemarck, 1 ; Espagne, 1 ; France, 25 ; Grand-Duché de Luxembourg, 2 ; Norwége, 1 ; Pays-Bas, 12 ; Suisse, 3.

Le relevé suivant du contenu des 17 volumes publiés depuis 1845 à 1861 fait connaître les différentes œuvres auxquelles les membres de la Société ont consacré leurs loisirs.

Voici la Table des matières des dix-sept premiers volumes :

I. — Adresse à Sa Majesté le Roi Grand-Duc (août 1845). — Réglement de la Société. — Rapport du conservateur-secrétaire, A. Namur, constatant la situation du musée de l'Athénée lors de l'installation de la Société (23 octobre 1845).

II. Rapport du conservateur-secrétaire, A. Namur, sur les travaux de la Société pendant l'année 1846. — Notes relatives à l'introduction de l'imprimerie dans la ville de Luxembourg par M. Würth-Paquet, président de la Cour supérieure de justice. — Mémoire historique sur les événements de Dudelange en 1794, par M. J.-B. Wolff, professeur. — L'homme et la femme sur la roche à Altlinster, par M. le professeur Engling.

III. Rapport du conservateur, A. Namur, sur les travaux de la Société pendant 1847. — Trésor numismatique découvert à Dalheim en 1842, par M. Senckler. — Recueil de choses advenues du temps et gouvernement de très-haulte mémoire feu Charles, duc de Bourgogne, etc., par M. L. Deny. — Rapport sur les anciennes archives de la ville de Luxembourg, par M. Würth-Paquet. — Notice statistique sur la commune de Waldbillig, par M. le professeur Engling. — Programme d'un concours fixé au 1er. septembre 1849 (Donner l'historique de l'établissement du christianisme dans le pays de Luxembourg).

IV. Rapport du conservateur-secrétaire, A. Namur, sur les travaux de la Société pendant 1848. — Rapport sur les anciennes archives du gouvernement Grand-Ducal, par M. Würth-Paquet. — Licinius Junior ; lettre de M. Senckler à M. de La Fontaine, ancien gouverneur. — Médaillon grec de Caracalla interprété par M. le professeur A. Namur. — L'autel païen de Berdorf, par M. le professeur Engling. — Notice sur la seigneurie de Berg, par M. Linden, curé à Berg. — Découverte numismatique faite à Eich, par M. le professeur A. Namur.

V. Rapport du conservateur-secrétaire, A. Namur, sur les travaux de la Société pendant 1849. — Tombes gallo-romaines chrétiennes du IVe. siècle, décrites et interprétées par M. le professeur A. Namur. — Observations sur quelques anciens bâtiments de la ville d'Echternach, par M. Brimmeyr. — Rapport sur un diverticulum romain de Cap vers le Titelberg, par M. G. München. — Noms de la ville de Luxembourg, de ses faubourgs, de ses rues, portes et places publiques, par M. Würth-Paquet. — Station romaine au Tossenberg, par M. le professeur Engling. — Chartes Luxembourgeoises inédites.

VI. Rapport du conservateur-secrétaire, A. Namur, sur les travaux de la Société pendant l'année 1850. — Inscriptions votives et statuettes trouvées à Géromont, près de Géronville, décrites et interprétées par M. le professeur A. Namur. — Tombes gallo-franques de Wecker, décrites par le même. — Typographie Luxembourgeoise, par M. Würth-Paquet. — La foire Luxembourgeoise (Schoberführ), par le même. — Rapport sur la recherche d'antiquités romaines à Echternach, par M. Brimmeyr. — Statistique monumentale du grand-duché de Luxembourg, par M. le professeur Engling. — Légendes Luxembourgeoises, Mélusine et la Chèvre d'or, par M. le baron Em. d'Huart. — Notices biographiques et généalogiques, par le même. — Lieux dits, par M. de La Fontaine, ancien gouverneur du Grand-Duché. — Histoire de la commune d'Obernanpach, par M. le docteur Aug. Neijen de Wiltz. — Andethanna, autrefois et aujourd'hui, par M. le professeur Engling. — Notice sur la paroisse de Frisange, par M. le curé Heijnen. — Mélanges.

VII. Rapport du conservateur-secrétaire, A. Namur, sur les travaux de l'année 1851. — Paix d'Uren et de Felz (Larochette) publiées par M. le professeur Hardt. — Monument sépulcral de la duchesse Élisabeth de Gorlitz, par M. le docteur Barsch, de

Coblentz. — Tradition et notice sur le château de La Sauvage, par M. le baron Em. d'Huart. — Notice sur le château de Raville, par le même. — Wolkrange, puissante famille d'ancienne chevalerie Luxembourgeoise, par le même. — Typographie Luxembourgeoise *(Suite)*, par M. Würth-Paquet. — Les tumuli de l'époque gallo-romaine dans le grand-duché de Luxembourg, par M. le professeur Engling. — Le camp romain de Dalheim, 1er. rapport de M. le professeur A. Namur. — Notice sur la dîme des pommes de terre, par M. de La Fontaine, ancien gouverneur du Grand-Duché. — Chartes Luxembourgeoises du XIIIe. et XIVe. siècles, par M. Würth-Paquet. — Le lieu de naissance par Jean Baron de Beck, par le Même. — Revue sphragistique Luxembourgeoise, par M. H. Gomand. — Mélanges.

VIII. Rapport du conservateur-secrétaire, A. Namur, sur les travaux de la Société pendant 1852. — Typographie Luxembourgeoise (*Suite*), par M. Würth-Paquet. — Première notice sur les tombes gallo-franques du grand-duché de Luxembourg, par M. le professeur A. Namur. — Les tumuli de l'époque gallo-romaine dans le grand-duché de Luxembourg (*Suite*), par M. le professeur Engling. — Inscription votive au dieu *Silvano Sinquati*, par M. le professeur A. Namur. — Pierres sculptées de l'époque gallo-romaine dans le pays de Luxembourg, par M. le professeur Engling. — Notice sur l'ancienne seigneurie de Foetz, par M. Würth-Paquet. — Le camp romain d'Actrier, par M. le professeur Engling. — Révolte et défaite, près de Remich, du régiment d'Anhalt, au service d'Espagne, par le comte de Mansfeld, gouverneur de Luxembourg, par M. Würth-Paquet. — Illustrations Luxembourgeoises, par M. le baron Em. d'Huart. — Notice sur Bigonville (Bondorf), par M. Blaise, instituteur, à Wiltz. — Notice sur un véritable lacrymatoire découvert en 1852 dans le grand-duché de Luxembourg, par M. le professeur A. Namur. — Renseignements sur Schoenecken, par M. Würth-Paquet. — Mélanges numismatiques, par M. le professeur A. Namur. — Différentes substructions mises à découvert dans le grand-duché de Luxembourg en 1852, par le même. — Mort tragique du conseiller baron de Feltz, par M. Würth-Paquet.

IX. Rapport du conservateur-secrétaire, A. Namur, sur les travaux de la Société pendant 1853. — Une sépulture druidique du commencement de l'ère gallo-romaine découverte en 1853, entre Hellange et Souflgen, interprétée et décrite par M. le professeur A. Namur. — Essai étymologique sur les noms de lieux du Luxembourg germanique, par M. de La Fontaine. — Pierres sculptées de l'époque gallo-romaine dans le grand-duché de Luxembourg, par M. le professeur Engling. — Deuxième notice sur le camp romain de Dalheim, par M. le professeur A. Namur. — Statistique ecclésiastique du grand-duché de Luxembourg, par M. le professeur Engling. — Description de l'église de St^e^.-Cunégonde à ériger à Clausen, par M. Arendt, architecte de l'État. — Mélanges d'archéologie, par MM. Arendt, Elberling et Namur.

X. Rapport du conservateur-secrétaire, A. Namur, sur les travaux de la Société pendant 1854. — L'idiome Luxembourgeois, par M. P. Klein. — Les temples et les autels païens dans le grand-duché de Luxembourg, par M. le professeur Engling. — Histoire de la baronnie de Jamoigne, par M. le docteur Neijen. — Station romaine à Mersch, par M. le professeur Engling. — Essai étymologique sur les noms de lieux du Luxembourg germanique (*Suite*), par M. de La Fontaine. — Notice sur une collection d'antiquités de Rheinzabern, par M. le professeur A. Namur. — Médaillon en bronze trouvé à Nemrig, décrit par M. Arendt, architecte de l'État. — Éclaircissements sur la seigneurie de Vianden, par M. le docteur Baersch, de Coblentz. — Les seigneurs de Schonecken, par le même. — Rapport sur l'opportunité de fixer l'orthographe des noms de lieux du Grand-Duché, par M. le professeur Hardt.

XI. Notices biographiques sur MM. Clasen, le baron d'Huart, P. Klein, par M. le professeur A. Namur. — Notice biographique sur M. Kergmann, par M. l'abbé Kleyr. — Rapport du conservateur-secrétaire, A. Namur, sur les travaux de la Société pendant 1855. — Troisième rapport sur le camp romain de

Dalheim, par M. le professeur A. Namur. — Vues sur la composition d'une histoire du culte chrétien dans le pays de Luxembourg, par M. de La Fontaine, ancien gouverneur. — L'église de Notre-Dame de Luxembourg, par M. le professeur Engling. — La paroisse de Weimerskirch, par M. le curé Klein. — Statistique ecclésiastique de la paroisse de Hostert, par M. le curé Laplume. — Id. de l'église de Garnich, par M. le curé Schaack. — Id. de l'église de Grosbons, par M. le curé Nauert. — Notice sur la grande cloche d'Echternach, par M. le professeur Engling. — Notice sur une grande découverte numismatique faite à Ettelbrück en 1856, par M. le professeur A. Namur. — Histoire du siége de Luxembourg en 1814, par M. Ulveling (4 pl.).

XII. Rapport du conservateur-secrétaire, A. Namur, sur les travaux de la Société pendant 1856. — Recueil méthodique de renseignements sur la période de 1839-1848 de l'histoire du grand-duché de Luxembourg, par J. Ulveling, directeur des contributions. — Les sépultures romaines sur le territoire des communes de Waltbellig, Hiffingen et Steinfort, par M. le professeur Engling. — Essai étymologique sur les noms de lieux du Luxembourg germanique, par M. de La Fontaine, ancien gouverneur (*Suite*). — Histoire de l'église de St.-Michel de Luxembourg, par M. l'abbé Breisdorff. — Notice sur M. Emile Tandel, par M. l'abbé Kleyr. — Mélanges par MM. Ulveling, Engling et Namur (3 pl.).

XIII. Rapport du conservateur-secrétaire, A. Namur, sur les travaux de la Société pendant 1857. — Notice sur l'ancien magistrat de la ville de Luxembourg, par M. Ulveling, directeur des contributions. — Essai étymologique sur les noms de lieux du Luxembourg germanique, par M. de La Fontaine, ancien gouverneur (*Suite*). — Explosion d'un magasin à poudre à Luxembourg, par M. le professeur Engling. — La paroisse de Brandebourg, par M. le curé Harpes. — Une sépulture romaine près de Larochette, par M. le professeur Engling. — Biographies Luxembourgeoises : le général baron de Beck, par M. de La Fontaine; François Mullendorff, par M. Dutreux, et Ferdinand Meyres, par M. Engling. — Un Schetzkastchen du moyen-âge, par M. Arendt, architecte de l'État. — Rapport sur la fixation de l'orthographe des noms de lieux du pays de Luxembourg, par M. Hardt, archiviste. — Mélanges (4 pl.).

XIV. Rapport du conservateur-secrétaire, A. Namur, sur les travaux de la Société pendant 1858. — Notice sur les anciens treize maîtres et les corporations des métiers de la ville de Luxembourg, par M. Ulveling, directeur des contributions. — Essai étymologique sur les noms de lieux du Luxembourg germanique, par M. de La Fontaine (*Suite*).—Table chronologique des chartes et diplômes relatifs à l'histoire du pays de Luxembourg, par M. Würth-Paquet.—Chartes Luxembourgeoises, par le même. — L'ancienne église d'Ospern, décrite et dessinée par M. Arendt, architecte de l'État. — Les plus anciens fonts baptismaux du provicariat de Luxembourg, par M. le professeur Engling. — Notice biographique sur Georges Eyschen, par M. l'abbé Breisdorff. — Les vestiges des Romains sur le territoire de la commune de Bourscheid, par M. le professeur Engling. — Rapport sur une sépulture romaine trouvée à Holstum-ley-Hosingen, par M. Arendt, architecte de l'État. — La basilique de l'abbaye d'Echternach et l'église de St.-Alphonse, à Luxembourg, par M. l'ingénieur Hartmann (4 pl.).

XV. Notice sur M. le professeur Bourggraf, par M. le directeur Muller.—Rapport du conservateur-secrétaire, A. Namur, sur les travaux de 1859. — Weimerskirch, étude rétrospective sur cet endroit, etc., par M. de La Fontaine, ancien gouverneur. — Essai étymologique sur les noms luxembourgeois, par le Même.—Table chronologique des chartes et diplômes relatifs à l'histoire de l'ancien pays de Luxembourg, par M. Würth-Paquet, président de la Cour supérieure de justice. — L'époque des trente tyrans, l'influence désastreuse de cette époque prouvée par les monnaies, par M. le professeur Engling. — Sainte-Marie dans le bois, entre Altrier et Hersberg, par M. le professeur Engling. — Nouvelles découvertes archéologiques des époques gallo-romaine et gallo-franque, faites dans le grand-duché de Luxembourg et décrites par M. le professeur A. Namur. — Rapport sur une découverte faite à Temmels, par M. Arendt, architecte de l'État. — Les croix de nos cloches, par le même.— La paroisse de Colpach, par M. le curé Harpes.—Note sur l'usage ancien des harengs et des huîtres, par M. de La Fontaine. — La grotte de St.-Schetzela, par M. Arendt, architecte de l'État (7 pl.).

XVI. Rapport du conservateur-secrétaire, A. Namur, sur les travaux de la Société pendant 1860. — Le *Liber aureus* de l'abbaye d'Echternach, analysé par M. Würth-Paquet, président de la Cour. — Table chronologique des chartes et diplômes relatifs à l'ancien pays de Luxembourg, règne de Henri III (1282-1288), par le même. — Arbres portant une statuette de la Vierge Marie, autrefois dédiés au culte du paganisme, par M. le professeur Engling. — Une crypte sous l'église de Niederkorn, décrite par M. Arendt, architecte de l'État. — L'époque des trente tyrans (*Suite*), par M. le professeur Engling. — Deux pierres sépulcrales romaines, décrites par M. le curé Bastgen, d'Igel. — Deuxième notice sur les sépultures gallo-franques du Grand-Duché, par M. le professeur A. Namur. — Les procès de sorcellerie dans le grand-duché de Luxembourg, par M. l'abbé Breisdorff. — Introduction dans le Grand-Duché, sous le gouvernement autrichien, du cadastre des biens fonds; résistance des ordres privilégiés; mort violente du justicier des nobles, par M. de La Fontaine. — Revenus et charges du monastère des dames chanoinesses de l'ordre de St.-Augustin de Hosingen, par M. le docteur Neijen. — Les cloches de Niederkerschen (Bascharage), par M. Arendt, architecte de l'État.

XVII. Rapport du conservateur-secrétaire, A. Namur, sur les travaux de la Société pendant 1861. — Table chronologique des chartes et diplômes relatifs à l'histoire de l'ancien pays de Luxembourg (*Suite*), par M. Würth-Paquet (Règne de Henri IV, 1288-1310). — Étude sur la dictature à Rome, par M. Em. Servais, vice-président à la Cour supérieure de justice. — Substructions romaines découvertes sur le territoire de Berdorf, décrites par M. Dondelinger, conducteur des travaux publics — Pierres sculptées de l'époque gallo-romaine (*Suite*), par M. le professeur Engling. — Rectification de nom sur une monnaie gauloise, par M. le docteur Elberling. — Note sur Béatrix de

Bourbon, reine de Bohême, comtesse de Luxembourg, veuve du roi Jean-l'Aveugle, communiqué par M. Hardt, archiviste. — L'ancienne chapelle de Notre-Dame à Girst, commune de Rosport, par M. Arendt, architecte de l'État. — Conflits survenus durant les XIe. et XIIe. siècles entre les comtes de Luxembourg et les archevêques de Trèves. Examen de leurs causes, par M. de La Fontaine, ancien gouverneur du Grand-Duché.

Il résulte des rapports du conservateur-secrétaire, qu'outre les travaux de nature différente énumérés dans le relevé qui précède, d'autres grands travaux occupent la Société ou certains membres en particulier : tels sont la carte archéologique du pays ; un dictionnaire statistique et archéologique ; un *Codex diplomaticus* dont M. Würth-Paquet a déjà fourni des éléments très-importants ; une monographie sur la numismatique Luxembourgeoise à laquelle travaille l'ancien gouverneur, M. de La Fontaine ; une notice historique sur une des époques les plus importantes de l'histoire nationale, celle du règne de Jean de Bohême, pour laquelle M. le professeur Schoetter est occupé à recueillir les éléments ; des notices bibliographiques et numismatiques publiées par M. le professeur A. Namur dans le *Bulletin du bibliophile belge* et la *Revue numismatique belge* à Bruxelles ; la Biographie des Luxembourgeois dont le souvenir paraît digne d'être transmis à la postérité, par M. le docteur Neijen et plusieurs autres.

Il résulte des mêmes rapports que la Société veille, autant que son influence le lui a permis, à la conservation des monuments qui sont encore debout, ou déjà en ruine. L'objet principal de sa sollicitude sous ce rapport a été la basilique de l'ancienne abbaye de St.-Willibrord à Echternach. Cette basilique est, sans contredit, un des plus importants monuments de l'espèce en-deçà des Alpes. Tous les amis des arts et de l'histoire ont salué avec enthousiasme l'Association de St.-Willibrord, qui vient de se constituer dans le but de rendre, après bien des désastres déplorables, cet important monument à sa destination primitive. »

A l'occasion du rapport qui précède, M. d'Otreppe de Bouvette, craignant que la similitude des noms ne jetât quelque confusion dans les esprits, nous a remis la note suivante que nous nous empressons de reproduire :

« Le rapport des travaux de la Société du grand-duché de Luxembourg est signé du nom de Namur que porte une de nos provinces, et ce rapport concerne, non cette province, mais seulement des travaux accomplis dans le grand-duché de Luxembourg, qui a été séparé de notre royaume par le traité de 1839.

Ce traité reliant à la Belgique la ville de Luxembourg, devenue forteresse de la Confédération-Germanique, nous avons été obligés de nous créer un autre chef-lieu de province. C'est Arlon, au milieu des Ardennes. Elle possède aussi une Société pour la conservation des monuments, mais moins connue, moins laborieuse que celle du Grand-Duché. Cependant ses travaux ne doivent pas rester ignorés, et je me permettrai d'en dire un mot.

La Société, après une noble impulsion et d'honorables succès, a, depuis quelque temps, non suspendu, mais ralenti ses travaux. Ses publications sont devenues rares et ses collections, déposées à l'hôtel provincial, augmentent peu ; mais disons que cette espèce de sommeil, qui aura bientôt son réveil, s'explique par la pénurie de fonds et l'absence d'un local suffisant et bien approprié pour des antiquités, déjà nombreuses, recueillies sur le sol. Ainsi, lorsque les obstacles viendront à disparaître, alors une contrée riche en débris séculaires et en souvenirs historiques sera explorée et décrite et servira de pendant aux beaux travaux réalisés dans le grand-duché de Luxembourg, travaux dus, en grande partie, à son actif et savant secrétaire, M. Namur. Mais, en réservant de brillantes espérances pour Arlon, visitons dans ses murs de nombreux autels votifs romains retirés de ses vieux remparts, et puis, parcourant son curieux et pittoresque territoire, allons de nouveau nous impressionner à l'aspect des belles et immenses ruines de l'abbaye de Dorval et admirer, bien conservée, la magnifique église de St.-Hubert. Ne nous bornons pas même à ces intéressantes excursions, mais, creusant partout le sol, faisons-en sortir de nombreuses antiquités romaines, notamment, comme à Virton, où déjà on a découvert tant de statuettes et un plateau délicatement travaillé d'une grande valeur, qu'il m'a été donné d'admirer, en la possession des habitants de la localité. Enfin allons encore plus loin, franchissant la frontière, lançons-nous, au moyen du chemin de fer, à Luxembourg pour y admirer d'abord deux ponts jetés au-dessus de précipices, et ensuite, du haut de la forteresse du Jonc, sonder les profondeurs effrayantes où s'étalent, au fond, des faubourgs baignés par les eaux de la Bette, ruisseau aux bords duquel un ancien gouverneur, le comte de Mansfeld, avait créé, jadis, de pittoresques jardins que décoraient des statues et des bas-reliefs antiques retirés d'Arlon. Aujourd'hui ces richesses archéologiques ont été détruites ou dispersées, excepté la porte d'entrée dont les parois intérieures sont encore empreintes de précieux débris. Mais ce qui manque là, Trèves dans le voisinage le donne, puisque cette antique cité possède encore, outre la magnifique porte Noire (*porta nigra*) bien conservée, de belles ruines, des bains et des arènes. On peut étudier les restes vénérés des siècles et surtout la grande basilique de Constantin, avec le savant ouvrage enrichi de vues et de plans de notre collègue, M. le baron de Roisin, vice-président de la Commission royale des monuments pour la Belgique. »

Nous empruntons à une lettre de M. le baron de Roisin la note suivante, qu'on ne lira pas sans un vif intérêt, sur l'organisation et les opérations récentes de la *Commission des monuments du royaume de Belgique* :

« La Commission des monuments date de loin. Vous avez connu et apprécié son président, le comte Amédée de Beaufort. Des membres zélés qui le secondaient, il n'en reste aujourd'hui qu'un seul. La Commission a dû être renouvelée : bref, elle compte aujourd'hui cinq architectes, deux archéologues, deux artistes (peintre et sculpteur), un ingénieur en chef des ponts-et-chaussées, plus deux membres non-résidants. En outre, une Commission mixte s'occupe spécialement de questions d'art (peinture murale, vitraux, sculpture). On l'appelle mixte parce qu'elle comprend quatre membres de notre Commission et des membres de l'Académie d'Anvers, pour le dire en passant, les peintres bien connus de Keiser et Leiss. En 1861, le gouvernement institua des comités correspondants dans chaque province, et statua qu'au mois de septembre de chaque année, commission et comités réunis (environ quatre-vingts membres) tiendraient, à Bruxelles, une séance préparatoire à huis-clos et une séance publique. Les gouverneurs provinciaux sont conviés à y prendre part, en leur qualité de présidents-nés des comités, et le ministre de l'Intérieur nous honore de sa présence, s'il le juge convenable.

A la séance préparatoire de 1861, un membre correspondant de la Flandre occidentale, archéologue instruit, zélé, travailleur infatigable, M. Wheale (anglais), donna lecture d'un mémoire sur les restaurations exécutées en Belgique. Il y faisait à peu près table rase et inculpait directement la Commission, ou pour mieux dire l'ancienne commission. Les pauvres défunts ne pouvaient rompre le silence de la tombe; leurs successeurs n'étaient pas à même de les défendre. Néanmoins une enquête fut résolue et j'en fus exclusivement chargé. Durant l'été, je pus mener à fin la moitié de ma laborieuse tâche, me rendant sur les lieux, instruisant, comparant, étudiant, et à la séance préparatoire de septembre (1862) que je présidais (ainsi que la séance publique), je fis mon rapport. Il y avait du vrai dans le mémoire Wheale, car il devait arriver en Belgique ce qui est arrivé en France comme en Allemagne, ce qu'ont déploré MM. de Montalembert et de Contencin, comme M. Reichensperger. Pourtant je n'hésite pas à affirmer que, même proportion gardée, la Belgique n'est pas plus mal partagée que la France; pour ne citer que la désastreuse restauration de St.-Denis, qui n'a pas son pendant chez nous. Mais le mémoire accusateur péchait par défaut d'enquête. Il en résultait des appréciations erronées ou exagérées, sans parler de conclusions forcées, de l'abus des grands mots, des épithètes fulminantes, des critiques en termes généraux (procédé commode, mais peu équitable), enfin d'un style à double tranchant, qui sabre incessamment d'estoc et de taille.... Mais, en sa qualité d'étranger, M. Wheale n'appréciait pas la valeur de ses expressions. L'exposé de mon enquête fut suivi de l'échange de quelques observations et objections, et depuis lors il n'a plus été question de cette affaire. Une polémique ardente s'était engagée antérieurement dans les journaux, entre un conseiller provincial du Brabant et M. Wheale, à l'occasion du susdit mémoire ; mais elle est restée étrangère à la Commission, et j'ai déclaré, en séance, la considérer comme non-avenue. Je reprendrai mon enquête durant la campagne qui va s'ouvrir, et voilà où en est « la lutte entre les « ecclésiologistes conservateurs et ceux qui détruisent les mo« numents en les restaurant. » (*Bulletin monumental*, n°. 3, p. 318.)

Nos séances ont été fort animées, parce que l'on y a discuté avec chaleur les questions insérées au programme et les vœux que les comités provinciaux ont le droit de formuler en cette circonstance. Mais de lutte? pas plus alors qu'aujourd'hui. Les actes posés par nous l'année dernière à l'endroit des restaurations, constructions nouvelles, etc., n'ont soulevé aucune critique, et, pour le remarquer en passant, nos correspondants toujours disposés à nous venir en aide, le sont également à nous surveiller.

Quant « au danger pour les monuments historiques de la « Belgique d'être restaurés à mort, d'autant plus grand qu'il « se présente d'une manière insidieuse, » je déclare ne pas saisir ce que l'*Ecclesiologist* entend par cette insinuation (sans doute involontairement) insidieuse ; à moins qu'il ne s'agisse de cette polémique dans les journaux dont j'ai pris simple et rapide lecture, mais qui ne me paraît pas justifier l'épithète. Pour en finir, nous ne faisons pas d'art bureaucratique ; la Commission comprend un membre archiviste de l'État et un ingénieur ; les autres sont indépendants. Nous correspondons avec les fabriques et les conseils communaux par l'intermédiaire des gouverneurs et des ministres de l'intérieur, de la justice et des cultes; voilà à quoi se borne notre bureaucratie. Et quand nous différons d'opinion avec les hauts fonctionnaires susdits, nous répondons contradictoirement avec franchise et indépendance complète. Les projets soumis à notre examen sont étudiés consciencieusement avec un soin minutieux. Et quant à l'année qui vient de s'écouler, 123 séances, 119 inspections et conférences avec des artistes, témoignent de notre zèle et de notre dévouement. Quant à nos doctrines, elles sont les vôtres. »

Nous ne quitterons pas ce sujet sans mentionner, avec l'éloge qu'elles méritent, deux grandes et belles publications archéologiques qui se poursuivent en Belgique.

L'une est la carte archéologique, ecclésiastique et nobiliaire des anciennes dix-sept provinces des Pays-Bas que publie M. Joseph Vander Maelen à l'établissement géographique de Bruxelles.

L'autre est intitulée : *Fastes historiques, généalogiques et chronologiques de la Belgique et des autres provinces des Pays-Bas, depuis les temps les plus reculés jusqu'à nos jours*, par M. le chevalier Marchal, conservateur des manuscrits de la Bibliothèque royale. Bruxelles, Jules Heger, éditeur. Nous avons sous les yeux huit livraisons de cette belle publication qui abonde en dessins et en écussons coloriés d'une grande richesse, et dont il a été fait hommage au Congrès par l'un de ses membres, M. L.-F. Goffint-Delerue, avocat à Mons.

On a beaucoup disserté en France sur les bibliothèques populaires. Pendant ce temps on les établissait en Belgique. Dans ce pays, le Gouvernement, tout en recommandant la création de bibliothèques populaires, en laisse l'initiative aux villes et aux communes. C'est la ville de Liége qui a établi la première bibliothèque populaire, par l'intermédiaire de M. V. Hernaux, échevin de l'instruction publique. Cette bibliothèque, ouverte depuis le 9 février 1862, trois fois par semaine, a distribué à domicile, pendant une année, plus de 25,000 volumes et 4 à

600 volumes dans les salles de lecture. M. Grandjean en a établi une dans la petite commune de Hognoul, d'une population de 464 habitants, et en trente-deux séances on avait déjà distribué 175 volumes. Bientôt d'autres villes et communes ont voulu imiter Liége et Hognoul, et c'est ainsi qu'Anvers, Maremmes, Ougrée Jemappe, Huy, Spa, Verviers, Vottein, Aissehc-en-Refail, Termonde, Brielen, Marchic, Tilf, Stavelot, Gand, Furnes, Bruxelles, ont aujourd'hui des bibliothèques populaires.

On ne lira pas sans intérêt la note suivante que nous tenons de M. Jacque, concernant les Sociétés agricoles et horticoles de Belgique :

« Les associations protectrices de l'agriculture forment aujourd'hui, en Belgique, un réseau comprenant la province de Limbourg, Brabant, Flandre-Orientale, Anvers, Liége, Luxembourg et Namur.

Elles comptent environ 10,000 membres, répartis comme suit :

Société agricole		de la province d'Anvers . .	531	membres.
—	—	de Limbourg.	734	—
—	—	du Brabant .	1,289	—
—		de la Flandre-Orientale .	2,400	—
—		de l'est de la Belgique (Liége).	2,200	—
—		de la province de Luxembourg	1,200	—
—	—	de Namur. .	1,300	—

Les cinq dernières Sociétés publient chacune un journal hebdomadaire qui est adressé gratis à tous les membres. Elles organisent, chaque année, des expositions d'animaux et d'instruments d'agriculture.

La Société agricole de l'est de la Belgique, qui fonctionne avec succès dans la province de Liége depuis 1844, a servi de modèle à toutes les autres associations ; c'est à elle que l'on doit l'introduction en Belgique des concours agricoles ; c'est à son initiative qu'est due l'institution des concours de ferrure, importée en France depuis une couple d'années ; celle des concours de charrues qui ont propagé l'usage des labours profonds; celles des primes destinées à favoriser la propagation du drainage, à récompenser les longs et loyaux services des domestiques de ferme, etc.

L'influence des Sociétés agricoles sur le développement de l'agriculture a été immense : elles ont donné un enseignement théorique par leurs publications et leurs conférences, et un enseignement pratique par leurs concours, embrassant toutes les branches de l'industrie agricole et fournissant aux cultivateurs des points de comparaison pour diriger leur marche dans la voie du progrès. En multipliant les banquets et les réunions agricoles, elles ont favorisé l'échange des idées et amené un rapprochement désirable entre deux classes d'agriculteurs qui ont des intérêts communs, mais qui sont séparés par les différences des positions sociales : les propriétaires fonciers et leurs tenanciers. Cette influence n'est pas une des moins utiles que les Sociétés agricoles ont pu exercer. Il est reconnu aujourd'hui que tout progrès est enrayé dès qu'il y a mésintelligence entre le propriétaire du sol et celui qui fait valoir la terre.

C'est grâce à leur organisation et à la liberté dont elles jouissent, que les Sociétés agricoles peuvent jouer un rôle aussi important; bien qu'elles soient agréées par le Gouvernement, leur administration, le choix de leurs travaux et la direction du mouvement agricole sont laissés aux membres qui les composent; elles ne tombent sous le contrôle du Gouvernement que pour leur comptabilité, qu'elles doivent faire approuver chaque année par le Ministre de l'Intérieur, afin d'obtenir une part des subsides affectés à l'encouragement de l'agriculture. — Elles sont divisées en sections, qui comprennent chacune un ou deux cantons, et qui sont administrées par un Comité composé d'un président, de deux vice-présidents, de cinq ou de neuf membres suivant l'importance, et d'un secrétaire; chaque section délègue, pour la représenter au Conseil administratif de la Société, deux membres de son Comité. Le Conseil se réunit au moins une fois par an, pour dresser un rapport général sur les travaux de l'Association et approuver les comptes des sections.

Cette organisation, on le comprend, permet aux associations agricoles de connaître parfaitement les besoins locaux et généraux de l'industrie agricole et de combiner leurs travaux en conséquence. »

RÉGION DE L'OUEST.

Nous devons à M. Étienne Duboc l'exposé qu'on va lire des travaux de la *Société Havraise d'études diverses* pour l'année 1862 :

« La Société Havraise d'études diverses se félicite de participer, ainsi que les années précédentes, au mouvement actuel du Congrès. En obéissant à cette noble émulation, elle tend de tout son pouvoir à suivre la marche active de la décentralisation scientifique, littéraire et artistique.

M. Millet-Saint-Pierre, auquel succède comme président M. Maire, qui est retenu au Havre à cause de ses hautes fonctions administratives et par les exigences de sa profession, a souvent présenté les développements actifs que cette Association subit chaque jour, et qui répondent à l'élan imprimé aux Sociétés savantes.

L'Association poursuit donc toujours son but avec le plus grand zèle et la plus grande persévérance. Toutes les questions se rattachant à l'art, aux sciences, à la littérature, au commerce, à la navigation et à l'industrie, y sont traitées avec soin et avec la plus grande variété ; on peut juger même, par le nombre de ses relations et de ses correspondants, de la portée d'une institution favorablement appuyée et considérée comme étant de la plus haute utilité.

L'année 1862 a vu une tentative d'innovation produire des résultats sérieux pour l'avenir de la Société. L'arène des concours s'est ouverte avec fruit : des concurrents sont entrés dans la lice, et des prix ont été décernés aux différents vainqueurs pour leurs mémoires dont les thèmes reposaient sur des sujets locaux.

A ces résultats que le public a pu juger par lui-même dans la séance publique qui a eu lieu à l'occasion de ces concours, sont venus s'ajouter ceux obtenus par les cours gratuits que continuent à professer avec succès MM. Rispal, Derome et Caumont, sur les différentes branches des mathématiques, de la cosmographie, de l'histoire naturelle et de la jurisprudence nautique, et qui sont autant de ministres dévoués au service de leurs intéressantes leçons; elles acquièrent une importance réelle, et le public les seconde par son empressement, ainsi que l'administration municipale par ses allocations particulières.

Le goût du beau et de la science se propage donc dans une ville commerciale et industrielle; de plus, les recueils de la Société témoignent du zèle et des connaissances de ses membres.

C'est ainsi que le recueil de l'année 1862 contient, avec le résumé analytique du rapporteur des travaux, les rapports des diverses Commissions chargées d'examiner les différents mémoires scientifiques, littéraires et poétiques des concours, et des travaux originaux intéressants qui ont donné lieu, dans le sein même de la Société, à des rapports détaillés et lucides.

Un rapide exposé peut déjà signaler à l'attention le caractère et la nature de ces œuvres.

M. l'abbé Lecomte sait toujours, en matière d'archéologie, faire profiter les recueils de l'Association d'études rapides et lumineuses.

Le *Havre de Leure* est une notice pleine d'intérêt sur ce port, jadis renommé dans le pays.

Aux différentes notes de M. Lecomte, relatives à l'histoire des monuments et des églises du département de la Seine-Inférieure, sont venus s'ajouter les communications et les renseignements oraux de M. l'abbé Cochet, de Dieppe, sur des fouilles faites à l'abbaye de St.-Wandrille, et sur des sépultures chrétiennes au moyen-âge.

M. Maire, président de la Société, a lu un remarquable travail sur la médecine naturelle et la médecine scientifique, corollaire d'une œuvre déjà parue : *De l'homme de la nature et de l'homme de la civilisation*. L'auteur s'est attaché à prouver que « la civilisation et le progrès ont enfanté à eux « seuls plus de maux que la nature de l'homme prise en « elle-même, et que l'on tend de plus en plus à s'écarter des « modes naturels de curation. »

Un rapport du même membre a fait valoir avec art les idées émises par M. Gevers, dans son mémoire sur les moyens d'atténuer en France le vice de l'ivrognerie.

Un travail médical, dû aux savantes recherches de M. Lecadre, continue à donner l'historique fidèle des invasions du choléra dans l'arrondissement du Havre en 1848, 1849 et 1853, et la marche de cette terrible maladie dans la ville du Havre.

Des appréciations raisonnées sur le Mormonisme et l'histoire de cette secte offrent à l'observation des points curieux. Aussi M. Granson a-t-il bien réussi en livrant une notice intéressante sur l'origine, les croyances et les coutumes des Mormons.

M. Aldrick Caumont, avocat au barreau du Havre, s'est préoccupé vivement d'une question destinée sans doute à jeter des lumières utiles.

L'auteur, partant de la puissance navale actuelle, a montré dans son œuvre, reposant sur « la révision du titre 5, livre II « du Code de Commerce, intitulé : De l'engagement et des « loyers des matelots et gens de l'équipage, » que l'existence pénible et restreinte des populations maritimes doit appeler plus que jamais les sympathies légitimes du Gouvernement.

Les Nouvelles pensées philosophiques de M. Falize se recommandent toujours par leur piquante variété de tournure.

A côté de ces œuvres vient se placer le travail de l'érudit M. Rispal : « Quelques réflexions sur la prononciation de la langue latine, » où l'auteur a prouvé par de savantes considérations que l'on a abandonné l'ancienne prononciation de cette langue.

Un poème épique, du nom de *Hiawatha*, dont le fond est indien, mais dont la forme est anglaise, et qui est dû à la plume d'un écrivain du nom de Longsfellow, nécessitait une critique ingénieuse ; la Société a trouvé, dans la note de M. Béziers sur ce poème, l'occasion de louer la finesse des aperçus de ce membre laborieux, à la plume duquel on doit un ouvrage charmant, intitulé : *Des lectures de Mme. de Sévigné et de ses jugements littéraires.*

La partie musicale n'a pas été négligée, et M. l'abbé Herval, dans une étude rapide sur les instruments de musique chez les anciens, a su remonter aux larges sources de l'antiquité, à l'aide des documents théoriques et des textes sacrés.

Le réalisme est à l'ordre du jour, et ses tendances souvent pernicieuses tendent à envahir la saine littérature. M. E. Duboc, dans son travail sur les types et la fantaisie en littérature, a cherché à combattre le mal, en indiquant succinctement qu'il ne faut pas s'abandonner à l'exagération d'un genre.

La poésie a toujours à son service la lyre sonore et harmonieuse de MM. V. Fleury et Dousseau, deux poètes dont l'Association s'honore à plus d'un titre.

M. V. Fleury, dans des imitations parfaitement réussies, est entré facilement dans le faire et dans le genre de J.-P. Hébel, poète allemand, dont les productions sont populaires et écrites en dialecte alemanique.

M. Dousseau a exercé sa muse nerveuse et variée dans une pièce de vers portant pour titre : *Une Vision*, qui se lie aux destinées futures de la ville du Havre.

C'est à côté de ces œuvres originales que sont venues se placer des lectures sans nombre d'ouvrages étendus et de rapports dont le résumé analytique de l'année fait mention. Des discussions variées sur les différentes parties de la science ont jeté en même temps un vif intérêt au milieu des séances de l'Association, qui, depuis quelque temps surtout, voit s'accroître le nombre de ses membres.

L'Association, dont le but d'utilité se manifeste par ses travaux et ses relations, prête aussi ses lumières au *Cercle pratique d'horticulture du Havre,* par l'entremise de deux de ses membres : MM. Lennier, conservateur du musée de la ville, et Rispal, secrétaire de la Société.

M. Lennier, lauréat du concours pour sa savante étude : « Description géologique des falaises bordant le département « de la Seine-Inférieure depuis l'embouchure de la Seine jus- « qu'à Dieppe, » professe avec avantage le cours de géologie, et M. Rispal attire de nombreux auditeurs par les idées rapides qu'il émet sur divers points de la botanique.

Comme le public est à même de le juger, les travaux des membres de la Société ne popularisent pas seulement sa vitalité au dehors ; mais elle attire l'attention du monde savant par les leçons qu'elle professe à l'Hôtel-de-Ville, et par l'appui qu'elle prête dans des questions importantes, et qui se lient intimement aux destinées d'une ville pleine d'un brillant avenir. »

M. le comte d'Estaintot a bien voulu accomplir la triple tâche de nous renseigner sur les travaux de la *Société centrale d'agriculture de la Seine-Inférieure*, de la *Société libre d'émulation, de commerce et d'industrie* de ce département, et de sa *Société impériale et centrale d'horticulture.* Voici les détails pleins d'intérêt qu'il nous a fournis :

« Vous préparez chaque année, dans vos réunions, l'*Annuaire* des Sociétés savantes, dans lequel, grâce à l'heureuse initiative de notre honorable fondateur, M. de Caumont, la ruche intellectuelle de toutes ces abeilles travailleuses est mise à découvert et le produit soumis à votre jugement toujours envié. Le membre délégué choisi par ces républiques lettrées a un mandat fort délicat à remplir, sa tâche est épineuse. Avec de l'esprit, je le sais, on se soustrait aisément aux défaillances qui surprennent le narrateur. N'ayant pas cette ressource, je préfère vous en passer l'humiliant aveu pour conjurer votre ennui, faisant en même temps appel à votre indulgence dont je ne puis me passer.

La *Société centrale d'agriculture de la Seine-Inférieure*, recevant en 1861 le concours régional, s'est inquiétée de cette solennité dans l'intérêt du département où elle exerce une certaine influence. On aime, vous le savez, Messieurs, à mettre une certaine coquetterie dans sa maison lorsque des étrangers doivent y être reçus. Les départements de l'Eure, Mayenne, Eure-et-Loir, Manche et Calvados n'étaient-ils pas nos hôtes?

Sous ses auspices, par le zèle de son président, M. Brunier, fut ouvert un concours régional hippique qui fut des plus brillants. La ville de Rouen était fière de montrer ses trésors d'archéologie, d'ouvrir les portes de ses temples, de ses musées, de son Palais-de-Justice, de la Salle du Parlement de Normandie, où sont venus artistement se grouper, sous de somptueux lambris ressuscités par une main habile, les collections les plus rares et les plus curieuses. La Société d'horticulture vint occuper aussi, dans le concours, une place des plus distinguées.

Le public parut avoir pour les courses de chevaux un attrait que le temps ne ralentit pas. Les dépenses qu'elles nécessitèrent, prix compris, s'élevèrent, en chiffre rond, à 36,000 fr.; les recettes dépassèrent 53,000 fr.

Nous trouvons un rapport sur les instruments exposés au concours régional. Passons outre. Rien de nouveau n'y fut remarqué. MM. Verrier, vétérinaires, dans une communication sur la médecine vétérinaire, demandent à la Société d'émettre le vœu qu'il intervienne une loi qui garantisse efficacement au vétérinaire le titre qu'il a obtenu. Le Conseil général est appelé à se prononcer. « Un membre présente des observations sur la portée des mesures qu'il s'agirait d'édicter. Ce serait une mesure grave, dit-il, si dans la loi à intervenir on demandait une interdiction formelle de l'exercice de la médecine vétérinaire et une pénalité. » Nous trouvons les conclusions de cette première assemblée départementale formulées ainsi :

« Que les vétérinaires soient seuls appelés au traitement des maladies reconnues contagieuses... et employés par les autorités civiles, administratives et judiciaires, de même que par les assurances légalement constituées contre la mortalité des bestiaux;

« Que, partout où il est question de l'amélioration des espèces animales, de leur hygiène, l'élément vétérinaire y soit officiellement représenté ;

« Qu'un service sanitaire, analogue à celui existant dans notre département, soit établi dans toute l'étendue de l'Europe ;

« Enfin que le Code rural à intervenir contienne des dispositions sévères qui soient la garantie des propositions précédentes. »

Sur l'alimentation du bétail, publication de M. Isidore Pierre, nous trouvons un rapport fort étendu de M. le comte d'Estaintot, il débute ainsi : « Sous ce titre, un excellent livre vient de paraître : il contient des documents que tout homme qui s'occupe de la terre, que tout fermier qui possède un animal attaché à une crèche, voudra nécessairement connaître. Nous nous abstiendrons d'analyser ce travail, qui prend plus de vingt pages dans le recueil de la Société. Qu'il nous suffise de rappeler que l'étude de l'économie du bétail est appelée à fixer sérieusement notre attention. — L'*alimentation du bétail* doit être envisagée sous le rapport de la *production*, du *travail*, des *engrais*, de la *viande*, de la *laine*, de la *graisse* et du *lait*.

Synthétisant toutes les questions qui embrassent l'alimentation, M. Isidore Pierre les résume ainsi :

1°. Étude des pertes de toute nature que subit nécessairement l'animal vivant ;

2°. Examen des moyens divers à l'aide desquels on cherche à réparer ces pertes, et à subvenir en outre à l'accroissement de l'animal.

M. le comte d'Estaintot, après avoir émis son opinion élogieuse, ajoute qu'elle acquerra une valeur plus sérieuse lorsqu'il la doublera du nom d'un homme qui a de l'autorité dans la presse agricole, M. G. Husson, professeur de zootechnie à l'école vétérinaire de Careghem, qui déclare qu'ayant lu l'ouvrage d'un bout à l'autre, il n'y trouve rien à redire. La question de l'alimentation s'y trouve traitée avec une méthode, une clarté et une logique que nous n'avons jamais rencontrées dans d'autres livres qui traitent de la même matière.

M. le docteur Blanche, dans un rapport sur un mémoire de

M. Deboutteville, ayant pour titre : *Quelques mots sur les épidémies végétales, et en particulier sur les diverses maladies de la pomme de terre*, s'exprime ainsi : L'auteur formule ce principe applicable à tous les êtres de la création : « la naissance, l'enfance, l'âge mûr, la vieillesse et la mort »; telles sont les phases de l'existence de l'universalité des créatures vivantes. Aucune, si un décès prématuré n'anéantit en elle la vie, ne peut être soustraite à cette loi qui doit la conduire de la naissance au trépas. Si une variété de plante, herbacée ou arborescente, multipliée par division, subit cette influence du progrès de l'âge, tous les individus appartenant à une variété végétale déterminée, issue de la souche originaire par divisions de parties, parcourent simultanément les diverses périodes de l'existence pour arriver à la vieillesse et à la mort. Les influences extérieures peuvent modifier, dans une certaine mesure, le mouvement général qui les entraîne, mais sans être capables d'en changer la direction.

A ce mal, un seul remède semble pouvoir être apporté : c'est d'employer « l'hybridation et les soins réitérés. »

M. Eugène Marchand, membre correspondant, a donné, sur la production agricole et la richesse saccharine des betteraves ensemencées à diverses époques, une étude remarquable qu'il nous est impossible de reproduire, même par fragments. Comme en tout il faut conclure, constatons que, la constitution du sol étant la même, la production agricole des betteraves est plus assurée par des ensemencements précoces que par des ensemencements tardifs; et que la richesse saccharine des betteraves s'accroît avec l'ancienneté des plantations. La production du sucre paraît diminuer rapidement dans ces racines quand le sol qui les produit est riche en calcaire. L'effeuillement des betteraves, comme celui des carottes, ne doit être pratiqué artificiellement que très-tard, et alors seulement que l'intensité des phénomènes de vitalité commence à décroître. Opéré avant l'époque de la récolte, il ne doit porter que sur les feuilles qui s'altèrent dans leur constitution, ou sur celles dont les pédoncules commencent à se flétrir. Si l'on veut obtenir un rendement agricole considérable des racines riches en sucre, il faut pratiquer l'ensemencement des betteraves dans la période comprise entre le 24 avril et le 10 mai.

Le recueil de 400 pages que nous venons de parcourir se clôt par une séance publique. Dans un discours d'ouverture et compte-rendu des travaux de l'année, M. Brunier, président, et M. Fouché père font assister leur auditoire à l'anniversaire séculaire de la fondation de la Société de la Seine-Inférieure. Plus favorisée que ses membres, nous avons acquis la preuve qu'elle ne portait aucune trace de sénilité.

M. le comte d'Estaintot, dans un rapport sur l'enseignement agricole dans les communes rurales, fait ressortir que les instituteurs méritent non-seulement nos éloges, mais nos encouragements :

« Qui de nous n'a été fâcheusement impressionné en voyant les habitants de nos hameaux ou bourgades abandonner, dès leur adolescence, la vie agreste, leurs familles, les rudes et salutaires travaux des champs, pour venir chercher dans nos cités industrielles une existence précaire, des goûts de luxe et des habitudes de dissipation ? Cet attrait des plaisirs, préjudiciable à la moralité, devait être combattu par une instruction plus solide, inculquant, dès le jeune âge, les ressources réelles que pouvaient offrir les occupations des champs. »

Six instituteurs ont reçu des médailles d'argent ou de bronze, et une somme de 25 fr. »

La *Société libre d'émulation, du commerce et de l'industrie de la Seine-Inférieure*, nous a confié la délicate mission de vous offrir le compte-rendu du *Bulletin* de ses travaux, qui ne comprend pas moins de 600 pages, année 1861-1862. — Au début, nous trouvons une séance publique s'ouvrant par le discours obligé de son président, M. Gaignœux; il célébrait la 70e. année d'existence de la Compagnie. Tout en s'excusant de parler de ses actes, il ne peut garder le silence sur ses expositions, qui ont répandu la connaissance des procédés nouveaux, dans lesquelles ont été mis en comparaison les différents produits de l'industrie française. Aujourd'hui que nos ports s'ouvrent à l'étranger, alors qu'une lutte immense se prépare entre les industries rivales, dans un musée industriel que notre Société organise en ce moment, nous réunissons les moyens d'études et nous disons aux producteurs industriels : Venez ! voyez ce qu'ont fait nos devanciers ; voyez ce qui se fait à l'étranger, comparez et faites mieux. Pas de défaillance ! luttez et vous vaincrez.

M. le docteur C. Dumesnil, dans un rapport sur les cours publics confiés au zèle et aux lumières de quelques-uns de ses membres, en fait ressortir l'utilité et proclame le nom des lauréats qui ont le mieux répondu sur le droit, la comptabilité commerciale, la chaleur appliquée aux arts (élèves chauffeurs et non chauffeurs), le cours de langue anglaise. Les actes de haute moralité sont venus aussi impressionner vivement l'Assemblée, dans un discours prononcé par M. le vicomte d'Estaintot : « Je ne sais rien de plus consolant que ces exemples ; ils sont la gloire du présent et donnent confiance en l'avenir. »

Lorsque l'on est admis dans l'intimité de ces vies obscures, on reste pénétré d'admiration, pour peu que l'on se rende compte de toutes les victoires que ces lauréats ont dû remporter sur eux-mêmes avant d'avoir le droit de monter sur cette estrade.

Suivez-les dans le cours de leur existence. Dès leurs premiers ans, c'est toujours le spectacle de la lutte qu'il faut livrer au besoin, de ses exigences satisfaites au prix des plus pénibles efforts. Plus tard, c'est autour d'eux un appel aux sens, leur satisfaction représentée comme le but suprême de la vie ; à défaut de l'aisance, la haine à ceux qui possèdent, et, par-dessus tout, l'influence des appétits déshonnêtes, qui font autour d'eux tant de victimes ; au lieu des obligations sévères de la vie de famille, l'existence facile que donne la débauche, et les tristes jouissances d'une vie dépensée au jour le jour, sans souci de l'avenir. — Dix candidats sont venus, au bruit des applaudissements, toucher les récompenses acquises par une vie d'abnégation.

Nous regrettons que nos connaissances industrielles ne nous permettent pas de vous parler d'une communication de M. Burel, ingénieur civil, sur la nécessité d'abroger la dénomination de cheval-vapeur et de lui substituer une mesure dynamométrique d'une valeur constante. M. E. Ducastel, semblable aux antiquaires, a voulu rechercher quelle ville avait été le berceau de l'acide sulfurique. C'est à Rouen que revient cet honneur. Ce fut Holker qui l'importa d'Angleterre en 1766. — Nous trouvons encore ce studieux et intelligent collègue développant les propositions de MM. Thomas et Rivière sur les moyens à employer pour contrôler et vérifier les alcoomètres de Gay-Lussac. La Société d'Émulation doit à M. Mathieu Bourdon un excellent rapport sur le Traité de filature de laine peignée de M. Leroux, à l'aide duquel on peut éviter des écueils qui trop souvent compromettent; il est un guide sûr et certain à l'usage de quiconque veut utilement s'instruire et se livrer à la filature de la laine peignée et cardée.

M. Benner fait connaître un mémoire plein d'intérêt, de M. Roussel, ancien maire d'Yvetot, duquel il résulte que le tissage à la main ne peut être entièrement annihilé par le tissage mécanique, et que nos ouvriers de l'arrondissement d'Yvetot y trouveront encore une source de travail suffisamment rémunérateur. « Que les esprits se rassurent donc : plus on produit, plus la consommation augmente, et malgré les puissances mécaniques, souvent encore les bras font défaut. »

L'an dernier, M. Rivière présenta un compteur-d'eau sur lequel M. Vincent s'exprime en termes élogieux. La valeur de cette invention n'est pas contestable et pourra faciliter la distribution d'eau à domicile, avantage immense pour les grandes cités qui pourront arriver à en distribuer à leurs habitants.

M. Rivière parcourt avec un zèle infatigable le champ des découvertes. Frappé des inconvénients de l'alimentation des chaudières à vapeur par l'eau ordinaire, il a proposé un condensateur permettant l'emploi de l'eau distillée pour leur alimentation.

M. Duvivier, au moment où la pénurie du coton flagelle si

cruellement notre département, vient soumettre, dans un travail fort bien présenté, les qualités et les défauts des cotons algériens ; il fait ressortir en même temps les caractères des cotons longue-soie et des cotons courte-soie qui entrent pour 98 °/o dans la consommation française. — Il décrit la culture et la récolte du coton aux États-Unis ; en même temps il rend compte de la comparaison des cotons d'Algérie avec ceux d'Amérique, auxquels il donne la préférence ; il ajoute que plus de soins dans la récolte et l'abolition de l'esclavage, en nivelant le prix de la main-d'œuvre, donnerait un certain avantage aux producteurs français.

M. Gaignœux, sur le mouvement du port de Rouen, fait ressortir l'extension que prend la navigation avec l'étranger, et l'importance croissante du tonnage des navires remontant la Basse-Seine. Ce résultat indique qu'il ne faut pas se lasser d'améliorer cette nouvelle voie. — Par les constructions des docks-entrepôts, par les warrants, nous aiderons le commerce général de la place.

Le *Bulletin* du Conseil hygiénique départemental fournit à M. L. Dumesnil d'intéressants détails topographiques ; c'est l'occasion d'appeler l'attention sur une revue des épidémies qui attaquent l'homme et les animaux, et dont la disparition est la conséquence des travaux d'utilité publique. Il termine en signalant les désastreux effets de l'ivrognerie. Il attribue à cette cause la diminution de la vie moyenne de certaines localités. Il résulte de ses recherches qu'en trois ans Pavilly, chef-lieu de canton, a absorbé pour un million de liqueur alcoolique, et que la vie a diminué de 12 ans. Rouen, plus favorisé, a gagné depuis 1854 ; la vie moyenne, qui n'était que de 25 ans, est aujourd'hui de 32 pour les hommes et 37 pour les femmes.

Sur l'hygiène de l'habitation, M. de La Quérière signale les graves inconvénients des constructions de notre localité : il voudrait que toutes les maisons eussent une cour vaste qui permît à l'air de circuler librement. Il se plaint de la défectuosité des constructions nouvelles et conclut à ce qu'un réglement municipal soit pris à cet égard.

M. le docteur Lamaury, après avoir examiné deux documents de la Société du Puy sur l'ancienne civilisation romaine et française, auxquels il joint de nombreuses considérations personnelles, fait ressortir les mauvais côtés de la féodalité, conclut qu'elle fut une époque regrettable, une triste page de notre histoire. M. le vicomte d'Estaintot retrace, lui, à grands traits, la marche de la civilisation du Ve. au XIVe. siècle, principalement en Normandie. S'appuyant sur les écrits de MM. Guizot, de Tocqueville et Léopold Delisle, il fait ressortir avec éclat que la féodalité vaut mieux que les siècles qui l'ont précédée ; elle nous a donné la vie de famille, l'honneur, le sentiment de la dignité individuelle ; elle a donné aux serfs la liberté. — Ce sont les titres du moyen-âge à notre reconnaissance.

Nous ne pouvons donner trop d'éloges aux intelligences sérieuses qui font revivre un passé que le flot industriel et mercantile couvre de plus en plus aux regards de la génération qui surgit.

M. Lévy nous avait déjà fait une communication pleine d'attrait, par le style et les recherches auxquelles il s'était livré sur l'embouchure de la Seine. Nous regrettons qu'elle soit restée trop localisée : il n'a pas dépendu de nous qu'elle ne fût livrée aux débats de nos Sociétés scientifiques. L'auteur signale les modifications que les temps apportèrent dans son parcours et son étendue, son empiétement sur les falaises, enfin la disparition de certaines îles dont l'existence est bien constatée. — A une année aussi bien fournie, grâce au zèle de ses membres, qu'il nous soit accordé de rappeler que le musée industriel créé par cette honorable Société, grâce à l'activité de son président, M. Gaignœux, au concours des Commissions qui n'ont pas trompé un instant l'espoir de leurs collègues, on a pu réunir 200,000 échantillons de tissus de toute sorte, 300 produits chimiques, 60 marbres, 50 pièces mécaniques, 100 objets divers et 150 produits d'Algérie. — Voici l'enfance d'un musée qui ne tardera pas à prendre un autre caractère.

Sera-t-il permis à la *Société impériale et centrale d'horticulture de la Seine-Inférieure* de dire, elle aussi, qu'elle suit, dans ses séances agricoles et industrielles, la voie toujours ascendante du progrès ?

Ici, la moralité, le bien-être des masses se trouvent encore attachés ; car la terre n'est-elle pas le grand réservoir où viennent puiser les populations ? Cette Société, composée de jardiniers, de floriculteurs, d'arboriculteurs, d'amateurs et d'hommes de lettres, n'a qu'un but : rendre lucratif et progressif tout ce qui touche à cette science. — L'émulation se trouve stimulée par des expositions périodiques qui, chaque année, changent selon l'époque des saisons. Elle ne concentre pas seulement son action dans le périmètre de la ville, elle l'étend à tout le département, par des visites dans chacun des arrondissements.

La culture maraîchère, l'arboriculture, l'étude des fruits de table et de pressoir, la bonne tenue des jardins appellent toute sa sollicitude. Par un jury horticole, elle délivre des diplômes aux jardiniers qui, d'après un programme tracé, donnent des preuves d'une capacité réelle. L'an dernier, elle a joint à son exposition cantonale une exposition de fruits de table et de pressoir.

Dans un département où le cidre est l'aliment de ses populations rurales et industrielles, elle a compris qu'il fallait songer sérieusement aux produits les meilleurs qui donnent une boisson fortifiante, et se hâter de classer les fruits dont les noms varient de village à village. Plus de cinq mille échantillons ont été soumis à son examen. Depuis trois ans, une Commission permanente, prise dans son sein, se livre à ce travail fatigant, et fait reproduire par le classement les fruits reconnus les meilleurs, établissant en même temps leur synonymie. — De tels efforts ne peuvent rester sans succès. Sa pensée a été comprise, et toutes les Sociétés horticoles du nord-ouest de la France se sont empressées de répondre à son appel et de l'aider dans ses laborieuses recherches.

Le rapporteur croit devoir taire le nom de son président, afin de s'étendre sur le zèle et le concours qu'il reçoit de ses collègues pour accomplir, sans reproches, toutes les conditions de son programme. Dans toute Société un peu nombreuse (celle-ci ne compte pas moins de 600 membres résidants), il faut classer les capacités de chacun, afin d'obtenir des résultats plus positifs dans le développement de la science horticole; se partager la besogne, selon les aptitudes. En 1862, la Société se divisa en quatre sections ou commissions : *culture maraîchère, floriculture, arboriculture* et *sciences accessoires.* Un secrétaire rédacteur devenait indispensable pour les publications de ses quatre bulletins : elle a tout prévu pour remplir les conditions que lui impose son titre d'utilité publique. Dans un discours de M. Michelin, délégué de la Société impériale de Paris, prononcé le 5 octobre 1862, nous trouvons un fidèle compte-rendu de son étude sur les fruits à cidre et du développement qu'elle devait prendre. M. Laurent produit un excellent rapport sur les récompenses accordées par suite des travaux pomologiques; des éloges ne lui sont pas moins dus pour son appel fait à la collaboration des Sociétés agricoles et horticoles, des cultivateurs, des pépiniéristes, propriétaires, et à toutes personnes ayant l'expérience des fruits de pressoir et intéressées à leur bonne culture.

Il devenait indispensable de vulgariser les connaissances horticoles et agricoles, car elles ne sont pas plus que la lecture et l'écriture innées chez l'homme. La culture d'un jardin, les soins à donner aux arbres fruitiers, la greffe, les plantations, toutes ces choses s'apprennent. L'instituteur, placé près de l'homme des champs, était plus apte que tout autre à répandre au village l'importance de cet enseignement. Je cède la parole à mon honorable collègue, M. Malbranche : « L'industrie se dégage, tous les jours, d'une routine stationnaire. Active, vigilante, attentive aux expériences de la science, elle introduit dans l'atelier les essais heureux du laboratoire. » L'agriculture et l'horticulture n'ont pas suivi avec le même élan cette voie progressive. Pour quelques cultivateurs d'élite qui ont courageusement adopté les améliorations désirables, combien sont encore esclaves de la routine et d'une indifférence désolante ! On a compris qu'il fallait agir sur les générations naissantes, initier, selon l'expression du Ministre, l'enfant des écoles aux principes sur lesquels repose l'agriculture perfectionnée. C'est, inspirée par ces divers points de vue, que la Société d'horticulture a mis au nombre de ses concours des récompenses à donner aux instituteurs primaires qui auront créé et fait prospérer l'enseignement horticole. Viennent ensuite les noms de six lauréats.

Le lecteur, si j'en trouve un qui ait la patience de me suivre, n'aura pas moins que moi le désir de passer outre. Puis-je ne pas parler d'un jardin d'expérimentation où la Société poursuit avec persévérance ses utiles travaux, dit M. Perron ? « Cette année, il a été planté 220 variétés de poiriers, 80 de pommiers, 50 de pêchers, 15 d'abricotiers, 37 de pruniers, 30 de cerisiers, et, afin d'utiliser l'emplacement entre les jeunes arbres, on a expérimenté la culture de 83 variétés de choux. La culture des pommes de terre n'a pas moins été le sujet de nouvelles observations très-intéressantes. En 1860, sur plus de 150 variétés, 33 seulement furent conservées après de nombreux essais comparatifs; en 1861, les 33 variétés furent encore réduites à 16, reconnues réunir les meilleures qualités sous le rapport du rendement et de la rusticité ; et parmi ces meilleures, quelques-unes, cette année, ont été attaquées par la maladie. M. Viel persiste à croire que le changement brusque de la température est la principale cause de la maladie qui règne sur les pommes de terre. Comme le temps presse, je ne ferai qu'indiquer un important travail de M. Debouteville, intitulé : *De l'existence limitée et de l'extinction des végétaux propagés par division.* M. Malbranche ne sera pas plus heureux sur sa notice, pleine d'attrait, dans laquelle il nous a fait part de ses *impressions d'un voyage botanique et horticole dans le chef-lieu du département de la Vienne :* « Les environs de Poitiers sont si riches en bonnes plantes, dit notre collègue, que nous en faisions une ample provision pour les amis absents : nous aurions voulu tout emporter : les cartons avaient beau s'enfler et les boîtes déborder, nous étions insatiable, car nous disions : Qui sait s'il nous sera donné de revoir jamais les fleurs que nous avons aujourd'hui avec tant de profusion sous la main? M. Teinturier communique une note explicative sur la fécondation du *Michauxia campanuloides*, et conclut que cette fécondation s'opère par l'épanouissement des fleurs. M. le docteur Apvrill croit qu'elle a lieu avant l'épanouissement. Puis nous nous garderons bien, en énonçant nos modestes travaux, d'ajouter à la longueur de ce compte-rendu. Qu'il nous soit pardonné de n'avoir pu être plus court. Si, comme nous, on avait eu à parcourir trois volumes pleins de faits et d'utiles communications, nous sommes convaincu qu'on se serait laissé entraîner à l'étendre plus encore, et ce petit grain de vanité ne nous sera pas imputé à faute. Si nous ne sommes plus maître, dès ce moment, du jugement qui sera porté sur le délégué qui a eu l'audace d'encourir la responsabilité de traduire les faits et gestes des Sociétés impériales et centrales d'horticulture, d'agriculture et d'émulation, de commerce et de l'industrie, je n'ose dire: Au revoir, à l'an prochain. Notre cher Directeur voudrait qu'on pût etnographier sa pensée. Normand comme moi, je lui demanderai : Est-ce possible? Et encore ce ne serait qu'à une condition, qu'il me confiât son intelligence et les dons de son heureuse organisation. »

La *Société française d'archéologie* a fait, en 1862, des publications importantes. Chaque numéro du *Bulletin monumental* renferme une feuille de plus que les années précédentes, et le volume qui en résulte se compose de 808 pages. Les Mémoires sont illustrés, comme les années précédentes, et tous ont un intérêt incontestable.

Le volume consacré au Congrès archéologique et aux Séances générales de 1862 est composé de plus de 600 pages. Il comprend les Congrès tenus à Saumur et à Lyon, et les séances générales d'Elbeuf et de Dives. Ce volume est des plus intéressants, et les mémoires lus à Lyon par M. Martin-Daussigny sont, entre tous, du plus haut intérêt.

Les *Sociétés d'agriculture de Lisieux*, *Pont-l'Évêque*,

Falaise, Vire, Bayeux, Coutances, n'ont rien publié en 1862, mais elles ont organisé des concours d'arrondissement d'après la rotation cantonale adoptée. Ces concours ont été très-brillants et ont produit de très-heureux résultats. Il est à regretter que certaines Sociétés qui, comme celles de Bayeux, Falaise et Lisieux, avaient réuni l'étude des lettres à celle de l'agriculture, aient à peu près cessé toute publication.

L'*Association normande* a vu s'accroître de 200 le nombre de ses membres, et son *Annuaire*, de plus en plus recherché, a dû être tiré à un nombre d'exemplaires plus considérable.

L'*Annuaire* de 1863, qui représente les travaux de 1862, se compose de 810 pages, et renferme des articles importants, instructifs et variés. — Les notices biographiques sur les notabilités décédées dans l'année écoulée, ont une place considérable dans l'*Annuaire*, comme les années précédentes. L'Association n'a pas seulement publié son *Annuaire* de 1863, mais elle a fait paraître en un volume in-8°. la *Table analytique et raisonnée des vingt-cinq premières années de ses Annuaires*, ouvrage d'une incontestable utilité pour faciliter les recherches dans cette mine féconde où tant d'investigations sérieuses ont été consignées. L'auteur de ce livre est M. de Roissy, un des inspecteurs de la Compagnie, qui a bien mérité du pays par cette importante publication.

Enfin, l'Association a publié à plus de 2,000 exemplaires, et distribué gratuitement dans un grand nombre d'écoles primaires, les principes d'agriculture qu'elle avait chargé M. de Caumont de rédiger pour les enfants des écoles primaires.

En juillet 1863, le Congrès provincial, agricole, industriel normand aura lieu à Bernay, avec une grande solennité.

L'*Académie impériale des sciences, arts et belles-lettres* de Caen ne ferme point sa porte aux sciences physiques et naturelles. Ainsi, son volume de 1862 contient, entre autres travaux, un mémoire de M. Ch. Girault, sur la résistance de l'air dans le mouvement oscillatoire du pendule; un résumé des travaux scientifiques de M. le comte Th. Du Moncel, ayant pour titre : Recherches sur l'électricité ; une relation d'excursions botaniques, de M. Morière. Mais c'est surtout de travaux historiques et littéraires qu'elle s'occupe, et son dernier volume offre en ce genre des richesses notables :

Un mémoire de M. Egger, marqué au coin d'une érudition solide comme le sont tous ses écrits, ayant pour sujet : Aristote considéré comme précepteur d'Alexandre-le-Grand ;

Une notice de M. Hippeau, sur les riches archives que conserve la famille d'Harcourt, et les précieux renseignements qu'elle contient, tant pour l'histoire générale de France que pour celle du gouvernement de la Normandie aux XVIIe. et XVIIIe. siècles ; avec des lettres inédites de la princesse des Ursins, du prince de Vaudemont, du comte de Tessé et du cardinal de Janson, extraites de ce vaste dépôt de pièces, d'un haut intérêt ;

Un beau travail historique de M. Dupont, intitulé : Comment les dynasties ont commencé en France et comment elles ont fini ;

Un morceau, en deux parties, de M. Bertauld, sur la souveraineté sociale et les droits de l'homme ;

Deux mémoires ingénieux, de M. Julien Travers, l'un sur deux illustres inconnus, Bavius et Mævius ; l'autre sur les Académies et Sociétés savantes des départements ;

Une Étude d'un goût exquis, de M. Berville, sur les rhythmes de la poésie française ;

Une piquante Note anecdotique, de M. des Essars, sur l'origine et les variantes du chant *O Salutaris Hostia* dans la liturgie française ;

Deux mémoires, de MM. Théry et Asselineau, sur deux autres illustres inconnus : un poète normand du XVIIe. siècle, Pierre Patris, et un poète provençal de notre période républicaine, Théodore Desorgues ;

Un docte travail de M. Hyacinthe de Charencey, sur les affinités des langues transgangétiques avec les langues du Caucase ;

Une Note de M. Foucher de Careil, sur les véritables opinions religieuses de Leibnitz, à propos d'une lettre inédite de ce philosophe concernant l'Éthique de Spinoza;

Et enfin des poésies graves et harmonieuses de Mme. Lucie Couëffin, et d'autres pièces élégantes et d'un caractère élevé de MM. Julien Travers, Clovis Michaux et Guérin de Litteau.

M. Perrier a bien voulu nous fournir le compte-rendu qu'on va lire des travaux de la *Société Linnéenne de Caen :*

« Les sciences naturelles sont toujours dignement représentées en Normandie par la Société Linnéenne de Caen, qui compte aujourd'hui quarante ans d'existence. La géologie et la paléontologie, sous le savant patronage de MM. de Caumont et Eudes-Deslongchamps, n'ont pas cessé d'éveiller d'illustres sympathies parmi les hommes de science; la botanique n'a pas manqué d'habiles représentants, et l'entomologie prend chaque jour plus d'extension.

Les rapports toujours croissants de la Société Linnéenne avec les associations scientifiques, nationales et étrangères, ont nécessité de nouvelles publications et, par conséquent, des dépenses plus considérables ; et, mus par une sage prévoyance, les sociétaires ont fait appel à la générosité de leurs correspondants, en les engageant à venir partager quelques-unes de leurs charges. Beaucoup d'entre eux ont déjà adhéré à l'article additionnel ainsi conçu :

« Tout membre correspondant de la Société Linnéenne de « Normandie, qui voudra bien lui prêter un généreux concours « en payant, chaque année, une cotisation de 5 fr., recevra « le *Bulletin annuel* de la Société. Les membres corres- « pondants, qui paieront une cotisation annuelle de 10 fr., « recevront, en outre, les *Mémoires* de la Société.

« La liste des membres qui auront droit au *Bulletin* ou aux « *Mémoires* de la Société sera insérée en tête de chaque vo- « lume des ouvrages publiés. »

Nous félicitons la Société Linnéenne de cette judicieuse détermination, et nous espérons qu'elle sera la garantie de l'avenir le plus prospère.

Nous avons lu, avec le plus vif intérêt, le dernier volume du *Bulletin* que vient de publier la Société Linnéenne.

Parmi les travaux que nous y avons remarqués, nous signalerons particulièrement :

1°. *Études sur le colza* (2°. mémoire), par M. Isidore Pierre, professeur de chimie à la Faculté des sciences.

Ce sont des recherches expérimentales sur la production des matières grasses dans le colza, sur les proportions et la répartition de ces matières dans les différentes parties de la plante, aux diverses époques de son développement.

2°. *Mémoire sur le nouveau genre Fromentellia*, par M. de Ferry, membre correspondant de la Société Linnéenne.

L'auteur, après de savantes recherches sur les travaux des zoophytologistes modernes, expose les motifs qui l'ont amené à créer ce genre nouveau dédié au docteur Fromentel, à qui nous sommes redevables d'ouvrages très-estimés sur les polypiers fossiles.

La famille des Symphylliens n'avait pas de représentants dans l'étage bathonien, et M. de Ferry nous démontre « que chaque « jour fait reculer, dans la série des temps, quelques-unes des « formes qui passaient pour caractériser des époques plus mo- « dernes, et que les caractères négatifs perdent forcément de « la valeur qu'on semblait vouloir leur attribuer, tandis que « l'augmentation incessante de genres nouveaux aux différentes « époques de création, nous amène à reconnaître combien est « peu de chose encore ce que nous savons de l'infinie variété « des êtres qui ont pullulé tour à tour à la surface de la terre. »

3°. *Études critiques sur des Brachiopodes nouveaux ou peu connus*, par M. Eugène Deslongchamps.

M. E. Deslongchamps, préparateur de géologie à la Faculté des sciences de Paris, et membre titulaire de la Société Linnéenne de Normandie, est chargé par le Comité de la *Paléontologie française*, de la partie des Brachiopodes dans les *Suites à d'Orbigny*. Digne émule de son illustre père, M. Deslongchamps compte faire paraître une série de fascicules dans lesquels il décrira les espèces nouvelles les plus remarquables, et, dans ce but, il fait appel à tous les paléontologistes, en les priant de lui adresser soit des échantillons, soit des descriptions d'espèces nouvelles.

Les deux premiers fascicules, que vient de publier l'auteur des *Études critiques*, contiennent : 1°. Espèces du lias, avec 4 planches ; 2°. Espèces du système oolithique, 1 planche ; 3°. Espèces du terrain jurassique moyen et supérieur, 1 planche ; 4°. Espèces des terrains crétacés, 2 planches ; 5°. Espèces des terrains tertiaires, 1 planche.

4°. *Notes pour servir à la géologie du Calvados* (2e. article), avec planche ; par le même.

C'est en parcourant les vastes tranchées ouvertes sur les lignes ferrées de la Normandie, que M. Eugène Deslongchamps a recueilli une riche et abondante moisson de documents paléontologiques sur le système jurassique inférieur ; plusieurs coupes géologiques, intercalées dans le texte, facilitent l'ingénieuse exposition théorique de l'auteur, qui s'attache à démontrer la séparation du lias supérieur de la série liasique, pour le rattacher à la série oolithique inférieure.

Ce système, en opposition avec les idées généralement admises par les géologues, soulèvera vraisemblablement quelques contestations ; mais M. Deslongchamps ne manque pas de témoignages et d'arguments pour soutenir sa cause.

Vient ensuite une polémique fort intéressante, entre MM. Deslongchamps père et fils, sur les *ossements fossiles* de La Quaine et de Curcy, et sur les circonstances qui ont présidé à leur enfouissement dans les nodules calcaires qui appartiennent à la série inférieure du lias supérieur.

Parmi les travaux des botanistes, nous indiquerons seulement :

1°. Un mémoire de M. Vieillard, botaniste-voyageur, membre correspondant de la Société, sur les genres *Oxera* et *Deplanchea*, et les nouvelles espèces de la Nouvelle-Calédonie qui s'y rattachent ;

2°. *Observations critiques sur les espèces du genre Monotropa*, Linné ; par M. Morière, professeur de botanique et de géologie à la Faculté des sciences, membre titulaire de la Société ;

3°. *Deuxième Notice sur l'hybridité des Primula, particulièrement du Primula variabilis*, de Goupil ; par le docteur Alfred Perrier, bibliothécaire de la Société.

Enfin, l'Entomologie a pour organe M. Albert Fauvel. Depuis plusieurs années, ce jeune naturaliste a fourni de précieux documents à la faune normande, qu'il enrichit chaque jour d'espèces nouvelles. La Société entomologique de France lui doit aussi des travaux fort importants.

Après avoir donné une idée de la topographie et de la faune de la Nouvelle-Calédonie, M. Fauvel présente la description des coléoptères recueillis de 1858 à 1860, par M. E. Déplanche, dans notre possession française de l'Océan-Pacifique. « Formée, « dit-il, par un naturaliste habile, chirurgien de la marine « impériale, cette collection renferme bon nombre de coléop- « tères nouveaux ou peu connus, dont plusieurs même servent « de types à des coupes génériques nouvelles. Je me borne « à citer, au nombre de ces dernières, le genre *Lepturidea*, « qui doit former une division particulière des Œdémérides ; « les genres *Baladœus*, *Trigonopterus* et *Mechistocerus*, « curculionides dont les types intéressants sont propres à la « Nouvelle-Calédonie ; enfin, le beau genre *Prosacanthus*, de « la famille des *Cérambycides*. »

Ce dernier *Bulletin* de la Société Linnéenne est illustré, comme tous les autres, d'un très-grand nombre de planches, dues à l'habile crayon de MM. Eug. Deslongchamps et Albert Fauvel. »

Nous devons à M. Monceau le compte-rendu sommaire qui suit des travaux de la *Société d'agriculture, sciences et arts de la Sarthe* :

« L'année 1862 a été une des plus fécondes en travaux importants de cette Société.

AGRICULTURE. — Là, se présente en premier lieu la collection des produits agricoles du département réunis pour l'exposition universelle de Londres. M. Guéranger, rapporteur du jury d'admission au Mans, après avoir donné tous ses soins à la réunion des divers produits, en a dressé un catalogue explicatif détaillé qui ne comprend pas moins de 36 pages d'impression. Le jury international a accordé à la Société, pour son exposition, deux médailles d'honneur.

M. Marcel Vétillard a, d'un autre côté, présenté un rapport très-intéressant sur l'exposition même de Londres (50 pages), où il s'occupe principalement de l'industrie du lin et du chanvre et des produits qui en dérivent; des produits des mines, carrières et usines métallurgiques et des produits chimiques de l'Angleterre, et termine par quelques renseignements et considérations sur la classe ouvrière en Angleterre. La Société, tout en s'occupant de faire connaître au loin l'état de l'agriculture de la Sarthe, n'a pas négligé les moyens d'activer les progrès déjà réalisés. Son Excellence M. le Ministre de l'agriculture et du commerce avait mis à la disposition de la Société une somme de 500 francs, pour encouragements à l'agriculture; puis, plus tard, une médaille d'or. La Société y a ajouté des médailles de vermeil, d'argent, de bronze, avec des livres d'agriculture. Cette année, ces primes devaient être accordées aux cultivateurs de l'arrondissement de La Flèche, qui auraient le mieux dirigé leurs exploitations. Vingt-un concurrents s'étaient fait inscrire. Une Commission de quatre membres, MM. Guéranger, président, de Sarçé, Leprince, et Bacois, secrétaire, est allée visiter les fermes des concurrents, ainsi que quelques exploitations modèles hors concours. Un rapport circonstancié a été rédigé par M. Bacois (50 pages), et, le 10 août, la Commission d'agriculture, présidée par M. Richard, vice-président de la Société, en présence des autorités de la ville de La Flèche et de l'arrondissement, a distribué les primes et médailles obtenues. La médaille d'or a été accordée à M. Dugrip, pour la distinction qu'il a su faire des qualités de la pomme de terre *Chardon* et la persévérance qu'il a mise à la propager.

Deux séances publiques ont été tenues par la Commission d'agriculture. M. Racois a présenté le compte-rendu de ces séances où a été, en particulier, étudiée la question de la destruction des hannetons.

La Société entière a tenu, cette année, des séances générales et publiques auxquelles elle a convié tous les amis de l'agriculture, des sciences ou des beaux-arts. Ces séances n'ont pas duré moins de dix jours (du 16 au 26 juin). — Les questions agricoles traitées dans ces séances sont : 1°. Drainage dans la Sarthe ; — 2°. Plantes spontanées nuisibles à l'agriculture ; — 3°. Moyens d'améliorer l'agriculture. Mémoire par M. Abel de Villiers, de l'Isle-Adam (30 pages) ; — 4°. Destruction des hannetons. Mémoire de M. Anjubault : espèces, transformations, moyens de destruction, histoire (32 pages).

Sciences. — *Séances générales.* — De l'augmentation de la richesse publique en France et de ses conséquences sur le bien-être et la moralisation de la population. Mémoire de M. Passe (19 pages) ; 2°. Dépopulation des campagnes et abandon des travaux agricoles. Mémoire de M. Richard (18 pages) ; 3°. Tendances instinctives de la nature humaine ; — sentiment de la vengeance, — exposition verbale par M. Boisseau, procureur impérial ; 4°. Étude des terrains tertiaires de la Sarthe, par M. Guéranger ; 5°. Note sur les plantes phanérogames du Maine, par M. Manceau (16 pages) ; 6°. Trois notes de M. Gistel sur les Coléoptères.

Séances ordinaires.—1°. Observations médico-légales d'un cas de folie, suicide et homicide, par M. Étoc-Demazy ; 2°. Notice sur l'étude du ciel et des sphères artificielles, par M. Verdier ; 3°. Des signes de l'agonie, par M. J. Le Bel ; 4°. Mémoire sur la variole des dindons, par M. Paugué ; 5°. D'un livre récent de M. Oudat et du principe de la science du droit, par M. Boisseau ; 6°. Rectification en faveur de la Flore du Maine, par M. Guéranger.

Histoire, Littérature, Beaux-Arts. —*Séances générales,* — 1°. Monuments celtiques : étude historique sur la commune de Penmarch (Finistère), par M. Letrone ; 2°. L'apologue dans notre langue poétique au XIIIe. siècle ; Fables de Marie de France ; étude par M. Richomme (30 pages) ; 3°. Recherches sur l'art et les artistes dans le Maine. Mémoire sur Mme. de Fondville et J.-R. Defernex, sculpteur, par M. d'Espaulart (15 pages) ; 4°. A quelle époque Scarron a-t-il habité le Maine ? Où habitait-il ? Communications par M. Anjubault ; 5°. Compte-rendu de la partie archéologique du Congrès des Sociétés savantes en 1862, par M. de Lestang.

Séances ordinaires. — 1°. Notice sur J.-B.-H.-A. Lieusson, ingénieur-hydrographe de la marine, par M. de Capella ; 2°. Notice sur la vie de M. Frédéric Bourdon-Durocher, par M. Edom ; 3°. Martyrologe de l'abbaye de St.-Julien-du-Pré, par M. de Lestang ; 4°. Les Vêpres calaisiennes, par M. Megret-Ducoudray ; 5°. De l'administration d'une ancienne communauté d'habitants du Maine citée dans le Tableau de la France municipale d'Augustin Thierry, avec les pièces justificatives, depuis le XIIIe. siècle, par M. Charles ; 6°. St.-Victour du Mans, par M. l'abbé Voisin ; 7°. Le *Whist* et le *Boston*, boutade en vers, par M. Houdebert. »

A ces renseignements si intéressants, nous croyons pouvoir ajouter qu'à côté de la Société d'agriculture, sciences et arts il vient de se former, sous la direction de M. l'abbé Voisin, membre de l'Institut des provinces, une Commission qui étend ses travaux jusqu'aux limites du Maine et qui a déjà un volume à publier. Elle s'occupe aussi à fonder, à la mairie, un petit musée spécial pour les antiquités du Mans.

Nous empruntons à une lettre de M. A. Castel les renseignements suivants sur la *Société du département de la Manche :*

« Il n'y a que deux villes dans le département de la Manche, Cherbourg et Avranches, ayant des Sociétés savantes dont l'existence se manifeste par des publications. Il existe bien à St.-Lo une Société d'archéologie et d'histoire naturelle ; mais comme depuis sa fondation (en 1833) elle n'a publié qu'un demi-volume, on ne peut guère la compter parmi les Compagnies qui travaillent.

Des Sociétés d'agriculture existent dans tous les arrondissements; mais elles se bornent à distribuer des primes dans des concours sans solennité. Elles n'ont pas encore compris que ce n'est pas la valeur intrinsèque des primes qui excite l'émulation, mais bien la publicité donnée aux récompenses. Il serait donc à désirer que ces Sociétés comprissent l'importance des fêtes agricoles, comme celles de l'Association normande et des Sociétés d'agriculture du Calvados, de l'Eure et d'autres départements; que leurs concours fussent de grandes assemblées ayant le caractère des solennités publiques, au lieu d'être de simples réunions de cultivateurs sans éclat et presque ignorées des populations.

L'horticulture fait des progrès, grâce aux Sociétés horticoles qui font des expositions publiques, préconisent de bonnes méthodes et font donner, par des jardiniers habiles, des leçons sur la culture des arbres fruitiers, forestiers et d'agrément, sur la taille et le beau choix des sujets.

Si le département de la Manche n'est pas entré aussi hardiment que beaucoup d'autres dans la voie du progrès, il marche. L'agriculture est en arrière sur celle du Calvados. Cela résulte principalement du peu d'étendue des fermes, du trop petit nombre des propriétaires-exploitants, du défaut d'organisation et d'initiative des Sociétés d'agriculture, d'usages et de pratiques surannées. Toutefois, il y a tendance évidente vers les améliorations. Les machines agricoles commencent à devenir populaires; les charrues sont mieux construites qu'autrefois; l'emploi de la chaux est considérable; quelques cultures industrielles sont essayées sur plusieurs points; la jachère disparaît peu à peu; le genêt n'entre presque plus dans la culture des arrondissements d'Avranches et de Mortain; les herbages sont mieux tenus; déjà beaucoup de parcelles ont été drainées: tout annonce que la lumière pénètre dans les campagnes.

Nous devons ajouter à ces renseignements que, selon les détails qu'a bien voulu nous fournir M. du Poërier de Portbail, l'enseignement agricole, introduit depuis trois ans par l'Association normande dans les écoles primaires de l'arrondissement de Valognes, y a déjà produit les plus excellents résultats. »

La notice suivante sur les travaux de la *Société industrielle d'Angers et du département de Maine-et-Loire*, pendant l'année 1862, nous a été communiquée par M. G.-A. Leroyer, membre correspondant et l'un des délégués de cette Société :

« La Société ne s'est point ralentie dans ses utiles travaux et dans l'activité qu'elle déploie non-seulement pour exercer son influence salutaire sur les contrées qui l'avoisinent, mais encore pour saisir toutes les occasions d'étendre le cercle de ses rapports, bien convaincue qu'il y a énormément à gagner dans ces échanges de communications. Aussi la voyons-nous des premières entrer dans le mouvement académique manifesté sous l'impulsion des Congrès. — Au Congrès des délégués, en 1862, elle se fait représenter par MM. Eug. Gayot, Leroyer, Robinet et Taillandier; — au Congrès scientifique, à St.-Étienne, par MM. d'Albigny de Villeneuve et Leroyer; et au Congrès des savants italiens, à Sienne, par MM. Baruffi, le docteur Riboli, de Turin; Cosimo Ridolfi, de Florence, et Oreste Brizzi, d'Arezzo, tous membres correspondants.

AGRICULTURE. — Son influence, en ce qui concerne l'agriculture, s'exerce au moyen des Comices fondés et dirigés par elle. Des primes, distribuées avec intelligence, excitent et entretiennent l'émulation dans la culture, dans la tenue de la ferme, dans l'élevage des races bovine, ovine et porcine; j'ajouterai chevaline, car notre race angevine jouit d'une faveur méritée à juste titre.

Nous la voyons ainsi, pendant l'année 1862, diriger treize concours: à Candé, à Châteauneuf, à Chemillé, à Cholet, à Durtal, au Lion-d'Angers, à Longué, au Louroux, à Pouancé, à Saumur, à Segré, à Seiche et à Thouarcé, indépendamment du concours départemental tenu à Angers, au mois de septembre.

Le concours régional pour les animaux reproducteurs, les instruments et les produits agricoles a réuni à Angers, du samedi 17 mai au dimanche 25, toutes les richesses de ce genre des départements de la Loire-Inférieure, des Côtes-du-Nord, du Finistère, d'Ille-et-Vilaine, du Morbihan, de Maine-et-Loire et de la Vendée. — La Société a contribué largement, pour sa part, à l'éclat de cette fête, et plusieurs de ses membres ont obtenu des médailles ou des primes dans les différentes parties de ce concours. Nous retrouvons, dans la liste des lauréats, des noms que nous sommes habitués à entendre proclamer dans tous les concours : MM. Boutton-Lévêque et Cal. de Jousselin, concurrents pour la prime d'honneur ; le comte d'Andigné de Mayneuf, le comte de Falloux, Esnault de La Devausaye, de Baut et beaucoup d'autres encore.

Les limites de ce travail ne me permettent pas de m'étendre davantage sur ce concours, qui a été des plus brillants. — Je ne puis cependant me dispenser de signaler l'éclat du concours hippique. Il n'y a que quelques années qu'on a admis la race chevaline à prendre part à la lutte pacifique des expositions et des concours régionaux. — *Deux cent neuf* animaux présentés au concours d'Angers ont consacré, d'une manière absolue, la réputation déjà vieille de l'Anjou, comme pays éminemment propice à la production du beau et de l'excellent cheval de guerre et de luxe.

Nous trouvons dans un rapport remarquable de M. Jeannin sur ce sujet, les détails les plus intéressants, suivis de considérations sur l'espèce chevaline en Maine-et-Loire, et de conseils aux éleveurs, qui peuvent être d'un grand intérêt. — Ce sont les leçons d'un homme fort expert dans la partie. Le concours a manifesté également de grands progrès dans la mécanique agricole.

Au chapitre de l'agriculture, nous trouvons encore plusieurs communications de M. Bodin, le professeur de l'agriculture modèle.

Dans une de ses communications, il parle de la pomme de

terre Chardon qu'il a cultivée avec succès, et à cette occasion il fait connaître d'excellents préceptes d'agriculture pratique ; une autre traite des jeunes trèfles ; et, dans une troisième, il fait connaître l'influence de la mauvaise graine de trèfle sur la récolte.

Je citerai encore un article, de M. Victor Châtel, sur les moyens de préserver les semis de colza, de choux et de navets des attaques des *Altises* ou puces de terre;

Enfin, une notice sur les guanos du commerce, par M. J. Girardin.

VITICULTURE, ŒNOLOGIE. — Pour tout ce qui tient à la viticulture et à l'œnologie, nous trouvons toujours en première ligne notre infatigable président, M. Guillory. Nous lui devons un article sur la manière de traiter les vins blancs dans les mauvaises années, si fréquentes dans nos contrées.

Sebille-Auger, un de nos savants œnologues, s'était occupé de cette question dès 1830. Il recommandait d'abord de « trier les raisins dans la vigne, de ne point fouler au pressoir et d'écumer le moût pour le débarrasser de l'excès de ferment qui domine dans les mauvaises récoltes ; enfin, d'augmenter la proportion de sucre et d'alcool, et même de tannin. »

M. Guillory a mis en pratique tous ces préceptes, et il résulte des tentatives faites par lui en 1860, année de funeste mémoire dans les annales vinicoles, que l'*introduction du tannin* a produit le plus de chances d'amélioration. — Le moyen employé par lui consiste à *faire cuver le vin avec la rafle*, ce qui n'a d'inconvénient que de donner au vin une teinte ambrée ; mais la verdeur disparaît.

Nous devons encore à M. Guillory une communication relative aux vins d'Anjou envoyés à l'Exposition de Londres.

Nous devons aussi à M. Cazalis-Allut une lettre sur l'état des vendanges et des vins dans l'Hérault ;

Un article sur le rajeunissement des vignes vieilles par le recépage.

M. le docteur Ed. Laroche, dans une lettre adressée à M. Guillory, donne des détails sur la richesse alcoolique de nos vins d'Anjou.

INDUSTRIE, SCIENCES, ARTS, HISTOIRE, etc. — M. E. Gripon, professeur de physique au lycée d'Angers, a étudié avec soin le moteur à gaz de M. Lenoir, et a fait à la Société un rapport intéressant sur cette matière.

M. Guillory n'est pas seulement un viticulteur poursuivant avec persévérance toutes les recherches qui pourraient améliorer cette branche de l'industrie agricole, mais il consacre encore ses rares moments de loisir à des recherches historiques très-intéressantes au point de vue de l'histoire locale.

Ainsi nous lui devons, cette année, d'intéressants détails sur la famille de Menon de Turbilly ; — des documents pour servir à l'histoire professionnelle de la ville d'Angers ; — une notice sur le ministre-sénateur Bineau, et les réformes financières auxquelles il a attaché son nom ; — une communication sur les rapports entre la Société protectrice des animaux et la Société industrielle.

Nous devons à M. Chevreul, de l'Institut, un article sur l'art de découvrir les sources ;

A M. Aug. Chenuau, un rapport sur l'ouvrage de M. H. Chevreul, intitulé : *Hubert Longuet ; études sur le XVIe. siècle ;*

A M. H. Pineau, un rapport sur le *Catéchisme d'agriculture pratique*, de Henri Stephens, traduit de l'anglais par M. Fennebresque ;

Enfin, à M. Ch. Thierry-Mieg, un rapport sur le progrès moral de l'industrie du Haut-Rhin.

Ce rapport contient des détails très-intéressants au point de vue de l'instruction professionnelle. Il nous fait connaître tout ce qu'a fait la Société industrielle de Mulhouse pour l'amélioration morale et physique de la classe ouvrière, si nombreuse dans cette ville éminemment manufacturière.

Comme les années précédentes, M. Ménière, bibliothécaire de la Société, nous a donné ses tableaux contenant jour par jour, pour tous les mois de l'année, le résultat de ses observations météorologiques.

Tous ces rapports, toutes ces communications se trouvent

dans le *Bulletin* annuel de la Société, qu'elle vient de publier pour la 33e. fois. »

Le *Répertoire archéologique de l'Anjou*, œuvre d'une commission de la *Société d'agriculture, sciences et arts de l'Anjou*, et sur lequel, l'an dernier, nous avons donné beaucoup de détails, continue, sous la direction de M. Godard-Faultrier, à publier d'intéressants et curieux documents sur cette province. Nous avons pu nous convaincre, en parcourant ce consciencieux et excellent recueil, de quel prix il est pour la contrée, dont il décrit tous les monuments, dont il célèbre toutes les gloires, dont il glorifie toutes les illustrations.

Nous ne devons pas quitter l'Anjou sans mentionner l'édition nouvelle, qui vient d'être publiée à Angers, de la curieuse et intéressante biographie raisonnée de M. Guillory aîné, sur le marquis de Turbilly, agronome angevin du XVIIIe. siècle, dans les écrits duquel on trouve toutes les idées de progrès agricole que notre âge s'honore d'avoir mises en pratique. L'excellent travail de M. Guillory est accompagné, dans cette édition nouvelle, des appréciations historiques et critiques de MM. Chevreul et P. Clément.

M. Bochin, avocat à la Cour impériale de Paris, et délégué de la *Société d'agriculture d'Ille-et-Vilaine*, nous a fourni l'intéressant rapport que l'on va lire sur les travaux de cette Société :

« La Société d'agriculture et d'industrie d'Ille-et-Vilaine, mue par les généreuses inspirations de la première de toutes les Sociétés d'agriculture de France, fondée en 1757, à Rennes, par La Chalotais, n'a pas ralenti son zèle ni son activité dans le cours de la dernière année.

Son attention, ainsi que l'indique la lettre de M. Hardouin, son vice-président, à M. le Président du Congrès, s'est portée sur trois points principaux :

L'extension du service de la médecine vétérinaire ;

L'enseignement agricole ;

Les améliorations de l'espèce bovine d'Ille-et-Vilaine.

En ce qui touche l'extension du service de la médecine vétérinaire, M. Hallez-d'Arros, de Metz, correspondant de la Société, avait bien voulu lui faire connaître la mise en pratique, dans la Moselle, d'une organisation cantonale de la médecine vétérinaire. M. Hallez faisait ressortir les vices et les lacunes de l'état de choses actuel, la pénurie des vétérinaires dans les campagnes, les déplorables conséquences de cet état de choses : les cultivateurs livrés à des empiriques, ou obligés à des frais importants pour faire venir des vétérinaires de la ville et le plus souvent trop tard ; les vétérinaires diplômés trop peu rétribués pour résider ailleurs qu'à la ville ; le bien qu'on a obtenu de la création des médecins cantonaux et que procurerait par analogie celle des vétérinaires cantonaux ; l'idée qu'on pourrait avoir de délivrer à certains empiriques des diplômes de second ordre ; mais la difficulté d'assigner des limites assez précises entre leurs opérations et celles des vétérinaires ordinaires ; la possibilité de leur faire certifier à moins de frais l'indemnité en cas de perte de bestiaux ; de les consulter sur l'hygiène, l'élève du bétail et l'agriculture. Enfin, M. Hallez-d'Arros exposait les mesures propres à assurer l'exécution de ce service.

La Société d'agriculture de Rennes, en accueillant avec la plus vive reconnaissance cette communication, fit ressortir toute l'utilité de ce projet, rappelant tout ce qui avait été déjà fait pour l'établissement de médecins-vétérinaires aux chefs-lieux de canton.

On se demanda aussi pourquoi l'on ne réclamerait pas la création d'écoles vétérinaires secondaires.

M. Dillon, ancien vétérinaire au 13e. régiment d'artillerie, dans une lettre renfermant de très-sages considérations, rappelait les nombreuses pétitions présentées au Sénat pour empêcher l'empirisme dans la médecine vétérinaire comme ailleurs. Il rappelait le nombre trop peu considérable de nos vétérinaires et de nos trois écoles vétérinaires en France : Alfort, Lyon et

Toulouse. Pourquoi, disait-il, ne pas faire pour les écoles vétérinaires ce qu'on a fait pour tous les autres établissements publics ? Pourquoi ne pas y admettre des élèves externes ?

Par suite, M. le Préfet a bien voulu prendre, en date du 21 août 1862, un arrêté qui a créé cette organisation dans l'Ille-et-Vilaine et dont on espère les plus heureux résultats.

La Société d'agriculture qui, aussitôt après sa formation en 1832, s'est occupée de l'enseignement agricole et a provoqué la fondation d'une école d'agriculture comme annexe à l'École normale, s'est livrée de nouveau à l'examen des voies et moyens les plus favorables pour la généralisation de l'instruction agricole si nécessaire; et, se confiant à l'annonce d'un nouvel enseignement public intermédiaire en rapport avec les besoins de toutes les industries, elle s'est surtout arrêtée à l'enseignement agricole tout élémentaire, qui pourrait se donner dans les écoles primaires rurales avec tant d'avantage pour la population des campagnes, et que nous possédons depuis long-temps dans ce département. Mais, ici-même, cet enseignement laissant beaucoup trop à désirer parce que l'utilité n'en a pas été assez tôt ressentie, le rapport qui a été soumis à la Société ayant exprimé des vœux qui lui ont paru répondre aux nécessités de la situation, elle se félicite de pouvoir les soumettre à l'appréciation du Congrès.

Ce très-remarquable rapport de M. Hardouin proposait à la Société de formuler les vœux suivants :

1°. Que l'instruction agricole primaire fût rendue obligatoire pour les élèves-maîtres dans les écoles normales;

2°. Que l'enseignement agricole primaire le fût également dans les écoles primaires rurales.

Il rappelait d'ailleurs la situation privilégiée où se trouve le département d'Ille-et-Vilaine, qui possède un enseignement scientifique éminent, professé par M. Malaguti à la Faculté des sciences ; un enseignement pratique pour les enfants des cultivateurs, un enseignement primaire agricole pour les instituteurs.

La ferme-école départementale des Trois-Croix, dirigée par

M. Bodin, comprend 24 élèves boursiers. A cette ferme est annexée une fabrique d'instruments et de machines agricoles dont la clientèle s'étend en France et à l'étranger, et qui livre jusqu'à 2,500 instruments par an.

Depuis bien long-temps, les améliorations à rechercher pour notre espèce bovine étaient restées très-problématiques et la Société s'était abstenue de toute résolution entre les affirmations les plus contraires. Enfin de la discussion est née la lumière, et la question ayant été récemment encore élaborée à nouveau, on la peut considérer comme en voie de résolution. La Société n'attend plus que le rapport d'une commission spéciale pour déterminer ses conclusions et les publier. Mais il est manifeste, dès ce moment, que notre département a un intérêt spécial, sinon exclusif et de plus en plus grand, à la fabrication du beurre et à l'amélioration de notre race dite aujourd'hui *Rennaise*, et de ses sous-races par elles-mêmes, ou par des croisements avec des races laitières, quand on songe que notre beurre exporté représente, pour une année, le chiffre de 15 millions de francs. La Société s'est donc, malgré la prédominance de ce point de vue, abstenue jusqu'ici de toute option absolue, primant partout les bons animaux de races diverses présentes.

Telles sont, Messieurs, les principales questions qui ont occupé en 1862 l'attention de la Société. Mais nous ne devons pas oublier la part prise par elle aux divers concours ouverts dans ce département, au profit des agriculteurs-propriétaires, fermiers, serviteurs ruraux, instituteurs, vétérinaires, fabricants, ainsi que par la Commission consultative des toiles rurales pour la culture des plantes textiles et la fabrication des toiles ; — les encouragements qu'elle a donnés à l'extension de l'éducation des abeilles et de la production du miel et de la cire, placée dans des conditions si favorables; —ses efforts pour amener la réglementation du commerce des engrais trop souvent falsifiés, réglementation qu'avait opérée un arrêté de M. le Préfet, que les conséquences d'un récent arrêt de la Cour de cassation sont venues malheureusement attaquer.

En résumé, vous le voyez, Messieurs, on peut dire que les efforts et le zèle de la Société d'agriculture et d'industrie d'Ille-et-Vilaine ne se sont pas ralentis, mais qu'ils se sont encore accrus pendant l'année 1862, et nous osons espérer que le résumé de ses travaux ne sera pas indigne de votre attention. »

Le Bulletin de la Société polymathique du Morbihan est, en grande partie, consacré à la statistique archéologique; celle de Ploermel, par M. Rosensweig, est remarquable. Dans cette province surtout, un répertoire archéologique est un document précieux et plein d'intérêt. Le volume contient, toutefois, encore des mémoires sur des objets d'ordres différents et tous d'un grand intérêt. Le premier est le rapport au préfet du département, par M. René Gallet, sur les fouilles du Mont-St.-Michel, en Carnac. Il est suivi d'un rapport à la Société, par M. de Clermadeux, sur les divers objets et particulièrement sur les ossements provenant des fouilles du tumulus du Mont-St.-Michel, et d'une analyse chimique, par M. le professeur Malaguti, des ossements et des terres trouvés tant dans ce tumulus que dans celui de Tumiac.

Le tumulus appelé le Mont-St.-Michel est une longue colline élevée de main d'homme qui doit contenir, si l'on en croit le rapport, un grand nombre de *dolmens* qu'aujourd'hui, après tant de preuves réunies, on peut appeler des grottes artificielles. Le rapport constate qu'on a pénétré dans un de ces dolmens, où l'on a trouvé avec quelques débris d'ossements trente-neuf *celtæ,* haches ou couteaux, un certain nombre de perles de jaspe ou autres matières, dans une terre mêlée de cendre et offrant des traces évidentes de combustion. L'analyse de M. Malaguti a constaté aussi que les corps auxquels se rapportaient les débris d'ossements avaient été incinérés. Par là est résolue la question, si débattue, de savoir si dès l'âge de pierre on incinérait les morts.

Cependant ce n'était pas un usage général, car le *Bulletin* de la Société contient un rapport de M. Fouquet sur des fouilles faites dans une autre butte, celle de Tumiac, où on a trouvé encore un dolmen intact, de l'âge de pierre aussi, avec des *celtæ*, des grains de collier en jaspe et des fragments d'os. Mais ceux-ci, selon M. Malaguti, n'avaient pas été incinérés, et ils contenaient encore de la gélatine que le contact du feu détruit complètement.

Le volume se termine par un travail fort intéressant, de M. Arrondeau, portant pour titre: Notice et observations sur quelques espèces critiques, rares et nouvelles pour la flore du Morbihan.

La *Société académique de Brest*, fondée, en 1858, par quelques amis des lettres et des sciences, a en quelque sorte succédé à la *Société d'émulation* de la même ville, qui, par ses travaux et de nombreux cours publics ouverts après les événements de 1830, rendit les plus signalés services aux classes ouvrières de ce grand port militaire.

Aujourd'hui, constituée sous la présidence de M. Le Vot, membre de l'Institut des provinces et conservateur de la Bibliothèque maritime de Brest, la Société académique tient des séances mensuelles et répétées, dans lesquelles des travaux très-importants sont communiqués sur l'histoire générale et locale, sur la morale, sur l'agriculture et l'économie politique, sur les nombreux voyages entrepris par quelques officiers de la marine, et sur les observations faites sur leurs diverses stations, tant en Europe que dans les pays les plus éloignés du globe.

La même ville de Brest a une *Société d'agriculture* très-active et qui suit, avec un discernement très-éclairé, tous les essais et les travaux qui sont faits en agriculture dans l'étendue de son ressort. Comme la Société académique, elle met au concours plusieurs questions à traiter dans l'intérêt de la science, et que des fondations et des médailles servent à récompenser.

La Société académique de Brest s'est trouvée représentée au Congrès des délégués des Sociétés savantes, en 1863, par MM. Conseil, député de Brest, et Du Chatellier, correspondant de l'Institut.

M. Le Vot, président de la Société académique, publie en ce

moment une *Histoire de la ville de Brest*, en deux volumes, qui sera certainement d'un très-haut intérêt pour l'histoire de la marine elle-même, à en juger par les extraits qu'il en a déjà donnés et les sources auxquelles il a puisé.

M. le baron de Girardot a continué, dans les *Annales de la Société académique de Nantes*, la publication de la curieuse correspondance de Louis XIV avec le marquis Ancelot, son ambassadeur au Portugal, de 1685 à 1688. C'est le morceau capital du volume de 1862, où l'on trouve encore, entre autres travaux intéressants:

Un récit, de M. Ledoux, sur un épisode sanglant de l'histoire moderne de Bretagne, intitulé : *Savenay au* 12 *mars* 1793 ;

Une notice biographique, de M. Renoul, sur le premier maire de Nantes, de 1789 à 1792, un grand et noble caractère, Daniel de Kervegan ;

D'autres biographies, concernant des membres de la Société ;

Des recherches, de M. Le Vot, sur l'histoire de la ville de Brest pendant la dernière année du règne de Louis XIV ;

Un mémoire posthume, de M. Bizeul, annoté par M. Dugast-Matifeux, sur un poète du Croisic et de Blois ;

Une note, de M. Bureau, sur les langues de l'Inde ;

Un rapport, de M. Gauthier et une réponse de M. Anizon, sur la proposition importante, soulevée par ce dernier, du placement des vieillards indigents dans leurs familles à l'aide de secours en argent;

Divers travaux, de MM. les docteurs Jouon, Pihan-Dufailley père et fils, et Aubinais, sur des sujets médicaux; de MM. Thomas, Viaud-Grandmarais, Thomas, Auger de Lassus, Lepeltier, de Lisle, Sagot, Achille Comte et de Rivas, sur les diverses branches de l'histoire naturelle;

Enfin de gracieuses poésies, de MM. Chérot et Callaud.

Nous devons à M. D. Beaulieu la note suivante sur les

travaux de la *Société de statistique du département des Deux-Sèvres :*

« Depuis l'année dernière, la Société de statistique des Deux-Sèvres a continué ses utiles travaux. Le musée, qui n'a pas cessé d'être pour elle un objet de sollicitude, a vu ses collections s'enrichir d'une façon notable : elles ont reçu des portraits, des coquilles, des médailles, bon nombre de vases funéraires découverts dans des tombes du moyen-âge ; elles ont reçu, en outre, des livres et des tableaux, dont quatre, donnés par l'État, proviennent du musée Campana.

Pour favoriser l'accroissement de ses collections, la Société a fait exécuter à Gourgé, près Parthenay, des fouilles qui n'ont pas été sans intérêt. Des sépultures gallo-romaines ont été découvertes ; elles ont donné, entre autres objets, plusieurs vases en terre, dont l'un se fait remarquer par une disposition toute particulière. Il est muni de trois anses.

Les séances de la Société, qui ont lieu le premier jeudi de chaque mois, n'ont pas été stériles. Des mémoires relatifs au collége de Niort, aux fouilles de Gourgé, à la célèbre abbaye de St.-Maixent, au cartulaire de l'abbaye des Châteliers, aux Iles-Ioniennes et au général Chabot pendant les années 1797, 1798 et 1799, ont été lus : ils ont offert de l'intérêt ; aussi des dispositions ont été prises pour que la publication de ces mémoires ait lieu d'une façon plus régulière et plus prompte. »

RÉGION DU CENTRE.

L'*Académie des sciences, arts et belles-lettres de Dijon* a introduit depuis long-temps dans le volume qu'elle publie annuellement une division essentiellement rationnelle entre les lettres et les sciences. Dans la première partie du volume de 1862, nous trouvons d'abord un vaste et profond mémoire, de M. Tissot, intitulé : *L'Animisme et ses adversaires.* L'auteur avait, dans un premier travail, réfuté les raisons opposées par l'école de Descartes et celle de Leibniz à la doctrine ancienne de l'animisme, reprise en sous-œuvre par Stahl. Il a voulu, cette fois, repousser les objections qui ont été alléguées, dans ces derniers temps, contre la thèse qu'il a entrepris d'établir.

Vient ensuite une dissertation de M. le vicomte de Sarcus, qui expose la doctrine de l'Essai sur la philosophie des religions, par M. de La Bruguière, et qui, tout en rendant hommage à une érudition aussi solide que variée, à une profondeur de pensée qui n'exclut pas la rectitude et l'élégance du style, combat ce qu'il appelle les erreurs fondamentales de ce système.

M. Laferrière, auteur d'ouvrages considérables sur la science du Droit, a, dans un mémoire produit à l'Académie des sciences morales et politiques, cherché à démêler dans les fragments qui restent des jurisconsultes romains les traces de leurs doctrines philosophiques, et fait hommage à la philosophie stoïcienne de tous les progrès de la jurisprudence et de la législation que nous qualifions encore de raison écrite, et d'où sont sorties les règles fondamentales de notre Droit moderne. Ce système a déjà été combattu par un jurisconsulte néerlandais, M. Eyssell. M. Simonnet entreprend de le réfuter complètement, dans un mémoire qui atteste à la fois et une science approfondie et une grande force de raisonnement.

Vient ensuite une belle et touchante biographie sur le Père Lacordaire, par un de ses condisciples et de ses amis, M. Foisset. On lit avec un vif intérêt ce beau travail, même après ce qu'ont écrit MM. Albert de Broglie et de Montalembert.

Dans l'ordre des sciences, ce volume nous fournit : la seconde partie des recherches si érudites de M. Alexis Perrey sur la bibliographie séismique (volcans et tremblements de terre) ;

Une note, de M. Jules Martin, sur quelques fossiles nouveaux ou peu connus de l'étage bathonien de la Côte-d'Or, avec de belles planches à l'appui ;

Une très-intéressante notice sur les chevaux orientaux, par M. Dubouvret, qui a été au service militaire de la Perse, et que ses fonctions ont mis en rapport avec les principaux chefs des grandes tribus du plateau de la Haute-Asie ;

Et enfin la traduction, par M. Brullé, d'un mémoire du professeur américain Joseph Lecomte, sur les plantes des terrains carbonifères.

La *Société d'agriculture du département de la Côte-d'Or* est douée d'une puissante et efficace activité. Elle publie un journal mensuel qui est toujours fort bien rédigé. Elle a des concours d'une grande solennité. Elle met en pratique, pour les races bovine et ovine, un système d'intervention indirecte différent de celui que l'État suit pour la race chevaline. Elle achète, à ses frais, les étalons et les concède gratuitement et à certaines conditions au dépositaire. Au reste, ce système est appliqué avec un grand succès, depuis trente-huit ans, à la race chevaline par l'administration départementale de la Côte-d'Or, qui se rembourse de ses frais d'achat au moyen de prélèvements faits chaque année sur les cinquante premières saillies opérées par l'étalon. C'est ce système, consacré par l'expérience et bien plus économique que celui d'intervention indirecte de l'administration des haras de l'État, que M. Juillet préconise dans un mémoire intitulé : *Emancipation de l'industrie chevaline, obtenue par l'application du système étalonnier du département de la Côte-d'Or.*

La science de la vigne est encore bien peu avancée, et, en réunissant tout ce qui a été imprimé sur ce sujet, on ne trouverait pas les matériaux de l'histoire complète d'une seule des variétés cultivées. L'ampélographie est à peine née. Elle ne grandira qu'avec le secours de la chimie et de la physique ; elle ne se développera qu'avec des observations et des expériences montrant partout l'empreinte des mesures et de la balance, et en répondant par des chiffres à tous les problèmes dont on lui demandera la solution. M. le docteur Fleuriot a voulu faire faire un grand pas à la science, en publiant une série d'essais gleucométriques. Il a expérimenté sur cent une variétés de raisins, empruntées non-seulement à la Côte-d'Or, mais aux vignobles de tous les points de la France ; et, à la suite d'un mémoire explicatif, il publie un tableau en trois colonnes présentant, pour chacune de ces variétés : 1°. le poids spécifique du moût ; 2°. la quantité d'acide par litre ; 3°. la quantité de sucre, aussi par litre. Ces expériences sont des plus intéressantes, et il est fort à désirer qu'elles soient continuées en grand et sur plusieurs points différents.

M. Jules Pautet, délégué de la *Société d'histoire et d'archéologie de la ville de Beaune* (*Côte-d'Or*), a bien voulu nous fournir le rapport suivant sur ses travaux de l'année 1862-1863 :

« J'ai la satisfaction de vous annoncer que la Société d'histoire et d'archéologie de la ville de Beaune a continué à rendre, par ses travaux, de véritables services à la science du passé. Non-seulement les écrits de ses membres, mais leurs fouilles et leurs recherches actives ont témoigné de leur ardeur pour l'étude des âges écoulés.

La Compagnie est restée fidèle à la mission utile et féconde qui lui est donnée par la nature même des choses : elle a été le centre des études, et le *musée archéologique* de la ville, à la tête duquel est l'un de ses membres, a été le dépôt naturel de tout ce qui s'est rencontré d'intéressant, sous la main des chercheurs.

Son digne et très-honorable président, M. Guillemot, a éclairé ses discussions par son savoir, il les a vivifiées par son dévouement, et il est venu, d'une voix éloquente et profondément émue, rendre les derniers devoirs à l'un de ses membres fondateurs les plus éminents, M. Labatut, alors sous-préfet, qu'une mort prématurée avait enlevé à la science et à l'administration, et qui avait toujours montré la plus vive sympathie pour la Société ; il a redit cette vie si courte et si honorablement remplie ; il a montré l'administrateur intègre et dévoué, toujours prêt à servir les intérêts d'un arrondissement qu'il aimait ; il a fait sentir la perte que faisaient en lui les amis de la science de l'histoire.

M. Lion professeur d'allemand au collége de Beaune, a lu

devant la Société un travail qui a reçu la sanction précieuse et éminente de *l'Académie des sciences*, et qui est intitulé : *Recherches expérimentales sur les centres d'action des foyers des surfaces isolantes électrisées.* La haute approbation de notre premier corps savant, qui s'est chargé de l'impression du mémoire de notre collègue, est la juste récompense de ses brillants et utiles travaux.

Esprit d'élite, cœur généreux, M. Lion ne se borne pas aux recherches scientifiques, il sait élever son âme dans les régions de l'idéal, et il a publié un recueil de remarquables poésies éminemment lyriques et par le fond et par la forme. Sérieux et méditatif, M. Lion a su donner à ses poésies un caractère particulier de grandeur qui élève l'âme vers le divin Créateur.

M. Armand Pommier, littérateur ardent au travail, a publié une traduction des Lettres du docteur Philippi, de Turin, sur la *Création* ; il a, dans des compositions romanesques qui annoncent une imagination vive et féconde, tracé des tableaux pleins de vérité, et des caractères saisissants et soutenus. Bien jeune encore, M. Armand Pommier a reçu la récompense de ses travaux sur la poésie italienne : le roi Victor-Emmanuel lui a conféré l'ordre des saints Maurice et Lazare.

M. Changarnier-Moissenet a lu un travail très-étendu sur *l'origine de la monnaie* et sur les développements de la science du numismate ; c'est une étude complète sur les monnaies de tous les peuples anciens. La plupart du temps, c'est sur les médailles elles-mêmes que M. Changarnier a composé son travail ; car il est possesseur de l'une des plus belles collections numismatiques de la province.

M. Aubertin, secrétaire de la Société, conservateur éclairé et plein d'élan de l'intéressant musée de la ville de Beaune, a continué, avec son ardeur et sa persévérance toujours si louables, les fouilles qu'il avait commencées sur plusieurs points de l'arrondissement, et notamment à la Bruyère. Ces fouilles, auxquelles M. Changarnier a pris part avec l'utile et intelligent concours de M. Massart, juge de paix à Seurre, ont mis à découvert plusieurs vases francs, un *umbo* de bouclier, un scramasaxe, des boucles de ceinturon damasquinées et des médailles.

Les fouilles seront reprises à la belle saison. La Société française d'archéologie a bien voulu mettre 100 fr. à la disposition du secrétaire de la Société pour cet objet, ainsi que pour des fouilles à Lulune. M. Aubertin sera à même de rendre compte des résultats obtenus, lorsque se réunira le Congrès de Chambéry.

La Société a pris une mesure qu'il serait bien utile de voir adopter par d'autres Compagnies : elle a fait mouler ou photographier tous les monuments lapidaires qui ne peuvent être transportés au musée. De cette manière, le public en jouit sans que les possesseurs soient obligés de s'en séparer.

M. le Secrétaire, toujours infatigable dans ses recherches, a découvert, dans le Cartulaire de Notre-Dame de Beaune, un titre relatif à la fondation d'une chapelle domestique dont les ruines ont été retrouvées dans l'enceinte du château de Pommard. Cette chapelle avait été fondée par Jacques de Pommard, en 1274.

Rechercher le champ de bataille des Helvètes lors de leur rencontre avec l'armée de César, c'était un travail digne de l'activité du secrétaire de la Société : il l'a tenté et ses découvertes, qui semblent lui donner raison, tendraient à faire supposer que la bataille a eu lieu dans le vallon de Sampigny, canton de Conches. La configuration topographique correspond aux données de César,

M. Aubertin a été, tout récemment, admis à l'honneur de développer son système et de produire sa découverte devant S. M. l'Empereur, qui a écouté avec bienveillance les raisons qu'il a fait valoir en faveur de sa thèse.

La Société se propose de publier le Cartulaire de Notre-Dame de Beaune ; c'est un monument écrit, du plus haut intérêt, et qui mettra en lumière beaucoup de côtés inconnus de l'histoire du vieux Beaune. Tous les amis de la science historique applaudiront à ce projet de la Société d'histoire et d'archéologie de la ville et de l'arrondissement de Beaune.

L'un des membres fondateurs, celui qui écrit ces lignes, n'est pas resté non plus inactif : il a publié, sur *les chaires d'économie politique*, après avoir suivi pendant plus d'une année chacun des cours qui y sont professés, un travail qui a été accueilli avec bienveillance et qui a paru dans le *Journal des économistes*, l'organe le plus accrédité de la science.

Il a fait une longue étude des États-Généraux de Bourgogne, en consultant les manuscrits originaux, les procès-verbaux et les cahiers des États du roi Louis XVI. Il a écrit, pour le *Dictionnaire général de la politique,* les articles : *Archives, Blocus, Coups-d'État, Conciles, Dynasties*, etc., etc.

Vous le voyez, Messieurs, la Société d'histoire et d'archéologie de l'arrondissement de Beaune n'a pas cessé de mériter la bienveillance dont l'honorable et savant M. Challe l'a toujours environnée, en faisant figurer dans ses comptes-rendus les rapports qui la concernent.

Elle consigne ici, par ma voix, l'expression de sa profonde gratitude pour l'illustre fondateur des congrès, M. de Caumont, et pour le savant président qui, chaque année, écoute avec tant de bonté le travail de son rapporteur.

Cette gratitude a, cette année, un motif de plus; car la Société française d'archéologie a voulu témoigner à M. Aubertin, son secrétaire si zélé et si plein de l'amour éclairé de la science, le cas qu'elle fait de ses nombreux travaux, en lui décernant une médaille d'argent qu'il était appelé à recevoir dans cette session même, et qui lui a été remise par M. Guizot, dans la séance solennelle que le plus illustre et le plus intègre de nos hommes d'État est venu présider.

Vous le comprenez Messieurs, la Société d'histoire et d'archéologie de la ville de Beaune a bien des motifs de ne point se ralentir dans ses utiles travaux. »

Nous devons à M. H. de Fontenay, délégué de la *Société Eduenne*, le compte-rendu qu'on va lire sur l'état des travaux de cette Compagnie:

« Pendant l'année qui vient de s'écouler, la principale occupation de la Société Éduenne a été l'établissement d'un musée lapidaire. Depuis long-temps elle voyait avec peine les produits de ses fouilles dispersés çà et là, exposés à toutes les intempéries des saisons ou entassés pêle-mêle dans des salles étroites et inaccessibles aux visiteurs. Il était urgent de mettre fin à un tel état de choses. Un enclos, situé dans un des faubourgs de la ville et renfermant une chapelle du XIIe. siècle, était mis en vente. Désireuse de sauver ce monument, la Société songea à y établir son musée. Elle fit part de ce projet à l'administration municipale, qui en reconnut l'utilité, y donna son plein assentiment et vota les fonds nécessaires à l'acquisition du terrain et de la chapelle. Des constructions furent immédiatement entreprises, grâce à la subvention du Conseil général et aux souscriptions particulières, et déjà l'on a pu mettre à l'abri et classer, provisoirement au moins, une grande partie des intéressants monuments exhumés du sol éduen.

La Société continue avec ardeur ses travaux d'histoire et d'archéologie locales ; elle a sous presse, dans ce moment-ci :

1°. Un volume de *Mémoires*, dont l'impression est fort avancée ;

2°. Le *Cartulaire de l'église d'Autun,* important travail dû aux soins de M. Anatole Charmasse.

A ces publications succédera une *Etude historique sur les premiers abbés de Cluny*, par M. Pignot, secrétaire de la Société.

La prospérité de la Société Éduenne s'accroît de jour en jour, et le nombre de ses membres résidants, assez restreint, il y a peu d'années, s'élève maintenant à près de soixante. »

La *Société d'histoire et d'archéologie de Châlon-sur-Saône* n'a publié, en 1862, que la 2e. partie de son tome IV, et cette partie ne contient que deux morceaux ; mais nous nous hâtons d'ajouter que chacun d'eux est, dans son genre, d'une remarquable distinction.

Le premier est un Glossaire du patois de l'ancienne Bresse

châlonnaise, mais un glossaire explicatif, étymologique et comparatif, ce qu'ont oublié beaucoup d'auteurs de tant de glossaires que l'on a vus surgir dans ces derniers temps. Et pourtant, en ce qui concerne beaucoup d'entre eux, l'étymologie et la comparaison étaient d'autant plus nécessaires que les patois auxquels ils s'appliquent ne sont, à peu près, composés que de vieux mots français et de locutions exotiques que les diverses occupations étrangères ont pu laisser sur le sol de la contrée. M. Guillemin, au contraire, a recherché les étymologies dans la langue ancienne ou dans le vieux français, et établi la simultanéité de l'emploi des termes dans le bas-latin ou dans la langue vivante, en appuyant ses assertions de citations probantes.

Pierre-le-Vénérable, *abbé de Cluny*, étude historique par M. Duparay, est le second des morceaux que contient ce volume. Un monastère et un abbé, voilà tous les éléments de cette étude ; mince sujet en apparence, matière riche et féconde en réalité, si l'on réfléchit que ce monastère n'est pas un couvent obscur, mais ce fameux monastère de Cluny, qui, suivant la parole du pape Urbain II, « brillait dans le monde comme un autre soleil, » et que l'abbé dont la vie va être racontée n'est rien moins que le bon, le sage Pierre-le-Vénérable, l'émule et l'ami de saint Bernard, le consolateur d'Héloïse et d'Abailard, l'une des gloires les plus pures de l'Église. M. Duparay a traité ce grand sujet avec une sûreté d'érudition, une élévation de pensée, une justesse d'appréciation également éloignée de l'engouement aveugle et du dénigrement systématique, auxquelles nous ne saurions trop rendre hommage. Ajoutons que le style est à la hauteur du sujet. C'est enfin un des travaux les plus estimables qui soient sortis de nos Sociétés savantes pendant l'année qui vient de s'écouler.

Voici le résumé des travaux de la *Société d'agriculture, des sciences, arts et belles-lettres de l'Aube*, en 1862 :

« La Société académique de l'Aube compte plus de soixante

ans d'existence, et par décret impérial du 15 février 1853, a été reconnue établissement d'utilité publique sous le titre de Société d'agriculture, des sciences, arts et belles-lettres du département de l'Aube. Le volume qu'elle publie chaque année se compose de travaux relatifs à chacune de ces quatre sections. Voici un aperçu rapide de ce qui est contenu dans celui de 1862.

Si, dans ces mémoires, l'agriculture semble occuper moins de place que les autres sections, c'est qu'elle s'attache moins à la théorie qu'à la pratique, c'est qu'elle vit de faits plutôt que de paroles, et qu'après des essais longs et multipliés, elle n'a à enregistrer le plus souvent qu'un petit nombre de succès. Son attention s'est portée sur la culture du pavot et le profit qu'on en pourrait retirer. Aidée de la science et des savantes analyses de M. Oudard, elle a constaté que cette culture serait non-seulement utile, mais même lucrative, puisqu'on a tiré de cette plante un opium riche en morphine, excellent pour les usages médicinaux et qui peut affranchir la France du tribut qu'elle a coutume de payer à la Chine.

Mais l'agriculture ne borne pas sa mission à poursuivre des améliorations, à ouvrir des ressources nouvelles : elle a aussi son archéologie, puisque le règne végétal possède des monuments qui sont l'œuvre de plusieurs siècles. Elle a souci de ces vieux arbres, les rois de son domaine, *dont le front, au Caucase pareil*, a résisté aux efforts de mille tempêtes ; et, en les signalant au respect et à l'admiration de tous, elle les soustrait au vandalisme de la spéculation. C'est le but qu'elle s'est proposé dans la visite solennelle qu'elle a fait rendre au *Cèdre* des Fallets et au *Tremble* de St.-Julien, et par la publication du rapport de M. Ch. Billiet sur ces arbres superbes. Quoique sa plantation ne remonte qu'à 1812, le cèdre mesure déjà 22 m. de hauteur sur 2 m. 60 c. de circonférence à 1 m. de terre, et 2 m. 50 c. à 2 m. Le tremble (*Populus alba*) est un géant de 42 m. 50 c. de hauteur avec une tête de 80 m. de pourtour, une tige droite de 19 m. 50 c. de hauteur sur 12 m. 50 c. de circonférence à ras de terre, de 8 m. à 0 m. 50 c. du sol et de 7 m. 27 c. à 1 m.

La Société a encore payé sa dette au pays, en publiant un mémoire de M. Vignes père, relatif à la contribution foncière, mobilière et personnelle dans le département de l'Aube. Ce travail d'un homme compétent est un exposé historique, précis et complet, des opérations successives auxquelles le département de l'Aube doit la surcharge considérable qu'il supporte à ce triple point de vue, et forme la base incontestable des justes réclamations du département et des droits qu'il a à un dégrèvement plus large que les autres parties du territoire, depuis longtemps favorisées à ses dépens.

Les arts sont représentés par deux mémoires dont l'un, de M. l'abbé Tridon, rend compte des œuvres d'art exécutées à Troyes dans les édifices religieux depuis le congrès archéologique de 1854. Dans cet élan réparateur, on a vu même s'élever, avec la rapidité de la pensée, une chapelle et deux églises claustrales, l'une de la période ogivale avancée et l'autre de la période romane de transition.

Le second mémoire est un essai sur le symbolisme de quelques émaux du trésor de la cathédrale de Troyes, par M. Le Brun-Dalbanne. Dans ce travail, qui a dû coûter à l'auteur un temps et des recherches considérables, sont exposées, dans un langage aussi clair que précis, l'origine, la matière, les formes variées selon les lieux et les temps, et la signification de ces tableaux précieux. Quatre planches, qui représentent onze émaux, accompagnent et éclaircissent le texte.

Les autres travaux qui complètent le volume appartiennent plus particulièrement au domaine des lettres.

D'abord, deux mémoires importants sur les voies romaines, en tant qu'elles sont comprises dans le département de l'Aube. Le premier, par M. Corrard de Breban, traite des voies romaines signalées dans les itinéraires anciens, pour servir à la topographie des Gaules, en conformité des instructions adressées par S. Exc. le Ministre de l'instruction publique à la Société académique de l'Aube. Sur cinq grandes voies, que l'auteur fait revivre et qu'il suit pas à pas dans toute l'étendue du département, quatre venaient aboutir à Troyes : 1°. celle de Milan à Boulogne-sur-Mer; — 2°. celle de Troyes à Beauvais; — 3°. celle de Honfleur à Troyes, et 4°. celle de Paris à Troyes. La cinquième, de Reims à Langres, par Bar-sur-Aube, ne touchait point Troyes; elle traversait seulement la partie occidentale du département.

Le second mémoire, par M. Boutiot, comprend les voies romaines du département non indiquées dans les anciens itinéraires. Ces voies qu'on peut appeler secondaires, étaient au nombre de quinze, dont six seulement partaient de Troyes; les neuf autres, établies sur divers points du département, desservaient les localités que ne pouvaient atteindre les lignes précédentes.

Ce second mémoire, suite naturelle du premier, complète le réseau des voies de communication qui reliaient entr'eux les établissements romains. Grâce à ces deux travaux importants, la physionomie de nos contrées, dans ces temps qui n'existent plus qu'en souvenirs bien effacés, se trouve éclairée d'un jour nouveau, et un champ plus sûr est peut-être ouvert aussi aux investigations archéologiques. Deux cartes et un fragment de la Table de Peutinger accompagnent ces mémoires.

Les morceaux qui suivent ont été lus dans la séance publique qui a eu lieu le 6 juin 1862. Ce sont : 1°. l'allocution dans laquelle M. le Préfet, président d'honneur de la Société, après avoir établi en principe qu'un pays, qui néglige les travaux scientifiques et littéraires, reste toujours dans un rang inférieur, quelle que soit d'ailleurs son importance, montre que la ville de Troyes et la contrée dont elle est le centre, n'ont pas à encourir ce reproche; puis, arrivant à la Société, il la représente occupée de raviver et d'entretenir le goût des travaux intellectuels, et s'associant avec ardeur au vaste mouvement des sciences, des lettres et des arts qui se produit partout. Il l'invite à profiter du calme dont jouit la France pour se livrer avec un zèle nouveau à ses pacifiques études, et termine en nous rappelant que le Souverain qui nous a fait cette situation, *hæc otia*, et qui possède toutes les qualités du penseur et de l'écrivain, est aussi un des plus infatigables travailleurs qui aient jamais paru sur le trône, et que conséquemment les travaux de l'intelligence auront toujours le privilége de le voir s'intéresser à leurs résultats, applaudir à leurs succès et prendre part à leurs triomphes; — 2°. le discours de M. Corrard de Breban, président annuel, qui, dans des considérations sur l'archéologie nationale, nous fait assister au mouvement irrésistible qui emporte aujourd'hui tous les esprits dans cette voie, et nous montre les ressources précieuses qu'ont puisées dans cette étude les rénovateurs de notre histoire, les Augustin Thierry, les Guizot, les de Barante et tant d'autres. Il expose les services que la Société académique de l'Aube a rendus à ce point de vue. Il rappelle le musée, cet asile sûr que la Société a ouvert, depuis 1830, à tous les objets anciens qu'on découvre et qu'on y apporte chaque jour, et parmi lesquels brillent d'un éclat particulier les armes et les bijoux mérovingiens de Pouan, donnés par l'Empereur; — 3°. le compte-rendu, par le secrétaire, des travaux de la Société depuis trois ans; — 4°. le rapport de M. le docteur Bacquias sur le concours de statistique ouvert par la Société; — 5°. l'étude, au point de vue de l'éloquence de la chaire, sur quatre des derniers évêques de Troyes (*Poncet de La Rivière, de Noé, de Boulogne* et *Cœur*), par M. A. Gayot, vice-président. Pages charmantes qu'il faut lire, mais qu'il ne faut pas plus analyser que les deux pièces de vers de M. Richaud, qui ont clos cette séance littéraire. »

La *Société d'agriculture, commerce, sciences et arts du département de la Marne* justifie pleinement, par ses travaux de 1862, son titre qui promet des travaux variés dans toutes les branches des connaissances humaines. L'agriculture y tient la première place, et elle y est traitée d'un point de vue élevé et avec une noble passion du progrès. Pour n'en citer que deux exemples empruntés à la viticulture, c'est chez elle qu'il y a deux ans a été signalé ce système de reproduction de la vigne, très-étudié en ce moment, qui consiste à semer les nœuds d'une pousse de l'année, et qui paraît donner des résultats surprenants pour la hâtivité et la vigueur de leurs développements. Cette année, c'est chez un membre de cette Société qu'a été expérimenté le système de taille de M. Hoolbrenk qui a beaucoup de ressemblance avec celui du docteur Guyot, mais qui paraît en accroître les avantages. Le compte-rendu de ses travaux de l'année, imprimé en tête du volume de ses *Mémoires*, œuvre remarquable de son secrétaire, M. Gillet, mentionne des communications d'un grand intérêt sur la philosophie, l'histoire, la géographie, la physique, les sciences médicales et l'histoire naturelle, de MM. Dorin, Frouquet, Jules Remy, Perret, Delaporte, Dagonet, Mahon, Lambert, Herpin, Debacq, Prin, Perrier, etc.

N'ayant pas reçu de compte-rendu qui résumât ces intéressantes communications, ne pouvant parler ici que de celles qui ont trouvé place dans le volume des *Mémoires*, nous citerons d'abord l'Essai sur l'origine du notariat et de l'art de l'écriture. A vrai dire, il semble que le notariat n'ait été qu'un prétexte à l'auteur pour revêtir sa science des apparences d'une application pratique ; mais cette science pouvait se suffire à elle-même pour conquérir l'intérêt du lecteur. Comme simple étude sur l'art de l'écriture, ce travail est curieux par les recherches et l'érudition de son auteur.

M. Bouland a intitulé : *Des diverses manières d'acheter un champ*, un travail remarquable et approfondi sur les symboles et formalités juridiques qui, chez divers peuples, accompagnaient et constataient la vente de la terre.

M. Duguet a voulu indiquer les caractères et les qualités des races domestiques autochthones de la contrée et de celles qui y ont été introduites depuis trente ans. Il a traité ce sujet en connaisseur et en praticien éclairé.

M. le baron Chaubry de Troncenord avait publié dans le *Bulletin* de 1859 la première partie d'un travail étendu, et qui a été fort apprécié, sur la statuaire au moyen-âge. Il l'a complété, cette année, par de savantes recherches et des appréciations pleines de justesse et de goût sur les sculpteurs champenois. On voit renaître, sous sa plume ingénieuse, des artistes oubliés et dont le renom fut grand dans leur temps, quoique leurs œuvres n'aient pas été conservées : à la fin du Xe. siècle, le moine Hugues, de Montier-en-Der, auquel il eût pu ajouter le moine Odorane, de Sens, statuaire et chroniqueur de cette époque, mais qui n'est plus guère connu hors de sa ville natale ; au XIVe. siècle, Jacques, de la même ville, qui reçut le surnom de *des Stalles,* pour les magnifiques stalles sculptées en bois, dont il avait enrichi la chapelle St.-Laurent du palais archiépiscopal ; au XVe. siècle et au commencement du XVIe., les Troyens Denizot, Drouyn, Jacques Bichot, Henrion Costerel et Jacques Milon. Au XVIe. siècle, arrivent des artistes dont le nom ne s'oubliera plus : Christophe Molu, Juliot, François Gentil, Hugue Lallement, Cousin de Sens, qui était à la fois architecte, géomètre, écrivain, peintre-verrier et sculpteur; et les deux Jacques de Reims, le père et le fils, Pierre et Nicolas. Au XVIIe. siècle, apparaissent, à Troyes, le grand Girardon et Jean Jolly, son élève; puis, à Chaumont, Bouchardon et ses élèves, Laurent Gaspard et Pierre Petitot. Cette liste glorieuse est couronnée par la gloire actuelle de la ville de Troyes, Simart qui, cela est triste à dire, y trouva d'indignes dénigrements pour ses plus belles œuvres, tout protégé qu'il y était par le savant de Montabert, par la famille Marcotte, par MM. Corrard de Breban, Gayot et Lévêque, et par quelques autres hommes d'élite, admirateurs de son rare et pur génie, et au dehors par le suffrage si compétent de M. le duc de Luynes.

Le volume est terminé par un vaste et beau travail de M. l'abbé Georges, qui a reçu pour titre : « Coup-d'œil sur les progrès de la langue française en Champagne depuis les temps les plus reculés jusqu'à nos jours », mais qui pourrait plus justement s'intituler : « Les littérateurs champenois », comme M. de Troncenord a appelé le sien : « Les sculpteurs champenois ». Ce n'est pas, en effet, un simple travail de linguistique, un examen des modifications successives du langage dans la province : c'est une revue raisonnée de tous les écrivains que la Champagne a produits depuis le XIe. siècle, une appréciation éclairée de la valeur particulière de chacun d'eux, non-seulement au point de vue du mécanisme de la langue, et des qualités du style, mais au point de vue, plus général, de leur génie et du caractère spécial de leurs productions. Le titre est trop modeste et l'œuvre tient beaucoup plus que ce titre ne promet; si c'est là une critique, nous désirons que l'on nous mette souvent à portée de la reproduire.

Nous ne devons pas quitter le département de la Marne, sans mentionner une Histoire de Montmirail-en-Brie, publiée à Châlons par M. l'abbé Boitel, ancien curé-doyen de cette ville. C'est une œuvre consciencieuse, pleine de recherches curieuses et intéressantes. L'auteur y avait préludé par l'histoire d'un personnage remarquable du moyen-âge, Jean, seigneur de Montmirail, qui, après avoir été un brillant chevalier, prit l'habit de Citeaux et devint un pieux moine qui fut surnommé l'Humble. Dans ce premier écrit, il avait réuni tout ce qui concernait l'histoire de Montmirail jusqu'au XIIIe. siècle. Le livre nouveau la complète à partir de cette époque. Le même auteur vient de publier, à Châlons, des œuvres populaires qui réunissent à la science un style plein d'onction ; c'est la *Vie* de saint Vincent, diacre et martyr, patron des vignerons, et celle de saint Eloy, évêque de Noyon, patron des laboureurs, des orfèvres, etc.

Les travaux de la *Société Nivernaise des sciences, lettres et arts,* en 1862, sont consignés dans le n°. 5 du t. IIIe. de son *Bulletin*. Ils comprennent : un très-intéressant rapport, du docte président, Mg^r^. Crosnier, sur des excursions archéologiques dans les départements de l'Yonne et de Saône-et-Loire. Les curieuses églises d'Avallon, Vermanton et Montréal, dans l'Yonne, de Seaulieu et d'Autun, dans Saône-et-Loire, y sont étudiées avec un grand savoir et une rare sagacité; une excellente notice d'horticulture locale, de M. Trochereau, sous le titre d'*Observations sur la culture des arbres fruitiers dans le Nivernais ;* un rapport sur le Dictionnaire topographique de la Nièvre, que M. le comte de Soultrait a rédigé pour le concours du Ministre de l'instruction publique; une curieuse notice, de M. Boutillier, sur les *coutres (Thesauri custodes)*, fonctionnaires ecclésiastiques des cathédrales, préposés à la garde des choses appartenant à l'église, et en particulier sur les coutres de l'église de St.-Cyr de Nevers, d'après le Livre noir ou livre des statuts du Chapitre; une note sur un sarcophage en plomb, découvert dans la cathédrale de Nevers, qui paraît être celui de l'évêque Gille Spifame, mort en 1578, neveu et successeur très-orthodoxe de Jacques Spifame qui, en 1558, ayant abjuré le catholicisme, avait été forcé de quitter son siége et s'était retiré à Genève; une autre note, de M. l'abbé Jaubert, sur une pierre druidique à la face grossièrement sculptée, appelée Pierre-Fiche, et située près du Château-Vert. A cette occasion, l'auteur dit que le département de la Nièvre possède encore une certaine quantité de pierres druidiques que la main de l'homme semble avoir oubliées, comme pour laisser quelques vestiges des anciennes croyances que le christianisme n'a pu faire encore disparaître tout-à-fait dans cette contrée, et que, par exemple, le *Gui* des Gaulois est toujours le cri que les paysans y font entendre avec le plus d'enthousiasme dans leurs jours de fêtes et de réjouissances populaires. L'écho de ces lointaines traditions est admirablement exprimé dans une charmante pièce de vers, de M. Achille Millien, intitulée : *La Nuit de novembre*, que reproduit le *Bulletin* de la Société. Enfin, le volume se termine par une savante notice, de Mg^r. Crosnier, portant pour titre : *Nouvelles études sur les comtes et ducs de Nevers*, où se trouvent rectifiées, avec une parfaite précision, toutes les erreurs qui s'étaient glissées dans les auteurs qui ont antérieurement écrit sur la généalogie de ces seigneurs et des barons du Donziais.

Nous pouvons encore mentionner une création scientifique, dans un simple chef-lieu de canton du département de la Nièvre. L'école normale primaire qui est installée à Varzy a reçu, d'un homme dévoué à la science, M. Grasset aîné, qui est venu se fixer dans cette ville, des collections précieuses d'histoire naturelle qu'il doit bientôt compléter par un ensemble complet de la faune nivernaise. En même temps, il a mis en ordre les premiers éléments d'une bibliothèque publique et, ajoutant à quelques objets qui s'y trouvaient réunis sa collection d'antiquités et d'objets d'art, il a organisé un musée véritable, qui présente déjà beaucoup d'intérêt, et qui ne tardera sans doute pas à s'accroître.

Sans pouvoir raconter en détail les travaux de la Société archéologique de Vendôme, nous devons pourtant applaudir à un beau travail qu'elle a entrepris. C'est la *Galerie des hommes illustres du Vendômois*, publiée avec portraits authentiques. Nous avons sous les yeux une livraison, parfaitement imprimée sur papier fort, de ce bel ouvrage avec très-beau portrait de Jacques III de Maillé, marquis de Brénehart, qui était en 1589 gouverneur de la ville de Vendôme, dont il ouvrit les portes aux troupes de la Ligue, après y avoir retenu par ses promesses les membres du Grand-Conseil du roi, qui furent faits prisonniers, et s'être efforcé d'y attirer aussi le comte de Soissons qui refusa prudemment d'y entrer. Assiégé et pris d'assaut par Henri IV, Jacques de Maillé paya de sa tête sa trahison et sa résistance. Et sa tête fut placée dans l'intérieur de l'église St.-Martin, sur une saillie du mur au-dessus de la porte, où elle resta jusqu'à la démolition de cet édifice survenue il y a peu d'années. Elle est maintenant au musée de Vendôme.

La *Société des sciences historiques et naturelles de l'Yonne* a publié, en 1862, des travaux dont il ne nous appartient pas de vanter le savoir et l'intérêt, mais dont l'ensemble présente une grande variété.

Dans la partie du volume qui concerne les sciences, nous trouvons d'abord :

Une introduction à l'histoire naturelle des Diptères des environs de Paris, ouvrage posthume, en deux gros volumes in-8°., du docteur Robineau-Desvoidy. M. Monceaux qui, comme Robineau-Desvoidy, est membre de cette Société, sur le désir exprimé par la Société entomologique de France, et à la demande de la famille de l'auteur, a revu, coordonné et complété cette grande œuvre et l'a enrichie de cette savante introduction ;

Des recherches sur les personnes qui, dans le département de l'Yonne, se sont occupées d'astronomie et des sciences qui s'y rapportent, par M. Fournerat. Sans avoir produit des astronomes célèbres, le département de l'Yonne a fourni son contingent parmi ceux qui ont un nom dans la science ou qui ont contribué à ses progrès, et M. Fournerat a écrit l'histoire de leurs travaux avec une fermeté de vues et de style qui ne se ressent pas des 84 ans de l'auteur;

Du morcellement de la propriété dans l'Yonne, par M. Guichard. On déplore souvent les progrès du morcellement, sans avoir vérifié le fait de ces progrès. Or, M. Guichard a démontré que, dans l'Yonne, un des départements les plus morcelés de France, le morcellement n'a guère fait que suivre l'accroissement de la population, et qu'en même temps la production et, par suite, la valeur de la propriété se sont développées dans une proportion beaucoup plus grande.

M. le docteur Ancelon a réfuté, dans un savant mémoire, le système de M. le docteur Brocca, qui, prenant pour unités la taille et la couleur des conscrits, a cherché à retrouver dans l'océan de nos modernes populations, les éléments des deux grands courants humains qui, sous le nom de Gaëls et de Kimris, descendirent des plateaux de l'Asie pour inonder la Gaule, peuplée déjà d'une race autochthone.

M. Lasnier, enfin, a continué la description de ses excursions botaniques dans le département de l'Yonne.

Dans la partie qui traite de l'archéologie et de l'histoire, M. Jossier a donné un travail de biographie et d'appréciation sur Antoine-Benoît de Joigny, *peintre ordinaire et premier sculpteur en cire* de Louis XIV, génie puissant et créateur dans un genre dont les œuvres sont destinées à une prompte destruction, mais dont pourtant il reste encore au musée de Versailles un portrait en cire du grand roi, d'une vérité, ou, pour mieux dire, d'une vie vraiment saisissante.

M. l'abbé Barranger a traité de l'incinération des morts chez les peuples anciens et, en particulier, chez les Gaulois.

Viennent ensuite plusieurs travaux historiques qui ont été

écrits pour une séance que la Société a tenue à Joigny, et qui concernent les annales de cette ville ;

Un résumé, de M. Challe, sur l'ensemble de ces annales et sur l'historien inédit qui les a recueillies au commencement du XVIIIe. siècle ;

Une histoire des établissements charitables et hospitaliers de cette ville, par M. Quantin. Au nombre de ces établissements étaient les deux associations qu'avait créées en 1613, dit une charte de l'archevêque de Sens, « le sieur Vincent-de-Paul, prêtre, bachelier en théologie et aumônier du comte de Joigny, sous le titre de *Servantes et serviteurs des pauvres*, et qui comprit bientôt toutes les personnes notables de la ville ». Jeune encore, le saint apôtre préludait ainsi aux grandes et fécondes créations de son âge mûr ;

Une notice générale sur les comtes de Joigny, par M. l'abbé Carlier ;

Une histoire spéciale des comtes de Joigny de la maison de Gondi (1570 à 1716), par M. Jossier ;

Une notice historique sur le pont de Joigny, par M. Desmaisons, morceau remarquable et qui montre tout ce qu'un savoir sérieux et un esprit ingénieux peuvent réunir d'intérêt dans l'histoire du plus humble monument.

Mais le morceau capital de ce volume est la première partie d'une grande étude historique sur Vézelay, par M. Chérest.

L'histoire de Vézelay, au XIIe. siècle, est un des fragments les plus curieux que l'on puisse détacher de l'histoire générale du moyen-âge en France. Tout le monde connaît la lutte opiniâtre que les bourgeois de cette petite ville soutinrent, vers 1150, contre les moines de la puissante abbaye de S^{te}.-Marie-Madeleine. L'énergie de leurs efforts a été popularisée par M. Augustin Thierry. Mais l'illustre écrivain, que préoccupait surtout l'étude du mouvement communal et qui n'avait sous les yeux que des documents incomplets, s'est contenté de reproduire un acte, une simple scène du drame terrible et complexe qu'un chroniqueur avait raconté avant lui. Tout au plus il a peint, à côté des bourgeois combattant pour leur indépendance, le représentant de la féodalité laïque, le comte Guillaume de Nevers, se faisant, par ambition et par vengeance, l'allié des gens de la commune, se servant d'eux pour humilier l'orgueil des abbés de la Madeleine, et s'efforçant de prélever sur les richesses du monastère des impôts lucratifs.

Il y avait à Vézelay d'autres intérêts en jeu : l'évêque d'Autun, ennemi de l'abbaye (parce que, d'après des bulles papales, ne relevant que du Saint-Siége, elle s'était soustraite à son autorité), et qui refusait d'exécuter dans son diocèse les sentences apostoliques fulminées contre les insurgés ; — l'abbaye de Cluny, qui prétendait soumettre à sa suprématie toutes les abbayes bénédictines de France, et dominer à Vézelay comme ailleurs ; — le roi de France, dont la politique envahissante cherchait, dans le conflit de tant de prétentions diverses, l'occasion d'une nouvelle conquête. Le texte du chroniqueur Hugues de Poitiers, qui a raconté ces longs démêlés, a subi des mutilations diverses et n'a été que très-incomplètement publié. Le seul manuscrit qu'on en connaisse, celui de la bibliothèque d'Auxerre, contient deux longues séries de feuillets qui, coupés par la moitié, ne présentent à l'œil qu'une suite d'hiéroglyphes inintelligibles au premier coup-d'œil, et que tous les éditeurs ont en conséquence négligés : ce qui a laissé dans le récit de tous ceux qui ont écrit sur Vézelay d'immenses lacunes où le sens de l'histoire est resté.

M. Chérest a étudié Vézelay d'abord dans les bulles et les chartes où se retrouve son histoire avant le XIIe. siècle ; puis il a soumis à une étude approfondie les demi-lignes restantes des longues séries lacérées de la Chronique, ce qui lui a permis de recomposer le texte primitif en entier. Et, grâce à ce travail patient et intelligent, une histoire complète de Vézelay est sortie de sa main. Cette première partie du travail la poursuit jusqu'à la fin du XIIe. siècle. L'auteur l'a fait tirer à part et l'a publiée en un fort volume in-8°. (Auxerre, Porriquet et Rouillé, éditeurs), avec des appendices qui contiennent le texte des demi-lignes restantes des feuillets coupés dans le manuscrit. La seconde partie formera de même un volume de pareille grosseur.

La ville d'Avallon a fait, pour *la Société d'études* de cette ville, ce que Montbrison a fait, sous le patronage d'un puissant personnage du Forez,pour la Société archéologique du département de la Loire, en la mettant en possession de la précieuse salle de la *Diana* où siégeaient les anciens États du Forez. Il y a au centre d'Avallon un édifice, du XVe. siècle, désigné sous le nom de *Tour de l'Horloge*, où pendant trois cents ans les échevins de la ville ont tenu leurs séances. Elle a été, par une résolution intelligente, attribuée à la Société des études pour y siéger et y installer son musée. « Aucun local, « dit justement dans son rapport de l'année le secrétaire, « M. Gabriel Jordan, ne pouvait mieux convenir pour nos « réunions que cette antique salle des échevins où se sont « débattus, pendant plus de trois siècles, les intérêts de notre « pays L'aspect de cette voûte au fond d'azur parsemé de « fleurs de lis d'or, ces emblèmes, ces devises, ces peintures « murales si bien rajeunies sous la direction d'un artiste habile, « M. le baron Schneit, peintre d'histoire à Avallon, rappel« lent à notre esprit les nobles sentiments qui animaient nos « pères, les échevins de la cité avallonnaise, si remarquables « par leur désintéressement, leur dévouement profond aux « intérêts du pays, et surtout par l'indépendance et la dignité « que plusieurs surent garder dans l'exercice de leurs impor« tantes et difficiles fonctions. »

C'est de l'histoire locale surtout, une histoire enfermée dans d'assez étroites limites, mais qui ne fut pas sans honneur et parfois sans éclat, que s'occupe la Société. M. Raudot a vivement caractérisé l'objet que ses études devaient poursuivre, dans le début d'une importante notice, intitulée : *Quatre familles avallonnaises*. « Pendant long-temps, dit-il, les « historiens ne s'occupèrent que des souverains, de leurs « alliances et de leurs luttes, des batailles, des conquêtes et « des traités de paix, des intrigues de cour et des révolutions « de palais. Mais on finit par comprendre qu'on négligeait « ainsi la plus instructive partie de l'histoire ; qu'il était du « plus haut intérêt de connaître la position des différentes

« classes de la société, l'esprit qui les animait, l'adminis« tration intérieure des États, la vie intime des nations, les « causes diverses de leurs forces vitales ou de leurs défail« lances; qu'il fallait, en un mot, faire l'histoire des peuples et « non pas seulement celle des souverains. Ne doit-il pas y avoir « quelque chose de semblable dans une sphère moins élevée « de l'histoire? On ne s'est occupé et on ne s'occupe guère « encore que des biographies des hommes qui ont marqué « dans de grands événements, ou des généalogies de familles « illustrées par de grandes charges de l'État. Mais combien de « familles, au-dessous d'elles, méritent aussi un regard de la « postérité! »

C'est dans cet esprit si judicieux que l'auteur fait connaître quatre familles avallonnaises qui n'ont pas fait retentir leur nom dans le monde, mais qui ont joué un rôle important dans la province de Bourgogne, et dont les membres, magistrats intègres, esprits élevés, cœurs dévoués et courageux, ont servi le pays avec amour et désintéressement, dans l'administration, l'église ou la justice, dans les temps de calme ou dans les périodes de guerre, à travers toutes les vicissitudes de prospérité et de misère, de concorde et de dissensions, laissant après eux des fondations qui attestent encore aujourd'hui leur bienfaisance, ou des écrits qui révèlent une force d'âme, un courage civil, une droiture inébranlable que l'on trouve rarement sur des théâtres plus élevés.

Ces familles sont les Odebert, fondateurs ou bienfaiteurs d'un hôpital, d'un monastère et d'un collége; les Filz-Jean, à la fois hommes de robe et hommes d'épée, qui fournirent vingt-neuf échevins pendant le XVIe. et le XVIIe. siècle; les Clugny, qui fournirent aux ducs de Bourgogne des conseillers, des ambassadeurs, et au XVe. siècle un cardinal et un évêque, sans cesser d'occuper des siéges à l'échevinage, où l'un d'eux fut élu douze fois de suite, et un autre neuf fois. L'avant-dernier représentant de cette famille fut intendant de Bordeaux, puis remplaça Turgot au contrôle général des finances; et enfin les Champion, avocats, échevins, magistrats, maires, et dont était descendu le brillant général de Nansouty.

A côté de cet intéressant travail qui est, sans contredit, le morceau le plus remarquable du *Bulletin* de la Société d'études d'Avallon, on trouve d'autres travaux dignes d'estime : un rapport détaillé sur les études opérées en 1861, pour la reconnaissance de la grande voie d'Agrippa, de Lyon à Boulogne-sur-Mer dans la traverse de l'arrondissement d'Avallon; une notice étendue et savante, de M. Louis Degouvenain, sur les chartes de commerce et d'affranchissement octroyées, au XIIIe. siècle, aux habitants des villes et villages de la Bourgogne; un écrit anecdotique que M. Baudoin a intitulé : *Une histoire des brigands du XVIe. siècle*, et qui contient de curieux détails de mœurs; et, enfin, un rapport sur l'accroissement des richesses numismatiques, déjà considérables, du médaillier de la Société, par M. Bardin.

M. Gustave Ducoudray nous a transmis les renseignements suivants sur les travaux de la *Société archéologique de Sens :*

« La Société imprime, en ce moment, le tome VIIIe. de son *Bulletin.*

Ce tome VIIIe. contient :

Une étude sur les voies romaines de l'arrondissement de Sens;

L'*Histoire de Ligny-le-Châtel*, commune du département de l'Yonne, par le R.-P. Cornat, de Pontigny;

La *Vie de saint Ebbon,* archevêque de Sens, par l'abbé Brullée ;

Une notice sur le mariage de saint Louis à Sens, par M. Jacob.

Il y a encore d'autres mémoires dont la Société a entendu la lecture et qui vont être imprimés prochainement :

Traduction de la Chronique de Geoffroy de Courlon, moine de St.-Pierre-le-Vif, de Sens, qui écrivait à la fin du XIIIe. siècle, par M. G. Julliot;

Le rôle de la ville de Sens pendant la guerre de Cent-Ans, par M. G. Ducoudray;

Plusieurs travaux de l'infatigable et érudit abbé Prunier, entre autres *Ste.-Colombe*, diocèse de Sens, en 1762; *Sépeaux*, commune de l'arrondissement de Joigny, en 1794; un détail inédit sur le Dauphin, fils de Louis XV.

En outre, la Société ne néglige rien pour recueillir et conserver tous les souvenirs du passé: manuscrits, médailles, sculptures, épigraphie. Son musée lapidaire est aujourd'hui l'un des plus riches que l'on puisse rencontrer. Depuis longtemps elle voudrait en publier la description, mais son budget ne lui permet pas de faire face à une dépense aussi grande et elle ajourne encore cette publication. »

Nous devons ajouter que malheureusement on se préoccupe trop peu, à Sens, de la conservation de cette collection lapidaire qui est, en effet, fort riche, mais qui, déposée dans la cour de la mairie et mal abritée par des hangars insuffisants, est menacée, si l'on n'y pourvoit, d'une inévitable et prochaine destruction.

La *Société centrale de l'Yonne pour l'encouragement de l'agriculture* est une des plus actives que l'on puisse citer. Elle est nombreuse, puissamment aidée par le Conseil général du département; elle dispose de grandes ressources, d'un budget qui ne va pas à moins de 7,000 fr. Aussi accomplit-elle beaucoup de choses utiles, et ses concours sont-ils d'un grand éclat et d'une grande notoriété.

Vivement préoccupée de perfectionner l'enseignement agricole qu'elle a, avec la coopération sympathique de l'administration, propagé dans toutes les écoles primaires du département, elle a créé au chef-lieu de chaque canton des bibliothèques agricoles, destinées spécialement aux instituteurs. Elle a été aidée avec une grande bienveillance, dans cette création, par MM. les Ministres de l'instruction publique et de l'agriculture.

Elle a abonné tous ses membres à un excellent journal mensuel d'agriculture, *Le Sud-Est*, qui se publie à Grenoble, et elle fait parvenir gratuitement ce journal à toutes les communes dont les Conseils municipaux l'ont honorée d'une subvention. Ces subventions des communes, très-modiques pour chacune d'elles, mais dont la masse forme une ressource assez puissante, la Société en a trouvé l'exemple établi dans le département de la Charente, et, avec l'agrément de l'administration départementale, elle a invité les communes de la contrée a l'imiter, en les y encourageant par l'envoi gratuit du journal.

Elle propage de tous ses efforts le labourage dans la culture de la vigne, ce qui est une grande innovation dans le centre et l'est de la France, mais une innovation devenue indispensable à raison de la rareté et de la cherté de la main-d'œuvre.

Son *Bulletin* de cette année contient des mémoires importants sur divers sujets non-seulement d'agriculture, mais encore d'économie politique et d'administration publique :

Sur les lacunes de la statistique agricole, par M. Hermelin ;

Du même auteur, sur le cadastre et la nécessité de le refaire avec délimitation des héritages ;

De M. Gallot, sur les plantations forestières et les reboisements ;

De M. Guichard, sur l'état du morcellement dans l'arrondissement de Sens ;

De M. Challe, sur le labourage à la vapeur ;

Du même, sur la question du vinage ;

De M. Harly-Perraud, sur les moyens de propager l'institution de la Caisse des retraites parmi les ouvriers agricoles ;

Des instructions et rapports sur la culture de la vigne à la charrue, sur une méthode simplifiée d'analyse chimique des terres, sur la décortication des boutures de vigne, etc.

La *Société d'agriculture de l'arrondissement de Joigny* mérite aussi une mention spéciale pour son zèle, son activité éclairée et son esprit d'initiative.

C'est elle qui a créé, en 1862, les concours de maréchalerie, que le Préfet d'Ille-et-Vilaine s'est empressé de propager, que M. le Ministre de la guerre a hautement approuvés et encouragés, ne se doutant guère que, peu de mois après, un Comice du département de la Haute-Loire serait condamné et dissous par la préfecture, pour avoir voulu imiter son exemple.

C'est elle qui, en 1861, a ouvert un concours pour un Manuel élémentaire d'économie rurale à l'usage des écoles de filles. Il en est sorti un excellent petit livre que nous ne saurions trop recommander : *La bonne ménagère agricole,* par M. Bérillon, instituteur à St.-Fargeau (Auxerre, Gallot, éditeur).

La Société de Joigny publie, chaque trimestre, un *Bulletin* de ses travaux.

Terminons ce long rapport par quelques mots sur un beau livre dont il a été fait hommage au Congrès. C'est le quatrième volume des *Olympiades,* album de l'*Union des Poètes,* représentée au Congrès par M. Robert, cette association formée sous le patronage d'un généreux protecteur des lettres, M. le duc de La Rochefoucauld-Liancourt, sur laquelle notre rapport de l'an dernier a fourni des renseignements très-étendus. Ce volume (1) ne contient pas moins de cent quarante-quatre pièces, dues à quatre-vingt-sept poètes différents, et qui, pour la plupart, habitent la province. La table les divise, selon leurs caractères, en dix catégories diverses : les champêtres, les enfantines, les fantaisistes, les intimes, les élégiaques, les fantastiques, les satiriques, les nationales, les philosophiques et les religieuses.

Parmi tant de beaux vers qui se pressent dans cet intéressant recueil, nous citerons seulement ce passage qui résume la pensée commune de l'Association et que nous empruntons à la pièce intitulée : *La fondation de l'Union des Poètes,* pièce d'une jeune personne, Mlle. Mélanie Bourotte, et qui a remporté le prix institué par M. le marquis de La Rochefoucauld-Liancourt :

. . . .

« Ceins encore ton front de ton bandeau de reine,
« Poésie, a-t-il dit, ton règne est immortel.

« Venez à moi, vous tous... Vous dont le regard d'aigle,

(1) Paris, chez M. Robert Victor, 71, rue de Chabrol, et chez Amable Rigaud, libraire-éditeur, 50, rue St[e].-Anne.

« Perçant la nue obscure, aime à sonder le ciel.
« N'ayons qu'un même cœur dont l'immuable règle
« Sera l'amour divin, l'amour universel.
« *Venez, venez à moi, doux faisceau de tendresses :*
« L'un sur l'autre appuyés, marchons au même but ;
« Qu'en un même calice, aux plus pures ivresses,
« Chacun se désaltère où ses frères ont bu. »

Et, puisque nous avons commencé, citons encore ces beaux vers où M. Royer-Geoffroy caractérise d'une manière si élevée la mission du poète :

. . . .
« Divine Poésie, hélas ! souvent ton prêtre,
« Pour célébrer ton culte, est tout seul aux autels !
« On ne croit plus en toi dans ce siècle sans âme ;
« En vain tu resplendis d'une céleste flamme,
« Tes feux aveuglent les mortels...

« Soyez fiers cependant de votre noble rôle,
« Poètes ! Méprisez cette foule frivole
« Qui cherche à vous troubler de ses bruits importuns ;
« Laissez le sot railleur se moquer et vous plaindre ;
« Aux fleurs que vous cueillez comme il ne peut atteindre,
« Il dit qu'elles sont sans parfums.

« Chantez, chantez toujours les fleurs et la verdure ;
« Mais ne puisez jamais dans une source impure
« Le sujet de vos chants... Ah ! maudit mille fois
« Soit le poète — au mal — consacrant son génie !
« Avant de profaner votre lyre bénie
« Brisez-la plutôt dans vos doigts ! »

QUELQUES RÉFLEXIONS

SUR LA QUESTION DU PROGRAMME :

***Quelles modifications l'application de l'art à l'industrie doit-elle entraîner dans les écoles de peinture, de sculpture et d'architecture* (1) ?**

NOTES ADRESSÉES A M. DE CAUMONT

PAR Mme. A. GENTON.

MONSIEUR,

Je dois à mon excellent parent, le comte de Galbert, l'honneur tout-à-fait imprévu d'assister à vos séances de la rue Bonaparte; j'y avais été attirée hier par la curiosité de voir l'homme éminent qui présidait et qui a si bien dirigé les débats, de concert avec vous, Monsieur; il s'est trouvé que j'aurais volontiers pris part à la discussion portée sur des sujets qui ne m'étaient pas étrangers.

Les quelques mots que je prends la liberté de vous communiquer, Monsieur, n'auraient pu modifier, du reste, les conclusions sages et précises qui ont été arrêtées et rendent mieux encore que la discussion elle-même les aspirations de celle-ci, tant soit peu flottante dans le vague, sauf le mémoire d'introduction, et malgré vos indications réitérées pour la ramener au vrai point de vue de la question à examiner. Si elles contiennent quelques aperçus utiles sur la grande question de l'art appliqué à l'industrie, je les livre à votre appréciation.

En 1856, me trouvant en Italie, et à Rome, je me sentis attirée vers deux grands maîtres de la peinture, Michel-Ange et Raphaël, et, à mon grand étonnement, au bout de quelques jours d'études spéciales sur leurs œuvres, ma préférence allait involontairement surtout vers le premier. Et pourtant, les lignes

(1) V. ci-avant, p. 257 et suiv.

pures et suaves, le dessin harmonieux, les admirables têtes, les physionomies idéales de celui qu'on a surnommé « le Divin ! » semblaient devoir être bien plus sympathiques à mes goûts, mes idées, mon sexe, etc. Je me le disais sans cesse. Mais quand des fresques des *Stanze* je descendis à la Sixtine, que je me trouvai de nouveau, je ne dis pas en face du *Jugement dernier* (cette peinture si célèbre n'est pas, à mon avis et pour des causes qu'il n'est pas le lieu de développer ici, le chef-d'œuvre de Michel-Ange), mais en face de son Poème de la Création, de ses sybilles, de ses prophètes surhumains, j'étais entraînée, subjuguée, fascinée ; c'était un élan énergique vers le sublime en moi comme en soulève le « Qu'il mourût ! » du grand Corneille. Les impressions causées par Raphaël auraient pu se comparer à celles données par une délicieuse tirade d'*Esther*, une noble page d'*Athalie*. Je voulus raisonner cette préférence, en trouver la cause. J'ai passé des jours entiers à méditer devant les œuvres de ces grands hommes, les interrogeant, épiant les allures et les mystères de leur génie, de leurs manières si opposées. Je l'ai découverte : Michel-Ange avait été, était sculpteur ; Raphaël, peintre seulement. Raphaël l'avait compris lui-même, il a tenté d'imiter Michel-Ange dans sa fameuse fresque d'*Isaïe*. S'il fût mort moins jeune, qui sait ce qu'il eût fait dans cette voie où la réussite lui aurait fait un rang hors de toute limite humaine ? — Or, la peinture de Raphaël et des plus grands maîtres, si merveilleux procédés d'ombres et de perspective qu'ils emploient, est toujours peinture plane, image sans relief (hormis Rubens peut-être, qui, à force de magie, de ton dans son coloris et sa palette, a le plus approché de Michel-Ange, quoique de bien loin, en ceci) ; tandis que dans les grandes fresques de Michel-Ange, même dans ses toiles de chevalet si rares, la forme, saillie vigoureuse, se détache superbement et cause une illusion de relief miraculeuse : et ce relief, c'est la plénitude de la forme, de la vie ; c'est la sculpture, plus le coloris ; c'est la peinture et la sculpture réunies.

Néanmoins je ne mettrai pas Michel-Ange au-dessus de Raphaël. Ce dernier a des qualités supérieures refusées à l'autre. Mais celles que Michel-Ange tient de la sculpture sont presque toute sa gloire et son génie de peintre.

Depuis, causant parfois avec des peintres ou des amateurs de peinture, j'ai eu le plaisir d'en rencontrer un grand nombre tout-à-fait de mon opinion, qui est celle-ci : apprendre la sculpture pour être bon peintre. Et pareil génie, études égales en peinture, celui des deux peintres qui saura la sculpture surpassera de beaucoup celui qui l'ignore. Aussi j'ai bien compris le vœu de M. de Surigny; j'ai applaudi de toute mon âme à son mémoire. Voilà comment j'en rêverais la réalisation, j'en désirerais l'application ; car il est évident que ce qui fait un plus grand peintre d'art fait un meilleur ouvrier artiste. Cela ne se discute pas.

Dans presque toutes les écoles primaires, je crois : chez les bons Frères des Écoles chrétiennes, à ma connaissance du moins, et autres, on apprend le dessin linéaire aux enfants. Il faudrait y joindre et faire marcher de pair quelques notions du modelé. Ce dernier même serait plus en rapport avec l'intelligence de l'enfant, toujours mieux disposé à rendre, comprendre, se figurer ce qui est palpable que ce qui est purement visuel et à règles abstraites comme la ligne. Mais, d'autre part, le modelé serait l'application de la ligne au modelé. Ainsi en géométrie les règles, pour être mieux comprises, se traduisent de l'abstraction en figure. On ferait des jambes, des têtes, des bras, des torses, des animaux, des volutes, des frises, des chapiteaux, guirlandes de feuillages et de fleurs, feuilles d'acanthe, etc. ; des arcs-de-triomphe, des fontaines, des obélisques, des tombeaux, des portiques de palais, des façades d'églises de campagne, mairies, fermes, kiosques, et même ustensiles de ménage, l'humble et le grand, etc. Qu'on paie un peu plus le pauvre instituteur, qu'on ajoute cette exigence au programme des bons Frères, et ce progrès sera très-vite atteint, mis en pratique générale. Ensuite, si l'enfant apprend, le père interroge, le maître observe. Le jour vient où le chef de famille dit à son fils : « Tu seras maçon, architecte, décorateur, menuisier, serrurier, tailleur, charron, etc. » L'enfant, devenu adolescent et possédant les éléments nécessaires à l'étude de toutes les diverses professions industrielles, passe apprenti et va dégageant lui-même, de toutes ces connaissances préparatoires rudimentaires, ce qui lui est plus spécialement nécessaire et utile dans l'état qu'il veut embrasser. Il possède déjà en principe ce qui lui est utile, dessin de ligne, modelé, et j'affirme que de ces deux choses le modelé demeurera généralement, et pour les 9/10es. des industries, plus utile que le dessin, en tant qu'il peut s'en séparer. Quant au petit nombre comparatif de celles qui réclament surtout le dessin, dessins pour les brodeuses et broderies, les dentelles, les papiers, étoffes de tout genre, émailleurs, etc., le dessin aura acquis de la pratique du modelé une vigueur, une précision, un relief, un naturel qui assureront à l'artisan, dans son industrie et selon son degré relatif d'intelligence et de goût, cette supériorité à la Michel-Ange dont je parlais tout à l'heure. En outre, l'étude du modelé lui facilitera, lui abrégera énormément ses études spéciales de dessin ; plus avancé, il regagnera tout le temps consacré au modelé.

Et si nous passons aux professions si multipliées où le modelé devient plus utile que la peinture, c'est alors que nous sommes frappés des avantages de cette réforme et amélioration à introduire au plus tôt dans l'enseignement primaire. Telle ville de France, Tours, par exemple, a des maisons neuves charmantes, parce que, m'y disait-on, tous ses maçons se trouvent savoir un peu de sculpture. Dans la Drôme, mon pays, contrée si riche en très-beaux matériaux de construction, pierre de taille dure et tendre, marbres communs et à vil prix, chaux parfaite, briques, tuileries nombreuses, etc., les habitations ordinaires sont lourdes, sans grâce ; tous les *bâtisseurs* y sont de simples maçons, dépourvus de la moindre notion d'art.

Ainsi, l'on enseignerait vulgairement et à tous ceux qui le voudraient le dessin linéaire et le modelé élémentaire. Suivant sa vocation, son aptitude, son industrie future, l'enfant s'adonnerait ensuite plus exclusivement à l'un ou à l'autre dans quelque école supérieure ou par des leçons individuelles, ou dans les occasions du compagnonnage et du tour de France, qui lui deviendrait ainsi bien plus profitable avec quelques notions d'art pratique qui le mettraient à même de comprendre mieux ce qu'il verrait en divers pays. Et, de plus, cet élément nouveau dans l'éducation, bien mieux que l'intervention de l'État, remplirait le vœu exprimé pour les arts ; donnerait de loin en loin quelque bon, quelque grand sculpteur à la France ; révèlerait quelque génie de plus, un Phidias ou un Benvenuto Cellini, dans cette branche si importante des beaux-arts, où la supériorité est encore demeurée à l'antique. — De même pour l'architecture, l'orfévrerie, etc.

Je suis femme ; je connais l'enfant et je l'aime ; je sais l'influence des riens apparents sur son développement. Peut-être l'enfant des campagnes, jouant au modelé avec son camarade, futur décorateur ou tailleur de pierres, se ressouviendrait-il un jour, dans sa chaumière, de ces jeux d'école. Qui sait l'aspect meilleur qui pourrait en résulter pour nos humbles villages nos métairies, nos ameublements champêtres ?

Une chose m'a frappée à Naples, au musée Bourbonien, en en y visitant des milliers d'objets recueillis à Pompéï : la perfection des formes du dessin, l'élégance exquise et la commodité des plus simples objets d'usage domestique et habituel : serrurerie, objets de toilette, ustensiles de cuisine ou d'office, services de salle à manger, bouilloires, cassolettes, trépieds et autres choses de ce genre enfin. De par mon sexe, j'ai minutieusement observé tous ces détails. A peine commençons-nous à approcher de ce luxe d'*art* appliqué par les anciens à l'*industrie*. Et je suis certaine, je ne puis douter que leurs industriels, au moins les ouvriers d'objets susceptibles de quelque élégance (et tous le sont), quoique d'un service commun, ne connussent à la fois le dessin et le modelé. Telle anse de bouilloire (tige de fleur, tête de cerf ou de lion, etc.), telle aiguière montrent cette perfection de style qui décèle absolument la pratique habituelle du modelé.

Mais Paris, à quoi doit-il sa supériorité presque dans tous les produits? A ce que ses ouvriers deviennent presque tous un peu artistes, soit par ce qu'ils ont journellement sous les yeux dans les musées, soit par des facilités d'études!

Ceux qui nous vêtissent : tailleurs, cordonniers, chapeliers, chemisiers, etc., gagneraient grandement à apprendre un peu de modelé humain (on peut sourire), et ceux qu'ils habillent s'en trouveraient bien aussi. Pourquoi encore la supériorité incontestable de Paris en cette branche? Je m'en suis rendu compte également. La coupe des vêtements à Paris est plus *savante*, plus rationnelle, plus moulée exactement sur le corps humain que partout ailleurs, et *ceci* peut influer sur la beauté des races. Jusqu'à 25 ans, la forme plus ou moins libre, aisée, bonne d'un vêtement réagit sur la tournure que prend le développement du corps humain.

Je résume. L'idéal de l'industrie, son expression la plus élevée, c'est l'art. L'art est sa vertu; et comme la vertu peut et doit se trouver dans les conditions les plus humbles, l'art c'est le beau. Le beau embrasse le bon, le vrai. Donc, nous tous, travailleurs de pensée ou de main, soyons artistes, voilà le progrès. Montons vers le beau de plus en plus, vers l'idéal! Nous qui montons par le travail pur de l'intelligence, tendons la main à ceux qui montent par le travail matériel. Affranchissons les serfs de l'industrie, en élevant l'industrie à la dignité d'art, les industriels au rang d'artistes, et ils seront de vrais artistes dès qu'ils sauront assez pour exprimer le beau possible, relatif, en quoi que ce soit.

Un menuisier de province, de nos jours, a sculpté le magnifique prie-dieu, offert à Pie IX, qui se montre à Rome parmi les merveilles du Vatican. S'il est en France une deuxième école en peinture, l'école lyonnaise, mère illustre des Orsel, des Flandrin, des Jeaumot, etc., mais remarquable surtout par ses peintres de fleurs et de fruits, ses paysagistes, les Saint-Jean (le premier de son temps en son genre), les Ponthus-Cinier, etc., je connais Lyon; j'y vais souvent, et, je vous l'affirme, Lyon doit son école de grande peinture aux dessins et peintures nécessités par ses industries. Il y a des écoles, des ressources publiques et privées pour former des ouvriers-artistes; des travaux pour leur ouvrir ensuite un débouché au sortir de l'apprentissage ; et il n'est pas rare de voir des peintres de talent, après quelques tâtonnements, se tourner vers les dessins et peintures pour étoffes, papiers, dentelles, etc., et y exceller au premier rang, au lieu d'être restés en ligne secondaire ailleurs ; tandis que de modestes enfants qui se destinaient seulement à la peinture ou au dessin industriels, entraînés par l'élan de leurs forces intellectuelles, sont devenus peintres distingués. Ainsi les beaux-arts donnent à l'industrie des artistes, et celle-ci à son tour les paie souvent en génie. Mais à Lyon, comme ailleurs, il y aurait tout à gagner à introduire le modelé côte à côte avec le dessin.

Ces questions sont graves. Il est plus essentiel et utile qu'on ne pense de développer le sentiment du beau (qui n'est pas le luxe) dans une nation, de mettre celui-ci sous ses yeux, autour d'elle, près d'elle, en elle, le plus possible dans son intimité constante. Du beau visible et palpable au beau moral, il n'y a qu'un pas.

Il serait à souhaiter que chaque département (au moins chaque province) fût doté, pût posséder une école d'enseignement industriel supérieur. L'art peinture et sculpture contribuerait, avec l'art musical, l'orphéon, etc., à achever l'œuvre de la civilisation, adoucir les mœurs populaires, élever parmi les artisans le niveau moral, préparer leurs âmes à un peu de philosophie religieuse, seule forme sous laquelle, avec le sentiment, la vérité chrétienne se présente de nos jours aux esprits ; à préparer, à former ainsi des races d'hommes libres et affranchis à l'exercice de leurs devoirs civils, au progrès de leur liberté, à la jouissance sage et mesurée de leurs droits politiques.

Naguère je comparais, dans une brillante fête de province, une riche cavalcade organisée à Grenoble, mêlée de musique, chœurs, etc., et qui a produit 15,000 fr. l'été dernier pour les pauvres, ce mode d'amusement élégant, gracieux, doux, poli, utilisé dans un but généreux et chrétien, le soulagement du malheur, à ces ignobles et sales mascarades du Midi dont j'ai vu les restes encore dans ma jeunesse, et je me disais : Oui, à travers les orages, les vicissitudes, la civilisation marche... — Aidons-lui de plus en plus.

Mais encore, au nom de l'art, une dernière observation se rattachant à peu près à la question et neuve peut-être au sein du Congrès.

Il est une industrie très-intéressante et nombreuse, celle des papiers peints. Loin de ma pensée de lui souhaiter le moindre préjudice. Il y a place pour tous au soleil ; et à présent l'usage de ces papiers est si répandu, si vulgarisé que ses succès sont assurés. Mais sait-on qu'une des causes qui a valu le plus de chefs-d'œuvre à l'Italie fut la mode générale des *fresques* dans les églises, chez les simples particuliers, dans les villas, etc. ? Disons d'abord les églises. Un Lyonnais éminent, de mes amis, me signalait ce fait il y a peu d'années : Une belle fresque, au fond du chœur de l'église de St.-Polycarpe, je crois, peinte en grand style dernièrement par le peintre lyonnais Jeanmot, homme de grand talent, a coûté 6,000 fr. seulement à la fabrique. Elle représente une Cène. Le sujet est traité d'une manière neuve, intéressante, propre à exciter le recueillement, la piété, les hautes pensées. Au même moment, dans une autre église de Lyon, aux Brotteaux, on dépensait cinq ou six fois la même somme pour décorer le chœur aussi de plâtrages et dorures lourds, communs, de mauvais goût. Encore, grâce aux Flandrin, Orsel, Delacroix, Ingres, à Paris et dans les grands centres, on repeint à fresque. Mais pourquoi pas partout et dans les départements ? Quelle province n'a pas un ou deux grands prix de Rome avortés, arrêtés peut-être par la misère, le manque de travail dans une carrière pleine d'espérances, dont le pinceau s'abrutit de plus en plus, hélas! renfermé qu'il est pour vivre dans la routine de quelques portraits rigoureusement marchandés, parcimonieusement payés par la petite bourgeoisie, les classes médiocres? Il vous ferait à vil prix, ce pauvre artiste et heureux encore! des peintures pour vos églises, vos chapelles de villages, de monastères, au lieu de vulgaires, insignifiants et salissants badigeons. Ce ne serait pas les fresques de la Sixtine; ce serait un peu mauvais souvent, je l'admets; mais cela parlerait à la foule, catéchisme vivant pour elle. Mais, dans le nombre, le passable, le bon, le très-bon, peut-être même le génie de loin en loin se montreraient. D'ailleurs, ainsi, libres de toute convention, de toute critique de système et de maître, la palette du peintre, son imagination oseraient *créer ;* rencontreraient parfois, à travers les défauts et les incorrections, cette précieuse originalité, cette naïveté gracieuse, fraîche et pleine d'onction, qui semblent perdues à jamais; et ce furent les procédés employés au moyen-âge, plus la foi! Quelles merveilles nous en obtiendrions peut-être encore!

Ensuite, pour nos maisons de campagne, il faudrait aussi revenir un peu à ce mode de décoration de bon goût, durable, grandiose et comportant tous les degrés de luxe ou de simplicité, depuis la modeste guirlande encadrant un fond uni jusqu'aux grandes compositions. Ainsi faisait-on en Italie; ainsi même on y fait encore, dans les parties méridionales surtout. Moins de brimborions exotiques, le plus souvent laids et disgracieux dans nos salons et appartements: avec l'argent qu'on y met, quelques beaux tableaux originaux, quelques statues ou statuettes non copiés.

Pour les arts c'est comme pour le bien: le mouvement collectif est irrésistible; le mouvement, l'appui collectifs sont les meilleurs en dehors de toute entrave administrative. Mais, pour que nos théories soient suivies, il faut surtout ne pas oublier que l'être collectif se forme de chacun de nous; que, pour qu'il marche et appuie, il faut nous-mêmes, et chacun, marcher et tendre la main!

Telles sont, Monsieur, les quelques idées qui me sont venues pendant la séance d'hier. Rapidement écrites, elles vous paraîtront un peu longues. Je vous en offre l'humble hommage, comme une expression de ma reconnaissance pour votre gracieux accueil de l'autre jour. Un souvenir, un coup-d'œil que j'ai pu jeter sur vos intéressants travaux, les services qu'est appelée à rendre de plus en plus cette Association, votre ouvrage, si bien organisée par vos soins, due à votre initiative active et intelligente ; l'agronomie surtout, et tout ce qui s'y rattache, m'y semble largement représentés. Il serait à désirer, peut-être, que le côté *beaux-arts* et industrie y fût un peu plus nombreux en hommes compétents. C'est ce qu'obtiendront sûrement votre persévérance et votre zèle infatigable, non moins que vos connaissances en toutes ces choses si propres à vous attirer les artistes.

DE LA
FÉCONDATION INDIRECTE
DANS LES VÉGÉTAUX;

PAR HENRI LECOCQ,

Professeur à la Faculté des sciences de Clermont-Ferrand, membre de l'Institut des provinces.

Les organes de la reproduction, dans la majeure partie des végétaux, sont réunis dans la même fleur et placés de telle manière que souvent ils se touchent, et qu'au premier abord, le contact du pollen et du stigmate paraît assuré. D'autres plantes ont les sexes séparés, bien que plusieurs d'entre elles portent les deux sexes sur le même pied. De là les dénominations de végétaux *hermaphrodites*, *monoïques* ou *dioïques*.

La fécondation paraît donc plus facile dans les êtres hermaphrodites, moins certaine dans les plantes monoïques, plus difficile dans les espèces dioïques. On n'a tenu compte, jusqu'ici, que de ces trois états possibles; nous verrons qu'il existe un grand nombre d'intermédiaires.

En étudiant la situation relative des organes sexuels dans les plantes, pour reconnaître les moyens de contact si variés que nous offre la nature, j'ai été surpris des difficultés nombreuses qui se présentent dans certaines fleurs pour empêcher ou gêner ce contact, et je suis arrivé à ce résultat, qu'un pistil fécondé par le pollen de sa propre fleur est l'exception et non la règle.

Nous réserverons pour ce dernier cas le nom de *fécondation directe*, et nous réunirons tous les autres sous le titre de *fécondation indirecte.*

Dès l'année 1827, nous avons cité des exemples assez nombreux de fécondations indirectes sur des fleurs hermaphrodites.

Ces exemples, nous pourrions les multiplier à l'infini; nous préférons, pour abréger, indiquer les principales circonstances dans lesquelles les fleurs hermaphrodites ne peuvent se féconder elles mêmes. Ce sont :

1°. L'avortement plus ou moins complet de l'organe mâle ou de l'organe femelle, et qui tend déjà à la monoëcie ou à la dioëcie;

2°. L'imperfection du pollen ;

3°. La situation des anthères, ou trop élevées ou trop basses relativement au stigmate ;

4°. L'ouverture extrorse des anthères ;

5°. La non-concordance d'aptitude des organes mâles et des organes femelles ;

6°. La viscosité du pollen.

Il existe évidemment un motif pour que la nature mette autant d'obstacles à la fécondation directe, et ce motif est surtout accusé par l'impuissance où sont certaines espèces de se féconder avec les étamines de leurs propres fleurs, ou même avec les étamines d'autres fleurs situées sur le même pied.

On a des exemples parfaitement constatés de ce fait sur plusieurs Passiflores. W. Herbert rapporte que les *Zephirantes carinata* et *Z. tubispatha* ne donnent pas de graines en Angleterre; mais si le dernier est fécondé par le pollen du premier, il fructifie et produit des graines fertiles. Le même fait s'est reproduit sur des *Amaryllis* cultivés par M. Herbert.

M. Rivière, l'habile et savant jardinier du Luxembourg, a inutilement tenté de féconder l'*Oncidium Cavendhishianum* par son propre pollen ; mais, en recueillant ce pollen sur un autre pied de la même plante, l'imprégnation a eu lieu immédiatement, et l'échange réciproque des étamines de ces deux pieds a constamment réussi.

Si nous pouvions supprimer pour quelque temps le vent et les insectes, nous verrions un bien plus grand nombre de ces unions infertiles pour cause de parenté.

Les judicieuses observations de M. le docteur Pigeaux lui ont démontré qu'un arbre fruitier isolé est toujours moins fertile qu'un groupe d'arbres de même espèce, et que les individus placés sous le vent qui peut frôler les autres arbres sont toujours plus chargés de fruits. L'utilité des ruches dans un verger n'est plus contestée. Dans l'état naturel des végétaux, une foule de causes s'opposent, comme nous l'avons dit, aux fécondations directes, tandis que de nombreuses dispositions facilitent la fécondation indirecte.

C'est principalement dans les inflorescences que nous trouvons la preuve de ces sortes de fécondations. Ainsi, il arrive souvent, dans les épis, qu'une fleur inférieure est fécondée par celle qui est placée au-dessus d'elle, celle-ci par celle qui lui est supérieure et ainsi de suite. Quelquefois, c'est le pollen de la troisième ou de la quatrième fleur qui tombe sur le stigmate de la première, et il arrive fréquemment que l'aptitude du stigmate de la première fleur est en rapport avec l'anthèse de la seconde, de la troisième ou de la quatrième : phénomènes qui donnent une grande importance aux modes et aux temps de l'inflorescence. Ce qui se passe dans les épis se présente, avec quelques différences, dans les cimes, dans les corymbes, dans les ombelles, et surtout dans les calathides des Synantérées, dont Linné a si bien saisi les curieuses dispositions.

Dans les plantes monoïques, il arrive plus souvent que les fleurs femelles sont placées au sommet des rameaux, tandis que les fleurs mâles sont insérées plus bas. Les Pins, les Sapins, les Châtaigniers, les Noyers et une foule d'autres végétaux, ont leurs fleurs femelles au sommet des rameaux. Dans la plupart des cas, leurs pistils sont fécondés par les étamines du rameau supérieur et ainsi de suite. Ces plantes rappellent les fécondations étagées des épis.

Dans le Noisetier, les fleurs mâles sont situées au-dessus des fleurs femelles; mais souvent il n'existe plus de chatons quand les styles pourprés sortent des bourgeons, et la fécondation devient forcément dioïque. D'un autre côté, l'examen du Noisetier nous montre que les fleurs mâles appartiennent au bois de l'année pendant laquelle les feuilles se sont développées, et que la floraison vernale de cet arbre est une floraison tardive, tandis que les fleurs femelles, enfermées dans le bourgeon qui va s'ouvrir, appartiennent à une autre année, et sont plus jeunes d'un an que celles qui doivent les féconder. Or, on considère les bourgeons, et par conséquent les branches, comme autant d'individus greffés naturellement les uns sur les autres, et la différence d'une année d'existence entre les deux sexes équivaut certainement à une fécondation dioïque.

La tendance à la dioëcie se manifeste plus encore sur des végétaux monoïques qui, pendant leurs premières années de floraison, sont réellement dioïques. C'est ainsi que le Noisetier donne des chatons mâles plusieurs années avant d'avoir des fleurs femelles, tandis que le Pin sylvestre montre, au sommet de ses jeunes pousses, des cônes de pistils entourés d'écailles long-temps avant d'avoir le pollen qui peut les imprégner.

Les mollusques hermaphrodites présentent aussi les mêmes faits de fécondation indirecte et réciproque, comme on le voit dans les *Helix*; des fécondations en série comme dans les *Limnées*, ou l'apparition d'un sexe avant l'autre, comme dans les *Huîtres*.

La nature semble avoir antipathie pour les fécondations directes des plantes, comme pour les alliances consanguines des animaux. Seulement, l'inconvénient de ces alliances directes entre parents paraît d'autant plus sérieux que les êtres sont placés plus haut dans la série. Faibles dans les plantes et dans les animaux inférieurs, les conséquences de ces unions deviennent plus graves chez les oiseaux et les mammifères et si terribles dans l'espèce humaine, qu'une grande partie des dégradations qui touchent même à l'intelligence proviennent de mariages entre parents.

La conséquence de ces faits est la tendance des végétaux à la dioëcie, ou tout au moins à la fécondation dioïque.

Les expériences que j'ai faites à cet égard sur les *Mirabilis* et sur les *Primula*, fécondés entre individus différents, ne laissent aucun doute sur les avantages que l'agriculture et l'horticulture peuvent retirer de ces alliances. Les individus qui en proviennent sont plus robustes, plus fertiles que ceux qui résultent de l'union directe des étamines d'une fleur avec son propre pistil, lorsque toutefois cette union peut avoir lieu. Il n'est aucune plante qu'on ne puisse améliorer par la fécondation indirecte artificielle.

Il est vrai que la nature opère elle-même ces croisements par les tribus turbulentes des insectes qui, pendant tout le jour, et souvent pendant la nuit, viennent butiner sur les fleurs et deviennent ainsi les médiateurs de leurs mariages.

A toutes les causes de fécondation indirecte que nous avons énumérées, il faut ajouter encore le *dimorphisme* dans les organes sexuels, phénomène assez fréquent dans les plantes, et qui n'est d'ailleurs qu'une tendance à l'avortement de l'un ou de l'autre sexe.

M. Charles Darwin a appelé sur ce sujet l'attention des botanistes dans un mémoire très-intéressant sur le dimorphisme dans le genre *Primula.*

On savait, et ceux qui hybrident le savent mieux que les autres, que dans les Primevères de nos prairies, comme dans les Auricules et les Primevères de Chine, on distingue deux formes très-différentes par la longueur du style et par la position des étamines; mais on n'en savait pas davantage.

Dans l'une de ces formes, le stigmate est inclus et les étamines se montrent à l'issue du tube de la corolle; dans l'autre, ce sont les étamines qui sont renfermées et le stigmate qui fait saillie, porté par un long style. Ceux qui cultivent les Auricules appellent *clouées* celles qui présentent ce dernier caractère; ils donnent le nom de *paillettes* aux étamines saillantes et désignent sous le nom d'*œil* la réunion des étamines au sommet du tube quand le stigmate est inclus.

Après avoir reconnu que, dans la plupart des Primevères, et peut-être de toutes, il y avait un nombre à peu près égal d'individus *cloués* et d'individus *œillés*, M. Darwin en a recherché la cause. Il a fait précéder cette recherche des observations suivantes :

Les Primevères longuement stylées ont un pistil beaucoup plus long, avec un stigmate globuleux et beaucoup plus rugueux, situé bien au-dessus des anthères. Les étamines sont courtes ;

les grains de pollen moins volumineux et de forme oblongue. La moitié supérieure du tube de la corolle est plus renflée, le nombre des graines produites est relativement plus faible.

Les Primevères brièvement stylées ont un pistil court, dont la longueur est moitié de celle du tube de la corolle avec un stigmate lisse, aplati, placé au-dessous des anthères; les étamines sont allongées, les grains du pollen sphériques et plus volumineux; le tube de la corolle conserve son même diamètre jusqu'à son extrémité supérieure; le nombre des graines produites est relativement plus grand.

« J'ai examiné, dit M. Darwin, un grand nombre de fleurs; et quoique la forme du stigmate et la longueur du pistil soient variables, surtout dans la forme à court style, je n'ai jamais vu aucune transition graduelle entre ces deux formes. Il n'y a jamais le plus léger doute relativement à la forme sous laquelle on doit classer l'individu : jamais je n'ai rencontré les deux formes sur la même plante. »

Après ce court résumé des longues observations de M. Darwin, on se demande avec lui si ce dimorphisme n'indiquerait pas une tendance à la dioëcie, et si ces plantes à long style ne tendraient pas à devenir femelles ou à en jouer le rôle, tandis que les individus à étamines saillantes rempliraient les fonctions de mâles? M. Darwin est arrivé à reconnaître cette tendance, mais avec cette différence que ce sont les plantes à court style qui seraient les femelles. Ce sont les plus fertiles, dans la proportion de 41 à 34.

« Quoi qu'il en soit, dit M. Darwin, la possibilité du passage lent et graduel d'une plante à l'état dioïque mérite d'autant plus d'être mentionnée, que le fait pourrait facilement échapper à l'observation. »

En poursuivant son expérience sur le plus ou le moins de fertilité des Primevères, M. Darwin eut l'idée de les isoler au moyen d'une gaze et de mettre ainsi les ombelles fleuries à l'abri des insectes turbulents qui pourraient venir contrarier ses essais.

Il obtint ce résultat curieux, que les plantes à court style, munies ensemble de 27 ombelles de fleurs, ne produisirent que

50 graines ; et 18 plantes à long style, pourvues de 74 ombelles, n'en donnèrent pas une ; d'autres plantes, abritées dans la serre, furent également stériles. Ici, comme dans la plupart des plantes dioïques, l'intervention des insectes est donc indispensable.

Mais il faut remarquer que, dans le transport du pollen par les insectes, la fécondation est souvent indirecte, c'est-à-dire qu'ils peuvent prendre sur une fleur le pollen dont ils saupoudrent le stigmate d'une autre fleur, et c'est ce qui arrive dans les Primevères.

La plus curieuse peut-être des expériences de M. Darwin est d'avoir fécondé artificiellement, d'un côté, les plantes à court style par leur propre pollen ; celles à long style aussi par leur propre pollen, et, d'un autre côté, celles à court style par le pollen de celles à long style, et réciproquement; ce qu'il appelle fécondation *homomorphe* dans le premier cas, fécondation *hétéromorphe* dans le second. Toutefois, dans les fécondations homomorphes, il a pris soin encore de prendre le pollen sur une fleur différente de celle qui était destinée à le recevoir.

Or, les fécondations hétéromorphes ou entre plantes dissemblables, ont toujours été plus fertiles que les autres, et cela dans la proportion de 64 à 40 pour le *Primula Sinensis*, et de 50 à 35 pour le *P. veris*.

« La signification et le but de l'existence, dans les *Primula*, de deux formes en nombre à peu près égal, avec leur pollen approprié à une union réciproque, sont suffisamment clairs : le but est de favoriser le croisement entre individus distincts.

« Parmi les végétaux, il y a de nombreuses combinaisons qui tendent à cette fin, et l'on ne peut comprendre la cause finale ou la structure d'un grand nombre de fleurs, si l'on ne tient compte de ce fait. »

M. Darwin croit tellement à la nécessité de ces croisements qu'il est persuadé que le pollen d'une *Primevère*, de l'une des deux sections, à court ou à long style, doit être préféré par le stigmate de la forme opposée.

« Les deux formes, dit M. Darwin, quoique présentant chacune les deux sexes, sont en fait dioïques ou unisexelles. Quelque avantage qu'il puisse y avoir à la séparation des sexes, séparation vers laquelle nous trouvons une tendance si fréquente dans la nature, cet avantage est ici si exactement réalisé, qu'une des deux formes est fécondée par l'autre, et réciproquement; et cela parce que la poussière fécondante de chaque forme a moins d'action que celle de l'autre forme sur son propre stigmate. »

« Que l'état dimorphe des *Primula*, continue M. Darwin, ait ou non quelques rapports avec d'autres points d'histoire naturelle, il a de l'importance en ce qu'il montre comment la nature s'efforce, si je puis m'exprimer ainsi, de favoriser l'union sexuelle d'*individus distincts* de la même espèce. Les ressources de la nature sont sans bornes; et nous ne savons pas pourquoi les espèces de *Primula* ont acquis ce nouveau et curieux secours pour empêcher de continuelles fécondations de la plante par elle-même, au moyen de la séparation des individus, où deux groupes d'hermaphrodites possèdent une puissance sexuelle différente, au lieu de la méthode plus fréquente de la séparation des sexes, ou bien de l'aptitude à des périodes distinctes des organes mâles et femelles, ou, enfin, de tout autre artifice. »

M. Darwin cite ensuite un grand nombre de cas de dimorphisme, plus ou moins complet et plus ou moins apparent.

Nous regardons, ainsi que M. Darwin, le dimorphisme comme une tendance à la dioëcie.

Nous terminerons par une simple observation sur l'ancienneté relative des végétaux dont les sexes sont distincts.

Il semble que les groupes que l'on considère comme ayant paru les premiers sur la terre soient principalement dioïques ou monoïques. Presque tous les végétaux *Cryptogames*, dont la fructification est bien connue, sont monoïques. Les sexes sont aussi séparés dans les *Gymnospermes*; ils sont distincts dans un grand nombre de *Monocotylédonés*, dans les *Cypéracées*, les *Palmiers*, les *Typhacées*, les *Aroïdées*, tandis que la fécondation est plus souvent indirecte dans les *Graminées*, les *Iridées*, les *Orchidées*, qui sont hermaphrodites.

Parmi les *Dicotylédonés*, les *Amentacées*, que l'on considère comme les plantes de cette grande classe qui ont apparu les premières sur la terre, la séparation des sexes est constante, tandis que les végétaux à corolle gamopétale, que l'on regarde comme les plus parfaits et les derniers créés dans l'ordre chronologique des apparitions sur la terre, sont généralement hermaphrodites.

Nous ne voulons pas examiner ici cette hypothèse de savoir si, dans la suite des siècles, la tendance bien positive à la séparation des sexes peut amener dans les espèces la monoëcie ou la dioëcie. Nous réservons aussi les applications de ces données scientifiques à la pratique des fécondations croisées et de l'hybridation. Nous citerons seulement les différents degrés de parenté ou d'alliance que l'on peut observer dans les unions des plantes, entre l'hermaphrodisme réel et la dioëcie. Nous les indiquerons dans l'ordre de leur éloignement de la fécondation directe et hermaphrodite.

Premier degré. — La fleur est fécondée par son propre pollen, c'est-à-dire par les étamines de cette même fleur où existe le stigmate.

Second degré. — La fleur est fécondée par le pollen d'une autre fleur, appartenant à la même grappe, au même épi, ou enfin à la même inflorescence.

Troisième degré. — La fleur est fécondée comme ci-dessus, mais par le pollen d'une fleur appartenant à une autre inflorescence ou à un autre rameau florifère du même individu.

Quatrième degré. — La fleur est fécondée par le pollen de la même espèce, mais pris sur un individu différent.

Cinquième degré. — La fleur femelle est fécondée par une fleur mâle, appartenant au même rameau ou à la même inflorescence.

Sixième degré. — La fleur femelle est fécondée par une fleur mâle, appartenant à un rameau différent ou à une inflorescence différente, mais sur le même pied.

Septième degré. — La fleur femelle est fécondée par le pollen d'une fleur mâle, située sur un pied différent.

Huitième degré. — La fleur hermaphrodite unisexuée est fécondée par le pollen d'une autre variété.

Neuvième degré.—La fleur hermaphrodite, ou unisexuée, est fécondée par le pollen d'une espèce différente.

Dixième degré. —La fleur hermaphrodite, ou unisexuée, hybridée, est fécondée par le pollen d'une autre fleur, également hybride.

On comprend tous les intermédiaires qui peuvent exister entre ces derniers degrés, et toutes les exceptions que les insectes peuvent apporter partout en troublant les unions les plus régulières.

Le végétal qui naît de ces divers degrés de croisement est d'autant plus vigoureux que le chiffre indiquant le degré d'union est plus élevé.

LES CONGRÈS EN 1863.

CONGRÈS SCIENTIFIQUE DE FRANCE.

Le Congrès scientifique de France a ouvert, à Chambéry, sa XXXe. session par une chaleur des tropiques, qui n'a pas toutefois ralenti le zèle de ses membres. M. le commandeur Roux, de Marseille, a été élu président général.

MM. de Caumont, de Caen ; Challe, d'Auxerre ; Bouillet, de Clermont; Baruffi, de Turin; Albert Du Boys, de Grenoble, vice-présidents généraux. S. Em. le cardinal Billiet et M. le marquis de Beauregard ont été proclamés présidents honoraires.

Les sections ont formé, le lendemain, leurs bureaux ainsi qu'il suit :

1re. *section.* — Président : M. Itier, receveur des douanes, à Marseille. — Vice-présidents : M. Lorry, professeur à la Faculté de Grenoble; M. Matheron, géologue, à Marseille; M. l'abbé Chamousset, de Chambéry; M. Bourdaloue, de l'Institut des provinces, à Bourges. — M. l'abbé Valette, secrétaire de la section.

2e. *section.* — Président : M. le comte d'Estaintot, membre de l'Institut des provinces, à Rouen. — Vice-présidents : M. Herpin, de Metz, id. ; M. David, ancien ministre plénipotentiaire, id. ; M. Pailhoux, de Saône-et-Loire.

3e. *section.* — Président : M. le docteur Vingtrinier, membre de l'Académie de Rouen. — Vice-présidents : M. Ancelon, de l'Institut des provinces, à Dieuze (Meurthe), et M. Morel, médecin de l'hospice des aliénés de Rouen.

4e. *section.* — Président : M. l'abbé Le Petit, secrétaire-général de la Société française d'archéologie. — Vice-présidents : M. l'abbé Ducis, d'Annecy ; M. le comte de Soultrait, de Lyon ; M. Baux, archiviste du département de l'Ain, et M. Caltois, médecin du Ministère de l'instruction publique.

5e. *section.* — Président : M. l'abbé Sabattier, doyen de la Faculté de théologie de Bordeaux. — Vice-présidents : M. le chevalier Maynard, doyen du Conseil de préfecture de la Manche ; M. Morellet, membre de l'Académie delphinale ; M. Lapaume, membre de la même Académie, et M. le chanoine Poncet, d'Annecy.

Tout avait été préparé avec infiniment d'habileté et de talent par M. le marquis de Beauregard, secrétaire-général, assisté de MM. Chapron et Pillet, et le Congrès a poursuivi ses travaux avec un ordre parfait, avec un intérêt soutenu depuis l'ouverture jusqu'à la clôture qui est venue trop tôt pour tout le monde, car bien des communications n'ont pu être faites ; mais il fallait observer scrupuleusement le réglement, et chacun s'est séparé, heureux d'avoir assisté à la session de 1863.

La ville de Chambéry s'est montrée gracieuse et hospitalière : le maire (M. le baron d'Alexandry d'Orengiani) a souhaité la bienvenue au Congrès en termes pleins d'à-propos ; le discours d'ouverture de M. de Beauregard est très-remarquable ; il a été vivement applaudi. M. de Caumont a remercié, au nom de l'Institut des provinces et du Congrès, M. le marquis de Beauregard, pour tous les services qu'il a rendus, pour le dévoûment avec lequel il avait préparé le Congrès, et pour la belle exhibition d'objets d'art faite par ses soins, à l'occasion du Congrès, dans les salles du palais de justice.

S. Em. le cardinal Billiet, savant géologue, botaniste et physicien, a voulu encourager, par sa présence, les travaux du Congrès et a constamment assisté aux séances générales.

Son Éminence a célébré, le 11 août, une messe du St.-Esprit, dans laquelle un ecclésiastique plein de talent, M. l'abbé Martin, a prononcé un discours des plus remarquables et des mieux appropriés à la circonstance. Ce discours a rappelé à plusieurs des membres du Congrès la parole éloquente qu'a fait entendre, en pareille occasion, Mg^r. Landriot, évêque de La Rochelle, à l'ouverture de la session de 1856.

Nous n'entreprendrons pas de rendre compte des travaux du Congrès, nous citerons seulement les noms de quelques membres qui ont assisté aux réunions : ce sont, outre ceux dont nous avons cité les noms comme membres des bureaux : MM. l'abbé Bugniot, directeur de l'Œuvre des Petits-Savoyards, à Châlons (Saône-et-Loire) ; le comte Raoul de Costa, à la Ravoire (Savoie); le marquis Costa de Beauregard ; l'abbé Decorde, membre de l'Institut des provinces, à Bures (Seine-Inférieure) ; le comte Théodore d'Estampes, à Montigny près Charny (Yonne) : le comte de Galbert, administrateur de la Compagnie universelle du canal de Suez, à la Buisse (Isère) ; Gaugain, trésorier de la Société française d'archéologie ; le marquis de Sieyès, de Valence (Drôme) ; le comte de Lustrac, de Toulouse; G. de Mortillet, de Grenoble ; Mme. Pailhoux, de St.-Ambreuil ; G. Vallier, de Grenoble ; l'abbé Sauzet, supérieur du séminaire d'Embrun ; Seguin, architecte, à Annonay ; Guillermin, président de la Société d'histoire et d'archéologie, à Chambéry; Le Royer, directeur de l'École professionnelle de Vincennes, membre de l'Institut des provinces; Louis Morin-Pons, à Tresserve (Savoie); le marquis César d'Oncieu, membre de l'Académie de Savoie; Germain Pont, curé à St.-Jean de Belleville (Savoie); Laurent Rabut, professeur de peinture, à Chambéry ; Ferdinand de Saint-Andéol, membre de la Société française d'archéologie, à Moirans (Isère) ; Secrétan, membre de la Société d'histoire de la Suisse romande, à Lausanne (Suisse) ; l'abbé Trepier, membre de la Société française d'archéologie, à la Terrasse (Isère) ; Troyon, conservateur du musée d'antiquités, à Lausanne (Suisse) ; Canat de Chizy, de l'Institut des provinces, à Châlon-sur-Saône ; Paul Canat de Chizy, à Lyon.

La question des premiers peuples de la Gaule a été traitée par M. Troyon et quelques autres.

M. Carro, bibliothécaire de la ville de Meaux, a présenté le résumé de son mémoire sur les *Monuments primitifs dits celtiques et anté-celtiques*, pour lequel il lui a été accordé une mention honorable dans le concours de l'Académie des inscriptions et belles-lettres en 1862.

Avant d'aborder la discussion des grands monuments celtiques ou anté-celtiques, M. A. Carro établit la division des temps anciens, sous le rapport industriel ou même artistique, en *âge de pierre, âge de bronze* et *âge de fer*, division déjà proposée par M. Worsaae, inspecteur des monuments historiques de Danemarck, et qui paraît maintenant généralement adoptée.

M. Troyon a fait une dissertation sur les mêmes questions, sur les habitations des lacustres, leurs meubles et leurs mœurs probables. Avec un véritable talent philosophique, il a jeté des aperçus lumineux qui lui ont mérité de chaleureux applaudissements.

M. de Mortillet, prenant dans les éléments de l'histoire naturelle et dans les récentes découvertes sur les crânes humains des considérations savantes, a jeté un nouveau jour sur cette matière.

Les excursions du Congrès, entreprises par un temps magnifique, ont toutes été intéressantes. La première section (Géologie et botanique) a, pendant cinq jours, exploré les environs avec des résultats du plus haut intérêt. M. Matheron a donné un aperçu de son grand travail sur les terrains tertiaires du Midi de la France.

Le Congrès s'est transporté tout entier à Hautecombe.

M. le baron Jacquemoud, de Chambéry, sénateur du royaume d'Italie, commandeur des ordres des SS. Maurice et Lazare, membre de l'Académie impériale de Savoie et de l'Institut des provinces, avait annoncé au Congrès que S. M. Victor-Emmanuel, aussitôt qu'Elle a eu appris que le Congrès scientifique de France avait fixé sa XXXe. session à Chambéry et qu'il se proposait de visiter l'abbaye royale de Hautecombe, avait donné l'ordre d'y recevoir les membres du Congrès dans les appartements royaux, et l'avait délégué pour cette réception. Dans le but de faire connaître les monuments et les antiquités renfermés dans cette maison religieuse, qui date de l'an 1125 et d'où sont sortis des papes, des cardinaux, des évêques et autres personnages illustres, M. le sénateur a remis à chacun des membres du Bureau un exemplaire de l'ouvrage qu'il a composé en 1843 sous ce titre : *Description historique de l'abbaye royale de Hautecombe et des mausolées élevés dans son église aux princes de la Maison royale de Savoie.*

L'abbaye royale de St.-Marie d'Hautecombe est située sur le bord occidental du lac du Bourget, au pied du Mont-du-Chat, à la distance de 24 kilomètres de Chambéry. L'escarpement de la montagne qui la domine ne permet d'y arriver, avec quelque facilité, qu'en traversant le lac.

Trente barques pavoisées portant, en grandes lettres, sur leurs fanons les mots *Congrès scientifique de France*, ont reçu les membres au port de Puer et les ont transportés à Hautecombe, où ils ont entendu la messe et une improvisation pleine d'à-propos par M. l'abbé Sabattier.

L'ABBAYE DE HAUTECOMBE, VUE DU LAC.

Après un déjeûner dressé sous des arbres séculaires, et le café gracieusement offert au château royal par M. le Gouverneur, le Congrès s'est embarqué pour assister à la pêche faite au fond du lac, dans une partie que M. le marquis de Beauregard avait désignée comme renfermant des débris de poterie, des pieux et d'autres vestiges d'une ancienne peuplade habitant sur l'eau.

Tout le monde a lu ce qui a été dit depuis quelques années sur les habitations lacustres, et le *Bulletin monumental* a publié dernièrement sur ce sujet un excellent article de M. P. Simian. Nous renvoyons à ce mémoire. M. de Beauregard avait

VUE D'UNE PARTIE DU LAC DU BOURGET,

Près de l'endroit où les antiquités lacustres ont été pêchées.

obtenu du ministre de la marine un des meilleurs plongeurs de Toulon, et pendant deux heures les barques du Congrès, rangées en cercle autour du Scaphandre, ont pu jouir du spectacle vraiment curieux qui leur était offert.

Un grand nombre de poteries, des pieux et divers objets ont été tirés du fond du lac et transportés au casino d'Aix, où le Congrès a dîné.

Le temps a manqué pour aller à Châtillon, où il existe une autre station lacustre.

L'ANCIEN CHATEAU DE CHATILLON, VU DU LAC.

Le maire d'Aix a présidé le banquet et porté un toast auquel a répondu avec tant de bonheur M. Challe, sous-directeur de l'Institut des provinces, qu'un habitant de Chambéry, membre du Congrès, se levant spontanément, s'est écrié : « L'annexion « de la Savoie était faite; mais c'est aujourd'hui surtout, après « les paroles de M. Challe, qu'elle est comprise par nous tous « et que toutes nos sympathies lui sont acquises. »

Les membres de la section d'archéologie avaient pu, avant le banquet, visiter les ruines romaines d'Aix. M. de Caumont a reconnu, dans le beau bassin sur hypocauste qui existe chez Mme. Chaber, une disposition identique avec celui qui a été détruit à Pitres chez M. Le Ber; mais il y a un problème curieux à résoudre, dont le directeur de la Société française d'archéologie ne manquera pas de s'occuper.

Le soir, après avoir assisté à un bal très-brillant donné au casino, le Congrès rentrait, à 11 heures 1/2, à Chambéry.

L'excursion du tunnel des Alpes n'a pas été moins intéressante, grâce à M. l'ingénieur en chef Comte et aux ingénieurs italiens. Mais il nous faut terminer cet article, déjà long, en disant un mot de la belle séance dans laquelle on a entendu M. F. de Lesseps, notre courageux compatriote, qui, retournant en Égypte, a bien voulu donner un jour au Congrès scientifique et venir y recevoir la médaille d'honneur que lui a décernée l'Institut des provinces au mois d'avril dernier. M. Challe, sous-directeur de l'Institut, chargé de porter la parole, s'est exprimé en ces termes en remettant cette médaille à M. de Lesseps :

« Nous sommes honorés aujourd'hui de la présence de M. le comte Ferdinand de Lesseps. Ce nom dit tout, Messieurs. Celui qui le porte a accompli l'œuvre la plus difficile, la plus grande et la plus féconde de notre siècle. L'histoire dira ce qu'il a fallu à l'hôte illustre que nous sommes fiers de posséder en ce moment, de glorieuse audace, de sublime énergie, de patience courageuse et de persévérance inébranlable pour triompher, dans cette grande entreprise, de l'ignorance, de l'inertie, de la défiance, du soupçon et de l'envie. Nous, ses contemporains, nous avons déjà inscrit son nom au premier rang des conquérants pacifiques de la science et de la civilisation.

« Le Congrès scientifique est fier des sympathies qu'il n'a cessé d'exprimer pour le triomphe de la grande pensée à laquelle M. de Lesseps avait voué sa vie. Pendant chacune des sessions qu'il a tenues depuis que cette magnifique idée a été rendue publique, il n'a cessé, sur l'initiative de notre savant collègue M. le professeur Baruffi, de consigner, dans des délibérations successives, ses vœux ardents pour le succès de cette œuvre si grande et si généreuse.

« Aujourd'hui l'inertie est vaincue, l'ignorance a confessé son erreur, la défiance a rendu les armes, le soupçon et l'envie ont mordu la poussière. Et ce matin encore, sur la proposition de

M. le baron David, l'un des collègues les plus éminents de M. de Lesseps dans la carrière diplomatique, le Congrès prenait une délibération *formelle* pour offrir à ce *bienfaiteur* de la civilisation un témoignage nouveau de sa reconnaissance et de son admiration.

« M. de Lesseps, appelé au-delà des Alpes par des devoirs pressants, traversait rapidement cette ville, lorsqu'il a appris que le Congrès y était assemblé. Il a pensé sans doute que, comme l'étendard de Jeanne d'Arc, le Congrès ayant été à la guerre, il était juste qu'il fût à l'honneur, et il a consenti à honorer de sa présence cette séance où il nous est permis de glorifier encore sa grande entreprise. Exprimons-lui chaleureusement, Messieurs, notre reconnaissance pour cette gracieuse courtoisie.

« Au commencement de cette année, l'Institut des provinces ayant fondé une médaille pour honorer les hommes qui, dans l'ordre de la science, se sont distingués entre tous par leur dévouement et leurs services, a voulu en quelque sorte placer cette institution sous le patronage du nom glorieux de M. de Lesseps, en lui décernant la première des trois médailles dont il avait à disposer. Je ressens vivement en ce moment l'honneur qui m'a été déféré d'offrir, au nom de l'Institut des provinces et devant le Congrès scientifique, qui en est une des plus nobles émanations, le modeste tribut de notre admiration pour les services si grands et si dévoués qu'a rendus M. de Lesseps à la science, à l'industrie, au commerce et à la civilisation du monde. »

Des applaudissements prolongés ont accueilli cette allocution.

Dans la séance de clôture du Congrès, M. de Caumont a présenté l'arrêté pris par l'Institut des provinces, pour la tenue de la XXXIe. session à Troyes et pour la publication des actes de la XXXe. Trois discours ont ensuite été prononcés par M. de Beauregard, par Mg^r^. le cardinal Billiet, et par M. Roux, président général, qui s'est rendu l'interprète du Congrès près de la ville de Chambéry.

La XXXe. session du Congrès a été bonne. Nous avons vu avec plaisir que la plupart de ceux qui ont pris part aux réunions précédentes étaient là. L'habitude d'aller au Congrès devient plus impérieuse d'année en année. C'est un symptôme qui donne de l'espoir pour l'avenir de la décentralisation. A ce sujet, un bon mémoire a été lu par M. de Maynard et une commission nommée; nous ne savons ce que la commission pourra faire, mais nous croyons entrevoir un peu de progrès dans les idées décentralisatrices. Si l'esprit public finit par se former, si, au lieu de reléguer au grenier les productions locales, comme le font les libraires de province, pour emplir leurs montres de romans parisiens, ils encourageaient les publications utiles; si la province savait mieux respecter ses œuvres, si elle pouvait cesser de tendre la main et d'aduler les célébrités parisiennes; si elle voulait être quelque chose, au lieu de se faire la servante de ceux qui ne méritent absolument rien de sa part, *la décentralisation serait promptement faite.*

Disons encore, à propos de la décentralisation, que l'Institut des provinces, qui la comprend, a tenu deux séances à Chambéry, et qu'il a élu huit membres titulaires et deux membres étrangers. Le nombre des demandes est considérable, et on voit avec joie que l'Institut grandit dans l'opinion comme il grandit chaque jour par l'extension de ses relations : nous apprenons que le message annuel du directeur-général de l'Institut doit prochainement paraître. Nous en rendrons compte avec empressement.

CONGRÈS ARCHÉOLOGIQUE DE FRANCE.

Le Bureau de la Société française d'archéologie est parti de Paris, le 1er. juin, à 9 heures du soir, pour aller prendre la direction du Congrès archéologique de France, conjointement avec MM. l'abbé Azémar, le comte de Toulouse-Lautrec, Rossignol et le baron de Rivières, secrétaires-généraux de la session, par les soins desquels les travaux avaient été préparés avec beaucoup de talent.

Le lendemain matin, nos confrères arrivaient à Périgueux et

revoyaient Château-l'Évêque, visité par le Congrès archéologique en 1858 ; le chemin de fer passe à côté (V. la page 537).

A Périgueux, ils ont vu une des coupoles neuves de la cathédrale St.-Front, qui remplace une coupole ancienne si solide qu'on a eu la plus grande peine à la démolir pour lui en substituer une nouvelle. Celle-ci se montre à découvert, et déjà l'on peut juger de l'effet que les autres pourront produire.

Le Bureau a vu aussi, en passant, la tour de Vésone et le château Barrière; le chemin de fer passe entre ces deux monuments.

Le magnifique château de Turenne (Corrèze) a produit sur nos confrères une vive impression, par sa masse imposante et son admirable position sur une montagne calcaire qui domine tout le pays (V. la p. 538), et par l'effet très-heureux de sa tour cylindrique, dont nous devons l'esquisse à l'habile crayon de M. Jules de Verneilh.

Après deux stations faites, l'une au célèbre pélerinage de *Rocamadour*, l'autre à Figeac, ville qui possède encore près de deux cents maisons du XIIIe. siècle, nos compatriotes et leurs compagnons de voyage, dont le nombre s'est augmenté de station en station, sont arrivés à Rodez par le train direct, à 4 heures 50, le 3 juin, veille de l'ouverture du Congrès. Ils ont trouvé, sur le quai du débarcadère : M. le Maire de Rodez et une députation du Conseil municipal ; M. l'abbé Azémar ; M. le chanoine Noël, vicaire-général ; M. l'ingénieur en chef Marchal et une députation des Sociétés savantes.

Parmi les membres arrivés à Rodez avec les membres du Bureau, nous citerons : MM. le vicomte de Juillac, inspecteur-divisionnaire de la Société, à Toulouse ; de Bonnefoy, de Perpignan, auteur d'un travail considérable sur l'épigraphie du Midi, inspecteur de la Société pour les Pyrénées-Orientales ; l'abbé Vinas, de l'Hérault, membre de l'Institut des provinces ; Rossignol et le baron de Rivières, du Tarn ; Ricard, de Montpellier ; de Castelnau, de Bordeaux ; Trapaud de Colombe, de la Gironde ; l'abbé Pottier, de Montauban ; de Roumejoux, de Périgueux ; le comte de Toulouse-Lautrec, de Rabasteins ; de

CARBONNEAU.

CHATEAU DE CHATEAU-L'ÉVÊQUE (DORDOGNE).

VUE DU CHATEAU DE TURENNE (CORRÈZE).

Saint-Pol, de Paris; Peeters-Wilbaux, de Tournay; Mazas, de Rabasteins; de Gissac, de Millau; Devals, archiviste de Tarn-et-Garonne.

Mg^r. Delalle, évêque de Rodez, a présidé toutes les séances avec une distinction et un talent remarquables. C'était dans la magnifique galerie des évêques, au palais épiscopal, que se tenaient les séances. 120 membres y assistaient. MM. Lunet, de Monseignat et Valadier ont représenté dans le Bureau du Congrès la Société des sciences et des lettres de l'Aveyron, dont le savant président, M. de Barrau, était retenu à la campagne par une indisposition. Chaque soir, Monseigneur voulait bien ouvrir ses salons au Congrès. Jamais l'Assemblée n'avait trouvé un accueil plus aimable ni plus encourageant : l'empressement qu'on a mis à suivre les séances du Congrès, le grand nombre de laïques et d'ecclésiastiques qui ont voulu y prendre part ; tout ce succès, en un mot, est dû surtout à la bonne direction donnée par Mg^r. Delalle, et aux travaux préparatoires de M. l'abbé Azémar, le savant professeur d'archéologie du séminaire de Rodez et le secrétaire-général de cette partie de la session, qui a été parfaitement remplie.

Une exposition intéressante d'objets d'art anciens avait été formée au Palais-de-Justice, par les soins d'une commission au dévouement de laquelle M. de Castelnau a payé un juste tribut d'éloges, dans le rapport qu'il a présenté sur les objets dont se composait cette exhibition.

La journée du 8 a été consacrée à la visite de Conques, de l'église abbatiale et de son trésor, décrit par M. Darcel et dont l'importance est immense, comme tout le monde le sait. M. Trapaud de Colombe et M. le marquis de Castelnau ont rendu compte de cette intéressante excursion.

Le lendemain 9 juin, après cinq jours de séances, dix-sept membres partaient de Rodez pour assister à la deuxième partie, de la session à Alby. Plus de deux cents membres s'étaient fait inscrire, et parmi les membres présents, figuraient : MM. Bermond, maire d'Alby ; d'Aldeguier, président de la Société archéologique de Toulouse et ancien président de chambre à la Cour impériale de cette ville; le vicomte de Juillac, inspecteur divisionnaire de la Société française d'archéologie; Croze, membre du Conseil général, auteur de la monographie de Ste.-Cécile; le célèbre architecte Daly, chargé des restaurations de cette métropole; de Gissac, de Millau; le marquis de Voisins; le comte de Clausade; Jolibois, archiviste du département; de Bonnefoy, de Perpignan; de Saint-Pol, de Paris. M. le comte de Toulouse-Lautrec et M. Rossignol, secrétaires-généraux, avaient parfaitement préparé la session.

La ville d'Alby avait ouvert, à l'occasion du Congrès, une exposition d'objets anciens et de tableaux, qui réunissait plus de 900 objets et à laquelle avaient concouru 150 exposants. M. *Bermond*, maire de la ville, avait présidé la Commission d'organisation, composée de MM. *Cassan*, docteur-médecin; *Croze*, membre du Conseil général; *V. Doat*, propriétaire; *Jolibois*, archiviste; le baron *de Rivières*, membre du Conseil général administratif de la Société française; l'abbé *Robert*; *de Serray*; *Bertrand*, secrétaire.

On verra, par le rapport très-remarquable présenté au Congrès par M. le comte de Toulouse-Lautrec, combien cette exposition était importante et variée; nous n'en avions pas vu de plus remarquable depuis celles qui ont eu lieu au Puy, en 1855, et à Auxerre, en 1858, à l'occasion du Congrès scientifique de France. Un très-bon catalogue avait été imprimé avant l'ouverture, chose qu'il importe de mentionner.

Parmi ceux qui ont lu les mémoires les plus intéressants à Alby, nous citerons: M. Rossignol, qui, sur la plupart des questions du programme, avait des réponses écrites et précises; M. le baron de Rivières; M. Croze, dont le brillant mémoire sur la cathédrale a été vivement applaudi; M. de Saint-Pol; M. Jolibois et M. J. de Gissac. Nous mentionnerons enfin les remarquables improvisations de M. César Daly, que l'on ne se lasse jamais d'entendre, tant il y a de nouveauté dans ses aperçus.

Deux excursions ont été faites: l'une à St.-Michel de Lescure, l'autre à Cordes, ville du XIVe. siècle bâtie sur un sommet es-

VUE DE LA FAÇADE D'UNE MAISON DE CORDES.

carpé, qui a conservé presque intactes bon nombre de ses maisons anciennes. Après avoir examiné en détail cette curieuse place du moyen-âge, le Congrès est revenu par le bourg de Monestier, qui possède un magnifique Ensevelissement du Christ dont les personnages, de grandeur naturelle, ont des attitudes et des expressions tout-à-fait remarquables.

Dans la séance de clôture, qui a été présidée par M. le Maire, a eu lieu, selon l'usage, la proclamation des récompenses et des allocations accordées.

Voici quelques-unes des allocations qui ont été votées :

Église de Perse	100 fr.
Église de St.-Saturnin-de-Lenne	100
Église d'Aubrac	100
Église de Ste.-Eulalie-d'Olt.	100
Église de St.-Pierre-de-Bessuéjouls	50
Tour de La Cavalerie	40
Fouilles (à M. l'abbé Cérès)	200
Mosaïque de Cadayrac	50
A M. l'abbé Azémar (fonds libres).	60

Des médailles ont été décernées à M. l'abbé Azémar, pour le cours d'archéologie qu'il a professé à Rodez depuis plusieurs années ; à M. Jolibois, archiviste du département du Tarn ; à M. le baron de Rivières, pour ses recherches et le soin qu'il a apporté à l'organisation de l'exposition artistique ; à M. Doat, pour la part qu'il a prise à l'organisation de l'exposition de tableaux anciens ; à M. Sarrazy, pour son ouvrage intitulé : *Tribulations du Contrôleur*, ouvrage plein de savantes recherches, que le titre ne semblait pas comporter ; à M. Dietrich, pour services rendus à l'archéologie.

Mgr. de Jerphanion, archevêque d'Alby, devait présider quelques-unes des séances, mais le retard survenu dans l'ouverture de la session ne l'a pas permis, Sa Grandeur ayant, long-temps auparavant, tracé son itinéraire dans le diocèse pour la confirmation. M. le vicaire-général a présidé une séance dans laquelle il a exprimé les regrets de Mgr. l'Archevêque ; il a fait au Congrès les honneurs du palais archiépiscopal.

VUE DU PALAIS ARCHIÉPISCOPAL D'ALBY.

La session s'est terminée comme elle avait commencé, sous la présidence de M. Bermond, maire d'Alby. Le succès obtenu par le Congrès à Alby est dû, en grande partie, au bienveillant concours de cet habile administrateur.

CONGRÈS PROVINCIAL DE L'ASSOCIATION NORMANDE.

(SESSION DE 1863.)

Le Congrès agricole et industriel de l'Association normande a eu lieu, cette année, à Bernay (Eure), du 2 au 6 juillet. La Société française d'archéologie a tenu une séance générale durant ce Congrès.

On se fait difficilement une idée de la splendeur des fêtes auxquelles donne lieu le réunion de l'Association normande quand on n'en a pas été témoin.

La réunion de l'Association offrait un intérêt particulier cette année, parce que l'on devait placer une inscription sur la maison dans laquelle naquit, en 1787, M. Auguste Le Prevost, un des archéologues les plus savants de France.

Le cortége, parti de la gare du chemin de fer, s'est transporté solennellement devant cette maison.

Les abords de la maison étaient décorés de guirlandes de verdure, de drapeaux, de mâts portant des oriflammes.

Le cortége s'est rangé devant la façade. M. de Caumont a pris la parole et a dit :

« L'Association normande ouvre sa session de 1863 par un acte de justice et de reconnaissance, par la consécration d'un souvenir à la mémoire d'un citoyen dont la vie tout entière a été consacrée à l'étude, aux fonctions les plus honorables, et qui a rendu à son pays d'incontestables services.

« M. Auguste Le Prevost était un de ces hommes dont les villes doivent être fières quand elles ont pu les produire, et Bernay s'associe tout entier à l'hommage que nous rendons aujourd'hui à l'un de ses fils, une des illustrations de la France académique.

« Ce fut dans cette maison que naquit M. Auguste Le Prevost, le 3 juin 1787. »

Après avoir tracé à grands traits la vie de M. Le Prevost, M. de Caumont a terminé par les paroles sacramentelles suivantes :

« *Au nom du Dieu tout-puissant qui départit selon sa volonté le mérite, l'intelligence et le talent,*

« *Au nom de l'Association normande, organe de la population éclairée des cinq départements qui composent notre grande région,*

« *Au nom de l'Institut des provinces et de toutes les Sociétés savantes de France,*

« *Nous consacrons ce monument à la mémoire de M. Auguste Le Prevost, ancien député, un des fondateurs de l'Association normande, membre de l'Institut de France, officier de la Légion-d'Honneur.* »

M. Pottier a pris ensuite la parole au nom de l'Académie de Rouen ; M. de La Quérière a parlé au nom de la Société d'émulation de la même ville.

Jamais, peut-être, l'enthousiasme ne fut plus général et plus manifeste : il semblait que chaque habitant eût voulu personnellement rendre hommage aux efforts de l'Association, auxquels chacun d'eux était fier de contribuer. La ville était transformée en un immense jardin ; les rues étaient bordées de pins au milieu desquels se jouaient d'interminables guirlandes de fleurs et de rubans ; les maisons reliées entre elles par d'autres guirlandes formant de longues voûtes de verdure, et supportant des devises ou des emblèmes allégoriques ; partout enfin s'élevaient des mâts qui abandonnaient aux vents des oriflammes aux couleurs nationales. Pas de demeure, si modeste qu'elle fût, qui n'eût tenu à honneur de s'associer à cette magnifique démonstration.

C'est le 2 juillet, à 8 heures, qu'a eu lieu la séance de la Société française d'archéologie ; elle a été présidée par M. A. Passy, ancien préfet, ancien sous-secrétaire d'État du ministère de l'intérieur et membre de l'Institut. MM. R. Bordeaux, le comte d'Estaintot, de Caumont, Lottin de Laval, A. Passy, Ch. Vasseur, Billon et plusieurs autres membres, ont pris la parole ou présenté des mémoires.

Sur le rapport de M. de Caumont, la Société a décerné une médaille d'argent à M. Le Cerf, pour son ouvrage sur les îles anglaises, et une autre médaille grand module à M. Malbranche, pour le talent avec lequel il a classé les archives, disposé et catalogué les livres de la bibliothèque publique.

Une brillante exposition d'objets anciens, organisée par MM. Focet, maire, E. Vy, Malbranche, le comte Dauger et quelques autres habitants de Bernay, avait réuni une foule d'objets précieux ; la belle collection de M. Loisel avait fourni un grand nombre de pièces, aussi bien que celles de MM. Lottin de Laval, Focet, Assegond, le comte Dauger, Mme. la baronne de Montigny; une foule d'amateurs s'étaient empressés de contribuer à enrichir cette exhibition, composée exclusivement de morceaux choisis.

M. Pottier, l'habile céramiste, le savant bibliothécaire de Rouen, a été prié par la Société française d'archéologie de faire un rapport sur cette exhibition; il a bien voulu se rendre au vœu de l'Assemblée. Ce rapport, plein d'intérêt, a été inséré dans le *Bulletin monumental.*

Une excursion a été faite par la Société et par l'Association normande au château de M. le prince de Broglie, pour y visiter les peintures exécutées par M. Savinien Petit dans la chapelle du château. Ce sont des peintures imitées de celles des Catacombes de Rome ; elles ont occupé, depuis plusieurs années, l'habile artiste dont nous venons de prononcer le nom, M. Savinien Petit, et la Société française d'archéologie en a été si satisfaite qu'une médaille a été votée à l'auteur, sur la proposition de MM. de Caumont, Bouet et R. Bordeaux

M. le prince de Broglie a bien voulu montrer à la Société sa riche bibliothèque et tout ce que renferment le parc et le château de Broglie : puis on est allé visiter l'église. Il s'agissait de donner un avis sur la possibilité ou les inconvénients qu'il y aurait de démasquer des fenêtres romanes, du XIIe. siècle, cachées sous la toiture. La Société n'a pas cru qu'il fût possible de les rendre visibles, l'établissement des voûtes des bas-côtés au XVIe. siècle ayant forcé de changer les dispositions premières.

L'excursion faite, le 4 juillet, au magnifique château de M. le comte d'Épremesnil, à la Rivière-Thibouville, a permis de visiter la chapelle St.-Éloi, Fontaine-la-Sorèt et quelques localités intermédiaires. M. d'Épremesnil a reçu les visiteurs avec infiniment d'empressement. Le propriétaire d'un autre château très-important (M. le comte de Montgommery, de Fervaques, Calvados) s'est réuni aux visiteurs et les a assurés de son désir de conserver toutes les parties anciennes du beau château de Fervaques.

Le 4, M. Le Métayer-Masselin a donné une fête de nuit dans le bel hôtel qu'il vient de restaurer.

Le 5, M. Focet, maire, a offert une magnifique fête à son château de Menneval.

Il nous reste à citer quelques noms, parmi ceux des hommes distingués qui ont pris part aux séances ; ce sont :

MM. R. Bordeaux, inspecteur des monuments de l'Eure ; Antoine Passy, ancien préfet de l'Eure, membre de l'Institut ; Postel, secrétaire de la Société de médecine de Caen ; Champfleury, littérateur, à Paris ; le marquis de Blosseville, ancien député ; de Roissy, inspecteur de l'Association normande ; Marcel, adjoint, de Louviers ; E. Guillard, de Louviers ; Desportes, notaire honoraire, à Caen ; Le Harivel-Durocher, membre de l'Institut des provinces ; Bellencontre, membre de la Société d'agriculture à Falaise ; le comte Conrad de Witt, du Val-Richer ; le comte Cornelis de Witt, id. ; le prince Handjéry, de Manerbe (Calvados) ; Morière, secrétaire-général de l'Association normande ; Billon, membre de l'Institut des provinces, à Lisieux ; Bouet, inspecteur des monuments du Calvados, à Caen ; Le Reffait, membre du Conseil général, maire de Pont-Audemer ; Mabire, maire de Neufchâtel, membre de l'Institut des provinces ; le comte de Bouelle, membre de la Société française, à Neufchâtel ; de Beaurepaire ; membre de l'Institut des provinces, délégué d'Alençon ; Vasseur, de la Société française d'archéologie, à Lisieux ; Bin-Dupart, de la Société Linnéenne de Normandie, à Caen ; le comte de Blangy, de la Société française d'archéologie, à Juvigny (Calvados) ; le comte Dauger, de la Société française d'archéologie, à Menneval (Eure) ; Peloux, membre de la même Société, à Caen ; le prince de Broglie, de l'Académie française ; L. de Glanville, de l'Institut des provinces, membre de l'Académie de Rouen ; le docteur Bardet, de Bernay ; André Pottier, membre de l'Institut des provinces, délégué de l'Académie de Rouen ; l'abbé Colas, délégué de la même Académie, membre de la Société française d'archéologie ; Malbranche, délégué de la même Académie ; Malbranche, inspecteur de l'Association normande, à Bernay ; Leguay, maire de Falaise, membre du Conseil général du Calvados ; de Brébisson, délégué de la Société d'agriculture, sciences et lettres de Falaise ; Bottée de Toulmon, de la Société française d'archéologie, à Paris ; Saint-Jean, membre du Conseil général du Calvados ; Gravelle-Desvallées, de Falaise ; de Prailauné, de Pont-l'Évêque ; le baron David, ancien ministre plénipotentiaire ; Prétavoine, maire de Louviers, membre de l'Institut des provinces ; le comte d'Estaintot, président de la Société d'horticulture de Rouen ; le comte de Glatigny, d'Évreux ; Huet, membre et délégué de la Société d'horticulture de la Seine-Inférieure ; Le François, délégué de la Société d'agriculture de Lisieux ; de Beaurepaire, archiviste du département de la Seine-Inférieure ; de Liesville, de Pierrefitte (Calvados) ; le comte d'Épremesnil, secrétaire de la Société impériale d'acclimatation ; le comte de Montgommery, de Fervaques (Calvados) ; Bourguignon, architecte du département de l'Eure ; Dufèrage, membre de la Société française d'archéologie, à Caen ; Létot, inspecteur de l'Association normande, id. ; du Poërier de Portbail, inspecteur divisionnaire de l'Association, à Valognes ; de Vigan de Cernières, membre de la Société française d'archéologie.

CONVOCATION DU CONGRÈS SCIENTIFIQUE DE FRANCE,

SESSION DE 1864, A TROYES (AUBE).

La 31ᵉ. session du Congrès scientifique de France s'ouvrira, le 1ᵉʳ. août, à Troyes. Le programme sera prochainement distribué. Les mémoires adressés au Congrès peuvent être envoyés, dès ce moment, à M. E. Gayot, membre de l'Institut des provinces, secrétaire-général de la 31ᵉ. session du Congrès, à Troyes.

CONVOCATION DU CONGRÈS ARCHÉOLOGIQUE DE FRANCE,

SESSION DE 1864, A FONTENAY (VENDÉE).

Le Congrès archéologique de France (session de 1864) s'ouvrira à Fontenay, dans la première quinzaine de juin. Les mémoires peuvent être adressés à M. B. Fillon, secrétaire de la session.

CONVOCATION DU CONGRÈS PROVINCIAL AGRICOLE ET INDUSTRIEL DE L'ASSOCIATION NORMANDE,

A FALAISE (CALVADOS), EN JUILLET 1864.

Le Congrès provincial de l'Association normande aura lieu à Falaise, les 6, 7, 8, 9 et 10 juillet 1864.

NOTICES

SUR

LES MEMBRES DE L'INSTITUT DES PROVINCES.

Nous continuons la publication des notices biographiques sur les membres de l'Institut des provinces, regrettant que l'étendue des matières qui composent l'*Annuaire* de 1863 ne nous permette pas d'en publier un plus grand nombre.

(Note du Bureau de l'Institut.)

M. ÉTIENNE-AUGUSTE ANCELON.

M. Étienne-Auguste Ancelon, médecin français, est né à Nancy, en 1806. Reçu docteur en médecine le 30 août 1828, il rentra à Dieuze (Meurthe), où sa famille demeurait depuis 1811, pour y exercer la médecine.

L'activité et le dévouement dont M. Ancelon avait fait preuve dans un grand nombre d'épidémies le firent nommer, en 1842, médecin adjoint de l'Hôpital. Il accepta, en 1847, sans vouloir toucher de rétribution aucune, les fonctions de médecin en chef de l'établissement, dont il améliora les conditions matérielles, en créant une pharmacie, en réorganisant le service, en donnant annuellement de dix à douze mille consultations gratuites (1). Aussi, peu de praticiens ont un répertoire de cas pathologiques plus curieux que le sien.

Le premier soin de M. Ancelon, en arrivant à Dieuze, fut d'étudier la constitution médicale des contrées marécageuses où il allait exercer.

De cette étude sont sortis les mémoires suivants : *Mémoire*

(1) Ayant toujours regardé la profession médicale comme un sacerdoce, il a toujours voulu l'exercer gratuitement.

sur les fièvres typhoïdes périodiquement développées par les émanations de l'étang de l'Indre-Basse (Académie des sciences, 1847) ;—*Pathogénie comparée des endémies et des enzooties produites par les marais de la Seille* (Société impériale de médecine de Marseille, Académie royale de médecine et de chirurgie de Turin, Académie de Bruxelles); — *Note adressée à l'Académie des sciences sur les changements survenus dans notre constitution médicale paludéenne, en* 1849 ;— *Mémoire sur le goître et le crétinisme* (Congrès scientifique de France, à Nancy, 1850) ; — *Mémoire sur les inondations de la ville de Dieuze,* 1850 ; — *Constitution épidémique actuelle*, 1852-1853 (*Gazette des hôpitaux*, 1853) ; — *Mémoire sur les maladies charbonneuses* (Académie de médecine de Bruxelles, *Gazette des Hôpitaux*);— *Étiologie de la rage* (*France médicale*, 1863) ; *Lettres sur les maladies charbonneuses* (*Écho médical suisse*, 1860).

Quand le docteur Ancelon eut rempli son devoir dans les deux épidémies de choléra de 1850 et de 1855-1856, il publia un *Mémoire sur le choléra-morbus à Châteauvoué* (1850) et trois *Lettres sur le choléra*, dans la *Gazette des Hôpitaux*, en 1857.

D'autres mémoires : sur *l'emploi du sel marin dans les fièvres intermittentes*, sur *la chlorose au village*, sur *la maladie de Bright et sur son traitement*, sur *la transformation des fièvres essentielles* (*Union médicale*, *Gazette des Hôpitaux*), complètent ses études sur les airs, les eaux et les lieux du théâtre où il exerce la médecine.

Les études hygiéniques de M. Ancelon, poursuivies avec persévérance, l'ont conduit à reconnaître, avec M. Bousquet, qu'*un sixième des enfants sont conservés par la vaccine,* mais aussi, avec M. Carnot, que *ce sixième est gaspillé dans l'âge adulte par les fièvres continues*, *devenues de plus en plus graves.* Il eut à soutenir, à ce sujet, une polémique dans la *Gazette des Hôpitaux*, dans la *Gazette hebdomadaire* et surtout dans le *Journal des connaissances médicales*, qui lui attira la colère des médecins chargés de la vaccination et lui ferma les portes de l'Académie de médecine; mais, toujours fidèle à sa devise : *Vitam impendere vero*, il n'en continua pas moins son œuvre et publia, comme couronnement, son *Traité de philosophie mathématique et médicale de la vaccine* en 1859. La dernière lutte qu'il eut à soutenir, ce fut au Congrès de Bordeaux, où il parvint, dans un discours vigoureusement écrit sur la matière, à arracher aux partisans de la vaccine un prix de 10,000 fr. offert par M. le docteur Hittinger, de Stuttgart, leur adversaire.

Le premier, M. Ancelon, ayant employé en province (1829) le tartre stibié avec succès, adressa à la Société de médecine de Nancy un mémoire intitulé : *Considérations pratiques sur l'administration du tartre stibié à haute dose dans la pneumonicagine* (1845). Un mémoire sur *la pathogénie et la thérapeutique du cancer* lui avait valu, peu de temps auparavant, la nomination de membre de cette Société.

Toujours attentif à poursuivre les préjugés, il écrivit, pour la *Gazette des Hôpitaux* (1853), un *mémoire sur le seigle ergoté*, dont on faisait un déplorable abus dans les accouchements. Il redressa quelques erreurs dans un *mémoire sur les angines*, dans un autre sur *les maladies de la luette*.

Le premier, ce médecin a employé le chloroforme comme anesthésique en province. Il en a établi *quelques lois* et *le dosage* dans deux mémoires présentés et lus à l'Académie des sciences.

Chirurgien habile, il comprit de bonne heure tous les avantages de l'*écraseur linéaire* inventé par M. Chassaignac et initia la province au mouvement de ce précieux auxiliaire de la chirurgie (Voir les mémoires sur l'écraseur linéaire adressés à la Société de médecine de Nancy et publiés dans les *Annales médicales de la Flandre occidentale*). Il opère le bec-de-lièvre immédiatement après la naissance et obtient la cure radicale de la varicocèle au moyen d'un procédé qu'il a fait connaître dans la *Gazette des Hôpitaux*, en 1853.

L'ophthalmologie, science toute nouvelle, devait aussi attirer son attention dans une circonstance qui ne manque pas d'intérêt. Dieuze ayant une usine considérable où l'on fabrique, entre autres produits chimiques, de la soude artificielle, M. Ancelon eut occasion d'étudier les curieux effets de cette substance sur les ouvriers, effets qu'il compare à ceux qu'avait observés Magendie sur les animaux nourris de sucre seulement, dont les caractères étaient l'altération de la cornée. Les *Annales d'oculistique*, de Bruxelles, ont reproduit un article qu'il avait écrit sur ce sujet. On trouve encore, de lui, un article sur le *staphylome pellucide* et un *mémoire* sur l'opération du staphylome cornéen, suivant le procédé de J. Borelli, de Turin, dans la *Gazette des Hôpitaux*.

Les *Annales de la Flandre occidentale*, l'*Écho médical*, de Neufchâtel, d'autres journaux médicaux et scientifiques contiennent un grand nombre d'articles, toujours écrits au point de vue le plus pratique.

Le titre de membre correspondant de l'Académie royale de médecine et de chirurgie de Turin, de correspondant de la Société impériale de Marseille, lui a été conféré surtout pour ses travaux sur les émanations paludéennes; un *Manuel d'hygiène* lui valut, en 1853, une médaille d'argent et le titre de membre de la Société des sciences de la Moselle. L'administration de la *Gazette des Hôpitaux* lui décerna, la même année, une médaille d'argent pour un travail important et surtout pratique sur les fistules à l'anus. C'est un mémoire sur les polypes de l'anus dans l'enfance qui le fit entrer dans la Société des sciences pharmaceutiques et médicales de la Haute-Vienne; un mémoire sur les spongites d'eau douce qui lui ouvrit les portes de l'Académie impériale de Metz. A la nomination dont l'honora, en 1860, la *Société des sciences naturelles de l'Yonne*, il répondit par un *Mémoire sur l'ethnologie de la France*. Il est membre de la Société d'anthropologie de Paris, de la Société d'archéologie lorraine. C'est en 1862 qu'il a été nommé MEMBRE DE L'INSTITUT DES PROVINCES.

Une médaille d'argent est la seule récompense qu'il ait reçue du Gouvernement, après la cessation de l'épidémie de choléra en 1856.

M. L'ABBÉ ARBELLOT.

M. l'abbé Arbellot (François), curé-archiprêtre de Rochechouart, etc., est né à St.-Léonard (Haute-Vienne), d'une famille originaire de Bellac, le 21 décembre 1816.

Après avoir terminé ses études au collége de Felletin (Creuse), il entra au grand-séminaire de Limoges, et fut ordonné prêtre le 22 décembre 1839.

Placé par ses supérieurs dans l'enseignement, il resta quatre années au collége de Felletin, où il fut professeur de philosophie en 1842 et 1843.

Il fut nommé vicaire à St.-Junien (Haute-Vienne), en septembre 1843, et y exerça pendant quatre ans le ministère. La Société archéologique du Limousin, organisée en décembre 1845, lui conféra le titre de membre résidant. Il publia, en 1847, une *Notice sur le tombeau de saint Junien;* et, peu de temps après, il fit paraître une chronique latine du XIVe. siècle (*Chronicon Comodoliacense*), œuvre du chanoine Maleu, et, à la suite de cet ouvrage, les *Documents historiques sur la ville de St.-Junien*, où il fait l'histoire de cette ville depuis son origine jusqu'à la Révolution.

Au mois d'août 1847, Mg[r]. Buissas le nomma vicaire de la cathédrale de Limoges et chanoine honoraire. Il prit part aux travaux du Congrès que la Société française d'archéologie tint à Limoges en septembre 1847.

La Société archéologique du Limousin, désorganisée par les événements de 48, fut reconstituée, en décembre 1849, par le préfet de la Haute-Vienne, M. de Mentque; l'abbé Arbellot fut nommé secrétaire-général et conserva ces fonctions jusqu'en 1856.

Au milieu des occupations d'un laborieux ministère, il trouva le temps de publier quelques ouvrages, savoir :

En 1851, une Notice historique et descriptive sur le château de Châlusset;

En 1852, une Histoire de la cathédrale de Limoges (1re. partie);

— cet ouvrage reçut une mention honorable de l'Institut, en 1855;

En 1854, une *Revue archéologique de la Haute-Vienne*, guide des voyageurs en Limousin, ouvrage composé à l'inspiration de M. de Caumont;

La même année, l'abbé Arbellot publia, avec la collaboration de M. Auguste Du Boys, la *Biographie des hommes illustrés du Limousin* (le premier volume seulement a paru : il comprend les noms qui commencent par les six premières lettres de l'alphabet);

En 1855, une *Dissertation sur l'apostolat de saint Martial et sur l'antiquité des églises de France*, ouvrage qui avait déjà servi à obtenir du Tribunal de la Congrégation des Rites, à Rome, l'autorisation, pour le diocèse de Limoges, d'honorer saint Martial du titre et du culte d'apôtre. Cet ouvrage souleva d'abord une controverse assez vive; mais l'auteur réussit à convertir à ses idées des savants de premier ordre, parmi lesquels M. Augustin Thierry, et il a vu ses conclusions adoptées dans les histoires ecclésiastiques qui ont paru depuis cette époque, celles de M. Henrion, de l'abbé Jager, de l'abbé Darras, etc.

Ces divers ouvrages avaient valu à l'auteur l'honneur d'être nommé membre de plusieurs Sociétés savantes : membre non résidant de la Société des Antiquaires de l'Ouest, membre correspondant de l'Académie d'archéologie de Belgique, de la Société d'Émulation de Liége, etc.

Le 5 janvier 1856, M. Arbellot fut nommé curé-archiprêtre de Rochechouart (Haute-Vienne), et, dans le même mois, il reçut le titre de membre correspondant du Comité des Travaux historiques.

Malgré ses occupations pastorales et son éloignement des grandes bibliothèques, il continua ses recherches et ses publications.

Il fit paraître, en 1857, une notice sur *Pierre-le-Scholastique*, poète limousin du Xe. siècle, dont il recueillit et publia les fragments du *Poème de saint Martial;*

L'année suivante (1858), une brochure intitulée : *Les trois chevaliers* défenseurs de la cité de Limoges, en 1370 ;

La même année, à l'époque de l'*Exposition* de l'industrie et des beaux-arts, qui eut lieu à Limoges et fut présidée par le prince Napoléon, il fut nommé membre du jury pour la section des beaux-arts avec MM. Arsène Houssaye, de Gisors, de Cardaillo, etc.

En 1859, il publia la *Biographie de François de Rouziers*, gentilhomme limousin du XVIe. siècle, ouvrage composé après le dépouillement de 1,200 manuscrits d'une ancienne famille du pays.

La même année, M. Arbellot entreprit, aux frais de la Société française d'archéologie, conjointement avec M. F. de Verneilh, des fouilles importantes à Chassenon (Haute-Vienne), le *Cassinomagus* de la Carte de Peutinger. (V. le compte-rendu publié dans le *Bulletin monumental.*)

Au mois de septembre 1859, M. de Caumont tint à Limoges le *XXVIe. Congrès scientifique :* M. Arbellot fut nomme secrétaire-général du Congrès.

En 1860, il publia, d'après les manuscrits de la Bibliothèque impériale, les *Documents inédits sur l'apostolat de saint Martial et sur l'antiquité des églises de France;* ouvrage qui sert de complément à sa *Dissertation* sur le même sujet.

Au Congrès scientifique de Bordeaux (septembre 1861), il fut nommé vice-président de la section d'archéologie, et il lut, en séance générale, un rapport sur le musée lapidaire de Bordeaux imprimé dans le *Bulletin monumental.*

Au mois de janvier 1862, il fut nommé MEMBRE DE L'INSTITUT DES PROVINCES.

Cette année (1863), il a publié un volume intitulé : *Vie de saint Léonard, solitaire en Limousin, ses miracles et son culte,* avec des *Documents relatifs* à la vie et au culte du saint ; ouvrage très-intéressant dont il a été rendu compte dans le *Bulletin monumental.*

M. L'ABBÉ JEAN-EUGÈNE DECORDE.

Jean-Eugène Decorde, dont le père était cultivateur, naquit à Bois-Héroult (Seine-Inférieure), le 19 mai 1811.

Ordonné prêtre, à Noël 1835, il fut nommé curé de Bures-en-Bray, dans l'arrondissement de Neufchâtel, où il trouva une grande désunion parmi les habitants et une église en ruine. Sa résolution fut toujours de vivre et mourir dans la première paroisse où il serait placé. Il y est encore ; la paix règne entre les habitants ; d'assez grandes dépenses ont été faites pour la restauration de l'église, l'une des plus intéressantes de la contrée, au point de vue de l'art ; et le curé espère finir ses jours au milieu de ses 450 habitants.

Pendant les premières années de son ministère, il employa une partie de ses loisirs à l'étude de la botanique, puis à l'ornithologie. Il s'amusa même à former une petite collection d'oiseaux du pays, qu'il empailla lui-même. Il y ajouta un commencement de collection d'œufs et de nids.

Plus tard, ses relations avec M. l'abbé Cochet lui inspirèrent le goût de l'archéologie, et M. Auguste Le Prevost l'engagea à persévérer dans cette voie, dont il lui aplanit plus d'une difficulté.

Il adressa quelques articles à divers journaux, et M. Marcel de Fontenay, alors rédacteur en chef de l'*Impartial de Rouen*, lui conseilla de publier une étude sur les communes de l'arrondissement de Neufchâtel.

En 1848, il publia un *Essai historique et archéologique sur le canton de Neufchâtel* ;

En 1850, *Essai sur le canton de Blangy* ;

En 1851, *Essai sur le canton de Londinières* ;

En 1852, *Dictionnaire du patois du pays de Bray* ;

En 1856, *Essai sur le canton de Forges-les-Eaux* ;

En 1861, *Essai sur le canton de Gournay*.

Outre ces ouvrages, il publia encore :

En 1854, *La Croix ou le dernier jour du Christ* (recherches historiques) ;

En 1859, *Dictionnaire du culte catholique*.

En dehors de ces publications, il écrivit un grand nombre d'articles sur différents sujets dans divers recueils.

On lui a attribué la fondation de l'*Almanach du pays de Bray*, et M. Frère a répété cette erreur dans son ouvrage sur les auteurs normands; mais, à part quelques articles, ils n'a fait que donner le plan de ce petit livre, devenu très-populaire.

M. Decorde a assisté à plusieurs Congrès et s'y est toujours fait remarquer par son esprit, ses connaissances variées et la justesse de ses appréciations. Au Congrès de Bordeaux, en 1861, il obtint un succès d'enthousiasme pour son mémoire sur les oiseaux et leur utilité.

M. Rouland, étant ministre, lui adressa, à titre d'encouragement pour ses travaux archéologiques, différents ouvrages, notamment: l'*Iconographie chrétienne,* par M. Didron, et l'*Architecture monastique*, par M. Albert Lenoir. Ayant éprouvé un refus, dans une demande d'allocation de fonds qu'il avait faite au Conseil général de la Seine-Inférieure (lequel avait accordé cette faveur pour la publication de travaux du même genre), il renonça à compléter ses recherches sur le pays de Bray.

Au commencement de 1863, il conçut le projet de fonder un recueil mensuel, et, au 15 mai, le premier numéro fut publié. Depuis cette époque, le *Magasin brayon* paraît chaque mois.

L'abbé Decorde est membre de plusieurs Sociétés savantes, françaises et étrangères; mais la distinction qui l'a flatté davantage est celle dont il a été l'objet, en 1861, au moment des assises du *Congrès scientifique de France*, à Bordeaux : sa nomination comme MEMBRE DE L'INSTITUT DES PROVINCES.

Aujourd'hui, dans ses moments de loisir, il s'occupe de photographie.

M. L'ABBÉ LE PETIT.

M. Le Petit (J.-B.-D.) est né à Caen, le 24 prairial an XI du calendrier républicain, ou le 12 juin 1794. Après avoir fait ses études au Lycée de Caen et avoir pris le grade de bachelier à la Faculté des lettres, il entra, en 1812, au séminaire de St.-Sulpice, fut ordonné prêtre en 1817 et nommé immédiatement au vicariat de Tilly-sur-Seulles. M. Le Petit occupa ce poste jusqu'au 15 avril 1831, qu'il devint curé de cette paroisse et doyen du canton. Mg^{r}. Robin le nomma, en 1842, chanoine honoraire de la cathédrale de Bayeux, et dernièrement Son Éminence le cardinal Gousset, archevêque de Reims, l'a aussi nommé chanoine honoraire de sa métropole, comme un témoignage de son estime et en récompense des services qu'il a rendus depuis longues années à l'archéologie chrétienne. En effet, M. l'abbé Le Petit est depuis 23 ans secrétaire-général de la Société française d'archéologie, dans le sein de laquelle il avait remplacé Mg^{r}. Paysant, nommé à l'évêché d'Angers en 1840. Depuis lors il a pris part à presque toutes les réunions de la Société et rédigé un grand nombre de procès-verbaux des séances publiques et privées de la Compagnie. Membre de l'INSTITUT DES PROVINCES, il a assisté à un grand nombre de Congrès et s'est toujours montré dévoué au progrès et au développement des Sociétés savantes. Il a plusieurs fois présidé la section d'histoire et d'archéologie du Congrès scientifique, et fut élu en 1862, à St.-Étienne, vice-président général de l'Assemblée.

Le Congrès des délégués des Sociétés savantes qui avait été, en 1849, autorisé à présenter à Sa Majesté Napoléon III des académiciens de province pour la décoration de la Légion-d'Honneur, et qui avait, dès cette époque, présenté M. Ed. Lambert et M. Du Chatellier, présenta l'année suivante trois autres académiciens, au nombre desquels était M. l'abbé Le Petit.

M. Le Petit eût peut-être pu prétendre à un poste plus élevé que celui qu'il occupe et qu'il a toujours occupé depuis son entrée dans la carrière ecclésiastique; mais, aimant et préférant à tout la vie calme des champs, il s'y est attaché sans avoir cherché à tourner ses regards vers des régions plus hautes, où l'on ne rencontre que rarement des éléments de paix avec soi et avec les autres.

C'est là, qu'entouré de l'affection de son troupeau, M. le Doyen de Tilly partage son temps entre les fonctions de son ministère et l'étude de l'archéologie et de l'histoire ; il a fait d'excellentes restaurations dans son église, a largement et généreusement contribué aux dépenses. D'autre part, M. Le Petit a donné de bons conseils à beaucoup de ses confrères, et par sa correspondance archéologique, il a sauvegardé plusieurs monuments précieux des restaurations de mauvais goût dont ils étaient menacés. Ajoutons que M. l'abbé Le Petit entretient une correspondance avec un certain nombre de personnes distinguées de différentes provinces de la France, et que ses relations sociales sont fort étendues.

M. Le Petit est effectivement un des ecclésiastiques qui comprennent le mieux le monde et la société actuelle. M. Le Petit a beaucoup contribué à organiser dans son canton l'enseignement élémentaire de l'agriculture dans les écoles primaires, conformément au vœu de l'Association normande, dont il est un des inspecteurs.

M. HERPIN (Jean-Charles).

M. Herpin (Jean-Charles), docteur en médecine, économiste, agriculteur, membre d'un grand nombre de Sociétés savantes, conseiller général, etc., est né à Metz (Moselle), le 7 avril 1798.

Son père, J.-B. Herpin, originaire du département de la Manche, fut appelé à Metz par un de ses parents qui exerçait dans cette ville le commerce de draperie, et lui succéda ; il s'y maria avec la fille d'un négociant honorable et distingué, Nicolas Remy, qui avait été plusieurs fois revêtu de la dignité consulaire, et dont la famille était alliée à celle des Bouchotte, des Colcheu, des Gaudrez, etc. Mlle. Remy avait eu pour marraine Mme. Bouchotte, mère du Ministre de la guerre en 1794.

Jean-Charles Herpin n'avait guère que cinq ans lorsqu'il perdit sa mère, au commencement de l'année 1804.

I.-B. Herpin, son père, quoique jeune encore, voulut rester veuf pour se dévouer entièrement aux intérêts et à l'éducation de son fils.

Il lui donna pour précepteur l'abbé Gaudrez, son proche parent et homme de mérite, qui était bibliothécaire de la ville et chanoine de la cathédrale.

Le jeune Herpin apprit, en quelque sorte, à lire dans le rudiment et les livres latins; il bégayait cette langue dès son enfance; il faisait sa rhétorique à l'âge de treize ans.

En 1813-1814, il suivait, au Lycée impérial de Metz, les cours de logique et de philosophie de Mongin, professeur distingué, dont les leçons furent plus d'une fois brusquement interrompues par le bruit de l'artillerie des armées russe et prussienne qui assiégeaient la ville. Plusieurs fois le professeur courut aux remparts, avec ses concitoyens et ses élèves, pour défendre la cité.

On dit que le jeune Herpin pointait le canon avec une justesse remarquable.

L'abbé Gaudrez, qui avait émigré en 1792, et dont les biens avaient été confisqués, s'était vu contraint, par la nécessité, à se placer, comme simple ouvrier, chez des opticiens de Prague et de Munich, où il était employé à la construction de divers instruments de physique.

Plus tard, il fut nommé bibliothécaire de la princesse Poniatowska, laquelle eut la générosité, ainsi que sa famille, de conserver à l'abbé Gaudrez, après son retour en France, son traitement qui fut exactement payé jusqu'à sa mort et même continué à sa sœur; c'est-à-dire pendant près de quarante ans.

L'abbé Gaudrez, qui faisait l'éducation d'une dixaine d'élèves choisis, employait ses moments de loisir à construire divers instruments d'optique et de physique, avec lesquels il faisait quelquefois des expériences d'électricité, de magnétisme, de microscopie, qui étaient ardemment sollicitées, à titre de récompense, par ses élèves et surtout par le jeune Herpin, qui attribue à cette circonstance l'attrait qu'il a toujours conservé pour l'étude des sciences physiques.

Lorsque ses études classiques furent terminées (1814), Herpin revint chez son père qu'il aidait dans son commerce. Mais, par suite des deux invasions étrangères, de la disette de 1816, etc., ce commerce avait considérablement diminué d'importance; ce qui était loin d'encourager le jeune négociant.

Il employait une grande partie de son temps à l'étude des langues vivantes.

Il s'était monté un laboratoire de chimie, un atelier de tourneur-mécanicien à l'aide duquel il se construisit un petit cabinet de physique, d'après les indications de l'*Art des expériences de Nollet.* Il construisit également un grand orgue à clavier et pédales d'après les seules descriptions données, dans l'ouvrage de Dom Bedos, sur l'*art du facteur d'orgues.*

Pendant cette même époque (1815 à 1820), il suivait avec une grande assiduité les leçons de botanique et d'histoire naturelle de Hollandre; — les cours de chimie de Serullas et Fabulet; — les cours d'anatomie, de médecine et les cliniques de l'Hôpital militaire d'instruction de Metz.

Il suivit également les cours de minéralogie et les conférences numismatiques du baron Marchant.

En 1819, Herpin appela et réunit chez lui un certain nombre d'hommes instruits qui formèrent une société libre, sous le titre d'*Amis des sciences.* Herpin en fut nommé secrétaire, fonction qu'il remplit pendant plusieurs années. Cette Société, qui a fourni à l'Institut de France plusieurs savants très-distingués (Savart Poncelet, Serullas, Bergery, Morin, Lallemand, de Saulcy, etc.), est devenue depuis l'*Académie* impériale des sciences de Metz.

Herpin provoqua également la formation de la Société pour l'encouragement de l'enseignement élémentaire dans le département de la Moselle; il fut membre du Conseil d'administration et secrétaire de cette Société, qui a rendu de très-grands services, en multipliant les écoles et en propageant l'instruction primaire dans les départements de l'est de la France.

Herpin avait publié et répandu, dans ce but, un ouvrage sur

l'instruction élémentaire et l'enseignement mutuel, sous le titre: *Avis aux parents* (1818).

Mais c'est surtout à populariser, à vulgariser les connaissances utiles, les sciences usuelles, qu'il s'attachait plus particulièrement. — Il adressa au ministre de l'instruction publique, Georges Cuvier, un mémoire pressant sur ce sujet et il fut autorisé à ouvrir à Metz (octobre 1819) un cours de sciences physiques et usuelles, à l'usage du peuple. Quelque temps après, l'enseignement public des sciences appliquées fut organisé au Conservatoire des arts et métiers, suivant le programme tracé par M. Herpin.

Enfin ce fut M. Herpin qui provoqua et organisa, non sans quelques difficultés cependant, la première exposition industrielle départementale qui eut lieu à Metz, en 1823.

A cette époque, M. Herpin avait déjà publié ou écrit un certain nombre d'ouvrages estimés :

1°. L'*Avis sur l'éducation populaire de l'enseignement mutuel* (1818) ; 2°. divers mémoires sur l'agriculture, l'œnologie, qui lui valurent l'honneur d'être nommé correspondant de la Société centrale d'agriculture de France (1819) ; 3°. un mémoire sur la graisse des vins, couronné, en 1818, par la Société académique de la Marne ; 4°. un mémoire sur les émanations insalubres des marais, couronné, en 1820, par l'Académie de Lyon ; 5°. les *Récréations chimiques*, en partie traduit de l'anglais ; 2 vol. in-8°. 1823.

En août 1823, Herpin perdit son père, qui lui laissa une fortune suffisante, quoique modeste, et honorablement acquise par un travail de plus de 50 années à la tête d'une maison de commerce assez importante, et dont la réputation de probité était proverbiale dans le pays.

Après la mort de son père, Herpin se hâta de liquider son commerce ; il consacra l'année suivante à parcourir et à visiter la France. Il vint ensuite à Montpellier, où il fut accueilli chez son compatriote et son ami, l'illustre professeur Lallemand, pour y continuer les études médicales qu'il avait commencées à l'Hôpital militaire d'instruction de Metz.

Les années suivantes, il vint s'asseoir comme un simple élève sur les bancs de l'École de Médecine de Paris ; il y prit ses grades il y soutint sa thèse (sur l'enfance et l'adolescence) ; il fut reçu docteur en médecine à la fin de l'année 1826.

En 1828, il fut appelé par Francœur, Jomard, Lasteyrie, etc., à siéger au Conseil de la Société pour l'instruction élémentaire de Paris, dont il était membre depuis 1817 ; il fut successivement membre et président des Comités des méthodes, des maîtres et des livres; secrétaire et vice-président de la Société, il fit de nombreux rapports sur les méthodes d'enseignement, sur divers ouvrages de lecture, etc. Il provoqua, de la manière la plus active, l'établissement d'écoles primaires dans les régiments de l'armée.

Il fut également appelé à faire partie du Conseil d'administration de la Société pour l'encouragement de l'industrie nationale, dont il était aussi membre depuis 1817 et fut adjoint au Comité des arts économiques. Il fit à cette Société un grand nombre de rapports, spécialement sur les appareils de chauffage domestique, sur le blanchissage du linge, sur la conservation des substances alimentaires, le pétrissage du pain, sur la désinfection et l'utilisation, pour l'agriculture, des matières des fosses d'aisances, etc.

Le besoin qu'éprouvait Herpin d'une existence libre et indépendante, sa répugnance invincible pour les fonctions ou les emplois salariés, sollicités ou obtenus par faveur ; ses tendances, ses études et la simplicité de ses goûts l'appelaient vers la vie des champs. Il fit l'acquisition (en 1830) d'une vaste propriété dans le département de l'Indre, pour s'y livrer à l'agriculture.

M. Herpin avait espéré donner une impulsion rapide à l'agriculture, alors très-arriérée dans ce pays, en y appelant et y important des fermiers et des cultivateurs du nord de la France, de la Belgique, etc. ; mais il ne fut pas très-heureux dans le choix qu'il fit de ces étrangers, car il eut à subir de leur part des tracasseries, des procès et des pertes assez notables.

Herpin partageait son temps entre les soins et les améliorations de son exploitation rurale et l'étude de diverses questions importantes relatives à l'agriculture, à l'économie publique.

Il publia successivement divers écrits sur l'enseignement primaire et les écoles de campagne, — sur la législation des enfants trouvés, —sur le crédit agricole,—sur l'importation des bestiaux étrangers, — sur la conservation des blés, — sur les variations de la production des céréales en France, — sur l'avoine, comme substance alimentaire, — sur la cuscute, — sur le sang de rate des bêtes à laine, sur les divers insectes nuisibles à l'agriculture, etc.; enfin sur l'alucite, le charançon du blé, la pyrale de la vigne, etc.

Il fit la découverte de deux insectes diptères nouveaux, c'est-à-dire, non décrits jusqu'alors, et auxquels les naturalistes ont donné son nom : *Chlorops Herpinii* (Guérin-Menneville), *Camarata Herpinii* (Macquart).

Il inventa un appareil mécanique, pour détruire le charançon et l'alucite des blés au moyen de la percussion et du choc.

M. Herpin a été collaborateur de l'Encyclopédie de l'agriculture pratique du XIXe. siècle, — des Annales de l'agriculture française ; de la Revue encyclopédique, etc.

En 1836, M. Herpin fut nommé membre du Conseil général du département de l'Indre ; il en fut plusieurs fois le secrétaire ; plus tard, il résigna volontairement ces fonctions pour en investir l'illustre général comte Bertrand, qui était revenu habiter son pays natal.

M. Herpin s'occupait beaucoup moins de la médecine pratique que des applications des sciences physico-chimiques à cet art ; néanmoins, il fut nommé membre de diverses commissions d'hygiène et de salubrité de la ville de Paris.

L'étude des eaux minérales, celle de la climatologie médicale ; l'emploi thérapeutique de l'acide carbonique du raisin, etc., furent les questions principales auxquelles il consacra ses veilles pendant plusieurs années. Il fit, à ce sujet, de nombreux et intéressants voyages, tant en France qu'en Allemagne, en Angleterre, en Italie et en Espagne, et il publia sur ces matières plusieurs ouvrages importants.

A diverses époques, des distinctions honorables et des encouragements académiques vinrent récompenser les utiles travaux de M. Herpin.

Il obtint : 1°. un prix Montyon, de l'Académie des sciences de l'Institut (1854). — *Arts insalubres* ; 2°. un prix au concours de l'Académie de Lyon. — *Sur les émanations insalubres des marais* ; 3°. plusieurs médailles d'or et d'argent de la Société impériale et centrale d'agriculture de France ; 4°. une médaille d'argent ; une première mention honorable de l'Académie impériale de médecine, pour ses travaux sur les eaux minérales, le gaz carbonique (1854-1857) ; 5°. un prix de la Société académique de la Marne. — *Sur la graisse des vins* (1818) ; 6°. deux médailles de première classe à l'exposition universelle de 1855.

BIBLIOGRAPHIE (RÉSUMÉ).

Les travaux et les écrits publiés par M. Herpin, quoique assez nombreux et variés, peuvent être rapportés à 6 divisions principales :

1°. *L'instruction* et *l'éducation populaire*. Avis sur l'enseignement mutuel (1818), — sur les écoles de campagne, — sur les écoles primaires de l'armée, — sur l'enseignement de la gymnastique, — Méthode naturelle de lecture (3 vol.), — Arpentage, — Récréations chimiques (2 vol.).

2°. *Les Arts économiques*. Conservation des substances alimentaires, sur le *son* ou écorce du froment, — sur la conservation des blés, — sur l'avoine, considérée comme aliment, — sur le blanchissage des appartements et sur le blanchissage du linge.

3°. *L'Agriculture*. Expériences d'agriculture, — importation de bestiaux étrangers, — le crédit agricole, — sur les disettes de blés, — sur la désinfection et l'utilisation des produits des fosses d'aisances, — sur la cuscute, — sur le charançon, l'alucite, la pyrale de la vigne et les insectes nuisibles à l'agriculture, etc.

Culture de la vigne, — sur la fermentation du vin, — sur la pousse, sur la graisse et les maladies des vins, la fabrication des vins mousseux, etc.

4°. *Les sciences médicales.* Physiologie de l'enfance et de l'adolescence,—le sang de rate des bêtes ovines,—sur les émanations insalubres des marais, —études sur les eaux minérales : bains et douches de gaz carbonique, — la climatologie médicale, — l'alimentation rationnelle.

5°. *L'Économie publique.* Sur les enfants trouvés, — sur les canaux et les chemins de fer.

6°. *Mélanges.* Rapports sur divers objets dans le *Bulletin* de la Société d'encouragement pour l'industrie nationale.

Il a écrit divers articles dans la Revue encyclopédique, — dans l'Encyclopédie de l'agriculture et dans les journaux scientifiques et autres.

M. Herpin a pris part aux travaux de plusieurs sessions du Congrès scientifique de France et a été appelé au bureau de la section d'agriculture et de la section de médecine.

M. L'ABBÉ LACURIE.

M. l'abbé Lacurie naquit à Pons, arrondissement de Saintes, le 22 nivôse an VII. Son père, avocat au Parlement de Toulouse, fut obligé de se cacher pour s'être offert à défendre Louis XVI ; il vint en Saintonge sous les habits d'un cultivateur, et, découvert, il n'eut d'autre alternative pour sauver sa tête que d'épouser la fille d'un membre influent du district, fille sage et belle, qui se tint cachée près d'un mois pour éviter d'être élevée sur l'autel de la Raison, en qualité de déesse. Le père de M. Lacurie profita de l'influence de son beau-père pour sauver plusieurs prêtres et quelques gentilshommes. L'abbé Lacurie fut d'abord destiné à l'état militaire et élevé en conséquence, pour plaire à un oncle, frère de sa mère, qui se berçait de l'espoir de lui léguer son titre de baron de l'Empire et son majorat éphémère. M. Lacurie revint en Saintonge et acheva ses études avec succès au petit-séminaire de St.-Jean-d'Angély. A peine sorti des bancs, il fut successivement chargé des chaires de 6e., 5e. et 4e., et de la répétition des classes de grec dans le même établissement. Ordonné prêtre en 1822, il fut nommé vicaire de St.-Eutrope de Saintes, puis successivement curé de Varzay, de Rétaud et de Cornu-Royal. En 1835, il fut appelé au grand-séminaire de La Rochelle et chargé de la philosophie. Mais sa santé était devenue fort chancelante, et pour lui donner du repos, on le chargea de l'aumônerie du collége communal de Saintes en 1838. Plus libre de son temps, M. l'abbé Lacurie put s'occuper de monuments anciens; il provoqua la création de la Société d'archéologie de Saintes, et se mit à restaurer la crypte de St.-Eutrope. C'est pendant cette restauration que M. l'abbé Lacurie eut le bonheur de retrouver les restes et le tombeau de saint Eutrope, ce qui lui valut le titre de chanoine honoraire de La Rochelle. La chaire de logique était devenue vacante au collége de Saintes; on l'annexa à l'aumônerie, et après dix ans d'un travail considérable, M. Lacurie demanda à faire valoir ses droits à la retraite.

M. Lacurie, que ses travaux avaient fait connaître à la Société française d'archéologie, assista en 1842 au Congrès archéologique de France tenu à Bordeaux, et aux sessions du même Congrès tenues à Poitiers en 1843; sur sa demande, le Congrès archéologique siégea à Saintes en 1844, il en fut le secrétaire-général.

Nous voyons plus tard M. l'abbé Lacurie, devenu membre de l'INSTITUT DES PROVINCES, prendre part à plusieurs sessions du Congrès scientifique de France; il assistait à la session tenue à Tours, en 1847; en 1853, à Arras, il fit au Congrès une communication intéressante, et après avoir présidé plusieurs fois, au nom de l'Institut des provinces de France, les Assises scientifiques de la Saintonge, il obtint de la Compagnie la fixation de la session du Congrès scientifique à La Rochelle. Cette session eut lieu en septembre 1856; M. Lacurie en fut le premier secrétaire-général; en 1861, M. Lacurie siégeait à la XXVIIIe. session du Congrès tenu à Bordeaux.

M. Lacurie a publié un assez grand nombre de rapports et de notices archéologiques dans le *Bulletin monumental* et dans d'autres recueils. Il a publié le *Manuel du jeune archéologue*, livre élémentaire très-répandu. Il a enrichi le musée lapidaire de Saintes, commencé dès le temps de M. le baron Chaudruc de Crazannes et continué par M. Moreau, de plusieurs morceaux de sculpture d'un grand intérêt. Il a dirigé la restauration de plusieurs églises rurales auxquelles la Société française d'archéologie avait accordé des secours.

Nous ne pouvons qu'indiquer quelques-uns des services rendus par M. l'abbé Lacurie. Mais nous ne saurions passer sous silence les sacrifices faits généralement par le savant membre de l'Institut des provinces pour faire répandre les bons livres dans les campagnes. Plusieurs milliers de volumes (peut-être 50,000) ont été distribués sous son impulsion par des colporteurs spéciaux, et cette initiative lui a mérité les éloges de tous les hommes moraux. Souvent encore M. Lacurie a fait des voyages coûteux pour donner des conseils à ses confrères, lorsqu'ils restauraient leurs églises, et il les a généreusement aidés de sa bourse. Voilà, avec les services académiques de M. l'abbé Lacurie, bien des titres à la reconnaissance publique; l'Institut des provinces est heureux de les rappeler.

TABLE DES MATIÈRES.

CONGRÈS

DES DÉLÉGUÉS DES SOCIÉTÉS SAVANTES DES DÉPARTEMENTS,

Sous la direction de l'Institut des provinces de France (session de 1863).

SCIENCES PHYSIQUES ET NATURELLES, AGRICULTURE, ETC.

SÉANCE GÉNÉRALE D'OUVERTURE, 18 MARS 1863.

Présidence de M. de Caumont.

SÉANCE DU 19 MARS 1863.

Présidence de M. Mahul, membre de l'Institut des provinces, délégué de Carcassonne.

SÉANCE DU 20 MARS.

Présidence de M. Michel Chevalier, sénateur, membre de l'Institut.

SÉANCE DU 21 MARS.

Présidence de M. le vicomte de Cussy.

SÉANCE DU 22 MARS.

Présidence de M. Challe, sous-directeur de l'Institut des provinces.

—

SÉANCE DU 23 MARS.

Présidence de M. Challe, sous-directeur de l'Institut des provinces.

—

SÉANCE DU 24 MARS.

Présidence de M. Michel Chevalier, sénateur, membre de l'Institut.

SÉANCE DU 25 MARS.

Présidence de M. Challe, d'Auxerre.

PHILOSOPHIE, BEAUX-ARTS, LITTÉRATURE ET ARCHÉOLOGIE.

SÉANCE DU 19 MARS 1863.

Présidence de M. le comte de Mellet.

SÉANCE DU 20 MARS.

Présidence de M. le comte de Montalembert.

—

SÉANCE DU 21 MARS.

Présidence de M. Guizot, ancien ministre.

—

SÉANCE DU 23 MARS.

Présidence de M. de Quatrefages, membre de l'Institut.

—

SÉANCE DU 24 MARS.

Présidence de M. de Vigneral.

—

SÉANCE DE LA SOCIÉTÉ FRANÇAISE ET DE LA SECTION D'ARCHÉOLOGIE DU CONGRÈS, LE 25 MARS 1863.

Présidence de M. le comte de Montalembert.

SÉANCE SUPPLÉMENTAIRE DU 26 MARS.

Présidence de M. de Bouis.

RAPPORT SUR LES TRAVAUX DES SOCIÉTÉS SAVANTES PENDANT L'ANNÉE 1862,

Par le président, M. Challe, sous-directeur de l'Institut des provinces.

—

LES CONGRÈS EN 1863.

—

LES CONGRÈS EN 1864.

—

NOTICES SUR LES MEMBRES DE L'INSTITUT DES PROVINCES.

Caen, typ. de A. Hardel.

www.ingramcontent.com/pod-product-compliance
Lightning Source LLC
LaVergne TN
LVHW080955230826
846092LV00006B/1042
* 9 7 8 2 3 2 9 7 8 1 0 6 8 *